INTEGRALTAFELN

SAMMLUNG UNBESTIMMTER INTEGRALE
ELEMENTARER FUNKTIONEN

VON

DR.-ING. W. MEYER ZUR CAPELLEN

AACHEN

SPRINGER-VERLAG

BERLIN/GÖTTINGEN/HEIDELBERG

1950

ISBN-13: 978-3-642-94568-7   e-ISBN-13: 978-3-642-94567-0
DOI: 10.1007/978-3-642-94567-0

SATZ UND DRUCK:
DIETERICHSCHE UNIVERSITÄTS-BUCHDRUCKEREI W. FR. KAESTNER, GÖTTINGEN

Berichtigungen.

S. 18.   Nr. 1. 2. 0. 1. Hinter „oder“ heißt es $\dfrac{1}{2\,a}$ ·····

S. 18.   Nr. 2. 1. 0. Im Integranden (3. Spalte) heißt es $z^n (z - a^2)^m$.

S. 21.   Nr. 3. 1. 1. 2. 2. Im letzten Ausdruck der zweiten Klammer fehlt in ln der Buchstabe l.

S. 21.   Nr. 4. 1. 1. 1. Im Nenner von $f(x)$ heißt es x^2.

S. 39.   Überschrift zum Schluß: $g^3 \pm x^3$.

S. 47.   Nr. 2. 4. 1. Beim letzten Logarithmus ist der Absolutbetrag einzusetzen.

S. 49.   Nr. 5. 3. 2. Im Nenner von $f(x)$ ist der erste Buchstabe a, nicht x.

S. 53.   Nr 2. 2. 0. Der Nenner von $f(x)$ lautet: $(y^2 - x^2)\, z(x)$.

S. 54.   Nr. 2. 0., Spalte für $J(x)$: Der Exponent heißt $(m - 1)/m$.

S. 56.   Nr. 1. 2. 3. 1. Korrektur s. Nachtrag. S. 281.

S. 62.   Nr. 2. 3. 0. Es kommt $d\,v$ auf den Bruchstrich.

S. 63.   Überschrift: $1/\sqrt{x}$ und $1/(a + b\,\sqrt{x})^p$.

S. 63.   Nr. 2. 3. 1. 2. 1. 3. 1. Zum Schluß: $z = a^2 + x$.

S. 63.   Nr. 2. 3. 1. 2. 1. 3. 2.   „   „   : $z = a^2 - x$.

S. 64.   Nr. 2. 3. 2. 1. 0. Im Nenner von $f(x)$ muß es $\sqrt[3]{x}$ heißen.

S. 65.   Überschrift: . . . . $1/\sqrt[3]{x}$ . . . .

S. 79.   Nr. 4. 1. Hinter „. . . . Funktionen;“ kommt: $\triangle = \cdots$.

S. 79.   Nr. 4. 2. Hinter „. . . $t\,dt$;“ kommt: $\triangle$ s. 4. 1.

S. 80.   Nr. 5. Statt β heißt es b.

S. 85.   Nr. 1. 0. Das Wort „für“ ist zu streichen und durch ein Semikolon (Strichpunkt) zu ersetzen.

S. 98.   Nr. 0. 2. Beim letzten Bruch muß w^{n+1} auf den Bruchstrich kommen.

S. 101. In der letzten Zeile heißt es im Nenner $\sqrt{-C}$.

S. 108. Nr. 24. 2. Im Nenner der 4. Spalte heißt es $a^2 + b^2$.

S. 110. Nr. 51. 2. Letzte Spalte: $a^2 < b^2$.

S. 115. Nr. 0. 1. 5. 1. 1. Der Radikand des Nenners heißt $(b^2 - x^2)(a + x)$.

S. 151. Nr. 1. 5. Unten rechts ist zu ergänzen: „S s. umstehend.“

S. 157. Nr. 3. 6. 6. 3. In der 2. Zeile heißt es „J_2 s. 3. 6. 6. 1.;“ und nicht J_8.

S. 169. In Nr. 3. 0. 3. heißt es $n \pm -1$.

S. 186. Nr. 1. 2. 4. 3. 2. und 1. 2. 4. 4. 2. Nach der eckigen Klammer ist die Konstante C einzufügen.

S. 197. In der Überschrift der Tabelle heißt es $\int f(x)\,dx$.

S. 222. Die Überschriften des Absatzes heißen *3. 3. 2.* bzw. *3. 3. 2. 1.*

S. 263. Die vierte Nummer von unten heißt 2. 1. 1. 0.

Vorwort.

Als der Springer-Verlag im Mai 1942 an mich mit der Bitte herantrat, eine Integraltafel zusammenzustellen, zögerte ich, gerade mit den Methoden zur instrumentellen Integration beschäftigt, ein wenig, hielt aber schließlich — auch in Hinblick auf diese — eine ausführliche Zusammenstellung der wichtigsten Integrale für nützlich und notwendig. Die Arbeit konnte im Juli 1944 abgeliefert werden — doch bedingten die Zeitverhältnisse eine Verzögerung der Drucklegung, so daß die Tafeln erst jetzt herausgebracht werden konnten.

Um den Umfang nicht zu sehr anschwellen zu lassen, wurde auf bestimmte Integrale verzichtet und wurden nur Integrale elementarer Funktionen gebracht, jedoch auch die Integrale, die auf nichtelementare, oft als „höhere" Funktionen bezeichnete führen, die aber vertafelt vorliegen (elliptische Integrale, Integralsinus usw.), oder durch einfache Reihen darzustellen sind. Für die Integrale der höheren Funktionen selbst wird man die entsprechenden Arbeiten heranziehen.

Für die Auswahl der gebrachten Integrale — es dürften rund 3000 sein — war maßgebend, daß der Benutzer einerseits fertige Integrale, andrerseits auch Rekursions- oder Hilfsformeln findet, mit denen er weiterarbeiten kann. Solche Formeln wurden aber trotzdem für einzelne Sonderfälle ausgewertet, damit der Benutzer die Anwendung kennen lernt. Denn man muß sich darüber klar sein, daß dieser nicht immer mathematisch geübt ist und daher den Weg im Einzelfall sehen will. So wurden auch bei den Integralen irrationaler Funktionen, die auf elliptische Integrale führen, eine Reihe von Substitutionen gegeben, damit für den Fall, daß das gesuchte Integral selbst nicht angeführt ist, ein Weg zur Lösung gefunden werden kann.

Einteilung und Aufbau erfolgten ausschließlich aus dem Gesichtspunkt des praktischen Gebrauches; d. h. der Benutzer, auch wenn er mathematisch nicht sehr geschult ist, soll möglichst schnell das gesuchte Integral finden. Daher wurde, wie die Überschriften und das Inhaltsverzeichnis zeigen, sehr weitgehend unterteilt und zwar so, daß die Überschrift einen Hinweis auf den Ort des Integrals gibt. Gewisse Überschneidungen ließen sich dabei nicht vermeiden.

Der erste Abschnitt befaßt sich mit den wichtigsten Regeln zur Integration und gibt Hinweise zum Gebrauch der Tafel '— wobei ergänzend darauf hingewiesen sei, daß oft durch einfache Umformung des Integranden ein angeführtes Integral erhalten wird. Die weiteren

Abschnitte enthalten die Integrale selbst (1. Spalte die Nummer, 2. Spalte den Integranden, 3. Spalte das Integral). Im letzten Abschnitt sind wichtige Formeln und Konstanten zusammengestellt, außerdem gewisse in den Tafeln benutzte Beziehungen und Definitionen der auftretenden höheren Funktionen angeführt. Im Hauptteil ist durch einen Stern hierauf hingewiesen. Das kurze Schrifttumsverzeichnis enthält die wichtigste benutzte und die im Hauptteil angezogene Literatur.

Zum Differenzieren kann die Tafel ebenfalls benutzt werden: Man braucht nur die Formeln von rechts nach links zu lesen. Außerdem sind die Ableitungen der wichtigsten elementaren Funktionen im Anhang angegeben.

Der Benutzerkreis wird sich aus Naturwissenschaftlern, Ingenieuren (der Hoch- und Fachschulen) und den Mathematikern der angewandten Richtung zusammensetzen, dem reinen Mathematiker wird das Buch ebenfalls nützlich sein, vor allem dürfte es aber auch dem Lehrenden als Beispielsammlung und dem Lernenden als Aufgabenbuch mit Lösungen dienen können.

Bei den Korrekturen usw. unterstützten mich mein Bruder, Oberstudienrat FRITZ MEYER ZUR CAPELLEN, Bielefeld, und Herr Ing. CARL STRASSER, Aachen, der auch die letzte Korrektur mitlas. Ihnen beiden sei an dieser Stelle herzlichst gedankt, ebenso Herrn Prof. Dr. Dr.-Ing. R. GRAMMEL, Stuttgart und Herrn Prof. Dr. A. WALTHER, Darmstadt für einige wertvolle Ratschläge, der Druckerei für die nicht einfache Satzarbeit und dem Verlag für die gute Ausstattung und das jederzeit gezeigte Entgegenkommen.

Mögen die Tafeln den Zweck erfüllen, vielen eine praktische Hilfe zu sein.

Aachen, im Januar 1950

Der Verfasser.

Inhaltsverzeichnis.

1. Vorbemerkungen.

1. 1. Regeln zum Integrieren.

1. 1. 1. Integrationskonstante. Es ist

$$F(x) = \int f(x)\,dx = J(x) + C,$$

worin C die zunächst willkürliche Integrationskonstante ist. Die folgenden Tafeln enthalten. nur die Werte $J(x)$. Die Konstante C ist in Einzelfällen hinzugefügt, und zwar dann, wenn zwei Formen von $J(x)$ angegeben sind, diese sich also nur um eine Konstante unterscheiden, oder wenn bei Definition einer Funktion durch ein Integral eine bestimmte obere oder untere Grenze angegeben ist.

Es ist z. B. $\int\limits_0^\varphi \sqrt{1 - k^2 \sin^2 \psi}\;d\psi = E(\alpha, \varphi)$ das elliptische Integral zweiter Ordnung, wobei $k = \sin \alpha$, so daß $\int \sqrt{1 - k^2 \sin^2 \varphi}\,d\varphi = E(\alpha, \varphi) + C$ ist.

1. 1. 2. Das Integral einer Summe (Differenz) von Funktionen ist gleich der Summe der Integrale der einzelnen Funktionen:

$$\int [u(x) \pm v(x)]\,dx = \int u(x)\,dx \pm \int v(x)\,dx.$$

1. 1. 3. Ein **konstanter Faktor** kann vor das Integral gesetzt werden:

$$\int c\,f(x)\,dx = c \int f(x)\,dx.$$

1. 1. 4. Teilintegration (partielle oder unvollständige Integration). Es ist mit $u(x) = u$ und $v(x) = v$

$$\int u\,dv = uv - \int v\,du.$$

Beispiel: $\int x \cos x\,dx = x \sin x - \int \sin x\,dx = x \sin x + \cos x$, da $u = x$, $du = dx$, $dv = \cos x\,dx$, $v = \int \cos x\,dx = \sin x$.

1. 1. 5. Integrieren durch Einsetzen (Substitutionsmethode): Man führt eine neue Veränderliche z ein und formt den Integranden um, derart daß er nur noch von z abhängig ist. Aus $\int f(x)\,dx$ wird dann $\int \varphi(z)\,dz$. Diese Methode hat nur Sinn, wenn das neue Integral elementar oder bequemer als das ursprüngliche gelöst werden kann.

Beispiel: $J(x) = \int \dfrac{\sin x}{(1 + \cos x)^2}\,dx$. Mit $z = 1 + \cos x$, $dz = -\sin x\,dx$ oder $\sin x\,dx = -dz$ folgt $J = \int \dfrac{-dz}{z^2} = \dfrac{1}{z} = \dfrac{1}{1 + \cos x}$.

1. 1. 6. Logarithmische Integration. Es ist

$$J(x) = \int \frac{f'(x)}{f(x)} \, dx = \ln\left[f(x)\right];$$

denn setzt man $f(x) = z$, so wird $f'(x)\, dx = dz$, $J = \int \frac{dz}{z} = \ln z = \ln\left[f(x)\right]$.

Beispiel: $J(x) = \int \frac{x}{a^2 + x^2} \, dx = \frac{1}{2} \int \frac{2x}{a^2 + x^2} \, dx$ führt mit $f(x) = a^2 + x^2$ und $f'(x) = 2x$ auf $J = \frac{1}{2} \ln(a^2 + x^2)$.

1. 1. 7. Integration durch Teilbruchzerlegung (Partialbruchzerlegung). Jede echt gebrochene rationale, aus teilerfremden Funktionen $g(x)$ und $h(x)$ gebildete Funktion

$$R(x) = \frac{g(x)}{h(x)}$$

läßt sich in Teilbrüche und zwar auf nur eine Weise zerlegen, so daß

$$R(x) = \frac{g(x)}{h(x)} = \frac{A_\alpha}{(x-a)^\alpha} + \frac{A_{\alpha-1}}{(x-a)^{\alpha-1}} + \frac{A_{\alpha-2}}{(x-a)^{\alpha-2}} + \cdots + \frac{A_2}{(x-a)^2} + \frac{A_1}{x-a}$$

$$+ \frac{B_\beta}{(x-b)^\beta} + \frac{B_{\beta-1}}{(x-b)^{\beta-1}} + \frac{B_{\beta-2}}{(x-b)^{\beta-2}} + \cdots + \frac{B_2}{(x-b)^2} + \frac{B_1}{x-b}$$

$$+ \cdots \cdots \cdots \cdots \cdots \cdots \cdots$$

$$+ \frac{M_\mu}{(x-m)^\mu} + \frac{M_{\mu-1}}{(x-m)^{\mu-1}} + \frac{M_{\mu-2}}{(x-m)^{\mu-2}} + \cdots + \frac{M_2}{(x-m)^2} + \frac{M_1}{x-m}.$$

Hierin sind die A_i, B_i, ..., M_i Konstante und a, b, ..., m die Lösungen (Wurzeln) der Gleichung $h(x) = 0$, ferner α, $\alpha-1$, ..., β, $\beta-1$, ... die zugehörigen Ordnungszahlen, d. h. es ist

$$h(x) = (x-a)^\alpha (x-b)^\beta \ldots (x-m)^\mu.$$

Zur Bestimmung der Konstanten A_α, ..., M_1 ermittelt man zunächst die Wurzeln der Gleichung $h(x) = 0$, macht die Brüche gleichnamig, addiert und setzt dann die Beiwerte gleich hoher Potenzen von x in $g(x)$ und dem gewonnenen Zähler einander gleich. Dadurch erhält man die erforderliche Zahl von Gleichungen ersten Grades zur Berechnung der Konstanten A_α, ..., M_1.

Hiermit wird die Berechnung des Integrals $\int R(x)\, dx = \int \frac{g(x)}{h(x)} \, dx$

auf die Berechnung der Summe von Integralen der Form $C \int \frac{dx}{(x-c)^k}$ zurückgeführt. Für $k = 1$ erhält man Logarithmen, für $k \neq 1$, d. h. bei mehrfachen Wurzeln, rationale Funktionen. Sind Wurzeln komplex (paarweis konjugiert komplex), so ist es zweckmäßig, die betreffenden Teilbrüche, die konjugiert komplex auftreten, zusammenzufassen (s. Beispiel).

Im allgemeinen Fall setzt sich das Integral einer rationalen Funktion aus einem rationalen und einem transzendenten Teil zusammen. Der rationale Teil tritt nur auf, wenn $h(x)$ mehrfache Wurzeln hat.

Beispiele:

1. $J(x) = \int \dfrac{dx}{x^2 - a^2}$; es ist $g(x) = 1$ und $h(x) = x^2 - a^2 = (x - a)(x + a)$,

also $\dfrac{1}{h(x)} = \dfrac{A_1}{x + a} + \dfrac{B_1}{x - a} = \dfrac{x(B_1 + A_1) + a(B_1 - A_1)}{x^2 - a^2}$. Der Vergleich der

Beiwerte liefert $B_1 + A_1 = 0$ und $a(B_1 - A_1) = 1$, d. h. $B_1 = -A_1 = \dfrac{1}{2a}$;

somit folgt $J(x) = -\dfrac{1}{2a} \int \dfrac{dx}{x + a} + \dfrac{1}{2a} \int \dfrac{dx}{x - a} = \dfrac{1}{2a}[-\ln(x + a) + \ln(x - a)]$

$$= \dfrac{1}{2a} \ln \dfrac{x - a}{x + a}.$$

2. $J(x) = \int \dfrac{dx}{x(x^2 + a^2)}$; es ist $g(x) = 1$ und $h(x) = x(x + ia)(x - ia)$, also

$\dfrac{1}{h(x)} = \dfrac{A_1}{x} + \dfrac{B_1}{x + ia} + \dfrac{B_2}{x - ia} = \dfrac{A_1}{x} + \dfrac{(B_2 + B_1)x + ia(B_2 - B_1)}{x^2 + a^2}$ oder mit

$B_1 = \dfrac{1}{2}(C + iD)$, $B_2 = \dfrac{1}{2}(C - iD)$, d. h. $B_2 + B_1 = C$, $i(B_2 - B_1) = D$ auch

$\dfrac{1}{h(x)} = \dfrac{A_1}{x} + \dfrac{Cx + Da^1)}{x^2 + a^2} = \dfrac{x^2(A_1 + C) + aDx + A_1 a^2}{x(x^2 + a^2)}$. Der Vergleich der Bei-

werte liefert $D = 0$, $A_1 = -C = \dfrac{1}{a^2}$, und es folgt

$$J(x) = \dfrac{1}{a^2} \int \dfrac{dx}{x} - \dfrac{1}{a^2} \int \dfrac{x\,dx}{x^2 + a^2} = \dfrac{1}{a^2}[\ln x - \dfrac{1}{2}\ln(x^2 + a^2)] = \dfrac{1}{a^2} \ln \dfrac{x}{\sqrt{x^2 + a^2}}.$$

Ist $R(x)$ unecht gebrochen und p der größte Exponent im Zähler $g(x)$, ferner $q < p$ der größte Exponent im Nenner $h(x)$, so kann die Teilbruchzerlegung auch benutzt werden, wenn man in der oben angegebenen Entwicklung für $R(x)$ noch die Glieder

$$\sum_{r=0}^{r = p - q} \bar{A}_r x^r$$

hinzufügt. Die Werte von $\bar{A}_r$ werden ebenfalls durch Koeffizientenvergleich gefunden.

Beispiel: $J(x) = \int \dfrac{\alpha x^2 + \beta x + \gamma}{a + x}\,dx = \int \dfrac{g(x)}{h(x)}\,dx$. Es ist $p = 2$, $q = 1$, also

$\dfrac{g(x)}{h(x)} = \dfrac{A}{a + x} + \bar{A}_0 \cdot 1 + \bar{A}_1 \cdot x$ oder $\alpha x^2 + \beta x + \gamma = A + \bar{A}_0(a + x) + \bar{A}_1 x(a + x)$,

d. h.
$$A + a\bar{A}_0 \qquad\qquad = \gamma,$$
$$\bar{A}_0 + a\bar{A}_1 = \beta,$$
$$\bar{A}_1 = \alpha,$$

oder $\bar{A}_1 = \alpha$, $\bar{A}_0 = \beta - \alpha a$, $A = \gamma - \beta a + \alpha a^2$. Daraus folgt

$$J(x) = \int \dfrac{A}{a + x}\,dx + \bar{A}_0 \int dx + \bar{A}_1 \int x\,dx$$

$$= (\gamma - \beta a + \alpha a^2) \cdot \ln(a + x) + (\beta - \alpha a)x + \dfrac{\alpha}{2} x^2.$$

---

[1] Dieser Ansatz hätte auch gleich gemacht werden können.

1.1.8. Integration durch Reihenentwicklung. Da jede konvergente Potenzreihe innerhalb des Konvergenzbereiches gliedweise integriert werden darf, kann man in den Fällen, in denen die Integrale sich nicht in geschlossener Form (oder durch elementare Funktionen) ausdrücken lassen, die zu integrierende Funktion nach Potenzen der Integrationsveränderlichen in eine Potenzreihe entwickeln (Taylorsche Entwicklung) und dann gliedweise integrieren.

Beispiele:

1. Unter Benutzung der Reihe für $\cos x$ (vgl. Abs. 6.2) folgt

$$\int \frac{1-\cos x}{x}\, dx = \int \frac{1}{x}\left[1-\left(1-\frac{x^2}{2!}+\frac{x^4}{4!}-\frac{x^6}{6!}+\cdots\right)\right] dx$$

$$= \int \left(\frac{x}{2!}-\frac{x^3}{4!}+\frac{x^5}{6!}-\cdots\right) dx$$

$$= \frac{x^2}{2\cdot 2!}-\frac{x^4}{4\cdot 4!}+\frac{x^6}{6\cdot 6!}-\frac{x^8}{8\cdot 8!}+\cdots; \qquad |x|<\infty.$$

2. Unter Benutzung der Reihe für e^x (vgl. Abs. 6.2.) folgt

$$\int e^{x^2} dx = \int \left(1+\frac{x^2}{1!}+\frac{x^4}{2!}+\frac{x^6}{3!}+\cdots\right) dx$$

$$= x+\frac{x^3}{3\cdot 1!}+\frac{x^5}{5\cdot 2!}+\frac{x^7}{7\cdot 3!}+\cdots; \qquad |x|<\infty.$$

1.2. Differentiierregeln.

1.2.1. Die Ableitung einer Summe (Differenz) von Funktionen ist gleich der Summe (Differenz) der Ableitungen der einzelnen Funktionen:

$$\frac{d}{dx}[u(x)\pm v(x)] = \frac{du}{dx}\pm\frac{dv}{dx} = u'(x)\pm v'(x).$$

1.2.2. Konstanter Faktor: $\dfrac{d}{dx}[c\,f(x)] = c\,[f'(x)].$

1.2.3. Ableitung eines Produktes:

$$\frac{d}{dx}[u(x)\,v(x)] = u(x)\,v'(x)+v(x)\,u'(x),$$

$$d(u\,v\,w\ldots z) = v\,w\ldots z\,du+u\,w\ldots z\,dv+u\,v\ldots z\,dw+\cdots.$$

1.2.4. Ableitung eines Quotienten:

$$\frac{d}{dx}\left[\frac{u(x)}{v(x)}\right] = \frac{v(x)\,u'(x)-u(x)\,v'(x)}{v^2}.$$

1.2.5. Kettenregel (Ableitung einer Funktion von einer Funktion):

$$\frac{d}{dx}[f\{z(x)\}] = \frac{df}{dz}\cdot\frac{dz}{dx}$$

oder allgemeiner

$$\frac{d}{dx}\Big[f\{u(v\,[w\,(x)])\}\Big] = \frac{df}{du}\cdot\frac{du}{dv}\cdot\frac{dv}{dw}\cdot\frac{dw}{dx}.$$

Beispiel: $y = \sin^3 kx$. Setze $v = kx$, $\dfrac{dv}{dx} = k$; $u = \sin v$,

$$\frac{du}{dv} = \cos v;\ \ y = u^3,\ \frac{dy}{du} = 3\,u^2;\ \text{also}$$

$$y' = \frac{dy}{dx} = \frac{dy}{du}\cdot\frac{du}{dv}\cdot\frac{dv}{dx} = 3\,u^2\cdot\cos v\cdot k = 3\,k\,\cos kx\,\sin^2 kx.$$

1. 3. Weitere Hilfsmittel zur Integration.

Läßt sich ein Integral nicht durch eine bekannte Funktion ausdrücken[1]) oder wird eine Reihenentwicklung zu umständlich, so stehen als Hilfsmittel zur mehr oder weniger genäherten Integration zur Verfügung

1. 3. 1. die numerischen Näherungsmethoden (vgl. Schrifttumsverzeichnis Nr. 4, 5, 8, 10, 14, 16, 18, 19),

1. 3. 2. die zeichnerischen Näherungsmethoden (vgl. Schrifttumsverzeichnis Nr. 4, 8, 14, 15, 18),

1. 3. 3. die instrumentellen Methoden (vgl. Schrifttumsverzeichnis Nr. 13 a, b).

1. 4. Zum Gebrauch der Tafel.

a) Einteilung: Die Hauptgruppen der angegebenen Integrale — nach dem Integranden $f(x)$ geordnet — sind aus dem Inhaltsverzeichnis zu erkennen. Darüber hinaus sind die einzelnen Gruppen weitgehend unterteilt; die Hauptnummer ist jeweils als Überschrift angegeben, die Unternummer steht vor dem betreffenden Integral. Bei Hinweisen innerhalb eines Absatzes ist nur die Unternummer, sonst aber die ganze Nummer angegeben.

b) Integral und Ableitung: Ist $f(x)$ der Integrand, so ist $J(x) = \int f(x)\,dx$, also ohne die Integrationskonstante C (vgl. 1. 1. 1.) bis auf einige Ausnahmen angegeben. Da $J'(x) = f(x)$ ist, kann die Tafel, von rechts nach links gelesen, auch als Sammlung von Differentiierformeln benutzt werden.

c) Ein * bedeutet, daß über die betreffende Funktion bezw. über die betreffende Konstante Näheres im Abs. 6 zu finden ist.

d) Hinweise auf das *Schrifttumsverzeichnis* sind durch ein eingeklammertes Sv. mit Nummer angegeben; so bedeutet (Sv. 10): Schrifttumsverzeichnis (Abs. 7) Nr. 10.

---

[1]) wenn z. B. die zu integrierende Funktion experimentell (zeichnerisch oder in Tabellenform) vorliegt.

2. Integrale algebraischer Funktionen.

2. 1. Integrale rationaler Funktionen.

2. 1. 1. Grundformeln.

Nr.	$f(x) = J'(x)$	$J(x) = \int f(x)\,dx$	
1. 1.	x^n	$\dfrac{1}{n+1} \cdot x^{n+1}$	$(n \neq -1)$
1. 2.	x^3	$\dfrac{1}{4}\,x^4$	
2. 1.	$\dfrac{1}{x^m}$	$-\dfrac{1}{(m-1)\,x^{m-1}}$	$(m \neq 1)$
2. 2.	$\dfrac{1}{x^3}$	$-\dfrac{1}{2\,x^2}$	
3. 0.	$k = $ konst.	$k\,x$	
4. 1.		$\ln x$	
	$\dfrac{1}{x}$	oder	
4. 2.		$\ln c\,x = \ln x + C$	

2. 1. 2. Der Integrand enthält nur lineare Funktionen oder ihre Potenzen.

2. 1. 2. 1. $(a + b\,x)^n$ und x^m

Nr.	$f(x) = J'(x)$	$J(x) = \int f(x)\,dx$	
1. 1.	$(a \pm b\,x)^n$	$\pm\,\dfrac{(a \pm b\,x)^{n+1}}{(n+1)\,b}$	$(n \neq -1)$
1. 2.	$(a - b\,x)^2$	$-\dfrac{1}{3\,b}(a - b\,x)^3$	
2. 1.	$\dfrac{1}{(a \pm b\,x)^m}$	$\mp\,\dfrac{1}{(m-1)\,b\,(a + b\,x)^{m-1}}$	$(m \neq 1)$
2. 2.	$\dfrac{1}{(a + b\,x)^2}$	$-\dfrac{1}{b(a + b\,x)}$	
3. 1.	$\dfrac{1}{a + b\,x}$	$\dfrac{1}{b}\,\ln(a + b\,x),$	$x > -a/b$

Nr.	$f(x) = J'(x)$	$J(x) = \int f(x)\,dx$
3. 2.	$\dfrac{1}{a - bx}$	$-\dfrac{1}{b} \ln (a - bx),$　　　　$x < a/b$ [1]) $-\dfrac{1}{b} \ln (bx - a),$　　　　$x > a/b$ [1])
3. 3.	$\dfrac{1}{1 + x}$	$\ln (1 + x),$　　　　$x > -1$ $-\ln (1 - x),$　　　　$x < 1$
3. 4.	$\dfrac{1}{1 - x}$	$-\ln (x - 1),$　　　　$x > 1$
3. 5.	$\dfrac{1}{1 + 2x}$	$\dfrac{1}{2} \ln (1 + 2x) = \ln \sqrt{1 + 2x}$
4. 0. 1.	$x^m (a + bx)^n$	$\dfrac{x^m (a + bx)^{n+1}}{(n + 1)\,b} - \dfrac{m}{(n + 1)\,b} \int x^{m-1} (a + bx)^{n+1}\,dx \quad (n \neq -1);$
4. 0. 2.		$\dfrac{x^{m+1} (a + bx)^n}{m + 1} - \dfrac{n\,b}{m + 1} \int x^{m+1} (a + bx)^{n-1}\,dx \quad (m \neq -1).$
4. 0. 3.	"	$\displaystyle\sum_{k=0}^{k=n} \binom{n}{k} \dfrac{a^{n-k}\,b^k\,x^{m+k+1}}{m + k + 1};\ n \text{ ganz und} > 0,$ 　　$\begin{array}{c} m \text{ ganz aber} \geq n \\ \text{oder} \\ m \text{ gebrochen bzw.} < 0; \end{array}$ $m + k + 1 \neq 0;$ ist $m + k + 1 = 0,$ (nur möglich, wenn m ganz und ≤ -1), so lautet das betreffende Glied: $\binom{n}{-m-1} a^{n+m+1}\, b^{-m+1} \ln x.$
4. 0. 4.	"	$\dfrac{1}{b^{m+1}} \displaystyle\sum_{k=0}^{k=m} \binom{m}{k} (-a)^k \dfrac{z^{m+n-k+1}}{m + n - k + 1};$ $m \text{ ganz und} > 0,$ 　　$\begin{array}{c} n \text{ ganz aber} \geq m \\ \text{oder} \\ n \text{ gebrochen bzw.} < 0; \end{array}$ $z = a + bx;\ m + n - k + 1 \neq 0;$ vergl. 5. 0.
4. 1. 0.	$x^m (a + bx)$	$x^{m+1} \left(\dfrac{a}{m + 1} + \dfrac{bx}{m + 2} \right);\ m \neq -1,\ m \neq -2$ (s. u.).
4. 1. 1.	$\dfrac{a + bx}{x}$	$a \ln x + b x.$
4. 1. 2.	$\dfrac{a + bx}{x^2}$	$-\dfrac{a}{x} + b \ln x.$
4. 2. 0.	$\dfrac{(a + bx)^2}{x^m}$	$-\dfrac{a^2}{(m - 1)\,x^{m-1}} - \dfrac{2\,ab}{(m - 2)\,x^{m-2}} - \dfrac{b^2}{(m - 3)\,x^{m-3}};$ 　　　　$(m \neq 1,\ 2,\ 3).$
4. 2. 1.	$\dfrac{(a + bx)^2}{x}$	$a^2 \ln x + 2\,a\,b\,x + \dfrac{1}{2}\,b^2 x^2.$
4. 2. 2.	$\dfrac{(a + bx)^2}{x^2}$	$-\dfrac{a^2}{x} + 2\,a\,b \ln x + b^2 x.$

[1]) oder $-\dfrac{1}{b} \ln |a - bx|$. Wenn $a - bx < 0$ wird, so läßt sich umformen:

$$\int \frac{dx}{a - bx} = -\int \frac{dx}{bx - a}.$$

Nr.	$f(x) = J'(x)$	$J(x) = \int f(x)\, dx$
4.2.3.	$\dfrac{(a+bx)^2}{x^3}$	$-\dfrac{a^2}{2x^2} - \dfrac{2ab}{x} + b^2 \ln x.$
4.3.0.	$\dfrac{(a+bx)^3}{x^m}$	$-\dfrac{a^3}{(m-1)x^{m-1}} - \dfrac{3ba^2}{(m-2)x^{m-2}} - \dfrac{3ab^2}{(m-3)x^{m-3}} - \dfrac{b^3}{(m-4)x^{m-4}},$ $m \neq 1, 2, 3, 4;$ vergl. 4.0.3.
4.4.0.	$x(a+bx)^n$	$\dfrac{(a+bx)^{n+1}[(n+1)bx-a]}{(n+1)(n+2)b^2}$ $n \neq -1,\ n \neq -2;$
4.4.0.1.	$x(1 \pm x)^n$	$-\dfrac{(1 \pm x)^{n+1}[1 \mp (n+1)x]}{(n+1)(n+2)}$ für $n < 0$ vergl. 5.0., 5.1.
4.4.1.0.	$x(a+bx)^2$	$\dfrac{1}{12b^2}(3bx-a)(a+bx)^3.$
4.4.1.1.	$x(1 \pm x)^2$	$-\dfrac{1}{12}(1 \pm 3x)(1+x)^3.$
4.5.0.	$x^2(a+bx)^n$	$\dfrac{1}{b^3}\left[\dfrac{z^{n+3}}{n+3} - \dfrac{2az^{n+2}}{n+2} + \dfrac{a^2 z^{n+1}}{n+1}\right];\ z = a+bx, \qquad n \geqq 2.$
4.5.1.	$x^2(a+bx)^2$	$x^3\left[\dfrac{1}{3}a^2 + \dfrac{1}{2}abx + \dfrac{1}{5}b^2x^2\right] = \dfrac{z^3}{b^3}\left[\dfrac{1}{5}z^2 - \dfrac{1}{2}az + \dfrac{1}{3}a^2\right] + C;$ $z = a+bx.$
4.6.0.	$x^3(a+bx)^n$	$\dfrac{1}{b^4}\left[\dfrac{z^{n+4}}{n+4} - \dfrac{3az^{n+3}}{n+3} + \dfrac{3a^2 z^{n+2}}{n+2} - \dfrac{a^3 z^{n+1}}{n+1}\right];\ z = a+bx,$ $n \geqq 3.$
4.6.1.	$x^3(a+bx)^2$	$x^4\left[\dfrac{1}{4}a^2 + \dfrac{2}{5}abx + \dfrac{1}{6}b^2x^2\right].$
4.6.2.	$x^3(a+bx)^3$	$x^4\left[\dfrac{1}{4}a^3 + \dfrac{3}{5}a^2bx + \dfrac{1}{2}ab^2x^2 + \dfrac{1}{7}b^3x^3\right]$ $= \dfrac{z^4}{b^4}\left[\dfrac{1}{7}z^3 - \dfrac{1}{2}az^2 + \dfrac{3}{5}a^2z - \dfrac{1}{4}a^3\right],\ z = a+bx.$
5.0.	$\dfrac{x^m}{(a+bx)^n}$	$\dfrac{1}{b^{m+1}}\sum_{k=0}^{k=m}\binom{m}{k}(-a)^k \dfrac{z^{m-n-k+1}}{m-n-k+1}$ mit $z = a+bx;$ $m-n-k+1 \neq 0$ oder $k \neq m-n+1.$ Ist aber $m-n-k+1 = 0$ oder $k = m-n+1$, dann folgt für das betreffende Glied in der Summe der Wert: $\binom{m}{k}(-a)^k \ln z = \binom{m}{n-1}(-a)^{m-n+1} \ln (a+bx)$[1].
5.1.0.	$\dfrac{x}{(a+bx)^n}$	$\dfrac{1}{b^2}\left[\dfrac{a}{(n-1)(a+bx)^{n-1}} - \dfrac{1}{(n-2)(a+bx)^{n-2}}\right]$ $= -\dfrac{1}{b^2}\dfrac{a+(n-1)bx}{(n-1)(n-2)(a+bx)^{n-1}};\ n \neq 1,\ n \neq 2\ (\text{s.Nr.}5.1.1.1.).$

---

[1] Ist $z = a+bx < 0$, so integriert man die Teile für $z > 0$ und $z < 0$ für sich. Im letzteren Falle ändert sich für ungerade n das Vorzeichen der Summen. Für $k = m-n+1$ schreibt man besser $\ln|z| = \ln|a+bx|.$

Nr.	$f(x) = J'(x)$	$J(x) = \int f(x)\, dx$
5.1.1.1.	$\dfrac{x}{a + bx}$	$\dfrac{1}{b^2}\left[(a + bx) - a \cdot \ln\lvert a + bx\rvert\right] = \dfrac{x}{b} - \dfrac{a}{b^2} \cdot \ln\lvert a + bx\rvert + C.$
5.1.1.2.	$\dfrac{x}{1 \pm x}$	$(1 \pm x) - \ln\lvert 1 \pm x\rvert = \pm x - \ln\lvert 1 \pm x\rvert + C.$
5.1.2.1.	$\dfrac{x}{(a + bx)^2}$	$\dfrac{1}{b^2}\left[\dfrac{a}{a + bx} + \ln\lvert a + bx\rvert\right].$
5.1.2.2.	$\dfrac{x}{(1 \pm x)^2}$	$\dfrac{1}{1 \pm x} + \ln\lvert 1 \pm x\rvert.$
5.1.3.	$\dfrac{x}{(a + bx)^3}$	$\dfrac{1}{b^2}\left[\dfrac{a}{2(a + bx)^2} - \dfrac{1}{a + bx}\right] = -\dfrac{1}{2b^2}\dfrac{a + 2bx}{(a + bx)^2}.$
5.1.4.	$\dfrac{x}{(a + bx)^4}$	$\dfrac{1}{b^2}\left[\dfrac{a}{3(a + bx)^3} - \dfrac{1}{2(a + bx)^2}\right] = -\dfrac{1}{6b^2}\dfrac{a + 3bx}{(a + bx)^3}.$
5.1.5.	$\dfrac{x}{(a + bx)^5}$	$\dfrac{1}{b^2}\left[\dfrac{a}{4(a + bx)^4} - \dfrac{1}{3(a + bx)^3}\right] = -\dfrac{1}{12b^2}\dfrac{a + 4bx}{(a + bx)^4}.$
5.2.0.	$\dfrac{x^2}{(a + bx)^n}$	$\dfrac{1}{b^3}\left[-\dfrac{a^2}{(n - 1)\, z^{n-1}} + \dfrac{2a}{(n - 2)\, z^{n-2}} - \dfrac{1}{(n - 3)\, z^{n-3}}\right];$ $z = a + bx;\quad n \neq 1,\, 2,\, 3.\ \text{(s. u.)}.$
5.2.1.	$\dfrac{x^2}{a + bx}$	$\dfrac{1}{b^3}\left[a^2 \ln\lvert z\rvert - 2az + \dfrac{1}{2}z^2\right] = \dfrac{a^2}{b^3}\ln\lvert a + bx\rvert - \dfrac{ax}{b^2}$ $+ \dfrac{x^2}{2b} + C;\ \text{s. Nr. 5.2.0.}$
5.2.3.	$\dfrac{x^2}{(a + bx)^3}$	$\dfrac{1}{b^3}\left[-\dfrac{a^2}{2z^2} + \dfrac{2a}{z} + \ln\lvert z\rvert\right] = \dfrac{1}{b^3}\left[\dfrac{a(3a + 4bx)}{2(a + bx)^2} + \ln\lvert z\rvert\right],$ $z = a + bx.$
5.2.4.	$\dfrac{x^2}{(a + bx)^4}$	$\dfrac{1}{b^3}\left[-\dfrac{a^2}{3z^3} + \dfrac{a}{z^2} - \dfrac{1}{z}\right],\ z = a + bx.$
5.3.0.	$\dfrac{x^3}{(a + bx)^n}$	$\dfrac{1}{b^4}\left[\dfrac{a^3}{(n - 1)\, z^{n-1}} - \dfrac{3a^2}{(n - 2)\, z^{n-2}} + \dfrac{3a}{(n - 3)\, z^{n-3}}\right.$ $\left. -\dfrac{1}{(n - 4)\, z^{n-4}}\right],\ z = a + bx.\quad n \neq 1,\, 2,\, 3,\, 4\ \text{(s. u.)}.$
5.3.1.	$\dfrac{x^3}{a + bx}$	$\dfrac{1}{b^4}\left[-a^3 \cdot \ln\lvert z\rvert + 3a^2 z - \dfrac{3}{2}az^2 + \dfrac{1}{3}z^3\right]$ $= -\dfrac{a^3}{b^4} \cdot \ln\lvert a + bx\rvert + \dfrac{a^2 x}{b^3} - \dfrac{ax^2}{b^2} \dfrac{x^3}{3b} + C,\quad z = a + bx.$
5.3.2.	$\dfrac{x^3}{(a + bx)^2}$	$\dfrac{1}{b^4}\left[\dfrac{a^3}{z} + 3a^2 \cdot \ln\lvert z\rvert - 3az + \dfrac{1}{2}z^2\right],\ z = a + bx.$
5.3.3.	$\dfrac{x^3}{(a + bx)^3}$	$\dfrac{1}{b^4}\left[\dfrac{a^3}{2z^2} - \dfrac{3a^2}{z} - 3a \ln\lvert z\rvert + z\right],\ z = a + bx.$
5.3.4.	$\dfrac{x^3}{(a + bx)^4}$	$\dfrac{1}{b^4}\left[\dfrac{a^3}{3z^3} - \dfrac{3a^2}{2z^2} + \dfrac{3a}{z} + \ln\lvert z\rvert\right],\ z = a + bx.$
5.3.5.	$\dfrac{x^3}{(a + bx)^5}$	$\dfrac{1}{b^4}\left[\dfrac{a^3}{4z^4} - \dfrac{a^2}{z^3} + \dfrac{3a}{2z^2} - \dfrac{1}{z}\right],\ z = a + bx.$

Nr.	$f(x) = J'(x)$	$J(x) = \int f(x)\,dx$
5.4.0.	$\dfrac{x^4}{(a+bx)^n}$	$\dfrac{1}{b^5}\left[-\dfrac{a^4}{(n-1)z^{n-1}} + \dfrac{4a^3}{(n-2)z^{n-2}} - \dfrac{6a^2}{(n-3)z^{n-3}} + \dfrac{4a}{(n-4)z^{n-4}} - \dfrac{1}{(n-5)z^{n-5}}\right]$, $z = a+bx$; $n \neq 1,2,3,4,5$(s.u.).
5.4.1.	$\dfrac{x^4}{a+bx}$	$\dfrac{1}{b^5}\left[a^4\ln|z| - 4a^3z + 3a^2z^2 - \dfrac{4}{3}az^3 + \dfrac{1}{4}z^4\right]$, $z = a+bx$.
5.4.2.	$\dfrac{x^4}{(a+bx)^2}$	$\dfrac{1}{b^5}\left[-\dfrac{a^4}{z} - 4a^3\ln|z| + 6a^2z - 2az^2 + \dfrac{1}{3}z^3\right]$, $z = a+bx$.
5.4.3.	$\dfrac{x^4}{(a+bx)^3}$	$\dfrac{1}{b^5}\left[-\dfrac{a^4}{2z^2} + \dfrac{4a^3}{z} + 6a^2\ln|z| - 4az + \dfrac{1}{2}z^2\right]$, $z = a+bx$.
5.4.4.	$\dfrac{x^4}{(a+bx)^4}$	$\dfrac{1}{b^5}\left[-\dfrac{a^4}{3z^3} + \dfrac{4a^3}{2z^2} - \dfrac{6a^2}{z} - 4a\ln|z| + z\right]$, $z = a+bx$.
5.4.5.	$\dfrac{x^4}{(a+bx)^5}$	$\dfrac{1}{b^5}\left[-\dfrac{a^4}{4z^4} + \dfrac{4a^3}{3z^3} - \dfrac{3a^2}{z^2} + \dfrac{4a}{z} + \ln|z|\right]$, $z = a+bx$.
5.4.6.	$\dfrac{x^4}{(a+bx)^6}$	$\dfrac{1}{b^5}\left[-\dfrac{a^4}{5z^5} + \dfrac{a^3}{z^4} - \dfrac{2a^2}{z^3} + \dfrac{2a}{z^2} - \dfrac{1}{z}\right]$, $z = a+bx$.
6.0.	$\dfrac{1}{x^m(a+bx)^n}$	$-\dfrac{1}{a^{m+n-1}} \cdot \int \dfrac{(v-b)^{m+n-2}}{v^n}\,dv$ $= -\dfrac{1}{a^{m+n-1}} \sum_{k=0}^{k=m+n-2} \binom{m+n-2}{k} \dfrac{(-b)^k v^{m-1-k}}{m-1-k}$ $= -\dfrac{1}{a^{m+n-1}} \sum_{k=0}^{k=m+n-2} \binom{m+n-2}{k} \dfrac{(-b)^k z^{m-1-k}}{(m-1-k)x^{m-1-k}}$; $z = a+bx,\ v = \dfrac{z}{x} = \dfrac{a}{x} + b,\ m-1-k \neq 0$. Wenn $m-1-k = 0$, d.h. $k = m-1$, dann lautet das entsprechende Glied in der Summe: $\binom{m+n-2}{n-1}(-b)^{m-1}\ln\left|\dfrac{a}{x}+b\right|$ $= \binom{m+n-2}{n-1}(-b)^{m-1}\ln\left|\dfrac{z}{x}\right|$.
6.1.0.	$\dfrac{1}{x(a+bx)^n}$	$-\dfrac{1}{a^n}\left[\ln\left|\dfrac{a}{x}+b\right| - \sum_{k=1}^{k=n-1}\binom{n-1}{k}\dfrac{(-b)^k}{k}\left(\dfrac{x}{a+bx}\right)^k\right]$.
6.1.1.	$\dfrac{1}{x(a+bx)}$	$-\dfrac{1}{a}\ln\left|\dfrac{a}{x}+b\right| = \dfrac{1}{a}\ln\left|\dfrac{x}{z}\right|$, $\qquad\qquad z = a+bx$.
6.1.2.	$\dfrac{1}{x(a+bx)^2}$	$-\dfrac{1}{a^2}\left[\ln\left|\dfrac{z}{x}\right| + \dfrac{bx}{z}\right] = \dfrac{1}{a^2}\left[\ln\left|\dfrac{x}{z}\right| + \dfrac{a}{z}\right]^{1)} + C$, $z = a+bx$.

---

^{1}) Folgt auch durch Teilbruchzerlegung.

Nr.	$f(x) = J'(x)$	$J(x) = \int f(x)\,dx$
6. 1. 3.	$\dfrac{1}{x\,(a+bx)^3}$	$-\dfrac{1}{a^3}\left[\ln\left\|\dfrac{z}{x}\right\| + \dfrac{2bx}{z} - \dfrac{b^2x^2}{2z^2}\right]$ $= \dfrac{1}{a^3}\left[\ln\left\|\dfrac{x}{z}\right\| + \dfrac{a}{z} + \dfrac{a^2}{2z^2}\right]^{1)} + C,\quad z = a+bx.$
6. 1. 4.	$\dfrac{1}{x\,(a+bx)^4}$	$-\dfrac{1}{a^4}\left[\ln\left\|\dfrac{z}{x}\right\| + \dfrac{3bx}{z} - \dfrac{3b^2x^2}{2z^2} + \dfrac{b^2x^3}{3z^3}\right]$ $= \dfrac{1}{a^4}\left[\ln\left\|\dfrac{x}{z}\right\| + \dfrac{a}{z} + \dfrac{a^2}{2z^2} + \dfrac{a^3}{3z^3}\right]^{1)} + C,\ z = a+bx.$
6. 2. 0.	$\dfrac{1}{x^2(a+bx)^n}$	$-\dfrac{1}{a^{n+1}}\sum_{k=0}^{k=n}\binom{n}{k}\dfrac{(-b)^k z^{1-k}}{(1-k)\,x^{1-k}},\ z = a+bx;\ \text{für } k=1\ \text{ s. }6.0.$
6. 2. 1.	$\dfrac{1}{x^2(a+bx)}$	$-\dfrac{1}{a^2}\left[\dfrac{z}{x} - b\ln\left\|\dfrac{z}{x}\right\|\right] = \dfrac{b}{a^2}\left[\ln\left\|\dfrac{z}{x}\right\| - \dfrac{a}{bx}\right]^{1)} + C,\ z = a+bx.$
6. 2. 2.	$\dfrac{1}{x^2(a+bx)^2}$	$-\dfrac{1}{a^3}\left[\dfrac{z}{x} - 2b\ln\left\|\dfrac{z}{x}\right\| - \dfrac{b^2x}{z}\right] = \dfrac{b}{a^3}\left[2\ln\left\|\dfrac{z}{x}\right\| - \dfrac{a}{bx} - \dfrac{a}{z}\right]^{1)}$ $+ C,\quad z = a+bx.$
6. 2. 3.	$\dfrac{1}{x^2(a+bx)^3}$	$-\dfrac{1}{a^4}\left[\dfrac{z}{x} - 3b\ln\left\|\dfrac{z}{x}\right\| - \dfrac{3b^2x}{z} + \dfrac{b^3x^2}{2z^2}\right]$ $= \dfrac{b}{a^4}\left[3\ln\left\|\dfrac{z}{x}\right\| - \dfrac{a}{bx} - \dfrac{2a}{z} - \dfrac{a^2}{2z^2}\right]^{1)} + C,\ z = a+bx.$
6. 2. 4.	$\dfrac{1}{x^2(a+bx)^4}$	$-\dfrac{1}{a^5}\left[\dfrac{z}{x} - 4b\ln\left\|\dfrac{z}{x}\right\| - \dfrac{6b^2x}{z} + \dfrac{4b^3x^2}{2z^2}\right]$ $= \dfrac{b}{a^5}\left[4\ln\left\|\dfrac{z}{x}\right\| - \dfrac{a}{bx} - \dfrac{3a}{z} - \dfrac{a^2}{z^2} - \dfrac{a^3}{3z^3}\right]^{1)} + C,$ $z = a+bx.$
6. 3. 0.	$\dfrac{1}{x^3(a+bx)^n}$	$-\dfrac{1}{a^{n+2}}\sum_{k=0}^{k=n+1}\binom{n+1}{k}\dfrac{(-b)^k z^{2-k}}{(2-k)\,x^{2-k}},\ \begin{array}{l}z = a+bx;\\ \text{für } k=2\ \text{ vergl. }6.0.\end{array}$
6. 3. 1.	$\dfrac{1}{x^3(a+bx)}$	$-\dfrac{1}{a^3}\left[\dfrac{z^2}{2x^2} - \dfrac{2bz}{x} + b^2\ln\left\|\dfrac{z}{x}\right\|\right]$ $= -\dfrac{b^2}{a^3}\left[\ln\left\|\dfrac{z}{x}\right\| - \dfrac{a}{bx} + \dfrac{a^2}{2b^2x^2}\right]^{1)} + C,\ z = a+bx.$
6. 3. 2.	$\dfrac{1}{x^3(a+bx)^2}$	$-\dfrac{1}{a^4}\left[\dfrac{z^2}{2x^2} - \dfrac{3bz}{x} + 3b^2\ln\left\|\dfrac{z}{x}\right\| + \dfrac{b^3x}{z}\right]$ $= -\dfrac{b^2}{a^4}\left[3\ln\left\|\dfrac{z}{x}\right\| - \dfrac{2a}{bx} + \dfrac{a^2}{2b^2x^2} - \dfrac{a}{z}\right]^{1)} + C,\quad z = a+bx.$
6. 3. 3.	$\dfrac{1}{x^3(a+bx)^3}$	$-\dfrac{1}{a^5}\left[\dfrac{z^2}{2x^2} - \dfrac{4bz}{x} + 6b^2\ln\left\|\dfrac{z}{x}\right\| + \dfrac{4b^3x}{z} - \dfrac{b^4x^2}{2z^2}\right]$ $= -\dfrac{b^2}{a^5}\left[6\ln\left\|\dfrac{z}{x}\right\| - \dfrac{3a}{bx} + \dfrac{a^2}{2b^2x^2} - \dfrac{3a}{z} + \dfrac{a^2}{2z^2}\right]^{1)} + C,$ $z = a+bx.$

$^{1)}$ s. Anmerkung S. 10

2. Integrale algebraischer Funktionen.

2. 1. 2. 2. $z = (a + bx)$ und $w = (g + hx)$ [1])[2]).

Nr.	$f(x) = J'(x)$	$J(x) = \int f(x)\,dx.$
1. 0. 1.	$\dfrac{(g + hx)^m}{(a + bx)^n}$	$\dfrac{1}{b^{m+1}} \sum\limits_{k=0}^{k=m} \binom{m}{k}(-\triangle)^k \cdot h^{m-k} \cdot \dfrac{z^{m-n-k+1}}{m-n-k+1}$; $\triangle = ah - bg \neq 0.$ (s. Nr. 1. 0. 2.). Ist $m - n - k + 1 = 0$, d. h. $k = m - n + 1$, so lautet das betreffende Glied in der Summe: $\binom{m}{n-1}(-\triangle)^{m-n+1} h^{n-1} \ln|z|.$
1. 0. 2.	$\dfrac{(g + hx)^m}{(a + bx)^n}$	$\dfrac{h^m}{b^m} \int (a + bx)^{m-n}\,dx$, $\triangle = 0$; vergl. Abs. 2. 1. 2. 1. Nr. 1. 1.
1. 1. 0.	$\dfrac{g + hx}{(a + bx)^n}$	$\dfrac{1}{b^2}\left[\dfrac{\triangle}{(n-1)z^{n-1}} - \dfrac{h}{(n-2)z^{n-2}}\right]$; $n \neq 1, 2$ (vergl. u.).
1. 1. 1.	$\dfrac{g + hx}{a + bx}$	$\dfrac{1}{b^2}[hz - \triangle \ln|z|] = \dfrac{hx}{b} - \dfrac{\triangle}{b^2} \ln|a + bx| + C.$
1.1.1.1.	$\dfrac{a + x}{a - x}$	$-x - 2a \ln|a - x|.$
1.1.1.2.	$\dfrac{a - x}{a + x}$	$-x + 2a \ln|a + x|.$
1. 1. 2.	$\dfrac{g + hx}{(a + bx)^2}$	$\dfrac{1}{b^2}\left[\dfrac{\triangle}{z} + h \cdot \ln|z|\right].$
1. 1. 3.	$\dfrac{g + hx}{(a + bx)^3}$	$\dfrac{1}{b^2}\left[\dfrac{\triangle}{2z^2} - \dfrac{h}{z}\right].$
1. 1. 4.	$\dfrac{g + hx}{(a + bx)^4}$	$\dfrac{1}{b^2}\left[\dfrac{\triangle}{3z^3} - \dfrac{h}{2z^2}\right].$
1. 2. 0.	$\dfrac{(g + hx)^2}{(a + bx)^n}$	$\dfrac{1}{b^3}\left[-\dfrac{\triangle^2}{(n-1)z^{n-1}} + \dfrac{2h\triangle}{(n-2)z^{n-2}} - \dfrac{h^2}{(n-3)z^{n-3}}\right]$, $n \neq 1, 2, 3$ (vergl. u.).
1. 2. 1.	$\dfrac{(g + hx)^2}{a + bx}$	$\dfrac{1}{b^3}\left[\triangle^2 \ln|z| - 2h\triangle z + \dfrac{1}{2}h^2 z^2\right].$
1. 2. 2.	$\dfrac{(g + hx)^2}{(a + bx)^2}$	$\dfrac{1}{b^3}\left[-\dfrac{\triangle^2}{z} - 2h\triangle \ln|z| + h^2 z\right].$
1. 2. 3.	$\dfrac{(g + hx)^2}{(a + bx)^3}$	$\dfrac{1}{b^3}\left[-\dfrac{\triangle^2}{2z^2} + \dfrac{2h\triangle}{z} + h^2 \ln|z|\right].$
1. 2. 4.	$\dfrac{(g + hx)^2}{(a + bx)^4}$	$\dfrac{1}{b^3}\left[-\dfrac{\triangle^2}{3z^3} + \dfrac{h\triangle}{z^2} - \dfrac{h^2}{z}\right].$
1. 3. 0.	$\dfrac{(g + hx)^3}{(a + bx)^n}$	$\dfrac{1}{b^4}\left[\dfrac{\triangle^3}{(n-1)z^{n-1}} - \dfrac{3h\triangle^2}{(n-2)z^{n-2}} + \dfrac{3h^2\triangle}{(n-3)z^{n-3}} - \dfrac{h^3}{(n-4)z^{n-4}}\right]$, $n \neq 1, 2, 3, 4$ (vergl. u.).

[1]) Zur Abkürzung ist ferner gesetzt $\triangle = ah - bg \neq 0.$ [2]) Vgl. a. Abs. 2. 1. 2. 3.

Nr.	$f(x) = J'(x)$	$J(x) = \int f(x)\,dx$
1.3.1.	$\dfrac{(g+hx)^3}{a+bx}$	$\dfrac{1}{b^4}\left[-\triangle^3\ln\lvert z\rvert + 3h\,\triangle^2 z - \dfrac{3}{2}\,h^2\,\triangle z^2 + \dfrac{1}{3}\,h^3\,z^3\right.$
1.3.2.	$\dfrac{(g+hx)^3}{(a+bx)^2}$	$\dfrac{1}{b^4}\left[\dfrac{\triangle^3}{z} + 3h\,\triangle^2\ln\lvert z\rvert - 3h^2\,\triangle z + \dfrac{1}{2}\,h^3\,z^2\right].$
1.3.3.	$\dfrac{(g+h\nu)^3}{(a+bx)^3}$	$\dfrac{1}{b^4}\left[\dfrac{\triangle^3}{2\,z^2} - \dfrac{3h\,\triangle^2}{z} - 3\,\triangle\,h^2\ln\lvert z\rvert + h^3 z\right].$
1.3.4.	$\dfrac{(g+hx)^3}{(a+bx)^4}$	$\dfrac{1}{b^4}\left[\dfrac{\triangle^3}{3\,z^3} - \dfrac{3h\,\triangle^2}{2\,z^2} + \dfrac{3h^2\,\triangle}{z} + h^3\ln\lvert z\rvert\right].$
1.3.5.	$\dfrac{(g+hx)^3}{(a+bx)^5}$	$\dfrac{1}{b^4}\left[\dfrac{\triangle^3}{4\,z^4} - \dfrac{h\,\triangle^2}{z^3} + \dfrac{3h^2\,\triangle}{2\,z^2} -- \dfrac{h^3}{z}\right].$
2.0.1.	$\dfrac{1}{(g+hx)^m(a+bx)^n}$	$-\dfrac{h^{n-1}}{\triangle^{m+n-1}}\sum_{k=0}^{k=m+n-2}\binom{m+n-2}{k}\dfrac{(-b)^k\,h^{m-1-k}\,z^{m-1-k}}{(m-1-k)\,w^{m-1-k}},$ $\triangle \neq 0$ (s. Nr. 2.0.2.); ist $k = m-1$, so lautet das betreffende Glied in der Summe: $$\binom{m+n-2}{n-1}\cdot(--b)^{m-1}\cdot\ln\left\lvert\dfrac{z}{w}\right\rvert.$$
2.0.2.	$\dfrac{1}{(g+hx)^m(a+bx)^n}$	$\dfrac{b^m}{h^m}\displaystyle\int\dfrac{dx}{(a+bx)^m},\ \triangle = 0$; vergl. Abs. 2.1.2.1. Nr. 2.1.
2.1.1.	$\dfrac{1}{(g+hx)(a+bx)}$	$\dfrac{1}{\triangle}\cdot\ln\left\lvert\dfrac{w}{z}\right\rvert.$
2.1.2.	$\dfrac{1}{(g+hx)(a+bx)^2}$	$\dfrac{h}{\triangle^2}\left[\ln\left\lvert\dfrac{w}{z}\right\rvert - \dfrac{b}{h}\cdot\dfrac{w}{z}\right].$
2.1.3.	$\dfrac{1}{(g+hx)(a+bx)^3}$	$\dfrac{h}{\triangle^3}\left[\ln\left\lvert\dfrac{w}{z}\right\rvert - \dfrac{2b}{h}\cdot\dfrac{w}{z} + \dfrac{b^2}{2h^2}\cdot\left(\dfrac{w}{z}\right)^2\right].$
2.2.2.	$\dfrac{1}{(g+hx)^2(a+bx)^2}$	$-\dfrac{h}{\triangle^3}\left[h\cdot\dfrac{z}{w} + 2b\cdot\ln\left\lvert\dfrac{w}{z}\right\rvert - \dfrac{b^2}{h}\cdot\dfrac{w}{z}\right].$
2.2.3.	$\dfrac{1}{(g+hx)^2(a+bx)^3}$	$-\dfrac{h^2}{\triangle^4}\left[h\cdot\dfrac{z}{w} + 3b\cdot\ln\left\lvert\dfrac{w}{z}\right\rvert - \dfrac{3b^2}{h}\cdot\dfrac{w}{z} + \dfrac{b^3}{2h^2}\cdot\left(\dfrac{w}{z}\right)^2\right].$
3.0.1.	$\dfrac{x^p}{(g+hx)^m(a+bx)^n}$	$\dfrac{1}{h^p}\sum_{s=0}^{s=p}\binom{p}{s}(-g)^{p-s}\int\dfrac{(g+hx)^{s-m}}{(a+bx)^n}\,dx,\ \triangle \neq 0$ (s. Nr. 3.0.2. [1]); für $s > m$ nach Abs. 2.1.2.2. Nr. 1.0. für $s < m$ nach Abs. 2.1.2.2. Nr. 2.0.
3.0.2.	$\dfrac{x^p}{(g+hx)^m(a+bx)^n}$	$\left(\dfrac{h}{b}\right)^m\int\dfrac{x^p}{(a+bx)^{m+n}}\,dx,\ \triangle = 0$, vergl. Abs. 2.1.2.1. Nr. 5.0.
3.1.1.1.	$\dfrac{x}{(g+hx)(a+bx)}$	$\dfrac{1}{\triangle}\left[\dfrac{a}{b}\ln\lvert z\rvert - \dfrac{g}{h}\ln\lvert w\rvert\right].$

---

[1] Die unten angegebenen Formeln sind durch Partialbruchzerlegung gewonnen und weichen von den aus 3.0.1. gewonnenen um eine Konstante ab.

Nr.	$f(x) = J'(x)$	$J(x) = \int f(x)\, dx$
3.1.1.2.	$\dfrac{x}{(g+hx)(a+bx)^2}$	$\dfrac{1}{\triangle}\left[\dfrac{g}{\triangle}\ln\left|\dfrac{z}{w}\right| - \dfrac{a}{b^2}\dfrac{1}{z}\right].$
3.1.2.2.	$\dfrac{x}{(g+hx)^2(a+bx)^2}$	$\dfrac{1}{\triangle^2}\left[\dfrac{ah+bg}{\triangle}\ln\left|\dfrac{z}{w}\right| + \dfrac{a}{z} + \dfrac{g}{w}\right].$
3.2.1.1.	$\dfrac{x^2}{(g+hx)(a+bx)}$	$\dfrac{1}{\triangle}\left[\dfrac{g^2}{h^2}\ln|w| - \dfrac{a^2}{b^2}\ln|z|\right] + \dfrac{x}{hb}.$
3.2.1.2.	$\dfrac{x^2}{(g+hx)(a+bx)^2}$	$\dfrac{1}{\triangle^2}\left[\dfrac{g^2}{h}\ln|w| + \dfrac{a(\triangle-gb)}{b^2}\ln|z|\right] + \dfrac{a^2}{b^2\triangle}\cdot\dfrac{1}{z}.$
3.2.2.2.	$\dfrac{x^2}{(g+hx)^2(a+bx)^2}$	$\dfrac{1}{\triangle^2}\left[\dfrac{2ag}{\triangle}\ln\left|\dfrac{z}{w}\right| - \dfrac{g^2}{w} - \dfrac{a^2}{z}\right].$

$$\textbf{2. 1. 2. 3. }\; a+x,\; b+x,\; c+x,\; d+x.$$

Nr.	$f(x) = J'(x)$	$J(x) = \int f(x)\, dx$
1.1.0.	$\dfrac{1}{(a+x)(b+x)(c+x)}$	$A\ln|a+x| + B\ln|b+x| + C\ln|c+x|,$ $A = 1/(b-a)(c-a),\ B = 1/(a-b)(c-b),$ $\qquad\qquad C = 1/(a-c)(b-c);$ a, b, c von einander verschieden: vgl. Abs. 2.1.2.2. Nr. 2.1.2. und Abs. 2.1.2.1. Nr. 2.1.
1.1.1.	$\dfrac{x}{(a+x)(b+x)(c+x)}$	$-Aa\ln|a+x| - Bb\ln|b+x| - Cc\ln|c+x|;$ A, B, C s. o. a, b, c von einander verschieden: vgl. Abs. 2.1.2.2. Nr. 3.1.1.2. nnd Abs. 2.1.2.1. Nr. 5.1.3.
1.1.2.	$\dfrac{x^2}{(a+x)(b+x)(c+x)}$	$Aa^2\ln|a+x| + Bb^2\ln|b+x| + Cc^2\ln|c+x|;$ A, B, C s. o. a, b, c von einander verschieden: vgl. Abs. 2.1.2.2. Nr. 3.2.1.2. und Abs. 2.1.2.1. Nr. 5.2.2.
1.1.3.	$\dfrac{\alpha x^2 + \beta x + \gamma}{(a+x)(b+x)(c+x)}$	$A_1\ln|a+x| + B_1\ln|b+x| + C_1\ln|c+x|,$ $A_1 = \dfrac{\alpha a^2 - \beta a + \gamma}{(b-a)(c-a)},\quad B_1 = \dfrac{\alpha b^2 - \beta b + \gamma}{(a-b)(c-b)},$ $C_1 = \dfrac{\alpha c^2 - \beta c + \gamma}{(a-c)(b-c)};\ a, b, c$ von einander verschieden: $\qquad\qquad\qquad$ vgl. o.
1.1.4.	$\dfrac{(d+x)^2}{(a+x)(b+x)(c+x)}$	$A_2\ln|a+x| + B_2\ln|b+x| + C_2\ln|c+x|,$ $A_2 = \dfrac{(d-a)^2}{(b-a)(c-a)},\quad B_2 = \dfrac{(d-b)^2}{(a-b)(c-b)},$ $C_2 = \dfrac{(d-c)^2}{(a-c)(b-c)};\ a, b, c$ von einander verschie- $\qquad\qquad\qquad$ den: s. o.

Nr.	$f(x) = J'(x)$	$J(x) = \int f(x)\,dx$
1. 2. 1.	$\dfrac{a + x}{(b + x)(c + x)}$	$\dfrac{a - b}{c - b} \cdot \ln\lvert b + x\rvert + \dfrac{c - a}{c - b} \cdot \ln\lvert c + x\rvert$; $\;c \neq b$, vgl. Abs. 2. 1. 2. 2. Nr. 1. 1. 2.
1. 2. 2.	$\dfrac{(a + x)(b + x)}{c + x}$	$(a - c)(b - c)\ln\lvert c + x\rvert + (a + b - c)x + \dfrac{1}{2}\,x^2.$

Nr.	$f(x) = J'(x)$	$J(x) = \int f(x)\,dx$
2. 1. 0.	$\dfrac{1}{(a+x)(b+x)(c+x)(d+x)}$	$A\ln\lvert a+x\rvert + B\ln\lvert b+x\rvert + C\ln\lvert c+x\rvert + D\ln\lvert d+x\rvert$; $A = 1/(b-a)(c-a)(d-a),\; B = 1/(a-b)(c-b)(d-b),$ $C = 1/(a-c)(b-c)(d-c),\; D = 1/(a-d)(b-d)(c-d).$ $a,\,b,\,c$ von einander verschieden: für $c = d$ vgl. Nr. 2. 2. 0., für $d = c = b$ vgl. Abs. 2. 1. 2. 2. Nr. 2.1.3., für $d = c = b = a$ vgl. Abs. 2. 1. 2. 1. Nr. 2. 1., für $a = b$ und $c = d$ vgl. Ab. 2. 1. 2. 2. Nr. 2. 2. 2.
2. 1. 1.	$\dfrac{x}{(a+x)(b+x)(c+x)(d+x)}$	$-Aa\ln\lvert a+x\rvert - Bb\ln\lvert b+x\rvert - Cc\ln\lvert c+x\rvert$ $\qquad\qquad\qquad\qquad - Dd\ln\lvert d+x\rvert$ A, B, C, D s. Nr. 2. 1. 0.; a, b, c, d von einander verschieden: für $d = c$ vgl. Nr. 2. 2. 1., für $d = c = b$ vgl. Nr. 2. 3. 1. oder Abs. 2. 1. 2. 2. Nr. 3. 0., für $a = b = c = d$ vgl. Abs. 2. 1. 2. 1. Nr. 5. 1. 4., für $a = b$ und $c = d$ vgl. Abs. 2. 1. 2. 2. Nr. 3. 1. 2. 2.
2. 1. 2.	$\dfrac{x^2}{(a+x)(b+x)(c+x)(d+x)}$	$Aa^2\ln\lvert a+x\rvert + Bb^2\ln\lvert b+x\rvert + Cc^2\ln\lvert c+x\rvert$ $\qquad\qquad\qquad\qquad + Dd^2\ln\lvert d+x\rvert$; A, B, C, D s. Nr. 2. 1. 0.; a, b, c, d von einander verschieden: für $d = c$ vgl. Nr. 2. 2. 2., für $d = c = b$ vgl. Nr. 2. 3. 2. oder Abs. 2. 1. 2. 2. Nr. 3. 0., für $a = b = c = d$ vgl. Abs. 2. 1. 2. 1. Nr. 5 2. 4., für $a = b$ und $c = d$ vgl. Abs. 2. 1. 2. 2. Nr. 3. 2. 2. 2.
2. 1. 3.	$\dfrac{x^3}{(a+x)(b+x)(c+x)(d+x)}$	$-Aa^3\ln\lvert a+x\rvert - Bb^3\ln\lvert b+x\rvert - Cc^3\ln\lvert c+x\rvert$ $\qquad\qquad\qquad\qquad + Dd^3\ln\lvert d+x\rvert$; A, B, C, D s. Nr. 2. 1. 0.; a, b, c, d von einander verschieden: für $d = c$ vgl. Nr. 2. 2. 3, für $d = c = b$ vgl. Nr. 2. 3. 3. oder Abs. 2. 1. 2. 2. Nr. 3. 0., für $d = b = c = d$ vgl. Abs. 2. 1. 2. 1. Nr. 5. 3. 4., für $a = b$ und $c = d$ vgl. Nr. 2. 5. 3.
2. 1. 4.	$\dfrac{\alpha x^3 + \beta x^2 + \gamma x + \delta}{(a+x)(b+x)(c+x)(d+x)}$	$A_1\ln\lvert a+x\rvert + B_1\ln\lvert b+x\rvert + C_1\ln\lvert c+x\rvert$ $\qquad\qquad\qquad\qquad + D_1\ln\lvert d+x\rvert$; $A_1 = \dfrac{-\alpha a^3 + \beta a^2 - \gamma a + \delta}{(b-a)(c-a)(d-a)},$ $B_1 = \dfrac{-\alpha b^3 + \beta b^2 - \gamma b + \delta}{(a-b)(c-b)(d-b)},$ $C_1 = \dfrac{-\alpha c^3 + \beta c^2 - \gamma c + \delta}{(a-c)(b-c)(d-c)},$ $D_1 = \dfrac{-\alpha d^3 + \beta d^2 - \gamma d + \delta}{(a-d)(b-d)(c-d)};$ a, b, c, d von einander verschieden, vgl. o.

Nr.	$f(x) = J'(x)$	$J(x) = \int f(x)\,dx$
2.1.4.1.	$\dfrac{(e+x)^2}{(a+x)(b+x)(c+x)(d+x)}$	$A_2 \ln\lvert a+x\rvert + B_2 \ln\lvert b+x\rvert + C_2 \ln\lvert c+x\rvert$ $+\, D_2 \ln\lvert d+x\rvert;$ $A_2 = (e-a)^2 A,\quad B_2 = (e-b)^2 B,\quad C_2 = (e-c)^2 C,$ $D_2 = (e-d)^2 A;$ a,b,c,d von einander verschieden, vgl. o.; A, B, C, D s. Nr. 2.1.0.
2.1.4.2.	$\dfrac{(e+x)^3}{(a+x)(b+x)(c+x)(d+x)}$	$A_3 \ln\lvert a+x\rvert + B_3 \ln\lvert b+x\rvert + C_3 \ln\lvert c+x\rvert$ $+\, D_3 \ln\lvert d+x\rvert;$ $A_3 = (e-a)^3 A,\quad B_3 = (e-b)^3 B,\quad C_3 = (e-c)^3 C,$ $D_3 = (e-d)^3 D.$ A, B, C, D vgl. Nr. 2.1.0.; a,b,c,d von einander verschieden, vgl. o.
2.2.0.	$\dfrac{1}{(a+x)(b+x)(c+x)^2}$	$A_0 \ln\lvert a+x\rvert + B_0 \ln\lvert b+x\rvert + C_0 \ln\lvert c+x\rvert - \dfrac{D_0}{c+x};$ $A_0 = \dfrac{1}{(b-a)(c-a)^2},\quad B_0 = \dfrac{1}{(a-b)(c-b)^2},$ $D_0 = \dfrac{1}{(a-c)(b-c)},\quad C_0 = \dfrac{(c-a)+(c-b)}{(c-a)^2(c-b)^2};$ a,b,c von einander verschieden: für $b=c$ vgl. Abs. 2.1.2.2. Nr. 2.1.3., für $a=b$ vgl. Abs. 2.1.2.2. Nr. 2.2.2., für $a=b=c$ vgl. Abs. 2.1.2.1. Nr. 2.1.
2.2.1.	$\dfrac{x}{(a+x)(b+x)(c+x)^2}$	$-aA_0 \ln\lvert a+x\rvert - bB_0 \ln\lvert b+x\rvert + C_1 \ln\lvert c+x\rvert$ $+\, \dfrac{cD_0}{c+x};$ A_0, B_0, D_0 s. Nr. 2.2.0., $C_1 = \dfrac{ab-c^2}{(c-a)^2(c-b)^2};$ a,b,c von einander verschieden: für $b=c$ vgl. Nr. 2.3.1., für $a=b$ vgl. Abs. 2.1.2.2. Nr. 3.1.2.2., für $a=b=c$ vgl. Abs. 2.1.2.1. Nr. 5.1.4.
2.2.2.	$\dfrac{x^2}{(a+x)(b+x)(c+x)^2}$	$a^2 A_0 \ln\lvert a+x\rvert + b^2 B_0 \ln\lvert b+x\rvert + C_2 \ln\lvert c+x\rvert$ $-\, \dfrac{c^2 D_0}{c+x};$ A_0, B_0, D_0 s. Nr. 2.2.0., $C_2 = \dfrac{c[b(c-a)+a(c-b)]}{(c-a)^2(c-b)^2};$ a,b,c von einander verschieden: für $b=c$ vgl. Nr. 2.3.2., für $a=b$ vgl. Abs. 2.1.2.2. Nr. 3.2.2.2., für $a=b=c$ vgl. Abs. 2.1.2.1. Nr. 5.2.4.
2.2.3.	$\dfrac{x^3}{(a+x)(b+x)(c+x)^2}$	$-a^3 A_0 \ln\lvert a+x\rvert - b^3 B_0 \ln\lvert b+x\rvert + C_3 \ln\lvert c+x\rvert$ $-\, \dfrac{c^3 D_0}{c+x};$

Nr.	$f(x) = J'(x)$	$J(x) = \int f(x)\,dx$
		A_0, B_0, D_0 s. Nr. 2.2.0., $$C_3 = \frac{c^2\,[(c-a)^2 + (c-b)^2 - (a-b)^2 + ab]}{(c-a)^2\,(c-b)^2}\,;$$ a, b, c von einander verschieden: für $b = c$ vgl. Nr. 2.3.2., für $a = b$ vgl. 2.4.3., für $a = b = c$ vgl. Abs. 2.1.2.1. Nr. 5.3.4.
2.3.1.	$\dfrac{x}{(a+x)(b+x)^3}$	$\dfrac{a}{(b-a)^3}\left[\ln\left\|\dfrac{b+x}{a+x}\right\| - \dfrac{b-a}{b+x} - \dfrac{b\,(b-a)^2}{2\,a\,(b+x)^2}\right]$; $b \neq a$: für $b = a$ vgl. Abs. 2.1.2.1. Nr. 5.1.4.
2.3.2.	$\dfrac{x^2}{(a+x)(b+x)^3}$	$\alpha_1 \ln\left\|\dfrac{a+x}{b+x}\right\| + \dfrac{\alpha_2}{b+x} - \dfrac{\alpha_3}{(b+x)^2}\,,$ $\alpha_1 = \dfrac{a^2}{(b-a)^3}\,,\ \alpha_2 = \dfrac{b\,(2a-b)}{(b-a)^2}\,,\ \alpha_3 = \dfrac{b^2}{2\,(b-a)}\,;$ $b \neq a$: für $b = a$ vgl. Abs. 2.1.2.1. Nr. 5.2.4.
2.3.3.	$\dfrac{x^3}{(a+x)(b+x)^3}$	$\beta_1 \ln\left\|\dfrac{a+x}{b+x}\right\| + \dfrac{\beta_2}{b+x} - \dfrac{\beta_3}{(b+x)^2}\,,$ $\beta_1 = \dfrac{a^3}{(b-a)^3}\,,\ \beta_2 = \dfrac{b^2\,(2b-3a)}{(b-a)^2}\,,\ \beta_3 = \dfrac{b^3}{2\,(b-a)}\,;$ $b \neq a$: für $a = b$ vgl. Abs. 2.1.2.1. Nr. 5.3.4.
2.4.3.	$\dfrac{x^3}{(a+x)^2(b+x)^2}$	$\gamma_1 \ln\|a+x\| + \gamma_2 \ln\|b+x\| + \dfrac{\gamma_3}{a+x} + \dfrac{\gamma_4}{b+x}\,;$ $$\gamma_1 = \frac{a^2\,(3b-a)}{(b-a)^3}\,,\ \gamma_2 = \frac{b^2\,(3a-b)}{(b-a)^3}\,,$$ $$\gamma_3 = \frac{a^3}{(b-a)^2}\,,\ \gamma_4 = \frac{b^3}{(b-a)^2}\,.$$ $b \neq a$: für $a = b$ vgl. Abs. 2.1.2.1. Nr. 5.3.4.
3.1.1.	$\dfrac{(c+x)(d+x)}{(a+x)(b+x)}$	$\dfrac{(c-a)(d-a)}{b-a} \ln\|a+x\| + \dfrac{(c-b)(d-b)}{a-b} \ln\|b+x\| + x$; $b \neq a$: für $a = b$ vgl. Nr. 3.1.2.
3.1.2.	$\dfrac{(c+x)(d+x)}{(a+x)^2}$	$(c+d-2a) \ln\|a+x\| - \dfrac{(d-a)(c-a)}{a+x} + x.$
3.2.	$\dfrac{(b+x)(c+x)(d+x)}{a+x}$	$A \ln\|a+x\| + Bx + \dfrac{1}{2}\,Cx^2 + \dfrac{1}{3}\,x^3,$ $A = (a-b)(a-c)(a-d),\ B = c(b-a) + d(c-a) + b(d-a) + a^2,\ C = b+c+d-2a.$

2.1.3. Der Integrand enthält $a \pm b x^2$.

2.1.3.1. $a \pm b x^2$ und x^m.

Nr.	$f(x) = J'(x)$	$J(x) = \int f(x)\,dx$	
1.1.0.0.	$\dfrac{1}{1+x^2}$	$\operatorname{arc\ tg} x + C_1 = -\operatorname{arc\ ctg} x + C_2.$	
1.1.0.1.	$\dfrac{1}{a^2+x^2}$	$\dfrac{1}{a}\operatorname{arc\ tg}\dfrac{x}{a}.$	
1.1.0.2.	$\dfrac{1}{a+bx^2}$	$\dfrac{1}{\sqrt{ab}}\operatorname{arc\ tg}\left(\sqrt{\dfrac{b}{a}}\,x\right),$	$ab>0.$
1.2.0.0.1.	$\dfrac{1}{1-x^2}$	$\dfrac{1}{2}\ln\dfrac{1+x}{1-x} = \operatorname{Ar\ Tg} x^*,$	$\lvert x\rvert<1.$
		$\dfrac{1}{2}\ln\dfrac{x+1}{x-1} = \operatorname{Ar\ Ctg} x^*,$	$\lvert x\rvert>1.$
		oder $\dfrac{1}{2}\ln\left\lvert\dfrac{1+x}{1-x}\right\rvert.$	
1.2.0.0.2.	$\dfrac{1}{x^2-1}$	$-\displaystyle\int\dfrac{dx}{1-x^2}.$	
1.2.0.1.	$\dfrac{1}{a^2-x^2}$	$\dfrac{1}{2a}\ln\dfrac{a+x}{a-x} = \dfrac{1}{a}\operatorname{Ar\ Tg}\dfrac{x}{a}{}^*,$	$\left\lvert\dfrac{x}{a}\right\rvert<1.$
		$\dfrac{1}{2a}\ln\dfrac{x+a}{x-a} = \dfrac{1}{a}\operatorname{Ar\ Ctg}\dfrac{x}{a}{}^*,$	$\left\lvert\dfrac{x}{a}\right\rvert>1.$
		oder $\dfrac{1}{2}\ln\left\lvert\dfrac{a+x}{a-x}\right\rvert.$	
1.2.0.2.	$\dfrac{1}{a-bx^2}$	$\dfrac{1}{2\sqrt{ab}}\ln\dfrac{\sqrt{ab}+bx}{\sqrt{ab}-bx} = \dfrac{1}{\sqrt{ab}}\operatorname{Ar\ Tg}\left(\sqrt{\dfrac{b}{a}}\,x\right)^*; \lvert x\rvert<\sqrt{ab}.$	
		$\qquad\qquad ab>0$	
		$\dfrac{1}{2\sqrt{ab}}\ln\dfrac{bx+\sqrt{ab}}{bx-\sqrt{ab}} = \dfrac{1}{\sqrt{ab}}\operatorname{Ar\ Ctg}\left(\sqrt{\dfrac{b}{a}}\,x\right); \lvert x\rvert>\sqrt{ab}.$	
2.1.0.	$x^{2m+1}(a^2\pm x^2)^n$	Führt mit $v=x^2$ auf $\dfrac{1}{2}\int v^m(a^2\pm v^2)^n\,dv$ und mit $z=a^2\pm x^2$ auf $\dfrac{(\pm 1)^{m+1}}{2}\int z^n(z-a^2)_m\,dz$ d.h. $J(x)=$ $\dfrac{1}{2}\displaystyle\sum_{k=0}^{k=n}(\pm 1)^k\binom{n}{k}\dfrac{a^{2(n-k)}\,x^{2(m+k+1)}}{m+k+1},$	vergl. Abs. 1.2.1.2. Nr.4.0. Nr.5.0. n ganz und >0 α) m ganz, dann $m\leqq n$ β) m gebrochen oder <0 $m+k+1\neq 0.$

Nr.	$f(x) = J'(x)$	$J(x) = \int f(x)\,dx$
		$\dfrac{(\pm 1)^{m+1}}{2} \cdot \sum\limits_{k=0}^{k=m} (-1)^k \binom{m}{k} \dfrac{a^{2k}\,z^{m+n-k+1}}{m+n-k+1},$ m ganz und > 0, $\alpha)$ n ganz, dann $m \geqq n$ $\beta)$ n gebrochen oder < 0 $m+n-k+1 \neq 0$; (s. u.).
2.1.1.1.	$x\,(a^2 \pm x^2)^n$	$\pm \dfrac{1}{2\,(n+1)}\,(a^2 \pm x^2)^{n+1}$; $n \neq -1$ (vgl. u).
2.1.1.2.	$x^3\,(a^2 \pm x^2)^n$	$\dfrac{1}{2}\,\dfrac{(a^2 \pm x^2)^{n+1}\,[\pm (n+1)\,x^2 - a^2]}{(n+1)\,(n+2)}$; $n \neq -1, -2$ (vgl. u.).
2.1.1.3.	$x^5\,(a^2 \pm x^2)^n$	$\pm \dfrac{1}{2}\,z^{n+1}\left[\dfrac{z^2}{n+3} - \dfrac{2\,a^2\,z}{n+2} + \dfrac{a^4}{n+1}\right]$[1], $n \neq -1, -2, -3$ (vergl. u.).
2.1.2.0.	$\dfrac{x^{2m+1}}{(a^2 \pm x^2)^n}$	$\dfrac{(\pm 1)^{m+1}}{2} \cdot \sum\limits_{k=0}^{k=m} (-1)^k \binom{m}{k} \dfrac{a^{2k}\,z^{m-n-k+1}}{m-n-k+1}$[1]; $m-n-k+1 \neq 0$ (vergl. Abs. 1.2.1.2. Nr. 5.0.). Ist $k = m-n+1$, so lautet das betreffende Glied *in* der Summe $(-1)^{m-n+1} \cdot \binom{m}{n-1} \cdot a^{2k} \cdot \ln |z|$[1]); vgl. a. Nr. 4.0.0.2/3.
2.1.2.1.0.	$\dfrac{x}{(a^2 \pm x^2)^n}$	$\mp \dfrac{1}{2\,(n-1)\,(a^2 \pm x^2)^{n-1}}$, $n \neq 1$ (s. u.).
2.1.2.1.1.1.	$\dfrac{x}{a^2 + x^2}$	$\dfrac{1}{2}\,\ln(a^2 + x^2)$.
2.1.2.1.1.2.	$\dfrac{x}{a^2 - x^2}$	$-\dfrac{1}{2}\,\ln|a^2 - x^2|$.
2.1.2.1.1.3.	$\dfrac{x}{a + b\,x^2}$	$\dfrac{1}{2\,b}\,\ln(a + b\,x^2)$, $a, b > 0$.
2.1.2.1.1.4.	$\dfrac{x}{a - b\,x^2}$	$-\dfrac{1}{2\,b}\,\ln(a - b\,x^2)$, $\|x\| < \sqrt{\dfrac{a}{b}}$ $\Big\}$ $-\dfrac{1}{2\,b}\,\ln(b\,x^2 - a)$, $\|x\| > \sqrt{\dfrac{a}{b}}$ $ab > 0$.
2.1.2.1.2.	$\dfrac{x}{(a^2 \pm x^2)^2}$	$\mp \dfrac{1}{2\,(a^2 \pm x^2)}$.
2.1.2.1.3.	$\dfrac{x}{(a^2 \pm x^2)^3}$	$\mp \dfrac{1}{4\,(a^2 \pm x^2)^2}$.
2.1.2.2.0.	$\dfrac{x^3}{(a^2 \pm x^2)^n}$	$\dfrac{1}{2}\left[\dfrac{a^2}{(n-1)\,z^{n-1}} - \dfrac{1}{(n-2)\,z^{n-2}}\right]$, $z = a^2 \pm x^2$ $\Big\}$ $n \neq 1,2$ $= -\dfrac{a^2 \pm (n-1)\,x^2}{(n-1)\,(n-2)\,(a^2 \pm x^2)^{n-1}}$ $\Big)$ (vgl. u.).

---

[1] $z = a^2 \pm x^2$

Nr.	$f(x) = J'(x)$	$J(x) = \int f(x)\,dx$
2. 1. 2. 2. 1. 1.	$\dfrac{x^3}{a^2 + x^2}$	$\dfrac{1}{2}\,x^2 - \dfrac{1}{2}\,a^2\ln(a^2 + x^2).$
2. 1. 2. 2. 1. 2.	$\dfrac{x^3}{a^2 - x^2}$	$-\dfrac{1}{2}\,x^2 - \dfrac{1}{2}\,a^2\ln|a^2 - x^2|.$
2. 1. 2. 2. 2.	$\dfrac{x^3}{(a^2 \pm x^2)^2}$	$\dfrac{1}{2}\left[\dfrac{a^2}{z} + \ln|z|\right], \quad z = a^2 \pm x^2.$
2. 1. 2. 2. 3.	$\dfrac{x^3}{(a^2 \pm x^2)^3}$	$\dfrac{a^2}{4\,z^2} - \dfrac{1}{2\,z} = -\dfrac{a^2 \pm 2\,x^2}{2\,(a^2 \pm x^2)^2}, \quad z = a^2 \pm x^2.$
2. 2. 2. 0.	$\dfrac{1}{x^{2m+1}\,(a^2 \pm x^2)^n}$	$-\dfrac{1}{2\,a^{2(m+n)}}\sum_{k=0}^{k=m+n-1}\binom{m+n-1}{k}(\mp 1)^k\,\dfrac{z^{m-k}\,{}^{1)}}{(m-k)\,x^{2(m-k)}}, \quad k \neq m.$ Für $k = m$ lautet das betreffende Glied in der Summe $\binom{m+n-1}{n-1}(\mp 1)^m \cdot \ln\left|\dfrac{a^2 \pm x^2}{x^2}\right|.$ Vgl. a. Nr. 5. 0. 0. 2.
2. 2. 2. 1. 1. 1. 1.	$\dfrac{1}{x\,(a^2 + x^2)}$	$\dfrac{1}{2\,a^2}\ln\dfrac{x^2}{a^2 + x^2} = -\dfrac{1}{2\,a^2}\ln\left(1 + \dfrac{a^2}{x^2}\right).$
2. 2. 2. 1. 1. 1. 2.	$\dfrac{1}{x\,(a^2 - x^2)}$	$\dfrac{1}{2\,a^2}\ln\left|\dfrac{x^2}{a^2 - x^2}\right| = -\dfrac{1}{2\,a^2}\ln\left|\dfrac{a^2}{x^2} - 1\right|.$
2. 2. 2. 1. 1. 2. 1.	$\dfrac{1}{x\,(a + b\,x^2)}$	$\dfrac{1}{2\,a}\ln\dfrac{x^2}{a + b\,x^2} = -\dfrac{1}{2\,a}\ln\left(b + \dfrac{a}{x^2}\right).$
2. 2. 2. 1. 1. 2. 2.	$\dfrac{1}{x\,(a - b\,x^2)}$	$\left\{\begin{array}{l}\dfrac{1}{2\,a}\ln\dfrac{x^2}{a - b\,x^2}, \quad 0 < x < \sqrt{\dfrac{b}{a}} \\[2ex] \dfrac{1}{2\,a}\ln\dfrac{x^2}{b\,x^2 - a}, \quad x > \sqrt{\dfrac{b}{a}}\end{array}\right\} \quad a > 0,\ b > 0$
2. 2. 2. 1. 2.	$\dfrac{1}{x\,(a^2 \pm x^2)^2}$	$\dfrac{1}{2\,a^4}\left[\ln\left|\dfrac{x^2}{a^2 \pm x^2}\right| + \dfrac{a^2}{a^2 \pm x^2}\right].$
2. 2. 2. 1. 3.	$\dfrac{1}{x\,(a^2 \pm x^2)^3}$	$\dfrac{1}{2\,a^6}\left[\ln\left|\dfrac{x^2}{z}\right| \mp 2\,\dfrac{x^2}{z} + \dfrac{x^4}{2\,z^2}\right], \quad z = a^2 \pm x^2.$
2. 2. 2. 1. 4.	$\dfrac{1}{x\,(a^2 \pm x^2)^n}$	$\dfrac{1}{a^2}\left[\dfrac{1}{2\,(n-1)\,z^{n-1}} + \int\dfrac{dx}{x\,z^{n-1}}\right], \quad n \neq 1;\ z = a^2 \pm x^2.$
2. 2. 2. 2. 1.	$\dfrac{1}{x^3\,(a^2 \pm x^2)}$	$\dfrac{1}{2\,a^4}\left[\pm\ln\left|\dfrac{z}{x^2}\right| - \dfrac{a^2}{x^2}\right], \quad z = a^2 \pm x^2$
2. 2. 2. 2. 2.	$\dfrac{1}{x^3\,(a^2 \pm x^2)^2}$	$\dfrac{1}{2\,a^6}\left[\pm\ln\left|\dfrac{z}{x^2}\right| - \dfrac{a^2}{x^2} \mp \dfrac{a^2}{z}\right]$ $= \dfrac{1}{2\,a^6}\left[\pm\ln\left|\dfrac{z}{x^2}\right| - \dfrac{z}{x^2} + \dfrac{x^2}{z}\right] + C, \quad z = a^2 \pm x^2.$

$^{1})$ Vergl. Abs. 2. 1. 2. 1. Nr. 6. 0. Die durch Teilbruchzerlegung oder Rekursion gewonnenen Werte weichen von diesen nur um eine Konstante ab.

Nr.	$f(x) = J'(x)$	$J(x) = \int f(x)\,dx$
2.2.2.2.3.	$\dfrac{1}{x^3 (a^2 \pm x^2)^3}$	$\dfrac{1}{2\,a^8}\left[\pm 3\ln\left\|\dfrac{z}{x^2}\right\| - \dfrac{a^2}{x^2} \mp \dfrac{2\,a^2}{z} \mp \dfrac{a^4}{2\,z^2}\right]$ $= \dfrac{1}{2\,a^8}\left[\pm 3\ln\left\|\dfrac{z}{x^2}\right\| - \dfrac{z}{x^2} + 3\dfrac{x^2}{z} \mp \dfrac{x^4}{2\,z^2}\right] + C,\quad z = a^2 \pm x^2.$
3.0.1.1.	$\dfrac{1}{(1 \pm x^2)^n}$	$\dfrac{1}{2\,(n-1)}\left[\dfrac{x}{(1 \pm x^2)^{n-1}} + (2n-3)\displaystyle\int\dfrac{dx}{(1 \pm x^2)^{n-1}}\right],\quad n \neq 1.$
3.0.1.2.	$\dfrac{1}{(a^2 \pm x^2)^n}$	$\dfrac{1}{2\,(n-1)\,a^2}\left[\dfrac{x}{(a^2 \pm x^2)^{n-1}} + (2n-3)\displaystyle\int\dfrac{dx}{(a^2 \pm x^2)^{n-1}}\right],\quad n \neq 1.$
3.0.1.3.	$\dfrac{1}{(a \pm b x^2)^n}$	$\dfrac{1}{2\,(n-1)\,a}\left[\dfrac{x}{(a \pm b x^2)^{n-1}} + (2n-3)\displaystyle\int\dfrac{dx}{(a \pm b x^2)^{n-1}}\right],\quad n \neq 1.$
3.1.1.1.1.	$\dfrac{1}{(1 + x^2)^2}$	$\dfrac{1}{2}\left[\dfrac{x}{1 + x^2} + \text{arc tg } x\right].$
3.1.1.1.2.	$\dfrac{1}{(1 - x^2)^2}$	$\dfrac{1}{2}\left[\dfrac{x}{1 - x^2} + \dfrac{1}{2}\ln\dfrac{1 + x}{1 - x}\right]^*,\quad \|x\| < 1.$ $\dfrac{1}{2}\left[\dfrac{x}{1 - x^2} + \dfrac{1}{2}\ln\dfrac{x + 1}{x - 1}\right]^*,\quad \|x\| > 1.$
3.1.1.2.1.	$\dfrac{1}{(a^2 + x^2)^2}$	$\dfrac{1}{2\,a^2}\left[\dfrac{x}{a^2 + x^2} + \dfrac{1}{a}\text{ arc tg }\dfrac{x}{a}\right].$
3.1.1.2.2.	$\dfrac{1}{(a^2 - x^2)^2}$	$\dfrac{1}{2\,a^2}\left[\dfrac{x}{a^2 - x^2} + \dfrac{1}{2\,a}\ln\dfrac{a + x}{a - x}\right]^*,\quad \|x\| < a.$ $\dfrac{1}{2\,a^2}\left[\dfrac{x}{a^2 - x^2} + \dfrac{1}{2\,a}\,\text{n}\,\dfrac{x + a}{x - a}\right]^*,\quad \|x\| > a.$
3.1.1.3.1.	$\dfrac{1}{(a + b x^2)^2}$	$\dfrac{1}{2\,a}\left[\dfrac{x}{a + b x^2} + \dfrac{1}{\sqrt{ab}}\text{ arc tg }\sqrt{\dfrac{b}{a}}\,x\right],\quad ab > 0.$
3.1.1.3.2.	$\dfrac{1}{(a - b x^2)^2}$	$\dfrac{1}{2\,a}\left[\dfrac{x}{a - b x^2} + \dfrac{1}{2\sqrt{ab}}\ln\dfrac{\sqrt{ab} + bx}{\sqrt{ab} - bx}\right]^*,\ \|x\| < \sqrt{ab},$ $\dfrac{1}{2\,a}\left[\dfrac{x}{a - b x^2} + \dfrac{1}{2\sqrt{ab}}\ln\dfrac{bx + \sqrt{ab}}{bx - \sqrt{ab}}\right]^*,\ \|x\| > \sqrt{ab}$ $\left.\right\}\,ab > 0.$
3.1.1.3.	$\dfrac{1}{(a^2 \pm x^2)^3}$	$\dfrac{1}{4\,a^2}\left[\dfrac{x}{z^2} + \dfrac{3x}{2\,a^2 z} + \dfrac{3}{2\,a^2}\displaystyle\int\dfrac{dx}{a^2 \pm x^2}\right],\quad z = a^2 \pm x^2;\ \text{vergl.}$ 1.1.0.1. u. 1.2.0.1.
4.0.0.1.	$\dfrac{x^{2m}}{(a^2 \pm x^2)^n}$	$\mp\dfrac{x^{2m-1}}{2\,(n-1)\,z^{n-1}} \pm \dfrac{2m-1}{2\,(n-1)}\displaystyle\int\dfrac{x^{2m-2}}{(a^2 \pm x^2)^{n-1}}\,dx;\ \begin{array}{l}m > 0,\ n \neq 1,\\ z = a^2 \pm x^2.\end{array}$
4.0.0.2.	$\dfrac{x^q}{(a^2 \pm x^2)^n}$	$\dfrac{1}{2\,(n-1)}\left[\dfrac{x^{q+1}}{z^{n-1}} - (q+3-2n)\displaystyle\int\dfrac{x^q}{z^{n-1}}\,dx\right],\ n \neq 1;\ z = a^2 \pm x^2.$
4.0.0.3.	$\dfrac{x^q}{a^2 \pm x^2}$	$\pm\dfrac{x^{q-1}}{q-1} \mp a^2\displaystyle\int\dfrac{x^{q-2}}{a^2 \pm x^2}\,dx,\qquad q \neq 1;$
4.1.1.1.	$\dfrac{x^2}{a^2 + x^2}$	$x - a\text{ arc tg }\dfrac{x}{a}.$

Nr.	$f(x) = J'(x)$	$J(x) = \int(x)\,dx$
4.1.1.2.	$\dfrac{x^2}{a^2 - x^2}$	$-x + \dfrac{a}{2}\ln\left|\dfrac{a+x}{a-x}\right|^{*}.$
4.1.2.1.	$\dfrac{x^2}{(a^2+x^2)^2}$	$-\dfrac{x}{2(a^2+x^2)} + \dfrac{1}{2a}\operatorname{arc\,tg}\dfrac{x}{a}.$
4.1.2.2.	$\dfrac{x^2}{(a^2-x^2)^2}$	$\dfrac{x}{2(a^2-x^2)} - \dfrac{1}{4a}\ln\left|\dfrac{a+x}{a-x}\right|^{*}.$
4.1.3.1.	$\dfrac{x^2}{(a^2+x^2)^3}$	$-\dfrac{x}{4z^2} + \dfrac{x}{8a^2z} + \dfrac{1}{8a^3}\operatorname{arc\,tg}\dfrac{x}{a}$ $= \dfrac{1}{8a^2}\left[\dfrac{1}{a}\operatorname{arc\,tg}\dfrac{x}{a} - \dfrac{x(a^2-x^2)}{z^2}\right],\qquad z = a^2+x^2.$
4.1.3.2.	$\dfrac{x^2}{(a^2-x^2)^3}$	$\dfrac{x}{4z^2} - \dfrac{x}{8a^2z} - \dfrac{1}{16a^3}\ln\left|\dfrac{a+x}{a-x}\right|^{*}$ $= \dfrac{1}{8a^2}\left[\dfrac{x(a^2+x^2)}{z^2} - \dfrac{1}{2a}\ln\left|\dfrac{a+x}{a-x}\right|^{*}\right],\qquad z = a^2-x^2.$
4.1.4.1.	$\dfrac{x^2}{(a^2+x^2)^4}$	$-\dfrac{x}{6z^3} + \dfrac{x}{24a^2z^2} + \dfrac{x}{16a^4z} + \dfrac{1}{16a^5}\operatorname{arc\,tg}\dfrac{x}{a},\ z = a^2+x^2.$
4.1.4.2.	$\dfrac{x^2}{(a^2-x^2)^4}$	$\dfrac{x}{6z^3} - \dfrac{x}{24a^2z^2} - \dfrac{x}{16a^4z} - \dfrac{1}{32a^5}\ln\left|\dfrac{a+x}{a-x}\right|^{*},\ z = a^2-x^2.$
4.2.1.1.	$\dfrac{x^4}{a^2+x^2}$	$\dfrac{1}{3}x^3 - a^2x + a^3\operatorname{arc\,tg}\dfrac{x}{a}.$
4.2.1.2.	$\dfrac{x^4}{a^2-x^2}$	$-\dfrac{1}{3}x^3 - a^2x + \dfrac{1}{2}a^3\ln\left|\dfrac{a+x}{a-x}\right|^{*}.$
4.2.2.1.	$\dfrac{x^4}{(a^2+x^2)^2}$	$-\dfrac{x^3}{2(a^2+x^2)} + \dfrac{3}{2}x - \dfrac{3}{2}a\operatorname{arc\,tg}\dfrac{x}{a}$ $= \dfrac{x(3a^2+2x^2)}{2(a^2+x^2)} - \dfrac{3}{2}a\cdot\operatorname{arc\,tg}\dfrac{x}{a}.$
4.2.2.2.	$\dfrac{x^4}{(a^2-x^2)^2}$	$\dfrac{x^3}{2(a^2-x^2)} + \dfrac{3}{2}x - \dfrac{3}{4}a\ln\left|\dfrac{a+x}{a-x}\right|^{*}$ $= \dfrac{x(3a^2-2x^2)}{2(a^2-x^2)} - \dfrac{3}{4}a\cdot\ln\left|\dfrac{a+x}{a-x}\right|.$
4.2.3.1.	$\dfrac{x^4}{(a^2+x^2)^3}$	$\dfrac{1}{4}\left[-\dfrac{x^3}{z^2} - \dfrac{3}{2}\dfrac{x}{z} + \dfrac{3}{2a}\operatorname{arc\,tg}\dfrac{x}{a}\right]$ $= \dfrac{1}{8}\left[-\dfrac{x(3x^2+a^2)}{z} + \dfrac{3}{a}\operatorname{arc\,tg}\dfrac{x}{a}\right],\qquad z = a^2+x^2.$
4.2.3.2.	$\dfrac{x^4}{(a^2-x^2)^3}$	$\dfrac{1}{4}\left[\dfrac{x^3}{z^2} - \dfrac{3}{2}\dfrac{x}{z} + \dfrac{3}{4a}\ln\left|\dfrac{a+x}{a-x}\right|^{*}\right]$ $= \dfrac{1}{8}\left[\dfrac{x(3x^2-a^2)}{z^2} + \dfrac{3}{2a}\ln\left|\dfrac{a+x}{a-x}\right|\right],\qquad z = a^2-x^2,$
4.2.4.1.	$\dfrac{x^4}{(a^2+x^2)^4}$	$-\dfrac{x^3}{6z^3} - \dfrac{x}{8z^2} + \dfrac{x}{16a^2z} + \dfrac{1}{16a^3}\operatorname{arc\,tg}\dfrac{x}{a},\qquad z = a^2+x^2.$

Nr.	$f(x) = J'(x)$	$J(x) = \int f(x)\,dx$
4.2.4.2.	$\dfrac{x^4}{(a^2 - x^2)^4}$	$+\dfrac{x^3}{6z^3} - \dfrac{x}{8z^2} + \dfrac{x}{16a^2 z} + \dfrac{1}{32a^3}\ln\left|\dfrac{a+x}{a-x}\right|^*,\quad z = a^2 - x^2.$
5.0.0.1.	$\dfrac{1}{x^{2m}(a^2 \pm x^2)^n}$	$-\dfrac{1}{(2m-1)x^{2m-1}z^n} \mp \dfrac{2n}{2m-1}\int\dfrac{dx}{x^{2m-1}z^{n+1}};\quad z = a^2 \pm x^2.$
5.0.0.2.	$\dfrac{1}{x^q(a^2 \pm x^2)^2}$	$\dfrac{1}{2(q-1)}\left[-\dfrac{1}{x^{q-1}z^{n-1}} \mp (q+2n-3)\int\dfrac{dx}{x^{q-2}z^n}\right],$ $q \neq 1$ (s. Nr. 2.2.2.1.4.), $z = a^2 \pm x^2.$
5.1.1.1.	$\dfrac{1}{x^2(a^2 + x^2)}$	$-\dfrac{1}{a^2}\left[\dfrac{1}{x} + \dfrac{1}{a}\operatorname{arc\,tg}\dfrac{x}{a}\right].$
5.1.1.2.	$\dfrac{1}{x^2(a^2 - x^2)}$	$\dfrac{1}{a^2}\left[-\dfrac{1}{x} + \dfrac{1}{2a}\ln\left|\dfrac{a+x}{a-x}\right|^*\right].$
5.1.2.1.	$\dfrac{1}{x^2(a^2 + x^2)^2}$	$-\dfrac{1}{a^4}\left[\dfrac{1}{x} + \dfrac{x}{2z} + \dfrac{3}{2a}\operatorname{arc\,tg}\dfrac{x}{a}\right].$
5.1.2.2.	$\dfrac{1}{x^2(a^2 - x^2)^2}$	$\dfrac{1}{a^4}\left[-\dfrac{1}{x} + \dfrac{x}{2z} + \dfrac{3}{4a}\ln\left|\dfrac{a+x}{a-x}\right|^*\right].$
5.2.1.1.	$\dfrac{1}{x^4(a^2 + x^2)}$	$\dfrac{1}{a^4}\left[-\dfrac{a^2}{3x^3} + \dfrac{1}{x} + \dfrac{1}{a}\operatorname{arc\,tg}\dfrac{x}{a}\right].$
5.2.1.2.	$\dfrac{1}{x^4(a^2 - x^2)}$	$\dfrac{1}{a^4}\left[-\dfrac{a^2}{3x^3} - \dfrac{1}{x} + \dfrac{1}{2a}\ln\left|\dfrac{a+x}{a-x}\right|^*\right].$
5.2.2.1.	$\dfrac{1}{x^4(a^2 + x^2)^2}$	$\dfrac{1}{a^6}\left[-\dfrac{a^2}{3x^3} + \dfrac{2}{x} + \dfrac{x}{2z} + \dfrac{5}{2a}\operatorname{arc\,tg}\dfrac{x}{a}\right],\ z = a^2 + x^2.$
5.2.2.2.	$\dfrac{1}{x^4(a^2 - x^2)^2}$	$\dfrac{1}{a^6}\left[-\dfrac{a^2}{3x^3} - \dfrac{2}{x} + \dfrac{x}{2z} + \dfrac{5}{4a}\ln\left|\dfrac{a+x}{a-x}\right|^*\right],\ z = a^2 - x^2.$

2. 1. 3. 2. $a^2 \pm x^2$ und $g + x$.

Nr.	$f(x) = J'(x)$	$J(x) = \int f(x)\,dx$
1.1.1.1.1.	$\dfrac{1}{(a^2 + x^2)(g + x)}$	$\dfrac{1}{a^2 + g^2}\left[\dfrac{1}{2}\ln\dfrac{(g+x)^2}{a^2 + x^2} + \dfrac{g}{a}\operatorname{arc\,tg}\dfrac{x}{a}\right].$
1.1.1.1.2.	$\dfrac{1}{(a + bx^2)(g + hx)}$	$\dfrac{h}{ah^2 + bg^2}\left[\dfrac{1}{2}\ln\dfrac{(g+hx)^2}{a + bx^2} + \dfrac{g}{h}\sqrt{\dfrac{b}{a}}\operatorname{arc\,tg}\sqrt{\dfrac{b}{a}}\,x\right],$ $ab > 0.$
1.1.2.1.1.	$\dfrac{1}{(a^2 - x^2)(g + x)}$	$\dfrac{1}{a^2 - g^2}\left[\dfrac{1}{2}\ln\dfrac{(g+x)^2}{a^2 - x^2} + \dfrac{g}{2a}\ln\left|\dfrac{a+x}{a-x}\right|^*\right],$ $a^2 \neq g^2$ (s. 1.1.2.2.1.).
1.1.2.1.2.	$\dfrac{1}{(a - bx^2)(g + hx)}$	$\dfrac{h}{ah^2 - bg^2}\left[\dfrac{1}{2}\ln\dfrac{(g+hx)^2}{a - bx^2}\right.$ $\left. + \dfrac{g}{h}\sqrt{\dfrac{b}{a}}\cdot\dfrac{1}{2}\ln\left|\dfrac{\sqrt{ab}+bx}{\sqrt{ab}-bx}\right|^*\right];\quad \begin{matrix} ab > 0,\\ ah^2 - bg^2 \neq 0\\ \text{(s. 1.1.2.2.2.),}\end{matrix}$

Nr.	$f(x) = J'(x)$	$J(x) = \int f(x)\,dx$
1.1.2.2.1.	$\dfrac{1}{(a^2 - x^2)(a + x)}$	$\dfrac{1}{4a^2}\left[\ln\left\|\dfrac{a+x}{a-x}\right\|^* - \dfrac{a-x}{a+x}\right].$
1.1.2.2.2.	$\dfrac{1}{(g^2 - h^2 x^2)(g + hx)}$	$\dfrac{1}{4g^2 h}\left[\ln\left\|\dfrac{\sqrt{gh}+hx}{\sqrt{gh}-hx}\right\|^* - \dfrac{\sqrt{gh}-hx}{\sqrt{gh}+hx}\right], \qquad gh > 0.$
1.2.1.1.	$\dfrac{1}{(a^2 + x^2)(g + x)^2}$	$\alpha_1 \ln\dfrac{(g+x)^2}{a^2+x^2} + \alpha_2 \operatorname{arc\,tg}\dfrac{x}{a} - \dfrac{\alpha_3}{g+x},$
		$\alpha_1 = \dfrac{g}{(g^2+a^2)^2}; \; \alpha_2 = \dfrac{g^2-a^2}{a(g^2+a^2)^2}; \; \alpha_3 = \dfrac{1}{g^2+a^2}.$
1.2.1.2.	$\dfrac{1}{(a^2 + x^2)(a + x)^2}$	$\dfrac{1}{4a^3}\left[\ln\dfrac{(a+x)^2}{a^2+x^2} - \dfrac{2a}{a+x}\right].$
1.2.2.1.	$\dfrac{1}{(a^2 - x^2)(g + x)^2}$	$\beta_1 \ln\dfrac{a^2-x^2}{(g+x)^2} + \beta_2 \cdot \dfrac{1}{2}\ln\left\|\dfrac{a+x}{a-x}\right\|^* + \dfrac{\beta_3}{g+x}, \quad \substack{g^2 \neq a^2 \\ (\text{s. } 1.2.2.2.)}$
		$\beta_1 = \dfrac{g}{(g^2-a^2)^2}; \; \beta_2 = \dfrac{g^2+a^2}{a(g^2-a^2)^2}; \; \beta_3 = \dfrac{1}{g^2-a^2}.$
1.2.2.2.	$\dfrac{1}{(a^2 - x^2)(a + x)^2}$	$\dfrac{1}{4a^3}\left[\dfrac{1}{2}\ln\left\|\dfrac{a+x}{a-x}\right\|^* - \dfrac{a-x}{a+x} - \dfrac{1}{4}\left(\dfrac{a-x}{a+x}\right)^2\right];$
1.3.1.1.	$\dfrac{1}{(a^2 + x^2)^2(g + x)}$	$\dfrac{\alpha_1 + \alpha_2 x}{a^2 + x^2} + \alpha_3 \operatorname{arc\,tg}\dfrac{x}{a} + \alpha_4 \ln\dfrac{(g+x)^2}{a^2+x^2},$
		$\alpha_1 = \dfrac{1}{2(g^2+a^2)}; \; \alpha_2 = \dfrac{g}{2a^2(g^2+a^2)};$
		$\alpha_3 = \dfrac{g(g^2+3a^2)}{2a^3(g^2+a^2)^2}; \; \alpha_4 = \dfrac{1}{(g^2+a^2)^2}.$
1.3.1.2.	$\dfrac{1}{(a^2 + x^2)^2(a + x)}$	$\dfrac{1}{4a^4}\left[\dfrac{a(a+x)}{a^2+x^2} + 2\operatorname{arc\,tg}\dfrac{x}{a} + \ln\dfrac{(a+x)^2}{a^2+x^2}\right].$
1.3.2.1.	$\dfrac{1}{(a^2 - x^2)^2(g + x)}$	$\dfrac{-\beta_1 + \beta_2 x}{a^2 - x^2} + \beta_3 \cdot \dfrac{1}{2}\ln\left\|\dfrac{a+x}{a-x}\right\|^* + \beta_4 \ln\dfrac{(g+x)^2}{a^2-x^2},$
		$g^2 \neq a^2 \text{ (s. } 1.3.2.2.),$
		$\beta_1 = \dfrac{1}{2(g^2-a^2)}; \; \beta_2 = \dfrac{g}{2a^2(g^2-a^2)};$
		$\beta_3 = \dfrac{g(g^2-3a^2)}{2a^3(g^2-a^2)^2}; \; \beta_4 = \dfrac{1}{(g^2-a^2)^2}.$
1.3.2.2.	$\dfrac{1}{(a^2 - x^2)^2(a + x)}$	$\dfrac{1}{8a^4}\left[\dfrac{3}{2}\ln\left\|\dfrac{a+x}{a-x}\right\|^* - \left(\dfrac{a}{a+x}\right)^2 - \dfrac{2a}{a+x} + \dfrac{a}{a-x}\right].$
1.4.1.1.	$\dfrac{1}{(a^2 + x^2)^2(g + x)^2}$	$\dfrac{\alpha_1 + \alpha_2 x}{a^2 + x^2} + \alpha_3 \operatorname{arc\,tg}\dfrac{x}{a} + \alpha_4 \ln\dfrac{(g+x)^2}{a^2+x^2} - \dfrac{\alpha_5}{g+x},$
		$\alpha_1 = \dfrac{g}{(g^2+a^2)^2}; \; \alpha_2 = \dfrac{g^2-a^2}{2a^2(g^2+a^2)^2};$
		$\alpha_3 = \dfrac{6a^2 g^2 + g^4 - 3a^4}{2a^3(g^2+a^2)^3}; \; \alpha_4 = \dfrac{2g}{(g^2+a^2)^3}; \; \alpha_5 = \dfrac{1}{(g^2+a^2)^2}.$

Nr.	$f(x) = J'(x)$	$J(x) = \int f(x)\,dx$
1. 4. 1. 2.	$\dfrac{1}{(a^2 + x^2)^2\,(a + x)^2}$	$\dfrac{1}{4a^5}\left[\dfrac{a^2}{a^2 + x^2} - \dfrac{a}{a + x} + \operatorname{arc\,tg}\dfrac{x}{a} + \ln\dfrac{(a + x)^2}{a^2 + x^2}\right].$
1. 4. 2. 1.	$\dfrac{1}{(a^2 - x^2)^2\,(g + x)^2}$	$\dfrac{-\beta_1 + \beta_2\,x}{a^2 - x^2} - \beta_3\cdot\dfrac{1}{2}\ln\left|\dfrac{a + x}{a - x}\right|^{*} + \beta_4\ln\dfrac{(g + x)^2}{a^2 - x^2} + \dfrac{\beta_5}{g + x};$
		$\beta_1 = \dfrac{g}{(g^2 - a^2)^2};\quad \beta_2 = \dfrac{g^2 + a^2}{2a\,(g^2 - a^2)^2};$
		$\beta_3 = \dfrac{6a^2 g^2 - g^4 + 3a^4}{2a^3\,(g^2 - a^2)^3};\quad \beta_4 = \dfrac{2g}{(g^2 - a^2)^3};$
		$\beta_5 = \dfrac{1}{(g^2 - a^2)^2};\quad a^2 \neq g^2\ \text{(s. 1. 4. 2. 2.)}.$
1. 4. 2. 2.	$\dfrac{1}{(a^2 - x^2)^2\,(a + x)^2}$	$\dfrac{1}{8a^5}\left[\dfrac{a(2x - a)}{a^2 - x^2} - \dfrac{a^2}{(a + x)^2} - \dfrac{2a^3}{3\,(a + x)^3} + \ln\left|\dfrac{a + x}{a - x}\right|^{*}\right].$
2. 1. 1. 1.	$\dfrac{x}{(a^2 + x^2)\,(g + x)}$	$\dfrac{1}{2(g^2 + a^2)}\left[2a\operatorname{arc\,tg}\dfrac{x}{a} + g\ln\dfrac{a^2 + x^2}{(g + x)^2}\right].$
2. 1. 1. 2.	$\dfrac{x}{(a^2 + x^2)\,(a + x)}$	$\dfrac{1}{4a}\left[2\operatorname{arc\,tg}\dfrac{x}{a} + \ln\dfrac{a^2 + x^2}{(a + x)^2}\right].$
2. 1. 2. 1.	$\dfrac{x}{(a^2 - x^2)\,(g + x)}$	$\dfrac{1}{2(g^2 - a^2)}\left[g\ln\dfrac{(g + x)^2}{a^2 - x^2} - a\ln\left|\dfrac{a + x}{a - x}\right|^{*}\right].$ $$a^2 \neq g^2\ \text{(s. 2. 1. 2. 2.)}.$$
2. 1. 2. 2.	$\dfrac{x}{(a^2 - x^2)\,(a + x)}$	$\dfrac{1}{4a}\ln\left|\dfrac{a + x}{a - x}\right|^{*} + \dfrac{1}{2(a + x)}.$
2. 2. 1. 1.	$\dfrac{x^2}{(a^2 + x^2)\,(g + x)}$	$\dfrac{1}{2(g^2 + a^2)}\left[a^2\ln(a^2 + x^2) + g^2\ln(g + x)^2 - 2ag\operatorname{arc\,tg}\dfrac{x}{a}\right].$
2. 2. 1. 2.	$\dfrac{x^2}{(a^2 + x^2)\,(a + x)}$	$\dfrac{1}{4}\left[\ln(a^2 + x^2) + \ln(a + x)^2 - 2\operatorname{arc\,tg}\dfrac{x}{a}\right].$
2. 2. 2. 1.	$\dfrac{x^2}{(a^2 - x^2)\,(g + x)}$	$\dfrac{1}{2(g^2 - a^2)}\left[a^2\ln(a^2 - x^2) - g^2\ln(g + x)^2 + ag\ln\left|\dfrac{a + x}{a - x}\right|^{*}\right],\quad a^2 \neq g^2\ \text{(s. 2. 2. 2. 2.)}.$
2. 2. 2. 2.	$\dfrac{x^2}{(a^2 - x^2)\,(a + x)}$	$-\dfrac{1}{4}\left[\ln(a^2 - x^2) + \ln(a + x)^2 + \dfrac{2a}{a + x}\right].$
3. 1. 1. 1.	$\dfrac{x}{(a^2 + x^2)\,(g + x)^2}$	$\alpha_1\operatorname{arc\,tg}\dfrac{x}{a} + \alpha_2\ln\dfrac{a^2 + x^2}{(g + x)^2} + \dfrac{\alpha_3}{g + x};$ $$\alpha_1 = \dfrac{2ag}{(g^2 + a^2)^2};\quad \alpha_2 = \dfrac{g^2 - a^2}{2(g^2 + a^2)^2};\quad \alpha_3 = \dfrac{g}{g^2 + a^2}.$$
3. 1. 1. 2.	$\dfrac{x}{(a^2 + x^2)\,(a + x)^2}$	$\dfrac{1}{2a^2}\left[\operatorname{arc\,tg}\dfrac{x}{a} + \dfrac{a}{a + x}\right].$
3. 1. 2. 1.	$\dfrac{x}{(a^2 - x^2)\,(g + x)^2}$	$-\beta_1\dfrac{1}{2}\ln\left|\dfrac{a + x}{a - x}\right|^{*} + \beta_2\ln\dfrac{(g + x)^2}{a^2 - x^2} - \dfrac{\beta_3}{g + x};$ $$a^2 \neq g^2\ \text{(s. 3. 1. 2. 2.)};$$ $$\beta_1 = \dfrac{2ag}{(g^2 - a^2)^2};\quad \beta_2 = \dfrac{g^2 + a^2}{2(g^2 - a^2)^2};\quad \beta_3 = \dfrac{g}{g^2 - a^2}.$$

Nr.	$f(x) = J'(x)$	$J(x) = \int f(x)\,dx$
3. 1. 2. 2.	$\dfrac{x}{(a^2 - x^2)(a + x)^2}$	$\dfrac{1}{4\,a^2}\left[\dfrac{1}{2}\ln\left|\dfrac{a+x}{a-x}\right|^{*} - \dfrac{a\,x}{(a+x)^2}\right].$
3. 2. 1. 1.	$\dfrac{x^2}{(a^2 + x^2)(g + x)^2}$	$-\alpha_1\ \operatorname{arc\,tg}\dfrac{x}{a} + \alpha_2\ln\dfrac{a^2 + x^2}{(g+x)^2} - \dfrac{\alpha_3}{g+x};$
		$\alpha_1 = \dfrac{a(g^2 - a^2)}{(g^2 + a^2)^2};\quad \alpha_2 = \dfrac{a^2 g}{(g^2 + a^2)^2};\quad \alpha_3 = \dfrac{g^2}{g^2 + a^2}.$
3. 2. 1. 2.	$\dfrac{x^2}{(a^2 + x^2)(a + x)^2}$	$\dfrac{1}{4\,a}\left[\ln\dfrac{a^2 + x^2}{(a+x)^2} - \dfrac{2\,a}{a+x}\right].$
3. 2. 2. 1.	$\dfrac{x^2}{(a^2 - x^2)(g + x)^2}$	$\beta_1\cdot\dfrac{1}{2}\ln\left|\dfrac{a+x}{a-x}\right|^{*} + \beta_2\ln\dfrac{a^2 - x^2}{(g+x)^2} + \dfrac{\beta_3}{g+x};$ $a^2 \neq g^2\ (\text{s. } 3.2.2.2.);$
		$\beta_1 = \dfrac{a(g^2 + a^2)}{(g^2 - a^2)^2};\quad \beta_2 = \dfrac{a^3 g}{(g^2 - a^2)^2};\quad \beta_3 = \dfrac{g^2}{g^2 - a^2}.$
3. 2. 2. 2.	$\dfrac{x^2}{(a^2 - x^2)(a + x)^2}$	$\dfrac{1}{4\,a}\left[\dfrac{1}{2}\ln\left|\dfrac{a+x}{a-x}\right|^{*} - \left(\dfrac{a}{a+x}\right)^2 - \dfrac{3\,a}{a+x}\right].$
3. 3. 1. 1.	$\dfrac{x^3}{(a^2 + x^2)(g + x)^2}$	$-\alpha_1\operatorname{arc\,tg}\dfrac{x}{a} - \alpha_2\ln(a^2 + x^2) + \alpha_3\ln(g^2 + x)^2 + \dfrac{\alpha_4}{g+x},$
		$\alpha_1 = \dfrac{2\,a^3 g}{(g^2 + a^2)^2};\quad \alpha_2 = \dfrac{a^2(g^2 - a^2)}{2(g^2 + a^2)^2};$
		$\alpha_3 = \dfrac{g^2(3\,a^2 + g^2)}{2(g^2 + a^2)^2};\quad \alpha_4 = \dfrac{g^3}{g^2 + a^2}.$
3. 3. 1. 2.	$\dfrac{x^3}{(a^2 + x^2)(a + x)^2}$	$\dfrac{1}{2}\left[\dfrac{a}{a+x} - \operatorname{arc\,tg}\dfrac{x}{a} + \ln(a+x)^2\right].$
3. 3. 2. 1.	$\dfrac{x^3}{(a^2 - x^2)(g + x)^2}$	$-\beta_1\cdot\dfrac{1}{2}\ln\left|\dfrac{a+x}{a-x}\right|^{*} - \beta_2\ln(a^2 - x^2) + \beta_3\ln(g+x)^2 - \dfrac{\beta_4}{g+x};$ $g^2 \neq a^2\ (\text{s. } 3.3.2.2.);$
		$\beta_1 = \dfrac{2\,a^3 g}{(g^2 - a^2)^2};\quad \beta_2 = \dfrac{a^2(g^2 + a^2)}{2(g^2 - a^2)^2};$
		$\beta_3 = \dfrac{g^2(3\,a^2 - g^2)}{2(g^2 - a^2)^2};\quad \beta_4 = \dfrac{g^3}{g^2 - a^2}.$
3. 3. 2. 2.	$\dfrac{x^3}{(a^2 - x^2)(a + x)^2}$	$\dfrac{1}{4}\left[\left(\dfrac{a}{a+x}\right)^2 - \dfrac{5\,a}{a+x} - \dfrac{1}{2}\ln(a^2 - x^2) - 3\ln(a+x)\right].$
4. 1. 1. 1.	$\dfrac{x}{(a^2 + x^2)^2(g + x)}$	$\dfrac{-\alpha_1 + \alpha_2 x}{a^2 + x^2} - \alpha_3\operatorname{arc\,tg}\dfrac{x}{a} + \alpha_4\ln\dfrac{a^2 + x^2}{(g+x)^2};$
		$\alpha_1 = \dfrac{g}{2(g^2 + a^2)};\quad \alpha_2 = \dfrac{1}{2(g^2 + a^2)};$
		$\alpha_3 = \dfrac{g^2 - a^2}{2\,a(g^2 + a^2)^2};\quad \alpha_4 = \dfrac{g}{2(g^2 + a^2)^2}.$
4. 1. 1. 2.	$\dfrac{x}{(a^2 + x^2)^2(a + x)}$	$\dfrac{1}{4\,a^3}\left[\dfrac{a(x - a)}{a^2 + x^2} + \dfrac{1}{2}\ln\dfrac{a^2 + x^2}{(a+x)^2}\right].$

Nr.	$f(x) = J'(x)$	$J(x) = \int f(x)\,dx$
4.1.2.1.	$\dfrac{x}{(a^2-x^2)^2(g+x)}$	$\dfrac{\beta_1-\beta_2 x}{a^2-x^2} + \beta_3\cdot\dfrac{1}{2}\ln\left|\dfrac{a+x}{a-x}\right|^* + \beta_4\ln\dfrac{(g+x)^2}{\,\lvert a^2-x^2\rvert\,}$. $a^2 \neq g^2$ (s. 4.1.2.2.); $\beta_1 = \dfrac{g}{2(g^2-a^2)}$; $\beta_2 = \dfrac{1}{2(g^2-a^2)}$; $\beta_3 = \dfrac{g^2+a^2}{2a(g^2-a^2)^2}$; $\beta_4 = \dfrac{g}{2(g^2-a^2)^2}$.
4.1.2.2.	$\dfrac{x}{(a^2-x^2)^2(a+x)}$	$\dfrac{1}{8a^3}\left[\left(\dfrac{a}{a+x}\right)^2 + \dfrac{a}{a-x} + \dfrac{1}{2}\ln\left|\dfrac{a+x}{a-x}\right|^*\right]$.
4.2.1.1.	$\dfrac{x^2}{(a^2+x^2)^2(g+x)}$	$\dfrac{-\alpha_1-\alpha_2 x}{a^2+x^2} + \alpha_3\,\mathrm{arc\,tg}\,\dfrac{x}{a} + \alpha_4\ln\dfrac{(g+x)^2}{a^2+x^2}$; $\alpha_1 = \dfrac{a^2}{2(g^2+a^2)}$; $\alpha_2 = \dfrac{g}{2(g^2+a^2)}$; $\alpha_3 = \dfrac{g(g^2-a^2)}{2a(g^2+a^2)^2}$; $\alpha_4 = \dfrac{g^2}{2(g^2+a^2)^2}$.
4.2.1.2.	$\dfrac{x^2}{(a^2+x^2)^2(a+x)}$	$\dfrac{1}{4a^2}\left[-\dfrac{a(x+a)}{a^2+x^2} + \dfrac{1}{2}\ln\dfrac{(a+x)^2}{a^2+x^2}\right]$.
4.2.2.1.	$\dfrac{x^2}{(a^2-x^2)^2(g+x)}$	$\dfrac{-\beta_1+\beta_2 x}{a^2-x^2} - \beta_3\cdot\dfrac{1}{2}\ln\left|\dfrac{a+x}{a-x}\right|^* + \beta_4\ln\dfrac{(g+x)^2}{a^2-x^2}$; $a^2 \neq g^2$ (s. 4.2.2.2.); $\beta_1 = \dfrac{a^2}{2(g^2-a^2)}$; $\beta_2 = \dfrac{g}{2(g^2-a^2)}$; $\beta_3 = \dfrac{g(g^2+a^2)}{2a(g^2-a^2)^2}$; $\beta_4 = \dfrac{g^2}{2(g^2-a^2)^2}$.
4.2.2.2.	$\dfrac{x^2}{(a^2-x^2)^2(a+x)}$	$-\dfrac{1}{8a^2}\left[\left(\dfrac{a}{a+x}\right)^2 + \dfrac{a(x-3a)}{a^2-x^2} + \dfrac{1}{2}\ln\left|\dfrac{a+x}{a-x}\right|^*\right]$.
4.3.1.1.	$\dfrac{x^3}{(a^2+x^2)^2(g+x)}$	$\dfrac{\alpha_1-\alpha_2 x}{a^2+x^2} + \alpha_3\,\mathrm{arc\,tg}\,\dfrac{x}{a} + \alpha_4\ln\dfrac{a^2+x^2}{(g+x)^2}$; $\alpha_1 = \dfrac{a^2 g}{2(g^2+a^2)}$; $\alpha_2 = \dfrac{a^2}{2(g^2+a^2)}$; $\alpha_3 = \dfrac{a(3g^2+a^2)}{2(g^2+a^2)^2}$; $\alpha_4 = \dfrac{g^3}{2(g^2+a^2)^2}$.
4.3.1.2.	$\dfrac{x^3}{(a^2+x^2)^2(a+x)}$	$\dfrac{1}{8a}\left[\dfrac{2a(a-x)}{a^2+x^2} + 4\,\mathrm{arc\,tg}\,\dfrac{x}{a} + \ln\dfrac{a^2+x^2}{(g+x)^2}\right]$.
4.3.2.1.	$\dfrac{x^3}{(a^2-x^2)^2(g+x)}$	$\dfrac{\beta_1-\beta_2 x}{a^2-x^2} + \beta_3\cdot\dfrac{1}{2}\ln\left|\dfrac{a+x}{a-x}\right|^* + \beta_4\ln\dfrac{a^2-x^2}{(g+x)^2}$; $a^2 \neq g^2$ (s. 4.3.2.2.); $\beta_1 = \dfrac{a^2 g}{2(g^2-a^2)}$; $\beta_2 = \dfrac{a^2}{2(g^2-a^2)}$; $\beta_3 = \dfrac{a(3g^2-a^2)}{2(g^2-a^2)^2}$; $\beta_4 = \dfrac{g^3}{2(g^2-a^2)^2}$.

Nr.	$f(x) = J'(x)$	$J(x) = \int f(x)\,dx$
4. 3. 2. 2.	$\dfrac{x^3}{(a^2-x^2)^2(a+x)}$	$\dfrac{1}{8a}\left[\left(\dfrac{a}{a+x}\right)^2 - \dfrac{4a}{a+x} + \dfrac{a}{a-x} - \dfrac{3}{2}\ln\left|\dfrac{a+x}{a-x}\right|\right].$
4. 4. 1. 1.	$\dfrac{x^4}{(a^2+x^2)^2(g+x)}$	$\dfrac{\alpha_1+\alpha_2 x}{a^2+x^2} - \alpha_3\operatorname{arc\,tg}\dfrac{x}{a} + \alpha_4\ln(a^2+x^2) + \alpha_5\ln(g+x)^2,$ $$\alpha_1 = \frac{a^4}{2(g^2+a^2)};\ \alpha_2 = \frac{a^2 g}{2(g^2+a^2)};\ \alpha_3 = \frac{ag(3g^2+a^2)}{2(g^2+a^2)^2};$$ $$\alpha_4 = \frac{a^2(2g^2+a^2)}{2(g^2+a^2)^2};\ \alpha_5 = \frac{g^4}{2(g^2+a^2)^2}.$$
4. 4. 1. 2.	$\dfrac{x^4}{(a^2+x^2)^2(a+x)}$	$\dfrac{1}{2}\left[\dfrac{a(a+x)}{2(a^2+x^2)} - \operatorname{arc\,tg}\dfrac{x}{a} + \dfrac{3}{4}\ln(a^2+x^2) + \dfrac{1}{4}\ln(a+x)^2\right]$
4. 4. 2. 1.	$\dfrac{x^4}{(a^2-x^2)^2(g+x)}$	$\dfrac{-\beta_1+\beta_2 x}{a^2-x^2} - \dfrac{\beta_3}{2}\ln\left|\dfrac{a+x}{a-x}\right|^*$ $$\qquad - \beta_4\ln(a^2-x^2) + \beta_5\ln(g+x)^2;$$ $$\beta_1 = \frac{a^4}{2(g^2-a^2)};\ \beta_2 = \frac{a^2 g}{2(g^2-a^2)};\ \beta_3 = \frac{ag(3g^2-a^2)}{2(g^2-a^2)};$$ $$\beta_4 = \frac{a^2(2g^2-a^2)}{2(g^2-a^2)^2};\ \beta_5 = \frac{g^4}{2(g^2-a^2)^2};\ \begin{matrix}a^2 \neq g^2\\ (\text{s. 4. 4. 2. 2.).}\end{matrix}$$
4. 4. 2. 2.	$\dfrac{x^4}{(a^2-x^2)^2(a+x)}$	$\dfrac{1}{8}\left[\dfrac{6a}{a+x} - \left(\dfrac{a}{a+x}\right)^2 + \dfrac{a}{a-x}\right.$ $$\left.\qquad + \frac{11}{2}\ln(a+x) + \frac{5}{2}\ln|a-x|\right].$$
5. 1. 1. 0.	$\dfrac{(g+x)^m}{(a^2\pm x^2)^n}$	Zähler binomisch entwickeln (m ganz u. positiv) und einzeln nach 2.1.3.1. Nr. 3—5 integrieren oder $$J(x) = \int \frac{u^m}{(\alpha+2\beta u+\gamma u^2)^n}\,du \text{ nach Abs. 2. 1. 7. 1.}$$ Nr. 3. 1. u 3. 2.; $$u = x+g;\ \alpha = a^2\pm g^2;\ \beta = \mp g;\ \gamma = \pm 1.$$
5. 1. 1. 1.	$\dfrac{g+x}{a^2+x^2}$	$\dfrac{g}{a}\operatorname{arc\,tg}\dfrac{x}{a} + \dfrac{1}{2}\ln(a^2+x^2).$
5. 1. 1. 2.	$\dfrac{g+x}{a^2-x^2}$	$\dfrac{g}{2a}\ln\left|\dfrac{a+x}{a-x}\right|^* - \dfrac{1}{2}\ln|a^2-x^2|.$
5. 2. 1. 0.	$\dfrac{(a^2\pm x^2)^n}{(g+x)^m}$	Zähler binomisch entwickeln (n ganz u. positiv) und einzeln nach Abs. 2. 1. 2. 1. Nr. 5—6 integrieren.

2. 1. 3. 3. $a^2 \pm x^2$ und $g^2 \pm x^2$.

Nr.	$f(x) = J'(x)$	$J(x) = \int f(x)\,dx$
1. 1. 1.	$\dfrac{1}{(a^2+x^2)(g^2+x^2)}$	$\dfrac{1}{a^2-g^2}\left[\dfrac{1}{g}\operatorname{arc\,tg}\dfrac{x}{g} - \dfrac{1}{a}\operatorname{arc\,tg}\dfrac{x}{a}\right],\ \ a^2 \neq g^2:$ für $g^2 = a^2$ vergl. Abs. 2. 1. 3. 1. Nr. 3. 1. 1. 2. 1.
1. 1. 2. 1.	$\dfrac{1}{(a^2-x^2)(g^2+x^2)}$	$\dfrac{1}{a^2+g^2}\left[\dfrac{1}{g}\operatorname{arc\,tg}\dfrac{x}{g} + \dfrac{1}{2a}\ln\left|\dfrac{a+x}{a-x}\right|^*\right];\ \begin{matrix}\text{für } g^2 = a^2\\ \text{s. 1. 1. 2. 2.}\end{matrix}$

Nr.	$f(x) = J'(x)$	$J(x) = \int f(x)\,dx$
1.1.2.2.	$\dfrac{1}{a^4 - x^4}$	$\dfrac{1}{2\,a^3}\left[\operatorname{arc\,tg}\dfrac{x}{a} + \dfrac{1}{2}\ln\left|\dfrac{a+x}{a-x}\right|^{*}\right].$
1.1.3.	$\dfrac{1}{(a^2 - x^2)(g^2 - x^2)}$	$\dfrac{1}{(a^2 - g^2)}\left[\dfrac{1}{2g}\ln\left|\dfrac{g+x}{g-x}\right|^{*} - \dfrac{1}{2a}\ln\left|\dfrac{a+x}{a-x}\right|^{*}\right];$ $\qquad g^2 \neq a^2\text{: für } g^2 = a^2 \text{ vergl. Abs. 2.1.3.1.}$ $\qquad\qquad\qquad \text{Nr. 3.1.1.2.2.}$
1.2.1.	$\dfrac{1}{(a^2 + x^2)^2(g^2 + x^2)}$	$\dfrac{1}{(a^2 - g^2)^2}\left[\dfrac{g^2 - 3a^2}{2a^3}\operatorname{arc\,tg}\dfrac{x}{a} - \dfrac{a^2 - g^2}{2a^2}\cdot\dfrac{x}{a^2 + x^2}\right.$ $\left.\qquad\qquad + \dfrac{1}{g}\operatorname{arc\,tg}\dfrac{x}{g}\right],\quad g^2 \neq a^2\text{:}$ $\qquad \text{für } g^2 = a^2 \text{ vergl. Abs. 2.1.3.1. Nr. 3.1.1.3.}$
1.2.2.1.	$\dfrac{1}{(a^2 - x^2)^2(g^2 + x^2)}$	$\dfrac{1}{(a^2 + g^2)^2}\left[\dfrac{g^2 + 3a^2}{4a^3}\ln\left|\dfrac{a+x}{a-x}\right|^{*} - \dfrac{a^2 + g^2}{2a^2}\cdot\dfrac{x}{a^2 - x^2}\right.$ $\left.\qquad\qquad + \dfrac{1}{g}\operatorname{arc\,tg}\dfrac{x}{g}\right].$
1.2.2.2.	$\dfrac{1}{(a^2 - x^2)^2(a^2 + x^2)}$	$\dfrac{1}{4a^5}\left[\ln\left|\dfrac{a+x}{a-x}\right|^{*} + \dfrac{ax}{a^2 - x^2} + \operatorname{arc\,tg}\dfrac{x}{a}\right].$
1.3.1.1.	$\dfrac{1}{(a^2 + x^2)^2(g^2 - x^2)}$	$\dfrac{1}{(a^2 + g^2)^2}\left[\dfrac{g^2 + 3a^2}{2a^3}\operatorname{arc\,tg}\dfrac{x}{a} + \dfrac{a^2 + g^2}{2a^2}\cdot\dfrac{x}{a^2 + x^2}\right.$ $\left.\qquad\qquad + \dfrac{1}{2g}\ln\left|\dfrac{a+x}{a-x}\right|^{*}\right].$
1.3.1.2.	$\dfrac{1}{(a^2 + x^2)^2(a^2 - x^2)}$	$\dfrac{1}{4a^5}\left[\dfrac{ax}{a^2 + x^2} + 2\operatorname{arc\,tg}\dfrac{x}{a} + \dfrac{1}{2}\ln\left|\dfrac{a+x}{a-x}\right|^{*}\right].$
1.3.2.	$\dfrac{1}{(a^2 - x^2)^2(g^2 - x^2)}$	$\dfrac{1}{(a^2 - g^2)^2}\left[\dfrac{g^2 - 3a^2}{4a^3}\ln\left|\dfrac{a+x}{a-x}\right|^{*} - \dfrac{a^2 - g^2}{2a^2}\cdot\dfrac{x}{a^2 - x^2}\right.$ $\left.\qquad\qquad + \dfrac{1}{2g}\ln\left|\dfrac{g+x}{g-x}\right|^{*}\right];$ $\qquad a^2 \neq g^2,\ \text{vergl. Abs. 2.1.3.1. Nr. 3 1.1.3.}$
1.3.3.1.1.	$\dfrac{x}{(a^2 + x^2)(g^2 + x^2)}$	$\dfrac{1}{2(g^2 - a^2)}\ln\dfrac{a^2 + x^2}{g^2 + x^2};\quad a^2 \neq g^2.$
1.3.3.1.2.	$\dfrac{x}{(a^2 - x^2)(g^2 + x^2)}$	$\dfrac{1}{2(g^2 + a^2)}\ln\left|\dfrac{g^2 + x^2}{a^2 - x^2}\right|.$
1.3.3 1.3.	$\dfrac{x}{(a^2 - x^2)(g^2 - x^2)}$	$\dfrac{1}{2(g^2 - a^2)}\ln\left|\dfrac{g^2 - x^2}{a^2 - x^2}\right|;\quad a^2 \neq g^2.$
1.3.3.2.1.	$\dfrac{x^2}{(a^2 + x^2)(g^2 + x^2)}$	$\dfrac{1}{g^2 - a^2}\left[g\operatorname{arc\,tg}\dfrac{x}{g} - a\operatorname{arc\,tg}\dfrac{x}{a}\right];\quad a^2 \neq g^2.$
1.3.3.2.2.	$\dfrac{x^2}{(a^2 - x^2)(g^2 + x^2)}$	$\dfrac{1}{g^2 + a^2}\left[\dfrac{a}{2}\ln\left|\dfrac{a+x}{a-x}\right|^{*} - g\operatorname{arc\,tg}\dfrac{x}{g}\right].$
1.3.3.2.3.	$\dfrac{x^2}{(a^2 - x^2)(g^2 - x^2)}$	$\dfrac{1}{g^2 - a^2}\left[\dfrac{a}{2}\ln\left|\dfrac{a+x}{a-x}\right|^{*} - \dfrac{g}{2}\ln\left|\dfrac{g+x}{g-x}\right|^{*}\right];\quad a^2 \neq g^2.$
1.3.3.3.1.	$\dfrac{x^3}{(a^2 + x^2)(g^2 + x^2)}$	$\dfrac{1}{2(g^2 - a^2)}\left[g^2\ln(g^2 + x^2) - a^2\ln(a^2 + x^2)\right];\quad a^2 \neq g^2.$

Nr.	$f(x) = J'(x)$	$J(x) = \int f(x)\,dx$
1.3.3.3.2.	$\dfrac{x^3}{(a^2-x^2)(g^2+x^2)}$	$-\dfrac{1}{2(g^2+a^2)}\left[a^2\ln|a^2-x^2|+g^2\ln(g^2+x^2)\right].$
1.3.3.3.3.	$\dfrac{x^3}{(a^2-x^2)(g^2-x^2)}$	$\dfrac{1}{2(g^2-a^2)}\left[g^2\ln|g^2-x^2|-a^2\ln|a^2-x^2|\right];\ \ a^2\neq g^2.$
1.3.3.4.1.	$\dfrac{x^4}{(a^2+x^2)(g^2+x^2)}$	$x+\dfrac{1}{g^2-a^2}\left[a^3\ \text{arc tg}\ \dfrac{x}{a}-g^3\ \text{arc tg}\ \dfrac{x}{g}\right];\ \ a^2\neq g^2.$
1.3.3.4.2.	$\dfrac{x^4}{(a^2-x^2)(g^2+x^2)}$	$-x+\dfrac{1}{g^2+a^2}\left[\dfrac{a^3}{2}\ln\left|\dfrac{a+x}{a-x}\right|^{*}+g^3\ \text{arc tg}\ \dfrac{x}{g}\right].$
1.3.3.4.3.	$\dfrac{x^4}{(a^2-x^2)(g^2-x^2)}$	$x+\dfrac{1}{g^2-a^2}\left[\dfrac{a^3}{2}\ln\left|\dfrac{a+x}{a-x}\right|^{*}-\dfrac{g^3}{2}\left|\dfrac{g+x}{g-x}\right|^{*}\right];$ $\qquad\qquad\qquad\qquad\qquad a^2\neq g^2.$
2. 1. 0.	$\dfrac{(g^2\pm x^2)^m}{(a^2\pm x^2)^n}$	Zähler binomisch entwickeln und nach Abs. 2.1.3.1. Nr. 3—5 einzeln integrieren.
2. 1. 1. 1.	$\dfrac{g^2\pm x^2}{a^2+x^2}$	$\dfrac{g^2\mp a^2}{a}\ \text{arc tg}\ \dfrac{x}{a}\ \ \pm x.$
2. 1. 1. 2.	$\dfrac{a^2-x^2}{a^2+x^2}$	$2a\ \text{arc tg}\ \dfrac{x}{a}-x.$
2. 1. 2. 1.	$\dfrac{g^2\pm x^2}{a^2-x^2}$	$\dfrac{g^2\pm a^2}{2a}\ \ln\left|\dfrac{a+x}{a-x}\right|^{*}\ \ \mp x.$
2. 1. 2. 2.	$\dfrac{a^2+x^2}{a^2-x^2}$	$a\ \ln\left|\dfrac{a+x}{a-x}\right|^{*}-x$
2. 2. 1. 1.	$\dfrac{g^2\pm x^2}{(a^2+x^2)^2}$	$\dfrac{g^2\mp a^2}{2a^2}\ \dfrac{x}{a^2+x^2}+\dfrac{g^2\pm a^2}{2a^3}\ \text{arc tg}\ \dfrac{x}{a}.$
2. 2. 1. 2.	$\dfrac{a^2-x^2}{(a^2+x^2)^2}$	$\dfrac{x}{a^2+x^2}.$
2. 2. 2. 1.	$\dfrac{g^2\pm x^2}{(a^2-x^2)^2}$	$\dfrac{g^2\pm a^2}{2a^2}\ \dfrac{x}{a^2-x^2}+\dfrac{g^2\mp a^2}{4a^3}\ \ln\left|\dfrac{a+x}{a-x}\right|^{*}$
2 2. 2. 2.	$\dfrac{a^2+x^2}{(a^2-x^2)^2}$	$\dfrac{x}{a^2-x^2}.$
3. 1. 1.	$\dfrac{x(g^2+x^2)^m}{(a^2+x^2)^n}$	$\dfrac{1}{2}\displaystyle\int\dfrac{v^m}{(v+c)^n}\,dv,$
3. 1. 2.	$\dfrac{x(g^2+x^2)^m}{(a^2-x^2)^n}$	$\dfrac{1}{2}\displaystyle\int\dfrac{v^m}{(b-v)^n}\,dv,$
3. 1. 3.	$\dfrac{x(g^2-x^2)^m}{(a^2+x^2)^n}$	$-\dfrac{1}{2}\displaystyle\int\dfrac{w^m}{(b-w)^n}\,dw,$
3. 1. 4.	$\dfrac{x(g^2-x^2)^m}{(a^2-x^2)^n}$	$-\dfrac{1}{2}\displaystyle\int\dfrac{w^m}{(w+c)^n}\,dw,$

nach Abs. 2. 1. 2. 1. Nr. 4—6 zu lösen;

$$v = g^2+x^2;\ \ w = g^2-x^2;$$
$$b = a^2+g^2;\ \ c = a^2-g^2.$$

Nr.	$f(x) = J'(x)$	$J(x) = \int f(x)\,dx$
4.1.1.	$\dfrac{\alpha + \beta x + \gamma x^2}{a^2 + x^2}$	$\dfrac{\alpha - \gamma a^2}{a}\ \text{arc tg}\ \dfrac{x}{a} + \dfrac{\beta}{2}(a^2 + x^2) + \gamma x.$
4.1.2.	$\dfrac{\alpha + \beta x + \gamma x^2}{a^2 - x^2}$	$\dfrac{\alpha + \gamma a^2}{2a}\ \ln\left|\dfrac{a + x}{a - x}\right|^{*} - \dfrac{\beta}{2}\ln(a^2 - x^2) - \gamma x.$
4.2.1.	$\dfrac{\alpha + \beta x + \gamma x^2}{(a^2 + x^2)^2}$	$\dfrac{(\alpha - \gamma a^2)x - \beta a^2}{2a^2(a^2 + x^2)} + \dfrac{\alpha + \gamma a^2}{2a^3}\ \text{arc tg}\ \dfrac{x}{a}.$
4.2.2.	$\dfrac{\alpha + \beta x + \gamma x^2}{(a^2 - x^2)^2}$	$\dfrac{(\alpha + \gamma a^2)x + \beta a^2}{2a^2(a^2 - x^2)} + \dfrac{\alpha - \gamma a^2}{4a^3}\ \ln\left|\dfrac{a + x}{a - x}\right|^{*}.$

2. 1. 4. Der Integrand enthält $a^3 \pm x^3$ [1]).

2. 1. 4. 1. $a^3 \pm x^3$ und x^m.

Nr.	$f(x) = J'(x)$	$J(x) = \int f(x)\,dx$
1.1.0.	$\dfrac{1}{1 + x^3}$	$\dfrac{1}{6}\left[\ln\dfrac{(x + 1)^2}{x^2 - x + 1} + 2\sqrt{3}\ \text{arc tg}\ \dfrac{2x - 1}{\sqrt{3}}\right].$
1..1.1.	$\dfrac{1}{a^3 + x^3}$	$\dfrac{1}{6a^2}\left[\ln\dfrac{(x + a)^2}{x^2 - ax + a^2} + 2\sqrt{3}\cdot\text{arc tg}\ \dfrac{2x - a}{a\sqrt{3}}\right] = J_{11}.$
1.1.2.	$\dfrac{1}{a + bx^3}$	$\dfrac{\lambda}{6a}\left[\ln\dfrac{(x + \lambda)^2}{x^2 - \lambda x + \lambda^2} + 2\sqrt{3}\ \text{arc tg}\ \dfrac{2x - \lambda}{\lambda\sqrt{3}}\right],\ \lambda = \sqrt[3]{\dfrac{a}{b}}.$
1.2.0.	$\dfrac{1}{1 - x^3}$	$\dfrac{1}{6}\left[\ln\dfrac{x^2 + x + 1}{(x - 1)^2} + 2\sqrt{3}\ \text{arc tg}\ \dfrac{2x + 1}{\sqrt{3}}\right]^{2}).$
1.2.1.	$\dfrac{1}{a^3 - x^3}$	$\dfrac{1}{6a^2}\left[\ln\dfrac{x^2 + ax + a^2}{(x - a)^2} + 2\sqrt{3}\ \text{arc tg}\ \dfrac{2x + a}{a\sqrt{3}}\right] = J_{12}.$
1.2.2.	$\dfrac{1}{a - bx^3}$	$\dfrac{\lambda}{6a}\left[\ln\dfrac{x^2 + \lambda x + \lambda^2}{(x - \lambda)^2} + 2\sqrt{3}\ \text{arc tg}\ \dfrac{2x + \lambda}{\lambda\sqrt{3}}\right],\ \lambda = \sqrt[3]{\dfrac{a}{b}}.$
2.1.0.1.	$\dfrac{x^m}{(a^3 \pm x^3)^n}$	$\dfrac{1}{3(n - 1)a^3}\left[\dfrac{x^{m+1}}{z^{n-1}} - (4 + m - 3n)\int\dfrac{x^m\,dx}{z^{n-1}}\right],$ $z = a^3 \pm x^3,$ $n \neq 1\,(\text{s.u.});$ für $m = 2$ s. 2.1.2.0.
2.1.0.2.	$\dfrac{x^m}{a^3 \pm x^3}$	$\pm\dfrac{x^{m-2}}{m - 2} \mp a^3\int\dfrac{x^{m-3}}{a^3 \pm x^3};\ \ m \neq 2.\ \ \text{Vergl. a. Nr. 2.1.5.0.}$
2.1.1.0.	$\dfrac{x}{(a^3 \pm x^3)^n}$	$\dfrac{1}{3(n - 1)a^3}\left[\dfrac{x^2}{z^{n-1}} - (5 - 3n)\int\dfrac{x\,dx}{z^{n-1}}\right],\ \ z = a^3 \pm x^3;\ n \neq 1.$
2.1.1.1.1.	$\dfrac{x}{a^3 + x^3}$	$\dfrac{1}{6a}\left[\ln\dfrac{x^2 - ax + a^2}{(x + a)^2} + 2\sqrt{3}\ \text{arc tg}\ \dfrac{2x - a}{a\sqrt{3}}\right] = J_{21}.$
2.1.1.1.2.	$\dfrac{x}{a^3 - x^3}$	$\dfrac{1}{6a}\left[\ln\dfrac{x^2 + ax + a^2}{(x - a)^2} - 2\sqrt{3}\ \text{arc tg}\ \dfrac{2x + a}{a\sqrt{3}}\right] = J_{22}.$

[1]) Man beachte die Abkürzungen J_{11}, J_{12}, J_{21} und J_{22} nach 1.1.1., 1.2.1., 2.1.1.1.1. und 2.1.1.1.2
[2]) Vertafelt bei BRESSE: Cours de mécanique appliquée, Bd. 2. Paris 1860.

Nr.	$f(x) = J'(x)$	$J(x) = \int f(x)\, dx$
2.1.1.2.1.	$\dfrac{x}{(a^3 + x^3)^2}$	$\dfrac{1}{3\,a^3}\left[\dfrac{x^2}{a^3 + x^3} + J_{21}\right].$
2.1.1.2.2.	$\dfrac{x}{(a^3 - x^3)^2}$	$\dfrac{1}{3\,a^3}\left[\dfrac{x^2}{a^3 - x^3} + J_{22}\right].$
2.1.1.3.1.	$\dfrac{x}{(a^3 + x^3)^3}$	$\dfrac{1}{6\,a^3}\left[\dfrac{x^2}{(a^3 + x^3)^2} + 4\int \dfrac{x\,dx}{(a^3 + x^3)^2}\right]$ $= \dfrac{1}{18\,a^6}\left[\dfrac{x^2\,(7a^3 + 4\,x^3)}{(a^3 + x^3)^2} + 4\,J_{21}\right].$
2.1.1.3.2.	$\dfrac{x}{(a^3 - x^3)^3}$	$\dfrac{1}{6\,a^3}\left[\dfrac{x^2}{(a^3 - x^3)^2} + 4\int \dfrac{x\,dx}{(a^3 + x^3)^2}\right]$ $= \dfrac{1}{18\,a^6}\left[\dfrac{x^2\,(7\,a^3 - 4\,x^3)}{(a^3 - x^3)^2} + 4\,J_{22}\right].$
2.1.2.0.	$\dfrac{x^2}{(a^3 \pm x^3)^n}$	$\mp\,\dfrac{1}{3\,(n - 1)\,(a^3 \pm x^3)^{n-1}}\,;$ $n \neq -1$ (s. u.).
2.1.2.1.1.	$\dfrac{x^2}{1 \pm x^3}$	$\pm\,\dfrac{1}{3}\,\ln|1 \pm x^3|.$
2.1.2.1.2.	$\dfrac{x^2}{a^3 \pm x^3}$	$\pm\,\dfrac{1}{3}\ln|a^3 \pm x^3|.$
2.1.2.1.3.	$\dfrac{x^2}{a \pm b\,x^3}$	$\pm\,\dfrac{1}{3\,b}\,\ln|a \pm b\,x^3|.$
2.1.2.2.	$\dfrac{x^2}{(a^3 \pm x^3)^2}$	$\mp\,\dfrac{1}{3\,(a^2 \pm x^3)}\,.$
2.1.2.3.	$\dfrac{x^2}{(a^3 \pm x^3)^3}$	$\mp\,\dfrac{1}{6\,(a^3 \pm x^3)^2}\,.$
2.1.3.0.	$\dfrac{x^3}{(a^3 \pm x^3)^n}$	$\dfrac{1}{3\,(n - 1)\,a^3}\left[\dfrac{x^4}{z^{n-1}} - (7 - 3\,n)\int \dfrac{x^3\,dx}{z^{n-1}}\right];$ $n \neq 1$ (s. u.): $z = a^3 \pm x^3.$
2.1.3.1.1.	$\dfrac{x^3}{a^3 + x^3}$	$x - a^3\,J_{11}.$
2.1.3.1.2.	$\dfrac{x^3}{a^3 - x^3}$	$-x + a^3\,J_{12}.$
2.1.3.2.1.	$\dfrac{x^3}{(a^3 + x^3)^2}$	$\dfrac{1}{3}\left[-\dfrac{x}{a^3 + x^3} + J_{11}\right].$
2.1.3.2.2.	$\dfrac{x^3}{(a^3 - x^3)^2}$	$\dfrac{1}{3}\left[\dfrac{x}{a^3 - x^3} - J_{12}\right].$
2.1.3.3.1.	$\dfrac{x^3}{(a^3 + x^3)^3}$	$\dfrac{1}{18\,a^3}\left[\dfrac{x^4 - 2\,a^3\,x}{(a^3 + x^3)^2} + 2\,J_{11}\right].$
2.1.3.3.2.	$\dfrac{x^3}{(a^3 - x^3)^3}$	$\dfrac{1}{18\,a^3}\left[\dfrac{x^4 + 2\,a^3\,x}{(a^3 - x^3)^2} - 2\,J_{12}\right].$
2.1.4.0.	$\dfrac{x^4}{(a^3 \pm x^3)^n}$	$\dfrac{1}{3\,(n - 1)\,a^3}\left[\dfrac{x^5}{z^{n-1}} - (8 - 3\,n)\int \dfrac{x^4\,dx}{z^{n-1}}\right],$ $n \neq 1$ (s. u.).

Nr.	$f(x) = J'(x)$	$J(x) = \int f(x)\,dx$
2.1.4.1.1.	$\dfrac{x^4}{a^3 + x^3}$	$\dfrac{1}{2}x^2 - a^3 J_{21}$.
2.1.4.1.2.	$\dfrac{x^4}{a^3 - x^3}$	$-\dfrac{1}{2}x^2 + a^3 J_{22}$.
2.1.4.2.1.	$\dfrac{x^4}{(a^3 + x^3)^2}$	$\dfrac{1}{3}\left[-\dfrac{x^2}{a^3 + x^3} + 2 J_{21}\right]$.
2.1.4.2.2.	$\dfrac{x^4}{(a^3 - x^3)^2}$	$\dfrac{1}{3}\left[\dfrac{x^2}{a^3 + x^3} - 2 J_{22}\right]$.
2.1.4.3.1.	$\dfrac{x^4}{(a^3 + x^3)^3}$	$\dfrac{1}{18\,a^3}\left[\dfrac{x^2(2x^3 - a^3)}{(a^3 + x^3)^2} + 2 J_{21}\right]$.
2.1.4.3.2.	$\dfrac{x^4}{(a^3 - x^3)^3}$	$\dfrac{1}{18\,a^3}\left[\dfrac{x^2(2x^3 + a^3)}{(a^3 - x^3)^2} - 2 J_{22}\right]$.
2.1.5 0.	$\dfrac{x^{p+3}}{a^3 \pm x^3}$	$\mp a^3 \displaystyle\int \dfrac{x^p}{a^3 \pm x^3}\,dx \pm \dfrac{x^{p+1}}{p+1}$; $p \neq -1$.
2.2.0.0.	$\dfrac{1}{x^m(a^3 \pm x^3)^n}$	$\dfrac{1}{(m-1)a^3}\left[-\dfrac{1}{x^{m-1}z^{n-1}} \mp (m + 3n - 4)\displaystyle\int \dfrac{dx}{x^{m-3}z^n}\right]$; $ z = a^3 \pm x^3,\ m \neq 1$ (s. u.).
2.2.0.1.	$\dfrac{1}{x^m(\alpha \pm \beta x^3)^n}$	$\dfrac{1}{\beta^n}\displaystyle\int \dfrac{dx}{x^m(a^3 \pm x^3)^n}$; $a = \sqrt[3]{\alpha/\beta}$; (s. 2.2.0.0.).
2.2.1.0.	$\dfrac{1}{x(a^3 \pm x^3)^n}$	$\dfrac{1}{a^3}\left[\dfrac{1}{3(n-1)z^{n-1}} + \displaystyle\int \dfrac{dx}{x z^{n-1}}\right]$; $z = a^3 \pm x^3$; $n \neq 1$.
2.2.1.1.1.	$\dfrac{1}{x(a^3 \pm x^3)}$	$\dfrac{1}{3a^3}\ln\left|\dfrac{x^3}{a^3 \pm x^3}\right|$.
2.2.1.1.2.	$\dfrac{1}{x(a \pm b x^3)}$	$\dfrac{1}{3a}\ln\left|\dfrac{x^3}{a \pm b x^3}\right|$.
2.2.1.2.	$\dfrac{1}{x(a^3 \pm x^3)^2}$	$\dfrac{1}{3a^6}\left[\dfrac{a^3}{a^3 \pm x^3} + \ln\left|\dfrac{x^3}{a^3 \pm x^3}\right|\right]$.
2.2.1.3.	$\dfrac{1}{x(a^3 \pm x^3)^3}$	$\dfrac{1}{6a^9}\left[\dfrac{a^3(3a^3 \pm 2x^3)}{(a^3 \pm x^3)^2} + 2\ln\left|\dfrac{x^3}{a^3 \pm x^3}\right|\right]$.
2.2.2.0.	$\dfrac{1}{x^2(a^3 \pm x^3)^n}$	$\dfrac{1}{a^3}\left[-\dfrac{1}{x z^{n-1}} \mp (3n-2)\displaystyle\int \dfrac{x\,dx}{z^n}\right]$; $z = a^3 \pm x^3$.
2.2.2.1.1.	$\dfrac{1}{x^2(a^3 + x^3)}$	$-\dfrac{1}{a^3}\left[\dfrac{1}{x} + J_{21}\right]$.
2.2.2.1.2.	$\dfrac{1}{x^2(a^3 - x^3)}$	$\dfrac{1}{a^3}\left[-\dfrac{1}{x} + J_{22}\right]$.
2.2.2.2.1.	$\dfrac{1}{x^2(a^3 + x^3)^2}$	$-\dfrac{1}{a^6}\left[\dfrac{1}{x} + \dfrac{x^2}{3z} + \dfrac{4}{3}J_{21}\right] = -\dfrac{1}{3a^6}\left[\dfrac{3a^3 + 4x^3}{x z} + 4 J_{21}\right]$; $ z = a^3 + x^3$.
2.2.2.2.2.	$\dfrac{1}{x^2(a^3 - x^3)^2}$	$-\dfrac{1}{a^6}\left[\dfrac{1}{x} - \dfrac{x^2}{3z} + \dfrac{4}{3}J_{22}\right] = -\dfrac{1}{3a^6}\left[\dfrac{3a^3 - 4x^3}{x z} + 4 J_{22}\right]$; $ z = a^3 - x^3$.

Nr.	$f(x) = J'(x)$	$J(x) = \int f(x)\,dx$
2.2.2.3.1.	$\dfrac{1}{x^2\,(a^3 + x^3)^3}$	$-\dfrac{1}{18\,a^9}\left[\dfrac{18\,a^6}{x\,z^2} + \dfrac{21\,a^3 x^2}{z^2} + \dfrac{28\,x^2}{z} + 28\,J_{21}\right]$ $= -\dfrac{1}{18\,a^9}\left[\dfrac{18\,a^6 + 49\,a^3 x^3 + 28\,x^6}{x\,z^2} + 28\,J_{21}\right];\ z = a^3 + x^3.$
2.2.2.3.2.	$\dfrac{1}{x^3\,(a^3 - x^3)^3}$	$\dfrac{1}{18\,a^9}\left[-\dfrac{18\,a^6}{x\,z^2} + \dfrac{21\,a^3 x^2}{z^2} + \dfrac{28\,x^2}{z} + 28\,J_{22}\right]$ $= \dfrac{1}{18\,a^9}\left[-\dfrac{18\,a^6 - 49\,a^3 x^3 + 28\,x^6}{x\,z^2} + 28\,J_{22}\right];\ z = a^3 - x^3.$
2.2.3.0.	$\dfrac{1}{x^3\,(a^3 \pm x^3)^n}$	$\dfrac{1}{2\,a^3}\left[-\dfrac{1}{x^2\,z^{n-1}} \mp (3\,n - 1)\int \dfrac{dx}{z^n}\right];\ z = a^3 \pm x^3.$
2.2.3.1.1.	$\dfrac{1}{x^3\,(a^3 + x^3)}$	$-\dfrac{1}{2\,a^3}\left[\dfrac{1}{x^2} + 2\,J_{11}\right].$
2.2.3.1.2.	$\dfrac{1}{x^3\,(a^3 - x^3)}$	$\dfrac{1}{2\,a^3}\left[-\dfrac{1}{x^2} + 2\,J_{12}\right].$
2.2.3.2.1.	$\dfrac{1}{x^3\,(a^3 + x^3)^2}$	$-\dfrac{1}{3\,a^6}\left[\dfrac{3}{2\,x^2} + \dfrac{x}{a^3 + x^3} + 5\,J_{11}\right].$
2.2.3.2.2.	$\dfrac{1}{x^3\,(a^3 - x^3)^2}$	$\dfrac{1}{3\,a^6}\left[-\dfrac{3}{2\,x^2} + \dfrac{x}{a^3 - x^3} + 5\,J_{12}\right].$
2.2.3.3.1.	$\dfrac{1}{x^3\,(a^3 + x^3)^3}$	$-\dfrac{1}{18\,a^9}\left[\dfrac{9\,a^6}{x^2\,z^2} + \dfrac{12\,a^3 x}{z^2} + \dfrac{20\,x}{z} + 40\,J_{11}\right]$ $= -\dfrac{1}{18\,a^9}\left[\dfrac{9\,a^6 + 32\,a^3 x^3 + 20\,x^6}{x^2\,(a^3 + x^3)^2} + 40\,J_{11}\right];\ z = a^3 + x^3.$
2.2.3.3.2.	$\dfrac{1}{x^3\,(a^3 - x^3)^3}$	$\dfrac{1}{18\,a^9}\left[-\dfrac{9\,a^6}{x^2\,z^2} + \dfrac{12\,a^3 x}{z^2} - \dfrac{20\,x}{z} + 40\,J_{11}\right]$ $= \dfrac{1}{18\,a^9}\left[-\dfrac{9\,a^6 - 32\,a^3 x^3 + 20\,x^6}{x^2\,(a^3 - x^3)^2} + 40\,J_{12}\right];\ z = a^3 - x^3.$
2.2.4.0.	$\dfrac{1}{x^4\,(a^3 \pm x^3)^n}$	$\dfrac{1}{a^3}\left[-\dfrac{1}{x^3\,z^{n-1}} \mp 3\,n \int \dfrac{dx}{x\,z^n}\right];\quad z = a^3 \pm x^3.$
2.2.4.1.	$\dfrac{1}{x^4\,(a^3 \pm x^3)}$	$\dfrac{1}{3\,a^6}\left[-\dfrac{a^3}{x^3} \mp \ln\left|\dfrac{x^3}{a^3 \pm x^3}\right|\right].$
2.2.4.2.	$\dfrac{1}{x^4\,(a^3 \pm x^3)^2}$	$\mp \dfrac{1}{3\,a^9}\left[\pm \dfrac{a^6}{x^3 z} + \dfrac{2\,a^3}{z} + 2\ln\left|\dfrac{x^3}{z}\right|\right]$ $= \mp \dfrac{1}{3\,a^9}\left[\dfrac{a^3(2\,x^3 \pm a^3)}{x^3 z} + 2\ln\left|\dfrac{x^3}{z}\right|\right];\quad z = a^3 \pm x^3.$
3.0.	$\dfrac{1}{(a^3 \pm x^3)^n}$	$\dfrac{1}{3\,(n - 1)\,a^3}\left[\dfrac{x}{z^{n-1}} + (3\,n-4)\int \dfrac{dx}{z^{n-1}}\right];\ z = a^3 \pm x^3;\ n \neq 1\ (\text{s. Nr. 1.1.1. u. 1.2.1.}).$
3.2.1.	$\dfrac{1}{(a^3 + x^3)^2}$	$\dfrac{1}{3\,a^3}\left[\dfrac{x}{a^3 + x^3} + 2\,J_{11}\right].$
3.2.2.	$\dfrac{1}{(a^3 - x^3)^2}$	$\dfrac{1}{3\,a^3}\left[\dfrac{x}{a^3 - x^3} + 2\,J_{12}\right].$

Nr.	$f(x) = J'(x)$	$J(x) = \int f(x)\,dx$
3.3.1.	$\dfrac{1}{(a^3+x^3)^3}$	$\dfrac{1}{18\,a^6}\left[\dfrac{3\,a^3 x}{z^2} + \dfrac{5\,x}{3\,z} + 10\,J_{11}\right]$ $= \dfrac{1}{18\,a^6}\left[\dfrac{x(8\,a^3+5\,x^3)}{z^2} + 10\,J_{11}\right]; \quad z = a^3 + x^3.$
3.3.2.	$\dfrac{1}{(a^3-x^3)^3}$	$\dfrac{1}{18\,a^6}\left[\dfrac{3\,a^3 x}{z^2} + \dfrac{5\,x}{3\,z} + 10\,J_{12}\right]$ $= \dfrac{1}{18\,a^6}\left[\dfrac{x(8\,a^3-5\,x^3)}{z^2} + 10\,J_{12}\right]; \quad z = a^3 - x^3.$
3.4.1.	$\dfrac{1}{(a^3+x^3)^4}$	$\dfrac{1}{486\,a^9}\left[\dfrac{54\,a^6 x}{z^3} + \dfrac{4\,a^2 x}{z^2} + \dfrac{20\,x}{27\,z} + \dfrac{40}{9}\,J_{11}\right]; \quad z = a^3 + x^3.$
3.4.2.	$\dfrac{1}{(a^3-x^3)^4}$	$\dfrac{1}{486\,a^9}\left[\dfrac{54\,a^6 x}{z^3} + \dfrac{4\,a^2 x}{z^2} + \dfrac{20\,x}{27\,z} + \dfrac{40}{9}\,J_{12}\right]; \quad z = a^3 - x^3.$

2.1.4.2. $a^3 \pm x^3$ und $g \pm x$.

Nr.	$f(x) = J'(x)$	$J(x) = \int f(x)\,dx$
1.1.1.1.	$\dfrac{g+x}{a^3+x^3}$	$\dfrac{g-a}{6\,a^2}\ln\dfrac{(a+x)^2}{a^2-ax+x^2} + \dfrac{g+a}{a^2\sqrt{3}}\operatorname{arc\,tg}\dfrac{2x-a}{a\sqrt{3}}.$
1.1.1.2.1.	$\dfrac{a+x}{a^3+x^3} = \dfrac{1}{a^2-ax+x^2}$	$\dfrac{2}{a\sqrt{3}}\operatorname{arc\,tg}\dfrac{2x-a}{a\sqrt{3}}$ (s. Abs. 2.1.7.1.).
1.1.2.1.	$\dfrac{g+x}{a^3-x^3}$	$\dfrac{g+a}{6\,a^2}\ln\dfrac{a^2+ax+x^2}{(a-x)^2} + \dfrac{g-a}{a^2\sqrt{3}}\operatorname{arc\,tg}\dfrac{2x+a}{a\sqrt{3}}.$
1.1.2.2.	$\dfrac{a+x}{a^3-x^3}$	$\dfrac{1}{3\,a}\ln\dfrac{a^2+ax+x^2}{(a-x)^2}.$
1.2.1.1.	$\dfrac{g-x}{a^3+x^3}$	$\dfrac{g+a}{6\,a^2}\ln\dfrac{(a+x)^2}{a^2-ax+x^2} + \dfrac{g-a}{a^2\sqrt{3}}\operatorname{arc\,tg}\dfrac{2x-a}{a\sqrt{3}}.$
1.2.1.2.	$\dfrac{a-x}{a^3+x^3}$	$\dfrac{1}{3\,a}\ln\dfrac{(a+x)^2}{a^2-ax+x^2}.$
1.2.2.1.	$\dfrac{g-x}{a^3-x^3}$	$\dfrac{g-a}{6\,a^2}\ln\dfrac{a^2+ax+a^2}{(a-x)^2} + \dfrac{g+a}{a^2\sqrt{3}}\operatorname{arc\,tg}\dfrac{2x+a}{a\sqrt{3}}.$
1.2.2.2.	$\dfrac{a-x}{a^3-x^3} = \dfrac{1}{a^2+ax+x^2}$	$\dfrac{2}{a\sqrt{3}}\operatorname{arc\,tg}\dfrac{2x+a}{a\sqrt{3}}$ (s. Abs. 2.1.7.1.).
2.1.1.1.	$\dfrac{1}{(g+x)(a^3+x^3)}$	$\alpha_1\ln\dfrac{(a+x)^2}{a^2-ax+x^2} + \alpha_2\operatorname{arc\,tg}\dfrac{2x-a}{a\sqrt{3}}$ $+ \alpha_3\ln\left|\dfrac{a^3+x^3}{(g+x)^3}\right|.$

Nr.	$f(x) = J'(x)$	$J(x) = \int f(x)\,dx$
		$\alpha_1 = \dfrac{g(g+a)}{6\,a^2(g^3-a^3)};\quad \alpha_2 = \dfrac{g}{a^2\sqrt{3}\,(g^2+ag+a^2)};$ $\alpha_3 = \dfrac{1}{3(g^3-a^3)};\quad g \neq a \ \text{(s. u.)}.$
2.1.1.2.	$\dfrac{1}{(a+x)(a^3+x^3)}$	$\dfrac{1}{3\,a^2}\left[-\dfrac{1}{a+x}+\dfrac{1}{2a}\ln\dfrac{(a+x)^2}{a^2-ax+x^2}\right.$ $\left.+\dfrac{1}{a\sqrt{3}}\ \text{arc tg}\ \dfrac{2x-a}{a\sqrt{3}}\right].$
2.1.2.1.	$\dfrac{1}{(g+x)(a^3-x^3)}$	$\alpha_1\ln\dfrac{a^2+ax+x^2}{(a-x)^2}-\alpha_2\ \text{arc tg}\ \dfrac{2x+a}{a\sqrt{3}}$ $+\alpha_3\ln\left|\dfrac{a^3-x^3}{(g+x)^3}\right|;$
		$\alpha_1 = \dfrac{g(a-g)}{6\,a^2(a^3+g^3)};\quad \alpha_2 = \dfrac{g}{a^2\sqrt{3}\,(g^2-ag+a^2)};$ $\alpha_3 = \dfrac{1}{3(a^3+g^3)}.$
2.1.2.2.	$\dfrac{1}{(a+x)(a^3-x^3)}$	$\dfrac{1}{2\,a^3}\left[-\dfrac{2}{\sqrt{3}}\ \text{arc tg}\ \dfrac{2x+a}{a\sqrt{3}}+\dfrac{1}{3}\ln\left|\dfrac{a^3-x^3}{(a+x)^3}\right|\right].$
2.2.1.1.	$\dfrac{1}{(g-x)(a^3+x^3)}$	$-\alpha_1\ln\dfrac{a^2-ax+x^2}{(a+x)^2}-\alpha_2\ \text{arc tg}\ \dfrac{2x-a}{a\sqrt{3}}$ $-\alpha_3\ln\left|\dfrac{a^3-x^3}{(g+x)^3}\right|;\ \alpha_1\,\alpha_2\ \text{u.}\ \alpha_3\ \text{s. Nr. 2.1.2.1.}$
2.2.1.2.	$\dfrac{1}{(a-x)(a^3+x^3)}$	$-\dfrac{1}{2\,a^3}\left[\dfrac{2}{\sqrt{3}}\ \text{arc tg}\ \dfrac{2x-a}{a\sqrt{3}}+\dfrac{1}{3}\ln\left|\dfrac{a^3+x^3}{(a-x)^3}\right|\right].$
2.2.2.1.	$\dfrac{1}{(g-x)(a^3-x^3)}$	$\alpha_1\ln\dfrac{(a-x)^2}{a^2-ax+x^2}+\alpha_2\ \text{arc tg}\ \dfrac{2x+a}{a\sqrt{3}}$ $+\alpha_3\ln\left|\dfrac{a^3-x^3}{(g-x)^3}\right|;$
		$\alpha_1 = \dfrac{g(a+g)}{6\,a^2(a^3-g^3)};\quad \alpha_2 = \dfrac{g}{a^2\sqrt{3}\,(a^2+ag+g^2)};$ $\alpha_3 = \dfrac{1}{3(a^3-g^3)};\quad g \neq a \ \text{(s. u.)}.$
2.2.2.2.	$\dfrac{1}{(a-x)(a^3-x^3)}$	$\dfrac{1}{3\,a^2}\left[\dfrac{1}{a-x}-\dfrac{1}{2a}\ln\dfrac{(a-x)^2}{a^2+ax+x^2}\right.$ $\left.+\dfrac{1}{a\sqrt{3}}\ \text{arc tg}\ \dfrac{2x+a}{a\sqrt{3}}\right].$

2.1.4.3. $a^3 \pm x^3$ und $g^2 \pm x^2$.

Nr.	$f(x) = J'(x)$	$J(x) = \int f(x)\,dx$
1.1.1.	$\dfrac{g^2 + x^2}{a^3 + x^3}$	$\dfrac{a^2 + g^2}{3\,a^2} \ln(a+x) + \dfrac{2\,a^2 - g^2}{6\,a^2} \ln(a^2 - ax + x^2)$ $+ \dfrac{g^2}{a^2\sqrt{3}} \operatorname{arc\,tg} \dfrac{2x-a}{a\sqrt{3}}.$
1.1.2.	$\dfrac{a^2 + x^2}{a^3 + x^3}$	$\dfrac{3}{2} \ln(a+x) + \dfrac{1}{6} \ln(a^2 - ax + x^2)$ $+ \dfrac{1}{\sqrt{3}} \operatorname{arc\,tg} \dfrac{2x-a}{a\sqrt{3}}.$
1.2.1.	$\dfrac{g^2 - x^2}{a^3 + x^3}$	$\dfrac{g^2 - a^2}{3\,a^2} \ln(a+x) - \dfrac{g^2 + 2\,a^2}{6\,a^2} \ln(a^2 - ax + x^2)$ $+ \dfrac{g^2}{a^2\sqrt{3}} \operatorname{arc\,tg} \dfrac{2x-a}{a\sqrt{3}}.$
1.2.2.	$\dfrac{a^2 - x^2}{a^3 + x^3} = \dfrac{a-x}{a^2 - ax + x^2}$	$-\dfrac{1}{2} \ln(a^2 - ax + x^2) + \dfrac{1}{\sqrt{3}} \operatorname{arc\,tg} \dfrac{2x-a}{a\sqrt{3}}.$
1.3.1.	$\dfrac{g^2 + x^2}{a^3 - x^3}$	$-\dfrac{a^2 + g^2}{3\,a^2} \ln(a-x) + \dfrac{g^2 - 2\,a^2}{6\,a^2} \ln(a^2 + ax + x^2)$ $+ \dfrac{g^2}{a^2\sqrt{3}} \operatorname{arc\,tg} \dfrac{2x+a}{a\sqrt{3}}.$
1.3.2.	$\dfrac{a^2 + x^2}{a^3 - x^3}$	$-\dfrac{2}{3} \ln(a-x) - \dfrac{1}{6} \ln(a^2 + ax + x^2)$ $+ \dfrac{1}{\sqrt{3}} \operatorname{arc\,tg} \dfrac{2x+a}{a\sqrt{3}}.$
1.4.1.	$\dfrac{g^2 - x^2}{a^3 - x^3}$	$\dfrac{a^2 - g^2}{3\,a^2} \ln(a-x) + \dfrac{g^2 + 2\,a^2}{6\,a^2} \ln(a^2 + ax + x^2)$ $+ \dfrac{g^2}{a^2\sqrt{3}} \operatorname{arc\,tg} \dfrac{2x+a}{a\sqrt{3}}.$
1.4.2.	$\dfrac{a^2 - x^2}{a^3 - x^3} = \dfrac{a+x}{a^2 + ax + x^2}$	$\dfrac{1}{2} \ln(a^2 + ax + x^2) + \dfrac{1}{\sqrt{3}} \operatorname{arc\,tg} \dfrac{2x+a}{a\sqrt{3}}.$
2.1.1.	$\dfrac{1}{(g^2 + x^2)(a^3 + x^3)}$	$\alpha_1 \operatorname{arc\,tg} \dfrac{x}{g} + \alpha_2 \operatorname{arc\,tg} \dfrac{2x-a}{a\sqrt{3}} + \alpha_3 \ln(g^2 + x^2)$ $+ \alpha_4 \ln \dfrac{(a+x)^2}{a^2 - ax + x^2}.$ $\alpha_1 = \dfrac{a^3}{g(g^6 + a^6)}; \quad \alpha_2 = \dfrac{g^4 - a^4}{a^2\sqrt{3}\,(g^6 + a^6)};$ $\alpha_3 = \dfrac{g^2}{2(g^6 + a^6)}; \quad \alpha_4 = \dfrac{g^4 + a^4}{6\,a^2(g^6 + a^6)}.$

Nr.	$f(x) = J'(x)$	$J(x) = \int f(x)\,dx$
2.1.2.	$\dfrac{1}{(a^2 + x^2)(a^3 + x^3)}$	$\dfrac{1}{2\,a^4}\left[\operatorname{arc\,tg}\dfrac{x}{a} + \dfrac{1}{2}\ln(a^2 + x^2) + \dfrac{1}{3}\ln\dfrac{(a+x)^2}{a^2 - ax + x^2}\right].$
2.2.1.	$\dfrac{1}{(g^2 + x^2)(a^3 - x^3)}$	$\alpha_1\operatorname{arc\,tg}\dfrac{x}{g} + \alpha_2\operatorname{arc\,tg}\dfrac{2x + a}{a\sqrt{3}} - \alpha_3\ln(g^2 + x^2)$ $+\ \alpha_4\ln\dfrac{a^2 + ax + x^2}{(a - x)^2};\quad \alpha_1,\ \alpha_2,\ \alpha_3,\ \alpha_4\ \text{s. Nr. 2.1.1.}$
2.2.2.	$\dfrac{1}{(a^2 + x^2)(a^3 - x^3)}$	$\dfrac{1}{2\,a^4}\left[\operatorname{arc\,tg}\dfrac{x}{a} - \dfrac{1}{2}\ln(a^2 + x^2) + \dfrac{1}{3}\ln\dfrac{a^2 + ax + x^2}{(a - x)^2}\right].$
2.3.1.	$\dfrac{1}{(g^2 - x^2)(a^3 + x^3)}$	$\alpha_1\cdot\dfrac{1}{2}\ln\left|\dfrac{g+x}{g-x}\right|^{*} + \alpha_2\operatorname{arc\,tg}\dfrac{2x - a}{a\sqrt{3}} + \alpha_3\ln(g^2 - x^2)$ $-\ \alpha_4\ln\dfrac{(a+x)^2}{a^2 - ax + x^2};$ $\alpha_1 = \dfrac{a^3}{g(a^6 - g^6)};\quad \alpha_2 = \dfrac{a^4 - g^4}{a^2\sqrt{3}(a^6 - g^6)};$ $\alpha_3 = \dfrac{g^2}{2(a^6 - g^6)};\quad \alpha_4 = \dfrac{a^4 + g^4}{6\,a^2(a^6 - g^6)};$ $a^2 \neq g^2\ (\text{s. 2.3.2.}).$
2.3.2.	$\dfrac{1}{(a^2 - x^2)(a^3 + x^3)}$	$\dfrac{1}{6\,a^4}\left[-\dfrac{a}{a+x} + \dfrac{3}{2}\ln\left|\dfrac{a+x}{a-x}\right|^{*} + \dfrac{4}{\sqrt{3}}\operatorname{arc\,tg}\dfrac{2x - a}{a\sqrt{3}}\right].$
2.4.1.	$\dfrac{1}{(g^2 - x^2)(a^3 - x^3)}$	$\alpha_1\cdot\dfrac{1}{2}\ln\left|\dfrac{g+x}{g-x}\right|^{*} + \alpha_2\operatorname{arc\,tg}\dfrac{2x + a}{a\sqrt{3}} - \alpha_3\ln|g^2 - x^2|$ $+\ \alpha_4\ln\dfrac{(a - x)^2}{a^2 + ax + x^2};\quad \alpha_1,\alpha_2,\alpha_3,\alpha_4\ \text{s. Nr. 2.3.1.}$
2.4.2.	$\dfrac{1}{(a^2 - x^2)(a^3 - x^3)}$	$\dfrac{1}{6\,a^4}\left[\dfrac{a}{a-x} + \dfrac{3}{2}\ln\left|\dfrac{a+x}{a-x}\right|^{*} + \dfrac{4}{\sqrt{3}}\operatorname{arc\,tg}\dfrac{2x + a}{\sqrt{3}}\right].$

$$2.1.4.4.\quad a^3 \pm x^3\ \text{und}\ g^3 \pm x^3.\,{}^{1})$$

Nr.	$f(x) = J'(x)$	$J(x) = \int f(x)\,dx$
1.1.	$\dfrac{g^3 \pm x^3}{a^3 + x^3}$	$(g^3 \mp a^3)\cdot J_{11}(a, x)\ \mp x.$
1.2.	$\dfrac{g^3 \pm x^3}{a^3 - x^3}$	$(g^3 \pm a^3)\cdot J_{12}(a, x)\ \pm x.$
2.1.	$\dfrac{1}{(g^3 + x^3)(a^3 + x^3)}$	$\dfrac{1}{a^3 - g^3}[J_{11}(g, x) - J_{11}(a, x)];\qquad g \neq a.$

${}^{1})\ J_{ik}(g, x)$ heißt, daß in den Formeln für $J_{ik} = J_{ik}(a, x)$ nach Abs. 2.1.4.1. Nr. 1.1.1., 1.2.1., 2.1.1.1.1. und 2.1.1.1.2. a durch g ersetzt werden soll.

Nr.	$f(x) = J'(x)$	$J(x) = \int f(x)\, dx$
2. 2. 1.	$\dfrac{1}{(g^3 + x^3)(a^3 - x^3)}$	$\dfrac{1}{a^3 + g^3}\,[J_{11}(g, x) + J_{12}(a, x)].$
2. 2. 2	$\dfrac{1}{(a^3 + x^3)(a^3 - x^3)} = \dfrac{1}{a^6 - x^6}$	$\dfrac{1}{2\,a^3}\,[J_{11}(a, x) + J_{12}(a, x)];$ s. Abs. 2 1. 6. Nr. 5. 1. 2.
2. 3.	$\dfrac{1}{(g^3 - x^3)(a^3 - x^3)}$	$\dfrac{1}{a^3 - g^3}\,[J_{12}(g, x) - J_{12}(a, x)]; \quad g \neq a.$
3. 1. 1.	$\dfrac{x}{(g^3 + x^3)(a^3 + x^3)}$	$\dfrac{1}{a^3 - g^3}\,[J_{21}(g, x) - J_{21}(a, x)]; \quad g \neq a.$
3 1. 2. 1.	$\dfrac{x}{(g^3 + x^3)(a^3 - x^3)}$	$\dfrac{1}{a^3 + g^3}\,[J_{21}(g, x) + J_{22}(a, x)].$
3. 1. 2 2.	$\dfrac{x}{(a^3 + x^3)(a^3 - x^3)} = \dfrac{x}{a^6 - x^6}$	$\dfrac{1}{2\,a^3}\,[J_{21}(a, x) + J_{22}(a, x)];$ s. Abs. 2. 1. 6. Nr. 5. 2. 2.
3. 1. 3.	$\dfrac{x}{(g^3 - x^3)(a^3 - x^3)}$	$\dfrac{1}{a^3 - g^3}\,[J_{22}(g, x) - J_{22}(a, x)]; \quad g \neq a.$
3. 2. 1.	$\dfrac{x^2}{(g^3 + x^3)(a^3 + x^3)}$	$\dfrac{1}{3\,(a^3 - g^3)}\,\ln \left| \dfrac{g^3 + x^3}{a^3 + x^3} \right|; \quad g \neq a.$
3. 2. 2. 1.	$\dfrac{x^2}{(g^3 + x^3)(a^3 - x^3)}$	$\dfrac{1}{3\,(a^3 + g^3)}\,\ln \left| \dfrac{g^3 + x^3}{a^3 - x^3} \right|.$
3. 2. 2. 2.	$\dfrac{x^2}{(a^3 + x^3)(a^3 - x^3)} = \dfrac{x^2}{a^6 - x^6}$	$\dfrac{1}{6\,a^3}\,\ln \left| \dfrac{a^3 + x^3}{a^3 - x^3} \right|^{*};$ s. Abs. 2. 1. 6. Nr. 5. 3. 2.
3. 2. 3.	$\dfrac{x^2}{(g^3 - x^3)(a^3 - x^3)}$	$\dfrac{1}{3\,(a^3 - g^3)}\,\ln \left| \dfrac{a^3 - x^3}{g^3 + x^3} \right|.$
3. 3. 1.	$\dfrac{x^3}{(g^3 + x^3)(a^3 + x^3)}$	$\dfrac{1}{a^3 - g^3}\,[-g^3 J_{11}(g, x) + a^3 J_{11}(a, x)]; \quad g \neq a.$
3. 3. 2. 1.	$\dfrac{x^3}{(g^3 + x^3)(a^3 - x^3)}$	$\dfrac{1}{a^3 + g^3}\,[-g^3 J_{11}(g, x) + a^3 J_{12}(a, x)].$
3. 3. 2. 2.	$\dfrac{x^3}{(a^3 + x^3)(a^3 - x^3)} = \dfrac{x^3}{a^6 - x^6}$	$\dfrac{1}{2}\,[J_{12}(a, x) - J_{11}(a, x)];$ s. Abs. 2. 1. 6. Nr. 5. 4. 2.
3. 3. 3.	$\dfrac{x^3}{(a^3 - x^3)(g^3 - x^3)}$	$\dfrac{1}{a^3 - g^3}\,[g^3 J_{12}(g, x) + a^3 J_{12}(a, x)]; \quad g \neq a.$

2. Integrale algebraischer Funktionen.

2.1.5. Der Integrand enthält $a^4 \pm x^4$.[1]

2.1.5.1. $a^4 \pm x^4$ und x^m.

Nr.	$f(x) = J'(x)$	$J(x) = \int f(x)\,dx$
1.1.0.	$\dfrac{1}{1+x^4}$	$\dfrac{1}{2\sqrt{2}}\left[\operatorname{Ar\,Tg}\dfrac{x\sqrt{2}}{1+x^2}{}^{*}+\operatorname{arc\,tg}\dfrac{x\sqrt{2}}{1-x^2}\right].$
1.1.1.	$\dfrac{1}{a^4+x^4}$	$\dfrac{1}{2\,a^3\sqrt{2}}\left[\operatorname{Ar\,Tg}\dfrac{a\,x\sqrt{2}}{a^2+x^2}{}^{*}+\operatorname{arc\,tg}\dfrac{a\,x\sqrt{2}}{a^2-x^2}\right]=G_{11}.$
1.1.2.	$\dfrac{1}{a+bx^4}$	$\dfrac{\lambda}{4\,a\sqrt{2}}\left[\operatorname{Ar\,Tg}\dfrac{\lambda\,x\sqrt{2}}{\lambda^2+x^2}{}^{*}+\operatorname{arc\,tg}\dfrac{\lambda\,x\sqrt{2}}{\lambda^2-x^2}\right];$ $\lambda=\sqrt[4]{a/b},\quad ab>0.$
1.2.0.	$\dfrac{1}{1-x^4}$	$\dfrac{1}{2}\left[\dfrac{1}{2}\ln\left|\dfrac{a+x}{a-x}\right|^{*}+\operatorname{arc\,tg}x\right].$
1.2.1.	$\dfrac{1}{a^4-x^4}$	$\dfrac{1}{2\,a^3}\left[\dfrac{1}{2}\ln\left|\dfrac{a+x}{a-x}\right|^{*}+\operatorname{arc\,tg}\dfrac{x}{a}\right]=G_{12}.$
1.2.2.	$\dfrac{1}{a-bx^4}$	$\dfrac{h}{2\,a}\left[\dfrac{1}{2}\ln\left|\dfrac{\lambda+x}{\lambda-x}\right|^{*}+\operatorname{arc\,tg}\dfrac{x}{\lambda}\right];\ \lambda\ \text{s. 1.1.2.}$
2.1.0.1.	$\dfrac{x^m}{(a^4\pm x^4)^n}$	$\dfrac{1}{4(n-1)a^4}\left[\dfrac{x^{m+1}}{z^{n-1}}-(5+m-4n)\int\dfrac{x^m}{z^{n-1}}\,dx\right];$ $z=a^4\pm x^4;\ \ n\neq 1\ (\text{s u.});\ \ m=3\ \text{s. u.}$
2.1.0.2.	$\dfrac{x^m}{a^4\pm x^4}$	$\pm\dfrac{x^{m-3}}{m-3}\mp a^4\int\dfrac{x^{m-4}}{a^4\pm x^4}\,dx;\ m\neq 3,$ vgl. a. Nr. 2.1.5.0.
2.1.1.0.	$\dfrac{x}{(a^4\pm x^4)^n}$	$\dfrac{1}{4(n-1)a^4}\left[\dfrac{x^2}{z^{n-1}}+(4n-6)\int\dfrac{x\,dx}{z^{n-1}}\right];$ $z=a^4\pm x^4;\ \ n\neq 1.$
2.1.1 1.1.1.	$\dfrac{x}{a^4+x^4}$	$\dfrac{1}{2\,a^2}\operatorname{arc\,tg}\dfrac{x^2}{a^2}.$
2 1.1.1.1.2.	$\dfrac{x}{a+bx^4}$	$\dfrac{1}{2\sqrt{ab}}\operatorname{arc\,tg}\sqrt{\dfrac{b}{a}}\,x^2;\quad ab>0.$
2.1.1.1.2.1.	$\dfrac{x}{a^4-x^4}$	$\dfrac{1}{4\,a^2}\ln\left|\dfrac{a^2+x^2}{a^2-x^2}\right|^{*}.$
2.1.1.1.2.2.	$\dfrac{x}{a-bx^4}$	$\dfrac{1}{4\sqrt{ab}}\ln\left|\dfrac{\sqrt{ab}+bx^2}{\sqrt{ab}-bx^2}\right|^{*};\quad ab>0.$
2 1.1.2.1.	$\dfrac{x}{(a^4+x^4)^2}$	$\dfrac{1}{4\,a^6}\left[\dfrac{a^2x^2}{a^4+x^4}+\operatorname{arc\,tg}\dfrac{x^2}{a^2}\right].$
2.1 1.2.2.	$\dfrac{x}{(a^4-x^4)^2}$	$\dfrac{1}{4\,a^6}\left[\dfrac{a^2x^2}{a^4-x^4}+\dfrac{1}{2}\ln\left|\dfrac{a^2+x^2}{a^2-x^2}\right|^{*}\right].$

Nr.	$f(x) = J'(x)$	$J(x) = \int f(x)\, dx$
2.1.1.3.1.	$\dfrac{x}{(a^4 + x^4)^3}$	$\dfrac{1}{16\, a^{10}}\left[\left(\dfrac{2\, a^6 x^2}{z^4} + \dfrac{3\, a^2 x^2}{z}\right)^{1)} + 3\ \text{arc tg}\ \dfrac{x^2}{a^2}\right];$ $z = a^4 + x^4.$
2.1.1.3.2.	$\dfrac{x}{(a^4 - x^4)^3}$	$\dfrac{1}{16\, a^{10}}\left[\left(\dfrac{2\, a^6 x^2}{z^2} + \dfrac{3\, a^2 x^2}{z}\right)^{1)} + \dfrac{3}{2}\ \ln\left|\dfrac{a^2 + x^2}{a^2 - x^2}\right|^{*}\right];$ $z = a^4 - x^4.$
2.1.2.0.	$\dfrac{x^2}{(a^4 \pm x^4)^n}$	$\dfrac{1}{4\,(n-1)\, a^4}\left[\dfrac{x^3}{z^{n-1}} + (4n - 7) \int \dfrac{x^2}{z^{n-1}}\, dx\right];$ $z = a^4 \pm x^4.$
2.1.2.1.1.	$\dfrac{x^2}{a^4 + x^4}$	$\dfrac{1}{2\, a \sqrt{2}}\left[-\ \text{Ar Tg}\ \dfrac{a x \sqrt{2}}{a^2 + x^2}^{*} + \text{arc tg}\ \dfrac{a x \sqrt{2}}{a^2 - x^2}\right] = G_{21}.$
2.1.2.1.2.	$\dfrac{x^2}{a^4 - x^4}$	$\dfrac{1}{2\, a}\left[\dfrac{1}{2}\ \ln\left|\dfrac{a + x}{a - x}\right|^{*} - \text{arc tg}\ \dfrac{x}{a}\right] = G_{22}.$
2.1.2.2.1.	$\dfrac{x^2}{(a^4 + x^4)^2}$	$\dfrac{1}{4\, a^4}\left[\dfrac{x^3}{z} + G_{21}\right];\quad z = a^4 + x^4.$
2.1.2.2.2.	$\dfrac{x^2}{(a^4 - x^4)^2}$	$\dfrac{1}{4\, a^4}\left[\dfrac{x^3}{z} + G_{22}\right];\quad z = a^4 - x^4.$
2.1.2.3.1.	$\dfrac{x^2}{(a^4 + x^4)^3}$	$\dfrac{1}{32\, a^8}\left[\dfrac{4\, a^4 x^3}{z^2} + \dfrac{5\, x^3}{z} + 5\, G_{21}\right];\quad z = a^4 + x^4.$
2.1.2.3.2.	$\dfrac{x^2}{(a^4 - x^4)^3}$	$\dfrac{1}{32\, a^8}\left[\dfrac{4\, a^4 x^3}{z^2} + \dfrac{5\, x^3}{z} + 5\, G_{22}\right];\quad z = a^4 - x^4.$
2.1.3.0.	$\dfrac{x^3}{(a^4 \pm x^4)^n}$	$\mp\ \dfrac{1}{4\,(n-1)} \cdot \dfrac{1}{(a^4 \pm x^4)^{n-1}};\quad n \neq 1\ \text{(s. u.)}.$
2.1.3.1.	$\dfrac{x^3}{a^4 \pm x^4}$	$\pm\ \dfrac{1}{4}\ \ln\left|a^4 \pm x^4\right|.$
2.1.3.2.	$\dfrac{x^3}{(a^4 \pm x^4)^2}$	$\mp\ \dfrac{1}{4\,(a^4 \pm x^4)}.$
2.1.3.3.	$\dfrac{x^3}{(a^4 \pm x^4)^3}$	$\mp\ \dfrac{1}{8\,(a^4 \pm x^4)^2}.$
2.1.4.0.	$\dfrac{x^4}{(a^4 \pm x^4)^n}$	$\dfrac{1}{4\,(n-1)\, a^4}\left[\dfrac{x^5}{z^{n-1}} - (9 - 4n) \int \dfrac{x^4}{z^{n-1}}\, dx\right];\ z = a^4 \pm x^4;$ $n \neq 1.$
2.1.4.1.1.	$\dfrac{x^4}{a^4 + x^4}$	$x - a^4\, G_{11}.$
2.1.4.1.2.	$\dfrac{x^4}{a^4 - x^4}$	$a^4\, G_{12} - x.$
2.1.4.2.1.	$\dfrac{x^4}{(a^4 + x^4)^2}$	$\dfrac{1}{4}\left[G_{11} - \dfrac{x}{a^4 + x^4}\right].$
2.1.4.2.2.	$\dfrac{x^4}{(a^4 - x^4)^2}$	$\dfrac{1}{4}\left[\dfrac{x}{a^4 - x^4} + G_{12}\right].$

$^{1)}\ (\ ) = \dfrac{a^2 x^2}{z^2}\,(5\, a^4 \pm 3\, x^4),\quad z = a^4 \pm x^4.$

Nr.	$f(x) = J'(x)$	$J(x) = \int f(x)\,dx$
2. 1. 4. 3. 1.	$\dfrac{x^4}{(a^4 + x^4)^3}$	$\dfrac{1}{32\,a^4}\left[\dfrac{x\,(x^4 - 3\,a^4)}{a^4 + x^4} + 3\,G_{11}\right].$
2. 1. 4. 3. 2.	$\dfrac{x^4}{(a^4 - x^4)^3}$	$\dfrac{1}{32\,a^4}\left[\dfrac{x\,(x^4 + 3\,a^4)}{a^4 - x^4} - 3\,G_{12}\right].$
2. 1. 5. 0.	$\dfrac{x^{q+4}}{a^4 \pm x^4}$	$\pm\dfrac{x^{q+1}}{q+1} \mp a^4 \displaystyle\int \dfrac{x^q}{a^4 + x^4}\,dx;\ q \neq -1$ (vgl. Nr. 2. 1. 3. 1.).
2. 2. 0. 0.	$\dfrac{1}{x^m\,(a^4 \pm x^4)^n}$	$\dfrac{1}{(m-1)\,a^4}\left[-\dfrac{1}{x^{m-1}\,z^{n-1}} \mp (m + 4\,n - 5)\displaystyle\int \dfrac{dx}{x^{m-4}\,z^n}\right];$ $z = a^4 \pm x^4,\ \ m \neq 1.$
2. 2. 0. 1.	$\dfrac{1}{x^m\,(\alpha \pm \beta\,x^4)^n}$	$\dfrac{1}{\beta^n}\displaystyle\int \dfrac{dx}{x^m\,(a^4 \pm x^4)^n};\ a = \sqrt[4]{\alpha/\beta},\ \alpha\beta > 0.$ (s. 2. 2. 0. 0.).
2. 2. 1. 0.	$\dfrac{1}{x\,(a^4 \pm x^4)^n}$	$\dfrac{1}{a^4}\left[\dfrac{1}{4\,(n-1)\,z^{n-1}} + \displaystyle\int \dfrac{dx}{x\,z^{n-1}}\right];\ \ z = a^4 \pm x^4;\ n \neq 1.$
2. 2. 1. 1.	$\dfrac{1}{x\,(a^4 \pm x^4)}$	$\dfrac{1}{4\,a^4}\ln\left|\dfrac{x^4}{a^4 \pm x^4}\right|.$
2. 2. 1. 2.	$\dfrac{1}{x\,(a^4 \pm x^4)^2}$	$\dfrac{1}{4\,a^8}\left[\ln\left|\dfrac{x^4}{a^4 \pm x^4}\right| + \dfrac{a^4}{a^4 \pm x^4}\right].$
2. 2. 1. 3.	$\dfrac{1}{x\,(a^4 \pm x^4)^3}$	$\dfrac{1}{8\,a^{12}}\left[\dfrac{a^8}{z^2} + \dfrac{2\,a^4}{z} + 2\ln\left|\dfrac{x^4}{z}\right|\right];\ \ z = a^4 \pm x^4.$
2. 2. 2. 0.	$\dfrac{1}{x^2\,(a^4 \pm x^4)^n}$	$\dfrac{1}{a^4}\left[-\dfrac{1}{x\,z^{n-1}} \mp (4\,n - 3)\displaystyle\int \dfrac{x^2\,dx}{z^n}\right];\ \ z = a^4 \pm x^4.$
2. 2. 2. 1. 1.	$\dfrac{1}{x^2\,(a^4 + x^4)}$	$-\dfrac{1}{a^4}\left[\dfrac{1}{x} + G_{21}\right].$
2. 2. 2. 1. 2.	$\dfrac{1}{x^2\,(a^4 - x^4)}$	$\dfrac{1}{a^4}\left[-\dfrac{1}{x} + G_{22}\right].$
2. 2. 2. 2. 1.	$\dfrac{1}{x^2\,(a^4 + x^4)^2}$	$-\dfrac{1}{4\,a^8}\left[\dfrac{5\,x^4 + 4\,a^4}{x\,(a^4 + x^4)} + 5\,G_{21}\right].$
2. 2. 2. 2. 2.	$\dfrac{1}{x^2\,(a^4 - x^4)^2}$	$\dfrac{1}{4\,a^8}\left[\dfrac{5\,x^4 - 4\,a^4}{x\,(a^4 - x^4)} + 5\,G_{22}\right].$
2. 2. 2. 3. 1.	$\dfrac{1}{x^2\,(a^4 + x^4)^3}$	$-\dfrac{1}{32\,a^{12}}\left[\left(\dfrac{32\,a^8}{x\,z^2} + \dfrac{36\,a^4\,x^3}{z^2} + \dfrac{45\,x^3}{z}\right)^{1)} + 45\,G_{21}\right].$
2. 2. 2. 3. 2.	$\dfrac{1}{x^2\,(a^4 - x^4)^3}$	$\dfrac{1}{32\,a^{12}}\left[\left(-\dfrac{32\,a^8}{x\,z^2} + \dfrac{36\,a^4\,x^3}{z^2} + \dfrac{45\,x^3}{z}\right)^{1)} + 45\,G_{22}\right].$
2. 2. 3. 0.	$\dfrac{1}{x^3\,(a^4 \pm x^4)^n}$	$\dfrac{1}{2\,a^4}\left[-\dfrac{1}{x^2\,z^{n-1}} \mp (4\,n - 2)\displaystyle\int \dfrac{x\,dx}{z^n}\right];\ \ z = a^4 \pm x^4.$
2. 2. 3. 1. 1.	$\dfrac{1}{x^3\,(a^4 + x^4)}$	$-\dfrac{1}{2\,a^6}\left[\dfrac{a^2}{x^2} + \operatorname{arc\,tg}\dfrac{x^2}{a^2}\right].$
2. 2. 3. 1. 2.	$\dfrac{1}{x^3\,(a^4 - x^4)}$	$\dfrac{1}{2\,a^6}\left[-\dfrac{a^2}{x^2} + \dfrac{1}{2}\ln\left|\dfrac{a^2 + x^2}{a^2 - x^2}\right|^{*}\right].$

$^{1)}\ (\ ) = \pm\,\dfrac{32\,a^8 \pm 71\,a^4\,x^4 + 45\,x^8}{x\,z^2};\ z = (a^4 \pm x^4).$

Nr.	$f(x) = J'(x)$	$J(x) = \int f(x)\, dx$
2. 2. 3. 2. 1.	$\dfrac{1}{x^3(a^4 + x^4)^2}$	$-\dfrac{1}{4\,a^{10}}\left[\dfrac{a^2(3x^4 + 2a^4)}{x^2(a^4 + x^4)} + 3\,\text{arc tg}\,\dfrac{x^2}{a^2}\right].$
2. 2. 3. 2. 2.	$\dfrac{1}{x^3(a^4 - x^4)^2}$	$\dfrac{1}{4\,a^{10}}\left[\dfrac{a^2(3x^4 - 2a^4)}{x^2(a^4 + x^4)} + \dfrac{3}{2}\ln\left|\dfrac{a^2 + x^2}{a^2 - x^2}\right|^{*}\,\right].$
2. 2. 4. 0.	$\dfrac{1}{x^4(a^4 \pm x^4)^n}$	$\dfrac{1}{3\,a^4}\left[-\dfrac{1}{x^3 z^{n-1}} \mp (4n-1)\displaystyle\int\dfrac{dx}{z^n}\right];\quad z = a^4 \pm x^4;$ vgl. a. Nr. 3. 0.
2. 2. 4. 1. 1.	$\dfrac{1}{x^4(a^4 + x^4)}$	$-\dfrac{1}{3\,a^4}\left[\dfrac{1}{x^3} + 3\,G_{11}\right].$
2. 2. 4. 1. 2.	$\dfrac{1}{x^4(a^4 - x^4)}$	$\dfrac{1}{3\,a^4}\left[-\dfrac{1}{x^3} + 3\,G_{12}\right].$
2. 2. 4. 2. 1.	$\dfrac{1}{x^4(a^4 + x^4)^2}$	$-\dfrac{1}{12\,a^8}\left[\dfrac{7x^4 + 4a^4}{x^3(a^4 + x^4)} + 21\,G_{11}\right].$
2. 2. 4. 2. 2.	$\dfrac{1}{x^4(a^4 - x^4)^2}$	$\dfrac{1}{12\,a^8}\left[\dfrac{7x^4 - 4a^4}{x^3(a^4 - x^4)} + 21\,G_{12}\right].$
3. 0.	$\dfrac{1}{(a^4 \pm x^4)^n}$	$\dfrac{1}{4(n-1)\,a^4}\left[\dfrac{x}{z^{n-1}} + (4n-5)\displaystyle\int\dfrac{dx}{z^{n-1}}\right];\quad n \neq 1,$ s. Nr. 1. 1. 1. u. 1. 2. 1.
3. 2. 1.	$\dfrac{1}{(a^4 + x^4)^2}$	$\dfrac{1}{4\,a^4}\left[\dfrac{x}{a^4 + x^4} + 3\,G_{11}\right].$
3. 2. 2.	$\dfrac{1}{(a^4 - x^4)^2}$	$\dfrac{1}{4\,a^4}\left[\dfrac{x}{a^4 - x^4} + 3\,G_{12}\right].$
3. 3. 1.	$\dfrac{1}{(a^4 + x^4)^3}$	$\dfrac{1}{32\,a^8}\left[\dfrac{x(11a^4 + 7x^4)}{(a^4 + x^4)^2} + 21\,G_{12}\right].$
3. 3. 2.	$\dfrac{1}{(a^4 - x^4)^3}$	$\dfrac{1}{32\,a^8}\left[\dfrac{x(11a^4 - 7x^4)}{(a^4 - x^4)^2} + 21\,G_{22}\right].$

2. 1. 5. 2. $a^4 \pm x^4$ und $g \pm x$.

Nr.	$f(x) = J'(x)$	$J(x) = \int f(x)\, dx$
1. 1. 1.	$\dfrac{g + x}{a^4 + x^4}$	$g\,G_{11} \pm \dfrac{1}{2\,a^2}\,\text{arc tg}\,\dfrac{x^2}{a^2}.$
1. 1. 2.	$\dfrac{g \pm x}{a^4 - x^4}$	$g\,G_{12} \pm \dfrac{1}{4\,a^2}\ln\left|\dfrac{a^2 + x^2}{a^2 - x^2}\right|^{*}.$
2. 1. 1.	$\dfrac{1}{(g \pm x)(a^4 + x^4)}$	$\dfrac{1}{g^4 + a^4}\left[\pm\dfrac{1}{4}\ln\dfrac{(g \pm x)^4}{a^4 + x^4} \mp \dfrac{g^2}{2\,a^2}\,\text{arc tg}\,\dfrac{x^2}{a^2} + g^3\,G_{11}\right.$ $\left. + g\,G_{21}\right] = \pm\,\alpha_1\,\ln\dfrac{(g \pm x)^4}{a^4 + x^4} \mp \alpha_2\,\text{arc tg}\,\dfrac{x^2}{a^2}$ $+ \alpha_3\,\mathfrak{Ar\,Tg}\,\dfrac{ax\sqrt{2}^{\,*}}{a^2 + x^2} + \alpha_4\,\text{arc tg}\,\dfrac{ax\sqrt{2}}{a^2 - x^2};$ $\alpha_1 = \dfrac{1}{4(a^4 + g^4)};\quad \alpha_2 = \dfrac{g^2}{2\,a^2(y^4 + a^4)}.$

Nr	$f(x) = J'(x)$	$J(x) = \int f(x)\,dx$
		$\alpha_3 = \dfrac{g\,(g^2 - a^2)}{2\sqrt{2}\;a^3\,(g^4 + a^4)}\;;\quad \alpha_4 = \dfrac{g\,(g^2 + a^2)}{2\sqrt{2}\;a^3\,(g^4 + a^4)}\;.$
2.1.2.	$\dfrac{1}{(a \pm x)\,(a^4 + x^4)}$	$\dfrac{1}{2\,a^4}\left[\pm \dfrac{1}{4}\ln\dfrac{(a \pm x)^4}{a^4 + x^4} \mp \dfrac{1}{2}\arctan\dfrac{x^2}{a^2}\right.$ $\left. + \dfrac{1}{\sqrt{2}}\arctan\dfrac{a\,x\,\sqrt{2}}{a^2 - x^2}\right].$
2.2.1.	$\dfrac{1}{(g \pm x)\,(a^4 - x^4)}$	$\dfrac{1}{g^4 - a^4}\left[\pm \dfrac{1}{4}\ln\left\lvert\dfrac{a^4 - x^4}{(g \pm x)^4}\right\rvert \mp \dfrac{g^2}{4\,a^2}\ln\left\lvert\dfrac{a^2 + x^2}{a^2 - x^2}\right\rvert\right.$ $\left. + g^3\,G_{12} + g\,G_{22}\right]$ $= \pm\,\beta_1\ln\left\lvert\dfrac{a^4 - x^4}{(g \pm x)^4}\right\rvert \mp \beta_2\,\dfrac{1}{2}\ln\left\lvert\dfrac{a^2 + x^2}{a^2 - x^2}\right\rvert^{*}$ $+ \beta_3\arctan\dfrac{x}{a} \mp \beta_4\cdot\dfrac{1}{2}\ln\left\lvert\dfrac{a + x}{a - x}\right\rvert^{*};$ $\beta_1 = \dfrac{1}{4\,(g^4 - a^4)}\;;\quad \beta_2 = \dfrac{g^2}{2\,a^2\,(g^4 - a^4)}\;;$ $\beta_3 = \dfrac{g}{2\,a^3\,(g^2 + a^2)}\;;\quad \beta_4 = \dfrac{g}{2\,a^3\,(g^2 - a^2)}\;;\quad g^2 \neq a^2$
2.2.2.	$\dfrac{1}{(a \pm x)\,(a^4 - x^4)}$	$\pm\,\dfrac{1}{8\,a^4}\left[-\dfrac{2a}{a \pm x} + \ln\left\lvert\dfrac{a + x}{a - x}\right\rvert^{*} + \ln\left\lvert\dfrac{(a \pm x)^4}{a^4 - x^4}\right\rvert\right].$

2.1.5.3. $a^4 \pm x^4$ und $g^2 \pm x^2$.

Nr	$f(x) = J'(x)$	$J(x) = \int f(x)\,dx$
1.1.1.	$\dfrac{g^2 \pm x^2}{a^4 + x^4}$	$g^2\,G_{11} \pm G_{21} = \dfrac{1}{2\,a^3\,\sqrt{2}}\left[(g^2 \mp a^2)\,\operatorname{Ar\,Tg}\dfrac{a\,x\,\sqrt{2}}{a^2 + x^2}{}^{*}\right.$ $\left. + (g^2 \pm a^2)\arctan\dfrac{a\,x\,\sqrt{2}}{a^2 - x^2}\right].$
1.1.2.	$\dfrac{a^2 + x^2}{a^4 + x^4}$	$\dfrac{1}{a\,\sqrt{2}}\arctan\dfrac{a\,x\,\sqrt{2}}{a^2 - x^2}\;.$
1.1.3.	$\dfrac{a^2 - x^2}{a^4 + x^4}$	$\dfrac{1}{a\,\sqrt{2}}\operatorname{Ar\,Tg}\dfrac{a\,x\,\sqrt{2}}{a^2 + x^2}{}^{*}\;.$
1.2.1.	$\dfrac{g^2 \pm x^2}{a^4 - x^4}$	$g^2\,G_{12} \pm G_{22} = \dfrac{1}{2\,a^3}\left[\dfrac{1}{2}\,(g^2 \pm a^2)\ln\left\lvert\dfrac{a + x}{a - x}\right\rvert^{*}\right.$ $\left. + (g^2 \mp a^2)\arctan\dfrac{x}{a}\right].$
2.1.1.	$\dfrac{1}{(g^2 + x^2)\,(a^4 + x^4)}$	$\alpha_1\arctan\dfrac{x}{g} + \alpha_2\operatorname{Ar\,Tg}\dfrac{a\,x\,\sqrt{2}}{a^2 + x^2}{}^{*} + \alpha_3\arctan\dfrac{a\,x\,\sqrt{2}}{a^2 - x^2}\;.$

Nr.	$f(x) = J'(x)$	$J(x) = \int f(x)\,dx$
		$\alpha_1 = \dfrac{1}{g(g^4 + a^4)}; \quad \alpha_2 = \dfrac{g^2 + a^2}{2\sqrt{2}\,a^3(g^4 + a^4)};$ $\alpha_3 = \dfrac{g^2 - a^2}{2\sqrt{2}\cdot a^3(g^4 + a^4)}.$
2. 1. 2.	$\dfrac{1}{(a^2 + x^2)(a^4 + x^4)}$	wie 2. 1. 1., aber $g = a$ setzen, d. h. $\alpha_1 = \dfrac{1}{2\,a^5};$ $\alpha_2 = \dfrac{1}{2\sqrt{2}\cdot a^5}; \quad \alpha_3 = 0.$
2. 2. 1.	$\dfrac{1}{(g^2 - x^2)(a^4 + x^4)}$	$\alpha_1 \cdot \dfrac{1}{2}\ln\left|\dfrac{g + x}{g - x}\right|^* + \alpha_2 \text{ arc tg } \dfrac{a x \sqrt{2}}{a^2 - x^2}$ $+ \alpha_3 \text{ Ar Tg } \dfrac{a x \sqrt{2}}{a^2 + x^2}{}^*; \quad \alpha_1, \alpha_2, \alpha_3 \text{ s. 2. 1. 1.}$
2. 2. 2.	$\dfrac{1}{(a^2 - x^2)(a^4 + x^4)}$	wie 2. 2. 1., aber g durch a ersetzen, d. h. $\alpha_1 = \dfrac{1}{2\,a^5}; \alpha_2 = \dfrac{1}{2\sqrt{2}\cdot a^5}; \alpha_3 = 0.$
2. 3. 1.	$\dfrac{1}{(g^2 + x^2)(a^4 - x^4)}$	$-\beta_1 \text{ arc tg } \dfrac{x}{g} + \dfrac{\beta_2}{2}\ln\left|\dfrac{a + x}{a - x}\right|^* + \beta_3 \text{ arc tg } \dfrac{x}{a};$ $\beta_1 = \dfrac{1}{g(g^4 - a^4)}; \beta_2 = \dfrac{1}{2\,a^3(g^2 + a^2)};$ $\beta_3 = \dfrac{1}{2\,a^3(g^2 - a^2)}; \qquad g^2 \neq a^2.$
2. 3. 2.	$\dfrac{1}{(a^2 + x^2)(a^4 - x^4)}$	$\dfrac{1}{4\,a^5}\left[\dfrac{a x}{a^2 + x^2} + 2 \text{ arc tg } \dfrac{x}{a} + \dfrac{1}{2}\ln\left|\dfrac{a + x}{a - x}\right|^*\right].$
2. 4. 1.	$\dfrac{1}{(g^2 - x^2)(a^4 - x^4)}$	$-\beta_1 \cdot \dfrac{1}{2}\ln\left|\dfrac{g + x}{g - x}\right|^* + \beta_2 \text{ arc tg } \dfrac{x}{a} + \dfrac{\beta_3}{2}\ln\left|\dfrac{a + x}{a - x}\right|^*;$ $\beta_1, \beta_2, \beta_3 \text{ s. 2. 3. 1}; \quad g^2 \neq a^2.$
2. 4. 2.	$\dfrac{1}{(a^2 - x^2)(a^4 - x^4)}$	$\dfrac{1}{4\,a^5}\left[\dfrac{a x}{a^2 - x^2} + \ln\left|\dfrac{a + x}{a - x}\right|^* + \text{ arc tg } \dfrac{x}{a}\right].$

2. 1. 5. 4. $a^4 \pm x^4$ und $g^3 \pm x^3$.

Nr.	$f(x) = J'(x)$	$J(x) = \int f(x)\,dx$
1. 1.	$\dfrac{g^3 \pm x^3}{a^4 + x^4}$	$g^3\, G_{11} \pm \dfrac{1}{4}\ln(a^4 + x^4).$
1. 2.	$\dfrac{g^3 \pm x^3}{a^4 - x^4}$	$g^3\, G_{12} \mp \dfrac{1}{4}\ln|a^4 - x^4|.$
2. 1. 1.	$\dfrac{1}{(g^3 + x^3)(a^4 + x^4)}$	$\alpha_1 \ln \dfrac{(x + g)^2}{x^2 - g x + g^2} + \alpha_2\, 2\sqrt{3} \text{ arc tg } \dfrac{2 x - g}{g\sqrt{3}}$

Forts. S. 46

Nr.	$f(x) = J'(x)$	$J(x) = \int f(x)\,dx$
		$+\, \alpha_3 \operatorname{\mathfrak{Ar}\,\mathfrak{Tg}} \dfrac{a\,x\,\sqrt{2}}{a^2 + x^2}{}^{*} + \alpha_4 \operatorname{arc\,tg} \dfrac{a\,x\,\sqrt{2}}{a^2 - x^2}$
		$-\, \alpha_5 \operatorname{arc\,tg} \dfrac{x^2}{a^2} + \alpha_6 \cdot \dfrac{1}{12} \ln \dfrac{(g^3 + x^3)^4}{(a^4 + x^4)^3}$;
		$\alpha_1 = \dfrac{a^4(a^4 - g^4)}{6\,g^2(a^{12} + g^{12})}$; $\alpha_2 = \dfrac{a^4(a^4 + g^4)}{6\,g^2(a^{12} + g^{12})}$;
		$\alpha_3 = \dfrac{g^3(g^6 + a^6)}{2\,a^3\,\sqrt{2}\,(a^{12} + g^{12})}$; $\alpha_4 = \dfrac{g^3(g^6 - a^6)}{2\,a^3\,\sqrt{2}\,(a^{12} + g^{12})}$;
		$\alpha_5 = \dfrac{a^6}{2(a^{12} + g^{12})}$; $\alpha_6 = \dfrac{g^6}{a^{12} + g^{12}}$.
2.1.2.	$\dfrac{1}{(a^3 + x^3)(a^4 + x^4)}$	wie 2.1.1., aber $g = a$ setzen, so daß $\alpha_1 = \alpha_4 = 0$;
		$\alpha_2 = \dfrac{1}{6\,a^6}$; $\alpha_3 = \dfrac{1}{2\,\sqrt{2}\cdot a^6}$; $\alpha_5 = \dfrac{1}{4\,a^6}$; $\alpha_6 = \dfrac{1}{2\,a^6}$.
2.2.1.	$\dfrac{1}{(g^3 - x^3)(a^4 + x^4)}$	$\beta_1 \ln \dfrac{x^2 + g\,x + g^2}{(x - g)^2} + \beta_2 \cdot 2\sqrt{3}\,\operatorname{arc\,tg} \dfrac{2x + g}{g\,\sqrt{3}}$
		$+\, \beta_3 \operatorname{\mathfrak{Ar}\,\mathfrak{Tg}} \dfrac{a\,x\,\sqrt{2}}{a^2 + x^2}{}^{*} + \beta_4 \operatorname{arc\,tg} \dfrac{a\,x\,\sqrt{2}}{a^2 - x^2}$
		$+\, \beta_5 \operatorname{arc\,tg} \dfrac{x^2}{a^2} + \beta_6 \cdot \dfrac{1}{12} \ln \dfrac{(a^4 + x^4)^3}{(g^3 - x^3)^4}$; $\beta_1 = \alpha_1$;
		$\beta_2 = \alpha_2$; $\beta_3 = \alpha_4$; $\beta_4 = \alpha_3$; $\beta_5 = \alpha_5$; $\beta_6 = \alpha_6$;
		α_i vergl. 2.1.1.
2.2.2.	$\dfrac{1}{(a^3 - x^3)(a^4 + x^4)}$	wie 2.2.1., aber $g = a$ setzen, so daß $\beta_1 = 0$;
		$\beta_2 = \alpha_2$; $\beta_3 = 0$; $\beta_4 = \alpha_3$; $\beta_5 = \alpha_5$; $\beta_6 = \alpha_6$;
		α_i vergl. 2.1.2.
2.3.1.	$\dfrac{1}{(g^3 + x^3)(a^4 - x^4)}$	$\gamma_1 \ln \dfrac{(x + g)^2}{x^2 - g\,x + g^2} - \gamma_2 \cdot 2\sqrt{3}\,\operatorname{arc\,tg} \dfrac{2x - g}{g\,\sqrt{3}}$
		$-\, \gamma_3 \operatorname{\mathfrak{Ar}\,\mathfrak{Tg}} \dfrac{a\,x\,\sqrt{2}}{a^2 + x^2}{}^{*} - \gamma_4 \operatorname{arc\,tg} \dfrac{a\,x\,\sqrt{2}}{a^2 - x^2}$
		$-\, \dfrac{1}{2}\,\gamma_5 \cdot \ln \left|\dfrac{a^2 + x^2}{a^2 - x^2}\right|^{*} + \dfrac{1}{12}\,\gamma_6 \cdot \ln \left|\dfrac{(a^4 - x^4)^3}{(g^3 + x^3)^4}\right|$;
		$\gamma_1 = \dfrac{a^4}{6\,g^2(a^8 + a^4 g^4 + g^8)}$; $\gamma_2 = \dfrac{a^4(g^4 + a^4)}{6\,g^6(g^{12} - a^{12})}$;
		$\gamma_3 = \dfrac{g^3}{2\,\sqrt{2}\,\;a^3(g^6 + a^6)}$; $\gamma_4 = \dfrac{g^3}{2\,\sqrt{2}\,a^3(g^6 - a^6)}$;
		$\gamma_5 = \dfrac{a^6}{2(g^{12} - a^{12})}$; $\gamma_6 = \dfrac{a^6}{g^{12} - a^{12}}$; $g^2 \neq a^2$.

Nr.	$f(x) = J'(x)$	$J(x) = \int f(x)\,dx$
2. 3. 2.	$\dfrac{1}{(a^3 + x^3)(a^4 - x^4)}$	$\dfrac{1}{a^6}\left[\dfrac{1}{8}\ln\dfrac{(x+a)^2}{x^2 - ax + a^2} + \dfrac{1}{3\sqrt{3}}\,\text{arc tg}\,\dfrac{2x-a}{a\sqrt{3}} + \dfrac{1}{4}\,\text{arc tg}\,\dfrac{x}{a} + \dfrac{1}{8}\ln\left|\dfrac{a^2+x^2}{a-x}\right| - \dfrac{1}{24}\ln|a^3+x^3| - \dfrac{a}{12(a+x)}\right].$
2. 4. 1.	$\dfrac{1}{(g^3 - x^3)(a^4 - x^4)}$	$\delta_1 \ln\dfrac{(x-g)^2}{x^2 + gx + g^2} + 2\sqrt{3}\,\delta_2\,\text{arc tg}\,\dfrac{2x+g}{g\sqrt{3}} + \delta_3\,\text{Ar Tg}\,\dfrac{ax\sqrt{2}}{a^2+x^2}{}^{*} + \delta_4\,\text{arc tg}\,\dfrac{ax\sqrt{2}}{a^2-x^2} - \dfrac{1}{2}\,\delta_5\,\ln\left|\dfrac{a^2+x^2}{a^2-x^2}\right|{}^{*} - \dfrac{1}{12}\,\delta_6\,\ln\dfrac{(a^4-x^4)^3}{g^3-x^3}\,;$ $\delta_1 = \gamma_2;\ \delta_2 = \gamma_1;\ \delta_3 = \gamma_3;\ \delta_4 = \gamma_4;\ \delta_5 = \gamma_5;$ $\delta_6 = \gamma_6;\ \gamma_i$ vergl. 2. 3. 1.; $\qquad g^2 \neq a^2.$
2. 4. 2.	$\dfrac{1}{(a^3 - x^3)(a^4 - x^4)}$	$\dfrac{1}{a^6}\left[\dfrac{1}{8}\ln\dfrac{x^2 + ax + a^2}{(a-x)^2} + \dfrac{1}{3\sqrt{3}}\,\text{arc tg}\,\dfrac{2x+a}{a\sqrt{3}} + \dfrac{1}{4}\,\text{arc tg}\,\dfrac{x}{a} + \dfrac{1}{8}\ln\left|\dfrac{a+x}{a^2+x^2}\right| + \dfrac{1}{24}\ln|a^3-x^3| + \dfrac{a}{12(a+x)}\right].$

2. 1. 5. 5. $a^4 \pm x^4$ und $g^4 \pm x^4$.

Nr.	$f(x) = J'(x)$	$J(x) = \int f(x)\,dx$
1. 1. 1.	$\dfrac{g^4 \pm x^4}{a^4 + x^4}$	$(g^4 \mp a^4)\,G_{11} \pm x.$
1. 1. 2.	$\dfrac{a^4 - x^4}{a^4 + x^4}$	$2a^4\,G_{11} - x.$
1. 2. 1.	$\dfrac{g^4 \pm x^4}{a^4 - x^4}$	$(g^4 \mp a^4)\,G_{12} \pm x.$
1. 2. 2.	$\dfrac{a^4 + x^4}{a^4 - x^4}$	$2a^4\,G_{12} - x.$
2. 1.	$\dfrac{1}{(g^4 + x^4)(a^4 + x^4)}$	$\dfrac{1}{a^4 - g^4}\,[G_{11}(g,x) - G_{11}(a,x)].$
2. 2. 1.	$\dfrac{1}{(g^4 + x^4)(a^4 - x^4)}$	$\dfrac{1}{a^4 + g^4}\,[G_{11}(g,x) + G_{12}(a,x)].$
2. 2. 2.	$\dfrac{1}{(a^4 + x^4)(a^4 - x^4)} = \dfrac{1}{a^8 - x^8}$	$\dfrac{1}{2a^4}\,[G_{11}(a,x) + G_{12}(a,x)].$
2. 3.	$\dfrac{1}{(g^4 - x^4)(a^4 - x^4)}$	$\dfrac{1}{a^4 - g^4}\,[G_{12}(g,x) - G_{12}(a,x)]\,;$ $\qquad g^2 \neq a^2.$

2.1.6. Der Integrand enthält $z = a^p \pm x^p$.

Nr.	$f(x) = J'(x)$	$J(x) = \int f(x)\,dx$
1.1.1.	$x^m(a^p \pm x^p)^n$	Für $n > 0$ binomisch entwickeln, mit x^m multiplizieren und gliedweise integrieren oder auch nach 1.1.2. bis 1.1.5.
1.1.2.	$x^m(a^p \pm x^p)^n$	$\dfrac{1}{m + pn + 1}[x^{m+1}z^n + pn\,a^p\int x^m z^{n-1}\,dx];$ $m + pn + 1 \neq 0.$
1.1.3.	$x^m(a^p \pm x^p)^n$	$\dfrac{1}{p(n+1)a^p}[-x^{m+1}z^{n+1}$ $+\{(m+1)+p(n+1)\}\int x^m z^{n+1}\,dx]; \quad n \neq -1.$
1.1.4.	$x^m(a^p \pm x^p)^n$	$\dfrac{1}{(m+1)a^p}[x^{m+1}z^{n+1}$ $\mp\{(m+1)+p(n+1)\}\int x^{m+p}z^n\,dx], \quad m \neq -1.$
1.1.5.	$x^m(a^p \pm x^p)^n$	$\pm\dfrac{1}{m+pn+1}[x^{m-p+1}z^{n+1}$ $-(m-p+1)a^p\int x^{m-p}z^n\,dx]; \quad m+pn+1 \neq 0.$
1.2.	$x^{p-1}(a^p \pm x^p)^n$	$\mp\dfrac{1}{p(n+1)}(a^p \pm x^p)^{n+1}; \quad n \neq -1.$
2.1.	$\dfrac{x^m}{(a^p \pm x^p)^n}$	$\dfrac{1}{p(n-1)a^p}\left[\dfrac{x^{m+1}}{z^{n-1}}\right.$ $\left. -\{(m+1)-p(n-1)\}\int\dfrac{x^m}{z^{n-1}}\,dx\right]; \quad n \neq 1.$
2.2.	$\dfrac{x^m}{a^p \pm x^p}$	$\pm\dfrac{x^{m+1-p}}{m+1-p}\mp a^p\int\dfrac{x^{m-p}}{a^p \pm x^p}\,dx; \quad m \neq p-1.$
2.3.	$\dfrac{x^{p-1}}{a^p \pm x^p}$	$\mp\dfrac{1}{p}\ln|a^p \pm x^p|.$
2.4.	$\dfrac{x^{q+p}}{a^p \pm x^p}$	$\pm\dfrac{x^{q+1}}{q+1}\mp a^p\int\dfrac{x^q}{a^p \pm x^p}\,dx.$
3.1.	$\dfrac{1}{x^m(a^p \pm x^p)^n}$	$\dfrac{1}{m-1}\left[-\dfrac{1}{x^{m-1}z^{n-1}}\right.$ $\left.\mp\{(m-1)+p(n-1)\}\int\dfrac{dx}{x^{m-p}z^n}\right]; \quad m \neq 1.$
3.2.	$\dfrac{1}{x(a^p \pm x^p)^n}$	$\dfrac{1}{a^p}\left[\dfrac{1}{p(n-1)z^{n-1}}+\int\dfrac{dx}{x\,z^{n-1}}\right]; \quad n \neq 1.$
3.3.	$\dfrac{1}{x(a^p \pm x^p)}$	$\dfrac{1}{p\,a^p}\ln\left|\dfrac{x^p}{a^p \pm x^p}\right|.$
4.1.	$\dfrac{x^{p(m+1)-1}}{(a^p \pm x^p)^n}$	$\dfrac{1}{p}\int\dfrac{v^m\,dv}{(a^p \pm v)^n}$ mit $v = x^p$ nach Abs. 2.1.2.1. Nr. 5.

Nr.	$f(x) = J'(x)$	$J(x) = \int f(x)\,dx$
4.2.	$\dfrac{x^{p-1}}{a + b\,x^{2p}}$	$\dfrac{1}{p\sqrt{ab}}\ \text{arc tg}\left(\sqrt{\dfrac{a}{b}}\,x^m\right):$ $\qquad ab > 0.$
4.3.	$\dfrac{x^{p-1}}{a - b\,x^{2p}}$	$\dfrac{1}{p\sqrt{ab}}\ \dfrac{1}{2}\ln\left|\dfrac{\sqrt{ab}+b\,x^m}{\sqrt{ab}-b\,x^m}\right|^{*};$ $\qquad ab > 0.$
5.1.1.	$\dfrac{1}{a^6 + x^6}$	$\dfrac{1}{6a^5}\left[2\,\text{arc tg}\,\dfrac{x}{a} + \text{arc tg}\,\dfrac{ax}{a^2 - x^2} + \sqrt{3}\ \text{Ar Tg}\,\dfrac{ax\sqrt{3}}{a^2 + x^2}{}^{*}\right].$
5.1.2.	$\dfrac{1}{a^6 - x^6}$	$\dfrac{1}{6a^5}\left[\ln\left|\dfrac{a+x}{a-x}\right|^{*} + \text{Ar Tg}\,\dfrac{ax}{a^2 + x^2}{}^{*}\right.$ $\left. + \sqrt{3}\ \text{arc tg}\,\dfrac{ax\sqrt{3}}{a^2 - x^2}\right]$; s. Abs. 2.1.4.3. Nr. 2.2.2.
5.2.1.	$\dfrac{x}{a^6 + x^6}$	$\dfrac{1}{12a^4}\left[\ln\dfrac{(x^2 + a^2)^2}{x^4 - a^2 x^2 + a^4} + 2\sqrt{3}\ \text{arc tg}\,\dfrac{a^2\sqrt{3}}{a^2 - 2x^2}\right].$
5.2.2.	$\dfrac{x}{a^6 - x^6}$	$\dfrac{1}{12a^4}\left[\ln\dfrac{x^4 + a^2 x^2 + a^4}{(x^2 - a^2)^2} - 2\sqrt{3}\ \text{arc tg}\,\dfrac{a^2\sqrt{3}}{a^2 + 2x^2}\right]:$ s. Abs. 2.1.4.3. Nr. 3.1.2.2.
5.3.1.	$\dfrac{x^2}{a^6 + x^6}$	$\dfrac{1}{3a^3}\ \text{arc tg}\,\dfrac{x^3}{a^3}.$
5.3.2.	$\dfrac{x^2}{a^6 - x^6}$	$\dfrac{1}{6a^3}\ln\left|\dfrac{a^3 + x^3}{a^3 - x^3}\right|^{*};$ s. Abs. 2.1.4.3. Nr. 3.2.2.2.
5.4.1.	$\dfrac{x^3}{a^6 + x^6}$	$\dfrac{1}{12a^2}\left[\ln\dfrac{x^4 - a^2 x^2 + a^4}{(x^2 + a^2)^2} + 2\sqrt{3}\ \text{arc tg}\,\dfrac{a^2\sqrt{3}}{a^2 - 2x^2}\right].$
5.4.2.	$\dfrac{x^3}{a^6 - x^6}$	$\dfrac{1}{12a^2}\left[\ln\dfrac{x^4 + a^2 x^2 + a^4}{(x^2 - a^2)^2} + 2\sqrt{3}\ \text{arc tg}\,\dfrac{a^2\sqrt{3}}{a^2 + 2x^2}\right]:$ s. Abs. 2.1.4.3. Nr. 3.3.2.2.
5.5.1.	$\dfrac{x^4}{a^6 + x^6}$	$\dfrac{1}{6a}\left[2\,\text{arc tg}\,\dfrac{x}{a} + \text{arc tg}\,\dfrac{ax}{a^2 - x^2} - \sqrt{3}\ \text{Ar Tg}\,\dfrac{ax\sqrt{3}}{a^2 + x^2}\right].$
5.5.2.	$\dfrac{x^4}{a^6 - x^6}$	$\dfrac{1}{6a}\left[\ln\left|\dfrac{a+x}{a-x}\right|^{*} + \text{Ar Tg}\,\dfrac{ax}{a^2 + x^2}{}^{*}\right.$ $\left. - \sqrt{3}\ \text{arc tg}\,\dfrac{ax\sqrt{3}}{a^2 - x^2}\right].$

2.1.7. Der Integrand enthält $z = \alpha + 2\beta x + \gamma x^2$ [1]).

2.1.7.1. $z = \alpha + 2\beta x + \gamma x^2$ und x^m.

Nr.	$f(x) = J'(x)$	$J(x) = \int f(x)\,dx$
1.0.	$\dfrac{1}{\alpha + 2\beta x + \gamma x^2}$ $= \dfrac{1}{z}$	$P(x) =$ $\dfrac{1}{\sqrt{D}}\ \text{arc tg}\ \dfrac{\beta+\gamma x}{\sqrt{D}}$, wenn $D = \alpha\gamma - \beta^2 > 0$; $-\dfrac{1}{\sqrt{-D}}\ \mathfrak{Ar\,Tg}\ \dfrac{\beta+\gamma x}{\sqrt{-D}}$ für $(\beta+\gamma x)^2 < -D$, $\left.\begin{array}{l}\\ \\ \end{array}\right\}$ wenn $D = \alpha\gamma - \beta^2 > 0$: $-\dfrac{1}{\sqrt{-D}}\ \mathfrak{Ar\,Ctg}\ \dfrac{\beta+\gamma x}{\sqrt{-D}}$ für $(\beta+\gamma x)^2 > -D$, oder $\dfrac{1}{2\sqrt{-D}}\ \ln\left\|\dfrac{\sqrt{-D}-\beta-\gamma x}{\sqrt{-D}+\beta+\gamma x}\right\|$, wenn $D = \alpha\gamma - \beta^2 < 0$: $-\dfrac{1}{\beta+\gamma x}$, wenn $D = 0\ \Big[$dann ist $z = \dfrac{(\alpha+\beta x)^2}{\alpha} = \dfrac{(\beta+\gamma x)^2}{\gamma}\Big]$.
1.1.	$\dfrac{1}{1 \pm x + x^2}$	$\dfrac{2}{\sqrt{3}}\ \text{arc tg}\ \dfrac{2x \pm 1}{\sqrt{3}}$.
1.2.	$\dfrac{1}{1 \pm x - x^2}$	$\dfrac{1}{\sqrt{5}}\ \ln\left\|\dfrac{\sqrt{5} \mp (2x \mp 1)}{\sqrt{5} + (2x \mp 1)}\right\|$ oder $-\dfrac{2}{\sqrt{5}}\ \mathfrak{Ar\,Tg}\ \dfrac{2x \pm 1}{\sqrt{5}}$, wenn $-\dfrac{1}{2}(\sqrt{3}+1) < x < \dfrac{1}{2}(\sqrt{3}-1)$; $-\dfrac{2}{\sqrt{5}}\ \mathfrak{Ar\,Ctg}\ \dfrac{2x \pm 1}{\sqrt{5}}$, wenn $-\dfrac{1}{2}(\sqrt{3}+1) > x > \dfrac{1}{2}(\sqrt{3}-1)$.
2.0.	$\dfrac{1}{z^n}$	$\dfrac{1}{2(n-1)D}\left[\dfrac{\beta+\gamma x}{z^{n-1}} + (2n-3)\gamma\int\dfrac{dx}{z^{n-1}}\right]$; $\begin{array}{l}n \neq 1\ \text{u.}\\ D \neq 0\ \text{(s.u.)}.\end{array}$ $\gamma^n\int\dfrac{dx}{(\beta+\gamma x)^{2n}}$, wenn $D = 0$ (vgl. Abs. 2.1.2.1. Nr. 2.1.).
2.1.	$\dfrac{1}{z^2}$	$\dfrac{1}{2D}\left[\dfrac{\beta+\gamma x}{z} + \gamma\,P(x)\right]$; $D \neq 0$.
2.2.	$\dfrac{1}{z^3}$	$\dfrac{1}{4D}\left[\dfrac{\gamma+\beta x}{z^2} + \dfrac{3\gamma(\beta+\gamma x)}{2Dz} + \dfrac{3\gamma^2}{2D}\,P(x)\right]$, $D \neq 0$.

[1]) Man beachte die Abkürzungen $P(x)$ und D in Abs. 2.1.7.1. Nr. 1.0.

Nr.	$f(x) = J'(x)$	$J(x) = \int f(x)\,dx$
3.1.0.1.	$\dfrac{x^m}{z^n}$	$\dfrac{1}{(m-2n+1)\gamma}\left[\dfrac{x^{m-1}}{z^{n-1}} - (m-1)\alpha\displaystyle\int \dfrac{x^{m-2}}{z^n}\,dx \right.$ $\left. - 2(m-n)\beta\displaystyle\int \dfrac{x^{m-1}}{z^n}\,dx\right];\ D\neq 0,\ m\neq 2n-1\ (\text{s. }3.1.0.2).$ $\gamma^n\displaystyle\int \dfrac{x^m}{(\beta+\gamma x)^{2n}}$, wenn $D=0$ (vgl. Abs. 2.1.2.1. Nr. 5).
3.1.0.2.	$\dfrac{x^{2m-1}}{z^n}$	$\dfrac{1}{\gamma}\left[\displaystyle\int \dfrac{x^{2m-3}}{z^{n-1}}\,dx - 2\beta\displaystyle\int \dfrac{x^{2m-2}}{z^n}\,dx - \alpha\displaystyle\int \dfrac{x^{2m-3}}{z^n}\,dx\right];$ zweckmäßig für $n>1$.
3.1.0.3.	$\dfrac{x^m}{z}$	$\dfrac{x^{m-1}}{\gamma(m-1)} - \dfrac{\alpha}{\gamma}\displaystyle\int \dfrac{x^{m-2}}{z}\,dx - \dfrac{2\beta}{\gamma}\displaystyle\int \dfrac{x^{m-1}}{z}\,dx;\quad m\neq 1.$
3.1.1.0.	$\dfrac{x}{z^n}$	$-\dfrac{1}{2(n-1)D}\left[\dfrac{\alpha+\beta x}{z^{n-1}} + (2n-3)\beta\displaystyle\int \dfrac{dx}{z^{n-1}}\right];\ n\neq 1$ (vergl. a. Nr. 2.0.).
3.1.1.1.	$\dfrac{x}{z}$	$\dfrac{1}{2\gamma}\,[\ln|z| - 2\beta\,P(x)].$
3.1.1.2.	$\dfrac{x}{z^2}$	$-\dfrac{1}{2D}\left[\dfrac{\alpha+\beta x}{z} + \beta\,P(x)\right].$
3.1.1.3.	$\dfrac{x}{z^3}$	$-\dfrac{1}{8D^2}\left[\dfrac{2D(\alpha+\beta x)}{z^2} + \dfrac{3\beta(\beta+\gamma x)}{z} + 3\beta\gamma\,P(x)\right].$
3.1.2.0.	$\dfrac{x^2}{z^n}$	$\dfrac{1}{2(n-1)\gamma D}\left[-\dfrac{\alpha\beta+(\alpha\gamma-2\beta^2)x}{z^{n-1}} \right.$ $\left. + \{\alpha\gamma-2(n-2)\beta^2\}\displaystyle\int \dfrac{dx}{z^{n-1}}\right];\quad n\neq 1.$
3.1.2.1.	$\dfrac{x^2}{z}$	$\dfrac{1}{\gamma}\left[x - \dfrac{\beta}{\gamma}\ln|z| + \dfrac{2\beta^2-\alpha\gamma}{\gamma}\,P(x)\right].$
3.1.2.2.	$\dfrac{x^2}{z^2}$	$\dfrac{1}{2\gamma D}\left[-\dfrac{\alpha\beta+(\alpha\gamma-2\beta^2)x}{z} + \alpha\gamma\,P(x)\right].$
3.1.2.3.	$\dfrac{x^2}{z^3}$	$\dfrac{1}{4\gamma D}\left[-\dfrac{\alpha\beta+(\alpha\gamma-2\beta^2)x}{z^2} + \dfrac{\alpha\gamma-2\beta^2}{2D}\,\dfrac{\beta+\gamma x}{2z}\right.$ $\left. + \dfrac{\gamma(\alpha\gamma-2\beta^2)}{2D}\,P(x)\right].$
3.1.3.0.	$\dfrac{x^3}{z^n}$	$\dfrac{1}{\gamma}\left[\displaystyle\int \dfrac{x\,dx}{z^{n-1}} - \alpha\displaystyle\int \dfrac{x\,dx}{z^n} - 2\beta\displaystyle\int \dfrac{x^2\,dx}{z^n}\right].$
3.1.3.1.	$\dfrac{x^3}{z}$	$\dfrac{1}{2\gamma^3}\,[(\gamma x-2\beta)^2 + (4\beta^2-\alpha\gamma)\ln|z| + 2\beta(3\alpha\gamma-4\beta^2)P(x)].$
3.1.3.2.	$\dfrac{x^3}{z^2}$	$\dfrac{1}{2\gamma^2}\left[\dfrac{A+Bx}{Dz} - \dfrac{C}{D}\,P(x) + \ln|z|\right];$ $A=\alpha(\alpha\gamma+2\beta^2),\ B=\beta(3\alpha\gamma-4\beta^2),\ C=\beta(\alpha\gamma-2\beta^2).$

Nr.	$f(x) = J'(x)$	$J(x) = \int f(x)\,dx$
3.1.3.3.	$\dfrac{x^3}{z^3}$	$-\dfrac{x^2}{2\gamma z^2} + \dfrac{\alpha}{\gamma} \int \dfrac{x\,dx}{z^3}$; vergl. Nr. 3.1.1.3.
3.2.0.	$\dfrac{1}{x^m z^n}$	$-\dfrac{1}{(m-1)\alpha} \left[\dfrac{1}{x^{m-1} z^{n-1}} + 2\beta(m+n-2) \int \dfrac{dx}{x^{m-1} z^n} \right.$ $\left. + (m+2n-3)\gamma \int \dfrac{dx}{x^{m-2} z^n} \right]$; $m \neq 1$, $D \neq 0$. $\gamma^n \int \dfrac{dx}{x^m (\beta + \gamma x)^n}$, wenn $D = 0$ (vgl. Abs. 2.1.2.1. Nr. 6.0.).
3.2.1.0.	$\dfrac{1}{x z^n}$	$\dfrac{1}{2(n-1)\alpha\, z^{n-1}} - \dfrac{\beta}{\alpha} \int \dfrac{dx}{z^n} + \dfrac{1}{\alpha} \int \dfrac{dx}{x z^{n-1}}$; $n \neq 1$.
3.2.1.1.	$\dfrac{1}{x z}$	$\dfrac{1}{2\alpha} \left[\ln \dfrac{x^2}{|z|} - 2\beta\, P(x) \right]$.
3.2.1.2.	$\dfrac{1}{x z^2}$	$\dfrac{1}{2\alpha D} \left[\dfrac{\alpha\gamma - 2\beta^2 - \beta\gamma x}{z} + \dfrac{3\alpha\gamma - 2\beta^2}{\alpha} P(x) \right]$.
3.2.1.3.	$\dfrac{1}{x z^3}$	$\dfrac{1}{4\alpha z^2} - \dfrac{\beta}{\alpha} \int \dfrac{dx}{z^3} + \dfrac{1}{\alpha} \int \dfrac{dx}{x z^2}$; vgl. Nr. 2.2. u. Nr. 3.2.1.2.
3.2.2.0.	$\dfrac{1}{x^2 z^n}$	$-\dfrac{1}{\alpha} \left[\dfrac{1}{x z^{n-1}} + 2n\beta \int \dfrac{dx}{x z^n} + (2n-1)\gamma \int \dfrac{dx}{z^n} \right]$.
3.2.2.1.	$\dfrac{1}{x^2 z}$	$-\dfrac{1}{\alpha^2} \left[\beta \ln \dfrac{x^2}{|z|} + \dfrac{\alpha}{x} + (\alpha\gamma - 2\beta^2) P(x) \right]$.
3.2.2.2.	$\dfrac{1}{x^2 z^2}$	$-\dfrac{1}{\alpha} \left[\dfrac{1}{x z} + 4\beta \int \dfrac{dx}{x z^2} + 3\gamma \int \dfrac{dx}{z^2} \right]$; vgl. Nr. 3.2.1.2. u. Nr. 2.1.

$$2.1.7.2. \quad z = \alpha + 2\beta x + \gamma x^2 \text{ und } v = g + x \text{ oder } w = g^2 \pm x^2.$$

Nr.	$f(x)$	$J(x)$
1.1.	$\dfrac{(g+x)^m}{[z(x)]^n}$	$\int \dfrac{v^m\,dv}{[\bar{z}(v)]^n}$ (s. Abs. 2.1.7.1. Nr. 3.1.0.1.); $\bar{z}(v) = \bar{\alpha} + 2\bar{\beta} v + \bar{\gamma} v^2 = \alpha x^2 + 2\beta x + \gamma x^2 = z(x)$, $\bar{\alpha} = \alpha - 2\beta\gamma + \gamma g^2$, $\bar{\beta} = \beta - \gamma g$, $\bar{\gamma} = \gamma$, $\bar{D} = D$.
1.2.	$\dfrac{1}{(g+x)^m [z(x)]^n}$	$\int \dfrac{dv}{v^m [\bar{z}(v)]^n}$ (vgl. Nr. 1.1. u. Abs. 2.1.7.1. Nr. 1.1.).
2.1.	$\dfrac{1}{(g^2 + x^2)\, z(x)}$	$\dfrac{1}{D_1} \left[\dfrac{\alpha - \gamma g^2}{g} \arctan \dfrac{x}{g} + \beta \ln \left| \dfrac{z}{w} \right| \right.$ $\left. + \{\gamma(\alpha - \gamma g^2) + 2\beta^2\} P(x) \right]$; w s. o., $D_1 = (\alpha - \gamma g^2)^2 + 4\beta^2 y^2$.

Nr.	$f(x) = J'(x)$	$J(x) = \int f(x)\, dx$
2.2.0.	$\dfrac{1}{(g^2 - x)^2\, z(x)}$	$\dfrac{1}{D_2}\left[\dfrac{\alpha + \gamma g^2}{g} \cdot \dfrac{1}{2}\ln\left|\dfrac{g+x}{g-x}\right|^* - \beta \ln\left|\dfrac{z}{w}\right| + \{\gamma(\alpha + \gamma g^2) - 2\beta^2\}\, P(x)\right];\ w.\,s.\,o.,$ $$D_2 = (\alpha + \gamma g^2)^2 - 4\beta^2 g^2 \neq 0.$$
2.2.1.1.	$\dfrac{1}{(g^2 - x^2)\, z(x)}$	$-A_1 \ln|x-g| + B_1 \ln|2\beta - \gamma g + \gamma x| + C_1 \ln|g+x| - \dfrac{E_1}{g+x}$, wenn $D_2 = 0$ und zwar für $$\alpha = \alpha_2 = -\gamma g^2 + 2\beta\gamma;\quad \beta \neq \gamma g;$$ $$A_1 = \dfrac{1}{8\beta g^2},\quad B_1 = \dfrac{\gamma^2}{8\beta(\gamma g - \beta)^2},$$ $$C_1 = \dfrac{\beta - 2\gamma g}{8 g^2(\gamma g - \beta)^2},\quad E_1 = \dfrac{\gamma}{4 g(\gamma g - \beta)}.$$
2.2.1.2.	$\dfrac{1}{(g^2 - x^2)\, z(x)}$	$\dfrac{1}{4\beta\gamma^2}\left[\dfrac{1}{2}\ln\left|\dfrac{g+x}{g-x}\right|^* - \dfrac{g-x}{g+x} - \dfrac{1}{4}\left(\dfrac{g-x}{g+x}\right)^2\right],$ wenn $D_2 = 0$ und zwar für $\alpha = \bar{\alpha}_1 = \beta\gamma = \gamma g^2,$ oder $\beta = \gamma g$ (vgl. Abs. 2.1.2.2. Nr. 2.1.3. und Abs. 2.1.3.2. Nr. 1.2.2.2.).
2.2.2.1.	$\dfrac{1}{(g^2 - x^2)\, z(x)}$	$-A_2 \ln|g+x| + B_2 \ln|2\beta + \gamma g + \gamma x| + C_2 \ln|x-g| - \dfrac{E_2}{S-x}$, wenn $D_2 = 0$ und zwar für $$\alpha = \alpha_2 = -\gamma g^2 - 2\beta\gamma;\quad \beta \neq -\gamma g;$$ $$A_2 = \dfrac{\gamma}{8\beta g^2},\quad B_2 = \dfrac{\gamma^2}{8\beta(\gamma g + \beta)^2},$$ $$C_2 = \dfrac{\beta + 2\gamma g}{8 g^2(\gamma g + \beta)^2},\quad E_2 = \dfrac{1}{4 g(\gamma g + \beta)}.$$
2.2.2.2.	$\dfrac{1}{(g^2 - x^2)\, z(x)}$	$-\dfrac{1}{4\beta\gamma^2}\left[\dfrac{1}{2}\ln\left|\dfrac{g+x}{g-x}\right|^* + \dfrac{g+x}{g-x} + \dfrac{1}{4}\left(\dfrac{g+x}{g-x}\right)^2\right],$ wenn $D_2 = 0$ und zwar für $\alpha = \bar{\alpha}_2 = -\beta g = \gamma g^2,$ d.h. $\beta = -\gamma g.$
3.	$\dfrac{(x+1)^3}{(x-1)(x^4+x^3+3x^2+x+1)}$	$\dfrac{2}{7}\left[\ln\dfrac{(x-1)^4}{N} - \sqrt{3}\ \text{arc tg}\ \dfrac{2\sqrt{3}\{2(x^2+1)+x\}}{3x}\right];$ $$N = x^4 + x^3 + 3x^2 + x + 1.$$

Anmerkung: Hat z die Form $z = (a + bx)(g + hx)$ [s. Abs. 2.1.2.2. Nr. 2. u. 3.], so können die vorstehenden Formeln (Abs. 2.1.7.) auch benutzt werden mit $\alpha = ag$, $2\beta = (bg + ah)$, $\gamma = bh$ und $D = -\dfrac{1}{4}(bg - ah)^2 < 0$, also $\sqrt{-D} = \dfrac{1}{2}(bg - ah)$. Nach Abs. 2.1.7.1. Nr. 1.0. wird dann

$$P(x) = \dfrac{1}{bg - ah}\ \ln\left|\dfrac{a+bx}{g+hx}\right|.$$

2.2. Integrale irrationaler Funktionen.[1)]

2.2.1. Der Integrand enthält $x^{n/m}$.

2.2.1.1. Grundformeln[2)].

Nr.	$f(x) = J'(x)$	$J(x) = \int f(x)\,dx$	Nr.	$f(x) = J'(x)$	$J(x) = \int f(x)\,dx$
1.0.	$x^{1/m}$	$\dfrac{m}{m+1}\,x^{(m+1)/m};\quad m \neq -1.$	3.3.	$x^{n/2}$	$\dfrac{2}{n+2}\,x^{(n+2)/2};\ n \neq -2.$
1.1.	$\sqrt{x}$	$\dfrac{2}{3}\,x^{3/2}.$	3.4.	$x^{2,3}$	$\dfrac{x^{3,3}}{3,3}.$
1.2.	$\sqrt[3]{x}$	$\dfrac{3}{4}\,x^{4/3}.$	4.0.	$\dfrac{1}{x^{n/m}}$	$\dfrac{m}{m-n}\,x^{(m-n)/m}.$ $= -\dfrac{m}{n-m}\cdot\dfrac{1}{x^{(n-m)/m}}.$
2.0.	$\dfrac{1}{x^{1/m}}$	$\dfrac{m}{m-1}\,x^{m+1)/m}.$	4.1.	$\dfrac{1}{x^{3/2}}$	$-\dfrac{2}{\sqrt{x}}.$
2.1.	$\dfrac{1}{\sqrt{x}}$	$2\sqrt{x}.$	4.2.	$\dfrac{1}{x^{n/2}}$	$-\dfrac{2}{n-2}\dfrac{1}{x^{(n-2)/2}};\ n \neq 2.$
2.2.	$\dfrac{1}{\sqrt[3]{x}}$	$\dfrac{3}{2}\,x^{2/3}.$	4.3.	$\dfrac{1}{x^{2/3}}$	$3\,x^{1/3}.$
3.0.	$x^{n/m}$	$\dfrac{m}{m+n}\,x^{(n+m)/m};\quad m \neq -n.$	4.4.	$\dfrac{1}{x^{3/4}}$	$4\,x^{1/4}.$
3.1.	$x^{3/2}$	$\dfrac{2}{5}\,x^{5/2}.$	4.5.	$\dfrac{1}{x^{5/4}}$	$-\dfrac{4}{x^{1/4}}.$
3.2.	$x^{2/3}$	$\dfrac{3}{5}\,x^{5/3}.$	4.6.	$\dfrac{1}{x^{1,4}}$	$-\dfrac{1}{0,4\,x^{0,4}}.$

2.2.1.2. $F(x^{n/m})$ und $x^{q/p}$.[3)]

Nr.	$f(x) = J'(x)$	$J(x) = \int f(x)\,dx$
1.0.	$F(x^{n/m})$	$m\int v^{m-1}\,F(v^n)\,dv;\quad v = x^{1/m}.$
1.1.	$(a + b\,x^{n/m})^p$ $= (a + b\,\sqrt[m]{x^n})^p$	$m\int v^{m-1}(a + b\,v^n)^p\,dv;\quad v = x^{1/m};$ vgl. Abs. 2.1.2.1. Nr. 4.0. f.

[1)] mit Ausnahme der auf elliptische Integrale führenden (Abs. 2.3.).
[2)] Vergl. a. Abs. 2.1.1.
[3)] Man beachte die Abkürzungen Q_{21} und Q_{22} nach Nr. 1.2.1.2.1.1. u. 1.2.1.2.1.2., P_{11} und P_{12} nach Nr. 2.2.1.3.2.1.1. u. 1.2., H_{21} und H_{22} nach Nr. 2.2.1.4.1.2.1. u. 2.2., R_{11} und R_{2} nach Nr. 2.2.2.3.1.1.1. u. 1.2., S_{21} und S_{22} nach Nr. 2.2.2.3.2.1.1. und 1.2, T_{11} u. T_{12} nach Nr. 2.3.1.4.1.1.1. u. 1.2., T_{21} und T_{22} nach Nr. 2.3.2.4.2.1.1. u. 1.2.

Nr.	$f(x) = J'(x)$	$J(x) = \int f(x)\,dx$
1.2.0.	$\dfrac{1}{(a+b\,x^{n/m})^p}$	$m \displaystyle\int \dfrac{v^{m-1}}{(a+b\,v^n)^p}\,;\quad v = x^{1/m};\qquad$ (s. Nr. 1.1.).
1.2.1.0.	$\dfrac{1}{(a+b\,x^{n/2})^p}$	$2 \displaystyle\int \dfrac{v\,dv}{(a+b\,v^n)^p}\,;\quad v = x^{1/2};\qquad$ (s. Nr. 1.1.).
1.2.1.1.0.	$\dfrac{1}{(a+b\,\sqrt{x})^p}$	$-\dfrac{2}{b^2}\dfrac{a+(p-1)\,b\,\sqrt{x}}{(p-1)(p-2)(a+b\,\sqrt{x})^{p-1}}\,;\quad p\neq 1,\ p\neq 2,\quad$ s. Abs. 2.1.2.1. Nr.5.
1.2.1.1.1.	$\dfrac{1}{a+b\sqrt{x}}$	$\dfrac{2\sqrt{x}}{b} - \dfrac{2\,a}{b^2}\ln|a+b\sqrt{x}|\ .$
1.2.1.1.2.	$\dfrac{1}{(a+b\,\sqrt{x})^2}$	$\dfrac{2}{b^2}\left[\dfrac{a}{a+b\,\sqrt{x}} + \ln|a+b\sqrt{x}|\right].$
1.2.1.1.3.	$\dfrac{1}{(a+b\,\sqrt{x})^3}$	$\dfrac{1}{b^2}\dfrac{a+2\,b\,\sqrt{x}}{(a+b\,\sqrt{x})^2}.$
1.2.1.1.4.	$\dfrac{1}{(a+b\,\sqrt{x})^4}$	$-\dfrac{1}{3\,b^2}\dfrac{a+3\,b\,\sqrt{x}}{(a+b\,\sqrt{x})^3}.$
1.2.1.2.0.	$\dfrac{1}{(a^3\pm x^{3/2})^p}$	$2 \displaystyle\int \dfrac{v\,dv}{(a^3\pm v^3)^p}\,;\ v = x^{1/2}$ (vgl. Abs. 2.1.4.1. Nr. 2.1.1.1.).
1.2.1.2.1.1.	$\dfrac{1}{a^3+x^{3/2}}$	$\dfrac{1}{3\,a}\left[\ln\dfrac{x-a\sqrt{x}+a^2}{(a+\sqrt{x})^2} + 2\sqrt{3}\ \text{arc tg}\ \dfrac{2\sqrt{x}-a}{a\sqrt{3}}\right]$ $= 2\,Q_{21}.$
1.2.1.2.1.2.	$\dfrac{1}{a^3-x^{3/2}}$	$\dfrac{1}{3\,a}\left[\ln\dfrac{x+a\sqrt{x}+a^2}{(a-\sqrt{x})^2} - 2\sqrt{3}\ \text{arc tg}\ \dfrac{2\sqrt{x}+a}{a\sqrt{3}}\right]$ $= 2\,Q_{22}.$
1.2.1.2.2.1.	$\dfrac{1}{(a^3+x^{3/2})^2}$	$\dfrac{2}{3\,a^3}\left[\dfrac{x}{a^3+x^{3/2}} + Q_{21}\right].$
1.2.1.2.2.2.	$\dfrac{1}{(a^3-x^{3/2})^2}$	$\dfrac{2}{3\,a^3}\left[\dfrac{x}{a^3-x^{3/2}} + Q_{22}\right].$
1.2.2.0.	$\dfrac{1}{(a+b\,x^{n/3})^p}$	$3 \displaystyle\int \dfrac{v^2\,dv}{(a+b\,v^n)^p}\,;\quad v = x^{1/3}.$
1.2.2.1.0.	$\dfrac{1}{(a+b\sqrt[3]{x})^p}$	$3 \displaystyle\int \dfrac{v^2\,dv}{(a+b\,v)^p}\,;\quad v = x^{1/3};\qquad$ (vergl. Abs. 2.1.2.1. Nr. 5.2.).
1.2.2.1.1.	$\dfrac{1}{a+b\sqrt[3]{x}}$	$\dfrac{3\,a^2}{b^3}\ln|a+b\sqrt[3]{x}| - \dfrac{3\,a\sqrt[3]{x}}{b^2} + \dfrac{3\sqrt[3]{x^2}}{2\,b}.$
1.2.2.1.2.	$\dfrac{1}{(a+b\sqrt[3]{x})^2}$	$\dfrac{3\sqrt[3]{x}}{b^2}\dfrac{2a+b\sqrt[3]{x}}{a+b\sqrt[3]{x}} - \dfrac{6\,a}{b^3}\ln|a+b\sqrt[3]{x}|.$

Nr.	$f(x) = J'(x)$	$J(x) = \int f(x)\,dx$
1.2.2.1.3.	$\dfrac{1}{(a + b\sqrt[3]{x}\,)^3}$	$\dfrac{3}{b^3}\left[-\dfrac{a^2}{2\,z^2} + \dfrac{2\,a}{z} + \ln\lvert z\rvert\right]$; $z = a + b\sqrt[3]{x}$.
1.2.2.1.4.	$\dfrac{1}{(a + b\sqrt[3]{x}\,)^4}$	$\dfrac{3}{b^3}\left[-\dfrac{a^2}{3\,z^3} + \dfrac{a}{z^2} - \dfrac{1}{z}\right]$; $z = a + b\sqrt[3]{x}$.
1.2.2.2.0.	$\dfrac{1}{(a^2 \pm x^{2/3})^p}$	$3\displaystyle\int \dfrac{v^2\,dv}{(a^2 \pm v^2)^p}$: $v = x^{1/3}$: s. Abs. 2.1.3.1. Nr. 4.1.
1.2.2.2.1.1.	$\dfrac{1}{a^2 + x^{2/3}}$	$3\left(\sqrt[3]{x} - a\,\operatorname{arc\,tg}\dfrac{\sqrt[3]{x}}{a}\right)$.
1.2.2.2.1.2.	$\dfrac{1}{(a^2 - x^{2/3})}$	$3\left(-\sqrt[3]{x} + \dfrac{a}{2}\ln\left\lvert\dfrac{a + \sqrt[3]{x}}{a - \sqrt[3]{x}}\right\rvert^{*}\right)$.
1.2.2.2.2.1.	$\dfrac{1}{(a^2 + x^{2/3})^2}$	$\dfrac{3}{2}\left(-\dfrac{\sqrt[3]{x}}{a^2 + x^{2/3}} + \dfrac{1}{a}\operatorname{arc\,tg}\dfrac{\sqrt[3]{x}}{a}\right)$.
1.2.2.2.2.2.	$\dfrac{1}{(a^2 - x^{2/3})^2}$	$\dfrac{3}{2}\left(\dfrac{\sqrt[3]{x}}{a^2 - x^{2/3}} - \dfrac{1}{2\,a}\ln\left\lvert\dfrac{a + \sqrt[3]{x}}{a - \sqrt[3]{x}}\right\rvert^{*}\right)$.
1.2.2.2.3.1.	$\dfrac{1}{(a^2 + x^{2/3})^3}$	$\dfrac{3}{4}\left(-\dfrac{\sqrt[3]{x}}{z^2} + \dfrac{\sqrt[3]{x}}{2\,a^2 z} + \dfrac{1}{2\,a^3}\operatorname{arc\,tg}\dfrac{\sqrt[3]{x}}{a}\right)$; $z = a^2 + x^{2/3}$.
1.2.2.2.3.2.	$\dfrac{1}{(a^2 - x^{2/3})^3}$	$\dfrac{3}{4}\left(\dfrac{\sqrt[3]{x}}{z^2} - \dfrac{\sqrt[3]{x}}{2\,a^2 z} - \dfrac{1}{4\,a^3}\ln\left\lvert\dfrac{a + \sqrt[3]{x}}{a - \sqrt[3]{x}}\right\rvert^{*}\right)$; $z = a^2 - x^{2/3}$.
1.2.3.1.	$\dfrac{1}{a^3 - x^{3/4}}$	$-4\sqrt[4]{x} + \dfrac{2}{3}\left\{\ln\dfrac{\sqrt{x} + \sqrt[4]{x} + 1}{(\sqrt[4]{x} - a^2)} + 2\sqrt{3}\,\operatorname{arc\,tg}\dfrac{2\sqrt[4]{x} + a}{a\sqrt{3}}\right\}$.
2.0.	$x^{q/m}\,F(x^{n/m})$	$n\int v^{m+q-1}\,F(v^n)\,dv$; $v = x^{1/m}$.
2.1.	$x^{q/m}(a + b\,x^{n/m})^p$	$m\int v^{m+q-1}(a + b\,v^n)^p\,dv$; $v = x^{1/m}$; $q \gtrless 0$
		wenn p ganz, binomisch entwickeln und einzeln integrieren.
2.2.0.	$\dfrac{x^{q/m}}{(a + b\,x^{n/m})^p}$	$m\displaystyle\int \dfrac{v^{m+q-1}\,dv}{(a + b\,v^n)^q}$; $v = x^{1/m}$.
2.2.1.0.	$\dfrac{x^{q/2}}{(a + b\,x^{n/2})^p}$	$2\displaystyle\int \dfrac{v^{q+1}\,dv}{(a + b\,v^n)^p}$; $v = \sqrt{x}$.
2.2.1.1.0.	$\dfrac{x^{q/2}}{(a + b\,x^{1/2})^p}$	$2\displaystyle\int \dfrac{v^{q+1}\,dv}{(a + b\,v)^p}$; $v = \sqrt{x}$ (vgl. Abs. 2.1.2.1. Nr. 5.0.).

Nr.	$f(x) = J'(x)$	$J(x) = \int f(x)\,dx$
2.2.1.1.1.1.0.	$\dfrac{\sqrt{x}}{(a+b\sqrt{x})^p}$	$2\displaystyle\int \dfrac{v^2\,dv}{(a+bv)^p}$; $v=\sqrt{x}$ (vgl. Abs. 2.1 2.1. Nr. 5.2.).
2.2.1.1.1.1.	$\dfrac{\sqrt{x}}{a+b\sqrt{x}}$	$\dfrac{2\,a^2}{b^3}\,\ln|a+b\sqrt{x}| - \dfrac{2\,a\sqrt{x}}{b^2} + \dfrac{x}{b}$.
2.2.1.1.1.2.	$\dfrac{\sqrt{x}}{(a+b\sqrt{x})^2}$	$\dfrac{2\sqrt{x}}{b^2}\,\dfrac{2a+b\sqrt{x}}{a+b\sqrt{x}} - \dfrac{4a}{b^3}\,\ln|a+b\sqrt{x}|$.
2.2.1.1.1.3.	$\dfrac{\sqrt{x}}{(a+b\sqrt{x})^3}$	$\dfrac{2}{b^3}\left[-\dfrac{a^2}{2\,z^2} + \dfrac{2a}{z} + \ln|z|\right]$; $z=a+b\sqrt{x}$.
2.2.1.1.1.4.	$\dfrac{\sqrt{x}}{(a+b\sqrt{x})^4}$	$\dfrac{2}{b^3}\left[-\dfrac{a^2}{3\,z^3} + \dfrac{a}{z^2} - \dfrac{1}{z}\right]$; $z=a+b\sqrt{x}$.
2.2.1.1.2.0.	$\dfrac{x^{3/2}}{(a+b\sqrt{x})^p}$	$2\displaystyle\int \dfrac{v^4\,dv}{(a+bv)^p}$; $v=\sqrt{x}$, $z=a+b\sqrt{x}$ (vergl. Abs. 2.1.2.1. Nr. 5.4., dort x durch v ersetzen).
2.2.1.2.0.	$\dfrac{x^{q/2}}{(a^2\pm x)^p}$	$2\displaystyle\int \dfrac{v^{q+1}\,dv}{(a^2\pm v^2)^p}$; vergl. Abs. 2.1.3.1.
2.2.1.2.1.0.	$\dfrac{\sqrt{x}}{(a^2\pm x)^p}$	$2\displaystyle\int \dfrac{v^2\,dv}{(a^2\pm v^2)^p}$; vergl. Abs. 2.1.3.1. Nr. 4.1.
2.2.1.2.1.1.1.	$\dfrac{\sqrt{x}}{a^2+x}$	$2\left(\sqrt{x} - a\,\operatorname{arc\,tg}\dfrac{\sqrt{x}}{a}\right)$.
2.2.1.2.1.1.2.	$\dfrac{\sqrt{x}}{a^2-x}$	$2\left(-\sqrt{x} + \dfrac{a}{2}\,\ln\left|\dfrac{a+\sqrt{x}}{a-\sqrt{x}}\right|^{*}\right)$.
2.2.1.2.1.2.1.	$\dfrac{\sqrt{x}}{(a^2+x)^2}$	$-\dfrac{\sqrt{x}}{a^2+x} + \dfrac{1}{a}\,\operatorname{arc\,tg}\dfrac{\sqrt{x}}{a}$.
2.2.1.2.1.2.2.	$\dfrac{\sqrt{x}}{(a^2-x)^2}$	$\dfrac{\sqrt{x}}{a^2-x} - \dfrac{1}{2a}\,\ln\left|\dfrac{a+\sqrt{x}}{a-\sqrt{x}}\right|^{*}$.
2.2.1.2.1.3.1.	$\dfrac{\sqrt{x}}{(a^2+x)^3}$	$\dfrac{\sqrt{x}\,(x-a^2)}{4\,a^2(a^2+x)} + \dfrac{1}{4\,a^3}\,\operatorname{arc\,tg}\dfrac{\sqrt{x}}{a}$.
2.2.1.2.1.3.2.	$\dfrac{\sqrt{x}}{(a^2-x)^3}$	$\dfrac{\sqrt{x}\,(x+a^2)}{4\,a^2(a^2-x)} - \dfrac{1}{8\,a^3}\,\ln\left|\dfrac{a+\sqrt{x}}{a-\sqrt{x}}\right|^{*}$.
2.2.1.2.2.0.	$\dfrac{x^{3/2}}{(a^2\pm x)^p}$	$2\displaystyle\int \dfrac{v^4\,dv}{(a^2\pm v^2)^p}$; s. Abs. 2.1.3.1. Nr. 4.2.
2.2.1.2.2.1.1.	$\dfrac{x^{3/2}}{a^2+x}$	$2\left(\dfrac{1}{3}\,x^{3/2} - a^2\sqrt{x} + a^3\,\operatorname{arc\,tg}\dfrac{\sqrt{x}}{a}\right)$.

Nr.	$f(x) = J'(x)$	$J(x) = \int f(x)\,dx$
2. 2. 1. 2. 2. 1. 2.	$\dfrac{x^{3/2}}{a^2 - x}$	$2\left(\dfrac{1}{3}\,x^{3/2} - a^2\sqrt{x} + \dfrac{1}{2}\,a^3\ln\left|\dfrac{a+\sqrt{x}}{a-\sqrt{x}}\right|^{*}\right).$
2. 2. 1. 2. 2. 2. 1.	$\dfrac{x^{3/2}}{(a^2 + x)^2}$	$-\dfrac{x^{3/2}}{a^2 + x} + 3\sqrt{x} - 3a\ \operatorname{arc\,tg}\ \dfrac{\sqrt{x}}{a}.$
2. 2. 1. 2. 2. 2. 2.	$\dfrac{x^{3/2}}{(a^2 - x)^2}$	$\dfrac{x^{3/2}}{a^2 - x} + 3\sqrt{x} - \dfrac{3}{2}\,a\ \ln\left|\dfrac{a+\sqrt{x}}{a-\sqrt{x}}\right|^{*}.$
2. 2. 1. 3. 0.	$\dfrac{x^{q/2}}{(a^3 \pm x^{3/2})^p}$	$2\displaystyle\int \dfrac{v^{q+1}\,dv}{(a^3 \pm v^3)^p}\,;\ v = \sqrt{x}\ \text{(vgl. Abs. 2. 1. 4. 1. Nr. 2. 1.).}$
2. 2. 1. 3. 1. 0.	$\dfrac{\sqrt{x}}{(a^3 \pm x^{3/2})^p}$	$2\displaystyle\int \dfrac{v^2\,dv}{(a^3 \pm v^3)^p}\,;\ v = \sqrt{x}\ \text{(vgl. Abs. 2. 1. 4. 1. Nr. 2. 1. 2.).}$
2. 2. 1. 3. 1. 1.	$\dfrac{\sqrt{x}}{a^3 \pm x^{3/2}}$	$\pm\dfrac{2}{3}\ln\left|a^3 \pm x^{3/2}\right|.$
2. 2. 1. 3. 1. 2.	$\dfrac{\sqrt{x}}{(a^3 \pm x^{3/2})^2}$	$\mp\dfrac{2}{3}\,\dfrac{1}{a^3 \pm x^{3/2}}.$
2. 2. 1. 3. 1. 3.	$\dfrac{\sqrt{x}}{(a^3 \pm x^{3/2})^3}$	$\mp\dfrac{1}{3}\,\dfrac{1}{(a^3 \pm x^{3/2})^2}.$
2. 2. 1. 3. 2. 0.	$\dfrac{x}{(a^3 \pm x^{3/2})^p}$	$2\displaystyle\int \dfrac{v^3\,dv}{(a^3 \pm v^3)^p}\,;\ v = \sqrt{x}\ \text{(vgl. Abs. 2.1.4.1. Nr.2.1.3.).}$
2. 2. 1. 3. 2. 1. 1.	$\dfrac{x}{a^3 + x^{3/2}}$	$2\sqrt{x} - \dfrac{a}{3}\left[\ln\dfrac{(a+\sqrt{x})^2}{x - a\sqrt{x}+a^2} + 2\sqrt{3}\,\operatorname{arc\,tg}\,\dfrac{2\sqrt{x}-a}{a\sqrt{3}}\right]$ $$= 2\sqrt{x} - \dfrac{a}{3}\,P_{11}.$$
2. 2. 1. 3. 2. 1. 2.	$\dfrac{x}{a^3 - x^{3/2}}$	$-2\sqrt{x} + \dfrac{a}{3}\left[\ln\dfrac{x + a\sqrt{x}+a^2}{(a-\sqrt{x})^2} + 2\sqrt{3}\,\operatorname{arc\,tg}\,\dfrac{2\sqrt{x}+a}{a\sqrt{3}}\right]$ $$= -2\sqrt{x} + \dfrac{a}{3}\,P_{12}.$$
2. 2. 1. 3. 2. 2. 1.	$\dfrac{x}{(a^3 + x^{3/2})^2}$	$\dfrac{2}{3}\left(\dfrac{-\sqrt{x}}{a^3 + x^{3/2}} + \dfrac{1}{6a^2}\,P_{11}\right).$
2. 2. 1. 3. 2. 2. 2.	$\dfrac{x}{(a^3 - x^{3/2})^2}$	$\dfrac{2}{3}\left(\dfrac{\sqrt{x}}{a^3 - x^{3/2}} - \dfrac{1}{6a^2}\,P_{12}\right).$
2. 2. 1. 3. 2. 3. 1.	$\dfrac{x}{(a^3 + x^{3/2})^3}$	$\dfrac{1}{9a^3}\left[\dfrac{x^2 - 2a^3\sqrt{x}}{(a^3 + x^{3/2})^2} + \dfrac{1}{3a^2}\,P_{11}\right].$
2. 2. 1. 3. 2. 3. 2.	$\dfrac{x}{(a^3 - x^{3/2})^3}$	$\dfrac{1}{9a^3}\left[\dfrac{x^2 + 2a^3\sqrt{x}}{(a^3 - x^{3/2})^2} - \dfrac{1}{3a^2}\,P_{12}\right].$

Nr.	$f(x) = J'(x)$	$J(x) = \int f(x)\,dx$
2. 2. 1. 3. 3. 0.	$\dfrac{x^{3/2}}{(a^3 \pm x^{3/2})^p}$	$2\displaystyle\int \dfrac{v^4\,dv}{(a^3 \pm v^3)}\ ;\quad v = \sqrt{x}\ \text{(vgl. Abs. 2.1.4.2. Nr. 2.1.4.).}$
2. 2. 1. 3. 3. 1. 1.	$\dfrac{x^{3/2}}{a^3 + x^{3/2}}$	$x - 2\,a^3\,Q_{21}.$
2. 2. 1. 3. 3. 1. 2.	$\dfrac{x^{3/2}}{a^3 - x^{3/2}}$	$-x + 2\,a^3\,Q_{22}.$
2. 2. 1. 3. 3. 2. 1.	$\dfrac{x^{3/2}}{(a^3 + x^{3/2})^2}$	$\dfrac{2}{3}\left(-\dfrac{x}{a^3 + x^{3/2}} + 2\,Q_{21}\right).$
2. 2. 1. 3. 3. 2. 2.	$\dfrac{x^{3/2}}{(a^3 - x^{3/2})^2}$	$-\dfrac{2}{3}\left(\dfrac{x}{a^3 + x^{3/2}} + 2\,Q_{22}\right).$
2. 2. 1. 3. 3. 3. 1.	$\dfrac{x^{3/2}}{(a^3 + x^{3/2})^3}$	$\dfrac{1}{18\,a^3}\left[\dfrac{x(2x^{3/2} - a^3)}{(a^3 + x^{3/2})^2} + 2\,Q_{21}\right].$
2. 2. 1. 3. 3. 3. 2.	$\dfrac{x^{3/2}}{(a^3 - x^{3/2})^3}$	$\dfrac{1}{18\,a^3}\left[\dfrac{x(2x^{3/2} + a^3)}{(a^3 - x^{3/2})^2} - 2\,Q_{22}\right].$
2. 2. 1. 4. 0.	$\dfrac{x^{q/2}}{(a^4 \pm x^2)^p}$	$2\displaystyle\int \dfrac{v^{q+1}\,dv}{(a^4 \pm v^4)^p}\ ;\ v = \sqrt{x}\ \text{(vgl. Abs. 2.1.5. Nr. 2.1.0.2.f.).}$
2. 2. 1. 4. 1. 0.	$\dfrac{\sqrt{x}}{(a^4 \pm x^2)^p}$	$2\displaystyle\int \dfrac{v\,dv}{(a^4 \pm v^4)^p}\ ;\ v = \sqrt{x}\ \text{(vgl. Abs. 2.1.5.1. Nr. 2.1.0.2.f.).}$
2. 2. 1. 4. 1. 1. 1.	$\dfrac{\sqrt{x}}{a^4 + x^2}$	$\dfrac{1}{2a\sqrt{2}}\left[-\mathfrak{Ar\,Tg}\,\dfrac{a\sqrt{2x}}{a^2 + x}{}^{*} + \text{arc tg}\,\dfrac{a\sqrt{2x}}{a^2 - x}\right] = H_{21}.$
2. 2. 1. 4. 1. 1. 2.	$\dfrac{\sqrt{x}}{a^4 - x^2}$	$\dfrac{1}{2a\sqrt{2}}\left[\dfrac{1}{2}\ln\left|\dfrac{a + \sqrt{x}}{a - \sqrt{x}}\right|{}^{*} - \text{arc tg}\,\dfrac{\sqrt{x}}{a}\right] = H_{22}.$
2. 2. 1. 4. 1. 2. 1.	$\dfrac{\sqrt{x}}{(a^4 - x^2)^2}$	$\dfrac{1}{2a^4}\left[\dfrac{x^{3/2}}{a^4 + x^2} + H_{21}\right].$
2. 2. 1. 4. 1. 2. 2.	$\dfrac{\sqrt{x}}{(a^4 + x^2)^2}$	$\dfrac{1}{2a^4}\left[\dfrac{x^{3/2}}{a^4 - x^2} + H_{22}\right].$ vergl. ferner 2. 2. 1. 4. 1. 0.
2. 2. 2. 0.	$\dfrac{x^{q/3}}{(a + b\,x^{n/3})^{\nu}}$	$3\displaystyle\int \dfrac{v^{2+q}\,dv}{(a + b\,v^n)^p}\ ;\ v = x^{1/3}.$
2. 2. 2. 1. 0.	$\dfrac{x^{q/3}}{(a + b\,x^{1/3})^p}$	$\displaystyle\int \dfrac{v^{2+q}\,dv}{(a + b\,v)}\ ;\ v = x^{1/3}\ \text{(vgl. Abs. 2.1.2.1. Nr. 5.).}$
2 2. 2. 1. 1.	$\dfrac{x^{1/3}}{(a + b\,x^{1/3})^{\nu}}$	$3\displaystyle\int \dfrac{v^3\,dv}{(a + b\,v)^p}\ ;\quad \text{vgl. Abs. 2.1.2.1. Nr. 5.3., ersetze} \\ \text{dort } x \text{ durch } v = \sqrt[3]{x}\ \text{und } z \text{ durch } a + b\sqrt[3]{x}.$

Nr.	$f(x) = J'(x)$	$J(x) = \int f(x)\, dx$
2.2.2.1.2.	$\dfrac{x^{2/3}}{(a + b\, x^{1/3})^p}$	$3\displaystyle\int \dfrac{v^4\, dv}{(a + b\, v)^p}$; vgl. Abs. 2.1.2.1. Nr. 5.4. ersetze dort x durch $v = \sqrt[3]{x}$ und z durch $a + b\sqrt[3]{x}$.
2.2.2.2.0.	$\dfrac{x^{q/3}}{(a^2 \pm x^{2/3})^p}$	$3\displaystyle\int \dfrac{v^{q+2}\, dv}{(a^2 \pm v^2)^p}$; $v = \sqrt[3]{x}$ (vgl. Abs. 2.1.3.1.).
2.2.2.2.1.0.	$\dfrac{x^{1/3}}{(a^2 \pm x^{2/3})^p}$	$3\displaystyle\int \dfrac{v^3\, dv}{(a^2 \pm v^2)^p}$; $v = \sqrt[3]{x}$ (vgl. Abs. 2.1.3.1. Nr. 2.1.).
2.2.2.2.1.1.1.	$\dfrac{x^{1/3}}{a^2 + x^{2/3}}$	$\dfrac{3}{2}\left[x^{2/3} - a^2 \ln (a^2 + x^{2/3})\right]$.
2.2.2.2.1.1.2.	$\dfrac{x^{1/3}}{a^2 - x^{2/3}}$	$-\dfrac{3}{2}\left[x^{2/3} + a^2 \ln |a^2 - x^{2/3})\right]$.
2.2.2.2.1.2.1.	$\dfrac{x^{1/3}}{(a^2 + x^{2/3})^2}$	$\dfrac{3}{2}\left[\dfrac{a^2}{a^2 + x^{2/3}} + \ln (a^2 + x^{2/3})\right]$.
2.2.2.2.1.2.2.	$\dfrac{x^{1/3}}{(a^2 - x^{2/3})^2}$	$\dfrac{3}{2}\left[\dfrac{a^2}{a^2 - x^{2/3}} + \ln |a^2 - x^{2/3}|\right]$.
2.2.2.2.1.3.	$\dfrac{x^{1/3}}{(a^2 \pm x^{2/3})^3}$	$-\dfrac{a^2 \pm 2\, x^{2/3}}{(a^2 \pm x^{2/3})^3}$.
2.2.2.2.2.0.	$\dfrac{x^{2/3}}{a^2 \pm x^{2/3})^p}$	$3\displaystyle\int \dfrac{v^4\, dv}{(a^2 \pm v^2)^p}$; $v = \sqrt[3]{x}$ (vgl. Abs. 2.1.3.1. Nr. 4.2.).
2.2.2.2.2.1.1.	$\dfrac{x^{2/3}}{a^2 + x^{2/3}}$	$x - 3\, a^2 \sqrt[3]{x} + 3\, a^3 \text{ arc tg } \dfrac{\sqrt[3]{x}}{a}$.
2.2.2.2.2.1.2.	$\dfrac{x^{2/3}}{a^2 - x^{2/3}}$	$-x - 3\, a^2 \sqrt[3]{x} + \dfrac{3\, a^3}{2} \ln \left|\dfrac{a + \sqrt[3]{x}}{a - \sqrt[3]{x}}\right|^{*}$.
2.2.2.2.2.2.1.	$\dfrac{x^{2/3}}{(a^2 + x^{2/3})^2}$	$\dfrac{3}{2}\left[-\dfrac{x}{a^2 + x^{2/3}} + 3\sqrt[3]{x} - 3\, a \text{ arc tg } \dfrac{\sqrt[3]{x}}{a}\right]$.
2.2.2.2.2.2.2.	$\dfrac{x^{2/3}}{(a^2 - x^{2/3})^2}$	$\dfrac{3}{2}\left[\dfrac{x}{a^2 - x^{2/3}} + 3\sqrt[3]{x} - \dfrac{3\, a}{2} \ln \left|\dfrac{a + x^{1/3}}{a - x^{1/3}}\right|^{*}\right]$.
2.2.2.2.2.3.1.	$\dfrac{x^{2/3}}{(a^2 + x^{2/3})^3}$	$\dfrac{3}{4}\left[-\dfrac{x}{(a^2 + x^{2/3})^2} - \dfrac{3}{2}\dfrac{\sqrt[3]{x}}{a^2 + x^{2/3}} + \dfrac{3}{2a} \text{ arc tg } \dfrac{\sqrt{x}}{a}\right]$.
2.2.2.2.2.3.2.	$\dfrac{x^{2/3}}{(a^2 - x^{2/3})^3}$	$\dfrac{3}{4}\left[\dfrac{x}{(a^2 - x^{2/3})^2} - \dfrac{3}{2}\dfrac{\sqrt[3]{x}}{a^2 - x^{2/3}} + \dfrac{3}{4a} \ln \left|\dfrac{a + x^{1/3}}{a - x^{1/3}}\right|^{*}\right]$.

Nr.	$f(x) = J'(x)$	$J(x) = \int f(x)\, dx$
2.2.2.2.3.0.	$\dfrac{x}{(a^2 \pm x^{2/3})^p}$	$\dfrac{3}{2}\displaystyle\int \dfrac{du}{(a^2 \pm u)^p}$; $u = x^{2/3}$ (vgl. Abs. 2.1.2.1. Nr. 5.2.).
2.2.2.2.3.1.	$\dfrac{x}{a^2 \pm x^{2/3}}$	$\dfrac{3}{2}\left[\pm a^4 \ln\left|a^2 \pm x^{2/3}\right| - a^2 x^{2/3} \pm \dfrac{1}{2} x^{4/3}\right].$
2.2.2.2.3.2.	$\dfrac{x}{(a^2 \pm x^{2/3})^2}$	$\dfrac{3}{2}\left[\dfrac{x^{2/3}(2\,a^2 \pm x^{2/3})}{a^2 \pm x^{2/3}} \mp 2\,a^2 \ln\left|a^2 \pm x^{2/3}\right|\right].$
2.2.2.2.3.3.	$\dfrac{x}{(a^2 \pm x^{2/3})^3}$	$\dfrac{3}{2}\left[\mp \dfrac{a^4}{2\,z^2} \pm \dfrac{2\,a^2}{z} \pm \ln\left|a^2 \pm x^{2/3}\right|\right]$; $z = a^2 \pm x^{2/3}.$
2.2.2.3.0.	$\dfrac{x^{q/3}}{(a^3 \pm x)^p}$	$3\displaystyle\int \dfrac{v^{2+q}\,dv}{(a^3 \pm v^3)^p}$; $v = \sqrt[3]{x}$ (vgl. Abs. 2.1.4.1. Nr. 2.1.)
2.2.2.3.1.0.	$\dfrac{\sqrt[3]{x}}{(a^3 \pm x)^p}$	$3\displaystyle\int \dfrac{v^3\,dv}{(a^3 \pm v^3)^p}$; $v = \sqrt[3]{x}$ (vgl. Abs. 2.1.4.1. Nr. 2.1.3.).
2.2.2.3.1.1.1.	$\dfrac{\sqrt[3]{x}}{a^3 + x}$	$3\sqrt[3]{x} - \dfrac{a}{2}\left[\ln \dfrac{(x^{1/3} + a)^2}{x^{2/3} - a\,x^{1/3} + a^2} + 2\sqrt{3}\,\operatorname{arc\,tg} \dfrac{2\,x^{1/3} - a}{a\sqrt{3}}\right] = 3\sqrt[3]{x} - \dfrac{a}{2}\,R_{11}.$
2.2.2.3.1.1.2.	$\dfrac{\sqrt[3]{x}}{a^3 - x}$	$-3\sqrt[3]{x} + \dfrac{a}{2}\left[\ln \dfrac{x^{2/3} + a\,x^{1/3} + a^2}{(x^{1/3} - a)^2} + 2\sqrt[3]{a}\,\operatorname{arc\,tg} \dfrac{2\,x^{1/3} + a}{a\sqrt{3}}\right] = -3\sqrt[3]{x} + \dfrac{a}{2}\,R_{12}.$
2.2.2.3.1.2.1.	$\dfrac{\sqrt[3]{x}}{(a^3 + x)^2}$	$-\dfrac{\sqrt[3]{x}}{a^3 + x} + \dfrac{1}{6\,a^2}\,R_{11}.$
2.2.2.3.1.2.2.	$\dfrac{\sqrt[3]{x}}{(a^3 - x)^2}$	$\dfrac{\sqrt[3]{x}}{a^3 - x} - \dfrac{1}{6\,a^2}\,R_{12}.$
2.2.2.3.1.3.1.	$\dfrac{\sqrt[3]{x}}{(a^3 + x)^3}$	$\dfrac{1}{6\,a^3}\left[\dfrac{\sqrt[3]{x}\,(x - 2\,a^3)}{(a^3 + x)^3} + \dfrac{1}{3\,a^2}\,R_{11}\right].$
2.2.2.3.1.3.2.	$\dfrac{\sqrt[3]{x}}{(a^3 - x)^3}$	$\dfrac{1}{6\,a^3}\left[\dfrac{\sqrt[3]{x}\,(x + 2\,a^3)}{(a^3 - x)^3} - \dfrac{1}{3\,a^3}\,R_{12}\right].$
2.2.2.3.2.0.	$\dfrac{x^{2/3}}{(a^3 \pm x)^p}$	$3\displaystyle\int \dfrac{v^4\,dv}{(a^3 \pm v^3)^p}$; $v = \sqrt[3]{x}$ vgl. Abs. 2.1.4.1. Nr. 2.1.4.).
2.2.2.3.2.1.1.	$\dfrac{x^{2/3}}{a^3 + x}$	$\dfrac{3}{2}\,x^{2/3} - \dfrac{a}{2}\left[\ln \dfrac{x^{2/3} - a\,x^{1/3} + a^2}{(x^{1/3} + a)^2} + 2\sqrt{3}\,\operatorname{arc\,tg} \dfrac{2\,x^{1/3} - a}{a\sqrt{3}}\right] = \dfrac{3}{2}\,x^{2/3} - \dfrac{a}{2}\,S_{21}.$

Nr.	$f(x) = J'(x)$	$J(x) = \int f(x)\,dx$
2.2.2.3.2.1.2.	$\dfrac{x^{2/3}}{a^3 - x}$	$-\dfrac{3}{2}\,x^{2/3} + \dfrac{a}{2}\left[\ln\dfrac{x^{2/3} + a\,x^{1/3} + a^2}{(x^{1/3} - a)^2} - 2\,\sqrt{3}\,\mathrm{arc\,tg}\,\dfrac{2x^{1/3} + a}{a\,\sqrt{3}}\right].$ $= -\dfrac{3}{2}\,x^{2/3} + \dfrac{a}{2}\,S_{22}.$
2.2.2.3.2.2.1.	$\dfrac{x^{2/3}}{(a^3 + x)^2}$	$-\dfrac{x^{2/3}}{a^3 + x} + \dfrac{1}{3\,a}\,S_{21}.$
2.2.2.3.2.2.2.	$\dfrac{x^{2/3}}{(a^3 - x)^2}$	$\dfrac{x^2}{a^3 - x} - \dfrac{1}{3\,a}\,S_{22}.$
2.2.2.3.2.3.1.	$\dfrac{x^{2/3}}{(a^3 + x)^3}$	$\dfrac{1}{6\,a^3}\left[\dfrac{x^{2/3}(2\,x - a^3)}{(a^3 + x)^2} + \dfrac{1}{3\,a}\,S_{21}\right].$
2.2.2.3.2.3.2.	$\dfrac{x^{2/3}}{(a^3 - x)^3}$	$\dfrac{1}{6\,a^3}\left[\dfrac{x^{2/3}(2\,x + a^3)}{(a^3 - x)^2} - \dfrac{1}{3\,a}\,S_{22}\right].$
2.3.0.	$\dfrac{1}{x^{q/m}(a + b\,x^{n/m})^p}$	$m\displaystyle\int\dfrac{v^{m-q-1}\,dv}{(a + b\,v^n)^p};\ v = x^{1/m}.$
2.3.1.0.	$\dfrac{1}{x^{q/2}(a + b\,x^{n/2})^p}$	$2\displaystyle\int\dfrac{dv}{v^{q-1}(a + b\,v^n)^p};\ v = \sqrt{x}.$
2.3.1.1.0.	$\dfrac{1}{x^{q/2}(a + b\,\sqrt{x})^p}$	$2\displaystyle\int\dfrac{dv}{v^{q-1}(a + b\,v)^p};\ v = \sqrt{x}.$ (vgl. Abs. 2.1.2.1. Nr. 6 bzw. 2).
2.3.1.1.1.0.	$\dfrac{1}{\sqrt{x}\,(a + b\,\sqrt{x})^p}$	$-\dfrac{2}{b\,(p - 1)\,(a + b\,\sqrt{x})^{p-1}};\ p \neq 1.$
2.3.1.1.1.1.	$\dfrac{1}{\sqrt{x}\,(a + b\,\sqrt{x})}$	$\dfrac{2}{b}\,\ln\,|a + b\,\sqrt{x}|.$
2.3.1.1.2.0.	$\dfrac{1}{x\,(a + b\,\sqrt{x})^p}$	$2\displaystyle\int\dfrac{dv}{v\,(a + b\,v)^p};\ v = \sqrt{x}$ (vgl. Abs. 2.1.2.1. Nr. 6.1.).
2.3.1.1.2.1.	$\dfrac{1}{x\,(a + b\,\sqrt{x})}$	$-\dfrac{2}{a}\,\ln\left|\dfrac{a}{\sqrt{x}} + b\right| = \dfrac{2}{a}\,\ln\left|\dfrac{\sqrt{x}}{z}\right| = \dfrac{1}{a}\,\ln\dfrac{x}{z^2};$ $z = a + b\,\sqrt{x}.$
2.3.1.1.2.2.	$\dfrac{1}{x\,(a + b\,\sqrt{x})^2}$	$\dfrac{1}{a^2}\left[\ln\dfrac{x}{z^2} + \dfrac{2\,a}{a + b\,\sqrt{x}}\right];\ z = a + b\,\sqrt{x}.$
2.3.1.1.2.3.	$\dfrac{1}{x\,(a + b\,\sqrt{x})^3}$	$\dfrac{1}{a^3}\left[\ln\dfrac{x}{z^2} + \dfrac{2\,a}{z^2} + \dfrac{a^2}{z^2}\right];\ z = a + b\,\sqrt{x}.$
2.3.1.1.2.4.	$\dfrac{1}{x\,(a + b\,\sqrt{x})^4}$	$\dfrac{1}{a^4}\left[\ln\dfrac{x}{z^2} + \dfrac{2\,a}{z} + \dfrac{a^2}{z^2} + \dfrac{2\,a^3}{3\,z^3}\right];\ z = a + b\,\sqrt{x}.$

Nr.	$f(x) = J'(x)$	$J(x) = \int f(x)\,dx$
2.3.1.1.3.0.	$\dfrac{1}{x^{3/2}(a+b\sqrt{x})''}$	$2\displaystyle\int \dfrac{dv}{v^2(a+bv)^p};\quad v=\sqrt{x}$ (vgl. Abs. 2.1.2.1. Nr. 6.2.).
2.3.1.1.3.1.	$\dfrac{1}{x^{3/2}(a+b\sqrt{x})}$	$-\dfrac{b}{a^2}\left[\ln\dfrac{x}{z^2}+\dfrac{2a}{b\sqrt{x}}\right];\quad z=a+b\sqrt{x}.$
2.3.1.1.3.2.	$\dfrac{1}{x^{3/2}(a+b\sqrt{x})^2}$	$-\dfrac{b}{a^3}\left[2\ln\dfrac{x}{z^2}+\dfrac{2a}{b\sqrt{x}}+\dfrac{2a}{z}\right];\quad z=a+b\sqrt{x}.$
2.3.1.1.3.3.	$\dfrac{1}{x^{3/2}(a+b\sqrt{x})^3}$	$-\dfrac{b}{a^4}\left[3\ln\dfrac{x}{z^2}+\dfrac{2a}{b\sqrt{x}}+\dfrac{4a}{z}+\dfrac{a^2}{z^2}\right];\quad z=a+b\sqrt{x}.$
2.3.1.1.3.4.	$\dfrac{1}{x^{3/2}(a+b\sqrt{x})^4}$	$-\dfrac{b}{a^5}\left[4\ln\dfrac{x}{z^2}+\dfrac{2a}{b\sqrt{x}}+\dfrac{6a}{z}-\dfrac{2a^2}{z^2}+\dfrac{2a^3}{3z^3}\right];$ $\qquad\qquad z=a+b\sqrt{x}.$
2.3.1.2.0.	$\dfrac{1}{x^{q/2}(a^2\pm x)^p}$	$2\displaystyle\int \dfrac{dv}{v^{q-1}(a^2\pm v^2)^p};\quad v=\sqrt{x}$ (vgl. Abs. 2.1.3.1. Nr. 2.1. bzw. Nr. 5).
2.3.1.2.1.0.	$\dfrac{1}{\sqrt{x}(a^2\pm x)^p}$	$2\displaystyle\int \dfrac{dv}{(a^2\pm v)^p};\quad v=\sqrt{x}$ (vgl. Abs. 2.1.3.1. Nr. 3).
2.3.1.2.1.1.1.	$\dfrac{1}{\sqrt{x}(a^2+x)}$	$\dfrac{2}{a}\arctan\dfrac{\sqrt{x}}{a}.$
2.3.1.2.1.1.2.	$\dfrac{1}{\sqrt{x}(a^2-x)}$	$\dfrac{1}{a}\ln\left|\dfrac{a+\sqrt{x}}{a-\sqrt{x}}\right|^{*}.$
2.3.1.2.1.2.1.	$\dfrac{1}{\sqrt{x}(a^2+x)^2}$	$\dfrac{1}{a^2}\left[\dfrac{\sqrt{x}}{a^2+x}+\dfrac{1}{a}\arctan\dfrac{\sqrt{x}}{a}\right].$
2.3.1.2.1.2.2.	$\dfrac{1}{\sqrt{x}(a^2-x)^2}$	$\dfrac{1}{a^2}\left[\dfrac{\sqrt{x}}{a^2-x}+\dfrac{1}{2a}\ln\left|\dfrac{a+\sqrt{x}}{a-\sqrt{x}}\right|^{*}\right].$
2.3.1.2.1.3.1.	$\dfrac{1}{\sqrt{x}(a^2+x)^3}$	$\dfrac{1}{2a^2}\left[\dfrac{\sqrt{x}}{z^2}+\dfrac{3\sqrt{x}}{2a^2z}+\dfrac{3}{2a^3}\arctan\dfrac{\sqrt{x}}{a}\right].\quad z=a^2-x.$
2.3.1.2.1.3.2.	$\dfrac{1}{\sqrt{x}(a^2-x)^3}$	$\dfrac{1}{2a^2}\left[\dfrac{\sqrt{x}}{z^2}+\dfrac{3\sqrt{x}}{2a^2z}+\dfrac{3}{4a^3}\ln\left|\dfrac{a+\sqrt{x}}{a-\sqrt{x}}\right|^{*}\right];\quad z=a^2+x.$
2.3.1.3.0.	$\dfrac{1}{x^{q/2}(a^3\pm x^{3/2})^p}$	$2\displaystyle\int \dfrac{dv}{v^{q-1}(a^3\pm v^3)^p};\quad v=\sqrt{x}$ (vgl. Abs. 2.1.4.1.).
2.3.1.3.1.0.	$\dfrac{1}{\sqrt{x}(a^3\pm x^{3/2})^p}$	$2\displaystyle\int \dfrac{dv}{(a^3\pm v^3)^p};\quad v=\sqrt{x}$ (vgl. Abs. 2.1.4.1. Nr. 3f.).
2.3.1.3.1.1.1.	$\dfrac{1}{\sqrt{x}(a^3+x^{3/2})}$	$\dfrac{1}{3a^2}\cdot P_{11};$ (vgl. Nr. 2.2.1.3.2.1.1.).
2.3.1.3.1.1.2.	$\dfrac{1}{\sqrt{x}(a^3-x^{3/2})}$	$\dfrac{1}{3a^2}\cdot P_{12};$ (vgl. Nr. 2.2.1.3.2.1.2.).

Nr.	$f(x) = J'(x)$	$J(x) = \int f(x)\,dx$
2.3.1.3.1.2.1.	$\dfrac{1}{\sqrt{x}\,(a^3 + x^{3/2})^3}$	$\dfrac{1}{3\,a^3}\left[\dfrac{\sqrt{x}}{a^3 + x^{3/2}} + \dfrac{P_{11}}{3\,a^2}\right].$
2.3.1.3.1.2.2.	$\dfrac{1}{\sqrt{x}\,(a^3 - x^{3/2})^2}$	$\dfrac{1}{3\,a^3}\left[\dfrac{\sqrt{x}}{a^3 - x^{3/2}} + \dfrac{P_{12}}{3\,a^2}\right].$
2.3.1.4.0.	$\dfrac{1}{x^{q/2}(a^4 \pm x^2)^p}$	$2\displaystyle\int \dfrac{dv}{v^{q-1}(a^4 \pm v^4)^p}\,;\ v = \sqrt{x}$ (vgl. Abs. 2.1.5.1.).
2.3.1.4.1.0.	$\dfrac{1}{\sqrt{x}\,(a^4 \pm x^2)^p}$	$2\displaystyle\int \dfrac{dv}{(a^4 \pm v^4)^p}\,;\ v = \sqrt{x}$ (vgl. Abs. 2.1.5.1. Nr. 1.1. u. 3.0. f.).
2.3.1.4.1.1.1.	$\dfrac{1}{\sqrt{x}\,(a^4 + x^2)}$	$\dfrac{1}{a^3\sqrt{2}}\left[\mathfrak{Ar\,Tg}\ \dfrac{a\sqrt{2x}}{a^2 + \sqrt{x}}^{*} + \mathrm{arc\,tg}\ \dfrac{a\sqrt{2x}}{a^2 - x}\right] = T_{11}.$
2.3.1.4.1.1.2.	$\dfrac{1}{\sqrt{x}\,(a^4 - x^2)}$	$\dfrac{1}{a^3}\left[\dfrac{1}{2}\ln\left|\dfrac{a + \sqrt{x}}{a - \sqrt{x}}\right|^{*} + \mathrm{arc\,tg}\ \dfrac{\sqrt{x}}{a}\right] = T_{12}.$
2.3.1.4.1.2.1.	$\dfrac{1}{\sqrt{x}\,(a^4 + x^2)^2}$	$\dfrac{1}{2\,a^4}\left[\dfrac{\sqrt{x}}{a^4 + x^2} + \dfrac{3}{2}\,T_{11}\right].$
2.3.1.4.1.2.2.	$\dfrac{1}{\sqrt{x}\,(a^4 - x^2)^2}$	$\dfrac{1}{2\,a^4}\left[\dfrac{\sqrt{x}}{a^4 + x^2} + \dfrac{3}{2}\,T_{12}\right].$
2.3.2.4.2.0.	$\dfrac{1}{x^{3/2}(a^4 \pm x^2)^p}$	$2\displaystyle\int \dfrac{dv}{v^2(a^4 \pm v^4)^p}\,;\ v = \sqrt{x}$ (vgl. Abs. 2.1.5.1. Nr. 3 f.).
2.3.2.4.2.1.1.	$\dfrac{1}{x^{3/2}(a^4 + x^2)}$	$\dfrac{1}{a^5\sqrt{2}}\left[-\dfrac{2a\sqrt{2}}{\sqrt{x}} + \left(\mathfrak{Ar\,Tg}\ \dfrac{a\sqrt{2x}}{a^2 + x} - \mathrm{arc\,tg}\ \dfrac{a\sqrt{2x}}{a^2 - x}\right)\right]$ $= \dfrac{1}{a^5\sqrt{2}}\left[-\dfrac{2a\sqrt{2}}{\sqrt{x}} + T_{21}\right].$
2.3.2.4.2.1.2.	$\dfrac{1}{x^{3/2}(a^4 - x^2)}$	$\dfrac{1}{a^5}\left[-\dfrac{2a}{\sqrt{x}} + \left(\dfrac{1}{2}\ln\left|\dfrac{a + \sqrt{x}}{a - \sqrt{x}}\right|^{*} - \mathrm{arc\,tg}\ \dfrac{\sqrt{x}}{a}\right)\right]$ $= \dfrac{1}{a^5}\left[-\dfrac{2a}{\sqrt{x}} + T_{22}\right].$
2.3.2.4.2.2.1.	$\dfrac{1}{x^{3/2}(a^4 + x^2)^2}$	$\dfrac{1}{2\,a^9\sqrt{2}}\left[-\dfrac{a\sqrt{2}\,(5x^2 + 4a^4)}{\sqrt{x}\,(a^4 + x^2)} + \dfrac{5}{2}\,T_{21}\right].$
2.3.2.4.2.2.2.	$\dfrac{1}{x^{3/2}(a^4 - x^2)^2}$	$\dfrac{1}{2\,a^9}\left[\dfrac{a\,(5x^2 - 4a^4)}{\sqrt{x}\,(a^4 - x^2)} + \dfrac{5}{2}\,T_{22}\right].$
2.3.2.0.	$\dfrac{1}{x^{q/3}(a + b x^{n/3})^p}$	$3\displaystyle\int \dfrac{v^{2-q}\,dv}{(a + b v^n)^p}\,;\ v = \sqrt[3]{x}\,.$
2.3.2.1.0.	$\dfrac{1}{x^{q/3}(a + b\sqrt{x})^p}$	$3\displaystyle\int \dfrac{v^{2-q}\,dv}{(a + b v)^p}\,;\ v = \sqrt[3]{x}$ (s. Abs. 2.1.2.1.).

Nr.	$f(x) = J'(x)$	$J(x) = \int f(x)\,dx$
2.3.2.1.1.0.	$\dfrac{1}{\sqrt[3]{x}\,(a + b\sqrt[3]{x})^p}$	$3\displaystyle\int \dfrac{v\,dv}{(a + bv)^p}$; $v = \sqrt[3]{x}$ (s. Abs. 2.1.2.1. Nr.5.1.);
2.3.2.1.1.1.	$\dfrac{1}{\sqrt[3]{x}\,(a + b\sqrt[3]{x})}$	$\dfrac{3}{b^2}\left[b\sqrt[3]{x} - a\ln\lvert a + b\sqrt[3]{x}\rvert\right].$
2.3.2.1.1.2.	$\dfrac{1}{\sqrt[3]{x}\,(a + b\sqrt[3]{x})^2}$	$\dfrac{3}{b^2}\left[-\dfrac{a}{a + b\sqrt[3]{x}} + \ln\lvert a + b\sqrt[3]{x}\rvert\right].$
2.3.2.1.1.3.	$\dfrac{1}{\sqrt[3]{x}\,(a + b\sqrt[3]{x})^3}$	$-\dfrac{3}{2\,b^2}\,\dfrac{a + 2\,b\sqrt[3]{x}}{(a + b\sqrt[3]{x})^2}.$
2.3.2.1.1.4.	$\dfrac{1}{\sqrt[3]{x}\,(a + b\sqrt[3]{x})^4}$	$-\dfrac{1}{3\,b^2}\,\dfrac{a + 3\,b\sqrt[3]{x}}{(a + b\sqrt[3]{x})^3}.$
2.3.2.1.2.0.	$\dfrac{1}{x^{2/3}\,(a + b\sqrt[3]{x})^p}$	$-\dfrac{3}{b(p-1)(a + b\sqrt[3]{x})^{p-1}}$; $p \neq 1.$
2.3.2.1.2.1.	$\dfrac{1}{x^{2/3}\,(a + b\sqrt[3]{x})}$	$\dfrac{3}{b}\ln\lvert a + b\sqrt[3]{x}\rvert.$
2.3.2.1.3.0.	$\dfrac{1}{x(a + b\sqrt[3]{x})^p}$	$3\displaystyle\int \dfrac{dv}{v(a + bv)^p}$; $v = \sqrt[3]{x}$ (vgl. Abs. 2.1.2.1. Nr.6.1.)
2.3.2.1.3.1.	$\dfrac{1}{x(a + b\sqrt[3]{x})}$	$-\dfrac{3}{a}\ln\left\lvert\dfrac{\sqrt[3]{x}}{z}\right\rvert$; $z = a + b\sqrt[3]{x}.$
2.3.2.1.3.2.	$\dfrac{1}{x(a + b\sqrt[3]{x})^2}$	$\dfrac{3}{a^2}\left[\ln\left\lvert\dfrac{\sqrt[3]{x}}{z}\right\rvert + \dfrac{a}{z}\right]$; $z = a + b\sqrt[3]{x}.$
2.3.2.1.3.3.	$\dfrac{1}{x(a + b\sqrt[3]{x})^3}$	$\dfrac{3}{a^3}\left[\ln\left\lvert\dfrac{\sqrt[3]{x}}{z}\right\rvert + \dfrac{a}{z} + \dfrac{a^2}{2z^2}\right]$; $z = a + b\sqrt[3]{x}.$
2.3.2.1.3.4.	$\dfrac{1}{x(a + b\sqrt[3]{x})^4}$	$\dfrac{3}{a^4}\left[\ln\left\lvert\dfrac{\sqrt[3]{x}}{z}\right\rvert + \dfrac{a}{z} + \dfrac{a^2}{2z^2} + \dfrac{a^3}{3z^3}\right]$; $z = a + b\sqrt[3]{x}.$
2.3.2.2.0.	$\dfrac{1}{x^{q/3}\,(a^2 \pm x^{2/3})^p}$	$3\displaystyle\int \dfrac{v^{2-q}\,dv}{(a^2 \pm v^2)^p}$; $v = \sqrt[3]{x}$ (vgl. Abs. 2.1.3.1.).
2.3.2.2.1.0.	$\dfrac{1}{x^{1/3}\,(a^2 \pm x^{2/3})^p}$	$\mp\dfrac{3}{2(p-1)(a^2 \pm x^{2/3})^{p-1}}$; $p \neq 1.$
2.3.2.2.1.1.1.	$\dfrac{1}{x^{1/3}\,(a^2 + x^{2/3})^p}$	$\dfrac{3}{2}\ln(a^2 + x^{2/3}).$
2.3.2.2.1.1.2.	$\dfrac{1}{x^{1/3}\,(a^2 - x^{2/3})^p}$	$\dfrac{3}{2}\ln\lvert a^2 - x^{2/3}\rvert.$

Nr.	$f(x) = J'(x)$	$J(x) = \int f(x)\,dx$
2.3.2.2.2.0.	$\dfrac{1}{x^{2/3}(a^2 \pm x^{2/3})^p}$	$3\displaystyle\int \dfrac{dv}{(a^2 \pm v^2)^p}$; $\quad v = \sqrt{x}$ (vgl. Abs. 2.1.3.1.).
2.3.2.2.2.1.1.	$\dfrac{1}{x^{2/3}(a^3 + x^{2/3})}$	$\dfrac{3}{a} \operatorname{arc\,tg} \dfrac{\sqrt{x}}{a}$.
2.3.2.2.2.1.2.	$\dfrac{1}{x^{2/3}(a^3 - x^{2/3})}$	$\dfrac{3}{2a} \ln \left| \dfrac{a + \sqrt[3]{x}}{a - \sqrt[3]{x}} \right|^{*}$.
2.3.2.2.2.2.1.	$\dfrac{1}{x^{2/3}(a^2 + x^{2/3})^2}$	$\dfrac{3}{2a^2} \left[\dfrac{\sqrt[3]{x}}{a^2 + x^{2/3}} + \dfrac{1}{a} \operatorname{arc\,tg} \dfrac{\sqrt[3]{x}}{a} \right]$.
2.3.2.2.2.2.2.	$\dfrac{1}{x^{2/3}(a^2 - x^{2/3})^2}$	$\dfrac{3}{2a^2} \left[\dfrac{\sqrt[3]{x}}{a^2 - x^{2/3}} + \dfrac{1}{2a} \ln \dfrac{a + \sqrt[3]{x}}{a - \sqrt[3]{x}} \right]^{*}$.
2.3.2.2.2.3.1.	$\dfrac{1}{x^{2/3}(a^2 + x^{2/3})^3}$	$\dfrac{3}{4a^2} \left[\dfrac{\sqrt[3]{x}}{z^2} + \dfrac{3\sqrt[3]{x}}{2a^2 z} + \dfrac{3}{2a^3} \operatorname{arc\,tg} \dfrac{\sqrt[3]{x}}{a} \right]$; $z = a^2 + x^{2/3}$.
2.3.2.2.2.3.2.	$\dfrac{1}{x^{2/3}(a^2 - x^{2/3})^3}$	$\dfrac{3}{4a^3} \left[\dfrac{\sqrt[3]{x}}{z^2} + \dfrac{3\sqrt[3]{x}}{2a^2 z} + \dfrac{3}{4a^3} \ln \left| \dfrac{a + \sqrt[3]{x}}{a - \sqrt[3]{x}} \right|^{*} \right]$; $\quad z = a^2 - x^{2/3}$.
2.3.2.2.3.0.	$\dfrac{1}{x(a^2 \pm x^{2/3})^p}$	$\dfrac{3}{2}\displaystyle\int \dfrac{du}{u(a^2 \pm u)^p}$; $u = x^{2/3}$ (vgl. Abs. 2.1.2.1. Nr. 6.1.).
2.3.2.2.3.1.	$\dfrac{1}{x(a^2 \pm x^{2/3})}$	$\dfrac{3}{2a^2} \ln \left| \dfrac{x^{2/3}}{z} \right|$; $z = a^2 \pm x^{2/3}$.
2.3.2.2.3.2.	$\dfrac{1}{x(a^2 \pm x^{2/3})^2}$	$\dfrac{3}{2a^4} \left[\ln \left| \dfrac{x^{2/3}}{z} \right| + \dfrac{a^2}{z} \right]$; z s. ... 3.1.
2.3.2.2.3.3.	$\dfrac{1}{x(a^2 \pm x^{2/3})^3}$	$\dfrac{3}{2a^6} \left[\ln \left| \dfrac{x^{2/3}}{z} \right| + \dfrac{a^2}{z} + \dfrac{a^4}{2z^2} \right]$; z s. ... 3.1.
2.3.2.2.3.4.	$\dfrac{1}{x(a^2 \pm x^{2/3})^4}$	$\dfrac{3}{2a^8} \left[\ln \left| \dfrac{x^{2/3}}{z} \right| + \dfrac{a^2}{z} + \dfrac{a^4}{2z^2} + \dfrac{a^6}{3z^3} \right]$; z s. ... 3.1.
2.3.2.3.0.	$\dfrac{1}{x^{q/3}(a^3 \pm x)^p}$	$3\displaystyle\int \dfrac{v^{2-q}\,dv}{(a^3 \pm v^3)^p}$; $v = \sqrt[3]{x}$ (vgl. Abs. 2.1.4.1.).
2.3.2.3.1.0.	$\dfrac{1}{\sqrt[3]{x}(a^3 \pm x)^p}$	$3\displaystyle\int \dfrac{v\,dv}{(a^3 \pm v^3)^p}$; $v = \sqrt[3]{x}$ (vgl. Abs. 2.1.4.1. Nr. 2.1.1.).
2.3.2.3.1.1.1.	$\dfrac{1}{\sqrt[3]{x}(a^3 + x)}$	$\dfrac{1}{2a} S_{21}$ (vgl. Nr. 2.2.2.3.2.1.1.).

Nr.	$f(x) = J'(x)$	$J(x) = \int f(x)\,dx$
2.3.2.3.1.1.2.	$\dfrac{1}{\sqrt[3]{x}\,(a^3 - x)}$	$\dfrac{1}{2\,a}\,S_{22}$ (vgl. Nr. 2.2.2.3.2.1.2.).
2.3.2.3.1.2.1.	$\dfrac{1}{\sqrt[3]{x}\,(a^3 + x)^2}$	$\dfrac{1}{a^3}\left[\dfrac{x^{2/3}}{a^3 + x} + \dfrac{S_{21}}{6\,a}\right].$
2.3.2.3.1.2.2.	$\dfrac{1}{\sqrt[3]{x}\,(a^3 - x)^2}$	$\dfrac{1}{a^3}\left[\dfrac{x^{2/3}}{a^3 - x} + \dfrac{S_{22}}{6\,a}\right].$
2.3.2.3.2.0.	$\dfrac{1}{x^{2/3}(a^3 \pm x)^p}$	$3\displaystyle\int\dfrac{dv}{(a^3 \pm v^3)^p}$; $v = \sqrt[3]{x}$ (vgl. Abs. 2.1.4.1. Nr. 3).
2.3.2.3.2.1.1.	$\dfrac{1}{x^{2/3}(a^3 + x)}$	$\dfrac{1}{2\,a^2}\,R_{11}$ (vgl. Nr. 2.2.2.3.1.1.1.).
2.3.2.3.2.1.2.	$\dfrac{1}{x^{2/3}(a^3 - x)}$	$\dfrac{1}{2\,a^2}\,R_{12}$ (vgl. Nr. 2.2.2.3.1.1.2.).
2.3.2.3.2.2.1.	$\dfrac{1}{x^{2/3}(a^3 + x)^2}$	$\dfrac{1}{a^3}\left[\dfrac{\sqrt[3]{x}}{a^3 + x} + \dfrac{R_{11}}{3\,a^2}\right].$
2.3.2.3.2.2.2.	$\dfrac{1}{x^{2/3}(a^3 - x)^2}$	$\dfrac{1}{a^3}\left[\dfrac{\sqrt[3]{x}}{a^3 - x} + \dfrac{R_{12}}{3\,a^2}\right].$
2.3.2.3.2.3.1.	$\dfrac{1}{x^{2/3}(a^3 + x)^3}$	$\dfrac{1}{6\,a^6}\left[\dfrac{(8\,a^3 + 5\,x)\sqrt[3]{x}}{(a^3 + x)^2} + \dfrac{5}{3\,a^2}\,R_{11}\right].$
2.3.2.3.2.3.2.	$\dfrac{1}{x^{2/3}(a^3 - x)^3}$	$\dfrac{1}{6\,a^6}\left[\dfrac{(8\,a^3 - 5\,x)\sqrt[3]{x}}{(a^3 - x)^2} + \dfrac{5}{3\,a^2}\,R_{12}\right].$
3.0.	$x^{(n-m)/m}F(x^{n/m})$	$\dfrac{m}{n}\displaystyle\int F(u)\,du$; $u = x^{n/m}$.
3.1.	$\dfrac{x^{(n-m)/m}}{(a + b\,x^{qn/m})^p}$	$\dfrac{m}{n}\displaystyle\int\dfrac{du}{(a + b\,u^q)^p}$; $u = x^{n/m}$.
3.1.1.	$\dfrac{x^{3/2}}{(a + b\,x^{5/2})^p}$	$\dfrac{2}{5}\displaystyle\int\dfrac{du}{(a + b\,u)^p}$ $= -\dfrac{2}{5\,b\,(p-1)\,(a + b\,x^{5/2})^{p-1}}$; $p \neq 1$.
3.1.2.	$\dfrac{x^{3/2}}{a + b\,x^{5/2}}$	$\dfrac{2}{5\,b}\,\ln|a + b\,x^{5/2}|.$

2. Integrale algebraischer Funktionen.

2.2.2. Der Integrand enthält $(a + bx)^{n/m}$.

2.2.2.1. *Grundformeln.*

Nr.	$f(x) = J'(x)$	$J(x) = \int f(x)\,dx$
0.	$(a + bx)^{n/m}$	$\dfrac{m}{(m+n)b}(a + bx)^{(m+n)/m}, \quad m \neq -n.$
0.1.1.	$\sqrt{a + bx}$	$\dfrac{2}{3b}(a + bx)^{3/2}.$
0.1.2.	$(a + bx)^{3/2}$	$\dfrac{2}{5b}(a + bx)^{5/2}.$
0.1.3.	$\dfrac{1}{\sqrt{a + bx}}$	$\dfrac{2}{b}\sqrt{a + bx}.$
0.1.4.	$\dfrac{1}{(a + bx)^{3/2}}$	$-\dfrac{2}{b}\dfrac{1}{\sqrt{a + bx}}.$
0.2.1.	$\sqrt[3]{a + bx}$	$\dfrac{3}{4b}(a + bx)^{4/3}.$
0.2.2.	$(a + bx)^{2/3}$	$\dfrac{3}{5b}(a + bx)^{5/3}.$
0.2.3.	$\dfrac{1}{\sqrt[3]{a + bx}}$	$\dfrac{3}{2b}(a + bx)^{2/3}.$
0.2.4.	$\dfrac{1}{(a + bx)^{2/3}}$	$\dfrac{3}{b}\sqrt[3]{a + bx}.$

2.2.2.2. $z^{n/m} = (a + bx)^{n/m}$ und x^p [1]).

1.0.1.0.	$x^p(a + bx)^{n/m}$	$\dfrac{m\,x^p z^{(m+n)/m}}{(m+n)b} - \dfrac{m\,p}{(m+n)b}\int x^{p-1}(a + bx)^{(m+n)/m}dx.$
1.0.2.0.	$x^p(a + bx)^{n/m}$	$\dfrac{m\,z^{(m+n)/m}}{b^{p+1}}\sum_{k=0}^{k=p}(-1)^k\binom{p}{k}\dfrac{a^k z^{p-k}}{n + m(1 + p - k)};$ $\qquad\qquad n + m(1 + p - k) \neq 0$ [2]).
1.0.2.1.	$x(a + bx)^{n/m}$	$\dfrac{m\,z^{(m+n)/m}}{(m+n)(2m+n)b^2}[(m+n)bx - ma].$
1.0.2.2.	$x^2(a + bx)^{n/m}$	$\dfrac{m\,z^{(m+n)/m}}{b^3}\left[\dfrac{z^2}{3m+n} - \dfrac{2az}{2m+n} + \dfrac{a^2}{m+n}\right].$

---

[1]) n/m gebrochen und p ganz. Man beachte ferner die Abkürzungen U nach Nr. 2.1.1.1.1., V nach Nr. 2.2.1.1.1. und W nach 2.2.1.1.2.

[2]) Ist nach Anm. 1 erfüllt.

Nr.	$f(x) = J'(x)$	$J(x) = \int f(x)\,dx$
1.0.2.3.	$x^3 (a + bx)^{n/m}$	$\dfrac{m\,z^{(m+n)/m}}{b^4}\left[\dfrac{z^3}{4m+n} - \dfrac{3\,a\,z^2}{3m+n} + \dfrac{3\,a^2\,z}{2m+n} - \dfrac{a^3}{m+n}\right].$
1.1.1.0.	$x(a + bx)^{n/2}$	$\dfrac{2\,z^{(2+n)/2}[(2+n)\,bx - 2a]}{(n+2)(n+4)\,b^2}.$
1.1.1.1.	$x\sqrt{a + bx}$	$\dfrac{2\,z^{2/3}}{15\,b^2}\,(3\,bx - 2a).$
1.1.1.2.	$x(a + bx)^{3/2}$	$\dfrac{2\,z^{5/2}}{35\,b^2}\,(5\,bx - 2a).$
1.1.1.3.	$\dfrac{x}{\sqrt{a + bx}}$	$\dfrac{2\,z^{1/2}}{3\,b}\,(bx - 2a).$
1.1.1.4.	$\dfrac{x}{\sqrt{(a + bx)^3}}$	$\dfrac{2(2a + bx)}{b^2\,\sqrt{a + bx}}.$
1.1.2.0.	$x^2 (a + bx)^{n/2}$	$\dfrac{2\,z^{(2+n)/2}}{b^3}\left[\dfrac{z^2}{6+n} - \dfrac{2\,a\,z}{4+n} + \dfrac{a^2}{2+n}\right].$
1.1.2.1.	$x^2\sqrt{a + bx}$	$\dfrac{2\,z^{3/2}}{b^3}\left[\dfrac{1}{7}\,z^2 - \dfrac{2}{5}\,a\,z + \dfrac{1}{3}\,a^2\right].$
1.1.2.2.	$x^2 (a + bx)^{3/2}$	$\dfrac{2\,z^{5/2}}{b^3}\left[\dfrac{1}{9}\,z^2 - \dfrac{2}{7}\,a\,z + \dfrac{a^2}{5}\right].$
1.1.2.3.	$\dfrac{x^2}{\sqrt{a + bx}}$	$\dfrac{2\,\sqrt{z}}{b^3}\left[\dfrac{1}{5}\,z^2 - \dfrac{2}{3}\,a\,z + a^2\right].$
1.1.2.4.	$\dfrac{x^2}{\sqrt{(a + bx)^3}}$	$\dfrac{2}{b^3\,\sqrt{z}}\left[\dfrac{1}{3}\,z^2 - 2\,a\,z - a^2\right].$
1.1.3.0.	$x^3 (a + bx)^{n/2}$	$\dfrac{2\,z^{(2+n)/2}}{b^4}\left[\dfrac{z^3}{8+n} - \dfrac{3\,a\,z^2}{6+n} + \dfrac{3\,a^2\,z}{4+n} - \dfrac{a^3}{2+n}\right].$
1.1.3.1.	$x^3\sqrt{a + bx}$	$\dfrac{2\,z^{3/2}}{b^4}\left[\dfrac{1}{9}\,z^3 - \dfrac{3}{7}\,a\,z^2 + \dfrac{3}{5}\,a^2\,z - \dfrac{1}{3}\,a^3\right].$
1.1.3.2.	$x^3\sqrt{(a + bx)^3}$	$\dfrac{2\,z^{5/2}}{b^4}\left[\dfrac{1}{11}\,z^3 - \dfrac{1}{3}\,a\,z^2 + \dfrac{3}{7}\,a^2\,z - \dfrac{1}{3}\,a^3\right].$
1.1.3.3.	$\dfrac{x^3}{\sqrt{a + bx}}$	$\dfrac{2\,\sqrt{z}}{b^4}\left[\dfrac{1}{7}\,z^3 - \dfrac{3}{5}\,a\,z^2 + a^2\,z - a^3\right].$
1.1.3.4.	$\dfrac{x^3}{\sqrt{(a + bx)^3}}$	$\dfrac{2}{b^4\,\sqrt{z}}\left[\dfrac{1}{5}\,z^3 - a\,z^2 + 3\,a^2\,z + a^3\right].$

Nr.	$f(x) = J'(x)$	$J(x) = \int f(x)\,dx$
1.2.1.0.	$x\,(a+bx)^{n/3}$	$\dfrac{3\,z^{(3+n)/3}\,[(3+n)\,bx - 3a]}{(3+n)(6+n)\,b^2}$.
1.2.1.1.	$x\,\sqrt[3]{a+bx}$	$\dfrac{3\,z^{4/3}}{28\,b^2}\,[4\,bx - 3a]$.
1.2.1.2.	$x\,\sqrt[3]{(a+bx)^2}$	$\dfrac{3\,z^{5/3}}{40\,b^2}\,[5\,bx - 3a]$.
1.2.1.3.	$\dfrac{x}{\sqrt[3]{a+bx}}$	$\dfrac{3\,z^{2/3}}{10\,b^2}\,[2\,bx - 3a]$.
1.2.1.4.	$\dfrac{x}{\sqrt[3]{(a+bx)^2}}$	$\dfrac{3\,\sqrt[3]{z}}{4\,b^2}\,[bx - 3a]$.
1.2.2.0.	$x^2\,(a+bx)^{n/3}$	$\dfrac{3\,z^{(3+n)/3}}{b^3}\left[\dfrac{z^2}{9+n} - \dfrac{2\,a\,z}{6+n} + \dfrac{a^2}{3+n}\right]$.
1.2.2.1.	$x^2\,\sqrt[3]{a+bx}$	$\dfrac{3\,z^{4/3}}{b^3}\left[\dfrac{1}{10}\,z^2 - \dfrac{2}{7}\,a\,z + \dfrac{1}{4}\,a^2\right]$.
1.2.2.2.	$x^2\,\sqrt[3]{(a+bx)^2}$	$\dfrac{3\,z^{5/3}}{b^3}\left[\dfrac{1}{11}\,z^2 - \dfrac{1}{4}\,a\,z + \dfrac{1}{5}\,a^2\right]$.
1.2.2.3.	$\dfrac{x^2}{\sqrt[3]{a+bx}}$	$\dfrac{3\,z^{2/3}}{b^3}\left[\dfrac{1}{8}\,z^2 - \dfrac{2}{5}\,a\,z + \dfrac{1}{2}\,a^2\right]$.
1.2.2.4.	$\dfrac{x^2}{\sqrt[3]{(a+bx)^2}}$	$\dfrac{3\,\sqrt[3]{z}}{b^3}\left[\dfrac{1}{7}\,z^2 - \dfrac{1}{2}\,a\,z + a^2\right]$.
1.2.3.0.	$x^3\,(a+bx)^{n/3}$	$\dfrac{3\,z^{(3+n)3)}}{b^4}\left[\dfrac{z^3}{12+n} - \dfrac{3\,a\,z^2}{9+n} + \dfrac{3\,a^2\,z}{6+n} - \dfrac{a^3}{3+n}\right]$ (s. Nr. 1.0.1.0. u. 1.0.2.0.).
1.2.3.1.	$x^3\,\sqrt[3]{a+bx}$	$\dfrac{3\,z^{4/3}}{b^4}\left[\dfrac{1}{13}\,z^3 - \dfrac{3}{10}\,a\,z^2 + \dfrac{3}{7}\,a^2\,z - \dfrac{1}{4}\,a^3\right]$.
1.2.3.2.	$x^3\,\sqrt[3]{(a+bx)^2}$	$\dfrac{3\,z^{5/3}}{b^4}\left[\dfrac{1}{14}\,z^3 - \dfrac{3}{11}\,a\,z^2 + \dfrac{3}{8}\,a^2\,z - \dfrac{1}{5}\,a^3\right]$.
1.2.3.3.	$\dfrac{x^3}{\sqrt[3]{a+bx}}$	$\dfrac{3\,z^{2/3}}{b^4}\left[\dfrac{1}{11}\,z^3 - \dfrac{3}{8}\,a\,z^2 + \dfrac{3}{5}\,a^2\,z - \dfrac{1}{2}\,a^2\right]$.
1.2.3.4.	$\dfrac{x^3}{\sqrt[3]{(a+bx)^2}}$	$\dfrac{3\,\sqrt[3]{z}}{b^4}\left[\dfrac{1}{10}\,z^3 - \dfrac{3}{7}\,a\,z^2 + \dfrac{3}{4}\,a^2\,z - a^3\right]$.

Nr.	$f(x) = J'(x)$	$J(x) = \int f(x)\,dx$
2.0.1.	$\dfrac{(a + bx)^{n/m}}{x^p}$	$m\,b^{p-1} \displaystyle\int \dfrac{v^{n+m-1}\,dv}{(v^m - a)^p}$; $v = (a + bx)^{1/m} = z^{1/m}$ · (vgl. Abs. 2.1.3. bis 2.1.6.).
2.0 2.	$''$	$\dfrac{1}{m(p-1)a}\left[-\,m\,\dfrac{z^{(n+m)/m}}{x^{p-1}} + \{n - m(p-2)\}\,b \displaystyle\int \dfrac{z^{n/m}\,dx}{x^{p-1}}\right]$; $\qquad\qquad\qquad\qquad\qquad\qquad p \neq 1.$
2 0.3.	$''$	$\dfrac{1}{n - m(p-1)}\left[\dfrac{m\,z^{n/m}}{x^{p-1}} + n\,a \displaystyle\int \dfrac{z^{(n-m)/m}}{x^p}\,dx\right].$
2.0.4.	$\dfrac{1}{x^p(a + bx)^{n/m}}$	$\dfrac{1}{(n - m)a}\left[\dfrac{m}{x^{p-1}\,z^{(n-m)/m}} + \{m(p-2) + n\} \displaystyle\int \dfrac{dx}{x^p\,z^{(n-m)/m}}\right].$
2.1.1 0.	$\dfrac{(a + bx)^{n/2}}{x^p}$	$\dfrac{1}{2(p-1)a}\left[-\,\dfrac{2\,z^{(n+2)/2}}{x^{p-1}} + \{n - 2(p-2)\}\,b \displaystyle\int \dfrac{z^{n/2}\,dx}{x^{p-1}}\right]$ $= \dfrac{1}{n - 2(p-1)}\left[\dfrac{2\,z^{n/2}}{x^{p-1}} + n\,a \displaystyle\int \dfrac{z^{(n-2)/2}\,dx}{x^p}\right];$ $p \neq 1.$
2.1.1.1.0.	$\dfrac{(a + bx)^{n/2}}{x}$	$\dfrac{2}{n}\,z^{n/2} + a \displaystyle\int \dfrac{z^{(n-2)/2}}{x}\,dx;$ $n > 1.$
2.1.1.1.1.	$\dfrac{\sqrt{a + bx}}{x}$ ·	$2\sqrt{a + bx} - U,$ worin (vgl. a. 2.1.2.1.1.). $\left.\begin{array}{l} U = 2\sqrt{a}\ \mathfrak{Ar}\,\mathfrak{Ctg}\ \sqrt{\dfrac{a + bx}{a}}^{\,*} \quad \text{für } bx > 0 \\[2mm] U = 2\sqrt{a}\ \mathfrak{Ar}\,\mathfrak{Tg}\ \sqrt{\dfrac{a + bx}{a}}^{\,*} \quad \text{für } bx < 0 \end{array}\right\} a > 0,$ $U = 2\sqrt{-a}\ \text{arc tg}\ \sqrt{\dfrac{a + bx}{-a}} \quad \text{für } a < 0.$
2.1.1.1.2.	$\dfrac{(a + bx)^{3/2}}{x}$	$\dfrac{2}{3}\,z^{3/2} + 2a\sqrt{z} - a\,U.$
2.1.1.1.3.	$\dfrac{(a + bx)^{5/2}}{x}$	$\dfrac{2}{5}\,z^{5/2} + \dfrac{2}{3}\,a\,z^{3/2} + 2a^2\sqrt{z} - a^2\,U.$
2.1.1.2.0.	$\dfrac{(a + bx)^{n/2}}{x^2}$	$-\dfrac{z^{(n+2)/2}}{ax} + \dfrac{n\,b}{2a} \displaystyle\int \dfrac{z^{n/2}}{x}\,dx$ $= \dfrac{1}{n - 2}\left[\dfrac{2\,z^{n/2}}{x} + n\,a \displaystyle\int \dfrac{z^{(n-2)/2}}{x^2}\,dx\right].$

Nr.	$f(x) = J'(x)$	$J(x) = \int f(x)\,dx$
2.1.1.2.1.	$\dfrac{\sqrt{a+bx}}{x^2}$	$-\dfrac{\sqrt{a+bx}}{x} - \dfrac{b}{2a}\,U.$
2.1.1.2.2.	$\dfrac{(a+bx)^{3/2}}{x^2}$	$\dfrac{\sqrt{z}}{x}\,(2bx - a) - \dfrac{3}{2}\,bU.$
2.1.1.2.3.	$\dfrac{(a+bx)^{5/2}}{x^2}$	$\dfrac{z^{3/2}}{3x}\,(2bx - 3a) + \dfrac{5}{2}\,ab\,(2\sqrt{z} - U).$
2.1.1.3.0.	$\dfrac{(a+bx)^{n/2}}{x^3}$	$\dfrac{1}{4a}\left[-\dfrac{2\,z^{(n+2)/2}}{x^4} + (n-2)\,b\int\dfrac{z^{n/2}}{x^4}\,dx\right]$ $= \dfrac{1}{n-4}\left[\dfrac{2\,z^{n/2}}{x^2} + na\int\dfrac{z^{(n-2)/2}}{x^3}\,dx\right]$
2.1.1.3.1.	$\dfrac{\sqrt{a+bx}}{x^3}$	$\dfrac{1}{4a}\left[-\dfrac{2\,z^{3/2}}{x^2} + \dfrac{b\sqrt{z}}{x} + \dfrac{b^2}{2a}\,U\right]$ $= -\dfrac{(2a+bx)\,\sqrt{z}}{4ax^2} + \dfrac{b^2}{8a^2}\,U.$
2.1.1.3.2.	$\dfrac{(a+bx)^{3/2}}{x^3}$	$-\dfrac{z^{3/2}}{2x^2} - \dfrac{3}{4}\dfrac{b\sqrt{z}}{x} - \dfrac{3b^2}{8a^2}\,U$ $= -\dfrac{z^{3/2}(2a+3bx)}{4ax^2} + \dfrac{3b}{8a}\,(2\sqrt{z} - U).$
2.1.2.0.	$\dfrac{1}{x^p(a+bx)^{n/2}}$	$\dfrac{1}{n-2}\left[\dfrac{2}{x^{p-1}\,z^{(n-}} + \{2(p-2)+n\}\int\dfrac{dx}{x^p\,z^{(n-2)/2}}\right].$ $= -\dfrac{1}{2a(p-1)}\left[\dfrac{2}{x^{p-1}\,z^{(n-2)/2}} + \{2(p-2)+n\}\int\dfrac{dx}{x^{p-1}\,z^{n/2}}\right];\ p \neq 1.$
2.1.2.1.0.	$\dfrac{1}{x(a+bx)^{n/2}}$	$\dfrac{1}{n-2}\left[\dfrac{2}{z^{(n-2)/2}} + (n-2)\int\dfrac{dx}{x\,z^{(n-2)/2}}\right].$
2.1.2.1.1.	$\dfrac{1}{x\sqrt{a+bx}}$	$-\dfrac{1}{a}\,U.$
2.1.2.1.2.	$\dfrac{1}{x(a+bx)^{3/2}}$	$\dfrac{2}{a\sqrt{z}} - \dfrac{1}{a^2}\,U.$
2.1.2 1.3.	$\dfrac{1}{x(a+bx)^{5/2}}$	$\dfrac{2}{3a\,z^{3/2}} + \dfrac{2}{3a^2\,\sqrt{z}} - \dfrac{1}{3a^3}\,U = \dfrac{2(2a+bx)}{3a^2\,z^{3/2}} - \dfrac{1}{3a^3}\,U.$

Nr.	$f(x) = J'(x)$	$J(x) = \int f(x)\,dx$
2.1.2.2.0.	$\dfrac{1}{x^2(a+bx)^{n/2}}$	$\dfrac{1}{n-2}\left[\dfrac{2}{x\,z^{(n-2)/2}} + n\int\dfrac{dx}{x^2\,z^{(n-2)/2}}\right]$ $= -\dfrac{1}{a\,x\,z^{(n-2)/2}} - \dfrac{nb}{2a}\int\dfrac{dx}{x\,z^{n/2}}$.
2.1.2.2.1.	$\dfrac{1}{x^2\sqrt{a+bx}}$	$-\dfrac{\sqrt{z}}{a\,x} + \dfrac{b}{2a^2}\,U.$
2.1.2.2.2.	$\dfrac{1}{x^2(a+bx)^{3/2}}$	$-\dfrac{1}{a\,x\sqrt{z}} - \dfrac{3b}{a^2\sqrt{z}} + \dfrac{3b}{2a^3}\,U$ $= -\dfrac{a+3bx}{a^2 x\sqrt{z}} + \dfrac{3b}{2a^3}\,U.$
2.1.2.2.3.	$\dfrac{1}{x^2(a+bx)^{5/2}}$	$\dfrac{1}{a\,x\,z^{3/2}} - \dfrac{5b}{3a^2 z^{3/2}} - \dfrac{5b}{3a^3\sqrt{z}} + \dfrac{5b}{2a^4}\,U.$
2.1.2.3.0.	$\dfrac{1}{x^3(a+bx)^{n/2}}$	$-\dfrac{1}{4a}\left[\dfrac{2}{x^2 z^{(n-2)/2}} + (n+2)\,b\int\dfrac{dx}{x^2 z^{n/2}}\right].$
2.1.2.3.1.	$\dfrac{1}{x^3\sqrt{a+bx}}$	$\dfrac{(3bx-2a)\sqrt{z}}{4a^2 x^2} - \dfrac{3b^2}{8a^3}\,U.$
2.1.2.3.2.	$\dfrac{1}{x^3(a+bx)^{3/2}}$	$\dfrac{5bx-2a}{4a^2 x^2\sqrt{z}} + \dfrac{15b^2}{4a^3\sqrt{z}} - \dfrac{15b^2}{8a^4}\,U.$
2.2.1.0.	$\dfrac{(a+bx)^{n/3}}{x^p}$	$\dfrac{1}{3(p-1)a}\left[-\dfrac{3\,z^{(n+3)/3}}{x^{p-1}} + \{n - 3(p-2)\}\,b\int\dfrac{z^{n/3}}{x^{p-1}}\,dx\right]$ $= \dfrac{1}{n-3(p-1)}\left[\dfrac{3\,z^{n/3}}{x^{p-1}} + na\int\dfrac{z^{(n-3)/3}}{x^p}\,dx\right];\ p \neq 1.$
2.2.1.1.0.	$\dfrac{(a+bx)^{n/3}}{x}$	$\dfrac{3}{n}\,z^{n/3} + a\int\dfrac{z^{(n-3)/3}}{x}\,dx.$
2.2.1.1.1.	$\dfrac{\sqrt[3]{a+bx}}{x}$	$3\sqrt[3]{z} + aV$ (s. Nr. 2.2.2.1.2.); $V = \dfrac{1}{2\sqrt[3]{a^2}}\left[\ln\dfrac{\left(\sqrt[3]{a} - \sqrt[3]{z}\right)^2}{\sqrt[3]{z^2} + \sqrt[3]{az} + \sqrt[3]{a^2}} - 2\sqrt{3}\ \text{arc tg}\ \dfrac{2\sqrt[3]{z} + \sqrt[3]{a}}{\sqrt{3}\,\sqrt[3]{a}}\right]$
2.2.1.1.2.	$\dfrac{(a+bx)^{2/3}}{x}$	$\dfrac{3}{2}\,z^{2/3} + aW$ (s. Nr. 2.2.2.1.1.).

Nr.	$f(x) = J'(x)$	$J(x) = \int f(x)\,dx$
		$W = -\dfrac{1}{2\sqrt[3]{a}}\left[\ln\dfrac{\left(\sqrt[3]{a}-\sqrt[3]{z}\right)^2}{\sqrt[3]{z^2}+\sqrt[3]{az}+\sqrt[3]{a^2}} + 2\sqrt{3}\ \text{arc tg}\dfrac{2\sqrt[3]{z}+\sqrt[3]{a}}{\sqrt{3}\cdot\sqrt[3]{a}}\right].$
2.2.1.1.3.	$\dfrac{(a+bx)^{4/3}}{x}$	$\dfrac{3}{4}z^{4/3}+3az^{1/3}+a^2V = \dfrac{3}{4}(5a+bx)\sqrt[3]{z}+a^2V.$
2.2.1.2.0.	$\dfrac{(a+bx)^{n/3}}{x^2}$	$-\dfrac{z^{(n+3)/3}}{ax}+\dfrac{nb}{3a}\int\dfrac{z^{n/3}}{x}\,dx.$
		$=\dfrac{3z^{n/3}}{(n-3)x}+\dfrac{na}{n-3}\int\dfrac{z^{(n-3)/3}}{x^2}\,dx.$
2.2.1.2.1.	$\dfrac{\sqrt[3]{a+bx}}{x^2}$	$-\dfrac{\sqrt[3]{a+bx}}{x}+\dfrac{1}{3}bV.$
2.2.1.2.2.	$\dfrac{(a+bx)^{2/3}}{x^2}$	$-\dfrac{z^{2/3}}{x}+\dfrac{2}{3}bW.$
2.2.1.2.3.	$\dfrac{(a+bx)^{4/3}}{x^2}$	$-\dfrac{z^{4/3}}{x}+4b\sqrt[3]{z}+\dfrac{4}{3}abV$
		$=\dfrac{3z^{4/3}}{x}-\dfrac{4az^{1/3}}{x}+\dfrac{4}{3}abV$
		$=\dfrac{(3bx-a)\sqrt[3]{z}}{x}+\dfrac{4}{3}abV.$
2.2.1.3.0.	$\dfrac{(a+bx)^{n/3}}{x^3}$	$-\dfrac{z^{(n+3)/3}}{2ax^2}+\dfrac{(n-3)b}{6a}\int\dfrac{z^{n/3}}{x^2}\,dx$
		$=\dfrac{3}{n-6}\dfrac{z^{n/3}}{x^2}+\dfrac{na}{n-6}\int\dfrac{z^{(n-3)/3}}{x^3}\,dx.$
2.2.1.3.1.	$\dfrac{\sqrt[3]{a+bx}}{x^3}$	$-\dfrac{z^{4/3}}{2ax^2}+\dfrac{b\sqrt[3]{z}}{3ax}-\dfrac{b^2}{9a}V$
		$=\dfrac{\sqrt[3]{z}}{6ax^2}(3a+bx)-\dfrac{b^2}{9a}V.$
2.2.1.3.2.	$\dfrac{(a+bx)^{2/3}}{x^3}$	$-\dfrac{z^{5/3}}{2ax^2}+\dfrac{bz^{2/3}}{6ax}-\dfrac{b^2}{9a}W$
		$=-\dfrac{z^{2/3}}{6ax^2}(3a+4bx)-\dfrac{b^2}{9a}W.$
2.2.1.3.3.	$\dfrac{(a+bx)^{4/3}}{x^3}$	$-\dfrac{z^{4/3}}{2x^2}-\dfrac{2b\sqrt[3]{z}}{3x}+\dfrac{2}{9}b^2V$
		$=-\dfrac{\sqrt[3]{z}}{6x^2}(3a+7bx)+\dfrac{2b^2}{9}V.$

Nr.	$f(x) = J'(x)$	$J(x) = \int f(x)\,dx$
2.2.2.0.	$\dfrac{1}{x^p (a + bx)^{n\,3}}$	$\dfrac{1}{(n-3)\,a}\left[\dfrac{3}{x^{p-1}\,z^{(n-3)/3}} + \{3(p-2)+n\}\int \dfrac{dx}{x^p\,z^{(n-3)/3}}\right]$ $= -\dfrac{1}{3(p-1)\,a}\left[\dfrac{3}{x^{p-1}\,z^{(n-3)/3}} + \{3(p-2)+n\}\,b\int \dfrac{dx}{x^{p-1}\,z^{n/3}}\right].$
2.2.2.1.0.	$\dfrac{1}{x(a+bx)^{n\,3}}$	$\dfrac{3}{(n-3)\,a\,z^{(n-3)/3}} + \dfrac{1}{a}\int \dfrac{dx}{x\,z^{(n-3)/3}}.$
2.2.2.1.1.	$\dfrac{1}{x\sqrt[3]{a+bx}}$	W (s. Nr. 2.2.1.1.2.).
2.2.2.1.2.	$\dfrac{1}{x\sqrt[3]{a+bx)^2}}$	V (s. Nr. 2.2.1.1.1.).
2.2.2.1.3.	$\dfrac{1}{x\sqrt[3]{(a+bx)^4}}$	$\dfrac{3}{a\sqrt[3]{z}} + \dfrac{W}{a}.$
2.2.2.2.0.	$\dfrac{1}{x^2(a+bx)^{n\,3}}$	$\dfrac{3}{(n-3)\,a\,x\,z^{(n-3)/3}} + \dfrac{n}{(n-3)\,a}\int \dfrac{dx}{x^2\,z^{(n-3)/3}}$ $= -\dfrac{1}{a\,x\,z^{(n-3)/3}} - \dfrac{nb}{3a}\int \dfrac{dx}{x\,z^{n\,3}}.$
2.2.2.2.1.	$\dfrac{1}{x^2\sqrt[3]{a+bx}}$	$-\dfrac{z^{2/3}}{ax} - \dfrac{b}{3a}\,W.$
2.2.2.2.2.	$\dfrac{1}{x^2(a+bx)^{2/3}}$	$-\dfrac{\sqrt[3]{z}}{ax} - \dfrac{2b}{3a}\,V.$
2.2.2.2.3.	$\dfrac{1}{x^2(a+bx)^{4/3}}$	$\dfrac{3}{ax\sqrt[3]{z}} - \dfrac{4z^{2/3}}{a^2 x} - \dfrac{4b}{3a^2}\,W$ $= -\dfrac{a+4bx}{a^2 x\sqrt[3]{z}} - \dfrac{4b}{3a^2}\,W.$
2.2.2.3.0.	$\dfrac{1}{x^3(a+bx)^{n/3}}$	$\dfrac{3}{(n-3)\,a\,x^2\,z^{(n-3)/3}} + \dfrac{n+3}{(n-3)\,a}\int \dfrac{dx}{x^3\,z^{(n-3)/3}}$ $= -\dfrac{1}{2a\,x^2\,z^{(n-3)/3}} - \dfrac{n+3}{6}\,\dfrac{b}{a}\int \dfrac{dx}{x^2\,z^{n/3}}.$
2.2.2.3.1.	$\dfrac{1}{x^3\sqrt[3]{a+bx}}$	$-\dfrac{z^{5/3}}{2ax^2} + \dfrac{7b\,z^{2/3}}{6ax} + \dfrac{2b^2}{9a^2}\,W$ $= -\dfrac{z^{2/3}(3a-4bx)}{6ax^2} + \dfrac{2b^2}{9a^2}\,W.$

Nr.	$f(x) = J'(x)$	$J(x) = \int f(x)\, dx$
2.2.2.3.2.	$\dfrac{1}{x^3 (a + bx)^{2/3}}$	$-\dfrac{z^{5/3}}{2\,a\,x^2} + \dfrac{4b\sqrt[3]{z}}{3\,a\,x} + \dfrac{5\,b^2}{9\,a^2}\ V$ $= -\dfrac{(3a - 5bx)\sqrt[3]{z}}{6\,a\,x^2} + \dfrac{5\,b^2}{9\,a^2}\ V.$
2.2.2.3.3.	$\dfrac{1}{x^3 (a + bx)^{4/3}}$	$-\dfrac{z^{5/3}}{2\,a^3\,x^2} + \dfrac{13\,b\,z^{2/3}}{6\,a^3\,x} + \dfrac{3\,b^3}{a^3\,z^{1/3}} + \dfrac{14\,b^2}{9\,a^3}\ W.$

$$2.2.2.3. \quad u = \alpha + \beta x \ \text{und}\ v = \gamma + \delta x.\,^{[1]}$$

Nr.	$f(x) = J'(x)$	$J(x) = \int f(x)\, dx$
0.	$\left(\dfrac{\alpha + \beta x}{\gamma + \delta x}\right)^{n/m}$ $= \left(\dfrac{u}{v}\right)^{n\mid m}$	$-m\,\triangle \displaystyle\int \dfrac{w^{m+n-1}\,dw}{(b - w^m)^2}, \quad \text{worin} \quad b = \dfrac{\beta}{\delta}$ $w = \sqrt[m]{\dfrac{u}{v}} = \sqrt[m]{\dfrac{\alpha + \beta x}{\gamma + \delta x}}, \quad \triangle = \dfrac{\alpha\delta - \beta\gamma}{\delta^2} \neq 0.$
1.1.0.	$\sqrt{\dfrac{\alpha + \beta x}{\gamma + \delta x}}$	$\dfrac{1}{\delta}\sqrt{uv} + \triangle \sqrt{\dfrac{\delta}{\beta}}\ \mathfrak{Ar\ Tg}\ \sqrt{\dfrac{\delta u}{\beta v}}$ $= \dfrac{1}{\delta}\sqrt{uv} + \triangle \sqrt{\dfrac{\delta}{\beta}}\ \mathfrak{Ar\ Sin}\ \sqrt{\dfrac{u}{-\delta\triangle}}\ ; \quad \Big\}\ \triangle < 0$ $\dfrac{1}{\delta}\sqrt{uv} + \triangle \sqrt{\dfrac{\delta}{\beta}}\ \mathfrak{Ar\ Ctg}\ \sqrt{\dfrac{\delta u}{\beta v}}$ $= \dfrac{1}{\delta}\sqrt{uv} + \triangle \sqrt{\dfrac{\delta}{\beta}}\ \mathfrak{Ar\ Coj}\ \sqrt{\dfrac{u}{\delta\triangle}}\ ; \quad \Big\}\ \triangle > 0$ $\Big\}\ \beta\delta < 0$ $\dfrac{1}{\delta}\sqrt{uv} - \triangle \sqrt{\dfrac{\delta}{\beta}}\ \mathrm{arc\ tg}\ \sqrt{-\dfrac{\delta u}{\beta v}}$ $= \dfrac{1}{\delta}\sqrt{uv} - \triangle \sqrt{-\dfrac{\delta}{\beta}}\ \mathrm{arc\ sin}\ \sqrt{\dfrac{u}{\delta\triangle}}\ ; \quad \Big\}\ \beta\delta < 0$ $x\sqrt{\beta/\delta}, \ \text{wenn}\ \triangle = 0.$
1.1.1.	$\sqrt{\dfrac{a + x}{a - x}}$	$-\sqrt{a^2 - x^2} + 2a\ \mathrm{arc\ sin}\ \sqrt{\dfrac{a + x}{2a}}.$
1.1.2.	$\sqrt{\dfrac{a - x}{a + x}}$	$\sqrt{a^2 - x^2} - 2a\ \mathrm{arc\ sin}\ \sqrt{\dfrac{a - x}{2a}}.$

---

[1] Man beachte die Abkürzung $\triangle$ nach Nr. 0.

Nr.	$f(x) = J'(x)$	$J(x) = \int f(x)\,dx$
1.1.3.	$\sqrt{\dfrac{x+a}{x-a}}$	$\sqrt{x^2 - a^2} + 2a\,\mathfrak{Ar\,Coj}\sqrt{\dfrac{x+a}{2a}}.$
1.1.4.	$\sqrt{\dfrac{x-a}{x+a}}$	$\sqrt{x^2 - a^2} -- 2a\,\mathfrak{Ar\,Sin}\sqrt{\dfrac{x-a}{2a}}.$
1.2.	$\left(\dfrac{\alpha + \beta x}{\gamma + \delta x}\right)^{3/2}$	$\dfrac{u}{\delta}\sqrt{\dfrac{u}{v}} - 3\triangle\sqrt{\dfrac{u}{v}} + 3\triangle\sqrt{\dfrac{\beta}{\delta}}\,\mathfrak{Ar\,Tg}\sqrt{\dfrac{\delta u}{\beta v}}{}^{1)},$ $\triangle < 0;$ $\dfrac{u}{\delta}\sqrt{\dfrac{u}{v}} - 3\triangle\sqrt{\dfrac{u}{v}} + 3\triangle\sqrt{\dfrac{\beta}{\delta}}\,\mathfrak{Ar\,Ctg}\sqrt{\dfrac{\delta u}{\beta v}},$ $\triangle > 0;$ $\Big\}\ \beta\delta > 0;$ $\dfrac{u}{\delta}\sqrt{\dfrac{u}{v}} - 3\triangle\sqrt{\dfrac{u}{v}} + 3\triangle\sqrt{-\dfrac{\beta}{\delta}}\,\mathrm{arc\,tg}\sqrt{-\dfrac{\delta u}{\beta v}};\ \beta\delta < 0.$
2.1.0.	$\sqrt[3]{\dfrac{\alpha + \beta x}{\gamma + \delta x}}$	$\dfrac{1}{\delta}\sqrt[3]{u v^2} + \lambda\,(T_1 + T_2),$ worin (s. a. Nr. 0.) $T_1 = \ln\dfrac{w^2 + w\sqrt[3]{b} + \sqrt[3]{b^2}}{(w - \sqrt[3]{b})^2},$ $T_2 = 2\sqrt{3}\cdot\mathrm{arc\,tg}\dfrac{2w + \sqrt[3]{b}}{\sqrt{3}\sqrt[3]{b}},$ $w = \sqrt[3]{\dfrac{u}{v}} = \sqrt[3]{\dfrac{\alpha + \beta x}{\gamma + \delta x}},\ b = \dfrac{\beta}{\delta},\ \lambda = \dfrac{\triangle}{6\sqrt[3]{b^2}}.$
2.1.1.	$\sqrt[3]{\dfrac{a+x}{a-x}}$	$-pq^2 - \dfrac{a}{3}\left[\ln\dfrac{p^2 - pq + q^2}{(p+q)^2} - 2\sqrt{3}\ \mathrm{arc\,tg}\dfrac{2p-q}{q\sqrt{3}}\right].$ $\Big\}\ p = \sqrt[3]{a+x}$
2.1.2.	$\sqrt[3]{\dfrac{a-x}{a+x}}$	$-qp^2 + \dfrac{a}{3}\left[\ln\dfrac{p^2 - pq + q^2}{(p+q)^2} + 2\sqrt{3}\ \mathrm{arc\,tg}\dfrac{p-2q}{p\sqrt{3}}\right].$ $\Big\}\ q = \sqrt[3]{a-x}$
2.1.3.	$\sqrt[3]{\dfrac{x+a}{x-a}}$	$rs^2 + \dfrac{a}{3}\left[\ln\dfrac{r^2 + rs + s^2}{(r-s)^2} + 2\sqrt{3}\ \mathrm{arc\,tg}\dfrac{2r+s}{s\sqrt{3}}\right];$ $\Big\}\ r = \sqrt[3]{x+a},\ s = \sqrt[3]{x-a}.$

<hr>

1) vergl. Nr. 1.1.0.

Nr.	$f(x) = J'(x)$	$J(x) = \int f(x)\,dx$
2.1.4.	$\sqrt[3]{\dfrac{x-a}{x+a}}$	$sr^2 - \dfrac{a}{3}\left[\ln\dfrac{r^2+rs+s^2}{(r-s)^2} + 2\sqrt{3}\,\text{arc tg}\,\dfrac{2s+r}{r\sqrt{3}}\right]$; vgl. Nr. 2.1.3.
3.0.	$x^p\left(\dfrac{\alpha+\beta x}{\gamma+\delta x}\right)^{n/m}$	$-\dfrac{m\triangle}{\delta^p}\int\dfrac{w^{m+n-1}(\gamma w^m-\alpha)^p}{(b-w^m)^{p+2}}\,dw$; Abkürzungen vgl. Nr. 0.
3.1.	$x\sqrt{\dfrac{\alpha+\beta x}{\gamma+\delta x}}$	$(A_1-A_2 x)\sqrt{uv} + A_3\cdot\dfrac{1}{2}\ln\left|\dfrac{\sqrt{\beta\delta v}+\delta\sqrt{u}}{\sqrt{\beta\delta v}-\delta\sqrt{u}}\right|^*$, $\beta\delta>0$; $(A_1+A_2 x)\sqrt{uv} - A_4\,\text{arc tg}\,\sqrt{\dfrac{-\delta u}{\beta v}}$, $\beta\delta<0$; $A_1 = \dfrac{3\gamma\beta-\alpha\delta}{4\beta\delta^2}$; $A_2 = \dfrac{1}{2\delta}$; $A_3 = \dfrac{\triangle(3\gamma\beta+\alpha\delta)\sqrt{\beta\delta}}{4\delta\beta^2}$; $A_4 = \dfrac{\triangle(3\gamma\beta+\alpha\delta)}{4\delta\beta^2}\sqrt{-\beta\delta}$.
3.2.1.1.	$\dfrac{1}{x}\sqrt{\dfrac{\alpha+\beta x}{\gamma+\delta x}}$	$\dfrac{2\delta}{\gamma}\left[\triangle\sqrt{\dfrac{u}{v}} - B_1\cdot\dfrac{1}{2}\ln\left|\dfrac{\sqrt{\alpha\gamma v}+\gamma\sqrt{u}}{\sqrt{\alpha\gamma v}-\gamma\sqrt{u}}\right|^*\right.$ $\left.+ B_2\cdot\dfrac{1}{2}\ln\left|\dfrac{\sqrt{\beta\delta v}+\delta\sqrt{u}}{\sqrt{\beta\delta v}-\delta\sqrt{u}}\right|^*\right].$ $B_1 = \dfrac{\alpha\delta}{\gamma}\sqrt{\alpha\gamma}$; $B_2 = \dfrac{\beta\gamma}{\delta}\sqrt{\beta\delta}$; $\alpha\gamma>0$, $\beta\delta>0$.
3.2.1.2.	„	$\dfrac{2\delta}{\gamma}\left[\triangle\sqrt{\dfrac{u}{v}} - C_1\cdot\dfrac{1}{2}\ln\left|\dfrac{\sqrt{\alpha\gamma v}+\gamma\sqrt{u}}{\sqrt{\alpha\gamma v}-\gamma\sqrt{u}}\right|^*\right.$ $\left.+ C_2\,\text{arc tg}\,\sqrt{-\dfrac{\delta u}{\beta v}}\right];$ $C_1 = B_1$ (s. o.); $C_2 = \dfrac{\beta\gamma}{\delta}\sqrt{-\beta\delta}$; $\alpha\gamma>0$, $\beta\delta<0$.
3.2.2.1.	„	$\dfrac{2\delta}{\gamma}\left[\triangle\sqrt{\dfrac{u}{v}} - D_1\,\text{arc tg}\,\sqrt{\dfrac{-\gamma u}{\alpha v}}\right.$ $\left.+ D_2\cdot\dfrac{1}{2}\ln\left|\dfrac{\sqrt{\beta\delta v}+\delta\sqrt{u}}{\sqrt{\beta\delta v}-\delta\sqrt{u}}\right|^*\right];$ $D_1 = \dfrac{\alpha\delta}{\gamma}\sqrt{-\alpha\delta}$, $D_2 = B_2$ s. o.; $\alpha\gamma<0$, $\beta\delta>0$.
3.2.2.2.	„	$\dfrac{2\delta}{\gamma}\left[\triangle\sqrt{\dfrac{u}{v}} - E_1\,\text{arc tg}\,\sqrt{\dfrac{-\gamma u}{\alpha v}} + E_2\,\text{arc tg}\,\sqrt{\dfrac{-\delta u}{\beta v}}\right];$ $E_1 = D_1$ (s. o.); $E_2 = C_2$ (s. o.); $\alpha\gamma<0$, $\beta\delta<0$.
4.0.	$\dfrac{(\alpha+\beta x)^{n/m}}{(\gamma+\delta x)^p}$	$\dfrac{1}{\delta}\int\dfrac{(a+bv)^{n/m}\,dv}{v^\mu}$; $v = \gamma+\delta x$; $a = \dfrac{1}{\delta}(\alpha\delta-\beta\gamma)$; $a+bv = \alpha+\beta x$; $b = \dfrac{\beta}{\delta}$ (nach Abs. 2.2.2.2. Nr. 2.0.1. zu lösen).

Nr.	$f(x) = J'(x)$	$J(x) = \int f(x)\,dx$
4.1.	$\dfrac{\sqrt{\alpha + \beta x}}{\gamma + \delta x}$	$\dfrac{1}{\delta}\left[\,2\sqrt{\alpha + \beta x} - U\right]$ (vgl. 4.0.). Hierbei ist

$$U = 2\sqrt{a}\,\mathfrak{Ar\,Ctg}\,\sqrt{\frac{\alpha + \beta x}{a}}^{\,*},\ \beta x > 0;$$
$$U = 2\sqrt{a}\,\mathfrak{Ar\,Tg}\,\sqrt{\frac{\alpha + \beta x}{a}}^{\,*},\ \beta x < 0;$$
$$\Bigg\}\ a > 0;$$
$$U = 2\sqrt{-a}\,\text{arc tg}\,\sqrt{\frac{\alpha + \beta x}{-a}}\,;\quad a < 0.$$

2.2.2.4. Verschiedenes.

Nr.	$f(x) = J'(x)$	$J(x) = \int f(x)\,dx$
1.	$\dfrac{1}{\sqrt{x + a}\,\pm\,\sqrt{x - a}}$	$\dfrac{1}{3}\left[(x + a)^{3/2} \mp (x - a)^{3/2}\right].$
2.1.	$\dfrac{1}{\sqrt{a + x}\,+\,\sqrt{a - x}}$	$\sqrt{a + x} - \sqrt{a - x} + \ln\dfrac{\sqrt{a + x} - \sqrt{a}}{\sqrt{a} - \sqrt{a - x}}.$
2.2.	$\dfrac{1}{\sqrt{a + x}\,-\,\sqrt{a - x}}$	$\sqrt{a + x} + \sqrt{a - x} + \ln\dfrac{\sqrt{a + x} - \sqrt{a}}{\sqrt{a - x} + \sqrt{a}}.$
3.	$\dfrac{1}{(x - a)\,\sqrt{(x - a)(x - b)}}$	$\dfrac{2}{b - a}\sqrt{\dfrac{x - b}{x - a}}$ für $b \neq a.$

$$-\,\frac{1}{x - a}\ \text{für}\ b = a.$$

Nr.		
4.1.	$R\left[x,\left(\dfrac{\alpha + \beta x}{\gamma + \delta x}\right)^{p},\right.$	$\int R\left[\dfrac{\gamma\,t^m - \alpha}{\beta - \delta\,t^m},\ t^{mp},\ t^{mq},\ \ldots\right]r\,(t)\,dt = \int R_1\,(t)\,dt;$
	$\left.\left(\dfrac{\alpha + \beta x}{\gamma + \delta x}\right)^{q},\ \ldots\right]$	$R,\,r,\,R_1$ rationale Funktionen; $\alpha\delta - \beta\gamma \neq 0;$

$$t^m = \frac{\alpha + \beta x}{\gamma + \delta x}\,;\ m\ \text{Hauptnenner von}\ p\ \text{und}\ q;$$

$$x = \frac{\gamma\,t^m - \alpha}{\beta - \delta\,t^m}\,;\ dx = r(t)\,dt = \frac{m\,(\alpha\delta - \beta\gamma)\,t^{m-1}}{(\beta - \delta\,t^m)^2}\,dt.$$

Nr.		
4.2.	$R\left[x,\sqrt{\alpha + \beta x},\sqrt{\gamma + \delta x}\right]$	$\dfrac{2}{\beta}\int R\left[\dfrac{1}{\beta}\,(t^2 - \alpha),\,t,\,\sqrt{\dfrac{\delta\,t^2 - \triangle}{\beta}}\right]t\,dt;$

$$t^2 = \alpha + \beta x;\ x = \frac{1}{\beta}\,(t^2 - \alpha);\ dx = \frac{2t}{\beta}\,;$$

$$\gamma + \delta x = \frac{\delta\,t^2 - \triangle}{\beta}\,;\ R\ \text{rationale Funktion.}$$

Nr.	$f(x) = J'(x)$	$J(x) = \int f(x)\,dx$
5.	$\sqrt{x(a+bx)}$	$\dfrac{a^2}{4b\sqrt{b}}\left[\dfrac{1}{4}\operatorname{Sin} 4z - z\right];$ $z = \operatorname{Ar\,Sin}\sqrt{\dfrac{\beta x}{a}},\ b>0,\ \dfrac{x}{a}\gtreqless 0;$ $z = \operatorname{Ar\,Cof}\sqrt{-\dfrac{bx}{a}},\ b<0.\ \dfrac{bx}{a}\leqq -1:$ $\dfrac{a^2}{4b\sqrt{-b}}\left[\dfrac{1}{4}\sin 4z - z\right];$ $z = \arcsin\sqrt{-\dfrac{bx}{a}},\ b<0,\ -1\leqq\dfrac{bx}{a}\leqq 0.$

2.2.3. Der Integrand enthält $z = \sqrt{a^2-x^2}$.

2.2.3.1. $z = \sqrt{a^2-x^2}$ allein.

Nr.	$f(x) = J'(x)$	$J(x) = \int f(x)\,dx$
0.1.	$\dfrac{1}{\sqrt{a^2-x^2}}$	$\arcsin\dfrac{x}{a} + c_1 = -\arccos\dfrac{x}{a} + c_2$ (Hauptwerte).
1.1.0.	$\left(\sqrt{a^2-x^2}\right)^{2p+1}$	$(a^2)^{p+1}\displaystyle\int\dfrac{dv}{(1+v^2)^{p+2}};\ v^2 = \dfrac{x^2}{z^2} = \dfrac{x^2}{a^2-x^2}:$ $2p+1>0$ (vgl. Abs. 2.1.3.1. Nr. 4.0.1.).
1.1.1.	$\sqrt{a^2-x^2}$	$\dfrac{1}{2}xz + \dfrac{1}{2}a^2\arcsin\dfrac{x}{a}.$
1.1.2.	$\left(\sqrt{a^2-x^2}\right)^3$	$\dfrac{1}{4}xz^3 + \dfrac{3}{8}a^2xz + \dfrac{3}{8}a^4\arcsin\dfrac{x}{a}.$
1.1.3.	$\left(\sqrt{a^2-x^2}\right)^5$	$\dfrac{1}{6}xz^5 + \dfrac{5}{24}a^2xz^3 + \dfrac{5}{16}a^4xz + \dfrac{5}{16}a^6\arcsin\dfrac{x}{a}.$
1.2.0.	$\dfrac{1}{\left(\sqrt{a^2-x^2}\right)^{2p+1}}$	$\dfrac{1}{a^{2p}}\displaystyle\int(1+v^2)^{p-1}\,dv = \dfrac{1}{a^2}\sum_{k=0}^{k=p-1}\binom{k-1}{k}\dfrac{v^{2k+1}}{2k+1}:$ $2p+1\geqq 1;\ v = \dfrac{x}{z}.$
1.2.1.	$\dfrac{1}{\left(\sqrt{a^2-x^2}\right)^3}$	$\dfrac{x}{a^2\sqrt{a^2-x^2}}.$
1.2.2.	$\dfrac{1}{\left(\sqrt{a^2-x^2}\right)^5}$	$\dfrac{1}{a^4}\left[\dfrac{x}{z} + \dfrac{1}{3}\dfrac{x^3}{z^3}\right].$
1.2.3.	$\dfrac{1}{\left(\sqrt{a^2-x^2}\right)^7}$	$\dfrac{1}{a^6}\left[\dfrac{x}{z} + \dfrac{2}{3}\dfrac{x^3}{z^3} + \dfrac{1}{5}\dfrac{x^5}{z^5}\right].$

2.2.3.2. $z = \sqrt{a^2 - x^2}$ und x^q.

Nr.	$f(x) = J'(x)$	$J(x) = \int f(x)\,dx$
0.1.	$x^{2\lambda}\left(\sqrt{a^2-x^2}\right)^{2p+1}$	$a^{2(\lambda+p+1)}\int \dfrac{v^{2\lambda}\,dv}{(1+v^2)^{\lambda+p+2}}$; $v^2 = \dfrac{x^2}{z^2}$. Ist $\lambda + p + 2 > 0$, dann nach Abs. 2.1.3.1. Nr.5; ist $\lambda + p + 2 < 0$, dann $(1+v^2)^{-(\lambda+p+2)}$ binomial entwickeln und gliedweise integrieren.
0.2.	$x^{2\lambda+1}\left(\sqrt{a^2-x^2}\right)^{2p+1}$	$-\int z^{2(p+1)}(a^2-z^2)^\lambda\,dz$; $z^2 = a^2 - x^2$; für $\lambda > 0$ binomial entwickeln und einzeln integrieren, für $\lambda < 0$ nach Abs. 2.1.3.1. berechnen.
0.3.	$\dfrac{x^q}{\sqrt{a^2-x^2}}$	$-\dfrac{x^{q-1}z}{q} + \dfrac{q-1}{q}\,a^2\int \dfrac{x^{q-2}}{z}\,dx$; $q \geq 2$.
1.1.1.0.	$x\left(\sqrt{a^2-x^2}\right)^{2p+1}$	$-\dfrac{z^{2p+3}}{2p+3}$.
1.1.1.1.	$x\sqrt{a^2-x^2}$	$-\dfrac{1}{3}z^3$.
1.1.1.2.	$x\left(\sqrt{a^2-x^2}\right)^3$	$-\dfrac{1}{5}z^5$.
1.1.1.3.	$x\left(\sqrt{a^2-x^2}\right)^5$	$-\dfrac{1}{7}z^7$.
1.1.2.0.	$x^2\left(\sqrt{a^2-x^2}\right)^{2p+1}$	$a^{2(p+2)}\int \dfrac{v^2\,dv}{(1+v^2)^{p+3}}$; $v = \dfrac{x}{z}$ (vergl. Abs. 2.1.3.1.).
1.1.2.1.	$x^2\sqrt{a^2-x^2}$	$-\dfrac{1}{4}xz^3 + \dfrac{1}{8}a^2 xz + \dfrac{1}{8}a^4 \arcsin\dfrac{x}{a}$ [1]).
1.1.2.2.	$x^2\left(\sqrt{a^2-x^2}\right)^3$	$-\dfrac{1}{6}xz^5 + \dfrac{1}{24}a^2 xz^3 + \dfrac{1}{16}a^4 xz + \dfrac{1}{16}a^6 \arcsin\dfrac{x}{a}$.
1.1.3.0.	$x^3\left(\sqrt{a^2-x^2}\right)^{2p+1}$	$-a^2\dfrac{z^{2p+3}}{2p+3} + \dfrac{z^{2p+5}}{2p+5}$.
1.1.3.1.	$x^3\sqrt{a^2-x^2}$	$-\dfrac{1}{3}a^2 z^3 + \dfrac{1}{5}z^5$.
1.1.3.2.	$x^3\left(\sqrt{a^2-x^2}\right)^3$	$-\dfrac{1}{5}a^2 z^5 + \dfrac{1}{7}z^7$.
1.1.4.0.	$x^4\left(\sqrt{a^2-x^2}\right)^{2p+1}$	$a^{2(p+3)}\int \dfrac{v^4\,dv}{(1+v^2)^{p+4}}$; $v = \dfrac{x}{z}$ (vgl. Abs. 2.1.3.1.).

[1]) arc tg v = arc sin $\dfrac{x}{a}$.

Nr.	$f(x) = J'(x)$	$J(x) = \int f(x)\,dx$
1.1.4.1.	$x^4\sqrt{a^2 - x^2}$	$-\dfrac{1}{6}\,x^3 z^3 - \dfrac{1}{8}\,a^2 x z^3 + \dfrac{1}{16}\,a^4 x z + \dfrac{1}{16}\,a^6 \arcsin\dfrac{x}{a}\,.$
1.1.4.2.	$x^4(\sqrt{a^2 - x^2})^3$	$-\dfrac{1}{8}\,x^3 z^5 - \dfrac{1}{16}\,a^2 x z^5 + \dfrac{1}{64}\,a^4 x z^3 + \dfrac{3}{128}\,a^6 x z$ $\qquad\qquad\qquad + \dfrac{3}{128}\,a^8 \arcsin\dfrac{x}{a}\,.$
1.2.1.0.	$\dfrac{x}{(\sqrt{a^2 - x^2})^{2p+1}}$	$\dfrac{1}{(2p-1)z^{2p-1}}\,.$
1.2.1.1.	$\dfrac{x}{\sqrt{a^2 - x^2}}$	$-\sqrt{a^2 - x^2}\,.$
1.2.1.2.	$\dfrac{x}{(\sqrt{a^2 - x^2})^3}$	$\dfrac{1}{\sqrt{a^2 - x^2}}\,.$
1.2.1.3.	$\dfrac{x}{(\sqrt{a^2 - x^2})^5}$	$\dfrac{1}{3\,(\sqrt{a^2 - x^2})^3}\,.$
1.2.2.0.	$\dfrac{x^2}{(\sqrt{a^2 - x^2})^{2p+1}}$	$\dfrac{1}{a^{2(p-1)}}\int \dfrac{v^2\,dv}{(1+v^2)^{2-p}} : v = \dfrac{x}{z}$ (vgl. Abs. 2.1.3.1.).
1.2.2.1.	$\dfrac{x^2}{\sqrt{a^2 - x^2}}$	$-\dfrac{1}{2}\,x z + \dfrac{1}{2}\,a^2 \arcsin\dfrac{x}{a}\,.$
1.2.2.2.	$\dfrac{x^2}{(\sqrt{a^2 - x^2})^3}$	$\dfrac{x}{z} - \arcsin\dfrac{x}{a}\,.$
1.2.2.3.	$\dfrac{x^2}{(\sqrt{a^2 - x^2})^5}$	$\dfrac{1}{3\,a^2}\,\dfrac{x^3}{z^3}\,.$
1.2.2.4.	$\dfrac{x^2}{(\sqrt{a^2 - x^2})^7}$	$\dfrac{1}{a^4}\left[\dfrac{1}{3}\,\dfrac{x^3}{z^3} + \dfrac{1}{5}\,\dfrac{x^5}{z^5}\right]\,.$
1.2.3.0.	$\dfrac{x^3}{(\sqrt{a^2 - x^2})^{2p+1}}$	$\dfrac{a^2}{(2p-1)z^{2p-1}} - \dfrac{1}{(2p-3)z^{2p-3}}\,.$
1.2.3.1.	$\dfrac{x^3}{\sqrt{a^2 - x^2}}$	$-a^2 z + \dfrac{1}{3}\,z^3 = -\dfrac{z}{3}\,(2a^2 + x^2)\,.$
1.2.3.2.	$\dfrac{x^3}{(\sqrt{a^2 - x^2})^3}$	$\dfrac{a^2}{z} + z = \dfrac{2a^2 - x^2}{z}\,.$
1.2.3.3.	$\dfrac{x^3}{(\sqrt{a^2 - x^2})^5}$	$\dfrac{a^2}{3z^3} - \dfrac{1}{z} = \dfrac{3x^2 - 2a^2}{3z^3}\,.$
1.2.4.0.	$\dfrac{x^4}{(\sqrt{a^2 - x^2})^{2p+1}}$	$a^{2(2-p)}\int \dfrac{v^4\,dv}{(1+v^2)^{3-p}}\,;\ v = \dfrac{x}{z}$ (vgl. a. Abs. 2.1.3.1.).
1.2.4.1.	$\dfrac{x^4}{\sqrt{a^2 - x^2}}$	$-\dfrac{1}{4}\,x^3 z - \dfrac{3}{8}\,a^2 x z + \dfrac{3}{8}\,a^4 \arcsin\dfrac{x}{a}\,.$

Nr.	$f(x) = J'(x)$	$J(x) = \int f(x)\,dx$
1.2.4.2.	$\dfrac{x^4}{(\sqrt{a^2 - x^2})^3}$	$-\dfrac{1}{2}\dfrac{x^3}{z} + \dfrac{3}{2}\dfrac{a^2 x}{z} - \dfrac{3}{2} a^2 \arcsin \dfrac{x}{a}$.
1.2.4.3.	$\dfrac{x^4}{(\sqrt{a^2 - x^2})^5}$	$\dfrac{1}{3}\dfrac{x^3}{z^3} - \dfrac{x}{z} + \arcsin \dfrac{x}{a}$.
1.2.4.4.	$\dfrac{x^4}{(\sqrt{a^2 - x^2})^7}$	$\dfrac{x^5}{5\,a^2 z^5}$.
2.1.1.0.	$\dfrac{1}{x}(\sqrt{a^2 - x^2})^{2p+1}$	$-\displaystyle\int \dfrac{z^{2(p+1)}\,dz}{a^2 - z^2}$ (vgl. Abs. 2.1.3.1.).
2.1.1.1.	$\dfrac{1}{x}\sqrt{a^2 - x^2}$	$z - \dfrac{a}{2}\ln\dfrac{a+z}{a-z}{}^{*} = z - a\ln\left\|\dfrac{a+z}{x}\right\|^{*}$ $= z - a\,\mathfrak{Ar\,Coj}\left\|\dfrac{a}{x}\right\|^{*}$.
2.1.1.2.	$\dfrac{1}{x}(\sqrt{a^2 - x^2})^3$	$\dfrac{1}{3}z^3 + a^2 z - a^3 \cdot \dfrac{1}{2}\ln\dfrac{a+z}{a-z}$ (vgl. Nr. 2.1.1.1.).
2.1.1.3.	$\dfrac{1}{x}(\sqrt{a^2 - x^2})^5$	$\dfrac{1}{5}z^5 + \dfrac{1}{3}a^2 z^3 - a^5 \cdot \dfrac{1}{2}\ln\dfrac{a+z}{a-z}$ (vgl. Nr. 2.1.1.1.).
2.1.2.0.	$\dfrac{1}{x^2}(\sqrt{a^2 - x^2})^{2p+1}$	$a^{2p}\displaystyle\int \dfrac{dv}{v^2(1+v^2)^{p+1}}$, $v = x/z$ (vgl. Abs. 2.1.3.1.).
2.1.2.1.	$\dfrac{1}{x^2}\sqrt{a^2 - x^2}$	$-\dfrac{z}{x} - \arcsin\dfrac{x}{a}$.
2.1.2.2.	$\dfrac{1}{x^2}(\sqrt{a^2 - x^2})^3$	$-\dfrac{a^2 z}{x} - \dfrac{1}{2}x z - \dfrac{3}{2}a^2 \arcsin\dfrac{x}{a}$.
2.1.2.3.	$\dfrac{1}{x^2}(\sqrt{a^2 - x^2})^5$	$-\dfrac{z^5}{x} - \dfrac{5}{4}x z^3 - \dfrac{15}{8}a^2 x z - \dfrac{15}{8}a^4 \arcsin\dfrac{x}{a}$.
2.1.3.0.	$\dfrac{1}{x^3}(\sqrt{a^2 - x^2})^{2p+1}$	$-\displaystyle\int \dfrac{z^{2(p+1)}}{(a^2 - z^2)^2}\,dz$ (vgl. a. Abs. 2.1.3.1.).
2.1.3.1.	$\dfrac{1}{x^3}\sqrt{a^2 - x^2}$	$-\dfrac{1}{2}\dfrac{z}{x^2} + \dfrac{1}{2a}\cdot\dfrac{1}{2}\ln\dfrac{a+z}{a-z}$ (vgl. Nr. 2.1.1.1.).
2.1.3.2.	$\dfrac{1}{x^3}(\sqrt{a^2 - x^2})^3$	$-\dfrac{1}{2}\dfrac{z^3}{x^2} - \dfrac{3}{2}z + \dfrac{3}{2}a\cdot\dfrac{1}{2}\ln\dfrac{a+z}{a-z}$ (vgl. Nr. 2.1.1.1.).
2.1.3.3.	$\dfrac{1}{x^3}(\sqrt{a^2 - x^2})^5$	$-\dfrac{1}{2}\dfrac{z^5}{x^2} - \dfrac{5}{6}z^3 - \dfrac{5}{2}a^2 z + \dfrac{5}{2}a^3 \cdot \dfrac{1}{2}\ln\dfrac{a+z}{a-z}$ (vgl. Nr. 2.1.1.1.).
2.1.4.0.	$\dfrac{1}{x^4}(\sqrt{a^2 - x^2})^{2p+1}$	$a^{2(p-1)}\displaystyle\int \dfrac{dv}{v^4(1+v^2)^p}$; $v = \dfrac{x}{z}$ (vgl. Abs. 2.1.3.1.).
2.1.4.1.	$\dfrac{1}{x^4}\sqrt{a^2 - x^2}$	$-\dfrac{1}{3}\dfrac{z^3}{x^2 a^3}$.

Nr.	$f(x) = J'(x)$	$J(x) = \int f(x)\,dx$
2. 1. 4. 2.	$\dfrac{1}{x^4}\left(\sqrt{a^2-x^2}\right)^3$	$-\dfrac{1}{3}\dfrac{z^3}{x^3}+\dfrac{z}{x}+\arcsin\dfrac{x}{a}\,.$
2. 1. 4. 3.	$\dfrac{1}{x^4}\left(\sqrt{a^2-x^2}\right)^5$	$-\dfrac{a^2}{3}\dfrac{z^3}{x^3}+2\,a^2\,\dfrac{z}{x}+\dfrac{1}{2}\,xz+\dfrac{5\,a^2}{2}\,\arcsin\dfrac{x}{a}\,.$
2. 2. 1. 0.	$\dfrac{1}{x\left(\sqrt{a^2-x^2}\right)^{2p+1}}$	$-\displaystyle\int\dfrac{dz}{z^{2p}(a^2-z^2)}$ (vgl. Abs. 2. 1. 3. 1.).
2. 2. 1. 1.	$\dfrac{1}{x\sqrt{a^2-x^2}}$	$-\dfrac{1}{2a}\ln\dfrac{a+z}{a-z}=-\dfrac{1}{a}\,\mathfrak{Ar}\,\mathfrak{Cof}\left|\dfrac{a}{x}\right|$ (vgl. Nr. 2. 1. 1. 1.).
2. 2. 1. 2.	$\dfrac{1}{x\left(\sqrt{a^2-x^2}\right)^3}$	$\dfrac{1}{a^2}\left[\dfrac{1}{z}-\dfrac{1}{2a}\ln\dfrac{a+z}{a-z}\right]$ (vgl. Nr. 2. 1. 1. 1.).
2. 2. 1. 3.	$\dfrac{1}{x\left(\sqrt{a^2-x^2}\right)^5}$	$\dfrac{1}{a^4}\left[\dfrac{a^2}{3\,z^3}+\dfrac{1}{z}-\dfrac{1}{2a}\ln\dfrac{a+z}{a-z}\right]$ (vgl. Nr. 2. 1. 1. 1.).
2. 2. 2. 0.	$\dfrac{1}{x^2\left(\sqrt{a^2-x^2}\right)^{2p+1}}$	$\dfrac{1}{a^{2(p+1)}}\displaystyle\int\dfrac{(1+v^2)^p}{v^2}\,dv\,;\; v=\dfrac{x}{z}\,.$
2. 2. 2. 1.	$\dfrac{1}{x^2\sqrt{a^2-x^2}}$	$-\dfrac{1}{a^2}\dfrac{z}{x}\,.$
2. 2. 2. 2.	$\dfrac{1}{x^2\left(\sqrt{a^2-x^2}\right)^3}$	$\dfrac{1}{a^4}\left[-\dfrac{z}{x}+\dfrac{x}{z}\right]=\dfrac{2\,x^2-a^2}{a^4\,xz}\,.$
2, 2. 2. 3.	$\dfrac{1}{x^2\left(\sqrt{a^2-x^2}\right)^5}$	$\dfrac{1}{a^6}\left[-\dfrac{z}{x}+2\,\dfrac{x}{z}+\dfrac{1}{3}\dfrac{x^3}{z^3}\right]\,.$
2. 2. 3. 0.	$\dfrac{1}{x^3\left(\sqrt{a^2-x^2}\right)^{2p+1}}$	$-\displaystyle\int\dfrac{dz}{z^{2p}(a^2-z^2)^2}$ (vgl. Abs. 2. 1. 3. 1.).
2. 2. 3. 1.	$\dfrac{1}{x^3\sqrt{a^2-x^2}}$	$-\dfrac{1}{2a^2}\left[\dfrac{z}{x^2}+\dfrac{1}{2a}\ln\dfrac{a+z}{a-z}\right]$ (vgl. Nr. 2. 1. 1. 1.).
2. 2. 3. 2.	$\dfrac{1}{x^3\left(\sqrt{a^2-x^2}\right)^3}$	$-\dfrac{1}{a^4}\left[-\dfrac{1}{z}+\dfrac{1}{2}\cdot\dfrac{z}{x^2}+\dfrac{3}{2a}\cdot\dfrac{1}{2}\ln\dfrac{a+z}{a-z}\right]$ (vgl. Nr. 2. 1. 1. 1.).
2. 2. 3. 3.	$\dfrac{1}{x^3\left(\sqrt{a^2-x^2}\right)^5}$	$-\dfrac{1}{a^6}\left[-\dfrac{a^2}{3\,z^3}-\dfrac{2}{z}+\dfrac{1}{2}\dfrac{z}{x^2}+\dfrac{5}{2a}\cdot\dfrac{1}{2}\ln\dfrac{a+z}{a-z}\right]$ (vgl. Nr. 2. 1. 1. 1.).
2. 2. 4. 0.	$\dfrac{1}{x^4\left(\sqrt{a^2-x^2}\right)^{2p+1}}$	$\dfrac{1}{a^{2(p+2)}}\displaystyle\int\dfrac{(1+v^2)^{p+1}}{v^4}\,dv\,;\; v=\dfrac{x}{z}\,.$
2. 2. 4. 1.	$\dfrac{1}{x^4\sqrt{a^2-x^2}}$	$-\dfrac{1}{a^4}\left[\dfrac{1}{3}\dfrac{z}{x^3}+\dfrac{z}{x}\right]=-\dfrac{z}{3\,a^4\,x^3}\,(a^2+2\,x^2)\,.$
2. 2. 4. 2.	$\dfrac{1}{x^4\left(\sqrt{a^2-x^2}\right)^3}$	$-\dfrac{1}{a^6}\left[\dfrac{1}{3}\dfrac{z^3}{x^3}+2\,\dfrac{z}{x}-\dfrac{x}{z}\right]\,.$
2. 2. 4. 3.	$\dfrac{1}{x^4\left(\sqrt{a^2-x^2}\right)^5}$	$-\dfrac{1}{a^8}\left[\dfrac{1}{3}\dfrac{z^3}{x^3}+3\,\dfrac{z}{x}-3\,\dfrac{x}{z}-\dfrac{1}{3}\dfrac{x^3}{z^3}\right]\,.$

2.2.3.3. Verschiedenes.

Nr.	$f(x) = J'(x)$	$J(x) = \int f(x)\,dx$
1.0.	$\dfrac{1}{(x+b)^q (\sqrt{a^2 - x^2})^n}$	$-\dfrac{1}{(a^2 - b^2)^{q-1}\cdot(\sqrt{a^2 - b^2})^n} \int \dfrac{(v-b)^{q+n-2}\,dv}{(\sqrt{v^2 - a^2})^n},$ $a^2 > b^2$ (vgl. Abs. 2.2.5.2.). $-\dfrac{1}{(a^2 - b^2)^{q-1}(\sqrt{b^2 - a^2})^n} \int \dfrac{(v-b)^{q+n-2}\,dv}{(\sqrt{a^2 - v^2})^n},$ $a^2 < b^2$ (vgl. Abs. 2.2.3.2.). $v = \dfrac{a^2 + bx}{x+b}$ für $a \neq b$ (vgl. Nr. 2.0.).
1.1.	$\dfrac{1}{(x+b)\sqrt{a^2 - x^2}}$	$-\dfrac{1}{\sqrt{a^2 - b^2}} \ln\left\| \dfrac{z\sqrt{a^2 - b^2} + (a^2 + bx)}{a(x+b)} \right\|$ $= -\dfrac{1}{\sqrt{a^2 - b^2}} \operatorname{\mathfrak{Ar}\,\mathfrak{Cof}}\left\| \dfrac{a^2 + bx}{a(x+b)} \right\|,$ wenn $a^2 > b^2$; $-\dfrac{1}{\sqrt{b^2 - a^2}} \arcsin \dfrac{a^2 + bx}{a(x+b)},$ wenn $a^2 < b^2.$
1.2.	$\dfrac{1}{(x+b)^2 \sqrt{a^2 - x^2}}$	$\dfrac{1}{a^2 - b^2}\left[\dfrac{-z}{x+b} + b\int \dfrac{dx}{(x+b)z} \right],$ $a^2 > b^2$ (s. Nr. 1.1.); $\dfrac{1}{b^2 - a^2}\left[\dfrac{-z}{x+b} + b\int \dfrac{dx}{(x+b)z} \right],$ $a^2 < b^2$ (s. Nr. 1.1.).
2.0.	$\dfrac{1}{(a+x)^q (\sqrt{a^2 - x^2})^n}$	$\dfrac{1}{2^{q+n-2}\,a^{q+n-1}} \int \dfrac{(1+v^2)^{q+n-2}}{v^{2q+n-1}}\,dv;\ v = \sqrt{\dfrac{a+x}{a-x}}.$
2.1.	$\dfrac{1}{(a\pm x)\sqrt{a^2 - x^2}}$	$\mp\dfrac{1}{a}\sqrt{\dfrac{a\mp x}{a\pm x}}.$
2.2.	$\dfrac{1}{(a\pm x)^2 \sqrt{a^2 - x^2}}$	$\mp\dfrac{1}{2a^3}\left[\dfrac{1}{3}\left(\sqrt{\dfrac{a\mp x}{a\pm x}}\right)^3 + \sqrt{\dfrac{a\mp x}{a\pm x}} \right].$
2.3.	$\dfrac{\sqrt{a^2 - x^2}}{a\pm x}$	$\int \sqrt{\dfrac{a\mp x}{a\pm x}}\,dx = \pm\sqrt{a^2 - x^2} \pm \operatorname{arc\,tg}\sqrt{\dfrac{a\pm x}{a\mp x}}.$
3.1.	$\dfrac{\sqrt{2 - x^2} + x}{\sqrt{2 - x^2} - x}$	$\ln\dfrac{1+\sqrt{2 - x^2}}{1 - x} - \sqrt{2 - x^2};\quad -\sqrt{2} < x < 1;$ $\ln\dfrac{1+\sqrt{2 - x^2}}{x - 1} - \sqrt{2 - x^2};\quad \sqrt{2} > x > 1.$

Nr.	$f(x) = J'(x)$	$J(x) = \int f(x)\,dx$
3. 2.	$\dfrac{\sqrt{2-x^2}-x}{\sqrt{2-x^2}+x}$	$\ln \dfrac{1-\sqrt{2-x^2}}{1-x} + \sqrt{2-x^2};\quad -\sqrt{2} < x < 1;$ $\ln \dfrac{1-\sqrt{2-x^2}}{x-1} + \sqrt{2-x^2};\quad \sqrt{2} > x > 1;$
4. 0.	$R\left[x,\ \sqrt{a^2-x^2}\right]$	$-4a\int R\left[a\dfrac{1-t^2}{1+t^2},\ \dfrac{2at^2}{1+t^2}\right]\dfrac{t}{(1+t^2)^2}\,dt,$ $t = \sqrt{\dfrac{a-x}{a+x}},\quad x = a\dfrac{1-t^2}{1+t^2},\quad R = \begin{array}{l}\text{rationale}\\\text{Funktion.}\end{array}$

2.2.4. Der Integrand enthält $z = \sqrt{a^2+x^2}$.

2.2.4.1. $z = \sqrt{a^2+x^2}$ allein.

Nr.	$f(x) = J'(x)$	$J(x) = \int f(x)\,dx$
0. 1.	$\dfrac{1}{\sqrt{a^2+x^2}}$	$\dfrac{1}{2}\ln\dfrac{z+x}{z-x}{}^* = \ln\left|\dfrac{z+x}{a}\right| = \mathfrak{Ar}\,\mathfrak{Sin}\,\dfrac{x}{a}{}^*$ $= \ln(x+\sqrt{x^2+a^2})+C.$
1. 1. 0.	$\left(\sqrt{a^2+x^2}\right)^{2p+1}$	$a^{2(p+1)}\displaystyle\int\dfrac{dv}{(1-v^2)^{p+2}};\quad v = \dfrac{x}{z}\quad \text{(vgl. Abs. 2. 1. 3. 1.).}$
1. 1. 1.	$\sqrt{a^2+x^2}$	$\dfrac{1}{2}xz + \dfrac{a^2}{2}\cdot\dfrac{1}{2}\ln\dfrac{z+x}{z-x}\quad \text{(vgl. Nr. 0. 1.).}$
1. 1. 2.	$\left(\sqrt{a^2+x^2}\right)^3$	$\dfrac{1}{4}xz^3 + \dfrac{3}{8}a^2xz + \dfrac{3}{8}a^4\cdot\dfrac{1}{2}\ln\dfrac{z+x}{z-x}\quad \text{(vgl. Nr. 0. 1.).}$
1. 1. 3.	$\left(\sqrt{a^2+x^2}\right)^5$	$\dfrac{1}{6}xz^5 + \dfrac{5}{24}a^2xz^3 + \dfrac{5}{16}a^4xz + \dfrac{5}{16}a^6\cdot\dfrac{1}{2}\ln\dfrac{z+x}{z-x}$ (vgl. Nr. 0. 1.).
1. 2. 0.	$\dfrac{1}{\left(\sqrt{a^2+x^2}\right)^{2p+1}}$	$\dfrac{1}{a^{2p}}\displaystyle\int(1-v^2)^{p-1}\,dv$ $= \dfrac{1}{a^{2p}}\displaystyle\sum_{k=0}^{k=p-1}(-1)^k\binom{p-1}{k}\dfrac{v^{2k+1}}{2k+1};\quad \begin{array}{l}2p+1\geqq 0;\\ v = x/z.\end{array}$
1. 2. 1.	$\dfrac{1}{\left(\sqrt{a^2+x^2}\right)^3}$	$\dfrac{1}{a^2}\dfrac{x}{z} = \dfrac{x}{a^2\sqrt{a^2+x^2}}\cdot$
1. 2. 2.	$\dfrac{1}{\left(\sqrt{a^2+x^2}\right)^5}$	$\dfrac{1}{a^4}\left[\dfrac{x}{z} - \dfrac{1}{3}\dfrac{x^3}{z^3}\right]\cdot$
1. 2. 3.	$\dfrac{1}{\left(\sqrt{a^2+x^2}\right)^7}$	$\dfrac{1}{a^6}\left[\dfrac{x}{z} - \dfrac{2}{3}\dfrac{x^3}{z^3} + \dfrac{1}{5}\dfrac{x^5}{z^5}\right]\cdot$

2. 2. 4. 2. $z = \sqrt{a^2 + x^2}$ und x^q.

Nr.	$f(x) = J'(x)$	$J(x) = \int f(x)\,dx$
0. 1.	$x^{2\lambda}\left(\sqrt{a^2 + x^2}\right)^{2p+1}$	$a^{2(\lambda+p+1)} \int \dfrac{v^{2\lambda}\,dv}{(1 - v^2)^{\lambda+p+2}}; \quad v^2 = \dfrac{x^2}{z^2}.$ Ist $\lambda + p + 2 > 0$, dann nach Abs. 2.1.3.1. Nr. 5; ist $\lambda + p + 2 < 0$, dann $(1 - v^2)^{-(\lambda+p+2)}$ **binomial** entwickeln und gliedweise integrieren.
0. 2.	$x^{2\lambda+1}\left(\sqrt{a^2 + x^2}\right)^{2p+1}$	$(-1)\int z^{2(p+1)}(a^2 - z^2)^\lambda\,dz; \quad z^2 = a^2 + x^2;$ für $\lambda > 0$ binomial entwickeln und einzeln **integrieren**, für $\lambda < 0$ nach Abs. 2.1.3.1. berechnen.
0. 3.	$\dfrac{x^q}{\sqrt{a^2 + x^2}}$	$\dfrac{x^{q-1}\,z}{q} - \dfrac{q-1}{q}\,a^2 \int \dfrac{x^{q-2}}{z}\,dx; \quad q \geq 2.$
1. 1. 1. 0.	$x\left(\sqrt{a^2 + x^2}\right)^{2p+1}$	$\dfrac{z^{2p+3}}{2p + 3}.$
1. 1. 1. 1.	$x\sqrt{a^2 + x^2}$	$\dfrac{1}{3}\,z^3.$
1. 1. 1. 2.	$x\left(\sqrt{a^2 + x^2}\right)^3$	$\dfrac{1}{5}\,z^5.$
1. 1. 1. 3.	$x\left(\sqrt{a^2 + x^2}\right)^5$	$\dfrac{1}{7}\,z^7.$
1. 1. 2. 0.	$x^2\left(\sqrt{a^2 + x^2}\right)^{2p+1}$	$a^{2(p+2)} \int \dfrac{v^2\,dv}{(1 - v^2)^{p+3}}; \quad v = \dfrac{x}{z}$ (vgl. Abs. 2.1.3.1.).
1. 1. 2. 1.	$x^2\sqrt{a^2 + x^2}$	$\dfrac{1}{4}\,x\,z^3 - \dfrac{1}{8}\,a^2\,x\,z - \dfrac{1}{8}\,a^4 \cdot \dfrac{1}{2}\ln\dfrac{z + x}{z - x}$ (vgl. Abs. 2.2.4.1. Nr. 0.1.).
1. 1. 2. 2.	$x^2\left(\sqrt{a^2 + x^2}\right)^3$	$\dfrac{1}{6}\,x\,z^5 - \dfrac{1}{24}\,a^2\,x\,z^3 - \dfrac{1}{16}\,a^4\,x\,z - \dfrac{1}{16}\,a^6 \cdot \dfrac{1}{2}\ln\dfrac{z + x}{z - x}$ (vgl. Abs. 2.2.4.1. Nr. 0.1).
1. 1. 3. 0.	$x^3\left(\sqrt{a^2 + x^2}\right)^{2p+1}$	$-a^2\,\dfrac{z^{2p+3}}{2p + 3} + \dfrac{z^{2p+5}}{2p + 5}.$
1. 1. 3. 1.	$x^2\sqrt{a^2 + x^2}$	$-\dfrac{1}{3}\,a^2\,z^3 + \dfrac{1}{5}\,z^5.$
1. 1. 3. 2.	$x^2\left(\sqrt{a^2 + x^2}\right)^3$	$-\dfrac{1}{5}\,a^2\,z^5 + \dfrac{1}{7}\,z^7.$
1. 1. 4. 0.	$x^4\left(\sqrt{a^2 + x^2}\right)^{2p+1}$	$a^{2(p+3)} \int \dfrac{v^4\,dv}{(1 - v^2)^{p+4}}; \quad v = \dfrac{x}{z}$ (vgl. Abs. 2.1.3.1.).
1. 1. 4. 1.	$x^4\sqrt{a^2 + x^2}$	$\dfrac{1}{6}\,x^3\,z^3 - \dfrac{1}{8}\,a^2\,x\,z^3 + \dfrac{1}{16}\,a^4\,x\,z + \dfrac{1}{16}\,a^6 \cdot \dfrac{1}{2}\ln\dfrac{z + x}{z - x}$ (vgl. Abs. 2.2.4.1. Nr. 0.1.).

Nr.	$f(x) = J'(x)$	$J(x) = \int f(x)\,dx$
1. 1. 4. 2.	$x^4\left(\sqrt{a^2+x^2}\right)^3$	$\dfrac{1}{8}x^3z^5 - \dfrac{1}{16}a^2xz^5 + \dfrac{1}{64}a^4xz^3 + \dfrac{3}{128}a^6xz$ $+ \dfrac{3}{128}a^8\cdot\dfrac{1}{2}\ln\dfrac{z+x}{z-x}$ (vgl. Abs. 2. 2. 4. 1. Nr. 0. 1.).
1. 2. 1. 0.	$\dfrac{x}{\left(\sqrt{a^2+x^2}\right)^{2p+1}}$	$-\dfrac{1}{(2p-1)z^{2p-1}}.$
1. 2. 1. 1.	$\dfrac{x}{\sqrt{a^2+x^2}}$	$\sqrt{a^2+x^2}.$
1. 2. 1. 2.	$\dfrac{x}{\left(\sqrt{a^2+x^2}\right)^3}$	$-\dfrac{1}{\sqrt{a^2+x^2}}.$
1. 2. 1. 3.	$\dfrac{x}{\left(\sqrt{a^2+x^2}\right)^5}$	$-\dfrac{1}{3\left(\sqrt{a^2+x^2}\right)^3}.$
1. 2. 2. 0.	$\dfrac{x^2}{\left(\sqrt{a^2+x^2}\right)^{2p+1}}$	$\dfrac{1}{a^{2(p-1)}}\int\dfrac{v^2\,dv}{(1-v^2)^{2-p}};\quad v=\dfrac{x}{z}$ (vgl. Abs. 2. 1. 3. 1.).
1. 2. 2. 1.	$\dfrac{x^2}{\sqrt{a^2+x^2}}$	$\dfrac{1}{2}xz - \dfrac{1}{2}a^2\cdot\dfrac{1}{2}\ln\dfrac{z+x}{z-x} = \dfrac{1}{2}xz - \dfrac{a^2}{2}\,\mathfrak{Ar\,Sin}\,\dfrac{x}{a}^{*}.$
1. 2. 2. 2.	$\dfrac{x^2}{\left(\sqrt{a^2+x^2}\right)^3}$	$-\dfrac{x}{z} + \dfrac{1}{2}\ln\dfrac{z+x}{z-x}$ (vgl. Nr. 1. 2. 2. 1.).
1. 2. 2. 3.	$\dfrac{x^2}{\left(\sqrt{a^2+x^2}\right)^5}$	$\dfrac{1}{3a^4}\dfrac{x^3}{z^3}.$
1. 2. 2. 4.	$\dfrac{x^2}{\left(\sqrt{a^2+x^2}\right)^7}$	$\dfrac{1}{a^4}\left[\dfrac{1}{3}\dfrac{x^3}{z^3} - \dfrac{1}{5}\dfrac{x^5}{z^5}\right].$
1. 2. 3. 0.	$\dfrac{x^3}{\left(\sqrt{a^2+x^2}\right)^{2p+1}}$	$\dfrac{a^2}{(2p-1)z^{2p-1}} - \dfrac{1}{(2p-3)z^{2p-3}}.$
1. 2. 3. 1.	$\dfrac{x^3}{\sqrt{a^2+x^2}}$	$-a^2z + \dfrac{1}{3}z^3 = \dfrac{1}{3}z(x^2-2a^2).$
1. 2. 3. 2.	$\dfrac{x^3}{\left(\sqrt{a^2+x^2}\right)^3}$	$\dfrac{a^2}{z} + z = \dfrac{2a^2+x^2}{z}.$
1. 2. 3. 3.	$\dfrac{x^3}{\left(\sqrt{a^2+x^2}\right)^5}$	$\dfrac{a^2}{3z^3} - \dfrac{1}{z} = -\dfrac{2a^2+3x^2}{3z^3}.$
1. 2. 4. 0.	$\dfrac{x^4}{\left(\sqrt{a^2+x^2}\right)^{2p+1}}$	$a^{2(2-p)}\int\dfrac{v^4\,dv}{(1-v^2)^{3-p}};\quad v=\dfrac{x}{z}$ (vgl. Abs. 2. 1. 3. 1.).
1. 2. 4. 1.	$\dfrac{x^4}{\sqrt{a^2+x^2}}$	$\dfrac{1}{4}x^3z - \dfrac{3}{8}a^2xz + \dfrac{3}{8}a^4\cdot\dfrac{1}{2}\ln\dfrac{z+x}{z-x}$ (vgl. Nr. 1. 2. 2. 1.).
1. 2. 4. 2.	$\dfrac{x^4}{\left(\sqrt{a^2+x^2}\right)^3}$	$\dfrac{1}{2}\dfrac{x^3}{z} + \dfrac{3}{2}\dfrac{a^2x}{z} - \dfrac{3}{2}a^2\cdot\dfrac{1}{2}\ln\dfrac{z+x}{z-x}$ (vgl. Nr. 1.2.2.1.).

Nr.	$f(x) = J'(x)$	$J(x) = \int f(x)\,dx$
1.2.4.3.	$\dfrac{x^4}{(\sqrt{a^2+x^2})^5}$	$-\dfrac{1}{3}\dfrac{x^3}{z^3} - \dfrac{x}{z} + \dfrac{1}{2}\ln\dfrac{z+x}{z-x}$ (vgl. Nr. 1.2.2.1.).
1.2.4.4.	$\dfrac{x^4}{(\sqrt{a^2+x^2})^7}$	$\dfrac{x^5}{5\,a^2 z^5}$.
2.1.1.0.	$\dfrac{1}{x}(\sqrt{a^2+x^2})^{2p+1}$	$-\displaystyle\int \dfrac{z^{2(p+1)}\,dz}{a^2 - z^2}$ (vgl. Abs. 2.1.3.1.).
2.1.1.1.	$\dfrac{1}{x}\sqrt{a^2+x^2}$	$z - a\cdot\dfrac{1}{2}\ln\dfrac{z+a}{z-a} = z - a\ln\dfrac{z+a}{x}$ $= z - a\,\mathfrak{Ar\,Sin}\dfrac{a}{x}$*.
2.1.1.2.	$\dfrac{1}{x}(\sqrt{a^2+x^2})^3$	$\dfrac{1}{3}z^3 + a^2 z - a^3\cdot\dfrac{1}{2}\ln\dfrac{z+a}{z-a}$ (vgl. Nr. 2.1.1.1.).
2.1.1.3.	$\dfrac{1}{x}(\sqrt{a^2+x^2})^5$	$\dfrac{1}{5}z^5 + \dfrac{1}{3}a^2 z^3 - a^5\cdot\dfrac{1}{2}\ln\dfrac{z+a}{z-a}$ (vgl. Nr. 2.1.1.1.).
2.1.2.0.	$\dfrac{1}{x^2}(\sqrt{a^2+x^2})^{2p+1}$	$a^{2p}\displaystyle\int\dfrac{dv}{v^2(1-v^2)^{p+1}}$; $v = \dfrac{x}{z}$ (vgl. Abs. 2.1.3.1.).
2.1.2.1.	$\dfrac{1}{x^2}\sqrt{a^2+x^2}$	$-\dfrac{z}{x} + \dfrac{1}{2}\ln\dfrac{z+x}{z-x}$ (vgl. Nr. 1.2.2.1.).
2.1.2.2.	$\dfrac{1}{x^2}(\sqrt{a^2+x^2})^3$	$-\dfrac{a^2 z}{x} + \dfrac{1}{2}xz + \dfrac{3}{2}a^2\cdot\dfrac{1}{2}\ln\dfrac{z+x}{z-x}$ (vgl. Nr.1.2.2.1.).
2.1.2.3.	$\dfrac{1}{x^2}(\sqrt{a^2+x^2})^5$	$-\dfrac{z^5}{x} + \dfrac{5}{4}xz^3 + \dfrac{15}{8}a^2 xz + \dfrac{15}{8}a^2\cdot\dfrac{1}{2}\ln\dfrac{z+x}{z-x}$ (vgl. Nr. 1.2.2.1.).
2.1.3.0.	$\dfrac{1}{x^3}(\sqrt{a^2+x^2})^{2p+1}$	$\displaystyle\int\dfrac{z^{2(p+1)}\,dz}{(a^2-z^2)^2}$ (vgl. Abs. 2.1.3.1.).
2.1.3.1.	$\dfrac{1}{x^3}\sqrt{a^2+x^2}$	$-\dfrac{1}{2}\dfrac{z}{x^2} - \dfrac{1}{2a}\cdot\dfrac{1}{2}\ln\dfrac{z+a}{z-a}$ (vgl. Nr. 2.1.1.1.).
2.1.3.2.	$\dfrac{1}{x^3}(\sqrt{a^2+x^2})^3$	$-\dfrac{1}{2}\dfrac{z^3}{x^2} + \dfrac{3}{2}z - \dfrac{3}{2}a\cdot\dfrac{1}{2}\ln\dfrac{z+a}{z-a}$ (vgl. Nr.2.1.1.1.).
2.1.3.3.	$\dfrac{1}{x^3}(\sqrt{a^2+x^2})^5$	$-\dfrac{1}{2}\dfrac{z^5}{x^2} + \dfrac{5}{6}z^3 + \dfrac{5}{2}a^2 z - \dfrac{5}{2}a^3\cdot\dfrac{1}{2}\ln\dfrac{z+a}{z-a}$ (vgl. Nr. 2.1.1.1.).
2.1.4.0.	$\dfrac{1}{x^4}(\sqrt{a^2+x^2})^{2p+1}$	$a^{2(p-1)}\displaystyle\int\dfrac{dv}{v^4(1-v^2)^p}$; $v = \dfrac{x}{z}$ (vgl. Abs. 2.1.3.1.).
2.1.4.1.	$\dfrac{1}{x^4}\sqrt{a^2+x^2}$	$-\dfrac{1}{3a^2}\dfrac{z^3}{x^3}$.
2.1.4.2.	$\dfrac{1}{x^4}(\sqrt{a^2+x^2})^3$	$-\dfrac{1}{3}\dfrac{z^3}{x^3} - \dfrac{z}{x} + \dfrac{1}{2}\ln\dfrac{z+x}{z-x}$ (vgl. Nr. 1.2.2.1.).

Nr.	$f(x) = J'(x)$	$J(x) = \int f(x)\,dx$
2. 1. 4. 3.	$\dfrac{1}{x^4}\left(\sqrt{a^2 + x^2}\right)^5$	$-\dfrac{a^2}{3}\dfrac{z^3}{x^3} + 2a^2\dfrac{z}{x} + \dfrac{1}{2}xz + \dfrac{5a^2}{2}\cdot\dfrac{1}{2}\ln\dfrac{z+x}{z-x}$ (vgl. Nr. 1. 2. 2. 1.).
2. 2. 1. 0.	$\dfrac{1}{x\left(\sqrt{a^2 + x^2}\right)^{2p+1}}$	$-\displaystyle\int \dfrac{dz}{z^{2p}(a^2 - z^2)}$ (vgl. Abs. 2. 1. 3. 1.).
2. 2. 1. 1.	$\dfrac{1}{x\sqrt{a^2 + x^2}}$	$-\dfrac{1}{a}\cdot\dfrac{1}{2}\ln\dfrac{z+a}{z-a} = -\dfrac{1}{a}\,\mathfrak{Ar\,Sin}\,\dfrac{a}{x}^{*}.$
2. 2. 1. 2.	$\dfrac{1}{x\left(\sqrt{a^2 + x^2}\right)^3}$	$\dfrac{1}{a^2}\left[\dfrac{1}{z} - \dfrac{1}{a}\cdot\dfrac{1}{2}\ln\dfrac{z+a}{z-a}\right]$ (vgl. Nr. 2. 2. 1. 1.).
2. 2. 1. 3.	$\dfrac{1}{x\left(\sqrt{a^2 + x^2}\right)^5}$	$\dfrac{1}{a^4}\left[\dfrac{a^2}{3z^3} + \dfrac{1}{z} - \dfrac{1}{a}\cdot\dfrac{1}{2}\ln\dfrac{z+a}{z-a}\right]$ (vgl. Nr. 2. 2. 1. 1.).
2. 2. 2. 0.	$\dfrac{1}{x^2\left(\sqrt{a^2 + x^2}\right)^{2p+1}}$	$\dfrac{1}{a^{2(p+1)}}\displaystyle\int \dfrac{(1 - v^2)^p\,dv}{v^2};\quad v = \dfrac{x}{z}.$
2. 2. 2. 1.	$\dfrac{1}{x^2\sqrt{a^2 + x^2}}$	$-\dfrac{1}{a^2}\dfrac{z}{x}.$
2. 2. 2. 2.	$\dfrac{1}{x^2\left(\sqrt{a^2 + x^2}\right)^3}$	$-\dfrac{1}{a^4}\left[\dfrac{z}{x} + \dfrac{x}{z}\right] = -\dfrac{1}{a^4}\dfrac{2x^2 + a^2}{xz}.$
2. 2. 2. 3.	$\dfrac{1}{x^2\left(\sqrt{a^2 + x^2}\right)^5}$	$-\dfrac{1}{a^6}\left[\dfrac{z}{x} + 2\dfrac{x}{z} - \dfrac{1}{3}\dfrac{x^3}{z^3}\right].$
2. 2. 3. 0.	$\dfrac{1}{x^3\left(\sqrt{a^2 + x^2}\right)^{2p+1}}$	$\displaystyle\int \dfrac{dz}{z^{2p}(a^2 - z^2)^2}$ (vgl. Abs. 2. 1. 3. 1.).
2. 2. 3. 1.	$\dfrac{1}{x^3\sqrt{a^2 + x^2}}$	$-\dfrac{1}{2a^2}\left[\dfrac{z}{x^2} - \dfrac{1}{a}\cdot\dfrac{1}{2}\ln\dfrac{z+a}{z-a}\right]$ (vgl. Nr. 2. 2. 1. 1.).
2. 2. 3. 2.	$\dfrac{1}{x^3\left(\sqrt{a^2 + x^2}\right)^3}$	$-\dfrac{1}{a^4}\left[\dfrac{1}{z} + \dfrac{1}{2}\dfrac{z}{x^2} - \dfrac{3}{2a}\cdot\dfrac{1}{2}\ln\dfrac{z+a}{z-a}\right]$ (vgl. Nr. 2. 2. 1. 1.).
2. 2. 3. 3.	$\dfrac{1}{x^3\left(\sqrt{a^2 + x^2}\right)^5}$	$-\dfrac{1}{a^6}\left[\dfrac{a^2}{3z^3} + \dfrac{2}{z} + \dfrac{1}{2}\dfrac{z}{x^2} - \dfrac{5}{2a}\cdot\dfrac{1}{2}\ln\dfrac{z+a}{z-a}\right]$ (vgl. Nr. 2. 2. 1. 1.).
2. 2. 4. 0.	$\dfrac{1}{x^4\left(\sqrt{a^2 + x^2}\right)^{2p+1}}$	$\dfrac{1}{a^{2(p+2)}}\displaystyle\int \dfrac{(1 - v^2)^{p+1}\,dv}{v^4};\; v = \dfrac{x}{z}.$
2. 2. 4. 1.	$\dfrac{1}{x^4\sqrt{a^2 + x^2}}$	$-\dfrac{1}{a^4}\left[\dfrac{1}{3}\dfrac{z^3}{x^3} - \dfrac{z}{x}\right] = -\dfrac{z(a^2 - 2x^2)}{3a^4x^3}.$
2. 2. 4. 2.	$\dfrac{1}{x^4\left(\sqrt{a^2 + x^2}\right)^3}$	$-\dfrac{1}{a^6}\left[\dfrac{1}{3}\dfrac{z^3}{x^3} - 2\dfrac{z}{x} - \dfrac{x}{z}\right].$
2. 2. 4. 3.	$\dfrac{1}{x^4\left(\sqrt{a^2 + x^2}\right)^5}$	$-\dfrac{1}{a^8}\left[\dfrac{1}{3}\dfrac{z^3}{x^3} - 3\dfrac{z}{x} - 3\dfrac{x}{z} + \dfrac{1}{3}\dfrac{x^3}{z^3}\right].$

2.2.4.3. Verschiedenes.

Nr.	$f(x) = J'(x)$	$J(x) = \int f(x)\,dx$
1.0.	$\dfrac{1}{(b+x)^q\,(\sqrt{a^2+x^2}\,)^n}$	$-\dfrac{1}{(a^2+b^2)^{q-1}\,(\sqrt{a^2+b^2}\,)^n}\int\dfrac{(v+b)^{q+n-2}\,dv}{(\sqrt{a^2+v^2}\,)^n}$; $v = \dfrac{a^2 - bx}{b+x}$ (vgl. Abs. 2.2.4.2.).
1.1.	$\dfrac{1}{(b+x)\sqrt{a^2+x^2}}$	$-\dfrac{1}{\sqrt{a^2+b^2}}\ln\left\|\dfrac{z\sqrt{a^2+b^2}+(a^2-bx)}{a(b+x)}\right\|$ $= -\dfrac{1}{\sqrt{a^2+b^2}}\operatorname{Ar\,Sin}\dfrac{a^2-bx}{a(b+x)}$.
1.2.	$\dfrac{1}{(b+x)^2\sqrt{a^2+x^2}}$	$-\dfrac{1}{a^2+b^2}\left[\dfrac{z}{b+x}+\int\dfrac{dx}{(b+x)z}\right]$; s. Nr. 1.1.
3.1.	$\dfrac{\sqrt{x^2+a^2}+x}{\sqrt{x^2+a^2}-x}$	$\dfrac{1}{a^2}\left[\dfrac{2}{3}x^3+a^2x+\dfrac{2}{3}(\sqrt{x^2+a^2}\,)^3\right]$.
3.2.	$\dfrac{\sqrt{x^2+a^2}-x}{\sqrt{x^2+a^2}+x}$	$\dfrac{1}{a^2}\left[\dfrac{2}{3}x^3+a^2x-\dfrac{2}{3}(\sqrt{x^2+a^2}\,)^3\right]$.
3.3.	$\dfrac{\sqrt{x^2+a^2}+a}{\sqrt{x^2+a^2}-a}$	$x-\dfrac{2a^2}{x}-\dfrac{2a}{x}\sqrt{x^2+a^2}+a\ln\dfrac{\sqrt{x^2+a^2}+x}{\sqrt{x^2+a^2}-x}$.
3.4.	$\dfrac{\sqrt{x^2+a^2}-a}{\sqrt{x^2+a^2}+a}$	$x-\dfrac{2a^2}{x}+\dfrac{2a}{x}\sqrt{x^2+a^2}-a\ln\dfrac{\sqrt{x^2+a^2}+x}{\sqrt{x^2+a^2}-x}$.
4.0.	$R\left[x, \sqrt{x^2+a^2}\,\right]$	$\dfrac{1}{2}\int R\left[\dfrac{t^2-a^2}{2t},\ \dfrac{a^2+t^2}{2t}\right]\dfrac{a^2+t^2}{t^2}\,dt$; $t = x+\sqrt{x^2+a^2}$; $x = \dfrac{t^2-a^2}{2t}$; $R = $ rationale Funktion.

2.2.5. Der Integrand enthält $z = \sqrt{x^2 - a^2}$.

2.2.5.1. $z = \sqrt{x^2 - a^2}$ allein.

Nr.	$f(x) = J'(x)$	$J(x) = \int f(x)\,dx$
0.1.	$\dfrac{1}{\sqrt{x^2-a^2}}$	$\dfrac{1}{2}\ln\dfrac{x+z}{x-z} = \ln\left\|\dfrac{x+z}{a}\right\| = \operatorname{Ar\,Cof}\left\|\dfrac{x}{a}\right\|^{*}$ $= \ln\left\|x+\sqrt{x^2-a^2}\right\|^{*}+C$.
1.1.0.	$(\sqrt{x^2-a^2}\,)^{2p+1}$	$(-a^2)^{p+1}\int\dfrac{dv}{(1-v^2)^{p+2}}$; $v = \dfrac{x}{z}$ (vgl. Abs. 2.1.3.1.).
1.1.1.	$\sqrt{x^2-a^2}$	$\dfrac{1}{2}xz - a^2\cdot\dfrac{1}{2}\ln\dfrac{x+z}{x-z}$ (vgl. Nr. 0.1.).
1.1.2.	$(\sqrt{x^2-a^2}\,)^3$	$\dfrac{1}{4}xz^3 - \dfrac{3}{8}a^2xz$.

Nr.	$f(x) = J'(x)$	$J(x) = \int f(x)\,dx$
1.1.3.	$\left(\sqrt{x^2-a^2}\right)^5$	$\dfrac{1}{6}\,x\,z^5 - \dfrac{5}{24}\,a^2\,x\,z^3 + \dfrac{5}{16}\,a^4\,x\,z - \dfrac{5}{16}\,a^6\cdot\dfrac{1}{2}\ln\dfrac{x+z}{x-z}$ (vgl. Nr. 0.1.).
1.2.0.	$\dfrac{1}{\left(\sqrt{x^2-a^2}\right)^{2p+1}}$	$\dfrac{(-1)^p}{a^{2p}}\displaystyle\int (1-v^2)^{p-1}\,dv$ $= \dfrac{(-1)^p}{a^{2p}}\displaystyle\sum_{k=0}^{k=p-1}(-1)^k\binom{p-1}{k}\dfrac{v^{2k+1}}{2k+1};\quad \begin{array}{l}2p+1\geqq 1;\\ v = x/z.\end{array}$
1.2.1.	$\dfrac{1}{\left(\sqrt{x^2-a^2}\right)^3}$	$-\dfrac{x}{a^2\,\sqrt{x^2-a^2}}\,.$
1.2.2.	$\dfrac{1}{\left(\sqrt{x^2-a^2}\right)^5}$	$\dfrac{1}{a^4}\left[\dfrac{x}{z}-\dfrac{1}{3}\dfrac{x^3}{z^3}\right].$
1.2.3.	$\dfrac{1}{\left(\sqrt{x^2-a^2}\right)^7}$	$\dfrac{1}{a^6}\left[\dfrac{x}{z}-\dfrac{2}{3}\dfrac{x^3}{z^3}+\dfrac{1}{5}\dfrac{x^5}{z^5}\right].$

$$2.\,2.\,5.\,2.\quad z = \sqrt{x^2-a^2}\ \text{und}\ x^q.$$

Nr.	$f(x) = J'(x)$	$J(x) = \int f(x)\,dx$
0.1.	$x^{2\lambda}\left(\sqrt{x^2-a^2}\right)^{2p+1}$	$(-a^2)^{\lambda+p+1}\displaystyle\int\dfrac{v^{2\lambda}\,dv}{(1-v^2)^{\lambda+p+2}};\quad v = \dfrac{x}{z}.$ Ist $\lambda+p+2>0$, dann nach Abs. 2.1.3.1. Nr. 5.; ist $\lambda+p+2<0$, dann $(1-v^2)^{-(\lambda+p+2)}$ binomial entwickeln und einzeln integrieren.
0.2.	$x^{2\lambda+1}\left(\sqrt{x^2-a^2}\right)^{2p+1}$	$\int z^{2(p+1)}(a^2+z^2)^\lambda\,dz;\quad z^2 = x^2-a^2;$ für $\lambda>0$ binomial entwickeln u. einzeln integrieren; für $\lambda<0$ nach Abs. 2.1.3.1. berechnen.
0.3.	$\dfrac{x^q}{\sqrt{x^2-a^2}}$	$\dfrac{x^{q-1}z}{q}-\dfrac{q-1}{q}\,a^2\displaystyle\int\dfrac{x^{q-2}}{z}\,dx;\quad q\geqq 2.$
1.1.1.0.	$x\left(\sqrt{x^2-a^2}\right)^{2p+1}$	$\dfrac{z^{2p+3}}{2p+3}\,.$
1.1.1.1.	$x\,\sqrt{x^2-a^2}$	$\dfrac{1}{3}\,z^3.$
1.1.1.2.	$x\left(\sqrt{x^2-a^2}\right)^3$	$\dfrac{1}{5}\,z^5.$
1.1.1.3.	$x\left(\sqrt{x^2-a^2}\right)^5$	$\dfrac{1}{7}\,z^7.$
1.1.2.0.	$x^2\left(\sqrt{x^2-a^2}\right)^{2p+1}$	$(-a^2)^{p+2}\displaystyle\int\dfrac{v^2\,dv}{(1-v^2)^{p+3}};\quad v = \dfrac{x}{z}$ (vgl. Abs. 2.1.3.1.).
1.1.2.1.	$x^2\,\sqrt{x^2-a^2}$	$\dfrac{1}{4}\,x\,z^3 + \dfrac{1}{8}\,a^2\,x\,z - \dfrac{1}{8}\,a^4\cdot\dfrac{1}{2}\ln\dfrac{x+z}{x-z}\quad \begin{array}{l}\text{(vgl. Nr. 0.1.}\\ \text{Abs. 2.2.5.1.).}\end{array}$

Nr.	$f(x) = J'(x)$	$J(x) = \int f(x)\,dx$
1.1.2.2.	$x^2\left(\sqrt{x^2-a^2}\right)^3$	$\dfrac{1}{6}\,x z^5 + \dfrac{1}{24}\,a^2 x z^3 - \dfrac{1}{16}\,a^4 x z + \dfrac{1}{16}\,a^6\cdot\dfrac{1}{2}\ln\dfrac{x+z}{x-z}$ (vgl. Abs. 2.2.5.1. Nr. 0.1.).
1.1.3.0.	$x^3\left(\sqrt{x^2-a^2}\right)^{2p+1}$	$a^2\,\dfrac{z^{2p+3}}{2p+3} + \dfrac{z^{2p+5}}{2p+5}.$
1.1.3.1.	$x^2\sqrt{x^2-a^2}$	$\dfrac{1}{3}\,a^2 z^3 + \dfrac{1}{5}\,z^5.$
1.1.3.2.	$x^3\left(\sqrt{x^2-a^2}\right)^3$	$\dfrac{1}{5}\,a^2 z^5 + \dfrac{1}{7}\,z^7.$
1.1.4.0.	$x^4\left(\sqrt{x^2-a^2}\right)^{2p+1}$	$(-a^2)^{p+3}\displaystyle\int\dfrac{v^4\,dv}{(1-v^2)^{p+4}};\quad v=\dfrac{x}{z}$ (vgl. Abs. 2.1.3.1.).
1.1.4.1.	$x^4\sqrt{x^2-a^2}$	$\dfrac{1}{6}\,x^3 z^3 + \dfrac{1}{8}\,a^2 x z^3 + \dfrac{1}{16}\,a^4 x z - \dfrac{1}{16}\,a^6\cdot\dfrac{1}{2}\ln\dfrac{x+z}{x-z}$ (vgl. Abs. 2.2.5.1. Nr. 0.1.).
1.1.4.2.	$x^4\left(\sqrt{x^2-a^2}\right)^3$	$\dfrac{1}{8}\,x^3 z^5 + \dfrac{1}{16}\,a^3 x z^5 - \dfrac{3}{128}\,a^6 x z$ $+ \dfrac{3}{128}\,a^8\cdot\dfrac{1}{2}\ln\dfrac{x+z}{x-z}$ (vgl. Abs. 2.2.5.1. Nr. 0.1.).
1.2.1.0.	$\dfrac{x}{\left(\sqrt{x^2-a^2}\right)^{2p+1}}$	$-\dfrac{1}{(2p-1)z^{2p-1}}.$
1.2.1.1.	$\dfrac{x}{\sqrt{x^2-a^2}}$	$\sqrt{x^2-a^2}.$
1.2.1.2.	$\dfrac{x}{\left(\sqrt{x^2-a^2}\right)^3}$	$-\dfrac{1}{\sqrt{x^2-a^2}}.$
1.2.1.3.	$\dfrac{x}{\left(\sqrt{x^2-a^2}\right)^5}$	$-\dfrac{1}{3\left(\sqrt{x^2-a^2}\right)^3}.$
1.2.2.0.	$\dfrac{x^2}{\left(\sqrt{x^2-a^2}\right)^{2p+1}}$	$\dfrac{1}{(-a^2)^{p-}}\displaystyle\int\dfrac{v^2\,dv}{(1-v^2)^{2-p}};\quad v=\dfrac{x}{z}$ (vgl. Abs. 2.1.3.1.).
1.2.2.1.	$\dfrac{x^2}{\sqrt{x^2-a^2}}$	$\dfrac{1}{2}\,x z + \dfrac{a^2}{2}\cdot\dfrac{1}{2}\ln\dfrac{x+z}{x-z}$ (vgl. Abs. 2.2.5.1. Nr. 0.1.).
1.2.2.2.	$\dfrac{x^2}{\left(\sqrt{x^2-a^2}\right)^3}$	$-\dfrac{x}{z} + \dfrac{1}{2}\ln\dfrac{x+z}{x-z}$ (vgl. Abs. 2.2.5.1. Nr. 0.1.).
1.2.2.3.	$\dfrac{x^2}{\left(\sqrt{x^2-a^2}\right)^5}$	$-\dfrac{1}{3a^2}\dfrac{x^3}{z^3}.$
1.2.2.4.	$\dfrac{x^2}{\left(\sqrt{x^2-a^2}\right)^7}$	$\dfrac{1}{a^4}\left[\dfrac{1}{3}\dfrac{x^3}{z^3} - \dfrac{1}{5}\dfrac{x^5}{z^5}\right].$
1.2.3.0.	$\dfrac{x^3}{\left(\sqrt{x^2-a^2}\right)^{2p+1}}$	$-\dfrac{a^2}{(2p-1)z^{2p-1}} - \dfrac{1}{(2p-3)z^{2p-3}}.$

Nr.	$f(x) = J'(x)$	$J(x) = \int f(x)\,dx$
1.2.3.1.	$\dfrac{x^3}{\sqrt{x^2-a^2}}$	$a^2 z + \dfrac{1}{3} z^3 = \dfrac{z}{3}(2a^2 + x^2).$
1.2.3.2.	$\dfrac{x^3}{(\sqrt{x^2-a^2})^3}$	$-\dfrac{a^2}{z} + z = \dfrac{x^2 - 2a^2}{z}.$
1.2.3.3.	$\dfrac{x^3}{(\sqrt{x^2-a^2})^5}$	$-\dfrac{a^2}{3 z^3} - \dfrac{1}{z} = -\dfrac{3x^2 - 2a^2}{3z}.$
1.2.4.0.	$\dfrac{x^4}{(\sqrt{x^2-a^2})^{2p+1}}$	$(-a^2)^{2-p} \int \dfrac{v^4\,dv}{(1-v^2)^{3-p}}; \quad v = \dfrac{x}{z}$ (vgl. Abs.2.1.3.1.).
1.2.4.1.	$\dfrac{x^4}{\sqrt{x^2-a^2}}$	$\dfrac{1}{4} x^3 z + \dfrac{3}{8} a^2 x z + \dfrac{3}{8} a^4 \cdot \dfrac{1}{2} \ln \dfrac{x+z}{x-z}$ (s.Abs.2.2.5.1. Nr. 0.1.).
1.2.4.2.	$\dfrac{x^4}{(\sqrt{x^2-a^2})^3}$	$\dfrac{1}{2}\dfrac{x^3}{z} - \dfrac{3}{2}\dfrac{a^2 x}{z} + \dfrac{3}{2} a^2 \cdot \dfrac{1}{2} \ln \dfrac{x+z}{x-z}$ (s. Abs. 2.2.5.1. Nr. 0.1.).
1.2.4.3.	$\dfrac{x^4}{(\sqrt{x^2-a^2})^5}$	$-\dfrac{1}{3}\dfrac{x^3}{z^3} - \dfrac{x}{z} + \dfrac{1}{2} \ln \dfrac{x+z}{x-z}$ (s. Abs.2.2.5.1. Nr.0.1.).
1.2.4.4.	$\dfrac{x^4}{(\sqrt{x^2-a^2})^7}$	$-\dfrac{1}{5 a^2}\dfrac{x^5}{z^5}.$
2.1.1.0.	$\dfrac{1}{x}(\sqrt{x^2-a^2})^{2p+1}$	$\int \dfrac{z^{2(p+1)}\,dz}{a^2 + z^2}$ (vgl. Abs. 2.1.3.1.).
2.1.1.1.	$\dfrac{1}{x}\sqrt{x^2-a^2}$	$z - a \arccos \dfrac{a}{x} = z + a \arcsin \dfrac{a}{x} + C.$ [1]
2.1.1.2.	$\dfrac{1}{x}(\sqrt{x^2-a^2})^3$	$\dfrac{1}{3} z^3 - a^2 z - a^3 \arcsin \dfrac{a}{x}.$
2.1.1.3.	$\dfrac{1}{x}(\sqrt{x^2-a^2})^5$	$\dfrac{1}{5} z^5 - \dfrac{1}{3} a^2 z^3 + a^5 \arcsin \dfrac{a}{x}.$
2.1.2.0.	$\dfrac{1}{x^2}(\sqrt{x^2-a^2})^{2p+1}$	$(-a^2)^p \int \dfrac{dv}{v^2(1-v^2)^{p+1}}; \quad v = \dfrac{x}{z}$ (vgl. Abs. 2.1.3.1.).
2.1.2.1.	$\dfrac{1}{x^2}\sqrt{x^2-a^2}$	$-\dfrac{z}{x} + \dfrac{1}{2} \ln \dfrac{x+z}{x-z}$ (vgl. Abs. 2.2.5.1. Nr. 0.1.).
2.1.2.2.	$\dfrac{1}{x^2}(\sqrt{x^2-a^2})^3$	$\dfrac{a^2 z}{x} + \dfrac{1}{2} x z - \dfrac{3 a^2}{2} \cdot \dfrac{1}{2} \ln \dfrac{x+z}{x-z}$ (vgl. Abs.2.2.5.1. Nr. 0.1.).
2.1.2.3.	$\dfrac{1}{x^2}(\sqrt{x^2-a^2})^5$	$-\dfrac{z^5}{x} + \dfrac{5}{4} x z^3 - \dfrac{15 a^2}{8} x z + \dfrac{15 a^4}{8}\dfrac{1}{2} \ln \dfrac{x+z}{x-z}$ (vgl. Abs. 2.2. 5.1. Nr. 0.1.).
2.1.3.0.	$\dfrac{1}{x^3}(\sqrt{x^2-a^2})^{2p+1}$	$\int \dfrac{z^{2(p+1)}\,dz}{(a^2 + z^2)^2}$ (vgl. Abs. 2.1.3.1.).

[1] $\operatorname{arc\,tg} \dfrac{z}{a} = \arccos \dfrac{a}{x} = -\arcsin \dfrac{a}{x} + \dfrac{\pi}{2}.$

Nr.	$f(x) = J'(x)$	$J(x) = \int f(x)\,dx$
2.1.3.1.	$\dfrac{1}{x^3}\sqrt{x^2-a^2}$	$-\dfrac{1}{2}\dfrac{z}{x^2} - \dfrac{1}{2a}\arcsin\dfrac{a}{x}$.
2.1.3.2.	$\dfrac{1}{x^3}(\sqrt{x^2-a^2})^3$	$-\dfrac{1}{2}\dfrac{z^3}{x^2} + \dfrac{3}{2}z + \dfrac{3a}{2}\arcsin\dfrac{a}{x}$.
2.1.3.3.	$\dfrac{1}{x^3}(\sqrt{x^2-a^2})^5$	$-\dfrac{1}{2}\dfrac{z^5}{x^2} + \dfrac{5}{6}z^3 - \dfrac{5}{2}a^2 z - \dfrac{5a^3}{2}\arcsin\dfrac{a}{x}$.
2.1.4.0.	$\dfrac{1}{x^4}(\sqrt{x^2-a^2})^{2p+1}$	$(-a^2)^{p-1}\displaystyle\int\dfrac{dv}{v^4(1-v^2)^p}$; $v=\dfrac{x}{z}$ (vgl. Abs. 2.1.3.1.).
2.1.4.1.	$\dfrac{1}{x^4}\sqrt{x^2-a^2}$	$\dfrac{1}{3a^2}\dfrac{z^3}{x^3}$.
2.1.4.2.	$\dfrac{1}{x^4}(\sqrt{x^2-a^2})^3$	$-\dfrac{1}{3}\dfrac{z^3}{x^3} - \dfrac{z}{x} + \dfrac{1}{2}\ln\dfrac{x+z}{x-z}$ (vgl.Abs.2.2.5.1.Nr.0.1.).
2.1.4.3.	$\dfrac{1}{x^4}(\sqrt{x^2-a^2})^5$	$\dfrac{a^2}{3}\dfrac{z^3}{x^3} - 2a^2\dfrac{z}{x} + \dfrac{1}{2}xz - \dfrac{5}{2}a^2\cdot\dfrac{1}{2}\ln\dfrac{x+z}{x-z}$ (vgl. Abs. 2.2.5.1. Nr.0.1.).
2.2.1.0.	$\dfrac{1}{x(\sqrt{x^2-a^2})^{2p+1}}$	$\displaystyle\int\dfrac{dz}{z^{2p}(a^2+z^2)}$ (vgl. Abs. 2.1.3.1.).
2.2.1.1.	$\dfrac{1}{x\sqrt{x^2-a^2}}$	$-\dfrac{1}{a}\arcsin\dfrac{a}{x}$.
2.2.1.2.	$\dfrac{1}{x(\sqrt{x^2-a^2})^3}$	$-\dfrac{1}{a^2}\left[\dfrac{1}{z} - \dfrac{1}{a}\arcsin\dfrac{a}{x}\right]$.
2.2.1.3.	$\dfrac{1}{x(\sqrt{x^2-a^2})^5}$	$-\dfrac{1}{a^4}\left[\dfrac{a^2}{3z^3} - \dfrac{1}{z} + \dfrac{1}{a}\arcsin\dfrac{a}{x}\right]$.
2.2.2.0.	$\dfrac{1}{x^2(\sqrt{x^2-a^2})^{2p+1}}$	$\dfrac{1}{(-a^2)^{p+1}}\displaystyle\int\dfrac{(1-v^2)^p\,dv}{v^2}$; $v=\dfrac{x}{z}$.
2.2.2.1.	$\dfrac{1}{x^2\sqrt{x^2-a^2}}$	$\dfrac{1}{a^2}\dfrac{z}{x}$.
2.2.2.2.	$\dfrac{1}{x^2(\sqrt{x^2-a^2})^3}$	$-\dfrac{1}{a^4}\left[\dfrac{z}{x}+\dfrac{x}{z}\right] = -\dfrac{1}{a^4}\dfrac{2x^2-a^2}{xz}$.
2.2.2.3.	$\dfrac{1}{x^2(\sqrt{x^2-a^2})^5}$	$\dfrac{1}{a^6}\left[\dfrac{z}{x}+2\dfrac{x}{z}-\dfrac{1}{3}\dfrac{x^3}{z^3}\right]$.
2.2.3.0.	$\dfrac{1}{x^3(\sqrt{x^2-a^2})^{2p+1}}$	$\displaystyle\int\dfrac{dz}{z^{2p}(a^2+z^2)^2}$ (vgl. Abs. 2.1.3.1.).
2.2.3.1.	$\dfrac{1}{x^3\sqrt{x^2-a^2}}$	$\dfrac{1}{2a^2}\left[\dfrac{z}{x^2}-\dfrac{1}{a}\arcsin\dfrac{a}{x}\right]$.
2.2.3.2.	$\dfrac{1}{x^3(\sqrt{x^2-a^2})^3}$	$-\dfrac{1}{a^4}\left[\dfrac{1}{z}+\dfrac{1}{2}\dfrac{z}{x^2}-\dfrac{3}{2a}\arcsin\dfrac{a}{x}\right]$.

Nr.	$f(x) = J'(x)$	$J(x) = \int f(x)\,dx$
2.2.3.3.	$\dfrac{1}{x^3\left(\sqrt{x^2-a^2}\right)^5}$	$\dfrac{1}{a^6}\left[-\dfrac{a^2}{3z^3} + \dfrac{2}{z} + \dfrac{1}{2}\dfrac{z}{x^2} - \dfrac{5}{2a}\arcsin\dfrac{a}{x}\right].$
2.2.4.0.	$\dfrac{1}{x^4\left(\sqrt{x^2-a^2}\right)^{2p+1}}$	$\dfrac{1}{(-a^2)^{p+2}}\int \dfrac{(1-v^2)^{p+1}\,dv}{v^4}\,;\quad v=\dfrac{x}{z}.$
2.2.4.1.	$\dfrac{1}{x^4\sqrt{x^2-a^2}}$	$\dfrac{1}{a^4}\left[-\dfrac{1}{3}\dfrac{z^3}{x^3} + \dfrac{5}{x}\right] = \dfrac{z(a^2+2x^2)}{3a^4x^2}.$
2.2.4.2.	$\dfrac{1}{x^4\left(\sqrt{x^2-a^2}\right)^3}$	$\dfrac{1}{a^6}\left[\dfrac{1}{3}\dfrac{z^3}{x^3} - 2\dfrac{z}{x} - \dfrac{x}{z}\right].$
2.2.4.3.	$\dfrac{1}{x^4\left(\sqrt{x^2-a^2}\right)^5}$	$\dfrac{1}{a^8}\left[-\dfrac{1}{3}\dfrac{z^3}{x^3} + 3\dfrac{z}{x} + 3\dfrac{x}{z} - \dfrac{1}{3}\dfrac{x^3}{z^3}\right].$

2.2.5.3.   Verschiedenes.

Nr.	$f(x) = J'(x)$	$J(x) = \int f(x)\,dx$
1.0.	$\dfrac{1}{(x+b)^q\left(\sqrt{x^2-a^2}\right)^n}$	$-\dfrac{1}{(a^2-b^2)^{q-1}\left(\sqrt{a^2-b^2}\right)^n}\displaystyle\int \dfrac{(v-b)^{q+n-2}\,dv}{\left(\sqrt{a^2-v^2}\right)^n},$ $a^2 > b^2$ (vgl. Abs. 2.2.3.2.). $-\dfrac{1}{(a^2-b^2)^{q-1}\left(\sqrt{b^2-a^2}\right)^n}\displaystyle\int \dfrac{(v-b)^{q+n-2}\,dv}{\left(\sqrt{v^2-a^2}\right)^n},$ $a^2 < b^2$ (vgl. Abs. 2.2.5.2.). $\left.\right\}$ $a \neq b$ (vgl. Nr. 2.0.) $v = \dfrac{a^2+bx}{x+b}.$
1.1.	$\dfrac{1}{(x+b)\sqrt{x^2-a^2}}$	$-\dfrac{1}{\sqrt{a^2-b^2}}\arcsin\dfrac{a^2+bx}{a(x+b)}\,,\ a^2 > b^2:$ $-\dfrac{1}{\sqrt{b^2-a^2}}\ln\left|\dfrac{z\sqrt{b^2-a^2}+(a^2+bx)}{x+b}\right|$ $= -\dfrac{1}{\sqrt{b^2-a^2}}\,\mathfrak{Ar\,Cof}\left|\dfrac{a^2+bx}{a(x+b)}\right|,\ a^2 < b^2.$
1.2.	$\dfrac{1}{(x+b)^2\sqrt{x^2-a^2}}$	$\dfrac{1}{a^2-b^2}\left[\dfrac{z}{x+b} - b\displaystyle\int \dfrac{dx}{(x+b)z}\right],\quad a^2 > b^2$ (s. Nr. 1.1.); $\dfrac{1}{b^2-a^2}\left[\dfrac{z}{x+b} + b\displaystyle\int \dfrac{dx}{(x+b)z}\right],\quad a^2 < b^2$ (s. Nr. 1.1.).
2.0.	$\dfrac{1}{(x+a)^q\left(\sqrt{x^2-a^2}\right)^n}$	$-\dfrac{1}{(-2)^{q+n-2}\,a^{q+n-1}}\displaystyle\int \dfrac{(1-v^2)^{q+n-2}}{v^{2q+n-1}}\,dv\,;\ v=\sqrt{\dfrac{x+a}{x-a}}.$
2.1.	$\dfrac{1}{(x+a)\sqrt{x^2-a^2}}$	$\dfrac{1}{a}\sqrt{\dfrac{x-a}{x+a}}\,.$

Nr.	$f(x) = J'(x)$	$J(x) = \int f(x)\,dx$
2.2.	$\dfrac{1}{(x+a)^2\,\sqrt{x^2-a^2}}$	$\dfrac{1}{2\,a^2}\left[-\dfrac{1}{3}\left(\sqrt{\dfrac{x-a}{x+a}}\right)^3 + \sqrt{\dfrac{x-a}{x+a}}\right].$
2.3.	$\dfrac{\sqrt{x^2-a^2}}{x+a}$	$\int\sqrt{\dfrac{x-a}{x+a}}\,dx = \sqrt{x^2-a^2} - 2\,a\,\ln\left|\sqrt{x-a}+\sqrt{x+a}\right|.$
3.1.	$\dfrac{x+\sqrt{x^2-a^2}}{x-\sqrt{x^2-a^2}}$	$\dfrac{1}{a^3}\left[\dfrac{2}{3}\,x^3 - a^2 x + \dfrac{2}{3}\left(\sqrt{x^2-a^2}\right)^3\right].$
3.2.	$\dfrac{x-\sqrt{x^2-a^2}}{x+\sqrt{x^2-a^2}}$	$\dfrac{1}{a^3}\left[\dfrac{2}{3}\,x^3 - a^2 x - \dfrac{2}{3}\left(\sqrt{x^2-a^2}\right)^3\right].$
4.0.	$R\left[x,\ \sqrt{x^2-a^2}\right]$	$4\,a\int R\left[a\,\dfrac{1+t^2}{1-t^2},\ \dfrac{2\,a\,t}{1-t^2}\right]\dfrac{t}{(1-t^2)^2}\,dt;$ $t=\sqrt{\dfrac{x-a}{x+a}};\quad x = a\,\dfrac{1+t^2}{1-t^2};\quad R = \text{rationale Funktion.}$

2.2.6. Der Integrand enthält $z = \sqrt{a\,x^2 + 2\,b\,x + c}.$ [1]

2.2.6.1. $z = \sqrt{a\,x^2 + 2\,b\,x + c}$ *allein.*

Nr.	$f(x) = J'(x)$	$J(x) = \int f(x)\,dx$
		$\int\dfrac{dx}{z} = X; \qquad\qquad \triangle = a\,c - b^2;$
0.1.	$\dfrac{dx}{\sqrt{a\,x^2+2\,b\,x+c}}$	$\dfrac{1}{\sqrt{a}}\ln\left|z\,\sqrt{a}+(ax+b)\right| = \dfrac{1}{\sqrt{a}}\,\mathfrak{Ar}\,\mathfrak{Sin}\,\dfrac{ax+b}{\sqrt{\triangle}}$ $\qquad\qquad\qquad\qquad\quad + C = X_1;\ \triangle>0;$ $\dfrac{1}{\sqrt{a}}\ln\left|(ax+b)+z\,\sqrt{a}\right| = \dfrac{1}{\sqrt{a}}\,\mathfrak{Ar}\,\mathfrak{Coj}\,\dfrac{ax+b}{\sqrt{-\triangle}}$ $\qquad\qquad\qquad\qquad\quad + C = X_2;\ \triangle<0;$ $\Bigg\}\ a>0.$ $\dfrac{1}{\sqrt{-a}}\,\text{arc sin}\,\dfrac{ax+b}{\sqrt{-\triangle}} = X_3;\quad \begin{matrix}a<0\\\triangle<0\end{matrix}.$ $\dfrac{1}{\sqrt{a}}\ln\left|ax+b\right|;\ \triangle = 0,\ a>0.$ z reell: $a>0,\ \triangle>0$ für jedes x; $a>0,\ \triangle<0$ für $-\dfrac{b}{a}+\sqrt{-\triangle}<x<-\dfrac{b}{a}-\sqrt{-\triangle};$ $a<0,\ \triangle<0$ für $-\dfrac{b}{a}-\sqrt{-\triangle}<x<-\dfrac{b}{a}+\sqrt{-\triangle};$ für $\triangle = 0$ wird $z = \sqrt{a}\left(x+\dfrac{b}{a}\right),\ a>0.$

[1] Man beachte die Abkürzung $\triangle = a\,c - b^2$ und X nach Abs. 2.2.6.1. Nr. 0.1; ferner Y nach Abs. 2.2.6.2. Nr. 1.2.1.

Nr.	$f(x) = J'(x)$	$J(x) = \int f(x)\,dx$
0.2.	$(\sqrt{ax^2 + 2bx + c})^n$	$(\sqrt{a})^n \int (\sqrt{w^2 + \alpha^2})^n\,dw;\ \alpha^2 = \dfrac{\triangle}{a^2}$ für $a > 0,\ \triangle > 0$; s. Abs. 2.2.4.1. $(\sqrt{a})^n \int (\sqrt{w^2 - \alpha^2})^n\,dw;\ \alpha^2 = \dfrac{-\triangle}{a^2}$ für $a > 0,\ \triangle < 0$; s. Abs. 2.2.5.1. $(\sqrt{-a})^n \int (\sqrt{\alpha^2 - w^2})^n\,dw;\ \alpha^2 = \dfrac{-\triangle}{a^2}$ für $a < 0,\ \triangle < 0$; s. Abs. 2.2.3.1. $\dfrac{(\sqrt{a})^n\, w^{n+1}}{n+1}$ für $a > 0,\ \triangle = 0.$ $w = x + \dfrac{b}{a};$ $n = 2m - 1;$ für $n = -1$ vgl. Nr. 0.1.
1.1.	$\sqrt{ax^2 + 2bx + c}$	$\dfrac{1}{2a}\left[(ax + b)z + \triangle\, X\right];$　s. Nr. 0.1.
1.2.	$(\sqrt{ax^2 + 2bx + c})^3$	$\dfrac{1}{4a}\left[(ax + b)z^3 + \dfrac{3\triangle}{2}(ax + b)z + \dfrac{3\triangle^2}{2a}\,X\right];$ s. Nr. 0.1.
2.1.	$\dfrac{1}{(\sqrt{ax^2 + 2bx + c})^3}$	$\dfrac{1}{\triangle}\,\dfrac{ax + b}{z}.$
2.2.	$\dfrac{1}{(\sqrt{ax^2 + 2bx + c})^5}$	$\dfrac{1}{a^7}\left[\dfrac{ax + b}{z} - \dfrac{1}{3a}\left(\dfrac{ax + b}{z}\right)^3\right]$ $= \dfrac{ax + b}{a^7 z}\left[1 - \dfrac{1}{3a}\left(\dfrac{ax + b}{z}\right)^2\right].$

$$2.2.6.2.\quad z = \sqrt{ax^2 + 2bx + c}\ \text{ und }\ x^q.$$

Nr.	$f(x)$	$J(x)$
1.1.0.	$\dfrac{x^q}{\sqrt{ax^2 + 2bx + c}}$	$\dfrac{1}{qa}\left[z\,x^{q-1} - (q-1)c\int \dfrac{x^{q-2}}{z}\,dx\right.$ $\left. - (2q - 1)b\int \dfrac{x^{q-1}}{z}\,dx\right],$ oder $\dfrac{1}{\sqrt{a}}\int \dfrac{\left(w - \dfrac{b}{a}\right)^q}{\sqrt{w^2 + \alpha^2}}\,dw;\ a > 0\ \text{u.}\ \triangle > 0,$ $\alpha^2 = \dfrac{\triangle}{a^2};$ $\dfrac{1}{\sqrt{a}}\int \dfrac{\left(w - \dfrac{b}{a}\right)^q}{\sqrt{w^2 - \alpha^2}}\,dw;\ a > 0\ \text{u.}\ \triangle < 0,$ $\alpha^2 = \dfrac{-\triangle}{a^2};$ $w = x + \dfrac{b}{a}.$

Nr.	$f(x) = J'(x)$	$J(x) = \int f(x)\,dx$
		$\dfrac{1}{\sqrt{-a}} \displaystyle\int \dfrac{\left(w - \dfrac{b}{a}\right)^q}{\sqrt{\alpha^2 - w^2}}\,$; $a < 0$ u. $\triangle < 0,\ \alpha^2 = \dfrac{-\triangle}{a^2}$; $\qquad w = x + \dfrac{b}{a}.$
1.1.1.	$\dfrac{x}{\sqrt{ax^2 + 2bx + c}}$	$\dfrac{1}{a}\,(z - bX);$
1.1.2.	$\dfrac{x^2}{\sqrt{ax^2 + 2bx + c}}$	$\dfrac{1}{2a}\left[xz - \dfrac{3b^2}{a} + \left(\dfrac{3b^2}{a} - c\right)X\right].$
1.1.3.	$\dfrac{x^3}{\sqrt{ax^2 + 2bx + c}}$	$\dfrac{1}{3a}\left[x^2 z - \dfrac{5b}{2a}\,xz + \dfrac{15b^2 - 2ac}{2a^2}\,z + \dfrac{3b}{2a^2}(3ac - 5b^3)\,X\right].$
1.2.0.	$\dfrac{1}{x^q\sqrt{ax^2 + 2bx + c}}$	$-\dfrac{a^{q-1}\sqrt{c}}{c^q}\displaystyle\int\dfrac{\left(v - \dfrac{b}{a}\right)^{q-1}}{\sqrt{v^2 + \alpha^2}}\,dv;$ $\triangle > 0,\ \alpha^2 = \dfrac{\triangle}{a^2}$; vgl. Abs. 2.2.4.1. u. 2.; $\left.\begin{array}{l} c > 0; \\ c = 0 \\ \text{s. u.} \\ \text{Nr. 3.0.} \end{array}\right.$ $-\dfrac{a^{q-1}\sqrt{c}}{c^q}\displaystyle\int\dfrac{\left(v - \dfrac{b}{a}\right)^{q-1}}{\sqrt{v^2 - \alpha^2}}\,dv;$ $\triangle < 0,\ \alpha^2 = \dfrac{-\triangle}{a^2}$; vgl. Abs. 2.2.5.1. u. 2.; $-\dfrac{a^{q-1}\sqrt{-c}}{c^q}\displaystyle\int\dfrac{\left(v - \dfrac{b}{a}\right)^{q-1}}{\sqrt{\alpha^2 - v^2}}\,dv;\ \triangle < 0,\ \alpha^2 = \dfrac{-\triangle}{a^2},\ c < 0;$ vgl. Abs. 2.2.3.1. u. 2. $\Bigg\}\ v = \dfrac{bx + c}{ax}$
1.2.1.	$\dfrac{1}{x\sqrt{ax^2 + 2bx + c}}$	$\displaystyle\int\dfrac{dx}{xz} = Y;$ $\left.\begin{array}{l} -\dfrac{1}{\sqrt{c}}\,\mathfrak{Ar}\,\mathfrak{Sin}\,\dfrac{bx + c}{x\sqrt{\triangle}} = -\dfrac{1}{\sqrt{c}}\ln\left\|b + \dfrac{c}{x} + \sqrt{c}\,\dfrac{z}{x}\right\| + C = Y_1;\ \triangle > 0; \\[2ex] -\dfrac{1}{\sqrt{c}}\,\mathfrak{Ar}\,\mathfrak{Coj}\,\dfrac{bx + c}{x\sqrt{-\triangle}} = -\dfrac{1}{\sqrt{c}}\ln\left\|b + \dfrac{c}{x} + \sqrt{c}\,\dfrac{z}{x}\right\| + C = Y_2;\ \triangle < 0; \end{array}\right\}\ c > 0.$ $-\dfrac{1}{\sqrt{-c}}\,\arcsin\dfrac{bx + c}{x\sqrt{-\triangle}} = Y_3;\ \triangle < 0,\ c < 0.$

2. Integrale algebraischer Funktionen.

Nr.	$f(x) = J'(x)$	$J(x) = \int f(x)\, dx$
1.2.2.	$\dfrac{1}{x^2 \sqrt{ax^2 + 2bx + c}}$	$-\dfrac{z}{cx} - \dfrac{b}{c}\, Y.$
1.2.3.	$\dfrac{1}{x^3 \sqrt{ax^2 + 2bx + c}}$	$-\dfrac{1}{2}\dfrac{z(c + bx)}{c^2 x^2} + \dfrac{2bz}{c^2 x} - \dfrac{3b^2 - ac}{2c^2}\, Y.$

Für **2.1.0.**, $x^q (\sqrt{ax^2 + 2bx + c})^n$:

$\int x^q z^n dx$; $q > 0$, $n \lessgtr 0$; führt mit $w = x + b/a$ auf

$$(\sqrt{a})^n \int \left(w - \frac{b}{a}\right)^q (\sqrt{w^2 + \alpha^2})^n\, dw; \quad \triangle > 0, \quad \alpha^2 = \triangle/a^2;$$

$$(\sqrt{a})^n \int \left(w - \frac{b}{a}\right)^q (\sqrt{w^2 - \alpha^2})^n\, dw; \quad \triangle < 0, \quad \alpha^2 = -\triangle/a^2; \qquad \Bigg\} \; a > 0.$$

$$(\sqrt{-a})^n \int \left(w - \frac{b}{a}\right)^q (\sqrt{\alpha^2 - w^2})^n\, dw; \quad \triangle = 0, \quad \alpha^2 = -\triangle/a^2 \text{ u. } a < 0.$$

$(w - b\,a)^q$ binomial entwickeln und einzeln nach Abs. 2.2.4. bzw. 2.2.5. bzw. 2.2.3. integrieren.

Für **2.2.0.**, $\dfrac{1}{x^q (\sqrt{ax^2 + 2bx + c})^n}$:

$$\int \frac{dx}{x^q z^n}; \quad q > 0,\ n \gtrless 0,\ q + n - 2 > 0; \quad \text{führt mit}$$

$$v = \frac{bx + c}{ax} \quad \text{auf}$$

$$-\frac{a^{q-1}}{c^{q-1}\sqrt{c^n}} \int \frac{\left(v - \dfrac{b}{a}\right)^{q+n-2}}{(\sqrt{v^2 + \alpha^2})^n}\, dv; \quad \triangle > 0,\ \alpha^2 = \triangle/a^2;$$

$$-\frac{a^{q-1}}{c^{q-1}\sqrt{c^n}} \int \frac{\left(v - \dfrac{b}{a}\right)^{q+n-2}}{(\sqrt{v^2 - \alpha^2})^n}\, dv; \quad \triangle < 0,\ \alpha^2 = -\triangle/a^2; \qquad \Bigg\} \; c > 0.$$

$$-\frac{a^{q-1}}{c^{q-1}(\sqrt{-c})^n} \int \frac{\left(v - \dfrac{b}{a}\right)^{q+n-2}}{(\sqrt{\alpha^2 - v^2})^n}\, dv; \quad \triangle < 0,\ \alpha^2 = -\triangle/a^2;\ c < 0.$$

$\left(v - \dfrac{b}{a}\right)^q$ binomial entwickeln und einzeln nach Abs. 2.2.4. bzw. 2.2.5. bzw. 2.2.3. integrieren. Für $q + n - 2 < 0$ vgl. a. Nr. 5.0.

Für **3.0.**, $\dfrac{1}{x^q (\sqrt{ax^2 + 2bx})^{2p+1}}$:

$$\frac{(\pm a)^{q+p}}{2^{q+2p-1}\, b^{q+2p}\sqrt{\pm a}} \int \frac{(1 \mp v^2)^{q+2p-1}}{v^{2(q+p)}}\, dv;$$

$$v = \sqrt{\frac{\pm ax}{ax + 2b}} = \sqrt{\pm a}\cdot u; \quad \begin{array}{l}\text{oberes Vorzeichen f.}\ a > 0,\\ \text{unteres } \quad \text{„} \quad \text{„}\ a < 0.\end{array}$$

Nr.	$f(x) = J'(x)$	$J(x) = \int f(x)\, dx$
3.1.1.	$\dfrac{1}{\sqrt{ax^2 + 2bx}}$	$\dfrac{1}{\sqrt{a}} \ln |z\sqrt{a} + (ax + b)| = \dfrac{1}{\sqrt{a}} \operatorname{Ar} \mathfrak{Cof} \left|\dfrac{ax + b}{b}\right|^{*}$ $+ C$ für $a > 0$; $\dfrac{1}{\sqrt{-a}} \arcsin \dfrac{ax + b}{b}$ für $a < 0$; vgl. a. Abs. 2.2.6.1. Nr. 0.1. für $c = 0$ und $\triangle = -b^2$.
3.1.2.	$\dfrac{1}{x\sqrt{ax^2 + 2bx}}$	$-\dfrac{1}{b}\sqrt{a + \dfrac{2b}{bu}} = -\dfrac{1}{bu}$ [1].
3.1.3.	$\dfrac{1}{x^2\sqrt{ax^2 + 2bx}}$	$\dfrac{1}{2b^2}\left[-\dfrac{1}{3u^3} + \dfrac{1}{au}\right]$ [1].
3.1.4.	$\dfrac{1}{x^3\sqrt{ax^2 + 2bx}}$	$\dfrac{1}{4b^3}\left[-\dfrac{1}{5u^5} - \dfrac{2a}{3u^2} - \dfrac{a^2}{u}\right]$ [1].
3.2.1.	$\dfrac{x}{\sqrt{ax^2 + 2bx}}$	$\dfrac{1}{a}\left[\sqrt{ax^2 + 2bx} - \int \dfrac{dx}{\sqrt{ax^2 + 2bx}}\right]$; vgl. Nr. 2.3.1.1.
3.2.2.	$\dfrac{x}{(\sqrt{ax^2 + 2bx})^3}$	$\dfrac{u}{b} = \dfrac{1}{b}\sqrt{\dfrac{x}{ax + 2b}}$.
4.0.	$\dfrac{1}{(x+f)^q(\sqrt{ax^2+2bx+c})^n}$	$\int \dfrac{du}{u^q\sqrt{au^2 + 2Bu + C}}$; vgl. Nr. 2.2.0.; $u = x + f,\ B = b - af,\ C = af^2 - 2bf + c,\ D = c - bf,$ $\triangle = ac - b^2 = aC - B^2.$
4.1.	$\dfrac{1}{(x+f)\sqrt{ax^2 + 2bx + c}}$	$-\dfrac{1}{\sqrt{C}} \operatorname{Ar} \mathfrak{Sin} \dfrac{Bx + D}{(x + f)\sqrt{\triangle}}$ $= -\dfrac{1}{\sqrt{C}} \ln \left|\dfrac{Bx + D + \sqrt{C}\,z}{x + f}\right| + \text{const};\quad \triangle > 0;$ $-\dfrac{1}{\sqrt{C}} \operatorname{Ar} \mathfrak{Cof} \left|\dfrac{Bx + D}{(x + f)\sqrt{-\triangle}}\right|$ $= -\dfrac{1}{\sqrt{C}} \ln \left|\dfrac{Bx + D + \sqrt{C}\,z}{x + f}\right| + \text{const};\quad \triangle < 0;$ $\Bigg\} C > 0.$ $-\dfrac{1}{\sqrt{C}} \arcsin \dfrac{Bx + D}{(x + f)\sqrt{-\triangle}};\quad \triangle < 0,\ C < 0.$

[1] $u = \sqrt{\dfrac{x}{ax + 2b}}$ s. Nr. 3.0.

Nr.	$f(x) = J'(x)$	$J(x) = \int f(x)\,dx$
5.0.	$R\left[x, \sqrt{ax^2+2bx+c}\right]$	$\int R\left[\dfrac{t^2-c}{2(b-\lambda t)},\ t+\dfrac{\lambda(t^2-c)}{2(b-\lambda t)}\right]\cdot r(t)\,dt = \int R_1(t)\,dt;$ $x = \dfrac{t^2-c}{2(b-\lambda t)};\ t = z - \lambda x;\ r(t) = \dfrac{2bt-\lambda t^2-c\lambda}{2(b-\lambda t)^2};$ $\lambda = \sqrt{|a|};\ R,\ r,\ R_1$ rationale Funktionen. Oder mit $w = \dfrac{ax+b}{\sqrt{|ac-b^2|}}$ auf Abs. 2.2.3. bzw. 2.2.4. bzw. 2.2.5. zurückführen.

2.2.7. Verschiedenes.

Nr.	$f(x) = J'(x)$	$J(x) = \int f(x)\,dx$
1.1.1.	$\dfrac{1}{x\sqrt{x^n-a^2}}$	$-\dfrac{2}{na}\arcsin\dfrac{a}{\sqrt{x^n}}.$
1.1.2.	$\dfrac{1}{x^{n+1}\sqrt{x^n-a^2}}$	$\dfrac{1}{na^3}\left[\dfrac{a\sqrt{x^n-a^2}}{x^n}-\arcsin\dfrac{a}{\sqrt{x^n}}\right].$
1.1.3.	$\dfrac{x^{n-1}}{\sqrt{x^n-a^2}}$	$\dfrac{2}{n}\sqrt{x^n-a^2}\ .$
1.1.4.	$\dfrac{1}{x^q\sqrt{x^n-a^2}}$	$-\dfrac{2}{na^{2p+1}}\int\dfrac{v^{2p}\,dv}{\sqrt{1-v^2}};\ q = pn+1,\ v = \dfrac{a}{\sqrt{x^n}};$ $\qquad\qquad\qquad\qquad$ vgl. Abs. 2.2.3.
1.2.1.	$\dfrac{1}{x\sqrt{a^2-x^n}}$	$-\dfrac{2}{na}\,\mathfrak{Ar}\,\mathfrak{Cof}\left.\left|\dfrac{a}{\sqrt{x^n}}\right.\right|^* = -\dfrac{2}{na}\ln\dfrac{a+\sqrt{a^2-x^n}}{\sqrt{x^n}}.$
1.2.2.	$\dfrac{1}{x^{n+1}\sqrt{a^2-x^n}}$	$-\dfrac{\sqrt{a^2-x^2}}{na^2x^n}-\dfrac{2}{na}\,\mathfrak{Ar}\,\mathfrak{Cof}\left|\dfrac{a}{\sqrt{x^n}}\right|$ (s. Nr. 1.2.1.).
1.2.3.	$\dfrac{x^{n-1}}{\sqrt{a^2-x^n}}$	$-\dfrac{2}{n}\sqrt{a^2-x^n}.$
1.2.4.	$\dfrac{1}{x^q\sqrt{a^2-x^n}}$	$-\dfrac{2}{na^{2p+1}}\int\dfrac{v^{2p}\,dv}{\sqrt{v^2-1}};\ q = pn+1,\ v = \dfrac{a}{\sqrt{x^n}};$ $\qquad\qquad\qquad\qquad$ vgl. Abs. 2.2.5.
1.3.1.	$\dfrac{1}{x\sqrt{a^2+x^n}}$	$-\dfrac{2}{na}\,\mathfrak{Ar}\,\mathfrak{Sin}\dfrac{a}{\sqrt{x^n}} = -\dfrac{2}{na}\ln\dfrac{\sqrt{a^2+x^n}+a}{\sqrt{x^n}}.$
1.3.2.	$\dfrac{1}{x^{n+1}\sqrt{a^2+x^n}}$	$-\dfrac{\sqrt{a^2+x^n}}{na^2x^n}-\dfrac{2}{na}\,\mathfrak{Ar}\,\mathfrak{Sin}\dfrac{a}{\sqrt{x^n}};$ vgl. Nr. 1.3.1.
1.3.3.	$\dfrac{x^{n-1}}{\sqrt{a^2+x^n}}$	$\dfrac{2}{n}\sqrt{a^2+x^n}.$

Nr.	$f(x) = J'(x)$	$J(x) = \int f(x)\,dx$
1. 3. 4.	$\dfrac{1}{x^q\,\sqrt{a^2+x^n}}$	$-\dfrac{2}{n\,a^{2p-1}}\displaystyle\int \dfrac{v^{2p}\,dv}{\sqrt{1+v^2}}\,;\ q=pn+1,\ v=\dfrac{a}{\sqrt{x^n}}\,;\ $ vgl. Abs. 2. 2. 4.
2. 1.	$\sqrt{x+a\sqrt{x}}$	$\dfrac{2}{3}\Big(\sqrt{x+a\sqrt{x}}\Big)^3-\dfrac{a}{4}\,(a+2\sqrt{x})\,\sqrt{x+a\sqrt{x}}$ $+\dfrac{a^3}{8}\,\mathfrak{Ar}\,\mathfrak{Cof}\,\Big|\dfrac{a+2\sqrt{x}}{a}\Big|^{*}\,;$ $v=\dfrac{a}{2}+\sqrt{x}$ gesetzt; $\begin{array}{l}x\gtreqqless 0 \ \text{für}\ \ a>0,\\ x\gtreqqless a^2\ \ ,,\ \ \ a<0\,;\end{array}$
2. 2.	$\sqrt{a\sqrt{x}-x}$	$-\dfrac{2}{3}\Big(\sqrt{a\sqrt{x}-x}\Big)^3-\dfrac{a}{4}\,(a-2\sqrt{x})\,\sqrt{a\sqrt{x}-x}$ $+\dfrac{a^3}{8}\,\arcsin\dfrac{a-2\sqrt{x}}{a}\,;$ $v=\dfrac{a}{2}-\sqrt{x}$ gesetzt. Es ist $a>0$ und $0\leqq x\leqq a^2$.

2. 3. Integrale algebraischer Funktionen, die auf elliptische Integrale führen.

2. 3. 1. Vorbemerkungen.

2. 3. 1. 1. Allgemeines.

Die unter 2. 3. 2. zusammengestellten Integrale haben die **Form**

$$\int \sqrt{\frac{R_q(x)}{R_n(x)}}\ dx,$$

wobei $R_n(x)$, $R_q(x)$ rationale Funktionen n-ten bzw. q-ten Grades von x sind. Die Unterteilung der einzelnen Gruppen erfolgt nach dem Grad des Nenners und dann nach dem Grad des Zählers. So heißt z. B. Abs. 2.3.2.3. Nr. 4, daß $n=3$ und $q=4$ ist. In sämtlichen Integralen ist die Integrationskonstante C hinzugefügt, wie bereits auf S. 1 erwähnt.

Die vorgelegten Integrale werden durch die unter 2. 3. 1. 3. zusammengestellten und z. T. bei den einzelnen Integralen ergänzten S u b s t i t u - t i o n e n auf die LEGENDRESCHEN vertafelten[1]) Normalformen der elliptischen Integrale erster und zweiter Gattung zurückgeführt:

---

[1]) z. B. Sv. 7a u. 9.

Integral 1. Gattung: $F(\alpha, \varphi) = \displaystyle\int_0^{\varphi} \frac{d\psi}{\sqrt{1 - k^2 \sin^2 \psi}}$;

Integral 2. Gattung: $E(\alpha, \varphi) = \displaystyle\int_0^{\varphi} \sqrt{1 - k^2 \sin^2 \psi}\, d\psi.$

Hierin ist $k = \sin \alpha$ der Modul und $k' = \cos \alpha$, vgl. auch die Substitutionen, auf welche im übrigen durch „St." mit der betreffenden Nummer hingewiesen wird.

Um Wiederholungen zu vermeiden sind ferner verschiedene Abkürzungen eingeführt und unter 2. 3. 1. 2. zusammengestellt. Diese stellen — bis auf die ersten — gewisse Integrale trigonometrischer Funktionen dar, wie sie unter Abs. 3. 2. 1. 6. zu finden sind und unterscheiden sich von diesen nur um einen konstanten Faktor.

Die Funktionen Ψ, $\overline{\Psi}$ und Φ treten deswegen auf, weil sich gewisse Integranden der obigen Form so zerlegen lassen, daß bei der Integration teils transzendent-irrationale Funktionen, eben die elliptischen Integrale, teils algebraisch-irrationale Funktionen, eben die erwähnten Funktionen Ψ, $\overline{\Psi}$, Φ folgen. Man beachte, daß diese letzteren durch Einsetzen von φ und α wieder so umgeformt werden können, daß sie nur x als Veränderliche enthalten. Diese Umformung ist, um den Umfang nicht zu sehr anschwellen zu lassen, nicht mit angegeben; sie ist auch oft bei der praktischen Auswertung nicht notwendig, da doch die Werte φ und α errechnet werden müssen.

Beispiele:
1. Nach Abs. 2. 3. 2. 2. Nr. 1. 4. 4. 1. finden wir

$$\int \sqrt{\frac{x + a}{x^2 - b^2}}\, dx = 2 \sqrt{2b}\ G_6(\alpha, \varphi);\ \ 0 \le a < b \le x,$$

oder unter Beachtung der Bedeutung der Abkürzung G_6 auch

$$2 \sqrt{2b}\ [\Psi(\alpha, \varphi) - E(\alpha, \varphi) + k'^2 F(\alpha, \varphi) + C].$$

Hierbei ist die Substitution St. 43 benutzt, d. h. $\sin \varphi = \sqrt{\dfrac{x - b}{x + a}}$, aber lt. Hinweis auf Nr. 1. 4. 3. 1. ist $k^2 = \dfrac{b - a}{2b}$, $k'^2 = \dfrac{b + a}{2b}$ zu setzen.

Zur zahlenmäßigen Auswertung, sei es in bestimmten Grenzen oder sei es fortlaufend, wird man nach Errechnung von α aus $\sin \alpha = k$ für jeden Wert x den zugehörigen Wert φ berechnen und die Werte von F und E aus den Tabellen ablesen — gegebenfalls durch Interpolation. Bei fortlaufender Auswertung wird man sogar besser glatte Werte φ wählen und damit unglatte Werte x erhalten, die hier beiläufig aus $x = \dfrac{b + a \sin^2 \varphi}{\cos^2 \varphi} = b + (a + b)\, \text{tg}^2 \varphi$ folgen, wobei φ von 0 bis $\dfrac{\pi}{2}$ und x von b bis ∞ geht.

Um Ψ zu errechnen, könnte man die in den Abkürzungen angegebene Form sofort benutzen, besonders bei glatten Werten φ. Andernfalls formt man um:

$$\Psi = \triangle \operatorname{tg} \varphi; \quad \triangle^2 = 1 - k^2 \sin^2 \varphi = 1 - \frac{b-a}{2\,b}\,\frac{x-b}{x+a} = \frac{x+b}{x+a}\,\frac{b+a}{2\,b};$$

$$\cos^2 \varphi = 1 - \frac{x-b}{x+a} = \frac{b+a}{x+a}; \quad \operatorname{tg} \varphi = \sqrt{\frac{x-b}{a+b}}, \quad \text{also} \quad \Psi = \frac{1}{\sqrt{2\,b}}\,\sqrt{\frac{x^2 - b^2}{x+a}}.$$

2. Nach Abs. 2.3.2.6. Nr. 2.1.2.1. finden wir

$$\int \frac{\sqrt{x^2 - a^2}}{x^2\,\sqrt{b^2 - x^2}} \cdot dx = -\frac{1}{b} \cdot J_3(\alpha, \varphi); \quad a^2 \leqq x^2 \leqq b^2,$$

oder unter Beachtung der Abkürzung für $J_3(\alpha, \varphi)$ auch

$$\frac{1}{b}\,[E(\alpha, \varphi) - F(\alpha, \varphi) - k^2\,\Phi(\alpha, \varphi) + C].$$

Hierbei ist die Substitution St. 28.1. genommen, d. h.

$$\sin \varphi = \sqrt{\frac{b^2 - x^2}{b^2 - a^2}} \quad \text{und} \quad k = \sin \alpha = \frac{1}{b}\,\sqrt{b^2 - a^2}.$$

Wie oben wird für jedes benötigte x der Winkel φ berechnet oder für glatte φ

auch das zugehörige $x = b\,\sqrt{1 - k^2 \sin^2 \varphi} = b \cdot \triangle$. Die Funktion $\Phi = \dfrac{\sin \varphi \cos \varphi}{\triangle}$

kann bei der zahlenmäßigen Auswertung für jedes φ errechnet oder auch durch x ausgedrückt werden:

Da $\cos^2 \varphi = 1 - \sin^2 \varphi = \dfrac{x^2 - a^2}{b^2 - a^2}$ wird, folgt mit dem oben angegebenen Wert $\triangle$

$$\Phi = \frac{b}{b^2 - a^2}\,\frac{1}{x}\,\sqrt{(b^2 - x^2)(x^2 - a^2)}.$$

Hingewiesen sei noch auf das Folgende:

Allgemein führt $\int f(x)\,dx = \int F[x, \sqrt{R(x)}]\,dx$ auf elliptische Integrale, wenn F eine rationale Funktion und

$$R(x) = A\,x^4 + B\,x^3 + C\,x^2 + D\,x + E$$

eine ganze Funktion dritten oder vierten Grades von x ist. Hiernach kann der Integrand auch auf die Form $f(x) = \dfrac{u + v\,R}{w + z\,R}$ mit u, v, w, z als ganzen Funktionen gebracht werden oder auch (nach Erweitern mit $w - z\,\sqrt{R}$) auf

$$f(x) = U(x) + \frac{V(x)}{\sqrt{R(x)}}, \quad \text{worin} \quad \begin{aligned} U &= \frac{u\,w - v\,z\,R}{w^2 - z^2\,R}, \\[1mm] V &= \frac{R(v\,w - u\,z)}{w^2 - z^2\,R} \end{aligned}$$

Funktionen von x sind. Durch Zerlegung von U und V in Partialbrüche wird man außer elementaren Integralen noch solche von der Form $J_n = \displaystyle\int \frac{(x - p)^n\,dx}{\sqrt{R(x)}}$

erhalten, $n = 0, \pm 1, \pm 2, \dots$. Diese lassen sich jedoch vermöge der folgenden Rekursionsformel auf J_2, J_1, J_0, J_{-1} zurückführen:

$$A_0\,(n+2)\,J_{n+3} = (x - p)^n\,\sqrt{R} - B_0\,(n+1,5)\,J_{n+2} - C_0\,(n+1)\,J_{n+1} - E_0\,n\,J_{n-1},$$

$n = 0, \pm 1, \pm 2, \ldots$ Hierin sind $A_0, B_0, \ldots, E_0$ die Koeffizienten von R, wenn man R nach Potenzen von $(x - p)$ ordnet.

J_2 läßt sich hiernach auch wieder auf J_1, J_0, J_{-1} zurückführen, wenn man $(x - p)^2$ und $R(x)$ nach Potenzen von $(x - x_0)$ mit x_0 als Nullstelle von $R(x)$ entwickelt und die entsprechende Rekursionsformel verwendet.

Zur Auswertung der noch übrigbleibenden Integrale J_0, J_1, J_{-1} genügt, da der in J_1 enthaltene Teil $\int \dfrac{x\,dx}{\sqrt{R(x)}}$ mittels $x = \dfrac{1}{z}$ auf die Form J_{-1} gebracht werden kann, die Berechnung der Integrale $J_0 = \int \dfrac{dx}{R(x)}$, welches auf das elliptische Integral erster Gattung führt (vgl. z. B. Abs. 2. 3. 2. 3. u. 2. 3. 2. 4.), und

$$J_{-1} = \int \frac{dx}{(x - p)\,R(x)},$$

welches auf das elliptische Integral zweiter oder dritter Gattung*) führt, je nachdem ob p Nullstelle von $R(x)$ ist oder nicht. Im Folgenden ist nur der erstere Fall betrachtet.

2. 3. 1. 2. Abkürzungen.

Abkürzung	Bedeutung	Vgl. Abs. 3. 2. 1. 6. Nr.
$\triangle$	$\sqrt{1 - k^2 \sin^2 \varphi}$	
$\Psi(\alpha, \varphi)$	$\triangle \operatorname{tg} \varphi = \operatorname{tg} \varphi \cdot \sqrt{1 - k^2 \sin^2 \varphi}$	
$\overline{\Psi}(\alpha, \varphi)$	$\triangle \operatorname{ctg} \varphi = \operatorname{ctg} \varphi \cdot \sqrt{1 - k^2 \sin^2 \varphi}$	
$\Phi(\alpha, \varphi)$	$\dfrac{\sin \varphi \cos \varphi}{\triangle} = \dfrac{\sin \varphi \cos \varphi}{\sqrt{1 - k^2 \sin^2 \varphi}}$	
$G_1(\alpha, \varphi)$	$F(\alpha, \varphi) - E(\alpha, \varphi) + C$	1. 1. 1. 2.
$G_2(\alpha, \varphi)$	$E(\alpha, \varphi) - k'^2 F(\alpha, \varphi) + C$	1. 1. 1. 3.
$G_3(\alpha, \varphi)$	$\Psi(\alpha, \varphi) - E(\alpha, \varphi) + C$	1. 1. 1. 4.
$G_4(\alpha, \varphi)$	$E(\alpha, \varphi) + \overline{\Psi}(\alpha, \varphi) + C$	1. 1. 1. 5.
$G_5(\alpha, \varphi)$	$F(\alpha, \varphi) - E(\alpha, \varphi) - \overline{\Psi}(\alpha, \varphi) + C$	1. 1. 1. 6.
$G_6(\alpha, \varphi)$	$\Psi(\alpha, \varphi) - E(\alpha, \varphi) + k'^2 F(\alpha, \varphi) + C$	1. 1. 1. 7.
$H_1(\alpha, \varphi)$	$k'^2 F(\alpha, \varphi) - E(\alpha, \varphi) - \overline{\Psi}(\alpha, \varphi) + C$	1. 1. 2. 2.
$H_2(\alpha, \varphi)$	$F(\alpha, \varphi) - E(\alpha, \varphi) + \Psi(\alpha, \varphi) + C$	1. 1. 2. 3.
$H_3(\alpha, \varphi)$	$F(\alpha, \varphi) - 2 E(\alpha, \varphi) + \Psi(\alpha, \varphi) + C$	1. 1. 2. 4.
$H_4(\alpha, \varphi)$	$k'^2 F(\alpha, \varphi) - 2 E(\alpha, \varphi) - \overline{\Psi}(\alpha, \varphi) + C$	1. 1. 2. 5.
$H_5(\alpha, \varphi)$	$\Psi(\alpha, \varphi) - \overline{\Psi}(\alpha, \varphi) + (1 + k'^2) F(\alpha, \varphi) - 2 E(\alpha, \varphi) + C$ [1]	1. 1. 2. 6.
$J_1(\alpha, \varphi)$	$E(\alpha, \varphi) - k^2 \Phi(\alpha, \varphi) + C$	1. 1. 3. 1.

---

*) s. Anhang 5. 3.   [1] $\Psi - \overline{\Psi} = - 2 \triangle \operatorname{ctg} 2 \varphi$.

Abkürzung	Bedeutung	Vgl. Abs. 3. 2. 1. 6. Nr.
$J_2(\alpha, \varphi)$	$E(\alpha, \varphi) - k'^2 F(\alpha, \varphi) - k^2 \Phi(\alpha, \varphi) + C$	1. 1. 3. 2.
$J_3(\alpha, \varphi)$	$F(\alpha, \varphi) - E(\alpha, \varphi) + k^2 \Phi(\alpha, \varphi) + C$	1. 1. 3. 3.
$J_4(\alpha, \varphi)$	$\Psi(\alpha, \varphi) + k^2 \Phi(\alpha, \varphi) - 2 E(\alpha, \varphi) + k'^2 F(\alpha, \varphi) + C$	1. 1. 3. 4.
$J_5(\alpha, \varphi)$	$F(\alpha, \varphi) - 2 E(\alpha, \varphi) - \dfrac{1}{\Psi(\alpha, \varphi)} + C$	1. 1. 3. 5.
$J_6(\alpha, \varphi)$	$(1 + k'^2) E(\alpha, \varphi) - 2 k'^2 F(\alpha, \varphi) - k^2 \Phi(\alpha, \varphi) + C$	1. 1. 3. 6.
$J_7(\alpha, \varphi)$	$(1 + k'^2) F(\alpha, \varphi) - 2 E(\alpha, \varphi) + k^2 \Phi(\alpha, \varphi) + C$	1. 1. 3. 8.
$K_1(\alpha, \varphi)$	$k^2 [\Psi(\alpha, \varphi) + \Phi(\alpha, \varphi)] - (1 + k^2) [E(\alpha, \varphi) - k'^2 F(\alpha, \varphi)] + C$	1. 1. 4. 3.
$K_2(\alpha, \varphi)$	$E(\alpha, \varphi) - k'^2 F(\alpha, \varphi) - k^2 [(1 + k^2) \Phi(\alpha, \varphi) + \overline{\Psi}(\alpha, \varphi)] + C$	1. 1. 4. 4.
$L(\alpha, \varphi)$	$2 k'^2 F(\alpha, \varphi) - (1 + k'^2) E(\alpha, \varphi) + k'^2 \Psi(\alpha, \varphi) - \overline{\Psi}(\alpha, \varphi) + C$	1. 1. 5. 3.

2. 3. 1. 3. Substitutionen für die elliptischen Integrale unter 2. 3. 2.

Nr.	φ	$k^2 = \sin^2 \alpha$	$k'^2 = \cos^2 \alpha$ [1])	$\operatorname{tg} \alpha$ [1])	Grenzen für x	Grenzen für a, b, c
1	$\sin \varphi = x/a$	a^2/b^2	$(b^2 - a^2)/b^2$		$0 \leq x^2 \leq a^2$	$a^2 < b^2$
2	$\cos \varphi = x/a$	$a^2/(a^2 + b^2)$	$b^2/(a^2 + b^2)$	a/b	$0 \leq x^2 \leq a^2$	
3	$\sin \varphi = a/x$	b^2/a^2	$(a^2 - b^2)/a^2$		$a^2 \leq x^2$	$b^2 < a^2$
4	$\cos \varphi = a/x$	$b^2/(a^2 + b^2)$	$a^2/(a^2 + b^2)$	b/a	$a^2 \leq x^2$	
5	$\operatorname{tg} \varphi = x/a$	$(b^2 - a^2)/b^2$	a^2/b^2			$a^2 < b^2$
6	$\operatorname{tg} \varphi = a/x$	$(a^2 - b^2)/a^2$	b^2/a^2			$b^2 < a^2$
$7\frac{1}{2}$	$\sin \varphi = \sqrt{\pm x/a}$	a/b	$(b - a)/b$		$0 \leq \pm x \leq a$	$0 < a < b$
$8\frac{1}{2}$	$\cos \varphi = \sqrt{\pm x/a}$	$a/(a + b)$	$b/(a + b)$	$\sqrt{a/b}$	$0 \leq \pm x \leq a$	$0 < a/b$
$9\frac{1}{2}$	$\sin \varphi = \sqrt{\pm a/x}$	b/a	$(a - b)/a$		$a \leq \pm x$	$0 < b/a < 1$
$10\frac{1}{2}$	$\cos \varphi = \sqrt{\pm a/x}$	$b/(a + b)$	$a/(a + b)$	$\sqrt{b/a}$	$a \leq \pm x$	$0 < b/a$
$11\frac{1}{2}$	$\operatorname{tg} \varphi = \sqrt{\pm x/a}$	$(b - a)/b$	a/b		$0 \leq \pm x$	$0 < a < b$

[1]) Der Wert von k'^2 wird in 2. 3. 2. bei einzelnen Integralen benötigt, während $\operatorname{tg} \alpha$ nur dann angegeben ist, wenn α sich daraus bequemer berechnen läßt.

Nr.	φ	k^2 $= \sin^2\alpha$	k'^2 $= \cos^2\alpha\,^1)$	tg $\alpha\,^1)$	Grenzen für x	Grenzen für $a,\,b,\,c$
12 $\tfrac{1}{2}$	$\operatorname{tg}\varphi = \sqrt{\pm\, a/x}$	$(a-b)/a$	b/a		$0 \leq \pm\, x$	$0 < b < a$
13	$\operatorname{tg}\dfrac{\varphi}{2} = \sqrt{\dfrac{x}{a}}$	$\dfrac{1}{4}\dfrac{2a-b}{a}$	$\dfrac{1}{4}\dfrac{2a+b}{a}$	$\sqrt{\dfrac{2a-b}{2a+b}}$	$0 \leq \dfrac{x}{a}$	$-2a < b < 2a$
14	$\operatorname{tg}\left(\dfrac{\pi}{4}-\dfrac{\varphi}{2}\right) = \sqrt{\dfrac{x}{a}}$	$\dfrac{b-2a}{b+2a}$	$\dfrac{4a}{b+2a}$		$0 \leq \dfrac{x}{a}$	$2a < b$
15	$\cos 2\varphi = \dfrac{x}{a}$	$\dfrac{2a}{a+b}$	$\dfrac{b-a}{b+a}$		$-a \leq x \leq a$	$0 < a < b$
16	$\cos 2\varphi = \dfrac{a}{x}$	$\dfrac{2b}{a+b}$	$\dfrac{a-b}{a+b}$		$a \leq x$	$0 < b < a$
17	$\sin\varphi = x^2/a^2$	a^4/b^4	$(b^4-a^4)/a^4$		$0 \leq x^2 \leq a^2$	$a^2 < b^2$
18	$\cos\varphi = x^2/a^2$	$a^4/(a^4+b^4)$	$b^4/(a^4+b^4)$	a^2/b^2	$0 \leq x^2 \leq a^2$	
19	$\sin\varphi = a^2/x^2$	b^4/a^4	$(a^4-b^4)/a^4$		$a^2 \leq x^2$	$b^2 < a^2$
20	$\cos\varphi = a^2/x^2$	$b^4/(a^4+b^4)$	$a^4/(a^4+b^4)$	b^2/a^2	$a^2 \leq x^2$	
21	$\operatorname{tg}\varphi = x^2/a^2$	$(b^4-a^4)/b^4$	a^4/b^4			$a^2 < b^2$
22	$\cos 2\varphi = \dfrac{x^2}{a^2}$	$\dfrac{2a^2}{a^2+b^2}$	$\dfrac{b^2-a^2}{b^2+a^2}$		$0 \leq x^2 \leq a^2$	$a^2 < b^2$
23	$\cos 2\varphi = \dfrac{a^2}{x^2}$	$\dfrac{2b^2}{b^2+a^2}$	$\dfrac{a^2-b^2}{a^2+b^2}$		$a^2 \leq x^2$	$b^2 < a^2$
24 $\genfrac{}{}{0pt}{}{1}{2}$	$\sin\varphi = \dfrac{x}{a}\sqrt{\dfrac{a^2+b^2}{x^2+b^2}}$	$\begin{array}{c}\dfrac{a^2}{a^2+b^2}\\[6pt]\dfrac{a^2}{c^2}\dfrac{c^2-b^2}{a^2+b^2}\end{array}$	$\begin{array}{c}\dfrac{b^2}{a^2+b^2}\\[6pt]\dfrac{b^2}{c^2}\dfrac{a^2+c^2}{a+b^2}\end{array}$	$\dfrac{a}{b}$	$0 \leq x^2 \leq a^2$	$b^2 < c^2$
25 $\genfrac{}{}{0pt}{}{1}{2}$	$\sin\varphi = \sqrt{\dfrac{a^2+b^2}{a^2+x^2}}$	$\begin{array}{c}\dfrac{a^2}{a^2+b^2}\\[6pt]\dfrac{a^2\mp c^2}{a^2+b^2}\end{array}$	$\begin{array}{c}\dfrac{b^2}{a^2+b^2}\\[6pt]\dfrac{b^2\pm c^2}{a^2+b^2}\end{array}$	$\dfrac{a}{b}$	$b^2 \leq x^2$	ob. Vorz. $r^2 < a^2$ unt. Vorz. $r^2 < b^2$
26	$\sin\varphi = \dfrac{b}{a}\sqrt{\dfrac{a^2-x^2}{b^2-x^2}}$	$\dfrac{a^2}{b^2}$	$\dfrac{b^2-a^2}{b^2}$		$0 \leq x^2 \leq a^2$	$a^2 < b^2$
27 $\genfrac{}{}{0pt}{}{1}{2}$	$\sin\varphi = \dfrac{b}{x}\sqrt{\dfrac{x^2-a^2}{b^2-a^2}}$	$\begin{array}{c}\dfrac{b^2-a^2}{b^2}\\[6pt]\dfrac{c^2}{b^2}\dfrac{b^2-a^2}{c^2-a^2}\end{array}$	$\begin{array}{c}\dfrac{a^2}{b^2}\\[6pt]\dfrac{a^2}{b^2}\dfrac{c^2-b^2}{c^2-a^2}\end{array}$		$a^2 \leq x^2 \leq b^2$	$\begin{array}{c}a^2 < b^2\\[6pt]a^2 < b^2 < c^2\end{array}$

---

¹) Siehe Anm. 1 S. 107.

Nr.	φ	$k^2 = \sin^2\alpha$	$k'^2 = \cos^2\alpha^1)$	$\operatorname{tg}\alpha^1)$	Grenzen für x	Grenzen für $a,\ b,\ c$
28 ¹	$\sin\varphi = \sqrt{\dfrac{b^2-x^2}{b^2-a^2}}$	$\dfrac{b^2-a^2}{b^2}$	$\dfrac{a^2}{b^2}$		$a^2 \leqq x^2 \leqq b^2$	$a^2 < b^2$
²		$\dfrac{b^2-a^2}{b^2\pm c^2}$	$\dfrac{a^2\pm c^2}{b^2\pm c^2}$			$+ : a^2 < b^2.$ $- : c^2 < a^2 < b^2$
29 ¹	$\sin\varphi = \sqrt{\dfrac{x^2-b^2}{x^2-a^2}}$	$\dfrac{a^2}{b^2}$	$\dfrac{b^2-a^2}{b^2}$		$b^2 \leqq x^2$	$a^2 < b^2$
²		$\dfrac{a^2\pm c^2}{b^2\pm c^2}$	$\dfrac{b^2-a^2}{b^2\pm c^2}$			$+ : a^2 < b^2$ $- : c^2 < a^2 < b^2$
30	$\sin\varphi = \sqrt{\dfrac{x(a+b)}{a(x+b)}}$	$\dfrac{a}{a+b}$	$\dfrac{b}{a+b}$	$\sqrt{\dfrac{a}{b}}$	$0 \leqq x \leqq a$	$0 \leqq \dfrac{a}{b}$
31	$\sin\varphi = \sqrt{\dfrac{a+b}{a+x}}$	$\dfrac{a}{a+b}$	$\dfrac{b}{a+b}$	$\sqrt{\dfrac{a}{b}}$	$0 \leqq b \leqq x$	$0 \leqq \dfrac{a}{b}$
32	$\sin\varphi = \sqrt{\dfrac{b(a-x)}{a(b-x)}}$	$\dfrac{a}{b}$	$\dfrac{b-a}{b}$		$0 \leqq x \leqq a$	$0 < a < b$
33	$\sin\varphi = \sqrt{\dfrac{b(x-a)}{x(b-a)}}$	$\dfrac{b-a}{b}$	$\dfrac{a}{b}$		$a \leqq x \leqq b$	$0 < a < b$
34	$\sin\varphi = \sqrt{\dfrac{b-x}{b-a}}$	$\dfrac{b-a}{b}$	$\dfrac{a}{b}$		$a \leqq x \leqq b$	$0 < a < b$
35	$\sin\varphi = \sqrt{\dfrac{x-b}{x-a}}$	$\dfrac{a}{b}$	$\dfrac{b-a}{b}$		$b \leqq x$	$0 < a < b$
36	$\sin\varphi = \sqrt{\dfrac{b(x+a)}{x(b-a)}}$	$\dfrac{b-a}{b}$	$\dfrac{a}{b}$		$-b \leqq x \leqq -a$	$0 < a < b$
37	$\sin\varphi = \sqrt{\dfrac{b+x}{a+x}}$	$\dfrac{a}{b}$	$\dfrac{b-a}{b}$		$x \leqq -b$	$0 < a < b$
38	$\sin\varphi = \sqrt{\dfrac{b+x}{b-a}}$	$\dfrac{b-a}{b+a}$	$\dfrac{2a}{b+a}$		$-b \leqq x \leqq -a$	$0 < a < b$
39	$\sin\varphi = \sqrt{\dfrac{x-a}{x+a}}$	$\dfrac{b-a}{b+a}$	$\dfrac{2a}{b+a}$		$a \leqq x$	$0 < a < b$
40	$\sin\varphi = \sqrt{\dfrac{a+b}{x+b}}$	$\dfrac{b-a}{b+a}$	$\dfrac{2a}{b+a}$		$0 < a \leqq x$	$0 < a < b$
41	$\sin\varphi = \sqrt{\dfrac{b+a}{b-x}}$	$\dfrac{b-a}{b+a}$	$\dfrac{2a}{b+a}$		$x \leqq -a$	$0 < a < b$
42	$\sin\varphi = \sqrt{\dfrac{b-x}{b+a}}$	$\dfrac{b+a}{2b}$	$\dfrac{b-a}{2b}$	$\sqrt{\dfrac{b+a}{b-a}}$	$-a \leqq x \leqq b$	$0 \leqq a < b$

¹) Siehe Anm. 1 S. 107.

Nr.	φ	$k^2 = \sin^2 a$	$k'^2 = \cos^2 \alpha$[1])	tg α[1])	Grenzen für x	Grenzen für a, b, c
43	$\sin \varphi = \sqrt{\dfrac{x-b}{x+a}}$	$\dfrac{b+a}{2b}$	$\dfrac{b-a}{2b}$	$\sqrt{\dfrac{b+a}{b-a}}$	$b \leqq x$	$0 \leqq a < b$
44	$\sin \varphi = \sqrt{\dfrac{b+x}{b+a}}$	$\dfrac{b+a}{2b}$	$\dfrac{b-a}{2b}$	$\sqrt{\dfrac{b+a}{b-a}}$	$-b \leqq x \leqq a$	$0 \leqq a < b$
45	$\sin \varphi = \sqrt{\dfrac{b+x}{b-a}}$	$\dfrac{b+a}{2b}$	$\dfrac{b-a}{2b}$	$\sqrt{\dfrac{b+a}{b-a}}$	$-b \leqq x \leqq -a$	$0 \leqq a < b$
46	$\sin \varphi = \sqrt{\dfrac{x^4-a^4}{b^4-a^4}}$	$\dfrac{b^4-a^4}{b^4}$	$\dfrac{a^4}{b^4}$		$a^2 \leqq x^2 \leqq b^2$	$a^2 < b^2$
47* 1	$\sin \varphi = \dfrac{1}{k}\sqrt{\dfrac{a^2-x^2}{b^2-x^2}}$	$\dfrac{2a^2}{a^2+b^2}$	$\dfrac{b^2-a^2}{a^2+b^2}$		$x^2 \leqq a^2$	$a^2 < b^2$
47* 2		$\dfrac{a^2+b^2}{2b^2}$	$\dfrac{b^2-a^2}{2b^2}$		$x^2 \leqq a^2$	$a^2 < b^2$
47* 3		$\dfrac{a^2 \pm c^2}{b^2 \pm c^2}$	$\dfrac{b^2-a^2}{b^2 \pm c^2}$		„$+c^2$": $x^2 \leqq a^2$ „$-c^2$": $c^2 \leqq x^2 \leqq a^2$	$a^2 < b^2$ $c^2 < a^2 < b^2$
48	$\cos \varphi = \sqrt{\dfrac{b^2-a^2}{2b^2}\,\dfrac{x^2-b^2}{x^2+a^2}}$	$\dfrac{2a^2}{a^2+b^2}$	$\dfrac{b^2-a^2}{a^2+b^2}$		$b^2 \leqq x^2$	$a^2 < b^2$
49	$\sin \varphi = \sqrt{\dfrac{b^2-x^2}{b^2+x^2}}$	$\dfrac{b^2-a^2}{b^2+a^2}$	$\dfrac{2a^2}{b^2+a^2}$		$x^2 \leqq b^2$	$a^2 < b^2$
50 1	$\sin \varphi = \sqrt{\dfrac{b^2-x^2}{b^2+a^2}}$ **)	$\dfrac{b^2+a^2}{2b^2}$	$\dfrac{b^2-a^2}{2b^2}$			$a^2 < b^2$
50 2		$\dfrac{b^2+a^2}{b^2+c^2}$	$\dfrac{b^2-a^2}{b^2+c^2}$		$x^2 \leqq b^2$	$a^2 < c^2$
50 3		$\dfrac{b^2}{b^2+c^2}$	$\dfrac{c^2}{b^2+c^2}$	$\dfrac{b}{c}$		
51 1	$\cos \varphi = \sqrt{\dfrac{b^2+a^2}{x^2+a^2}}$ ***)	$\dfrac{b^2-a^2}{2b^2}$	$\dfrac{b^2+a^2}{2b^2}$		$b^2 \leqq x^2$	$a^2 < b^2$
51 2		$\dfrac{c^2-a^2}{c^2+b^2}$	$\dfrac{a^2+b^2}{c^2+b^2}$			$a^2 < b$
52 1.1	****)	$\dfrac{b^2-c^2}{b^2+a^2}$	$\dfrac{c^2+a^2}{b^2+a^2}$			$c^2 < b^2$
52 1.2	$\sin \varphi = \sqrt{\dfrac{a^2+b^2}{x^2+b^2}}$	$\dfrac{c^2+b^2}{a^2+b^2}$	$\dfrac{a^2-c^2}{a^2+b^2}$		$x^2 \geqq a^2$	$c^2 < a^2$
52 2		$\dfrac{b^2-a^2}{b^2+a^2}$	$\dfrac{2a^2}{b^2+a^2}$			$a^2 < b^2$
52 3	*****	$\dfrac{b^2}{a^2+b^2}$	$\dfrac{a^2}{a^2+b^2}$	$\dfrac{b}{a}$		

[1]) Siehe Anm. 1 S. 107.
*) Für $k = a/b$ folgt St. 26.
**) Für $a = 0$ folgt cos $\varphi = x/b$; d. h. 50. 3 = St. 2, wenn dort a durch b und b durch c ersetzt wird.
***) Für $a = 0$ in St. 51.2. folgt St. 4, wenn dort a durch b und b durch c ersetzt wird.
****) $a = 0$ führt auf St. 6, wenn a durch b und b durch c ersetzt wird.
*****) identisch mit St. 25, wenn dort a und b vertauscht werden.

Nr.	φ	$k^2 = \sin^2\alpha$	$k'^2 = \cos^2\alpha^{1)}$	$\operatorname{tg}\alpha^{1)}$	Grenzen für x	Grenzen für $A,\,B,\,C$
53	$\sin\varphi = \sqrt{\dfrac{A^2 - B^2}{A^2 + x^2}}$	$\dfrac{A^2 - C^2}{A^2 - B^2}$	$\dfrac{C^2 - B^2}{A^2 - B^2}$			$B^2 < C^2 < A^2$
54	$\sin\varphi = \sqrt{\dfrac{A^2 - B^2}{A^2 - x^2}}$	$\dfrac{C^2 - A^2}{C^2 - B^2}$	$\dfrac{A^2 - B^2}{C^2 - B^2}$		$x^2 \leqq B^2$	$B^2 < A^2 < C^2$
55	$\sin\varphi = \sqrt{\dfrac{A^2 - B^2}{x^2 - B^2}}$	$\dfrac{C^2 - B^2}{A^2 - B^2}$	$\dfrac{A^2 - C^2}{A^2 - B^2}$		$A^2 \leqq x^2$	$B^2 < C^2 < A^2$

2.3.2. Zusammenstellung der Integrale $\displaystyle\int \frac{\sqrt{R_q(x)}}{\sqrt{R_n(x)}}\,dx.$

2.3.2.2. $n = 2.$

Nr.	$f(x) = J'(x)$	$J(x) = \int f(x)\,dx$
1.1.1.1.	$\sqrt{\dfrac{x}{(a+x)(b+x)}}$	$2\sqrt{b}\cdot G_3(\alpha,\varphi);\quad 0\leqq x;\ \text{St. 11.1.}$
1.1.1.2.	„	$-2\sqrt{b}\cdot J_1(\alpha,\varphi);\quad -b\leqq x\leqq -a;\ \text{St. 36.}$
1.1.2.1.	$\sqrt{\dfrac{x}{(a-x)(b+x)}}$	$-2\sqrt{a+b}\cdot G_2(\alpha,\varphi);\quad 0\leqq x\leqq a;\ \text{St. 8.1.}$
1.1.2.2.	„	$-2\sqrt{a+b}\cdot G_6(\alpha,\varphi);\quad x\leqq -b;\ \text{St. 10.2., aber}$ a u. b vertauschen.
1.1.2.3.	$\sqrt{\dfrac{x}{a^2 - x^2}}$	$-2\sqrt{2a}\cdot G_2\!\left(\dfrac{\pi}{4},\varphi\right);\quad 0\leqq x\leqq a;\ \text{St. 8.1., } a=b.$
1.1.2.4.	„	$-2\sqrt{2a}\cdot G_6\!\left(\dfrac{\pi}{4},\varphi\right);\quad x\leqq -a;\ \text{St. 10.2., } a=b.$
1.1.3.1.	$\sqrt{\dfrac{x}{(a-x)(b-x)}}$	$2\sqrt{b}\cdot G_1(\alpha,\varphi);\quad 0\leqq x\leqq a;\ \text{St. 7.1.}$
1.1.3.2.	$\sqrt{\dfrac{x}{(a-x)(b-x)}}$	$2\sqrt{b}\cdot H_2(\alpha,\varphi);\quad b\leqq x;\ \text{St. 35.}$
1.1.4.1.	$\sqrt{\dfrac{x}{(x-a)(x+b)}}$	$2\sqrt{a+b}\cdot G_6(\alpha,\varphi);\quad a\leqq x;\ \text{St. 10.1.}$
1.1.4.2.	„	$2\sqrt{a+b}\cdot G_2(\alpha,\varphi);\quad -b\leqq x\leqq 0;\ \text{St. 8.2.,}$ a u. b vertauschen.
1.1.4.3.	$\sqrt{\dfrac{x}{x^2 - a^2}}$	$2\sqrt{2a}\cdot G_6\!\left(\dfrac{\pi}{4},\varphi\right);\quad a\leqq x;\ \text{St. 10.1., } a=b.$

<hr>

$^{1)}$ Siehe Anm. 1 S. 107.

Nr.	$f(x) = J'(x)$	$J(x) = \int f(x)\,dx$
1.1.4.4.	$\sqrt{\dfrac{x}{x^2 - a^2}}$	$2\sqrt{2a}\cdot G_2\left(\dfrac{\pi}{4},\varphi\right);\quad -a \leqq x \leqq 0;\ \text{St. 8.2., } a = b.$
1.1.5.1.	$\sqrt{\dfrac{x}{(x-a)(b-x)}}$	$2\sqrt{b}\cdot J_1(\alpha,\varphi);\quad 0 < a \leqq x \leqq b;\ \text{St. 33.}$
1.1.5.2.	„	$-2\sqrt{b}\cdot G_3(\alpha,\varphi);\quad x \leqq 0;\ \text{St. 11.2.}$
1.2.0.0.	$\sqrt{\dfrac{a \pm x}{(b \pm x)(c \pm x)}}$	$a,\ b,\ c$ beliebig. Diese Integrale lassen sich durch $z = a \pm x$ auf die Integrale 1.1.... zurückführen; vgl. a. Nr. 1.3.... und 1.4....
1.3.1.1.	$\sqrt{\dfrac{b + x}{a^2 - x^2}}$	$-2\sqrt{a+b}\,[E(\alpha,\varphi)+C];\quad x^2 \leqq a^2;\ \text{St. 15.}$
1.3.1.2.	„	$-2\sqrt{a+b}\cdot G_3(\alpha,\varphi);\quad x \leqq -b;\ \text{St. 37.}$
1.3.2.1.	$\sqrt{\dfrac{x - b}{x^2 - a^2}}$	$2\sqrt{a+b}\cdot G_3(\alpha,\varphi);\ b \leqq x;\ \text{St. 35., aber } k^2 = \dfrac{2a}{a+b}.$
1.3.2.2.	„	$2\sqrt{a+b}\,[E(\alpha,\varphi)+C];\quad x^2 \leqq a^2;\ \text{St. 15.}$
1.3.3.1.	$\sqrt{\dfrac{b - x}{x^2 - a^2}}$	$2\sqrt{a+b}\cdot G_1(\alpha,\varphi);\quad a \leqq x \leqq b;\ \text{St. 34, aber}$ α s. St. 38.
1.3.3.2.	„	$-2\sqrt{a+b}\cdot H_2(\alpha,\varphi);\quad x \leqq -a;\ \sin\varphi = \sqrt{\dfrac{x+a}{x-a}}\,;$ α s. St. 39.
1.3.4.1.	$\sqrt{\dfrac{x + b}{x^2 - a^2}}$	$2\sqrt{a+b}\cdot H_2(\alpha,\varphi);\quad a \leqq x;\ \text{St. 39.}$
1.3.4.2.	„	$2\sqrt{a+b}\cdot G_1(\alpha,\varphi);\quad -b \leqq x \leqq -a;\ \text{St. 38.}$
1.4.1.1.	$\sqrt{\dfrac{a + x}{b^2 - x^2}}$	$-2\sqrt{2b}\cdot G_2(\alpha,\varphi);\quad -a \leqq x \leqq b;\ \text{St. 42.}$
1.4.1.2.	„	$-2\sqrt{2b}\cdot G_6(\alpha,\varphi);\quad x \leqq -b;\ \text{St. 37.}$
1.4.2.1.	$\sqrt{\dfrac{x - a}{x^2 - b^2}}$	$2\sqrt{2b}\cdot G_6(\alpha,\varphi);\ b \leqq x;\ \varphi$ nach St. 35., α nach St. 44.
1.4.2.2.	„	$2\sqrt{2b}\cdot G_2(\alpha,\varphi);\quad -b \leqq x \leqq a;\ \text{St. 44.}$
1.4.3.1.	$\sqrt{\dfrac{a - x}{x^2 - b^2}}$	$-2\sqrt{2b}\cdot G_2(\alpha,\varphi);\quad a \leqq x \leqq b;\ \text{St. 34, aber}$ $k^2 = \dfrac{b-a}{2b},\ k'^2 = \dfrac{b+a}{2b}.$
1.4.3.2.	„	$-2\sqrt{2b}\cdot G_6(\alpha,\varphi);\quad x \leqq -b;\ \sin\varphi = \sqrt{\dfrac{x+a}{x-b}}\,;$ k^2 s. 1.4.3.1.

Nr.	$f(x) = J'(x)$	$J(x) = \int f(x)\,dx$
1. 4. 4. 1.	$\sqrt{\dfrac{x+a}{x^2-b^2}}$	$2\sqrt{2\,b}\cdot G_6(\alpha,\varphi);\quad b\leq x;\ \text{St. 43};\ \text{aber } k^2 \text{ s. 1.4.3.1.}$
1. 4. 4. 2.	„	$2\sqrt{2\,b}\cdot G_2(\alpha,\varphi);\ -b\leq x\leq -a;\ \text{St. 38.},\ \text{aber } k^2 \text{ s. 1.4.3.1.}$
2. 1. 1. 1.	$\sqrt{\dfrac{a^2+x^2}{b^2+x^2}}$	$b\cdot G_6(\alpha,\varphi);\quad \text{St. 5.}$
2. 1. 1. 2.	$\sqrt{\dfrac{b^2+x^2}{a^2+x^2}}$	$b\,[E(\alpha,\varphi)+C];\quad \text{St. 5.}$
2. 1. 2. 1.	$\sqrt{\dfrac{b^2+x^2}{a^2-x^2}}$	$-\sqrt{a^2+b^2}\,[E(\alpha,\varphi)+C];\quad 0\leq x^2\leq a^2;\ \text{St. 2.}$
2. 1. 2. 2.	$\sqrt{\dfrac{a^2+x^2}{a^2-x^2}}$	$-a\sqrt{2}\left[E\!\left(\dfrac{\pi}{4},\varphi\right)+C\right];\quad 0\leq x^2\leq a^2;\ \text{St. 2.},\ a=b.$
2. 2. 1. 1.	$\sqrt{\dfrac{a^2-x^2}{b^2+x^2}}$	$-\sqrt{a^2+b^2}\cdot G_1(\alpha,\varphi);\quad 0\leq x^2\leq a^2;\ \text{St. 2.}$
2. 2. 1. 2.	$\sqrt{\dfrac{a^2-x^2}{a^2+x^2}}$	$-a\sqrt{2}\cdot G_1\!\left(\dfrac{\pi}{4},\varphi\right);\quad 0\leq x^2\leq a^2;\ \text{St. 2.},\ a=b.$
2. 2. 2. 0.	$\sqrt{\dfrac{1-k^2x^2}{1-x^2}}$	$E(\alpha,\varphi)+C;\quad x=\sin\varphi;\ k=\sin\alpha.$
2. 2. 2. 1.	$\sqrt{\dfrac{b^2-x^2}{a^2-x^2}}$	$b\cdot[E(\alpha,\varphi)+C];\quad 0\leq x^2\leq a^2;\ \text{St. 1.}$
2. 2. 2. 2.	$\sqrt{\dfrac{a^2-x^2}{b^2-x^2}}$	$b\cdot G_2(\alpha,\varphi);\quad 0\leq x^2\leq a^2;\ \text{St. 1.};\ (\text{s. a. 2. 3. 2. 1.}).$
2. 2. 3. 1.	$\sqrt{\dfrac{b^2-x^2}{x^2-a^2}}$	$-b\cdot G_1(\alpha,\varphi);\quad a^2\leq x^2\leq b^2;\ \text{St. 28. 1.}$
2. 2. 3. 2.	$\sqrt{\dfrac{x^2-a^2}{b^2-x^2}}$	$-b\cdot G_2(\alpha,\varphi);\quad a^2\leq x^2\leq b^2;\ \text{St. 28. 1.}$
2. 3. 1. 1.	$\sqrt{\dfrac{x^2-a^2}{x^2+b^2}}$	$\sqrt{a^2+b^2}\cdot G_3(\alpha,\varphi);\quad a^2\leq x^2;\ \text{St. 4.}$
2. 3. 1. 2.	$\sqrt{\dfrac{x^2-a^2}{x^2+a^2}}$	$a\sqrt{2}\cdot G_3\!\left(\dfrac{\pi}{4},\varphi\right);\quad a^2\leq x^2;\ \text{St. 4.},\ a=b.$
2. 3. 2. 1.	$\sqrt{\dfrac{x^2-a^2}{x^2-b^2}}$	$b\cdot G_6(\alpha,\varphi);\quad b^2\leq x^2;\ \text{St. 29. 1. (s. a. 2. 2. 2. 2.).}$
2. 3. 2. 2.	$\sqrt{\dfrac{x^2-b^2}{x^2-a^2}}$	$b\cdot G_3(\alpha,\varphi);\quad b^2<x^2;\ \text{St. 29. 1. (s. a. 2. 2. 2. 1.).}$

2. Integrale algebraischer Funktionen.

2. 3. 2. 3. $\dot{n} = 3$.

Nr.	$f(x) = J'(x)$	$J(x) = \int f(x)\,dx$
0. 1. 1. 1.	$\dfrac{1}{\sqrt{(x-p)(x-q)(x-r)}}$	$\dfrac{2}{\sqrt{r-p}}\,[F(\alpha,\varphi)+C];$ $\sin\varphi = \sqrt{\dfrac{x-p}{q-p}}\,;$ $p \leq x \leq q.$
0. 1. 1. 2.	$„$	$\cdot\dfrac{2}{\sqrt{r-p}}\,[F(\alpha,\varphi)+C];$ $\cos\varphi = \sqrt{\dfrac{r-q}{x-q}}\,;$ $r \leq x.$
0. 1. 2. 1.	$\dfrac{1}{\sqrt{-(x-p)(x-q)(x-r)}}$	$\dfrac{2}{\sqrt{r-p}}\,[F(\alpha,\varphi)+C];$ $\sin\varphi = \sqrt{\dfrac{r-p}{r-x}}\,;$ $-\infty \leq x \leq p.$
0. 1. 2. 2.	$„$	$\dfrac{2}{\sqrt{r-p}}\,[F(\alpha,\varphi)+C];$ $\sin\varphi = \sqrt{\dfrac{r-p}{r-q}\,\dfrac{x-q}{x-p}}\,;$ $q \leq x \leq r.$
0. 1. 3. 1.	$\dfrac{1}{\sqrt{x(a^2-x^2)}}$	$-\sqrt{\dfrac{2}{a}}\,\left[F\!\left(\dfrac{\pi}{4},\varphi\right)+C\right];$ $0 \leq x \leq a;$ St. 8. 1., $a = b.$
0. 1. 3. 2.	$„$	$-\sqrt{\dfrac{2}{a}}\,\left[F\!\left(\dfrac{\pi}{4},\varphi\right)+C\right];$ $x \leq -a;$ St. 10. 2., $a = b > 0.$
0. 1. 3. 3.	$\dfrac{1}{\sqrt{x(x^2-a^2)}}$	$\sqrt{\dfrac{2}{a}}\,\left[F\!\left(\dfrac{\pi}{4},\varphi\right)+C\right];$ $a \leq x;$ St. 10. 1., $a = b > 0.$
0. 1. 3. 4.	$„$	$\sqrt{\dfrac{2}{a}}\,\left[F\!\left(\dfrac{\pi}{4},\varphi\right)+C\right];$ $x \leq -a;$ St. 8. 2., $a = b > 0.$
0. 1. 4. 1. 1.	$\dfrac{1}{\sqrt{(a^2-x^2)(b+x)}}$	$-\dfrac{2}{\sqrt{a+b}}\,\left[F(\alpha,\varphi)+C\right];$ $x^2 \leq a^2 < b^2;$ St. 15.
0. 1. 4. 1. 2.	$„$	$-\dfrac{2}{\sqrt{a+b}}\,\left[F(\alpha,\varphi)+C\right];$ $x \leq -b;$ St. 37.
0. 1. 4. 2. 1.	$\dfrac{1}{\sqrt{(x^2-a^2)(b+x)}}$	$-\dfrac{2}{\sqrt{a+b}}\,\left[F(\alpha,\varphi)+C\right];$ $a \leq x;$ St. 31., a u. b vertauschen.

For rows 0.1.1.1 and 0.1.1.2 (braced together):
$$\sin\alpha = \sqrt{\dfrac{q-p}{r-p}}, \qquad p < q < r.$$

For rows 0.1.2.1 and 0.1.2.2 (braced together):
$$\sin\alpha = \sqrt{\dfrac{r-q}{r-p}}, \qquad p < q < r.$$

Nr.	$f(x) = J'(x)$	$J(x) = \int f(x)\,dx$
0.1.4.2.2.	$\dfrac{1}{\sqrt{(x^2 - a^2)(b + x)}}$	$\dfrac{2}{\sqrt{a+b}}\left[F(\alpha, \varphi) + C\right];\ -b \leqq x \leqq -a;$ St. 38.
0.1.4.3.1.	$\dfrac{1}{\sqrt{(a^2 - x^2)(b - x)}}$	$\dfrac{2}{\sqrt{a+b}}\left[F(\alpha, \varphi) + C\right];\ x^2 \leqq a^2;\ \cos 2\varphi = -\dfrac{x}{a};$ α nach St. 15.
0.1.4.3.2.	$''$	$\dfrac{2}{\sqrt{a+b}}\left[F(\alpha, \varphi) + C\right];\ b \leqq x;$ St. 35., aber α nach St. 15.
0.1.4.4.1.	$\dfrac{1}{\sqrt{(x^2 - a^2)(b - x)}}$	$\dfrac{2}{\sqrt{a+b}}\left[F(\alpha, \varphi) + C\right];\ x \leqq -a;$ St. 41.
0.1.4.4.2.	$''$	$-\dfrac{2}{\sqrt{a+b}}\left[F(\alpha, \varphi) + C\right];\ a \leqq x \leqq b;$ St. 34., aber α nach St. 38.
0.1.5.1.1.	$\dfrac{1}{\sqrt{(b^2 - x^2(a + x)}}$	$-\sqrt{\dfrac{2}{b}}\left[F(\alpha, \varphi) + C\right];\ x \leqq -b;$ St. 37.
0.1.5.1.2.	$''$	$-\sqrt{\dfrac{2}{b}}\left[F(\alpha, \varphi) + C\right];\ -a \leqq x \leqq b;$ St. 42.
0.1.5.2.1.	$\dfrac{1}{\sqrt{(x^2 - b^2)(a + x)}}$	$-\sqrt{\dfrac{2}{b}}\left[F(\alpha, \varphi) + C\right];\ -b \leqq x \leqq -a;$ St. 38.
0.1.5.2.2.	$''$	$\sqrt{\dfrac{2}{b}}\left[F(\alpha, \varphi) + C\right];\ b \leqq x;$ St. 43.
0.1.5.3.1.	$\dfrac{1}{\sqrt{(b^2 - x^2)(a - x)}}$	$\sqrt{\dfrac{2}{b}}\left[F(\alpha, \varphi) + C\right];\ b \leqq x;$ St. 35.
0.1.5.3.2.	$''$	$\sqrt{\dfrac{2}{b}}\left[F(\alpha, \varphi) + C\right];\ -b \leqq x \leqq a;$ St. 44.
0.1.5.4.1.	$\dfrac{1}{\sqrt{(x^2 - b^2)(a - x)}}$	$\sqrt{\dfrac{2}{b}}\left[F(\alpha, \varphi) + C\right];\ a \leqq x \leqq b;$ St. 34.
0.1.5.4.2.	$''$	$-\sqrt{\dfrac{2}{b}}\left[F(\alpha, \varphi) + C\right];\ x \leqq -b;$ St. 25. 1.
0.2.1.0.	$\dfrac{1}{\sqrt{a - x}}$ $\dfrac{1}{\sqrt{(x + b)^2 + c^2}}$	$\dfrac{1}{\mu}\left[F(\alpha, \varphi) + C\right];\ c \neq 0;$ $m = \sqrt{(a - b)^2 + c^2};\ \sin\alpha = \dfrac{1}{\sqrt{2}}\sqrt{1 + \dfrac{a - b}{m}}$ $\left(\text{für } a = b \text{ wird } \alpha = \dfrac{\pi}{4} \text{ u. } m = c\right);$

Nr.	$f(x) = J'(x)$	$J(x) = \int f(x)\,dx$
		$\cos\varphi = \dfrac{m-(a-x)}{m+(a-x)}$ für $a-m \leqq x,\ \mu = -\sqrt{m}$;
		$\cos\varphi = \dfrac{(a-x)-m}{(a-x)+m}$ für $x \leqq a-m,\ \mu = +\sqrt{m}.$
0.2.1.1.	$\dfrac{1}{\sqrt{a^3-x^3}}$	$\dfrac{1}{\mu}\left[F(\alpha,\varphi)+C\right];\quad \alpha = 75^0 \left[k = \dfrac{1}{2}\sqrt{2+\sqrt{3}}\,\right];$
		$\cos\varphi = \dfrac{a(\sqrt{3}-1)+x}{a(\sqrt{3}+1)-x}$ für $-a(\sqrt{3}-1)\leqq x\leqq a,$
		$\mu = -\sqrt[4]{3}\cdot\sqrt{a}\,;$
		$\cos\varphi = \dfrac{-x-a(\sqrt{3}-1)}{-x+a(\sqrt{3}+1)}$ für $x \leqq -a(\sqrt{3}-1),$
		$\mu = +\sqrt[4]{3}\cdot\sqrt{a}.$
0.2.2.0.	$\dfrac{1}{\sqrt{(x-a)[(x-b)^2+c^2]}}$	$\dfrac{1}{\mu}\left[F(\alpha,\varphi)+C\right];\ c \neq 0;$
		$m = \sqrt{(a-b)^2+c^2};\ \sin\alpha = \dfrac{1}{\sqrt{2}}\cdot\sqrt{1-\dfrac{a-b}{m}}$
		$\left(\text{für } a = b \text{ wird } \alpha = \dfrac{\pi}{4} \text{ u. } m = c\right);$
		$\cos\varphi = \dfrac{m-(x-a)}{m+(x-a)}$ für $a \leqq x \leqq a+m,\ \mu = \sqrt{m};$
		$\cos\varphi = \dfrac{(x-a)-m}{(x-a)+m}$ für $a+m \leqq x,\ \mu = -\sqrt{m}.$
0.2.2.1.	$\dfrac{1}{\sqrt{x^3-a^3}}$	$\dfrac{1}{\mu}\left[F(\alpha,\varphi)+C\right];\ \alpha = 15^0 \left[k = \dfrac{1}{2}\sqrt{2-\sqrt{3}}\,\right];$
		$\cos\varphi = \dfrac{a(\sqrt{3}+1)-x}{a(\sqrt{3}-1)-x}$ für $a \leqq x \leqq a(1+\sqrt{3}),$
		$\mu = \sqrt[4]{3}\cdot\sqrt{a}\,;$
		$\cos\varphi = \dfrac{x-a(\sqrt{3}+1)}{x+a(\sqrt{3}-1)}$ für $a(\sqrt{3}+1) \leqq x,$
		$\mu = -\sqrt[4]{3}\cdot\sqrt{a}.$
0.2.2.2.	$\dfrac{1}{\sqrt{x^3+a^3}}$	$\dfrac{1}{\mu}\left[F(\alpha,\varphi)+C\right];\ \alpha = 75^0\left[k = \dfrac{1}{2}\sqrt{2+\sqrt{3}}\,\right];$

Nr.	$f(x) = J'(x)$	$J(x) = \int f(x)\,dx$
		$\cos\varphi = \dfrac{a(\sqrt{3}-1)-x}{a(\sqrt{3}+1)+x}$ für $-a \leqq x \leqq a(\sqrt{3}-1)$, $\qquad \mu = \sqrt[4]{3}\cdot\sqrt{a}$; $\cos\varphi = \dfrac{x-a(\sqrt{3}-1)}{x+a(\sqrt{3}+1)}$ für $a(\sqrt{3}-1) \leqq x$, $\qquad \mu = -\sqrt[4]{3}\cdot\sqrt{a}$.
2.1.1.1.	$\sqrt{\dfrac{(x-a)(x+b)}{x^3}}$	$2\sqrt{a+b}\cdot H_3(\alpha,\varphi)$; für $a \leqq x$: St. 10. 1. für $-b \leqq x < 0$: St. 8. 2., a u. b vertauschen.
2.1.1.2.	$\sqrt{\dfrac{x^2-a^2}{x^3}}$	$2\sqrt{2a}\cdot H_3\left(\dfrac{\pi}{4},\varphi\right)$; für $a \leqq x$: St. 10. 1. für $-b \leqq x < 0$: St. 8. 2. $\Big\}\, a=b$.
2.1.2.1.	$\sqrt{\dfrac{(a-x)(b+x)}{x^3}}$	$-2\sqrt{a+b}\cdot H_3(\alpha,\varphi)$; für $0 < x \leqq a$: St. 8. 1. für $x \leqq -b$: St. 10. 2., a u. b vertauschen.
2.1.2.2.	$\sqrt{\dfrac{a^2-x^2}{x^3}}$	$-2\sqrt{2a}\cdot H_3\left(\dfrac{\pi}{4},\varphi\right)$; für $0 < x \leqq a$: St. 8. 1. für $x \leqq -a$: St. 10. 2. $\Big\}\, a=b$.
2.1.3.1.	$\sqrt{\dfrac{(a+x)(b+x)}{x^3}}$	$2\sqrt{b}\cdot J_7(\alpha,\varphi)$; $-b \leqq x \leqq -a$; St. 38., aber α nach St. 11. 1.
2.1.3.2.	„	$2\sqrt{b}\cdot H_5(\alpha,\varphi)$; $0 < x$; St. 11. 1.
2.1.4.1.	$\sqrt{\dfrac{(x-a)(x-b)}{x^3}}$	$-2\sqrt{b}\cdot J_4(\alpha,\varphi)$; $0 < x \leqq a$; St. 32.
2.1.4.2.	$\sqrt{\dfrac{(x-a)(x-b)}{x^3}}$	$-2\sqrt{b}\cdot H_4(\alpha,\varphi)$; $a < b \leqq x$; St. 9. 1., a und b vertauschen.
2.1.5.1.	$\sqrt{\dfrac{(x-a)(b-x)}{x^3}}$	$-2\sqrt{b}\cdot J_7(\alpha,\varphi)$; $a \leqq x \leqq b$; St. 34.
2.1.5.2.	„	$-2\sqrt{b}\cdot H_5(\alpha,\varphi)$; $x < 0$; St. 11. 2.
2.1.6.	$\sqrt{\dfrac{(\pm B \pm x)(\pm A \pm x)}{(\pm x \pm C)^3}}$	Läßt sich durch $v = \pm x \pm C$ auf die vorstehenden Integrale zurückführen.

$$2.3.2.4. \quad n = 4.$$

Nr.	$f(x) = J'(x)$	$J(x) = \int f(x)\,dx$
$0.0.0.1.$[1]	$\dfrac{1}{\sqrt{Ax^4+Bx^3+Cx^2+Dx+E}}$	Läßt sich immer durch Ausklammern von $\pm A$ auf die Form $\displaystyle\int \dfrac{dx}{\sqrt{\pm R_4^*}}$ zurückführen, wobei $R_4^* = x^4 + B'x^3 + C'x^2 + D'x + E'$. Je nachdem ob $R \gtrless 0$ ist das $\genfrac{}{}{0pt}{}{\text{obere}}{\text{untere}}$ Vorzeichen zu wählen, damit der Radikand positiv wird. Dann ist
$0.0.1.0.$	$\dfrac{1}{\sqrt{\pm R_4^*}}$	$\dfrac{1}{m}\, F(\alpha, \varphi) + C.$
$0.1.0.0.$		**4 reelle Wurzeln:** $$R_4^* = (x-a_1)(x-a_2)(x-a_3)(x-a_4)$$ wobei $a_1 < a_2 < a_3 < a_4$ und $$m = \frac{1}{2}\sqrt{(a_3-a_1)(a_4-a_2)}.$$
$0.1.1.0.$	$\dfrac{1}{\sqrt{+R_4^*}}$	$k^2 = \dfrac{(a_4-a_1)(a_3-a_2)}{(a_3-a_1)(a_4-a_2)};$
$0.1.1.1.$		Grenzen: $x \lessgtr a_1$ oder $a_4 \lessgtr x,$ $$\sin^2\varphi = \frac{a_3-a_1}{a_4-a_1}\,\frac{x-a_4}{x-a_3};\quad \begin{aligned} x&=-\infty,\ \varphi>0,\\ x&=a_1,\ \varphi=\pi/2,\\ x&=a_4,\ \varphi=0,\\ x&=\infty,\ \varphi>0.\end{aligned}$$
$0.1.1.2.$		Grenzen: $a_2 \leqq x \leqq a_3,$ $$\sin^2\varphi = \frac{a_3-a_1}{a_3-a_2}\,\frac{x-a_2}{x-a_1},\quad \begin{aligned} x&=a_2,\ \varphi=0,\\ x&=a_3,\ \varphi=\pi/2.\end{aligned}$$
$0.1.2.0.$	$\dfrac{1}{\sqrt{-R_4^*}}$	$k^2 = \dfrac{a_2-a_1}{a_3-a_1}\,\dfrac{a_4-a_3}{a_4-a_2};$
$0.1.2.1.$		Grenzen: $a_1 \leqq x \leqq a_2,$ $$\sin^2\varphi = \frac{a_4-a_2}{a_4-x}\,\frac{x-a_1}{a_2-a_1};\quad \begin{aligned} x&=a_1,\ \varphi=0,\\ x&=a_2,\ \varphi=\pi/2.\end{aligned}$$
$0.1.2.2.$		Grenzen: $a_3 \leqq x \leqq a_4,$ $$\sin^2\varphi = \frac{a_4-a_2}{x-a_2}\,\frac{x-a_3}{a_4-a_3};\quad \begin{aligned} x&=a_3,\ \varphi=0,\\ x&=a_4,\ \varphi=\pi/2.\end{aligned}$$

---

[1] Wesentlich nach Sv 7 b.

Nr.	$f(x) = J'(x)$	$J(x) = \int f(x)\, dx$
0.1.3.0.		Sonderfälle: Je zwei absolut gleiche Wurzeln, d. h. $a_1 = -b,\ a_2 = -a;\ a_3 = a;\ a_4 = b.$[1]
0.1.3.1.1.	$\dfrac{1}{\sqrt{(a^2-x^2)(b^2-x^2)}}$	s. Nr. 0.0.1.0.: $m = b,\ \sin\varphi = \dfrac{x}{a},$ $x^2 \leqq a^2;$
0.1.3.1.2.	"	s. Nr. 0.0.1.0.: $m = -b,\ \sin\varphi = \dfrac{b}{x};$ $b^2 \leqq x^2;$

$$k^2 = a^2/b^2;\qquad 0 < a^2 < b^2.$$

Nr.	$f(x) = J'(x)$	$J(x) = \int f(x)\, dx$
0.1.3.2.1.	$\dfrac{1}{\sqrt{(x^2-a^2)(b^2-x^2)}}$	s. Nr. 0.0.1.0.: $m = b;$ St. 21.1.; $0 < a^2 \leqq x^2 \leqq b^2.$
0.2.0.0.		**Zwei reelle und zwei imaginäre Wurzeln:**

$$R_4^* = (x - a_1)(x - a_2)[(x - b)^2 + c^2],$$

wobei $a_1 < a_2,\ c > 0$. Zur Abkürzung ist ferner gesetzt:

$$\mathrm{tg}\ \vartheta_1 = \frac{a_1 - b}{c};\quad \mathrm{tg}\ \vartheta_2\ \frac{a_2 - b}{c};\quad \alpha = \frac{1}{2}(\vartheta_1 - \vartheta_2);$$

Substitution: $\mathrm{tg}^2\dfrac{\varphi}{2} = \dfrac{\cos\vartheta_1}{\cos\vartheta_2}\dfrac{a_2 - x}{x - a_1}.$

Nr.	$f(x) = J'(x)$	$J(x) = \int f(x)\, dx$
0.2.1.0.	$\dfrac{1}{\sqrt{+R_4^*}}$	ϑ_1 im dritten Quadranten, ϑ_2 spitz, $$m = \frac{c}{\sqrt{-\cos\vartheta_1\cos\vartheta_2}};$$ Grenzen: $x \leqq a_1$ und $a_2 \leqq x;$ $x = -\infty,\ \varphi > 0,$ $x = a_1,\ \varphi = \pi.$ $x = a_2,\ \varphi = 0.$ $x = \infty,\ \varphi > 0.$
0.2.2.0.	$\dfrac{1}{\sqrt{-R_4^*}}$	ϑ_1 und ϑ_2 spitz, $m = -\dfrac{c}{\sqrt{\cos\vartheta_1\cos\vartheta_2}};$ Grenzen: $a_1 \leqq x \leqq a_2;$ $x = a_1,\ \varphi = \pi,$ $x = a_2,\ \varphi = 0.$
0.2.3.0.		Sonderfälle:
0.2.3.1.1.	$\dfrac{1}{\sqrt{(a^2-x^2)(b^2+x^2)}}$	s. Nr. 0.0.1.0., $m = -\sqrt{a^2 + b^2};$ St. 2., $0 \leqq x^2 \leqq a^2.$

---

[1] $\displaystyle\int \frac{dx}{\sqrt{(1-x^2)(1-k^2x^2)}} = \begin{cases} F(\alpha, \varphi) + C; & \sin\varphi = x \quad \text{für } 0 \leqq x^2 \leqq 1 \\ -F(\alpha, \varphi) + C; & \sin\varphi = \dfrac{1}{x} \quad \text{für } 1 \leqq x^2 \end{cases} \bigg\}\ \sin\alpha = k.$

Nr.	$f(x) = J'(x)$	$J(x) = \int f(x)\,dx$
0.2.3.1.2.	$\dfrac{1}{\sqrt{a^4 - x^4}}$	s. Nr. 0.0.1.0., $m = -a\sqrt{2}$; St. 2., $\alpha = \dfrac{\pi}{2}$, $0 \leq x^2 \leq a^2$.
0.2.3.2.1.	$\dfrac{1}{\sqrt{(x^2 - a^2)(x^2 + b^2)}}$	s. Nr. 0.0.1.0., $m = \sqrt{a^2 + b^2}$; St. 4., $a^2 \leq x^2$.
0.2.3.2.2.	$\dfrac{1}{\sqrt{x^4 - a^4}}$	s. Nr. 0.0.1.0., $m = a\sqrt{2}$; St. 4., $\alpha = \dfrac{\pi}{4}$, $a^2 \leq x^2$.
0.3.0.0.	$\dfrac{1}{\sqrt{+ R_4^*}}$	**Vier imaginäre Wurzeln:** $R_4^* = [(x - b_1)^2 + c_1^2]\,[(x - b_2)^2 + c_2^2]$; $b_1 < b_2$, $c_1 \text{ u. } c_2 > 0$). Zur Abkürzung ist ferner gesetzt: $\operatorname{tg}\vartheta_1 = \dfrac{c_2 + c_1}{b_2 - b_1}$, $\operatorname{tg}\vartheta_2 = \dfrac{c_2 - c_1}{b_2 - b_1}$, $\delta_1 = \dfrac{1}{2}(\vartheta_1 + \vartheta_2)$, $\cos\alpha = \dfrac{\cos\vartheta_2 - \cos\vartheta_1}{\cos\vartheta_2 + \cos\vartheta_1}$; $m = \sqrt{\dfrac{c_1 c_2}{\cos\alpha}}$; Substitution $\operatorname{tg}(\varphi + \delta_1) = \dfrac{x - b_2}{c_2}$.
0.3.3.0.	$\dfrac{1}{\sqrt{(a^2 + x^2)(b^2 + x^2)}}$	s. Nr. 0.0.1.0., $m = b$; St. 5.
1.1.1.1.[1]	$\sqrt{\dfrac{x + b}{x^3(x - a)}}$	$\dfrac{2\sqrt{a + b}}{a}\left[E(\alpha, \varphi) + C\right]$; $a \leq x$; St. 10.1.
1.1.1.2.	„	$\dfrac{2\sqrt{a + b}}{a} \cdot G_3(\alpha, \varphi)$; $-b \leq x < a$; St. 8.2., a u. b vertauschen.
1.1.2.1.	$\sqrt{\dfrac{b - x}{x^3(a + x)}}$	$-\dfrac{2\sqrt{a + b}}{a}\left[E(\alpha, \varphi) + C\right]$; $a \leq -x$; St. 10.2.
1.1.2.2.	„	$-\dfrac{2\sqrt{a + b}}{a} \cdot G_3(\alpha, \varphi)$; $0 < x \leq b$; St. 8.1., a u. b vertauschen.
1.1.3.1.	$\sqrt{\dfrac{x - a}{x^3(x + b)}}$	$\dfrac{2\sqrt{a + b}}{b} \cdot G_1(\alpha, \varphi)$; $a \leq x$; St. 10.1.
1.1.3.2.	„	$\dfrac{2\sqrt{a + b}}{b} \cdot H_2(\alpha, \varphi)$; $-b \leq x < 0$; St. 8.2., a u. b vertauschen.

[1] Setzt man in die Formeln 1.1.1.1. bis 1.1.7.2. $x = \pm z \pm c$ ein, so erhält man weitere Integrale.

Nr.	$f(x) = J'(x)$	$J(x) = \int f(x)\,dx$
1.1.4.1.1.	$\sqrt{\dfrac{x+a}{x^3(x+b)}}$	$-\dfrac{2}{\sqrt{b}}\cdot H_2(\alpha,\varphi);\ 0<x;\ \text{St. 11.1.},\ a\ \text{u.}\ b\ \text{vertauschen.}$
1.1.4.1.2.	$"$	$\dfrac{2}{\sqrt{b}}\cdot J_3(\alpha,\varphi);\ -b\leqq x\leqq -a;\ \text{St.38.},\ \text{aber}\ \alpha\ \text{vgl. St. 11.}$
1.1.4.2.1.	$\sqrt{\dfrac{x+b}{x^3(x+a)}}$	$-\dfrac{2}{\sqrt{b}}\cdot H_2(\alpha,\varphi);\ 0<x;\ \text{St. 11.1.},\ a\ \text{u.}\ b\ \text{vertauschen.}$
1.1.5.1.	$\sqrt{\dfrac{x+b}{x^3(a-x)}}$	$\dfrac{2}{a}\sqrt{a+b}\cdot G_1(\alpha,\varphi);\ x\leqq -b;\ \text{St. 10.2.},\quad a\ \text{u.}\ b\ \text{vertauschen.}$
1.1.5.2.	$"$	$\dfrac{2}{a}\sqrt{a+b}\cdot H_2(\alpha,\varphi);\ 0<x\leqq a;\ \text{St. 8.1.}$
1.1.6.1.1.	$\sqrt{\dfrac{x-a}{x^3(x-b)}}$	$-\dfrac{2}{\sqrt{b}}\cdot G_3(\alpha,\varphi);\ 0<x\leqq a;\ \text{St. 32.}$
1.1.6.1.2.	$"$	$-\dfrac{2\sqrt{b}}{a}\cdot J_1(\alpha,\varphi);\ b\leqq x;\ \text{St. 35.}$
1.1.6.2.1.	$\sqrt{\dfrac{x-b}{x^3(x-a)}}$	$-\dfrac{2(b-a)}{a\sqrt{b}}\cdot H_2(\alpha,\varphi);\ 0<x\leqq a;\ \text{St. 32.}$
1.1.6.2.2.	$"$	$-\dfrac{2\sqrt{b}}{a}\cdot J_2(\alpha,\varphi);\ b\leqq x;\ \text{St. 35.}$
1.1.7.1.	$\sqrt{\dfrac{b-x}{x^3(x-a)}}$	$\dfrac{2\sqrt{b}}{a}\cdot G_2(\alpha,\varphi);\ a\leqq x\leqq b;\ \text{St. 33.}$
1.1.7.2.	$"$	$-\dfrac{2\sqrt{b}}{a}\cdot H_1(\alpha,\varphi);\ x<0;\ \text{St. 11.2.}$
4.1.1.1.	$\dfrac{x^2}{\sqrt{(a^2+x^2)(b^2+x^2)}}$	$\dfrac{a^2 b}{b^2-a^2}\cdot G_3(\alpha,\varphi);\ \text{St. 5.}$
4.1.2.1.	$\dfrac{x^2}{\sqrt{(a^2-x^2)(b^2+x^2)}}$	$-\sqrt{a^2+b^2}\cdot G_2(\alpha,\varphi);\ 0\leqq x^2\leqq a^2;\ \text{St. 2.}$
4.1.2.2.	$\dfrac{x^2}{\sqrt{a^4-x^4}}$	$-a\sqrt{2}\cdot G_2\left(\dfrac{\pi}{4},\varphi\right);\ 0\leqq x^2\leqq a^2;\ \text{St. 2.},\ a=b.$
4.1.3.1.	$\dfrac{x^2}{\sqrt{(x^2-a^2)(x^2+b^2)}}$	$\sqrt{a^2+b^2}\cdot G_6(\alpha,\varphi);\ a^2\leqq x^2;\ \text{St. 4.}$
4.1.3.2.	$\dfrac{x^2}{\sqrt{x^4-a^4}}$	$2\sqrt{a}\cdot G_6\left(\dfrac{\pi}{4},\varphi\right);\ a^2\leqq x^2;\ \text{St. 4.},\ a=b.$

Nr.	$f(x) = J'(x)$	$J(x) = \int f(x)\,dx$
4.1.4.1.	$\dfrac{x^2}{\sqrt{(x^2-a^2)(x^2-b^2)}}$	$b \cdot G_1(\alpha, \varphi); \quad 0 \leqq x^2 \leqq a^2;$ St. 1.
4.1.4.2.	„	$b\,[E(\alpha, \varphi) + C]; \quad b^2 \leqq x^2;$ St. 29.
4.1.5.0.	$\dfrac{x^2}{\sqrt{(x^2-a^2)(b^2-x^2)}}$	$-\,b\,[E(\alpha, \varphi) + C]; \quad a^2 \leqq x^2 \leqq b^2;$ St. 28.
4.2.1.1.1.	$\dfrac{x\sqrt{x^2-a^2}}{\sqrt{(b^2-x^2)(x^2 \pm c^2)}}$	$-\sqrt{b^2 \pm c^2} \cdot G_2(\alpha, \varphi); \quad a^2 \leqq x^2 \leqq b^2;$ St. 28. 2.
4.2.1.1.2.	$\dfrac{x\sqrt{x^2-a^2}}{\sqrt{b^4-x^4}}$	$-\,b\sqrt{2} \cdot G_2(\alpha, \varphi); \quad a^2 \leqq x^2 \leqq b^2;$ St. 28. 2., aber „$+ c^2$“ $= b^2$.
4.2.1.2.1.	$\dfrac{x\sqrt{x^2-b^2}}{\sqrt{(a^2-x^2)(x^2 \pm c^2)}}$	$-\sqrt{b^2 \pm c^2} \cdot G_1(\alpha, \varphi); \quad a^2 \leqq x^2 \leqq b^2;$ St. 28. 2.
4.2.1.2.2.	$\dfrac{x\sqrt{x^2-b^2}}{\sqrt{a^4-x^4}}$	$-\sqrt{b^2 + a^2} \cdot G_1(\alpha, \varphi); \quad a^2 \leqq x^2 \leqq b^2;$ St. 28. 2., aber „$+ c^2$“ $= a^2$.
4.2.2.1.1.	$\dfrac{x\sqrt{x^2-a^2}}{\sqrt{(x^2-b^2)(x^2 \pm c^2)}}$	$\sqrt{b^2 \pm c^2} \cdot G_6(\alpha, \varphi); \quad b^2 \leqq x^2;$ St. 29. 2.
4.2.2.1.2.	$\dfrac{x\sqrt{a^2-x^2}}{\sqrt{(b^2-x^2)(x^2 \pm c^2)}}$	$\sqrt{b^2 \pm c^2} \cdot J_2(\alpha, \varphi); \quad$ St. 47. 3.; Grenzen s. dort.
4.2.2.2.1.	$\dfrac{x\sqrt{x^2-a^2}}{\sqrt{x^4-b^4}}$	$b\sqrt{2} \cdot G_6(\alpha, \varphi); \quad b^2 \leqq x^2;$ St. 29. 2., aber „$+ c^2$“ $= b^2$.
4.2.2.2.2.	$\dfrac{x\sqrt{a^2-x^2}}{\sqrt{b^4-x^4}}$	$-\,b\sqrt{2} \cdot J_2(\alpha, \varphi); \quad 0 \leqq x^2 \leqq a^2;$ St. 47. 2.
4.2.3.1.1.	$\dfrac{x\sqrt{x^2-b^2}}{\sqrt{(x^2-a^2)(x^2 + c^2)}}$	$\sqrt{b^2 + c^2} \cdot G_3(\alpha, \varphi); \quad b^2 \leqq x^2;$ St. 29. 2.
4.2.3.1.2.	$\dfrac{x\sqrt{b^2-x^2}}{\sqrt{(a^2-x^2)(c^2 + x^2)}}$	$\sqrt{b^2 + c^2} \cdot J_1(\alpha, \varphi); \quad 0 \leqq x^2 \leqq a^2;$ St. 47. 3.
4.2.3.2.1.	$\dfrac{x\sqrt{x^2-b^2}}{\sqrt{x^4-a^4}}$	$\sqrt{b^2 + a^2} \cdot G_3(\alpha, \varphi); \quad b^2 \leqq x^2;$ St. 29. 2., aber „$+ c^2$“ $= a^2$.
4.2.3.2.2.	$\dfrac{x\sqrt{b^2-x^2}}{\sqrt{a^4-x^4}}$	$\sqrt{b^2 + a^2} \cdot J_1(\alpha, \varphi); \quad 0 \leqq x^2 \leqq a^2;$ St. 47. 3., aber „$+ c^2$“ $= a^2$.
4.3.1.1.	$\dfrac{x\sqrt{b^2+x^2}}{\sqrt{a^4-x^4}}$	$-\sqrt{a^2 + b^2} \cdot [E(\alpha, \varphi) + C]; \quad 0 \leqq x^2 \leqq a^2;$ St. 22.

Nr.	$f(x) = J'(x)$	$J(x) = \int f(x)\,dx$
4. 3. 1. 2.	$\dfrac{x\sqrt{b^2 + x^2}}{\sqrt{x^4 - a^4}}$	$-\sqrt{a^2 + b^2}\cdot G_5(\alpha,\varphi);\quad a^2 \leqq x^2;\ \ \text{St. 52. 2.}$
4. 3. 2. 1.	$\dfrac{x\sqrt{a^2 + x^2}}{\sqrt{b^4 - x^4}}$	$-\,b\sqrt{2}\cdot G_2(\alpha,\varphi);\quad x^2 \leqq b^2;\ \ \text{St. 50. 1.}$
4. 3. 2. 2.	$\dfrac{x\sqrt{x^2 + a^2}}{\sqrt{x^4 - b^4}}$	$b\sqrt{2}\cdot G_6(\alpha,\varphi);\quad b^2 \leqq x^2;\ \ \text{St. 51. 1.}$
4. 3. 3. 1.[1]	$\dfrac{x\sqrt{x^2 + a^2}}{\sqrt{(x^2+b^2)(x^2 \pm c^2)}}$	$\sqrt{b^2 \mp c^2}\cdot G_6(\alpha,\varphi);\ \ \text{tg } \varphi = \sqrt{\dfrac{x^2 \pm c^2}{a^2 \mp c^2}};\quad k^2 = \dfrac{a^2 \mp c^2}{b^2 \mp c^2}.$ für oberes Vorzeichen: $c^2 < a^2 < b^2$; „ unteres „ $a^2 < b^2$ und $c^2 \leqq x^2$.
4. 3. 3. 2.	$\dfrac{x\sqrt{x^2 - a^2}}{\sqrt{(x^2+b^2)(x^2 \pm c^2)}}$	$\sqrt{a^2 + b^2}\cdot G_4(\alpha,\varphi);\quad a^2 \leqq x^2;\ \ \text{St. 52. 1.}$
4. 3. 4. 1. 1.	$\dfrac{x\sqrt{x^2 + a^2}}{\sqrt{(x^2-b^2)(x^2+c^2)}}$	$\sqrt{b^2 + c^2}\cdot G_6(\alpha,\varphi);\quad b^2 \leqq x^2;\ \text{St. 51. 2.};\ \ \begin{array}{l}\text{für } c^2 = b^2 \\ \text{s. Nr. 4. 3. 2. 2.}\end{array}$
4. 3. 4. 2. 1.	$\dfrac{x\sqrt{a^2 + x^2}}{\sqrt{(b^2-x^2)(c^2+x^2)}}$	$-\sqrt{b^2 + c^2}\cdot G_2(\alpha,\varphi);\quad x^2 \leqq b^2;\ \ \text{St. 50. 2.}$
4. 3. 5. 1.	$\dfrac{x\sqrt{b^2 - x^2}}{\sqrt{(a^2+x^2)(c^2+x^2)}}$	$-\sqrt{b^2 + c^2}\cdot G_1(\alpha,\varphi);\quad x^2 \leqq b^2;\ \ \text{St. 50. 2.}$
4. 3. 6. 1.	$\dfrac{x\sqrt{c^2 + x^2}}{\sqrt{(a^2+x^2)(b^2-x^2)}}$	$-\sqrt{b^2 + c^2}\cdot[E(\alpha,\varphi) + C];\quad x^2 \leqq b^2;\ \ \text{St. 50. 2.}$
4. 3. 6. 2.	$\dfrac{x\sqrt{x^2 \pm c^2}}{\sqrt{(x^2-a^2)(x^2+b^2)}}$	$-\sqrt{b^2 + a^2}\cdot H_1(\alpha,\varphi);\quad b^2 \leqq x^2;\ \ \text{St. 51. 2.}$
4. 3. 6. 3.	$\dfrac{x\sqrt{x^2 + c^2}}{\sqrt{(x^2+a^2)(x^2-b^2)}}$	$-\sqrt{b^2 + c^2}\cdot H_2(\alpha,\varphi);\quad b^2 \leqq x^2;\ \ \text{St. 51. 2.}$
4. 3. 6. 4.	$\dfrac{x\sqrt{x^2 \pm c^2}}{\sqrt{(a^2-x^2)(b^2-x^2)}}$	$-\dfrac{\sqrt{b^2 \pm c^2}}{k^2}\cdot J_3(\alpha,\varphi);\quad x^2 \leqq a^2;\ \ \text{St. 47. 3.}$
4. 3. 6. 5.	$\dfrac{x\sqrt{x^2 + c^2}}{\sqrt{(b^2-x^2)(x^2-a^2)}}$	$-\sqrt{b^2 + c^2}\cdot[E(\alpha,\varphi) + C];\quad a^2 \leqq x^2 \leqq b^2;\ \ \text{St. 28. 2.}$

[1] Die Integrale unter 4. 2. bis 4. 3. lassen sich auch durch $\pm a^2 \pm c^2 = \pm z^2$ auf die Formen unter 2. 3. 2. 2. Nr. 2. 1. bis 2. 3. bringen; z. B. wird nach 2. 3. 2. 2. Nr. 2. 1. 1. 1. mit $z^2 = x^2 + c^2$:

$$\int \frac{x\sqrt{x^2+a^2}}{\sqrt{(x^2 + b^2)(x^2+c^2)}} = \int \sqrt{\frac{z^2 + A^2}{z^2 + B^2}}\,dz = b\cdot G_6(\alpha,\varphi), \quad \text{wobei}\quad A^2 = a^2 - c^2,\quad B^2 = b^2 - c^2 \text{ und}$$

tg $\varphi = z/A$ nach St. 5. ist. Für $c^2 > a^2$ kommt im Zähler $z^2 - A^2$ mit $A^2 = c^2 - a^2$, d. h. $c^2 \geqq a^2$. Dann wird man auf Abs. 2. 3. 2. 2. Nr. 2. 3. 1. 1. geführt.

Nr.	$f(x) = J'(x)$	$J(x) = \int f(x)\, dx$
4.4.1.1.1.	$\dfrac{1}{x^2}\sqrt{(a^2-x^2)(b^2+x^2)}$	$-\sqrt{a^2+b^2}\cdot H_3(\alpha,\varphi);\quad 0<x^2\leqq a^2;\ \text{St. 2.}$
4.4.1.1.2.	$\dfrac{1}{x^2}\sqrt{a^4-x^4}$	$-a\sqrt{2}\cdot H_3\left(\dfrac{\pi}{4},\varphi\right);\quad 0<x^2\leqq a^2;\ \text{St. 2.},\ a=b.$
4.4.1.2.1.	$\dfrac{1}{x^2}\sqrt{(x^2-a^2)(x^2+b^2)}$	$\sqrt{a^2+b^2}\cdot H_3(\alpha,\varphi);\quad a^2\leqq x^2:\ \text{St. 4.}$
4.4.1.2.2.	$\dfrac{1}{x^2}\sqrt{x^4-a^4}$	$a\sqrt{2}\cdot H_3\left(\dfrac{\pi}{4},\varphi\right);\quad a^2\leqq x^2;\ \text{St. 4.},\ a=b;$ $\Psi = \sqrt{x^4-a^4}/ax.$
4.4.2.1.	$\dfrac{1}{x^2}\sqrt{(a^2+x^2)(b^2+x^2)}$	$b\cdot H_5(\alpha,\varphi);\quad \text{St. 5.}$
4.4.2.2.1.	$\dfrac{1}{x^2}\sqrt{(a^2-x^2)(b^2-x^2)}$	$-b\cdot J_4(\alpha,\varphi);\quad 0<x^2\leqq a^2;\ \text{St. 26.}$
4.4.2.2.2. [1]	„	$-b\cdot J_4(\alpha,\varphi);\quad b^2\leqq x^2;\ \text{St. 29.1.}$
6.1.1.	$x\sqrt{\dfrac{b^4+x^4}{a^4+x^4}}$	$\dfrac{1}{2}b^2\cdot G_6(\alpha,\varphi);\quad \text{St. 21.}$
6.1.2.	$x\sqrt{\dfrac{a^4+x^4}{b^4+x^4}}$	$\dfrac{1}{2}b^2\cdot H_2(\alpha,\varphi);\quad \text{St. 21.}$
6.2.1.1.	$x\sqrt{\dfrac{b^4-x^4}{a^4-x^4}}$	$\dfrac{1}{2}b^2\cdot[E(\alpha,\varphi)+C];\quad 0\leqq x^2\leqq a^2;\ \text{St. 17.}$
6.2.1.2.	$x\sqrt{\dfrac{a^4-x^4}{b^4-x^4}}$	$\dfrac{1}{2}b^2\cdot G_2(\alpha,\varphi);\quad 0\leqq x^2\leqq a^2;\ \text{St. 17.}$
6.2.2.1.	$x\sqrt{\dfrac{x^4-b^4}{x^4-a^4}}$	$\dfrac{1}{2}b^2\cdot G_4(\alpha,\varphi);\quad b^2\leqq x^2;\ \text{St. 19.},\ \text{aber } a \text{ u. } b$ vertauschen.
6.2.2.2.	$x\sqrt{\dfrac{x^4-a^4}{x^4-b^4}}$	$-\dfrac{1}{2}b^2\cdot H_1(\alpha,\varphi);\quad b^2\leqq x^2;\ \text{St. 19.},\ \text{aber } a \text{ u. } b$ vertauschen.
6.3.1.1.	$x\sqrt{\dfrac{a^4-x^4}{b^4+x^4}}$	$-\dfrac{1}{2}\sqrt{a^4+b^4}\cdot G_1(\alpha,\varphi);\quad x^2\leqq a^2;\ \text{St. 18.}$

---

[1] Integrale von der Form $\displaystyle\int \frac{\sqrt{A^2+z^2}\,\sqrt{B^2+z^2}}{\sqrt{C^2+z^2}^3}\,dz$ können durch $z^2=x^2-C^2$, $a^2=A^2-C^2$, $b^2=B^2-C^2$ auf die obigen Formen $\displaystyle\int \frac{1}{x^2}\sqrt{(x^2+a^2)(x^2+b^2)}\,dx$ gebracht werden, wobei durch Variation der Vorzeichen von A^2, B^2, C^2, z^2 verschiedene Einzelformen erhalten werden.

Nr.	$f(x) = J'(x)$	$J(x) = \int f(x)\, dx$
6.3.1.2.	$x\sqrt{\dfrac{a^4 - x^4}{a^4 + x^4}}$	$-\dfrac{1}{2}\, a^2\, \sqrt{2} \cdot G_1\left(\dfrac{\pi}{4},\varphi\right);\ \ x^2 \leqq a^2;\ \text{St. 18.},\ a = b.$
6.3.2.1.	$x\sqrt{\dfrac{b^4 + x^4}{a^4 - x^4}}$	$-\dfrac{1}{2}\sqrt{a^4 + b^4} \cdot [E(\alpha,\varphi) + C];\ \ x^2 \leqq a^2;\ \ \text{St. 18.}$
6.3.2.2.	$x\sqrt{\dfrac{a^4 + x^4}{a^4 - x^4}}$	$-\dfrac{1}{2}\, a^2 \sqrt{2} \cdot \left[E\left(\dfrac{\pi}{4},\varphi\right) + C\right]; x^2 \leqq a^2; \text{St. 18.},\ a = b.$
6.4.1.1.	$x\sqrt{\dfrac{x^4 - a^4}{x^4 + b^4}}$	$\dfrac{1}{2}\sqrt{a^4 + b^4} \cdot G_3(\alpha,\varphi);\ \ a^2 \leqq x^2;\ \text{St. 20.}$
6.4.1.2.	$x\sqrt{\dfrac{x^4 - a^4}{x^4 + a^4}}$	$\dfrac{1}{2}\, a^2\, \sqrt{2} \cdot G_3\left(\dfrac{\pi}{4},\varphi\right);\ \ a^2 \leqq x^2;\ \text{St. 20.},\ a = b.$
6.4.2.1.	$x\sqrt{\dfrac{x^4 + b^4}{x^4 - a^4}}$	$\dfrac{1}{2}\sqrt{a^4 + b^4} \cdot H_2(\alpha,\varphi);\ \ a^2 \leqq x^2;\ \text{St. 20.}$
6.4.2.2.	$x\sqrt{\dfrac{x^4 + a^4}{x^4 - a^4}}$	$\dfrac{1}{2}\, a^2\, \sqrt{2} \cdot H_2\left(\dfrac{\pi}{4},\varphi\right);\ \ a^2 \leqq x^2;\ \text{St. 20.},\ a = b.$

$2.3.2.5.^{1)}\ \ n = 5.$

Nr.	$f(x) = J'(x)$	$J(x) = \int f(x)\, dx$
0.1.1.	$\dfrac{1}{\sqrt{x^3 (x - a)(x - b)}}$	$-\dfrac{2}{b\sqrt{a}} \cdot G_1(\alpha,\varphi);\ \ a \leqq x;\ \text{St. 9.1.}$
0.1.1.1.	„	$\dfrac{2}{b\sqrt{a}} \cdot G_5(\alpha,\varphi);\ \ 0 < x \leqq b;\ \text{St. 7.1.},\ a\ \text{u.}\ b$ vertauschen.
0.1.2.1.	$\dfrac{1}{\sqrt{x^3 (x - a)(b - x)}}$	$\dfrac{2}{b\sqrt{a}} \cdot [E(\alpha,\varphi) + C];\ b \leqq x \leqq a;\ \text{St. 33.},\ a\ \text{u.}\ b$ vertauschen.
0.1.2.2.	„	$\dfrac{2}{b\sqrt{a}} \cdot G_4(\alpha,\varphi);\ \ x < 0;\ \text{St. 11.2.},\ a\ \text{u.}\ b$ vertauschen.
0.2.1.	$\dfrac{1}{\sqrt{x^3 (x + a)(x + b)}}$	$-\dfrac{2}{b\sqrt{a}} \cdot G_4(\alpha,\varphi);\ \ 0 < x;\ \text{St. 11.1.},\ a\ \text{u.}\ b$ vertauschen.
0.2.2.	„	$-\dfrac{2}{b\sqrt{a}} \cdot [E(\alpha,\varphi) + C];\ \ -a \leqq x \leqq -b;$ $\sin\varphi = \sqrt{\dfrac{a}{x} \cdot \dfrac{x + a}{x - a}};\ \ k'^2 = \dfrac{b}{a}.$
0.2.2.1.1.	$\dfrac{1}{\sqrt{x^3 (x - a)(x + b)}}$	$\dfrac{2\sqrt{a + b}}{ab} \cdot G_2(\alpha,\varphi);\ \ a \leqq x;\ \text{St. 10.1.}$

---

[1]) Weitere Formeln können gewonnen werden, wenn x durch $(\pm x \pm c)$ ersetzt wird.

Nr.	$f(x) = J'(x)$	$J(x) = \int f(x)\,dx$
0. 2. 2. 1. 2.	$\dfrac{1}{\sqrt{x^3(x-a)(x+b)}}$	$\dfrac{2\sqrt{a+b}}{ab}\cdot G_6(\alpha,\varphi);\; -b\leqq x<0;$ St. 8. 2., a u. b vertauschen.
0. 2. 2. 2. 1.	$\dfrac{1}{\sqrt{x^3(x^2-a^2)}}$	$\sqrt{\left(\dfrac{2}{a}\right)^3}\cdot G_2\left(\dfrac{\pi}{4},\varphi\right);\; a\leqq x;$ St. 10. 1., $a=b.$
0. 2. 2. 2. 2.	„	$\sqrt{\left(\dfrac{2}{a}\right)^3}\cdot G_6\left(\dfrac{\pi}{4},\varphi\right);\; -a\leqq x<0;$ St. 8. 2., $a=b.$

$$2.\,3.\,2.\,6.\quad n=6.^{1)}$$

Nr.	$f(x) = J'(x)$	$J(x) = \int f(x)\,dx$
0. 1. 1.	$\dfrac{1}{\sqrt{(x^2+b^2)(x^4-a^4)}}$	$\dfrac{1}{a\sqrt{a^2+b^2}}[F(\alpha,\varphi)+C];\; a^2\leqq x^2;$ St. 23.
0. 1. 2.	$\dfrac{1}{\sqrt{(x^2+b^2)(a^4-x^4)}}$	$\dfrac{1}{a\sqrt{a^2+b^2}}[F(\alpha,\varphi)+C];\; x^2\leqq a^2;$ St. 24. 1.
0. 2. 1.	$\dfrac{1}{\sqrt{(x^2+a^2)(x^4-b^4)}}$	$-\dfrac{1}{b\sqrt{a^2+b^2}}[F(\alpha,\varphi)+C];\; b^2\leqq x^2;$ St. 48.
0. 2. 2.	$\dfrac{1}{\sqrt{(x^2+a^2)(b^4-x^4)}}$	$-\dfrac{1}{b\sqrt{a^2+b^2}}[F(\alpha,\varphi)+C];\; x^2\leqq b^2;$ St. 49.
1. 1. 1. 1.	$\dfrac{\sqrt{x}}{(a-x)^2\sqrt{x^2+bx+a^2}}$	$\dfrac{1}{(2a+b)\sqrt{a}}\cdot G_3(\alpha,\varphi);\; 0\leqq x;$ St. 13.
1. 1. 1. 2.	„	$\dfrac{1}{2a\sqrt{2a+b}}\cdot G_4(\alpha,\varphi);\; 0\leqq x;$ St. 14.
1. 1. 2. 1.	$\dfrac{\sqrt{x}}{(a+x)^2\sqrt{x^2+bx+a^2}}$	$\dfrac{1}{(2a-b)\sqrt{a}}\cdot G_1(\alpha,\varphi);\; 0\leqq x;$ St. 13.
1. 1. 2. 2.	„	$-\dfrac{\sqrt{b+2a}}{2a(b-2a)}\cdot G_2(\alpha,\varphi);\; 0\leqq x;$ St. 14.
1. 2. 1. 1.	$\sqrt{\dfrac{a-x}{x^3(b-x)^3}}$	$\dfrac{2\sqrt{a}}{b^2}\cdot H_5(\alpha,\varphi);\; 0<x<b<a;$ St. 7. 1., a u. b vertauschen.
1. 2. 1. 2.	„	$-\dfrac{2a^2\sqrt{a}}{b^4}\cdot J_7(\alpha,\varphi);\; b<a\leqq x;$ St. 9. 1.
1. 2. 2. 1.	$\sqrt{\dfrac{b-x}{x^3(a-x)^3}}$	$\dfrac{2}{\sqrt{a^3}}\cdot J_5(\alpha,\varphi);\; 0<x<b<a;$ St. 7. 1., a u. b vertauschen.

$^{1)}$ vgl. auch Anmerkung 1, S. 124.

Nr.	$f(x) = J'(x)$	$J(x) = \int f(x)\, dx$
1.2.2.2.	$\sqrt{\dfrac{b-x}{x^3(a-x)^3}}$	$-\dfrac{2}{\sqrt{a^3}} \cdot H_3(\alpha, \varphi);\quad b < a \leqq x;\ \text{St. 9.1.}$
1.2.3.1.	$\sqrt{\dfrac{x-a}{x^3(b-x)^3}}$	$\dfrac{2}{\sqrt{b^3}} \cdot H_3(\alpha, \varphi);\quad a \leqq x < b;\ \text{St. 33};\ \text{für } x < 0\ \text{vgl.}$ $\text{Nr. 1.2.4.1. mit } x = -z.$
1.2.3.2.	$\sqrt{\dfrac{b-x}{x^3(x-a)^3}}$	$\dfrac{2\sqrt{b}}{a^2} \cdot H_4(\alpha, \varphi);\quad a < x \leqq b;\ \text{St. 33};\ \text{für } x < 0\ \text{vgl.}$ $\text{Nr. 1.2.4.2. mit } x = -z.$
1.2.4.1.	$\sqrt{\dfrac{a+x}{x^3(b+x)^3}}$	$-\dfrac{2}{\sqrt{b^3}} \cdot H_3(\alpha, \varphi);\ \text{St. 12.1., } a \text{ und } b \text{ vertauschen};$ $\text{für } -a \leqq x < -b\ \text{vgl. Nr. 1.2.3.1.}$ $\text{mit } x = -z.$
1.2.4.2.	$\sqrt{\dfrac{b+x}{x^3(a+x)^3}}$	$-\dfrac{2}{\sqrt{b^3}} \cdot G_3(\alpha, \varphi);\ \text{St. 12.1., } a \text{ und } b \text{ vertauschen};$ $\text{für } -a < x \leqq -b\ \text{vgl. Nr. 1.2.3.2.}$ $\text{mit } x = -z.$
1.3.1.1.	$\sqrt{\dfrac{x}{(x^2+a^2+bx)^3}}$	$\dfrac{4\sqrt{a}}{4a^2-b^2} \cdot J_2(\alpha, \varphi);\quad \text{St. 13};\ b < 2a;$ $\left.\begin{array}{l}\ \\ \ \end{array}\right\}\ 0 \leqq x.$
1.3.1.2.	$''$	$-\dfrac{2a}{(b-2a)\sqrt{b+2a}} \cdot J_3(\alpha, \varphi);\quad \begin{array}{l}\text{St. 14;}\\ b > 2a;\end{array}$
2.1.1.1.	$\dfrac{1}{x^2}\sqrt{\dfrac{x^2-a^2}{x^2-b^2}}$	$-\dfrac{1}{b} \cdot G_4(\alpha, \varphi);\quad 0 < x^2 \leqq a^2;\ \text{St 1.}$
2.1.1.2.	$''$	$-\dfrac{1}{b}[E(\alpha, \varphi) + C];\quad b^2 \leqq x^2;\ \text{St. 3., } a \text{ und } b$ vertauschen.
2.1.1.3.	$\dfrac{1}{x^2}\sqrt{\dfrac{x^2-b^2}{x^2-a^2}}$	$\dfrac{1}{b} \cdot G_1(\alpha, \varphi);\quad 0 < x^2 \leqq a^2;\ \text{St. 1.}$
2.1.1.4.	$''$	$-\dfrac{b}{a^2} \cdot G_2(\alpha, \varphi);\ b^2 \leqq x^2;\ \text{St. 3., } a \text{ und } b \text{ vertauschen.}$
2.1.2.1.	$\dfrac{1}{x^2}\sqrt{\dfrac{x^2-a^2}{b^2-x^2}}$	$-\dfrac{1}{b} \cdot J_3(\alpha, \varphi);\ a^2 \leqq x^2 \leqq b^2;\ \text{St. 28.1.}$
2.1.2.2.	$\dfrac{1}{x^2}\sqrt{\dfrac{b^2-x^2}{x^2-a^2}}$	$\dfrac{b}{a^2} \cdot G_2(\alpha, \psi);\quad a^2 \leqq x^2 \leqq b^2;\ \text{St. 27.1.}$
2.1.3.1.	$\dfrac{1}{x^2}\sqrt{\dfrac{x^2-a^2}{x^2+b^2}}$	$\dfrac{\sqrt{a^2+b^2}}{b^2} \cdot G_1(\alpha, \varphi);\quad a^2 \leqq x^2;\ \text{St. 4.}$
2.1.3.2.	$\dfrac{1}{x^2}\sqrt{\dfrac{x^2+b^2}{x^2-a^2}}$	$\dfrac{\sqrt{a^2+b^2}}{a^2}[E(\alpha, \varphi) + C];\quad a^2 \leqq x^2;\ \text{St. 4.}$

Nr.	$f(x) = J'(x)$	$J(x) = \int f(x)\,dx$
2. 1. 3. 3.	$\dfrac{1}{x^2}\sqrt{\dfrac{a^2 - x^2}{b^2 + x^2}}$	$-\dfrac{\sqrt{a^2 + b^2}}{b^2}\cdot G_3(\alpha,\varphi);\quad 0 < x^2 \leqq a^2;\ \text{St. 2.}$
2. 1. 3. 4.	$\dfrac{1}{x^2}\sqrt{\dfrac{b^2 + x^2}{a^2 - x^2}}$	$-\dfrac{\sqrt{a^2 + b^2}}{a^2}\cdot H_2(\alpha,\varphi);\quad 0 < x^2 \leqq a^2;\ \text{St. 2.}$
2. 1. 4. 1.	$\dfrac{1\cdot}{x^2}\sqrt{\dfrac{a^2 + x^2}{b^2 + x^2}}$	$\dfrac{1}{b}\cdot G_5(\alpha,\varphi);\quad \text{St. 5.};\ a^2 < b^2.$
2. 1. 4. 2.	″	$-\dfrac{a}{b^2}\,G_6(\alpha,\varphi);\quad \text{St. 6.};\ b^2 < a^2.$
2. 2. 1. 1.	$\sqrt{\dfrac{x^2 - a^2}{(x^2 - b^2)^3}}$	$-\dfrac{1}{b}\,G_1(\alpha,\varphi);\quad 0 \leqq x^2 \leqq a^2;\ \text{St. 26.}$
2. 2. 1. 2.	″	$\dfrac{1}{b}\cdot H_2(\alpha,\varphi);\quad b^2 \leqq x^2;\ \text{St. 3.},\ a\ \text{und}\ b\ \text{vertauschen.}$
2. 2. 1. 3.	$\sqrt{\dfrac{x^2 - b^2}{(x^2 - a^2)^3}}$	$\dfrac{b}{a^2}\cdot G_1(\alpha,\varphi);\quad b^2 \leqq x^2;\ \text{St. 29. 1.}$
2. 2. 1. 4.	″	$\dfrac{b}{a^2}\cdot H_2(\alpha,\varphi);\quad 0 \leqq x^2 \leqq a^2;\ \text{St. 1.}$
2. 2. 2. 1.	$\sqrt{\dfrac{x^2 - a^2}{(b^2 - x^2)^3}}$	$\dfrac{1}{b}\cdot G_4(\alpha,\varphi);\quad a^2 \leqq x^2 \leqq b^2;\ \text{St. 28. 1.}$
2. 2. 2. 2.	$\sqrt{\dfrac{b^2 - x^2}{(x^2 - a^2)^3}}$	$-\dfrac{b}{a^2}\cdot G_3(\alpha,\varphi);\quad a^2 < x^2 \leqq b^2;\ \text{St. 28. 1.}$
2. 2. 3. 1.	$\sqrt{\dfrac{x^2 - a^2}{(x^2 + b^2)^3}}$	$-\dfrac{\sqrt{a^2 + b^2}}{b^2}\cdot G_2(\alpha,\varphi);\quad a^2 \leqq x^2;\ \text{St. 52. 3.}$
2. 2. 3. 2.	$\sqrt{\dfrac{x^2 + b^2}{(x^2 - a^2)^3}}$	$-\dfrac{1}{\sqrt{a^2 + b^2}}\cdot H_2(\alpha,\varphi);\quad a^2 \leqq x^2;\ \text{St. 52. 3.}$
2. 2. 3. 3.	$\sqrt{\dfrac{a^2 - x^2}{(b^2 + x^2)^3}}$	$\dfrac{\sqrt{a^2 + b^2}}{b^2}\cdot G_2(\alpha,\varphi);\quad 0 \leqq x^2 \leqq a^2;\ \text{St. 24. 1.}$
2. 2. 3. 4.	$\sqrt{\dfrac{b^2 + x^2}{(a^2 - x^2)^3}}$	$\dfrac{\sqrt{a^2 + b^2}}{a^2}\cdot G_6(\alpha,\varphi);\quad 0 \leqq x^2 \leqq a^2;\ \text{St. 24. 1.}$
2. 2. 4. 1.	$\sqrt{\dfrac{a^2 + x^2}{(b^2 + x^2)^3}}$	$-\dfrac{1}{b}\cdot [E(\alpha,\varphi) + C];\quad \text{St. 6.},\ a\ \text{und}\ b\ \text{vertauschen};\ a^2 < b^2.$
2. 2. 4. 2.	″	$-\dfrac{a}{b^2}\cdot J_1(\alpha,\varphi);\quad \text{St. 6};\ b^2 < a^2.$

Nr.	$f(x) = J'(x)$	$J(x) = \int f(x)\,dx$
2.3.1.1.[1]	$\dfrac{x}{\sqrt{(a^2+x^2)(b^4-x^4)}}$	$x^2 \leqq b^2$; St. 50. 1.
2.3.1.2.	$\dfrac{x}{\sqrt{(a^2+x^2)(x^4-b^4)}}$	$b^2 \leqq x^2$; St. 51. 1.
2.3.2.1.	$\dfrac{x}{\sqrt{(a^2-x^2)(b^4-x^4)}}$	$-\dfrac{1}{b\sqrt{2}} \cdot [F(\alpha,\varphi)+C]$; $x^2 \leqq a^2$; St. 47. 2.
2.3.2.2.	$\dfrac{x}{\sqrt{(x^2-a^2)(b^4-x^4)}}$	$a^2 \leqq x^2 \leqq b^2$; St. 28. 2. mit „$+c^2$“ $= b^2$.
2.3.3.0.	$\dfrac{x}{\sqrt{(x^2-a^2)(x^4-b^4)}}$	$\dfrac{1}{b\sqrt{2}} \cdot [F(\alpha,\varphi)+C]$; $b^2 \leqq x^2$; St. 29. 2. mit „$+c^2$“ $= b^2$.
2.3.4.1.	$\dfrac{x}{\sqrt{(x^2+b^2)(a^4-x^4)}}$	$x^2 \leqq a^2$; St. 22.
2.3.4.2.	$\dfrac{x}{\sqrt{(x^2+b^2)(x^4-a^4)}}$	$a^2 \leqq x^2$; St. 52. 2.
2.3.5.1.	$\dfrac{x}{\sqrt{(b^2-x^2)(a^4-x^4)}}$	$-\dfrac{1}{\sqrt{a^2+b^2}}[F(\alpha,\varphi)+C]$; $x^2 \leqq a^2$; St. 47. 1.
2.3.5.2.	$\dfrac{x}{\sqrt{(b^2-x^2)(x^4-a^4)}}$	$a^2 \leqq x^2$; St. 28. 2. mit „$+c^2$“ $= a^2$.
2.3.6.0.	$\dfrac{x}{\sqrt{(x^2-b^2)(x^4-a^4)}}$	$\dfrac{1}{\sqrt{a^2+b^2}} \cdot [F(\alpha,\varphi)+C]$; $b^2 \leqq x^2$; St. 29. 2. mit „$+c^2$“ $= a^2$.
6.1.1.1.	$\dfrac{x^2\sqrt{x^2-a^2}}{\sqrt{(x^2-b^2)^3}}$	$b \cdot J_7(\alpha,\varphi)$; $x^2 \leqq a^2$; St. 1.
6.1.1.2.	$\dfrac{x^2\sqrt{x^2-a^2}}{\sqrt{(x^2-b^2)^3}}$	$-b \cdot H_5(\alpha,\varphi)$; $b^2 < x^2$; St. 3., a u. b vertauschen.
6.1.1.3.	$\dfrac{x^2\sqrt{x^2-b^2}}{\sqrt{(x^2-a^2)^3}}$	$b \cdot H_3(\alpha,\varphi)$: $x^2 < a^2$; St. 1.
6.1.1.4.	$\dfrac{x^2\sqrt{x^2-b^2}}{\sqrt{(x^2-a^2)^3}}$	$b \cdot H_3(\alpha,\varphi)$; $b^2 \leqq x^2$; St. 29. 1.

---

[1] Durch Substitutionen wie $z^2 = a^2 \pm x^2$ erhält man Formen nach Abs. 2.3.2.4. Nr. 0. . . . Aus 2. 3. 1. 1. wird z. B. mit $z^2 = a^2 + x^2$ das Integral $\displaystyle\int \frac{dz}{\sqrt{(A^2-z^2)(B^2+z^2)}}$, wobei $A^2 = b^2+a^2$ u. $B^2 = b^2-a^2$.

Nr.	$f(x) = J'(x)$	$J(x) = \int f(x)\,dx$
6.1.2.1.	$\dfrac{x^2\sqrt{x^2-a^2}}{\sqrt{(b^2-x^2)^3}}$	$-\,b\cdot H_1(\alpha,\varphi);\ \ a^2\leqq x^2<b^2;\ \ \text{St. 28. 1.}$
6.1.2.2.	$\dfrac{x^2\sqrt{b^2-x^2}}{\sqrt{(x^2-a^2)^3}}$	$-\,b\cdot H_3(\alpha,\varphi);\ \ a^2<x^2;\ \ \text{St. 28. 1.}$
6.1.3.1.	$\dfrac{x^2\sqrt{x^2-a^2}}{\sqrt{(x^2+b^2)^3}}$	$\dfrac{a^2}{b^2}\sqrt{a^2+b^2}\cdot J_2(\alpha,\varphi);\ a^2\leqq x^2;\ \ \text{St. 4.};\ \ \text{für } a^2=b^2$ $\text{wird } \alpha=4/\pi.$
6.1.3.2.	$\dfrac{x^2\sqrt{x^2+b^2}}{\sqrt{(x^2-a^2)^3}}$	$\sqrt{a^2+b^2}\cdot H_5(\alpha,\varphi);\ a^2<x^2;\ \ \text{St. 4.};\ \ \text{für } a^2=b^2 \text{ wird}$ $\alpha=\pi/4.$
6.1.3.3.	$\dfrac{x^2\sqrt{a^2-x^2}}{\sqrt{(b^2+x^2)^3}}$	$-\sqrt{a^2+b^2}\cdot J_7(\alpha,\varphi);\ \ x^2\leqq a^2;\ \ \text{St. 2.};\ \ \text{für } a^2=b^2$ $\text{wird } \alpha=\pi/4.$
6.1.3.4.	$\dfrac{x^2\sqrt{b^2+x^2}}{\sqrt{(a^2-x^2)^3}}$	$-\sqrt{a^2+b^2}\cdot H_4(\alpha,\varphi);\ \ x^2<a^2;\ \ \text{St. 2.};\ \ \text{für } a^2=b^2$ $\text{wird } \alpha=\pi/4.$
6.1.4.1.	$\dfrac{x^2\sqrt{a^2+x^2}}{\sqrt{(b^2+x^2)^3}}$	$b\cdot H_3(\alpha,\varphi);\ \ \text{St. 5.};\ \ a^2<b^2.$
6.1.4.2.	„	$-\,a\cdot J_5(\alpha,\varphi);\ \ \text{St. 6.};\ \ b^2<a^2.$
6.2.1.1.	$\left(\dfrac{a^2+x^2}{b^2+x^2}\right)^{3/2}$	$b\,[\Psi(\alpha,\varphi)+k^4\Phi(\alpha,\varphi)+k'^2F(\alpha,\varphi)-(1+k^2)E(\alpha,\varphi)+C];$ $\text{St. 5.};\ \ a^2<b^2.$
6.2.1.2.	$\left(\dfrac{b^2+x^2}{a^2+x^2}\right)^{3/2}$	$b\,[F(\alpha,\varphi)+\lambda^2E(\alpha,\varphi)+\Psi(\alpha,\varphi)+C];\ \text{St. 5.};$ $\lambda^2=(1-2k^2)/k'^2=1-\operatorname{tg}^2\alpha=2-b^2/a^2.$
6.2.1.3.	$\left(\dfrac{b^2+x^2}{a^2-x^2}\right)^{3/2}$	$\dfrac{a}{k^3}\,[\overline{\Psi}(\alpha,\varphi)+(1+k^2)E(\alpha,\varphi)-k^2F(\alpha,\varphi)+C];\ x^2<a^2;$ St. 2.
6.2.1.4.	$\left(\dfrac{x^2+a^2}{x^2-b^2}\right)^{3/2}$	$\dfrac{b}{k'^2}\cdot L(\alpha,\varphi);\ \ b^2<x^2;\ \ \text{St. 4.},\ a \text{ und } b \text{ vertauschen.}$
6.2.2.1.	$\left(\dfrac{a^2-x^2}{b^2+x^2}\right)^{3/2}$	$-\dfrac{a}{k\,k'^2}\cdot J_6(\alpha,\varphi);\ \ x^2\leqq a^2;\ \ \text{St. 2.}$
6.2.2.2.	$\left(\dfrac{a^2-x^2}{b^2-x^2}\right)^{3/2}$	$b\cdot J_6(\alpha,\varphi);\ x^2\leqq a^2;\ \text{St. 26.}$
6.2.2.3.	$\left(\dfrac{b^2-x^2}{a^2-x^2}\right)^{3/2}$	$\dfrac{b}{\mu^2}\,[\mu k^2\Phi(\alpha,\varphi)+\overline{\Psi}(\alpha,\varphi)-F(\alpha,\varphi)-\mu^2E(\alpha,\varphi)+C];$ $x^2<a^2;\ \text{St. 26.};\ \mu^2=\operatorname{tg}^2\alpha=a^2/(b^2-a^2).$
6.2.2.4.	$\left(\dfrac{b^2-x^2}{x^2-a^2}\right)^{3/2}$	$\dfrac{b^3}{a^2}\cdot K_2(\alpha,\varphi);\ \ a^2<x^2\leqq b^2;\ \ \text{St. 27.}$

Nr.	$f(x) = J'(x)$	$J(x) = \int f(x)\, dx$
6. 2. 3. 1.	$\left(\dfrac{x^2 - b^2}{x^2 + a^2}\right)^{3/2}$	$-\dfrac{b^2}{a^2}\sqrt{a^2 + b^2} \cdot K_1(\alpha, \varphi);\quad b^2 \leqq x^2;\quad \text{St. 4.,}$ a und b vertauschen.
6. 2. 3. 2.	$\left(\dfrac{x^2 - a^2}{b^2 - x^2}\right)^{3/2}$	$\dfrac{a^2}{b} \cdot K_1(\alpha, \varphi);\quad a^2 \leqq x^2 < b^2;\quad \text{St. 27.}$
6. 2. 3. 3.	$\left(\dfrac{x^2 - b^2}{x^2 - a^2}\right)^{3/2}$	$-a \cdot L(\alpha, \varphi);\quad b^2 < a^2 < x^2;\quad \text{St. 3.}$
6. 2. 3. 4.	$\left(\dfrac{x^2 - b^2}{x^2 - a^2}\right)^{3/2}$	$-\dfrac{b^3}{a^2} \cdot K_2(\alpha, \varphi);\quad a^2 < b^2 \leqq x^2;\quad \text{St. 3.,}$ a und b vertauschen.
6. 3. 1. 1. [1]	$x\sqrt{\dfrac{(x^2 - b^2)(x^2 \pm c^2)}{(x^2 - a^2)^3}}$	$\sqrt{b^2 \pm c^2} \cdot H_3(\alpha, \varphi);\quad b^2 \leqq x^2;\quad \text{St. 29. 2.}$
6. 3. 1. 2.	$x\sqrt{\dfrac{x^4 - b^4}{(x^2 - a^2)^3}}$	$b\sqrt{2} \cdot H_3(\alpha, \varphi);\quad b^2 \leqq x^2;\quad \text{St. 29. 2.}$ für „$+ c^2$“ $= b^2.$
6. 3. 2. 1.	$x\sqrt{\dfrac{(b^2 - x^2)(x^2 \pm c^2)}{(x^2 - a^2)^3}}$	$\sqrt{b^2 \pm c^2} \cdot H_3(\alpha, \varphi);\quad a^2 < x^2 \leqq b^2;\quad \text{St. 28. 2.}$
6. 3. 2. 2.	$x\sqrt{\dfrac{b^4 - x^4}{(x^2 - a^2)^3}}$	$b\sqrt{2} \cdot H_3(\alpha, \varphi);\quad a^2 < x^2 \leqq b^2;\quad \text{St. 28. 2.}$ für „$+ c^2$“ $= b^2.$

2. 3. 2. 8. $n = 8.$

Nr.	$f(x) = J'(x)$	$J(x) = \int f(x)\, dx$
0. 1. 1. 1.	$\dfrac{1}{\sqrt{(a^2 - x^2)(b^2 - x^2)^3}}$	$\dfrac{1}{b(b^2 - a^2)}\left[E(\alpha, \varphi) + C\right];\quad x^2 \leqq a^2;\quad \text{St. 26.}$
0. 1. 1. 2.	"	$\dfrac{1}{b(b^2 - a^2)} \cdot G_3(\alpha, \varphi);\quad b^2 < x^2;\quad \text{St. 3.,}$ a und b vertauschen.
0. 1. 1. 3.	$\dfrac{1}{\sqrt{(a^2 - x^2)^3(b^2 - x^2)}}$	$\dfrac{b}{a^2(b^2 - a^2)} \cdot G_6(\alpha, \varphi);\quad x^2 < a^2;\quad \text{St. 1.}$
0. 1. 1. 4.	"	$\dfrac{b}{a^2(b^2 - a^2)} \cdot G_2(\alpha, \varphi);\quad b^2 \leqq x^2;\quad \text{St. 29. 1.}$

---

[1] Die Substitution $z^2 = x^2 - a^2$ u. ä. führt auf den Integranden $\dfrac{1}{z^2}\sqrt{(z^2 - B^2)(z^2 + C^2)}$ mit $B^2 = b^2 - a^2$ und $C^2 = a^2 \pm c^2$, d. h. auf die Gruppe 2. 3. 2. 4. Nr. 4. 4.

Nr.	$f(x) = J'(x)$	$J(x) = \int f(x)\,dx$
0. 1. 2. 1.	$\dfrac{1}{\sqrt{(x^2 - a^2)(b^2 - x^2)^3}}$	$-\dfrac{1}{b(b^2 - a^2)} \cdot G_5(\alpha, \varphi)\,;\ a^2 \leqq x^2 < b^2\,;\ \text{St. 28. 1.}$
0. 1. 2. 2.	$\dfrac{1}{\sqrt{(x^2 - a^2)^3(b^2 - x^2)}}$	$-\dfrac{1}{b(b^2 - a^2)} \cdot G_6(\alpha, \varphi)\,;\ a^2 < x^2 \leqq b^2\,;\ \text{St. 28. 1.}$
0. 1. 3. 1.	$\dfrac{1}{\sqrt{(x^2 + a^2)(x^2 - b^2)^3}}$	$-\dfrac{1}{b^2\sqrt{a^2 + b^2}} \cdot G_3(\alpha, \varphi)\,;\ \ b^2 < x^2\,;\ \ \text{St. 25.}$
0. 1. 3. 2.	$\dfrac{1}{\sqrt{(x^2 + a^2)^3(x^2 - b^2)}}$	$-\dfrac{1}{a^2\sqrt{a^2 + b^2}} \cdot G_1(\alpha, \varphi)\,;\ \ b^2 \leqq x^2\,;\ \ \text{St. 25.}$
0. 1. 3. 3.	$\dfrac{1}{\sqrt{(a^2 - x^2)(b^2 + x^2)^3}}$	$\dfrac{1}{b^2\sqrt{a^2 + b^2}} \cdot [E(\alpha, \varphi) + C]\,;\ x^2 \leqq a^2\,;\ \ \text{St. 24. 1.}$
0. 1. 3. 4.	$\dfrac{1}{\sqrt{(a^2 - x^2)^3(b^2 + x^2)}}$	$-\dfrac{1}{a^2\sqrt{a^2 + b^2}} \cdot G_5(\alpha, \varphi)\,;\ \ x^2 < a^2\,;\ \ \text{St. 2.}$
0. 1. 4. 1.	$\dfrac{1}{\sqrt{(a^2 + x^2)^3(b^2 + x^2)}}$	$\dfrac{b}{a^2(b^2 - a^2)} \cdot G_2(\alpha, \varphi)\,;\ \text{St. 5.}\,;\ a^2 < b^2.$
0. 1. 4. 2.	$\dfrac{1}{\sqrt{(a^2 + x^2)^3(b^2 + x^2)}}$	$-\dfrac{1}{a(a^2 - b^2)} \cdot G_1(\alpha, \varphi)\,;\ \text{St. 6.}\,;\ b^2 < a^2.$
0. 2. 1. 1.	$\dfrac{1}{x^2\sqrt{(a^2 - x^2)(b^2 - x^2)}}$	$\dfrac{1}{a^3} \cdot G_5(\alpha, \varphi)\,;\ \ 0 < x^2 \leqq a^2\,;\ \ \text{St. 1.}$
0. 2. 1. 2.	„	$-\dfrac{1}{a^2 b} \cdot G_1(\alpha, \varphi)\,;\ \ b^2 \leqq x^2\,;\ \ \text{St. 3.,}\ \ a\ \text{und}\ b$ vertauschen.
0. 2. 2.	$\dfrac{1}{x^2\sqrt{(x^2 - a^2)(b^2 - x^2)}}$	$\dfrac{1}{a^2 b} \cdot [E(\alpha, \varphi) + C]\,;\ a^2 \leqq x^2 \leqq b^2\,;\ \text{St. 27. 1.}$
0. 2. 3. 1.	$\dfrac{1}{x^2\sqrt{(a^2 - x^2)(b^2 + x^2)}}$	$-\dfrac{\sqrt{a^2 + b^2}}{a^2 b^2} \cdot G_6(\alpha, \varphi)\,;\ 0 < x^2 \leqq a^2\,;\ \text{St. 2.}$
0. 2. 3. 2.	$\dfrac{1}{x^2\sqrt{(x^2 - a^2)(b^2 + x^2)}}$	$\dfrac{\sqrt{a^2 + b^2}}{a^2 b^2} \cdot G_2(\alpha, \varphi)\,;\ a^2 \leqq x^2\,;\ \text{St. 4.}$
0. 2. 4. 1.	$\dfrac{1}{x^2\sqrt{a^4 - x^4}}$	$-\dfrac{\sqrt{2}}{a^3} \cdot G_6\left(\dfrac{\pi}{4}, \varphi\right)\,;\ 0 < x^2 \leqq a^2\,;\ \text{St. 2.,}\ a = b.$
0. 2. 4. 2.	$\dfrac{1}{x^2\sqrt{x^4 - a^4}}$	$\dfrac{\sqrt{2}}{a^3} \cdot G_2\left(\dfrac{\pi}{4}, \varphi\right)\,;\ a^2 \leqq x^2\,;\ \text{St. 4.,}\ a = b.$
0. 2. 5.	$\dfrac{1}{x^2\sqrt{(a^2 + x^2)(b^2 + x^2)}}$	$-\dfrac{1}{a^2 b} \cdot G_4(\alpha, \varphi)\,;\ 0 < x^2\,;\ \text{St. 5.}$

Nr.	$f(x) = J'(x)$	$J(x) = \int f(x)\, dx$	
2.1.1.1.	$\sqrt{\dfrac{a^2 - x^2}{(b^2 - x^2)^3 (c^2 - x^2)}}$	$-\dfrac{\sqrt{c^2 - a^2}}{b(c^2 - b^2)} \cdot G_1(\alpha, \varphi);$	
2.1.1.2.	$\sqrt{\dfrac{c^2 - x^2}{(b^2 - x^2)^3 (a^2 - x^2)}}$	$-\dfrac{\sqrt{c^2 - a^2}}{b(b^2 - a^2)} \cdot [E(\alpha, \varphi) + C];$	$x^2 \leqq a^2 < b^2 < c^2;$ St. 26.2.
2.1.1.3.	$\sqrt{\dfrac{b^2 - x^2}{(a^2 - x^2)(c^2 - x^2)^3}}$	$-\dfrac{b}{c^2 \sqrt{c^2 - a^2}} \cdot J_1(\alpha, \varphi);$	
2.1.2.1.	$\sqrt{\dfrac{a^2 - x^2}{(b^2 - x^2)(c^2 - x^2)^3}}$	$-\dfrac{b\sqrt{c^2 - a^2}}{c^2(c^2 - b^2)} \cdot J_2(\alpha, \varphi);$	
2.1.3.1.	$\sqrt{\dfrac{a^2 - x^2}{(x^2 - b^2)(c^2 - x^2)^3}}$	$\dfrac{b\sqrt{c^2 - a^2}}{c^2(c^2 - b^2)} \cdot J_2(\alpha, \varphi);$	
2.1.3.2.	$\sqrt{\dfrac{b^2 - x^2}{(x^2 - a^2)(c^2 - x^2)^3}}$	$\dfrac{b}{c^2 \sqrt{c^2 - a^2}} \cdot J_3(\alpha, \varphi);$	$a^2 \leqq x^2 \leqq b^2 < c^2;$ St. 27.2.
2.1.3.3.	$\sqrt{\dfrac{x^2 - a^2}{(b^2 - x^2)^3 (c^2 - x^2)}}$	$\dfrac{\sqrt{c^2 - a^2}}{b(b^2 - a^2)} \cdot G_3(\alpha, \varphi);$	
2.1.4.1.	$\sqrt{\dfrac{a^2 - x^2}{(x^2 + b^2)^3 (x^2 + c^2)}}$	$\dfrac{c\sqrt{a^2 + b^2}}{b(c^2 - b^2)} \cdot G_2(\alpha, \varphi);$	
2.1.4.2.	$\sqrt{\dfrac{a^2 - x^2}{(x^2 + b^2)(x^2 + c^2)^3}}$	$\dfrac{\sqrt{a^2 + b^2}}{c(c^2 - b^2)} \cdot J_3(\alpha, \varphi);$	$x^2 \leqq a^2;$ St. 24.2; $b^2 < c^2;$
2.1.4.3.	$\sqrt{\dfrac{c^2 + x^2}{(a^2 - x^2)(x^2 + b^2)^3}}$	$\dfrac{c}{b^2 \sqrt{a^2 + b^2}} [E(\alpha, \varphi) + C];$	$b^2 = a^2$ möglich; für $c^2 = a^2$ muß
2.1.5.1.	$\sqrt{\dfrac{x^2 + b^2}{(a^2 - x^2)(c^2 + x^2)^3}}$	$\dfrac{\sqrt{a^2 + b^2}}{c(a^2 + c^2)} \cdot J_1(\alpha, \varphi);$	$b^2 < c^2$ sein.
2.1.5.2.	$\sqrt{\dfrac{x^2 + b^2}{(a^2 - x^2)^3 (c^2 + x^2)}}$	$\dfrac{c\sqrt{a^2 + b^2}}{a^2(a^2 + c^2)} \cdot G_6(\alpha, \varphi);$	
2.1.6.1.	$\sqrt{\dfrac{x^2 - a^2}{(x^2 + a^2)^3 (x^2 + b^2)}}$	$\dfrac{\sqrt{a^2 + b^2}}{a(a^2 - b^2)} \cdot G_3(\alpha, \varphi);$	vgl. a. St. 48.
2.1.6.2.	$\sqrt{\dfrac{x^2 - a^2}{(x^2 + a^2)(x^2 + b^2)^3}}$	$\dfrac{a\sqrt{a^2 + b^2}}{b^2(a^2 - b^2)} \cdot J_2(\alpha, \varphi);$	$b^2 < a^2 \leqq x^2;$ St. 23.
2.1.6.3.	$\sqrt{\dfrac{x^2 + a^2}{(x^2 - a^2)(x^2 + b^2)^3}}$	$\dfrac{a}{b^2 \sqrt{a^2 + b^2}} \cdot J_3(\alpha, \varphi);$	
2.1.7.1.	$\sqrt{\dfrac{x^2 + a^2}{(x^2 - b^2)(x^2 + b^2)^3}}$	$\dfrac{\sqrt{a^2 + b^2}}{2b^3} \cdot G_5(\alpha, \varphi);$ $b^2 \leqq x^2;$ St. 48.	
2.1.7.2.	$\sqrt{\dfrac{x^2 + a^2}{(x^2 + b^2)(x^2 - b^2)^3}}$	$-\dfrac{\sqrt{a^2 + b^2}}{2b^3} \cdot G_6(\alpha, \varphi);$ $b^2 < x^2;$ St. 48.	

Nr.	$f(x) = J'(x)$	$J(x) = \int f(x)\,dx$
2. 1. 7. 3.	$\sqrt{\dfrac{a^2 + x^2}{(b^2 - x^2)(b^2 + x^2)^3}}$	$-\dfrac{\sqrt{a^2 + b^2}}{2b^3} \cdot [E(\alpha, \varphi) + C]; \quad x^2 \leqq b^2; \quad \text{St. 49.}$
2. 1. 7. 4.	$\sqrt{\dfrac{a^2 + x^2}{(b^2 + x^2)(b^2 - x^2)^3}}$	$-\dfrac{\sqrt{a^2 + b^2}}{2b^3} \cdot H_1(\alpha, \varphi); \quad x^2 < b^2; \quad \text{St. 49.}$
2. 1. 8. 1.	$\sqrt{\dfrac{x^2 + b^2}{(x^2 + a^2)(x^2 - b^2)^3}}$	$-\dfrac{1}{b\sqrt{a^2 + b^2}} \cdot G_3(\alpha, \varphi); \quad b^2 < x^2; \quad \text{St. 48.}$
2. 1. 8. 2.	$\sqrt{\dfrac{x^2 + b^2}{(x^2 - b^2)(x^2 + a^2)^3}}$	$-\dfrac{b}{a^2\sqrt{a^2 + b^2}} \cdot G_1(\alpha, \varphi); \quad b^2 \leqq x^2; \quad \text{St. 48.}$
2. 1. 8. 3.	$\sqrt{\dfrac{b^2 + x^2}{(x^2 + a^2)(b^2 - x^2)^3}}$	$-\dfrac{1}{b\sqrt{a^2 + b^2}} \cdot G_5(\alpha, \varphi); \quad x^2 < b^2; \quad \text{St. 49.}$
2. 1. 8. 4.	$\sqrt{\dfrac{b^2 + x^2}{(a^2 + x^2)^3(b^2 - x^2)}}$	$-\dfrac{b}{a^2\sqrt{a^2 + b^2}} \cdot G_2(\alpha, \varphi); \quad x^2 < b^2; \quad \text{St. 49.}$
2. 1. 9. 1.	$\sqrt{\dfrac{b^2 - x^2}{(a^2 + x^2)(b^2 + x^2)^3}}$	$-\dfrac{\sqrt{b^2 + a^2}}{b(b^2 - a^2)} \cdot G_1(\alpha, \varphi); \quad x^2 \leqq b^2; \quad \text{St. 49.}$
2. 1. 9. 2.	$\sqrt{\dfrac{b^2 - x^2}{(a^2 + x^2)^3(b^2 + x^2)}}$	$-\dfrac{b\sqrt{b^2 + a^2}}{a^2(b^2 - a^2)} \cdot J_2(\alpha, \varphi); \quad x^2 \leqq b^2; \quad \text{St. 49.}$
2. 2. 1. 1.	$\dfrac{x}{\sqrt{(a^4 - x^4)(b^4 - x^4)}}$	$\dfrac{1}{2b^2}[F(\alpha, \varphi) + C]; \quad x^2 \leqq a^2; \quad \text{St. 17.}$
2. 2. 1. 2.	$"$	$-\dfrac{1}{2b^2}[F(\alpha, \varphi) + C]; \quad b^2 \leqq x^2; \text{St. 19.,} \ a \text{ und } b$ vertauschen.
2. 2. 2. 1.	$\dfrac{x}{\sqrt{(x^4 - a^4)(b^4 - x^4)}}$	$-\dfrac{1}{2b^2}[F(\alpha, \varphi) + C]; \quad a^2 \leqq x^2 \leqq b^2; \quad \text{St. 46.}$
2. 2. 3. 1.	$\dfrac{x}{\sqrt{(a^4 - x^4)(b^4 + x^4)}}$	$-\dfrac{1}{2\sqrt{a^4 + b^4}}[F(\alpha, \varphi) + C]; \quad x^2 \leqq a^2; \quad \text{St. 18.}$
2. 2. 3. 2.	$\dfrac{x}{\sqrt{a^8 - x^8}}$	$-\dfrac{1}{2a^2\sqrt{2}}\left[F\left(\dfrac{\pi}{4}, \varphi\right) + C\right]; \quad x^2 \leqq a^2; \quad \text{St. 18.,} \ a = b.$
2. 2. 4. 1.	$\dfrac{x}{\sqrt{(x^4 - a^4)(x^4 + b^4)}}$	$\dfrac{1}{2\sqrt{a^4 + b^4}}[F(\alpha, \varphi) + C]; \quad a^2 \leqq x^2; \quad \text{St. 20.}$
2. 2. 4. 2.	$\dfrac{x}{\sqrt{x^8 - a^8}}$	$\dfrac{1}{2a^2\sqrt{2}}\left[F\left(\dfrac{\pi}{4}, \varphi\right) + C\right]; \ a^2 \leqq x^2; \text{St. 20.,} \ a = b.$
2. 2. 5. 0.	$\dfrac{x}{\sqrt{(a^4 + x^4)(b^4 + x^4)}}$	$\dfrac{1}{2b^2}[F(\alpha, \varphi) + C]; \quad \text{St. 21.}$

Nr.	$f(x) = J'(x)$	$J(x) = \int f(x)\, dx$
4.3.1.1.1.	$\dfrac{x^2}{\sqrt{(a^2 - x^2)(b^2 - x^2)^3}}$	$-\dfrac{b}{b^2 - a^2} \cdot G_2(\alpha, \varphi);\ x^2 \leqq a^2;\ \text{St. 26.}$
4.3.1.1.2.	"	$-\dfrac{b}{b^2 - a^2} \cdot G_6(\alpha, \varphi);\ b^2 < x^2;\ \text{St. 3., } a \text{ und } b \text{ vertauschen.}$
4.3.1.2.1.	$\dfrac{x^2}{\sqrt{(a^2 - x^2)^3(b^2 - x^2)}}$	$\dfrac{b}{b^2 - a^2} \cdot G_3(\alpha, \varphi);\ x^2 < a^2;\ \text{St. 1.}$
4.3.1.2.2.	"	$\dfrac{b}{b^2 - a^2} \cdot [E(\alpha, \varphi) + C];\ b^2 \leqq x^2;\ \text{St. 29.1.}$
4.3.2.1.	$\dfrac{x^2}{\sqrt{(x^2 - a^2)(b^2 - x^2)^3}}$	$\dfrac{b}{b^2 - a^2} \cdot G_6(\alpha, \varphi);\ a^2 \leqq x^2 < b^2;\ \text{St. 27.1.}$
4.3.2.2.	$\dfrac{x^2}{\sqrt{(x^2 - a^2)^3(b^2 - x^2)}}$	$\dfrac{b}{b^2 - a^2} \cdot G_5(\alpha, \varphi);\ a^2 < x^2 \leqq b^2;\ \text{St. 27.1.}$
4.3.3.1.	$\dfrac{x^2}{\sqrt{(a^2 - x^2)(b^2 + x^2)^3}}$	$\dfrac{1}{\sqrt{a^2 + b^2}} \cdot G_1(\alpha, \varphi);\ x^2 \leqq a^2;\ \text{St. 24.1.;}$ für $a = b$ wird $\alpha = 4/\pi.$
4.3.3.2.	$\dfrac{x^2}{\sqrt{(a^2 - x^2)^3(b^2 + x^2)}}$	$\dfrac{1}{\sqrt{a^2 + b^2}} \cdot G_3(\alpha, \varphi);\ x^2 < a^2;\ \text{St. 24.1.;}$ für $a = b$ wird $\alpha = \pi/4.$
4.3.4.1.	$\dfrac{x^2}{\sqrt{(x^2 - a^2)(x^2 + b^2)^3}}$	$-\dfrac{1}{\sqrt{a^2 + b^2}} \cdot [E(\alpha, \varphi) + C];\ a^2 \leqq x^2;$ St. 25., a und b vertauschen.
4.3.4.2.	$\dfrac{x^2}{\sqrt{(x^2 - a^2)^3(x^2 + b^2)}}$	$\dfrac{1}{\sqrt{a^2 + b^2}} \cdot G_5(\alpha, \varphi);\ a^2 < x^2;\ \text{St. 4.}$
4.3.5.1.	$\dfrac{x^2}{\sqrt{(a^2 + x^2)(b^2 + x^2)^3}}$	$-\dfrac{b}{b^2 - a^2} \cdot G_2(\alpha, \varphi);\ \text{St. 6., } a \text{ u. } b \text{ vertauschen.}$
4.3.5.2.	$\dfrac{x^2}{\sqrt{(a^2 + x^2)^3(b^2 + x^2)}}$	$\dfrac{b}{b^2 - a^2} \cdot G_1(\alpha, \varphi);\ \text{St. 5.}$
4.4.1.1.1.[1]	$\dfrac{x\sqrt{b^2 + x^2}}{\sqrt{(a^2 + x^2)(c^2 + x^2)^3}}$	$-\dfrac{1}{\sqrt{c^2 - a^2}} \cdot [E(\alpha, \varphi) + C];\ a^2 < b^2 < c^2;\ \text{St. 53.}$ mit $A = c,\ B = a,\ C = b.$
4.4 1.1.2.	"	$-\dfrac{1}{k'\sqrt{b^2 - a^2}} \cdot J_1(\alpha, \varphi);\ a^2 < c^2 < b^2;\ \text{St. 53.}$ mit $A = b,\ B = a,\ C = c.$

Bei 4.3.4.1. und 4.3.4.2.: Für $a = b$ wird $\alpha = \dfrac{\pi}{4}.$

[1] Ersetzt man den ersten Faktor des Nennerradikanden durch z, so führt die folgende Gruppe auf 2.3.2.6. Nr. 2.2.1. bis 2.2.4.

Nr.	$f(x) = J'(x)$	$J(x) = \int f(x)\,dx$
4. 4. 1. 1. 3.	$\dfrac{x\sqrt{b^2+x^2}}{\sqrt{(a^2+x^2)(c^2+x^2)^3}}$	$-\dfrac{1}{\sqrt{b^2-c^2}}\cdot H_2(\alpha,\varphi);\quad c^2<a^2<b^2;\quad \text{St. 53.}$ $\text{mit } A=b,\ B=c,\ C=a.$
4. 4. 1. 1. 4.	„	$-\dfrac{1}{k'\sqrt{b^2-a^2}}\cdot G_2(\alpha,\varphi);\ \ b^2<a^2<c^2;\ \ \text{St. 53.}$ $\text{mit } A=c,\ B=b,\ C=a.$
4. 4. 1. 1. 5.	„	$\dfrac{1}{\sqrt{a^2-c^2}}\cdot H_1(\alpha,\varphi);\ \ c^2<b^2<a^2;\ \ \text{St. 53.}$ $\text{mit } A=a,\ B=c,\ C=b.$
4. 4 1. 1. 6.	„	$\dfrac{1}{k\sqrt{a^2-c^2}}\cdot G_1(\alpha,\varphi);\ b^2<c^2<a^2;$ $\cos\varphi=\sqrt{\dfrac{c^2-b^2}{x^2+c^2}};\ \ k^2=\dfrac{a^2-c^2}{a^2-b^2}\cdot$
4. 4. 1. 2. 1.	$\dfrac{x\sqrt{b^2-x^2}}{\sqrt{(a^2+x^2)(c^2+x^2)^3}}$	$\dfrac{1}{k'\sqrt{c^2-a^2}}\cdot G_2(\alpha,\varphi);\ \ \ x^2\leqq b^2;\ a^2<c^2;$ $\sin\varphi=\dfrac{1}{k}\sqrt{\dfrac{a^2+x^2}{c^2+x^2}};\ \ k^2=\dfrac{a^2+b^2}{c^2+b^2}\cdot$
4. 4. 1. 2. 2.	„	$-\dfrac{1}{k'\sqrt{c^2-a^2}}\cdot G_3(\alpha,\varphi);\ \ x^2\leqq b^2;\ c^2<a^2;$ $\text{St. 50. 2., } a \text{ und } c \text{ vertauschen.}$
4. 4. 1. 3. 1.	$\dfrac{x\sqrt{x^2-b^2}}{\sqrt{(x^2+a^2)(x^2+c^2)^3}}$	$-\dfrac{1}{k\sqrt{c^2-a^2}}\cdot G_2(\alpha,\varphi);\ b^2\leqq x^2;\ a^2<c^2;$ $\text{St. 25. 2., oberes Vorzeichen, dort } a \text{ und } c$ vertauschen.
4. 4. 1. 3. 2.	„	$\dfrac{1}{k\sqrt{a^2+b^2}}\cdot G_1(\alpha,\varphi);\ \ b^2\leqq x^2;\ c^2<a^2;$ $\sin\varphi=\sqrt{\dfrac{x^2-b^2}{x^2+c^2}};\ k^2=\dfrac{a^2-c^2}{a^2+b^2}\cdot$
4. 4. 2. 1. 1.	$\dfrac{x\sqrt{b^2+x^2}}{\sqrt{(a^2-x^2)(c^2+x^2)^3}}$	$\dfrac{1}{\sqrt{c^2+a^2}}\cdot G_1(\alpha,\varphi);\ \ x^2\leqq a^2;\ b^2<c^2;$ $\sin\varphi=\dfrac{1}{k}\sqrt{\dfrac{b^2+x^2}{c^2+x^2}};\ k^2=\dfrac{a^2+b^2}{a^2+c^2}\cdot$
4. 4. 2. 1. 2.	„	$-\dfrac{1}{k\sqrt{c^2+a^2}}\cdot H_2(\alpha,\varphi);\ \ x^2\leqq a^2;\ c^2<b^2;$ $\text{St. 50. 2., dort } b \text{ durch } a,\ a \text{ durch } c$ $\text{und } c \text{ durch } b \text{ ersetzen.}$
4. 4. 2. 2. 1.	„	$-\dfrac{1}{k\sqrt{c^2+a^2}}\cdot G_6(\alpha,\varphi);\ x^2\leqq a^2<b^2;\ \text{St. 47. 3.,}$ $\text{oberes Vorzeichen.}$

Nr.	$f(x) = J'(x)$	$J(x) = \int f(x)\, dx$
4.4.2.2.2.	$\dfrac{x\sqrt{b^2-x^2}}{\sqrt{(a^2-x^2)(c^2+x^2)^3}}$	$-\dfrac{1}{\sqrt{c^2+a^2}} \cdot G_4(\alpha,\varphi);\ x^2 \leqq b^2 < a^2;$ $\sin\varphi = \sqrt{\dfrac{x^2+c^2}{b^2+c^2}};\quad k^2 = \dfrac{b^2+c^2}{a^2+c^2}.$
4.4.2.3.	$\dfrac{x\sqrt{x^2-b^2}}{\sqrt{(a^2-x^2)(c^2+x^2)^3}}$	$\dfrac{1}{\sqrt{a^2+c^2}} \cdot G_1(\alpha,\varphi);\ b^2 \leqq x^2 \leqq a^2;$ $\sin\varphi = \dfrac{1}{k}\sqrt{\dfrac{x^2-b^2}{x^2+c^2}};\ k^2 = \dfrac{a^2-b^2}{a^2+c^2};$ für $a^2 < b^2$ vgl. Nr. 4.4.3.2.
4.4.3.1.1.	$\dfrac{x\sqrt{x^2+b^2}}{\sqrt{(x^2-a^2)(c^2+x^2)^3}}$	$-\dfrac{1}{\sqrt{a^2+c^2}}[E(\alpha,\varphi)+C];\ a^2 \leqq x^2;\ b^2 < c^2;$ St. 25.2., oberes Vorzeichen; dort a durch c, b durch a, c durch b ersetzen.
4.4.3.1.2.	„	$-\dfrac{1}{k'\sqrt{a^2+c^2}} \cdot J_1(\alpha,\varphi);\ a^2 \leqq x^2;\ c^2 < b^2;$ St. 25.2., oberes Vorzeichen; dort b und a vertauschen.
4.4.3.2.	$\dfrac{x\sqrt{b^2-x^2}}{\sqrt{(x^2-a^2)(c^2+x^2)^3}}$	$\dfrac{1}{k'\sqrt{c^2+a^2}} \cdot G_2(\alpha,\varphi);\ a^2 \leqq x^2 \leqq b^2;$ $\sin\varphi = \dfrac{1}{k}\sqrt{\dfrac{x^2-a^2}{x^2+c^2}};\ k^2 = \dfrac{b^2-a^2}{b^2+c^2};$ für $b^2 < a^2$ vgl. Nr. 4.4.2.3.
4.4.3.3.1.	$\dfrac{x\sqrt{x^2-b^2}}{\sqrt{(x^2-a^2)(c^2+x^2)^3}}$	$-\dfrac{1}{\sqrt{c^2+a^2}}[E(\alpha,\varphi)+C];\ b^2 < a^2 \leqq x^2;$ St. 25.2., dort a durch c, b durch a, c durch b ersetzen.
4.4.3.3.2.	„	$-\dfrac{1}{k\sqrt{c^2+a^2}} G_2(\alpha,\varphi);\ a^2 < b^2 \leqq x^2;$ St. 25.2, unteres Vorzeichen, a und c vertauschen.
4.4.4.1.1.	$\dfrac{x\sqrt{b^2+x^2}}{\sqrt{(a^2+x^2)(c^2-x^2)^3}}$	$\dfrac{1}{k\sqrt{c^2+a^2}} \cdot G_6(\alpha,\varphi);\ x^2 < c^2;\ a^2 < b^2;$ $\sin\varphi = \dfrac{1}{k}\sqrt{\dfrac{a^2+x^2}{b^2+x^2}};\ k^2 = \dfrac{c^2+a^2}{c^2+b^2}.$
4.4.4.1.2.	$\dfrac{x\sqrt{b^2+x^2}}{\sqrt{(a^2+x^2)(c^2-x^2)^3}}$	$\dfrac{1}{\sqrt{c^2+a^2}} \cdot G_4(\alpha,\varphi);\ x^2 < c^2;\ b^2 < a^2;$ St. 50.2., dort b durch c, a durch b, c durch a ersetzen.

Nr.	$f(x) = J'(x)$	$J(x) = \int f(x)\, dx$
4. 4. 4. 2. 1.	$\dfrac{x\,\sqrt{b^2 - x^2}}{\sqrt{(a^2 + x^2)(c^2 - x^2)^3}}$	$-\dfrac{1}{\sqrt{c^2 + a^2}} \cdot G_1(\alpha, \varphi);\ \ x^2 \leqq b^2 < c^2;\ \text{St. 47. 3.,}$ oberes Vorzeichen, dort a durch b, b durch c, c durch a ersetzen.
4. 4. 4. 2. 2.	„	$\dfrac{1}{k\,\sqrt{a^2 + c^2}} \cdot G_1(a, \varphi);\ \ x^2 \leqq c^2 < b^2;$ $\sin \varphi = \sqrt{\dfrac{a^2 + x^2}{a^2 + c^2}};\ \ k^2 = \dfrac{a^2 + c^2}{a^2 + b^2}.$
4. 4. 4. 3.	$\dfrac{x\,\sqrt{x^2 - b^2}}{\sqrt{(a^2 + x^2)(c^2 - x^2)^3}}$	$\dfrac{1}{\sqrt{a^2 + c^2}} \cdot G_4(\alpha, \varphi);\ \ b^2 \leqq x^2 < c^2;\ \text{St. 28. 2.,}$ oberes Vorzeichen, dort b durch c, a durch b, c durch a ersetzen; für $c^2 < b^2$ vgl. Nr. 4. 4. 7. 2.
4. 4. 5. 1. 1.	$\dfrac{x\,\sqrt{b^2 + x^2}}{\sqrt{(a^2 - x^2)(c^2 - x^2)^3}}$	$-\dfrac{1}{k'\,\sqrt{c^2 - a^2}} \cdot G_2(\alpha, \varphi);\ x^2 \leqq a^2 < c^2;\ \text{St. 47, 3.,}$ oberes Vorzeichen, dort c und b vertauschen.
4. 4. 5. 1. 2.	„	$\dfrac{1}{k'\,\sqrt{c^2 - a^2}} \cdot G_3(\alpha; \varphi);\ \ x^2 < c^2 < a^2;$ $\sin \varphi = \sqrt{\dfrac{b^2 + x^2}{b^2 + c^2}};\ \ k^2 = \dfrac{c^2 + b^2}{a^2 + b^2}.$
4. 4. 5. 2. 1.	$\dfrac{x\,\sqrt{b^2 - x^2}}{\sqrt{(a^2 - x^2)(c^2 - x^2)^3}}$	$\dfrac{1}{\sqrt{c^2 - a^2}} \left[E(\alpha, \varphi) + C \right];\ \ x^2 \leqq a^2 < b^2 < c^2;$ St. 54.: $A = b,\ B = a,\ C = c.$
4. 4. 5. 2. 2.	„	$\dfrac{1}{k'\,\sqrt{c^2 - a^2}} \cdot J_1(\alpha, \varphi);\ x^2 \leqq a^2 < c^2 < b^2;$ St. 54.: $A = c,\ B = a,\ C = b.$
4. 4. 5. 2. 3.	„	$\dfrac{1}{k\,\sqrt{c^2 - a^2}} \cdot G_2(\alpha, \varphi);\ \ x^2 \leqq b^2 < a^2 < c^2;$ St. 56.: $A = c,\ B = b,\ C = a.$
4. 4. 5. 2. 4.	„	$-\dfrac{1}{\sqrt{a^2 - c^2}} \cdot H_1(\alpha, \varphi);\ \ x^2 < c^2 < b^2 < a^2;$ St. 56.: $A = a;\ B = c;\ C = b.$
4. 4. 5. 2. 5.	„	$-\dfrac{1}{k\,\sqrt{a^2 - c^2}} \cdot G_1(\alpha, \varphi);\ \ x^2 < b^2 < c^2 < a^2;$ $\sin \varphi = \sqrt{\dfrac{b^2 - x^2}{c^2 - x^2}};\ \ k^2 = \dfrac{a^2 - c^2}{a^2 - b^2}.$

Nr.	$f(x) = J'(x)$	$J(x) = \int f(x)\, dx$
4.4.5.2.6.	$\dfrac{x\sqrt{b^2-x^2}}{\sqrt{(a^2-x^2)(c^2-x^2)^3}}$	$\dfrac{1}{\sqrt{b^2-c^2}}\cdot H_2(\alpha,\varphi);\quad x^2<c^2<a^2<b^2;$ St. 56.: $A=b,\ B=c,\ C=a.$
4.4.5.3.1.	$\dfrac{x\sqrt{x^2-b^2}}{\sqrt{(a^2-x^2)(c^2-x^2)^3}}$	$-\dfrac{1}{k'\sqrt{c^2-a^2}}\cdot G_2(\alpha,\varphi);\quad b^2\leqq x^2\leqq a^2<c^2;$ St. 47.3., unteres Vorzeichen, a und b vertauschen.
4.4.5.3.2.	„	$\dfrac{1}{k'\sqrt{a^2-c^2}}\cdot G_3(\alpha,\varphi);\quad b^2\leqq x^2<c^2<a^2;$ $\sin\varphi=\sqrt{\dfrac{x^2-b^2}{c^2-b^2}},\ k^2=\dfrac{c^2-b^2}{a^2-b^2}.$
4.4.6.1.	$\dfrac{x\sqrt{b^2+x^2}}{\sqrt{(x^2-a^2)(c^2-x^2)^3}}$	$\dfrac{1}{k'\sqrt{a^2+b^2}}\cdot G_2(\alpha,\varphi);\quad a^2\leqq x^2<c^2;$ $\sin\varphi=\dfrac{1}{k}\sqrt{\dfrac{x^2-a^2}{x^2+b^2}};\ k^2=\dfrac{c^2-a^2}{c^2+b^2}.$
4.4.6.2.1.	$\dfrac{x\sqrt{b^2-x^2}}{\sqrt{(x^2-a^2)(c^2-x^2)^3}}$	$-\dfrac{1}{\sqrt{c^2-a^2}}\cdot G_1(\alpha,\varphi);\quad a^2\leqq x^2\leqq b^2<c^2;$ St. 47.3., dort a durch b, b durch c, c durch a ersetzen.
4.4.6.2.2.	„	$\dfrac{1}{k'\sqrt{c^2-a^2}}\cdot H_2(\alpha,\varphi);\quad a^2\leqq x^2<c^2<b^2;$ $\sin\varphi=\sqrt{\dfrac{x^2-a^2}{c^2-a^2}};\ k^2=\dfrac{c^2-a^2}{b^2-a^2}.$
4.4.6.3.1.	$\dfrac{x\sqrt{x^2-b^2}}{\sqrt{(x^2-a^2)(c^2-x^2)^3}}$	$\dfrac{1}{k'\sqrt{a^2-b^2}}\cdot G_2(\alpha,\varphi);\quad b^2<a^2\leqq x^2<c^2;$ $\sin\varphi=\dfrac{1}{k}\sqrt{\dfrac{x^2-a^2}{x^2-b^2}};\ k^2=\dfrac{c^2-a^2}{c^2-b^2}.$
4.4.6.3.2.	„	$\dfrac{1}{\sqrt{c^2-a^2}}\cdot G_4(\alpha,\varphi);\quad a^2<b^2\leqq x^2<c^2;$ St. 28.2., unteres Vorzeichen: dort b durch c, a durch b, c durch a ersetzen.
4.4.7.1.1.	$\dfrac{x\sqrt{b^2+x^2}}{\sqrt{(a^2+x^2)(x^2-c^2)^3}}$	$-\dfrac{1}{\sqrt{b^2+c^2}}\cdot H_2(\alpha,\varphi);\ c^2<x^2;\ a^2<b^2;\ \text{St.25.2.,}$ unteres Vorzeichen: dort b durch c, a durch b, c durch a ersetzen.
4.4.7.1.2.	$\dfrac{x\sqrt{b^2+x^2}}{\sqrt{(a^2+x^2)(x^2-c^2)^3}}$	$\dfrac{1}{\sqrt{a^2+c^2}}\cdot H_1(\alpha,\varphi);\quad c^2<x^2;\ b^2<a^2;$ St. 25.2., oberes Vorzeichen: dort b und c vertauschen.

Nr.	$f(x) = J'(x)$	$J(x) = \int f(x)\,dx$
4. 4. 7. 2.	$\dfrac{x\,\sqrt{b^2 - x^2}}{\sqrt{(a^2 + x^2)(x^2 - c^2)^3}}$	$-\dfrac{1}{k'\,\sqrt{a^2 + c^2}} \cdot G_3(\alpha, \varphi); \; c^2 < x^2 \leqq b^2; \;$ St. 28 2., oberes Vorzeichen: dort a und c vertauschen; für $b^2 < c^2$ vgl. Nr. 4. 4. 4. 3.
4. 4. 7. 3. 1.	$\dfrac{x\,\sqrt{x^2 - b^2}}{\sqrt{(a^2 + x^2)(x^2 - c^2)^3}}$	$\dfrac{1}{\sqrt{a^2 + c^2}} \cdot H_1(\alpha, \varphi); \; b^2 < c^2 < x^2; \;$ St. 25. 2., oberes Vorzeichen: dort b und c vertauschen.
4. 4. 7. 3. 2.	"	$\dfrac{1}{k\,\sqrt{a^2 + c^2}} \cdot G_1(\alpha, \varphi); \; c^2 < b^2 \leqq x^2; \;$ St. 29. 2., oberes Vorzeichen: dort a und c vertauschen.
4. 4. 8. 1.	$\dfrac{x\,\sqrt{b^2 + x^2}}{\sqrt{(a^2 - x^2)(x^2 - c^2)^3}}$	$-\dfrac{1}{k'\,\sqrt{a^2 - c^2}} \cdot H_2(\alpha, \varphi); \; c^2 < x^2 \leqq a^2; \;$ St. 28. 2., oberes Vorzeichen: dort b durch a, a durch c, c durch b ersetzen.
4. 4. 8. 2. 1.	$\dfrac{x\,\sqrt{b^2 - x^2}}{\sqrt{(a^2 - x^2)(x^2 - c^2)^3}}$	$-\dfrac{1}{k'\,\sqrt{b^2 - a^2}} \cdot G_2(\alpha, \varphi); \; c^2 < x^2 \leqq a^2 < b^2; \;$ St. 47. 3., unteres Vorzeichen.
4. 4. 8. 2. 2.	"	$-\dfrac{1}{\sqrt{a^2 - c^2}} \cdot G_4(\alpha, \varphi); \; c^2 < x^2 \leqq b^2 < a^2;$ $\sin \varphi = \sqrt{\dfrac{x^2 - c^2}{b^2 - c^2}}; \; k^2 = \dfrac{b^2 - c^2}{a^2 - c^2}.$
4. 4. 8. 3.	$\dfrac{x\,\sqrt{x^2 - b^2}}{\sqrt{(a^2 - x^2)(x^2 - c^2)^3}}$	$-\dfrac{1}{k\,\sqrt{a^2 - c^2}} \cdot H_2(\alpha, \varphi); \; b^2 < c^2 < x^2 \leqq a^2;$ St. 28. 2., unteres Vorzeichen: dort b durch a, a durch c, c durch b ersetzen.
4. 4. 9. 1. 1.	$\dfrac{x\,\sqrt{b^2 + x^2}}{\sqrt{(x^2 - a^2)(x^2 - c^2)^3}}$	$-\dfrac{1}{\sqrt{c^2 - a^2}} \cdot [E(\alpha, \varphi) + C]; \; c^2 < a^2 \leqq x^2;$ St. 52. 1. 2.
4. 4. 9. 1. 2.	"	$-\dfrac{1}{\sqrt{b^2 + c^2}} \cdot H_2(\alpha, \varphi); \; a^2 < c^2 \leqq x^2; \;$ St. 25. 2., unteres Vorzeichen: dort a durch b, b durch c, c durch a ersetzen.
4. 4. 9. 2. 1.	$\dfrac{x\,\sqrt{b^2 - x^2}}{\sqrt{(x^2 - a^2)(x^2 - c^2)^3}}$	$\dfrac{1}{k'\,\sqrt{a^2 - c^2}} \cdot G_2(\alpha, \varphi); \; c^2 < a^2 \leqq x^2 \leqq b^2;$ $\sin \varphi = \dfrac{1}{k}\sqrt{\dfrac{x^2 - a^2}{x^2 - c^2}}; \; k^2 = \dfrac{b^2 - a^2}{b^2 - c^2}.$

Nr.	$f(x) = J'(x)$	$J(x) = \int f(x)\, dx$
4.4.9.2.2.	„	$-\dfrac{1}{k'\sqrt{c^2-a^2}} \cdot G_3(\alpha, \varphi);\ a^2 < c^2 < x^2 \leqq b^2;$ St. 28, 2., unteres Vorzeichen: dort a und c vertauschen.
4.4.9.3.1.	$\dfrac{x\sqrt{x^2-b^2}}{\sqrt{(x^2-a^2)(x^2-c^2)^3}}$	$-\dfrac{1}{\sqrt{a^2-c^2}} \cdot [F(\alpha, \varphi) + C];\ c^2 < b^2 < a^2 \leqq x^2;$ St. 55: $A = a,\ B = c,\ C = b.$
4.4.9.3.2.	„	$-\dfrac{1}{k'\sqrt{a^2-c^2}} \cdot J_1(\alpha, \varphi);\ b^2 < c^2 < a^2 \leqq x^2;$ St. 55: $A = a,\ B = b,\ C = c.$
4.4.9.3.3.	„	$-\dfrac{1}{k\sqrt{a^2-c^2}} \cdot G_2(\alpha, \varphi);\ c^2 < a^2 < b^2 \leqq x^2;$ St. 55: $A = b,\ B = c,\ C = a.$
4.4.9.3.4.	„	$-\dfrac{1}{\sqrt{c^2-b^2}} \cdot H_2(\alpha, \varphi);\ b^2 < a^2 < c^2 < x^2;$ S. 55: $A = c,\ B = b,\ C = a.$
4.4.9.3.5.	„	$\dfrac{1}{\sqrt{c^2-a^2}} \cdot H_1(\alpha, \varphi);\ a^2 < b^2 < c^2 < x^2;$ St. 55: $A = c,\ B = a,\ C = b.$
4.4.9.3.6.	„	$\dfrac{1}{k\sqrt{c^2-a^2}} \cdot G_1(\alpha, \varphi);\ a^2 < c^2 < b^2 \leqq x^2;$ St.29.2., unteres Vorzeichen: dort c und a vertauschen.

$$2.3.2.10. \quad n = 10.$$

Nr.	$f(x) = J'(x)$	$J(x) = \int f(x)\, dx$
2.1.1.1.[1])	$\dfrac{x}{\sqrt{(a^2+x^2)^3(b^4-x^4)}}$	$-\dfrac{b\sqrt{2}}{b^4-a^4} \cdot G_6(\alpha, \varphi);\ x^2 \leqq b^2 > a^2,\ $ St. 50. 1.
2.1.1.2.	$\dfrac{x}{\sqrt{(b^2+x^2)^3(a^4-x^4)}}$	$-\dfrac{1}{(\sqrt{a^2+b^2})^3} \cdot J_1(\alpha, \varphi);\ x^2 \leqq a^2 < b^2;\ $ St. 22.
2.1.1.3.	$\dfrac{x}{\sqrt{(x^2+a^2)^3(x^4-b^4)}}$	$-\dfrac{b\sqrt{2}}{b^4-a^4} \cdot G_2(a, \varphi);\ a^2 < b^2 \leqq x^2;\ $ St. 51. 1.
2.1.1.4.	$\dfrac{x}{\sqrt{(x^2+b^2)^3(x^4-a^4)}}$	$-\dfrac{1}{(b^2-a^2)\sqrt{b^2+a^2}} \cdot G_1(\alpha, \varphi);\ b^2 > a^2 \leqq x^2;$ St. 52. 2.

[1] Würde man den 2. Faktor des Radikanden aufspalten und den einen Faktor gleich z^2 setzen, so würde man auf die Gruppe 2. 3. 2. 8. Nr. 0. 1. geführt.

Nr.	$f(x) = J'(x)$	$J(x) = \int f(x)\,dx$
2.1.2.1.	$\dfrac{x}{\sqrt{(a^2 - x^2)^3 (b^4 - x^4)}}$	$-\dfrac{b\sqrt{2}}{b^4 - a^4} \cdot H_1(\alpha, \varphi);\quad x^2 < a^2 < b^2;\quad \text{St. } 47.\,2.$
2.1.2.2.	$\dfrac{x}{\sqrt{(b^2 - x^2)^3 (a^4 - x^4)}}$	$-\dfrac{1}{(b^2 - a^2)\sqrt{b^2 + a^2}} \cdot [E(\alpha, \varphi) + C];$ $\qquad\qquad x^2 \leqq a^2 < b^2;\ \text{St. } 47.\,1.$
2.1.3.1.	$\dfrac{x}{\sqrt{(x^2 - a^2)^3 (b^4 - x^4)}}$	$-\dfrac{b\sqrt{2}}{b^4 - a^4} \cdot G_6(\alpha, \varphi);\quad a^2 < x^2 \leqq b^2;\ \text{St. } 28.\,2.$ $\qquad\qquad\qquad \text{für } \text{„}+ c^{2\text{“}} = b^2.$
2.1.3.2.	$\dfrac{x}{\sqrt{(b^2 - x^2)^3 (x^4 - a^4)}}$	$-\dfrac{1}{(b^2 - a^2)\sqrt{b^2 + a^2}} \cdot G_5(\alpha, \varphi);\ a^2 \leqq x^2 < b^2;$ $\qquad\qquad \text{St. } 28.\,2.\ \text{für } \text{„}+ c^{2\text{“}} = a^2.$
2.1.4.1.	$\dfrac{x}{\sqrt{(x^2 - a^2)^3 (x^4 - b^4)}}$	$\dfrac{b\sqrt{2}}{b^4 - a^4} \cdot G_2(\alpha, \varphi);\quad a^2 < b^2 \leqq x^2;\ \text{St. } 29.\,2.$ $\qquad\qquad\qquad \text{für } \text{„}+ c^{2\text{“}} = b^2.$
2.1.4.2.	$\dfrac{x}{\sqrt{(x^2 - b^2)^3 (x^4 - a^4)}}$	$-\dfrac{1}{(b^2 - a^2)\sqrt{b^2 + a^2}} \cdot G_4(\alpha, \varphi);\quad a^2 < b^2 < x^2;$ $\qquad\qquad \text{St. } 29.\,2.\ \text{für } \text{„}+ c^{2\text{“}} = a^2.$
4.1.1.1.	$\dfrac{1}{x^3}\sqrt{\dfrac{x^4 + a^4}{x^4 + b^4}}$	$\dfrac{1}{2b^2} \cdot G_5(\alpha, \varphi);\quad a^2 < b^2;\quad \text{St. } 21.$
4.1.1.2.	$\dfrac{1}{x^3}\sqrt{\dfrac{x^4 + b^4}{x^4 + a^4}}$	$\dfrac{b^2}{2a^4} \cdot H_1(\alpha, \varphi);\quad a^2 < b^2;\quad \text{St. } 21.$
4.1.2.1.	$\dfrac{1}{x^3}\sqrt{\dfrac{x^4 + b^4}{x^4 - a^4}}$	$\dfrac{1}{2k'a^2} \cdot [E(\alpha, \varphi) + C];\quad a^2 \leqq x^2;\ \text{St. } 20.;$ $\qquad\qquad \text{für } a^2 = b^2 \text{ wird } \alpha = \dfrac{\pi}{4}.$
4.1.2.2.	$\dfrac{1}{x^3}\sqrt{\dfrac{x^4 - a^4}{x^4 + b^4}}$	$\dfrac{1}{2kb^2} \cdot G_1(\alpha, \varphi);\quad a^2 \leqq x^2;\ \text{St. } 20.;$ $\qquad\qquad \text{für } a^2 = b^2 \text{ wird } \alpha = \dfrac{\pi}{4}.$
4.1.2.3.	$\dfrac{1}{x^3}\sqrt{\dfrac{b^4 + x^4}{a^4 - x^4}}$	$-\dfrac{1}{2k'a^2} \cdot H_2(\alpha, \varphi);\quad x^2 \leqq a^2;\ \text{St. } 18.;$ $\qquad\qquad \text{für } a^2 = b^2 \text{ wird } \alpha = \dfrac{\pi}{4}.$
4.1.2.4.	$\dfrac{1}{x^3}\sqrt{\dfrac{a^4 - x^4}{b^4 + x^4}}$	$-\dfrac{1}{2k'b^2} \cdot G_3(\alpha, \varphi);\quad x^2 \leqq a^2;\quad \text{St. } 18.;$ $\qquad\qquad \text{für } a^2 = b^2 \text{ wird } \alpha = \dfrac{\pi}{4}.$
4.1.3.1.	$\dfrac{1}{x^3}\sqrt{\dfrac{x^4 - b^4}{x^4 - a^4}}$	$-\dfrac{1}{2a^2} \cdot [E(\alpha, \varphi) + C];\quad b^2 < a^2 \leqq x^2;\ \text{St. } 19.$
4.1.3.2.	$\dfrac{1}{x^3}\sqrt{\dfrac{x^4 - a^4}{x^4 - b^4}}$	$-\dfrac{1}{2kb^2} \cdot G_2(\alpha, \varphi);\quad b^2 < a^2 \leqq x^2;\quad \text{St. } 19.$

Nr.	$f(x) = J'(x)$	$J(x) = \int f(x)\, dx$
4.1.3.3.	$\dfrac{1}{x^3}\sqrt{\dfrac{a^4 - x^4}{b^4 - x^4}}$	$-\dfrac{1}{2\,b^2}\cdot G_4(\alpha, \varphi);\quad x^2 \leqq a^2 < b^2;\quad \text{St. 17.}$
4.1.3.4.	$\dfrac{1}{x^3}\sqrt{\dfrac{b^4 - x^4}{a^4 - x^4}}$	$\dfrac{b^2}{2\,a^4}\cdot G_5(\alpha, \varphi);\quad x^2 \leqq a^2 < b^2:\quad \text{St 17.}$

$$\text{2.3.2.12.}\quad n = 12.$$

Nr.	$f(x) = J'(x)$	$J(x) = \int f(x)\, dx$
4.1.1.	$\dfrac{x\sqrt{x^2 + b^2}}{\sqrt{(x^4 - a^4)^3}}$	$-\dfrac{\sqrt{a^2 + b^2}}{4\,a^4}\cdot J_4(\alpha, \varphi);\quad b^2 > a^2 < x^2;\quad \text{St. 52.2.}$
4.1.2.	$\dfrac{x\sqrt{x^2 + a^2}}{\sqrt{(x^4 - b^4)^3}}$	$-\dfrac{1}{(b\sqrt{2})^3}\cdot J_5(\alpha, \varphi);\quad a^2 < b^2 < x^2;\quad \text{St. 51.1.}$
4.1.3.	$\dfrac{x\sqrt{b^2 - x^2}}{\sqrt{(a^4 - x^4)^3}}$	$-\dfrac{\sqrt{a^2 + b^2}}{4\,a^4}\cdot H_5(\alpha, \varphi);\quad x^2 < a^2 < b^2;\quad \text{St. 47.1.}$
4.1.4.	$\dfrac{x\sqrt{a^2 - x^2}}{\sqrt{(b^4 - x^4)^3}}$	$-\dfrac{1}{(b\sqrt{2})^3}\cdot H_3(\alpha, \varphi);\quad x^2 \leqq a^2 < b^2;\quad \text{St. 47.2.}$
4.1.5.	$\dfrac{x\sqrt{a^2 + x^2}}{\sqrt{(b^4 - x^4)^3}}$	$-\dfrac{1}{(b\sqrt{2})^3}\cdot J_5(\alpha, \varphi);\quad x^2 < b^2 > a^2;\quad \text{St. 50.1.}$
4.1.6.	$\dfrac{x\sqrt{b^2 + x^2}}{\sqrt{(a^4 - x^4)^3}}$	$-\dfrac{\sqrt{a^2 + b^2}}{4\,a^4}\cdot H_5(\alpha, \varphi);\quad x^2 < a^2 < b^2;\quad \text{St. 22.}\ \cdot$
6.1.1.1.	$\dfrac{x\sqrt{x^4 + b^4}}{\sqrt{(x^4 + a^4)^3}}$	$\dfrac{b^2}{2\,a^4}\,[E(\alpha, \varphi) + C];\quad a^2 < b^2;\quad \text{St. 21.}$
6.1.1.2.	$\dfrac{x\sqrt{x^4 + a^4}}{\sqrt{x^4 + b^4}}$	$\dfrac{1}{2\,b^2}\cdot J_1(\alpha, \varphi);\quad a^2 < b^2;\quad \text{St. 21.}$
6.1.2.	$\dfrac{x\sqrt{x^4 - a^4}}{\sqrt{(x^4 + b^4)^3}}$	$\dfrac{1}{2\,k\,b^2}\cdot J_2(\alpha, \varphi);\quad a^2 \leqq x^2;\quad \text{St. 20.;}$ $\text{für } a^2 = b^2 \text{ wird } \alpha = \dfrac{\pi}{4}.$
6.1.3.1.	$\dfrac{x\sqrt{x^4 - a^4}}{\sqrt{(x^4 - b^4)^3}}$	$-\dfrac{a^2}{2\,b^4}\cdot J_3(\alpha, \varphi);\quad b^2 < a^2 \leqq x^2;\quad \text{St. 19.}$
6.1.3.2.	$\dfrac{x\sqrt{x^4 - b^4}}{\sqrt{(x^4 - a^4)^3}}$	$-\dfrac{1}{2\,a^2}\cdot H_2(\alpha, \varphi);\quad b^2 < a^2 \leqq x^2;\quad \text{St. 19.}$
6.1.4.1.	$\dfrac{x\sqrt{a^4 - x^4}}{\sqrt{(b^4 - x^4)^3}}$	$\dfrac{1}{2\,b^2}\cdot J_3(\alpha, \varphi);\quad x^2 \leqq a^2 < b^2;\quad \text{St. 17.}$
6.1.4.2.	$\dfrac{x\sqrt{b^4 - x^4}}{\sqrt{(a^4 - x^4)^3}}$	$\dfrac{b^2}{2\,a^4}\cdot H_2(\alpha, \varphi);\quad x^2 < a^2 < b^2;\quad \text{St. 17.}$

3. Integrale transzendenter Funktionen.

3. 1. Exponentialfunktion und Logarithmus.

3. 1. 1. Exponentialfunktion.

3. 1. 1. 1. *Grundformeln.*

Nr.	$f(x) = J'x$	$J(x) = \int f(x)\,dx$	Nr.	$f(x) = J'(x)$	$J(x) = \int f(x)\,dx$	
1	e^x	e^x	4	a^x	$\dfrac{1}{\ln a} \cdot a^x$	Beachte:
2	e^{-x}	$-e^{-x}$	5	a^{-x}	$-\dfrac{1}{\ln a} \cdot a^{-x}$	$a^x = e^{kx},$ $\quad k = \ln a.$
3	e^{kx}	$\dfrac{1}{k}\,e^{kx}$	6	$e^{\alpha \pm \beta x}$	$\pm\dfrac{1}{\beta}\,e^{\alpha \pm \beta x}$	

3. 1. 1. 2. *Der Integrand enthält eine rationale Funktion von* e^x.

Nr.	$f(x) = J'(x)$	$J(x) = \int f(x)\,dx$
1. 1 1.	$\dfrac{1}{e^x + a}$	$\dfrac{1}{a}[x - \ln(e^x + a)] = -\dfrac{1}{a}\ln(1 + a e^{-x});\ a > 0.$
1. 1. 2.	$\dfrac{1}{e^x - a}$	$\dfrac{1}{a}[-x + \ln(e^x - a)]$ $= \dfrac{1}{a}\ln(1 - a e^{-x});\quad x > \ln a$ $\dfrac{1}{a}[-x + \ln(a - e^x)]$ $= \dfrac{1}{a}\ln(a e^{-x} - 1);\quad x < \ln a$ $\Bigg\}\ a > 0.$
1. 2. 1.	$\dfrac{1}{e^{kx} + a}$	$-\dfrac{1}{ka}\ln(1 + a e^{-kx});\qquad a > 0.$
1. 2. 2.	$\dfrac{1}{e^{kx} - a}$	$\dfrac{1}{ka}\ln(1 - a e^{-kx});\ x > \dfrac{1}{k}\ln a$ $\dfrac{1}{ka}\ln(a e^{-kx} - 1);\ x < \dfrac{1}{k}\ln a$ $\Bigg\}\ a > 0.$
2. 1. 1.	$\dfrac{1}{a + e^{-x}} = \dfrac{e^x}{a e^x + 1}$	$\dfrac{1}{a}[x + \ln(a + e^{-x})] = \dfrac{1}{a}\ln(1 + a e^x).$
2. 1. 2.	$\dfrac{1}{a - e^{-x}} = \dfrac{e^x}{a e^x - 1}$	$\dfrac{1}{a}[x + \ln|e^{-x} + a|] = \dfrac{1}{a}\ln|a e^x - 1|$ (s. Nr. 1. 1. 2.).

Nr.	$f(x) = J'(x)$	$J(x) = \int f(x)\,dx$
2.2. $\begin{smallmatrix}1.\\2.\end{smallmatrix}$	$\dfrac{1}{a \pm e^{-kx}} = \dfrac{e^{kx}}{a\,e^{kx} \pm 1}$	$\dfrac{1}{ka}\left[kx + \ln|e^{-kx} \pm a|\right] = \dfrac{1}{ka}\ln|a\,e^{kx} \pm 1|$ (s. Nr. 1.2.2.).
3. 1. 1. 1.	$\dfrac{1}{e^x + e^{-x}}$	$\operatorname{arc\,tg}(e^x) = \dfrac{1}{2}\operatorname{Amp} x^* + C = \dfrac{1}{2}\operatorname{gd} x^* + C;$ s. a. Abs. 3. 3. 1. 2. Nr. 2. 1. 1.
3. 1. 1. 2.	$\dfrac{2}{e^{kx} + e^{-kx}}$	$\dfrac{1}{k}\operatorname{arc\,tg}(e^{kx}) = \dfrac{1}{2k}\operatorname{Amp} kx^* + C$ $= \dfrac{1}{2k}\operatorname{gd} kx^* + C;$ s. a. 3. 1. 1. 1.
3. 1. 2.	$\dfrac{1}{\alpha\,e^x + \beta\,e^{-x}}$	$\dfrac{1}{\sqrt{\alpha\beta}}\operatorname{arc\,tg}\left(\sqrt{\dfrac{\alpha}{\beta}}\,e^x\right); \quad \alpha\beta > 0.$
3. 1. 3.	$\dfrac{1}{\alpha\,e^{kx} + \beta\,e^{-kx}}$	$\dfrac{1}{k\sqrt{\alpha\beta}}\operatorname{arc\,tg}\left(\sqrt{\dfrac{\alpha}{\beta}}\,e^{kx}\right); \quad \alpha\beta > 0.$
3. 2. 1.	$\dfrac{1}{e^x - e^{-x}}$	$\dfrac{1}{2}\ln\dfrac{1-e^x}{1+e^x} = -\operatorname{Ar\,Tg} e^x = \dfrac{1}{2}\ln\operatorname{Tg}\dfrac{|x|}{2}, \ x < 0;$ vgl. a. Abs. 3. 3. 1. 1. Nr. 2. 1. 1. $\dfrac{1}{2}\ln\dfrac{e^x-1}{e^x+1} = -\operatorname{Ar\,Ctg} e^x = \dfrac{1}{2}\ln\operatorname{Tg}\dfrac{x}{2}, \quad x > 0.$
3. 2. 2.	$\dfrac{1}{\alpha\,e^x - \beta\,e^{-x}}$	$\dfrac{1}{2\sqrt{\alpha\beta}}\ln\dfrac{\sqrt{\beta} + \sqrt{\alpha}\,e^x}{\sqrt{\beta} - \sqrt{\alpha}\,e^x}$ $= -\dfrac{1}{\sqrt{\alpha\beta}}\operatorname{Ar\,Tg}\left(\sqrt{\dfrac{\alpha}{\beta}}\,e^x\right)$ $= -\dfrac{1}{2\sqrt{\alpha\beta}}\ln\operatorname{Tg}\dfrac{|x+\varphi|}{2};$ $x < \dfrac{1}{2}\ln\dfrac{\beta}{\alpha};$ $\dfrac{1}{2\sqrt{\alpha\beta}}\ln\dfrac{\sqrt{\alpha}\,e^x + \sqrt{\beta}}{\sqrt{\alpha}\,e^x - \sqrt{\beta}}$ $= -\dfrac{1}{\sqrt{\alpha\beta}}\operatorname{Ar\,Ctg}\left(\sqrt{\dfrac{\alpha}{\beta}}\,e^x\right)$ $= -\dfrac{1}{2\sqrt{\alpha\beta}}\ln\operatorname{Tg}\dfrac{x+\varphi}{2};$ $x > \dfrac{1}{2}\ln\dfrac{\beta}{\alpha}.$ $\varphi = \dfrac{1}{2}\ln\dfrac{\beta}{\alpha}, \quad \alpha\beta > 0.$

Nr.	$f(x) = J'(x)$	$J(x) = \int f(x)\,dx$
3. 2. 3.	$\dfrac{1}{\alpha\,e^{kx} - \beta\,e^{-kx}}$	$\dfrac{1}{k}\displaystyle\int \dfrac{dt}{\alpha\,e^{t} - \beta\,e^{-t}}$;　s. Nr. 3. 2. 2.,　$kx = t$,　$\alpha\beta > 0$.
4. 1. 1.	$\dfrac{e^{kx} - a}{e^{kx} + a}$	$\dfrac{1}{k}\ln[2(e^{kx} + a) - kx] = x + \dfrac{2}{k}\ln(1 + a\,e^{-xk})$ $$= \dfrac{2}{k}\ln(e^{kx/2} + a\,e^{-kx/2});\quad a > 0.$$
4. 1. 2.	$\dfrac{e^{kx} + a}{e^{kx} - a}$	$\dfrac{1}{k}[2\ln(e^{kx} - a) - kx] = x + \dfrac{2}{k}\ln(1 - a\,e^{-kx})$ $$= \dfrac{2}{k}\ln(e^{kx/2} - a\,e^{-kx/2});\quad x > \dfrac{\ln a}{k},\quad a > 0.$$ $\dfrac{1}{k}[2\ln(a - e^{kx}) - kx] = x + \dfrac{2}{k}\ln|a\,e^{-kx} - 1|$ $$= \dfrac{2}{k}\ln(a\,e^{-kx/2} - e^{kx/2});\quad x < \dfrac{\ln a}{k},\quad a > 0.$$
4. 2. 1.	$\dfrac{e^{kx} - 1}{e^{kx} + 1}$	$x + \dfrac{2}{k}\ln(1 + e^{-kx}) = \dfrac{2}{k}\ln\mathfrak{Cos}\,\dfrac{kx}{2} + C.$
4. 2. 2.	$\dfrac{e^{kx} + 1}{e^{kx} - 1}$	$x + \dfrac{2}{k}\ln(1 - e^{-kx})$　　　　　$kx > 0.$ $$= \dfrac{2}{k}\ln\mathfrak{Sin}\,\dfrac{|kx|}{2} + C;$$ $x + \dfrac{2}{k}\ln(e^{-kx} - 1)$　　　　　$kx < 0.$
5. 0. 0.	$\dfrac{1}{e^{\lambda kx} \pm a\,e^{kx}}$	$\dfrac{1}{k}\displaystyle\int \dfrac{dv}{v^{2}(v^{\lambda-1} \pm a)}$;　$v = e^{kx}$.
5. 1. 1.	$\dfrac{1}{e^{2kx} + a\,e^{kx}}$	$\dfrac{1}{a^{2}k}[\ln(1 + a\,e^{-kx}) - a\,e^{-kx}];\quad a > 0.$
5. 1. 2.	$\dfrac{1}{e^{2kx} - a\,e^{kx}}$	$\dfrac{1}{a^{2}k}[\ln(1 - a\,e^{-kx}) + a\,e^{-kx}];\quad x > \dfrac{\ln a}{k}.$ $\dfrac{1}{a^{2}k}[\ln(a\,e^{-kx} - 1) + a\,e^{-kx}];\quad x < \dfrac{\ln a}{k}.$
5. 2. 1.	$\dfrac{1}{e^{3kx} + a^{2}e^{kx}}$	$-\dfrac{1}{a^{2}k}\left[e^{-kx} + \dfrac{1}{a}\,\text{arc tg}\,\dfrac{e^{kx}}{a}\right].$
5. 2. 2.	$\dfrac{1}{e^{3kx} - a^{2}e^{kx}}$	$\dfrac{1}{a^{2}k}\left[e^{-kx} - \dfrac{1}{2a}\ln\dfrac{a + e^{kx}}{a - e^{kx}}\right]$ $$= \dfrac{1}{a^{2}k}\left[e^{-kx} - \dfrac{1}{a}\,\mathfrak{Ar\,Tg}\,\dfrac{e^{kx}}{a}\right];\quad x < \dfrac{\ln a}{k},\quad a > 0.$$ $\dfrac{1}{a^{2}k}\left[e^{-kx} - \dfrac{1}{2a}\ln\dfrac{e^{kx} + a}{e^{kx} - a}\right]$ $$= \dfrac{1}{a^{2}k}\left[e^{-kx} - \dfrac{1}{a}\,\mathfrak{Ar\,Ctg}\,\dfrac{e^{kx}}{a}\right];\quad x > \dfrac{\ln a}{k},\quad a > 0.$$

Nr.	$f(x) = J'(x)$	$J(x) = \int f(x)\, dx$
5. 3. 1.	$\dfrac{1}{a^3 e^{-2kx} + e^{kx}}$	$\int \dfrac{e^{2kx}}{a^3 + e^{3kx}}\, dx$ $= \dfrac{1}{6\,ak}\left[\ln \dfrac{e^{2kx} - a\,e^{kx} + a^2}{(e^{kx} + a)^2} + 2\sqrt{3}\;\mathrm{arc\,tg}\;\dfrac{2\,e^{kx} - a}{a\sqrt{3}}\right].$
5. 3. 2.	$\dfrac{1}{a^3 e^{-2kx} - e^{kx}}$	$\int \dfrac{e^{2kx}}{a^3 - e^{3kx}}\, dx$ $= \dfrac{1}{6\,ak}\left[\ln \dfrac{e^{2kx} + a\,e^{kx} + a^2}{(e^{kx} - a)^2} - 2\sqrt{3}\;\mathrm{arc\,tg}\;\dfrac{2\,e^{kx} + a}{a\sqrt{3}}\right].$

3. 1. 1. 3. Der Integrand enthält eine irrationale Funktion von e^x.

Nr.	$f(x) = J'(x)$	$J(x) = \int f(x)\, dx$
1. 1. 1.	$\sqrt{a + b\,e^{kx}}$	$\dfrac{2}{k}\left[\sqrt{a + b\,e^{kx}} - \dfrac{1}{\sqrt{a}}\,U\right];$ $\left.\begin{aligned} U &= \mathfrak{Ar\,Ctg}\sqrt{\dfrac{a + b\,e^{kx}}{a}}, \quad b > 0, \\ &= \mathfrak{Ar\,Tg}\sqrt{\dfrac{a + b\,e^{kx}}{a}}, \quad b < 0, \end{aligned}\right\} a > 0.$ $= \mathrm{arc\,tg}\sqrt{\dfrac{a + b\,e^{kx}}{-a}}, \quad a < 0.$
1. 1. 2.	$e^{kx}\sqrt{a + b\,e^{kx}}$	$\dfrac{2}{3bk}\left(\sqrt{a + b\,e^{kx}}\right)^3.$
1. 1. 3.	$e^{-kx}\sqrt{a + b\,e^{kx}}$	$\dfrac{1}{k}\left[\dfrac{b}{\sqrt{a}}\,U - e^{-kx}\sqrt{a + b\,e^{kx}}\right],\ U.\ \text{s. Nr. } 1.1.1.$
1. 1. 4.	$e^{kx}\sqrt{a + b\,e^{-kx}}$	$\dfrac{1}{k}\left[e^{kx}\sqrt{a + b\,e^{-kx}} - \dfrac{b}{\sqrt{a}}\,\overline{U}\right];$ $\overline{U}$ folgt aus U (Nr. 1.1.1.), wenn kx durch $-kx$ ersetzt wird.
1. 1. 5. 0.	$e^{kx}\sqrt{a + b\,e^{2kx}}$ $= e^{kx/2}\sqrt{a\,e^{-kx} + b\,e^{kx}}$	$\dfrac{1}{k}\int \sqrt{a + b\,v^2}\, dv, \quad v = e^{kx};$ s. Abs. 2. 2. 3., 2. 2. 4., 2. 2. 5.
1. 1. 5. 1.	$e^{kx}\sqrt{a^2 + e^{2kx}}$	$\dfrac{1}{2k}\left[e^{kx}\sqrt{a^2 + e^{2kx}} + a^2\,\mathfrak{Ar\,Sin}\left(\dfrac{e^{kx}}{a}\right)\right];$ s. a. Nr. 1.1.5.0.
1. 1. 5. 2.	$e^{kx}\sqrt{a^2 - e^{2kx}}$	$\dfrac{1}{2k}\left[e^{kx}\sqrt{a^2 - e^{2kx}} + a^2\,\mathrm{arc\,sin}\left(\dfrac{e^{kx}}{a}\right)\right];$ s. a. Nr. 1.1.5.0.
1. 1. 5. 3.	$e^{kx}\sqrt{e^{2kx} - a^2}$	$\dfrac{1}{2k}\left[e^{kx}\sqrt{e^{2kx} - a^2} - a^2\,\mathfrak{Ar\,Cof}\left(\dfrac{e^{kx}}{a}\right)\right];\ a > 0;$ s. a. Nr. 1.1.5.0.
1. 2. 1.	$\dfrac{1}{e^{kx}\sqrt{a + b\,e^{kx}}}$	$-\dfrac{1}{ak}\left[e^{-kx}\sqrt{a + b\,e^{kx}} + \dfrac{b}{\sqrt{a}}\,U\right];$ U s. Nr. 1. 1. 1.

Nr.	$f(x) = J'(x)$	$J(x) = \int f(x)\,dx$
1. 2. 2.	$\dfrac{e^{kx}}{\sqrt{a + b\,e^{kx}}}$	$\dfrac{2}{bk}\sqrt{a + b\,e^{kx}}$.
1. 2. 3.	$\dfrac{1}{e^{kx}\sqrt{a + b\,e^{kx}}}$	$-\dfrac{2}{bk}\sqrt{a + b\,e^{kx}}$.
2. 1. 1.	$\sqrt{\dfrac{1 + e^{kx}}{1 - e^{kx}}}$ [1])	$\dfrac{1}{k}\left[\arccos(e^{kx}) - \mathfrak{Ar\,Cof}(e^{-kx})\right];\quad x \leqq 0,\ k > 0.$
2. 1. 2.	$\sqrt{\dfrac{a + b\,e^{kx}}{a - b\,e^{kx}}}$	$\dfrac{1}{k}\left[\arccos(e^{-kw}) - \mathfrak{Ar\,Cof}(e^{-kw})\right];\ w = x - \varphi;$ $x \leqq \varphi = \dfrac{1}{k}\ln\dfrac{a}{b};\ k > 0,\ ab > 0.$
2. 2. 1.	$\sqrt{\dfrac{1 - e^{kx}}{1 + e^{kx}}}$ [2])	$-\dfrac{1}{k}\left[\arccos(e^{kx}) + \mathfrak{Ar\,Cof}(e^{-kx})\right];\quad x \leqq 0,\ k > 0.$
2. 2. 2.	$\sqrt{\dfrac{a - b\,e^{kx}}{a + b\,e^{kx}}}$	$-\dfrac{1}{k}\left[\arccos(e^{kw}) + \mathfrak{Ar\,Cof}(e^{-kw})\right];\ w = x - \varphi;$ $x \leqq \varphi = \dfrac{1}{k}\ln\dfrac{a}{b};\ k > 0,\ ab > 0.$
2. 3. 1.	$\sqrt{\dfrac{e^{kx} + 1}{e^{kx} - 1}}$ [3])	$\dfrac{1}{k}\left[-\arccos(e^{-kx}) + \mathfrak{Ar\,Cof}(e^{kx})\right];\quad x \geqq 0,\ k > 0.$
2. 3. 2.	$\sqrt{\dfrac{b\,e^{kx} + a}{b\,e^{kx} - a}}$	$\dfrac{1}{k}\left[-\arccos(e^{-kw}) + \mathfrak{Ar\,Cof}(e^{kw})\right];\ w = x - \varphi;$ $x \geqq \varphi = \dfrac{1}{k}\ln\dfrac{a}{b};\ k > 0,\ ab > 0.$
2. 4. 1.	$\sqrt{\dfrac{e^{kx} - 1}{e^{kx} + 1}}$ [4])	$\dfrac{1}{k}\left[\arccos(e^{-kx}) + \mathfrak{Ar\,Cof}(e^{kx})\right];\quad x \geqq 0,\ k > 0.$
2. 4. 2.	$\sqrt{\dfrac{b\,e^{kx} - a}{b\,e^{kx} + a}}$	$\dfrac{1}{k}\left[\arccos(e^{-kw}) + \mathfrak{Ar\,Cof}(e^{kw})\right];\ w = x - \varphi;$ $x \geqq \varphi = \dfrac{1}{k}\ln\dfrac{a}{b};\ k > 0,\ ab > 0.$

3. 1. 1. 4. *Verschiedenes.*

Nr.	$f(x) = J'(x)$	$J(x) = \int f(x)\,dx$
1. 1.	$g(e^{kx})$	$\dfrac{1}{k}\displaystyle\int \dfrac{g(v)}{v}\,dv;\quad v = e^{kx}.$
1. 2.	$e^{kx}\cdot h(e^{kx})$	$\dfrac{1}{k}\displaystyle\int h(v)\,dv;\quad v = e^{kx}.$
2. 1.	e^{x^2}	$x + \dfrac{x^3}{3\cdot 1!} + \dfrac{x^5}{5\cdot 2!} + \dfrac{x^7}{7\cdot 3!} + \dfrac{x^9}{9\cdot 4!} + \dots + C.$

---

[1]) $= \sqrt{-\mathfrak{Ctg}\,\dfrac{kx}{2}}$.   [2]) $= \sqrt{-\mathfrak{Tg}\,\dfrac{kx}{2}}$.   [3]) $= \sqrt{\mathfrak{Ctg}\,\dfrac{kx}{2}}$.   [4]) $= \sqrt{\mathfrak{Tg}\,\dfrac{kx}{2}}$.

Nr.	$f(x) = J'(x)$	$J(x) = \int f(x)\,dx$
2.2.	e^{-x^2} [1]	$x - \dfrac{x^3}{3\cdot 1!} + \dfrac{x^5}{5\cdot 2!} - \dfrac{x^7}{7\cdot 3!} + \dfrac{x^9}{9\cdot 4!} - + \;\cdots\; + C.$
2.3.	e^{kx^2}	$x + \dfrac{k\,x^3}{3\cdot 1!} + \dfrac{k^2\,x^5}{5\cdot 2!} + \dfrac{k^3\,x^7}{7\cdot 3!} + \dfrac{k^4\cdot x^9}{9\cdot 4!} + \;\cdots\; + C.$

3.1.2. Der Integrand enthält eine logarithmische Funktion.

3.1.2.1. $\int g(\ln x)\,dx$.

Nr.	$f(x) = J'(x)$	$J(x) = \int f(x)\,dx$
0.	$g(\ln x)$	$\int g(z)e^z\,dx;\; x = e^z,\; z = \ln x$ (vgl. Abs. 4. u. 5.).
1.1.1.0.	$(\ln x)^m$	$x(\ln x)^m - m\int(\ln x)^{m-1}\,dx;\; m > 0.$
1.1.1.1.1.	$\ln x$	$x(\ln x - 1).$
1.1.1.1.2.	$\ln(kx)$	$x[\ln(kx) - 1].$
1.1.1.1.3.	$\ln(\ln x)$	$\ln x \cdot [\ln(\ln x) - 1].$
1.1.1.2.	$(\ln x)^2$	$x(\ln x)^2 - 2x\ln x + 2x.$
1.1.1.3.	$(\ln x)^3$	$x(\ln x)^3 - 3x(\ln x)^2 + 6x\ln x - 6x.$
1.1.2.0.	$[\ln(a+bx)]^m$	$\dfrac{1}{b}(a+bx)[\ln(a+bx)]^m - m\int[\ln(a+bx)]^{m-1}\,dx.$
1.1.2.1.	$\ln(a+bx)$	$\dfrac{a+bx}{b}[\ln(a+bx) - 1].$
1.1.2.2.	$[\ln(a+bx)]^2$	$\dfrac{u}{b}(\ln u)^2 - \dfrac{2u}{b}\ln u - 2u;\quad u = a+bx.$
1.1.2.3.	$[\ln(a+bx)]^3$	$\dfrac{u}{b}(\ln u)^3 - \dfrac{3u}{b}(\ln u)^2 + \dfrac{6u}{b}\ln u - 6u;\; u = a+b\,r.$
1.2.1.0.	$\dfrac{1}{(\ln x)^m}$	$-\dfrac{x}{(m-1)(\ln x)^{m-1}} + \dfrac{1}{m-1}\int\dfrac{dx}{(\ln x)^{m-1}};\; m > 1.$
1.2.1.1.	$\dfrac{1}{\ln x}$	$\mathrm{li}(x)^* + C = \mathrm{Ei}(\ln x)^* + C$ $= \int\dfrac{e^z}{z}\,dz = W\,{}^{[2]});\; z = \ln x;$ vgl. a. Abs. 4.1.1.2. Nr. 1.
1.2.1.2.	$\dfrac{1}{(\ln x)^2}$	$-\dfrac{x}{\ln x} + W;\; W$ s. Nr. 1.2.1.1.

----

[1] vergl. Sv. 9; $\dfrac{2}{\sqrt{\pi}}\displaystyle\int_0^x e^{-t^2}\,dt = $ Fehlerintegral (vgl. ebenda).

[2] Im folgenden als Abkürzung benutzt.

Nr.	$f(x) = J'(x)$	$J(x) = \int f(x)\,dx$
1.2.1.3.	$\dfrac{1}{(\ln x)^3}$	$-\dfrac{x}{2\ln x}\left(\dfrac{1}{\ln x}+1\right)+\dfrac{1}{2}\,W;\quad W$ s. Nr. 1.2.1.1.
1.2.1.4.	$\dfrac{1}{(\ln x)^4}$	$-\dfrac{x}{6\ln x}\left[2+\dfrac{1}{(\ln x)^2}+\dfrac{1}{\ln x}\right]+\dfrac{1}{6}\,W;\ W$ s.Nr.1.2.1.1.
1.2.2.0.	$\dfrac{1}{[\ln(a+bx)]^m}$	$-\dfrac{a+bx}{(m-1)b\,[\ln(a+bx)]^m}+\dfrac{1}{m}\int\dfrac{dx}{[\ln(a+bx)]^{m-1}};$ $m>1.$
1.2.2.1.	$\dfrac{1}{\ln(a+bx)}$	$\dfrac{1}{b}\,\mathrm{li}\,(a+bx)^*+C=\dfrac{1}{b}\,\overline{\mathrm{Ei}}\,[\ln(a+bx)]^*+C$ $=\dfrac{1}{b}\int\dfrac{e^v}{v}\,dv=\dfrac{1}{b}\,X{}^1);\ \ v=\ln(a+bx);$ vgl. a. Abs. 4.1.1.2. Nr. 1.
1.2.2.2.	$\dfrac{1}{[\ln(a+bx)]^2}$	$-\dfrac{a+bx}{b\,[\ln(a+bx)]^2}+\dfrac{1}{2b}\cdot X;\quad X$ s. Nr. 1.2.2.1.
1.2.2.3.	$\dfrac{1}{[\ln(a+bx)]^3}$	$-\dfrac{u}{3b\,(\ln u)^3}-\dfrac{u}{3b\,(\ln u)^2}+\dfrac{1}{6b}\cdot X;\quad \begin{array}{l}u=a+bx;\\ X\text{ s. Nr. 1.2.2.1.}\end{array}$
2.1.1.	$\sin(k\ln x)$	$\dfrac{x}{1+k^2}\,[\sin(k\ln x)-k\cos(k\ln x)].$
2.1.2.	$\cos(k\ln x)$	$\dfrac{x}{1+k^2}\,[\cos(k\ln x)+k\sin(k\ln x)].$
2.2.1.	$\dfrac{\sin(k\ln x)}{x}$	$-\dfrac{1}{k}\,\cos(k\ln x).$
2.2.2.	$\dfrac{\cos(k\ln x)}{x}$	$\dfrac{1}{k}\,\sin(k\ln x).$
2.3.1.	$\mathfrak{Sin}\,(k\ln x)$	$\int\dfrac{1}{2}\,(x^k-x^{-k})\,dx=\dfrac{1}{2}\left[\dfrac{x^{1+k}}{1+k}+\dfrac{x^{1-k}}{1-k}\right];\qquad k\neq 1.$
2.3.2.	$\mathfrak{Cos}\,(k\ln x)$	$\int\dfrac{1}{2}\,(x^k+x^{-k})\,dx=\dfrac{1}{2}\left[\dfrac{x^{1+k}}{1+k}-\dfrac{x^{1-k}}{1-k}\right];\qquad k\neq 1.$

$$3.1.2.2.\quad \int \ln[g(x)]\,dx.$$

1.1.1.	$\ln(a^2+x^2)$	$x\ln(a^2+x^2)+2a\,\mathrm{arc\,tg}\,\dfrac{x}{a}-2x.$
1.1.2.	$\ln|a^2-x^2|$	$x\ln|a^2-x^2|+a\ln\left|\dfrac{a+x}{a-x}\right|^*-2x.$

<hr>

${}^1)$ Im folgenden zur Abkürzung benutzt.

Nr.	$f(x) = J'(x)$	$J(x) = \int f(x)\,dx$
1.2.	$\ln \lvert x^3 \pm a^3 \rvert$	$x \ln \lvert x^3 \pm a^3 \rvert \mp \dfrac{a}{2} \ln \dfrac{x^2 \mp a x + a^2}{(x \pm a)^2}$ $+ a\sqrt{3}\,\text{arc tg}\,\dfrac{2x \mp a}{a\sqrt{3}} - 3x.$
1.3.1.	$\ln (x^4 + a^4)$	$x \ln (x^4 + a^4) - \dfrac{a}{\sqrt{2}} \ln \dfrac{x^2 - a x \sqrt{2} + a^2}{x^2 + a x \sqrt{2} + a^2}$ [1] $+ a\sqrt{2}\,\text{arc tg}\,\dfrac{x^2 - a^2}{a x \sqrt{2}} - 4x.$
1.3.2.	$\ln \lvert x^4 - a^4 \rvert$	$x \ln \lvert x^4 - a^4 \rvert + a \ln \left\lvert \dfrac{x + a}{x - a} \right\rvert^{*} + 2a\,\text{arc tg}\,\dfrac{x}{a} - 4x.$
2.1.	$\ln [x + \sqrt{x^2 + a^2}]^2)$	$x \ln [x + \sqrt{x^2 + a^2}] - \sqrt{x^2 + a^2}.$
2.2.	$\ln [x + \sqrt{x^2 - a^2}]^3)$	$x \ln [x + \sqrt{x^2 - a^2}] - \sqrt{x^2 - a^2}.$

3.2. Integrale trigonometrischer und zyklometrischer Funktionen.

3.2.1. Trigonometrische Funktionen.

3.2.1.1. Der Integrand enthält sin x.

1.1.	$\sin x$	$-\cos x.$
1.2.	$\sin kx$	$-\dfrac{1}{k} \cos kx.$
1 3.	$\sin (a + bx)$	$-\dfrac{1}{b} \cos (a + bx).$
1.4.	$\sin \alpha x \cdot \sin \beta x$	$\dfrac{\sin (\alpha - \beta)x}{2(\alpha - \beta)} - \dfrac{\sin (\alpha + \beta)x}{2(\alpha + \beta)};\ \alpha^2 \neq \beta^2;$ für $\alpha^2 = \beta^2$ vergl. 2.2.1.2.
1.5.	$\sin kx^2$	$\sqrt{\dfrac{\pi}{2k}} \displaystyle\int_0^u \sin \dfrac{\pi u^2}{2}\,du + \text{konst.} = \sqrt{\dfrac{\pi}{2k}}\,S(u) + \text{konst.};$ $u = x\sqrt{\dfrac{2k}{\pi}};$

[1]) oder auch $+ a\sqrt{2}\,\text{Ar Ctg}\,\dfrac{x^2 + a^2}{x a \sqrt{2}}.$

[2]) $\text{Ar Sin}\,\dfrac{x}{a} + \ln a;$ vergl. Abs. 3.3.2.1.

[3]) $\text{Ar Cof}\,\dfrac{x}{a} + \ln a;$ vergl. Abs. 3.3.2.2.

Nr.	$f(x) = J'(x)$	$J(x) = \int f(x)\,dx$
1. 5.	$\sin k x^2$	$\dfrac{1}{2\sqrt{k}} \displaystyle\int_0^z \dfrac{\sin z}{\sqrt{z}}\,dz + \text{konst.} = \sqrt{\dfrac{\pi}{2k}}\,S(z) + \text{konst.};$ $z = k x^2;$ „S" $= 2.$ Fresnelsches Integral* (vgl. Sv.9, 2.u. 3.Aufl)
2. 1. 0. 1.	$\dfrac{1}{\sin^n x}$	$-\dfrac{\cos x}{(n-1)\sin^{n-1} x} + \dfrac{n-2}{n-1}\displaystyle\int \dfrac{dx}{\sin^{n-2} x},\qquad n>1.$
2. 1. 0. 2.	$\dfrac{1}{\sin^{2m} x}$	$-\displaystyle\sum_{k=0}^{k=m-1} \dfrac{1}{2k+1}\binom{m-1}{k}\operatorname{ctg}^{2k+1} x.$
2. 1. 0. 3.	$\dfrac{1}{\sin^{2m-1} x}$	$\dfrac{1}{2^{2m-1}}\displaystyle\sum_{k=0}^{k=2m-2}{}' \dfrac{1}{m-1-k}\binom{2m-2}{k} z^{2(m-1-k)};\ z = \operatorname{tg}\dfrac{x}{2}.$ Der Strich am Summenzeichen bedeutet, daß *in* der Summe das Glied für $k = m-1$ durch $$2\cdot\binom{2m-2}{m-1}\ln\left|\operatorname{tg}\dfrac{x}{2}\right|,$$ vgl. Nr. 2.1.1., zu ersetzen ist.
2. 1. 1.	$\dfrac{1}{\sin x}$	$\ln\left|\operatorname{tg}\dfrac{x}{2}\right| = -\dfrac{1}{2}\ln\dfrac{1+\cos x}{1-\cos x} = \mathfrak{Ar\,Amp}\left(x-\dfrac{\pi}{2}\right)^*$ $= \operatorname{gd}\left(x-\dfrac{\pi}{2}\right)^*.$
2. 1. 2.	$\dfrac{1}{\sin^2 x}$	$-\operatorname{cotg} x.$
2. 1. 3.	$\dfrac{1}{\sin^3 x}$	$-\dfrac{\cos x}{2\sin^2 x} + \dfrac{1}{2}\ln\left|\operatorname{tg}\dfrac{x}{2}\right|;\quad \text{s. Nr. 2.1.1.}$
2. 1. 4.	$\dfrac{1}{\sin^4 x}$	$-\dfrac{\cos x}{3\sin^3 x} - \dfrac{2}{3}\operatorname{ctg} x = -\dfrac{1}{3}\operatorname{ctg}^3 x - \operatorname{ctg} x.$
2. 1. 5.	$\dfrac{1}{\sin^5 x}$	$-\dfrac{\cos x}{4\sin^4 x} - \dfrac{3}{8}\dfrac{\cos x}{\sin^2 x} + \dfrac{3}{8}\ln\left|\operatorname{tg}\dfrac{x}{2}\right|;\quad \text{s. 2.1.1.}$
2. 1. 6.	$\dfrac{1}{\sin^6 x}$	$-\dfrac{1}{5}\dfrac{\cos x}{\sin^5 x} - \dfrac{4}{15}\operatorname{ctg}^3 x - \dfrac{4}{5}\operatorname{ctg} x$ $= -\dfrac{1}{5}\operatorname{ctg}^5 x - \dfrac{2}{3}\operatorname{ctg}^3 x - \operatorname{ctg} x.$
2. 1. 7.	$\dfrac{1}{\sin^7 x}$	$-\dfrac{\cos x}{6\sin^2 x}\left(\dfrac{15}{8} + \dfrac{5}{4\sin^2 x} + \dfrac{1}{\sin^4 x}\right) + \dfrac{5}{16}\ln\left|\operatorname{tg}\dfrac{x}{2}\right|;$ vgl. Nr. 2.1.1.
2. 1. 8.	$\dfrac{1}{\sin^8 x}$	$-\left(\operatorname{ctg} x + \operatorname{ctg}^3 x + \dfrac{3}{5}\operatorname{ctg}^5 x + \dfrac{1}{7}\operatorname{ctg}^7 x\right).$

Nr.	$f(x) = J'(x)$	$J(x) = \int f(x)\, dx$
2. 2. 0. 1.	$\sin^n x$	$-\dfrac{1}{n}\sin^{n-1} x \cos x + \dfrac{n-1}{n}\displaystyle\int \sin^{n-2} x\, dx$ oder FOURIER-Reihe*:
2 2 0.2.	$\sin^n x$	$\dfrac{1}{2^n}\binom{n}{p} x + \dfrac{(-1)^p}{2^{n-1}}\cdot \displaystyle\sum_{k=0}^{k=p-1}(-1)^k\binom{n}{k}\dfrac{\sin (n-2k)x}{n-2k}$ für $n = 2p$; $\dfrac{(-1)^{p+1}}{2^{n-1}}\cdot \displaystyle\sum_{k=0}^{k=p}(-1)^k\binom{n}{k}\dfrac{\cos (n-2k)x}{n-2k}$ für $n = 2p+1$.
2. 2. 1. 1.	$\sin^2 x$	$\dfrac{1}{2}x - \dfrac{1}{4}\sin 2x = \dfrac{1}{2}x - \dfrac{1}{2}\sin x \cos x.$
2. 2. 1. 2.	$\sin^2 k x$	$\dfrac{1}{2}x - \dfrac{1}{4k}\sin 2kx.$
2. 2. 2.	$\sin^3 x$	$-\dfrac{3}{4}\cos x + \dfrac{1}{12}\cos 3x = \dfrac{1}{3}\cos^3 x - \cos x.$
2. 2. 3.	$\sin^4 x$	$\dfrac{3}{8}x - \dfrac{1}{4}\sin 2x + \dfrac{1}{32}\sin 4x$ $= \dfrac{3}{8}x - \dfrac{3}{8}\sin x \cos x - \dfrac{1}{4}\sin^3 x \cos x.$
2. 2. 4.	$\sin^5 x$	$-\dfrac{5}{8}\cos x + \dfrac{5}{48}\cos 3x - \dfrac{1}{80}\cos 5x$ $= -\dfrac{4}{5}\cos x - \dfrac{1}{5}\sin^4 x \cos x + \dfrac{4}{15}\cos^3 x.$
2. 2. 5.	$\sin^6 x$	$\dfrac{5}{16}x - \dfrac{15}{64}\sin 2x + \dfrac{3}{64}\sin 4x - \dfrac{1}{192}\sin 6x$ $= \dfrac{5}{16}x - \dfrac{1}{6}\sin^5 x \cos x - \dfrac{5}{16}\sin x \cos x$ $\quad - \dfrac{5}{24}\sin^3 x \cos x.$
2. 2. 6.	$\sin^7 x$	$-\dfrac{35}{64}\cos x + \dfrac{7}{64}\cos 3x - \dfrac{7}{320}\cos 5x + \dfrac{1}{448}\cos 7x$ $= -\dfrac{1}{7}\sin^6 x \cos x - \dfrac{6}{35}\sin^4 x \cos x + \dfrac{8}{35}\cos^3 x$ $\quad - \dfrac{24}{35}\cos x.$

Nr.	$f(x) = J'(x)$	$J(x) = \int f(x)\,dx$
3. 1. 1.	$\dfrac{1}{1 + \sin x}$ [1]	$\operatorname{tg}\left(\dfrac{x}{2} - \dfrac{\pi}{4}\right).$
3. 1. 2.	$\dfrac{1}{1 - \sin x}$ [2]	$\operatorname{tg}\left(\dfrac{x}{2} + \dfrac{\pi}{4}\right).$
3. 1. 3.	$\dfrac{1}{a + b \sin x}$	$\dfrac{2}{\sqrt{D}} \operatorname{arc\,tg}\left[\lambda \operatorname{tg}\left(\dfrac{x}{2} - \dfrac{\pi}{4}\right)\right];\ D^2 = a^2 - b^2 > 0,\quad \lambda = \sqrt{\dfrac{a-b}{a+b}}.$ $\dfrac{2}{\sqrt{-D}} \ln\left\|\dfrac{a + b \sin x}{b + a \sin x - \sqrt{-D}\cos x}\right\|$ oder $\dfrac{2}{\sqrt{-D}} \operatorname{\mathfrak{Ar\,Tg}}\left[\mu \operatorname{tg}\left(\dfrac{x}{2} - \dfrac{\pi}{4}\right)\right]^{*};\ a + b \sin x > 0,$ $\dfrac{2}{\sqrt{-D}} \operatorname{\mathfrak{Ar\,Ctg}}\left[\mu \operatorname{tg}\left(\dfrac{x}{2} - \dfrac{\pi}{4}\right)\right]^{*};\ a + b \sin x < 0,$ $D = a^2 - b^2 < 0;\quad \mu = \sqrt{\dfrac{b-a}{b+a}} = \sqrt{-\lambda}.$
3. 2. 1.	$\dfrac{\sin x}{1 + \sin x}$	$x - \operatorname{tg}\left(\dfrac{x}{2} - \dfrac{\pi}{4}\right).$
3. 2. 2.	$\dfrac{\sin x}{1 - \sin x}$	$-x + \operatorname{tg}\left(\dfrac{x}{2} + \dfrac{\pi}{4}\right).$
3. 2. 3.	$\dfrac{\sin x}{a + b \sin x}$	$\dfrac{x}{b} - \dfrac{a}{b}\int\dfrac{dx}{a + b \sin x};\quad$ vgl. Nr. 3. 1. 3.
3. 3. 1.	$\dfrac{1}{\sin x\,(1 + \sin x)}$	$\ln\left\|\operatorname{tg}\dfrac{x}{2}\right\| - \operatorname{tg}\left(\dfrac{x}{2} - \dfrac{\pi}{4}\right);\quad$ vgl. Nr. 2. 1. 1.
3. 3. 2.	$\dfrac{1}{\sin x\,(1 - \sin x)}$	$\ln\left\|\operatorname{tg}\dfrac{x}{2}\right\| + \operatorname{tg}\left(\dfrac{x}{2} + \dfrac{\pi}{4}\right);\quad$ vgl. Nr. 2. 1. 1.
3. 3. 3.	$\dfrac{1}{\sin x\,(a + b \sin x)}$	$\dfrac{1}{a}\ln\left\|\operatorname{tg}\dfrac{x}{2}\right\| - \dfrac{b}{a}\int\dfrac{dx}{a + b \sin x};$ vgl. Nr. 2.1.1. u. 3.1.3.
3. 4. 1.	$\dfrac{1}{(1 + \sin x)^2}$	$\dfrac{1}{2}\operatorname{tg}\left(\dfrac{x}{2} - \dfrac{\pi}{4}\right) + \dfrac{1}{6}\operatorname{tg}^3\left(\dfrac{x}{2} - \dfrac{\pi}{4}\right).$
3. 4. 2.	$\dfrac{1}{(1 - \sin x)^2}$	$\dfrac{1}{2}\operatorname{tg}\left(\dfrac{x}{2} + \dfrac{\pi}{4}\right) + \dfrac{1}{6}\operatorname{tg}^3\left(\dfrac{x}{2} + \dfrac{\pi}{4}\right).$

[1] $1 + \sin x = 2\cos^2\left(\dfrac{\pi}{4} - \dfrac{x}{2}\right).$ [2] $1 - \sin x = 2\sin^2\left(\dfrac{\pi}{4} - \dfrac{x}{2}\right).$

Nr.	$f(x) = J'(x)$	$J(x) = \int f(x)\,dx$
3. 4. 3.	$\dfrac{1}{(a + b \sin x)^2}$	$\dfrac{1}{D}\left[\dfrac{b \cos x}{a + b \sin x} + a \int \dfrac{dx}{a + b \sin x}\right];$ $\quad D = a^2 - b^2 \neq 0$; vgl. Nr. 3. 1. 3.
3. 5. 1.	$\dfrac{\sin x}{(1 + \sin x)^2}$	$\dfrac{1}{2}\,\mathrm{tg}\left(\dfrac{x}{2} - \dfrac{\pi}{4}\right) - \dfrac{1}{6}\,\mathrm{tg}^3\left(\dfrac{x}{2} - \dfrac{\pi}{4}\right).$
3. 5. 2.	$\dfrac{\sin x}{(1 - \sin x)^2}$	$-\dfrac{1}{2}\,\mathrm{tg}\left(\dfrac{x}{2} + \dfrac{\pi}{4}\right) + \dfrac{1}{6}\,\mathrm{tg}^3\left(\dfrac{x}{2} + \dfrac{\pi}{4}\right).$
3. 5. 3.	$\dfrac{\sin x}{(a + b \sin x)^2}$	$-\dfrac{1}{D}\left[\dfrac{a \cos x}{a + b \sin x} + b \int \dfrac{dx}{a + b \sin x}\right];$ $\quad D = a^2 - b^2 \neq 0$; vgl. Nr. 3. 1. 3.
3. 6. 1. 1.		$\dfrac{1}{\alpha \lambda}\,\mathrm{arc\,tg}\,(\lambda\,\mathrm{tg}\,x); \quad \lambda^2 = 1 + \dfrac{\beta}{\alpha}; \quad \dfrac{\beta}{\alpha} > -1.$
3. 6. 1. 2.	$\dfrac{1}{\alpha + \beta \sin^2 x}$	$\dfrac{1}{\alpha \omega}\,\mathfrak{Ar\,Tg}\,(\omega\,\mathrm{tg}\,x); \quad \sin^2 x < -\dfrac{\alpha}{\beta}; \left.\begin{array}{c}\\ \\\end{array}\right\} \omega^2 = -1 - \dfrac{\beta}{\alpha};$
3. 6. 1. 3.		$\dfrac{1}{\alpha \omega}\,\mathfrak{Ar\,Ctg}\,(\omega\,\mathrm{tg}\,x); \quad \sin^2 x > -\dfrac{\alpha}{\beta}; \left.\begin{array}{c}\\\end{array}\right\} \dfrac{\beta}{\alpha} < -1.$
3. 6. 2.	$\dfrac{1}{1 + \sin^2 x}$	$\dfrac{1}{\sqrt{2}}\,\mathrm{arc\,tg}\,(\sqrt{2}\,\mathrm{tg}\,x).$
3. 6. 3.	$\dfrac{1}{1 - \sin^2 x}$	$\mathrm{tg}\,x.$
3 6. 4. 0.	$\dfrac{1}{(\alpha + \beta \sin^2 x)(\gamma + \delta \sin^2 x)}$	$\dfrac{1}{\Delta}\left[\delta \int \dfrac{dx}{\alpha + \beta \sin^2 x} - \beta \int \dfrac{dx}{\gamma + \delta \sin^2 x}\right]; \quad \begin{array}{l}\Delta = \\ \alpha\delta - \beta\gamma \neq 0\end{array}$ Integrale nach 3. 6. 1. bis 3. 6. 3. (s. 3. 6. 4. 2.).
3. 6. 4. 1. 1.		$\dfrac{1}{2 a^4}\left[\dfrac{1}{\lambda_1}\,\mathrm{arc\,tg}\,(\lambda_1\,\mathrm{tg}\,x) - \dfrac{1}{\lambda_2}\,\mathrm{arc\,tg}\,(\lambda_2\,\mathrm{tg}\,x)\right];$ $\quad a^2 > 1; \quad \lambda_1^2 = 1 + \dfrac{1}{a^2}; \quad \lambda_2^2 = 1 - \dfrac{1}{a^2}.$
3. 6. 4. 1. 2.	$\dfrac{1}{a^4 - \sin^4 x}$	$\dfrac{1}{2 a^4}\left[\dfrac{1}{\lambda_1}\,\mathrm{arc\,tg}\,(\lambda_1\,\mathrm{tg}\,x) - \dfrac{1}{\omega}\,\mathfrak{Ar\,Tg}\,(\omega\,\mathrm{tg}\,x)\right]; \sin^2 x < a^2;$ $\quad a^2 < 1; \quad \lambda_1 \text{ s. o.}; \quad \omega^2 = \dfrac{1}{a^2} - 1.$
3. 6. 4. 1. 3.		$\dfrac{1}{2 a^4}\left[\dfrac{1}{\lambda_1}\,\mathrm{arc\,tg}\,(\lambda_1\,\mathrm{tg}\,x) - \dfrac{1}{\omega}\,\mathfrak{Ar\,Ctg}\,(\omega\,\mathrm{tg}\,x)\right]; \sin^2 x > a^2;$ $\quad a^2 < 1; \quad \lambda_1 \text{ und } \omega \text{ s. o.}$ Für $a = 1$ s. 3. 2. 1. 3. Nr. 11. 1. 1. mit $\alpha = \beta = 1.$
3. 6. 4. 2.	$\dfrac{1}{(\alpha + \beta \sin^2 x)^2}$	$\dfrac{1}{2\alpha(\alpha + \beta)}\left[(\beta + 2\alpha)\int \dfrac{dx}{\alpha + \beta \sin^2 x} + \dfrac{\beta \sin x \cos x}{\alpha + \beta \sin^2 x}\right];$ $\quad$ s. Nr. 3. 6. 1.

Nr.	$f(x) = J'(x)$	$J(x) = \int f(x)\,dx$
3. 6. 4. 3.	$\dfrac{1}{(\alpha + \beta \sin^2 x)^3}$	$\dfrac{1}{8\lambda \alpha^3}\left[\left(3 + \dfrac{2}{\lambda^2} + \dfrac{3}{\lambda^4}\right)\text{arc tg}\,(\lambda\,\text{tg}\,x)\right.$ $+\left(3 + \dfrac{2}{\lambda^2} - \dfrac{3}{\lambda^4}\right)\dfrac{\lambda\,\text{tg}\,x}{1 + \lambda^2\,\text{tg}^2 x}$ $\left.+\left(1 - \dfrac{2}{\lambda^2} - \dfrac{1}{\lambda^2}\,\text{tg}^2 x\right)\dfrac{2\lambda\,\text{tg}\,x}{(1 + \lambda^2\,\text{tg}^2 x)^2}\right]$ $\qquad\text{für } \lambda^2 = 1 + \dfrac{\beta}{\alpha} > 0.$ $\dfrac{1}{8\omega\alpha^3}\left[\left(3 - \dfrac{2}{\omega^2} + \dfrac{3}{\omega^4}\right)\mathfrak{Ar\,Tg}\,(\omega\,\text{tg}\,x)\right.$ $+\left(3 - \dfrac{2}{\omega^2} - \dfrac{3}{\omega^4}\right)\dfrac{\omega\,\text{tg}\,x}{1 - \omega^2\,\text{tg}^2 x}$ $\left.+\left(1 + \dfrac{2}{\omega^2} + \dfrac{1}{\omega^2}\,\text{tg}^2 x\right)\dfrac{2\omega\,\text{tg}\,x}{(1 - \omega^2\,\text{tg}^2 x)^2}\right]$ $\qquad\text{für } \omega^2 = -1 - \dfrac{\beta}{\alpha} > 0.$ $\mathfrak{Ar\,Tg}\,(\omega\,\text{tg}\,x)$ gilt für $\sin^2 x < -\,\alpha/\beta$; dafür kommt $\mathfrak{Ar\,Ctg}\,(\omega\,\text{tg}\,x)$, wenn $\sin^2 x > -\,\alpha/\beta$.
3. 6. 4. 4. 1.	$\dfrac{1}{(\alpha + \beta \sin^2 x)^n}$	$\dfrac{1}{\lambda\alpha^n}\left[\int\dfrac{dz}{(1+z^2)^n} + \dfrac{1}{\lambda^2}\binom{n-1}{1}\int\dfrac{z^2\,dz}{(1+z^2)^n}\right.$ $\left.+\dfrac{1}{\lambda^4}\binom{n-1}{2}\int\dfrac{z^4\,dz}{(1+z^2)^n} + \cdots + \dfrac{1}{\lambda^{2n-2}}\int\dfrac{z^{2n-2}\,dz}{(1+z^2)^n}\right];$ gilt für $\beta/\alpha > -\,1$. Hierin ist $z = \lambda\,\text{tg}\,x$, $\lambda = \sqrt{1+\beta/\alpha}$. Für $\beta/\alpha < -\,1$ ist λ durch $\omega = \sqrt{-1-\beta/\alpha}$ und in den Nennern $(1 + z^2)^n$ durch $(1 - z^2)^n$ zu ersetzen, und es tritt $\mathfrak{Ar\,Tg}\,(\omega\,\text{tg}\,x)$ oder $\mathfrak{Ar\,Ctg}\,(\omega\,\text{tg}\,x)$ auf, je nachdem $\sin^2 x < -\,\alpha/\beta$ oder $\sin^2 x > -\,\alpha/\beta$ wird. Die Integrationen sind nach Abs. 2. 1. 3. 1. Nr. 4.0.0.1. auszuführen.
3. 6. 4. 4. 2.	$\dfrac{\sin^{2m} x}{(\alpha + \beta \sin^2 x)^n}$	$\dfrac{1}{\alpha^n\lambda^{2n+1}} \cdot \sum_{r=0}^{r=n-m-1} \dfrac{1}{\lambda^{2r}}\binom{n-m-1}{r}\int\dfrac{z^{2(m+r)}}{(1+z^2)^n}\,dz;$ $0 \leqq m < n,\ \ n \geqq 1;$ vgl. ferner 3. 6. 4. 4. 1.
3. 6. 5. 1.	$\dfrac{\sin^2 x}{\alpha + \beta \sin^2 x}$	$\dfrac{1}{\beta}[x - \alpha J_s];\ \ J_s = \int\dfrac{dx}{\alpha + \beta \sin^2 x}$ (s. 3. 6. 1.).
3. 6. 5. 2.	$\dfrac{\sin^2 x}{(\alpha + \beta \sin^2 x)^2}$	$\dfrac{1}{2(\alpha + \beta)}[J_s - \Psi_s];\ \ \Psi_s = \dfrac{\sin x \cos x}{\alpha + \beta \sin^2 x};\ \ J_s$ s. 3.6.5.1.; $\qquad \alpha + \beta \neq 0$ (s. 3. 2. 1. 3. Nr. 2. 4. 2.)

Nr.	$f(x) = J'(x)$	$J(x) = \int f(x)\,dx$
3.6.6.1.	$\dfrac{1}{(\alpha + \beta \sin^2 x)^2 (\gamma + \delta \sin^2 x)}$	$\dfrac{1}{2\,\triangle^2}\left[\dfrac{\beta}{\alpha(\alpha+\beta)}(c_1 J_s - c_2 \Psi_s) + 2\,\delta^2 J_2\right]$ $J_s,\ \Psi_s$ s. 3.6.5.1./2.; $J_2 = \int \dfrac{dx}{\gamma + \delta \sin^2 x}$ (s. 3.6.1.); $c_1 = (\alpha+\beta)(\beta\gamma - 3\alpha\delta) - \alpha\triangle;\ c_2 = \beta\triangle;$ $\triangle = \alpha\delta - \beta\gamma \neq 0$ (s. 3.6.4.3.); $\alpha + \beta \neq 0$ (s. 3.2.1.3. Nr. 11.2.1.1.).
3.6.6.2.	$\dfrac{\sin^2 x}{(\alpha + \beta \sin^2 x)^2 (\gamma + \delta \sin^2 x)}$	$\dfrac{1}{2\,\triangle^2}\left[\dfrac{1}{\alpha+\beta}(c_1 J_s + c_2 \Psi_s) - 2\gamma\delta J_2\right];$ $J_s,\ \Psi$ s. 3.6.5.1./2.; J_2 s. 3.6.6.1.; $c_1 = \alpha\delta(\alpha+\beta) + \alpha^2\delta + \beta^2\gamma;\ c_2 = \beta\triangle;$ $\triangle = \alpha\delta - \beta\gamma \neq 0$ (s. 3.6.4.4.2. für $m=1$, $n=3$); $\alpha + \beta \neq 0$ (s. 3.2.1.3. Nr. 11.3.1.1.).
3.6.6.3.	$\dfrac{\sin^4 x}{(\alpha + \beta \sin^2 x)^2 (\gamma + \delta \sin^2 x)}$	$\dfrac{1}{2\,\triangle^2}\left[\dfrac{\alpha}{\alpha+\beta}(c_1 J_s - c_2 \Psi_s) + 2\gamma^2 J_2\right];$ $J_s,\ \Psi_s$ s. 3.6.5.1./2.; J_8 s. 3.6.6.1.; $\alpha + \beta \neq 0$ (s. 3.2.1.3. Nr. 11.3.3.1.1.); $c_1 = \triangle - 2\gamma(\alpha+\beta);\ c_2 = \triangle = \alpha\delta - \beta\gamma \neq 0$ (s. 3.6.4.4.2 für $m=2$, $n=3$).
3.6.7.1.	$\dfrac{1}{(\alpha + \beta \sin^2 x)^2 (\gamma + \delta \sin^2 x)^2}$	$\dfrac{1}{2\,\triangle^3}\left[\dfrac{\beta^2}{\alpha(\alpha+\beta)}(c_1 J_1 + c_2 \Psi_1) + \dfrac{\delta^2}{\gamma(\gamma+\delta)}(c_3 J_2 + c_4 \Psi_2)\right];$ $c_1 = \triangle(\beta + 2\alpha) + 4\alpha\delta(\alpha+\beta);\ c_2 = \beta\triangle;$ $c_3 = \triangle(\delta + 2\gamma) - 4\gamma\beta(\gamma+\delta);\ c_4 = \delta\triangle;$ $\triangle = \alpha\delta - \beta\gamma \neq 0$ (s. 3.6.4.4.1.); $\alpha + \beta \neq 0;$ $\gamma + \delta \neq 0$ (s. 3.2.1.3. Nr. 11.5.1.1.). $J_1 = \int \dfrac{dx}{\alpha + \beta \sin^2 x};\quad J_2 = \int \dfrac{dx}{\gamma + \delta \sin^2 x}$ (s. 3.6.1.); $\Psi_1 = \dfrac{\sin x \cos x}{\alpha + \beta \sin^2 x};\quad \Psi_2 = \dfrac{\sin x \cos x}{\gamma + \delta \sin^2 x}.$
3.6.7.2.	$\dfrac{\sin^2 x}{(\alpha + \beta \sin^2 x)^2 (\gamma + \delta \sin^2 x)^2}$	$\dfrac{1}{2\,\triangle^3}\left[-\dfrac{\beta}{\alpha+\beta}(c_1 J_1 + c_2 \Psi_1) + \dfrac{\delta}{\gamma+\delta}(c_3 J_2 - c_4 \Psi_2)\right];$ $c_1 = 3\alpha\delta(\alpha+\beta) + \alpha^2\delta + \beta^2\gamma;\ \triangle = \alpha\delta - \beta\gamma \neq 0$ (s. 3.6.4.4.2. für $m=1$ u. $n=4$); $c_3 = 3\gamma\beta(\gamma+\delta) + \gamma^2\beta + \delta^2\alpha;\ \alpha + \beta \neq 0;$ $\gamma + \delta \neq 0$ (s. 3.2.1.3. Nr. 11.5.2.1.); $J_1,\ \Psi_1,\ J_2,\ \Psi_2,\ \triangle,\ c_2,\ c_4$ s. Nr. 3.6.7.1.

Nr.	$f(x) = J'(x)$	$J(x) = \int f(x)\,dx$
3.6.7.3.	$\dfrac{\sin^4 x}{(\alpha + \beta \sin^2 x)^2 (\gamma + \delta \sin^2 x)^2}$	$\dfrac{1}{2\triangle^3}\left[\dfrac{\alpha}{\alpha+\beta}(c_1 J_1 + c_2 \Psi_1) - \dfrac{\gamma}{\gamma+\delta}(c_3 J_2 + c_4 \Psi_2)\right];$ $c_1 = \beta c + 2(\alpha^2\delta + \beta^2\gamma);\ c = \alpha(\delta+\gamma)+\gamma(\alpha+\beta);$ $c_3 = \delta c + 2(\gamma^2\beta + \delta^2\alpha);\quad \triangle \neq 0$ (s. 3.6.4.4.2. für $m=2$ und $n=4$); $\alpha+\beta \neq 0;\ \gamma+\delta \neq 0$ (s. 3.2.1.3. Nr. 11.5.3.1.); $J_1,\ \Psi_1,\ J_2,\ \Psi_2,\ \triangle,\ c_2,\ c_4$ s. 3.6.7.1.
3.6.7.4.	$\dfrac{\sin^6 x}{(\alpha + \beta \sin^2 x)^2 (\gamma + \delta \sin^2 x)^2}$	$\dfrac{1}{2\triangle^3}\left[\dfrac{\alpha^2}{\alpha+\beta}(c_1 J_1 - c_2 \Psi_1)\right.$ $\left. + \dfrac{\gamma^2}{\gamma+\delta}(c_3 J_2 - c_4 \Psi_2)\right];$ $c_1 = \triangle - 4\gamma(\alpha+\beta);\ c_3 = \triangle + 4\alpha(\gamma+\delta);$ $c_2 = c_4 = \triangle \neq 0$ (s 3.6.4.4.2. für $m=3, n=4$); $J_1,\ \Psi_1,\ J_2,\ \Psi_2,\ \triangle$ s. 3.6.7.1.; $\alpha+\beta \neq 0;\ \gamma+\delta \neq 0$ (s. 3.2.1.3. Nr. 11.5.4.1.).
3.7.1.	$\dfrac{\sin x}{\sqrt{a^2 + \sin^2 x}}$	$-\arcsin\left(\dfrac{\cos x}{\sqrt{1+a^2}}\right).$
3.7.2.	$\dfrac{\sin x}{\sqrt{a^2 - \sin^2 x}}$	$-\operatorname{Ar}\mathfrak{Sin}\left(\dfrac{\cos x}{\sqrt{a^2-1}}\right) = -\ln\left(\cos x + \sqrt{a^2 - \sin^2 x}\right)$ $\hspace{4cm} + C_1;\ a^2 > 1.$ $-\operatorname{Ar}\mathfrak{Cof}\left|\dfrac{\cos x}{\sqrt{a^2-1}}\right| = -\ln\left(\cos x + \sqrt{a^2 - \sin^2 x}\right)$ $\hspace{4cm} + C_2;\ \sin^2 x < a^2 < 1.$ $-\ln|\cos x|,$ wenn $a^2 = 1.$
3.7.3.	$\dfrac{\sin x}{\sqrt{\sin^2 x - a^2}}$	$-\arcsin\left(\dfrac{\cos x}{\sqrt{1-a^2}}\right);\ a^2 < \sin^2 x < 1.$

3.2.1.2. Der Integrand enthält $\cos x$ [1]).

1.1.	$\cos x$	$\sin x.$
1.2.	$\cos k x$	$\dfrac{1}{k}\sin k x.$
1.3.	$\cos(a + b x)$	$\dfrac{1}{b}\sin(a + b x).$

---

[1]) Es ist $\int g[\cos x]\,dx = -\int g[\sin z]\,dz$ mit $z = \dfrac{\pi}{2} - x.$

Nr.	$f(x) = J'(x)$	$J(x) = \int f(x)\,dx$
1.4.	$\cos \alpha x \cos \beta x$	$\dfrac{\sin(\alpha-\beta)x}{2(\alpha-\beta)} + \dfrac{\sin(\alpha+\beta)x}{2(\alpha+\beta)}$; $\quad \alpha^2 \neq \beta^2$; für $\alpha^2 = \beta^2$ vgl. Nr. 2.2.1.2.
1.5.	$\cos k x^2$	$\sqrt{\dfrac{\pi}{2k}} \displaystyle\int_0^u \cos\dfrac{\pi u^2}{2}\,du + \text{konst.} = \sqrt{\dfrac{\pi}{2k}}\,C(u) + \text{konst.};$ $u = x\sqrt{\dfrac{2k}{\pi}}\,.$ $\dfrac{1}{2\sqrt{k}}\displaystyle\int_0^z \dfrac{\sin z}{\sqrt{z}}\,dz + \text{konst.} = \sqrt{\dfrac{\pi}{2k}}\,C(z) + \text{konst.};$ $z = kx^2.$ „C" $= 1$. FRESNELsches Integral* (vgl. Sv. 9., 2. u. 3. Aufl.).
2.1.0.1.	$\dfrac{1}{\cos^n x}$	$\dfrac{\sin x}{(n-1)\cos^{n-1}x} + \dfrac{n-2}{n-1}\displaystyle\int \dfrac{dx}{\cos^{n-2}x}$; $\quad n>1$.
2.1.0.2.	$\dfrac{1}{\cos^{2m}x}$	$\displaystyle\sum_{k=0}^{k=m-1} \dfrac{1}{2k+1}\binom{m-1}{k}\operatorname{tg}^{2k+1}x.$
2.1.0.3.	$\dfrac{1}{\cos^{2m-1}x}$	$-\dfrac{1}{2^{2m-1}}\displaystyle\sum_{k=0}^{k=m-1}{}' \dfrac{1}{m-1-k}\binom{2m-2}{k}z^{2(m-1-k)}$; $z = \operatorname{ctg}\left(\dfrac{\pi}{4}+\dfrac{x}{2}\right).$ Der Strich am Summenzeichen bedeutet, daß *in* der Summe das Glied für $k=m-1$ durch $-2\cdot\binom{2m-2}{m-1}\ln\left|\operatorname{tg}\left(\dfrac{\pi}{4}+\dfrac{x}{2}\right)\right|,$ vgl. Nr. 2.1.1., zu ersetzen ist.
2.1.1.	$\dfrac{1}{\cos x}$	$\ln\left|\operatorname{tg}\left(\dfrac{x}{2}+\dfrac{\pi}{4}\right)\right| = \dfrac{1}{2}\ln\dfrac{1+\sin x}{1-\sin x} = \mathfrak{Ar\,Amp}\,x*$ $= \operatorname{gd} x*.$
2.1.2.	$\dfrac{1}{\cos^2 x}$	$\operatorname{tg} x.$
2.1.3.	$\dfrac{1}{\cos^3 x}$	$\dfrac{\sin x}{2\cos^2 x} + \dfrac{1}{2}\ln\left|\operatorname{tg}\left(\dfrac{x}{2}+\dfrac{\pi}{4}\right)\right|$; s. Nr. 2.1.1.
2.1.4.	$\dfrac{1}{\cos^4 x}$	$\dfrac{\sin x}{3\cos^3 x} + \dfrac{2}{3}\operatorname{tg} x = \dfrac{1}{3}\operatorname{tg}^3 x + \operatorname{tg} x.$
2.1.5.	$\dfrac{1}{\cos^5 x}$	$\dfrac{\sin x}{4\cos^4 x} + \dfrac{3}{8}\dfrac{\sin x}{\cos^2 x} + \dfrac{3}{8}\ln\left|\operatorname{tg}\left(\dfrac{x}{2}+\dfrac{\pi}{4}\right)\right|$; s. Nr. 2.1.1.

Nr.	$f(x) = J'(x)$	$J(x) = \int f(x)\,dx$
2.1.6.	$\dfrac{1}{\cos^6 x}$	$\dfrac{1}{5}\dfrac{\sin x}{\cos^5 x} + \dfrac{4}{15} \operatorname{tg}^3 x + \dfrac{4}{5} \operatorname{tg} x$ $= \dfrac{1}{5}\operatorname{tg}^5 x + \dfrac{2}{3}\operatorname{tg}^3 x + \operatorname{tg} x.$
2.1.7.	$\dfrac{1}{\cos^7 x}$	$\dfrac{\sin x}{6\cos^2 x}\left(\dfrac{15}{8} + \dfrac{5}{4\cos^2 x} + \dfrac{1}{\cos^4 x}\right) + \dfrac{5}{16}\ln\left|\operatorname{tg}\left(\dfrac{\pi}{4} + \dfrac{x}{2}\right)\right|;$ vgl. Nr. 2.1.1.
2.1.8.	$\dfrac{1}{\cos^8 x}$	$\operatorname{tg} x + \operatorname{tg}^3 x + \dfrac{3}{5}\operatorname{tg}^5 x + \dfrac{1}{7}\operatorname{tg}^7 x.$
2.2.0.1.	$\cos^n x$	$\dfrac{1}{n}\cos^{n-1} x \sin x + \dfrac{n-1}{n}\int \cos^{n-2} x\,dx;$ oder FOURIER-Reihe*:
2.2.0.2.	$\cos^n x$	$\dfrac{1}{2n}\binom{n}{p} x + \dfrac{1}{2^{n-1}}\sum_{k=0}^{k=p-1}\binom{n}{k}\dfrac{\sin (n-2k) x}{n-2k}\quad \text{für } n = 2p;$ $\dfrac{1}{2^{n-1}}\sum_{k=0}^{k=p}\binom{n}{k}\dfrac{\sin (n-2k) x}{n-2k}\quad \text{für } n = 2p+1.$
2.2.1.1.	$\cos^2 x$	$\dfrac{1}{2} x + \dfrac{1}{4}\sin 2x = \dfrac{1}{2} x + \dfrac{1}{2}\sin x \cos x.$
2.2.1.2.	$\cos^2 k x$	$\dfrac{1}{2} x + \dfrac{1}{4k}\cos 2k x.$
2.2.2.	$\cos^3 x$	$\dfrac{3}{4}\sin x + \dfrac{1}{12}\sin 3x = -\dfrac{1}{3}\sin^3 x + \sin x.$
2.2.3.	$\cos^4 x$	$\dfrac{3}{8} x + \dfrac{1}{4}\sin 2x + \dfrac{1}{32}\sin 4x$ $= \dfrac{3}{8} x + \dfrac{3}{8}\sin x \cos x + \dfrac{1}{4}\cos^3 x \sin x.$
2.2.4.	$\cos^5 x$	$\dfrac{5}{8}\sin x + \dfrac{5}{48}\sin 3x + \dfrac{1}{80}\sin 5x$ $= \dfrac{4}{5}\sin x + \dfrac{1}{5}\cos^4 x \sin x - \dfrac{4}{15}\sin^3 x.$
2.2.5.	$\cos^6 x$	$\dfrac{5}{16} x + \dfrac{15}{64}\sin 2x + \dfrac{3}{64}\sin 4x + \dfrac{1}{192}\sin 6x$ $= \dfrac{5}{16} x + \dfrac{1}{6}\cos^5 x \sin x + \dfrac{5}{16}\sin x \cos x$ $+ \dfrac{5}{24}\cos^3 x \sin x.$

Nr.	$f(x) = J'(x)$	$J(x) = \int f(x)\,dx$
2. 2. 6.	$\cos^7 x$	$\dfrac{35}{64}\cos x + \dfrac{7}{64}\cos 3x + \dfrac{7}{320}\cos 5x + \dfrac{1}{448}\cos 7x$ $= \dfrac{1}{7}\cos^6 x \sin x + \dfrac{6}{35}\cos^4 x \sin x - \dfrac{8}{35}\sin^3 x$ $+ \dfrac{24}{35}\sin x.$
3. 1. 1.	$\dfrac{1}{1+\cos x}$ [1]	$\operatorname{tg}\dfrac{x}{2}.$
3. 1. 2.	$\dfrac{1}{1-\cos x}$ [2]	$-\operatorname{ctg}\dfrac{x}{2}.$
3. 1. 3.	$\dfrac{1}{a+b\cos x}$	$\dfrac{2}{\sqrt{D}}\,\operatorname{arc\,tg}\left(\lambda\operatorname{tg}\dfrac{x}{2}\right);\quad D = a^2 - b^2 > 0,\ \lambda = \sqrt{\dfrac{a-b}{a+b}};$ $\dfrac{2}{\sqrt{-D}}\ln\left\|\dfrac{b+a\cos x - \sqrt{-D}\cdot\sin x}{a+b\cos x}\right\|$ oder $\dfrac{2}{\sqrt{-D}}\,\mathfrak{Ar\,Tg}\left(\mu\operatorname{tg}\dfrac{x}{2}\right);$ $a+b\cos x > 0,$ $\dfrac{2}{\sqrt{-D}}\,\mathfrak{Ar\,Ctg}\left(\mu\operatorname{tg}\dfrac{x}{2}\right);$ $a+b\cos x < 0,$ $\left.\begin{array}{l} D = a^2 - b^2 < 0, \\[4pt] \mu = \sqrt{\dfrac{b-a}{b+a}} \\[4pt] = \sqrt{-\lambda}. \end{array}\right.$
3. 2. 1.	$\dfrac{\cos x}{1+\cos x}$	$x - \operatorname{tg}\dfrac{x}{2}.$
3. 2. 2.	$\dfrac{\cos x}{1-\cos x}$	$-x - \operatorname{ctg}\dfrac{x}{2}.$
3. 2. 3.	$\dfrac{\cos x}{a+b\cos x}$	$\dfrac{x}{b} - \dfrac{a}{b}\displaystyle\int\dfrac{dx}{a+b\cos x};$ vgl. Nr. 3. 1. 3.
3. 3. 1.	$\dfrac{1}{\cos x\,(1+\cos x)}$	$\ln\left\|\operatorname{tg}\left(\dfrac{x}{2}+\dfrac{\pi}{4}\right)\right\| - \operatorname{tg}\dfrac{x}{2};$ vgl. Nr. 2. 1. 1.
3. 3. 2.	$\dfrac{1}{\cos x\,(1-\cos x)}$	$\ln\left\|\operatorname{tg}\left(\dfrac{x}{2}+\dfrac{\pi}{4}\right)\right\| - \operatorname{ctg}\dfrac{x}{2};$ vgl. Nr. 2. 1. 1.
3. 3. 3.	$\dfrac{1}{\cos x\,(a+b\cos x)}$	$\dfrac{1}{a}\ln\left\|\operatorname{tg}\left(\dfrac{x}{2}+\dfrac{\pi}{4}\right)\right\| - \dfrac{b}{a}\displaystyle\int\dfrac{dx}{a+b\cos x};$ vgl. Nr. 2. 1. 1. u. Nr. 3. 1. 3.

[1] $1+\cos x = 2\cos^2\dfrac{x}{2}.$ [2] $1-\cos x = 2\sin^2\dfrac{x}{2}.$

Nr.	$f(x) = J'(x)$	$J(x) = \int f(x)\,dx$
3. 4. 1.	$\dfrac{1}{(1 + \cos x)^2}$	$\dfrac{1}{2}\,\mathrm{tg}\,\dfrac{x}{2} + \dfrac{1}{6}\,\mathrm{tg}^3\,\dfrac{x}{2}.$
3. 4. 2.	$\dfrac{1}{(1 - \cos x)^2}$	$-\dfrac{1}{2}\,\mathrm{ctg}\,\dfrac{x}{2} - \dfrac{1}{6}\,\mathrm{ctg}^3\,\dfrac{x}{2}.$
3. 4. 3.	$\dfrac{1}{(a + b\cos x)^2}$	$\dfrac{1}{D}\left[-\dfrac{b\sin x}{a + b\cos x} + a\displaystyle\int\dfrac{dx}{a + b\cos x}\right];$ $D = a^2 - b^2 \neq 0;\ \ \text{vgl. Nr. 3. 1. 3.}$
3. 5. 1.	$\dfrac{\cos x}{(1 + \cos x)^2}$	$\dfrac{1}{2}\,\mathrm{tg}\,\dfrac{x}{2} - \dfrac{1}{6}\,\mathrm{tg}^3\,\dfrac{x}{2}.$
3. 5. 2.	$\dfrac{\cos x}{(1 - \cos x)^2}$	$\dfrac{1}{2}\,\mathrm{ctg}\,\dfrac{x}{2} - \dfrac{1}{6}\,\mathrm{ctg}^3\,\dfrac{x}{2}.$
3. 5. 3.	$\dfrac{\cos x}{(a + b\cos x)^2}$	$\dfrac{1}{D}\left[\dfrac{a\sin x}{a + b\cos x} - b\displaystyle\int\dfrac{dx}{a + b\cos x}\right];$ $D = a^2 - b^2 \neq 0;\ \ \text{vgl. Nr. 3. 1. 3.}$
3. 6. 1.	$\dfrac{1}{\alpha + \beta\cos^2 x}$	$-\dfrac{1}{\alpha\lambda}\,\mathrm{arc\,tg}\,(\lambda\,\mathrm{ctg}\,x);\quad \lambda^2 = 1 + \dfrac{\beta}{\alpha},\ \dfrac{\beta}{\alpha} > -1;$ $-\dfrac{1}{\alpha\omega}\,\mathfrak{Ar\,Tg}\,(\omega\,\mathrm{ctg}\,x);$ $\cos^2 x < -\dfrac{\alpha}{\beta},$ $-\dfrac{1}{\alpha\omega}\,\mathfrak{Ar\,Ctg}\,(\omega\,\mathrm{ctg}\,x);$ $\cos^2 x > -\dfrac{\alpha}{\beta},$ $\left.\begin{array}{l}\ \\ \ \end{array}\right\}\ \omega^2 = -1 - \dfrac{\beta}{\alpha},\ \ \dfrac{\beta}{\alpha} < -1.$
3. 6. 2.	$\dfrac{1}{1 + \cos^2 x}$	$-\dfrac{1}{\sqrt{2}}\,\mathrm{arc\,tg}\,(\sqrt{2}\,\mathrm{ctg}\,x).$
3. 6. 3.	$\dfrac{1}{1 - \cos^2 x}$	$-\,\mathrm{ctg}\,x.$
3. 6. 4. 0.	$\dfrac{1}{(\alpha + \beta\cos^2 x)(\gamma + \delta\cos^2 x)}$	$\dfrac{1}{\Delta}\left[\delta\displaystyle\int\dfrac{dx}{\alpha + \beta\cos^2 x} - \beta\displaystyle\int\dfrac{dx}{\gamma + \delta\cos^2 x}\right];$ $\Delta = \alpha\delta - \beta\gamma \neq 0.\quad (\text{s. 3. 6. 4. 2})$ Integrale nach 3. 6. 1.
3. 6. 4. 1. 1.	$\dfrac{1}{a^4 - \cos^4 x}$	$-\dfrac{1}{2\,a^4}\left[\dfrac{1}{\lambda_1}\,\mathrm{arc\,tg}\,(\lambda_1\,\mathrm{ctg}\,x) - \dfrac{1}{\lambda_2}\,\mathrm{arc\,tg}\,(\lambda_2\,\mathrm{ctg}\,x)\right],$ $a^2 > 1;\ \ \lambda_1 = 1 + \dfrac{1}{a^2};\ \ \lambda_2 = 1 - \dfrac{1}{a^2}.$

Nr.	$f(x) = J'(x)$	$J(x) = \int f(x)\,dx$
3.6.4.1.2.		$-\dfrac{1}{2\,a^4}\left[\dfrac{1}{\lambda_1}\,\text{arc tg}\,(\lambda_1\,\text{ctg}\,x) - \dfrac{1}{\omega}\,\mathfrak{Ar}\,\mathfrak{Tg}\,(\omega\,\text{ctg}\,x)\right];$ $\cos^2 x < a^2 < 1;\ \omega^2 = \dfrac{1}{a^4} - 1.$
3.6.4.1.3.	$\dfrac{1}{a^4 - \cos^4 x}$	$-\dfrac{1}{2\,a^4}\left[\dfrac{1}{\lambda_1}\,\text{arc tg}\,(\lambda_1\,\text{ctg}\,x) - \dfrac{1}{\omega}\,\mathfrak{Ar}\,\mathfrak{Ctg}\,(\omega\,\text{ctg}\,x)\right];$ $a^2 < \cos^2 x < 1;\ \omega^2 = \dfrac{1}{a^2} - 1.$

Für $a = 1$ s. 3.2.1.3. Nr. 11.1.2. mit $\alpha = \beta = 1$.

Nr.	$f(x) = J'(x)$	$J(x) = \int f(x)\,dx$
3.6.4.2.	$\dfrac{1}{(\alpha + \beta \cos^2 x)^2}$	$\dfrac{1}{2\,\alpha\,(\alpha + \beta)} \times$ $\times\left[(\beta + 2\alpha)\displaystyle\int \dfrac{dx}{\alpha + \beta \cos^2 x} - \dfrac{\beta \sin x \cos x}{\alpha + \beta \cos^2 x}\right];$ $\lambda^2 = 1 + \dfrac{\beta}{\alpha} > 0;\ \text{vgl. Nr. } 3.6.1.$
3.6.4.3.	$\dfrac{1}{(\alpha + \beta \cos^2 x)^3}$	$-\dfrac{1}{8\,\lambda\,\alpha^3}\left[\left(3 + \dfrac{1}{\lambda^2} + \dfrac{3}{\lambda^4}\right)\text{arc tg}\,(\lambda\,\text{ctg}\,x)\right.$ $+ \left(3 + \dfrac{2}{\lambda^2} - \dfrac{3}{\lambda^4}\right)\dfrac{\lambda\,\text{ctg}\,x}{1 + \lambda^2\,\text{ctg}\,x}$ $\left.+ \left(1 - \dfrac{2}{\lambda^2} - \dfrac{1}{\lambda^2}\,\text{ctg}^2\,x\right)\dfrac{\lambda\,\text{ctg}\,x}{(1 + \lambda^2\,\text{ctg}^2\,x)^2}\right]$ $\text{für } \lambda^2 = 1 + \dfrac{\beta}{\alpha} > 0;$ $-\dfrac{1}{8\,\omega\,\alpha^3}\left[\left(3 - \dfrac{1}{\omega^2} + \dfrac{3}{\omega^4}\right)\mathfrak{Ar}\,\mathfrak{Tg}\,(\omega\,\text{ctg}\,x)\right.$ $+ \left(3 - \dfrac{2}{\omega^2} - \dfrac{3}{\omega^4}\right)\dfrac{\omega\,\text{ctg}\,x}{1 - \omega^2\,\text{ctg}^2\,x}$ $\left.+ \left(1 + \dfrac{2}{\omega^2} + \dfrac{1}{\omega^2}\,\text{ctg}^2\,x\right)\dfrac{\omega\,\text{ctg}\,x}{(1 - \omega^2\,\text{ctg}^2\,x)^2}\right]$ $\text{für } \omega^2 = -1 - \dfrac{\beta}{\alpha} > 0;$ $\mathfrak{Ar}\,\mathfrak{Tg}\,(\omega\,\text{ctg}\,x)$ gilt für $\cos^2 x < -\alpha/\beta$; dafür kommt $\mathfrak{Ar}\,\mathfrak{Ctg}\,(\omega\,\text{ctg}\,x)$. wenn $\cos^2 x > -\alpha/\beta$.
3.6.4.4.1.	$\dfrac{1}{(\alpha + \beta \cos^2 x)^n}$	$-\dfrac{1}{\lambda\,\alpha^n}\left[\displaystyle\int \dfrac{dz}{(1 + z^2)^n} + \dfrac{1}{\lambda^2}\binom{n-1}{1}\int \dfrac{z^2\,dz}{(1 + z^2)^n}\right.$ $+ \dfrac{1}{\lambda^4}\binom{n-1}{2}\displaystyle\int \dfrac{z^4\,dz}{(1 + z^2)^n}$ $\left.+ \cdots + \dfrac{1}{\lambda^{2n-2}}\displaystyle\int \dfrac{z^{2n-2}\,dz}{(1 + z^2)^n}\right]$

Nr.	$f(x) = J'(x)$	$J(x) = \int f(x)\,dx$
		gilt für $\beta/\alpha > -1$; hierin ist $z = \lambda\,\mathrm{ctg}\,x$, $\lambda = \sqrt{1+\beta/\alpha}$. Für $\beta/\alpha < -1$ ist λ durch $\omega = \sqrt{-1-\beta/\alpha}$ und in den Nennern $(1+z^2)^n$ durch $(1-z^2)^n$ zu ersetzen, und es tritt $\mathfrak{Ar\,Tg}\,(\omega\,\mathrm{ctg}\,x)$ oder $\mathfrak{Ar\,Ctg}\,(\omega\,\mathrm{ctg}\,x)$ auf, je nachdem $\cos^2 x < -\alpha/\beta$ oder $\cos^2 x > -\alpha/\beta$ wird. Die Integrationen sind nach Abs. 2. 1. 3. 1. Nr. 4. 0. 0. 1. auszuführen.
3. 6. 4. 4. 2.	$\dfrac{\cos^{2m} x}{(\alpha + \beta\cos^2 x)^n}$	$-\dfrac{1}{\alpha^n\,\lambda^{2m+1}} \times$ $$\times \sum_{r=0}^{r=n-m-1} \frac{1}{\lambda^{2r}} \binom{n-m-1}{r} \int \frac{z^{2(m+r)}}{(1+z^2)^n}\,dz;$$ $0 \leq m < n$; $n \geq 1$; vgl. ferner 3. 6. 4. 4. 1.
3. 6. 5. 1.	$\dfrac{\cos^2 x}{\alpha + \beta\cos^2 x}$	$\dfrac{1}{\beta}\,[x - \alpha J_c]$; $J_c = \displaystyle\int \frac{dx}{\alpha + \beta\cos^2 x}$ (s. Nr. 3.6.1.).
3. 6. 5. 2.	$\dfrac{\cos^2 x}{(\alpha + \beta\cos^2 x)^2}$	$\dfrac{1}{2(\alpha+\beta)}\,[J_c + \Psi_c]$; $\Psi_c = \dfrac{\sin x \cos x}{\alpha + \beta\cos^2 x}$; J_c s. 3. 6. 5. 1; $\alpha + \beta \neq 0$ (s. 3. 2. 1. 3. Nr. 3. 4. 2.).
3. 6. 6. 1.	$\dfrac{1}{(\alpha + \beta\cos^2 x)^2\,(\gamma + \delta\cos^2 x)}$	$\dfrac{1}{2\triangle^2}\left[\dfrac{\beta}{\alpha(\alpha+\beta)}\,(c_1 J_c + c_2 \Psi_c) + 2\delta^2 J_2\right]$; J_c u. Ψ_c s. 3. 6. 5. 1./2.; $J_2 = \displaystyle\int \frac{dx}{\gamma + \delta\cos^2 x}$ (s. 3. 6. 1.); $c_1 = (\alpha+\beta)(\beta\gamma - 3\alpha\delta) - \alpha\triangle$; $c_2 = \beta\triangle$; $\triangle = \alpha\delta - \beta\gamma \neq 0$ (s. 3. 6. 4. 3.); $\alpha + \beta \neq 0$ (s. 3. 2. 1. 3. Nr. 11. 2. 1. 1.).
3. 6. 6. 2.	$\dfrac{\cos^2 x}{(\alpha + \beta\cos^2 x)^2\,(\gamma + \delta\cos^2 x)}$	$\dfrac{1}{2\triangle^2}\left[\dfrac{1}{\alpha+\beta}\,(-c_1 J_c + c_2 \Psi_c) + 2\gamma\delta J_2\right]$; J_c u. Ψ_c s. 3. 6. 5. 1./2.; J_2 s. 3. 6. 6. 1.; $c_1 = \alpha\delta(\alpha+\beta) + \alpha^2\delta + \beta^2\gamma$; $c_2 = \beta\triangle$; $\triangle = \alpha\delta - \beta\gamma \neq 0$ (s. 3. 6. 4. 4. 2. für $m=1$ u. $n=3$); $\alpha + \beta \neq 0$ (s. 3.2.1.3. Nr. 11.3.1.2.).
3. 6. 6. 3.	$\dfrac{\cos^4 x}{(\alpha + \beta\cos^2 x)^2\,(\gamma + \delta\cos^2 x)}$	$\dfrac{1}{2\triangle^2}\left[\dfrac{\alpha}{\alpha+\beta}\,(c_1 J_c + c_2 \Psi_c) + 2\gamma^2 J_2\right]$; J_c u. Ψ_c s. 3. 6. 5. 1./2.; J_2 s. 3. 6. 6. 1.; $\alpha + \beta \neq 0$ (s. 3. 2. 1. 3. Nr. 11. 3. 3. 1. 2.); $c_1 = \triangle - 2\gamma(\alpha+\beta)$; $c_2 = \triangle = \alpha\delta - \beta\gamma \neq 0$ (s. 3. 6. 4. 4. 2. für $m = 2$, $n = 3$).

Nr.	$f(x) = J'(x)$	$J(x) = \int f(x)\,dx$
3.6.7.1.	$\dfrac{1}{(\alpha+\beta \cos^2 x)^2\,(\gamma+\delta \cos^2 x)^2}$	$\dfrac{1}{2\triangle^3}\left[\dfrac{\beta^2}{\alpha(\alpha+\beta)}(c_1 J_1 - c_2 \Psi_2)\right.$ $\left.+\dfrac{\delta^2}{\delta(\gamma+\delta)}(c_3 J_2 - c_4 \Psi_2)\right];$ $c_1 = \triangle(\beta+2\alpha)+4\alpha\delta(\alpha+\beta);\ c_2 = \beta\triangle;$ $c_3 = \triangle(\delta+2\gamma)-4\gamma\beta(\gamma+\delta);\ c_4 = \delta\triangle;$ $\triangle = \alpha\delta - \beta\gamma \neq 0\ (\text{s. }3.6.4.4.1.);\ \alpha+\beta \neq 0;$ $\gamma+\delta \neq 0\ (\text{s. }3.2.1.3.\ \text{Nr. }11.5.1.2.);$ $J_1 = \int\dfrac{dx}{\alpha+\beta\cos^2 x};\ J_2 = \int\dfrac{dx}{\gamma+\delta\cos^2 x}$ $(\text{s. }3.6.1.);$ $\Psi_1 = \dfrac{\sin x \cos x}{\alpha+\beta\cos^2 x};\quad \Psi_2 = \dfrac{\sin x \cos x}{\gamma+\delta\cos^2 x}.$
3.6.7.2.	$\dfrac{\cos^2 x}{(\alpha+\beta\cos^2 x)^2\,(\gamma+\delta\cos^2 x)^2}$	$\dfrac{1}{2\triangle^3}\left[-\dfrac{\beta}{\alpha+\beta}(c_1 J_1 - c_2 \Psi_1)\right.$ $\left.+\dfrac{\delta}{\gamma+\delta}(c_3 J_2 + c_4 \Psi_2)\right];$ $c_1 = 3\alpha\delta(\alpha+\beta)+\alpha^2\delta+\beta^2\gamma;\ \triangle \neq 0$ $(\text{s. }3.6.4.4.2.\ \text{für } m=1\ \text{u. } n=4);$ $c_3 = 3\gamma\beta(\gamma+\delta)+\gamma^2\beta+\delta^2\alpha;\ \alpha+\beta \neq 0;$ $\gamma+\delta \neq 0\ (\text{s. }3.2.1.3.\ \text{Nr. }11.5.2.2.);$ $J_1,\ \Psi_1,\ J_2,\ \Psi_2,\ c_2,\ c_4$ und $\triangle$ s. Nr. 3.6.7.1.
3.6.7.3.	$\dfrac{\cos^4 x}{(\alpha+\beta\cos^2 x)^2\,(\gamma+\delta\cos^2 x)^2}$	$\dfrac{1}{2\triangle^3}\left[\dfrac{\alpha}{\alpha+\beta}(c_1 J_1 - c_2 \Psi_1) - \dfrac{\gamma}{\gamma+\delta}(c_3 J_2 - c_4 \Psi_2)\right];$ $c_1 = \beta c+2(\alpha^2\delta+\beta^2\gamma);\ c = \alpha(\delta+\gamma)+\gamma(\alpha+\beta);$ $c_3 = \beta c+2(\gamma^2\beta+\delta^2\alpha);\ \triangle \neq 0$ $(\text{s. }3.6.4.4.2.\ \text{für } m=2\ \text{u. } n=4);$ $\alpha+\beta \neq 0;\ \gamma+\delta \neq 0\ (\text{s. }3.2.1.3.\ \text{Nr. }11.5.3.2.);$ $J_1,\ \Psi_1,\ J_2,\ \Psi_2,\ \triangle,\ c_2,\ c_4$ s. Nr. 3.6.7.1.
3.6.7.4.	$\dfrac{\cos^6 x}{(\alpha+\beta\cos^2 x)^2\,(\gamma+\delta\cos^2 x)^2}$	$\dfrac{1}{2\triangle^3}\left[\dfrac{\alpha^2}{\alpha+\beta}(c_1 J_1 + c_2 \Psi_1)\right.$ $\left.+\dfrac{\gamma^2}{\gamma+\delta}(c_3 J_2 + c_4 \Psi_2)\right];$ $c_1 = \triangle - 4\gamma(\alpha+\beta);\ c_3 = \triangle + 4\alpha(\gamma+\delta);$ $c_2 = c_4 = \triangle \neq 0\ (\text{s. }3.6.4.4.2.\ \text{für } m=3\ \text{u. } n=4);$ $\alpha+\beta \neq 0;\ \gamma+\delta \neq 0\ (\text{s. }3.2.1.3.\ \text{Nr. }11.5.4.2.);$ $J_1,\ \Psi_1,\ J_2,\ \Psi_2,\ \triangle$ s. 3.6.7.1.

Nr.	$f(x) = J'(x)$	$J(x) = \int f(x)\,dx$
3. 7. 1. [1])	$\dfrac{\cos x}{\sqrt{a^2 + \cos^2 x}}$	$\arcsin\left(\dfrac{\sin x}{\sqrt{a^2 + 1}}\right).$
3. 7. 2. [1])	$\dfrac{\cos x}{\sqrt{a^2 - \cos^2 x}}$	$\mathfrak{Ar\,Sin}\left(\dfrac{\sin x}{\sqrt{a^2 - 1}}\right)$ $= \ln(\sin x + \sqrt{a^2 - \cos^2 x} + C_1);\ \ a^2 > 1.$ $\mathfrak{Ar\,Cof}\left\|\dfrac{\sin x}{\sqrt{a^2 - 1}}\right\|$ $= \ln(\sin x + \sqrt{a^2 - \cos^2 x} + C_2);\ \ \cos^2 x < a^2 < 1.$ $\ln|\sin x|,\ \text{wenn}\ a^2 = 1.$
3. 7. 3. [1])	$\dfrac{\cos x}{\sqrt{\cos^2 x - a^2}}$	$\arcsin\left(\dfrac{\sin x}{\sqrt{1 - a^2}}\right);\ \ a^2 < \cos^2 x < 1.$

3. 2. 1. 3. *Der Integrand enthält* $\sin x$ *und* $\cos x$.

Nr.	$f(x) = J'(x)$	$J(x) = \int f(x)\,dx$
1. 0. 1.	$\sin^m x \cos^n x$	$\dfrac{\sin^{m+1} x \cos^{n-1} x}{m + n} + \dfrac{n - 1}{m + n}\int \sin^m x \cos^{n-2} x\,dx;$ $m + n \neq 0.$
1. 0. 2.	$\sin^m x \cos^n x$	$-\dfrac{\sin^{m-1} x \cos^{n+1} x}{m + n} + \dfrac{m - 1}{m + n}\int \sin^{m-2} x \cos^n x\,dx;$ $m + n = 0.$
1. 0. 3.	$\sin^m x \cos^m x$	$\dfrac{1}{2^{m+1}}\int \sin^m z\,dz;\ z = 2x\ (\text{vgl. Abs. } 3. 2. 1. 1.\ \text{Nr. } 2. 2.);$ $\dfrac{1}{4^m}\binom{m}{p}x + \dfrac{(-1)^p}{4^m}\sum_{k=0}^{k=p-1}(-1)^k\binom{m}{k}\dfrac{\sin 2(m - 2k)x}{m - 2k}$ $\text{für } m = 2p;$ $\dfrac{(-1)^{p+1}}{4^m}\sum_{k=0}^{k=p}(-1)^k\binom{m}{k}\dfrac{\cos 2(m - 2k)x}{m - 2k}$ $\text{für } m = 2p + 1.$
1. 1. 0. 1.	$\sin^m x \cos x$	$\dfrac{1}{m + 1}\sin^{m+1} x;\ \ \ m \neq -1.$
1. 1. 0. 2.	$\sin x \cos^n x$	$-\dfrac{1}{n + 1}\cos^{n+1} x;\ \ \ n \neq -1.$
1. 1. 1. 1.	$\sin x \cos x$	$-\dfrac{1}{4}\cos 2x = \dfrac{1}{2}\sin^2 x - \dfrac{1}{4} = \dfrac{1}{2}\cos^2 x + \dfrac{1}{4}.$
1. 1. 1. 2.	$\sin \alpha x \cos \beta x$	$-\dfrac{\cos(\alpha + \beta)x}{2(\alpha + \beta)} - \dfrac{\cos(\alpha - \beta)x}{2(\alpha - \beta)};\ \alpha^2 \neq \beta^2\ (\text{s. Nr. } 1.1.1.3.).$

[1]) vgl. a. Abs. 3. 2. 1. 6.

Nr.	$f(x) = J'(x)$	$J(x) = \int f(x)\,dx$
1. 1. 1. 3.	$\sin kx \cos kx$	$-\dfrac{1}{4k}\cos 2kx = \dfrac{1}{2k}\sin^2 kx - \dfrac{1}{4k} = \dfrac{1}{4k} - \dfrac{1}{2k}\cos^2 kx.$
1. 1. 2.	$\sin^2 x \cos x$	$\dfrac{1}{3}\sin^3 x.$
1. 1. 3.	$\sin^3 x \cos x$	$\dfrac{1}{4}\sin^4 x.$
1. 1. 4.	$\sin^4 x \cos x$	$\dfrac{1}{5}\sin^5 x.$
1. 2. 1.	$\sin x \cos^2 x$	$-\dfrac{1}{3}\cos^3 x.$
1. 2. 2.	$\sin^2 x \cos^2 x$	$\dfrac{1}{8}x - \dfrac{1}{32}\sin 4x.$
1. 2. 3.	$\sin^3 x \cos^2 x$	$-\dfrac{1}{5}\cos^3 x\left(\dfrac{2}{3} + \sin^2 x\right) = -\dfrac{1}{5}\cos^3 x\left(\dfrac{5}{3} - \cos^2 x\right).$
1. 2. 4.	$\sin^4 x \cos^2 x$	$\dfrac{1}{16}x - \dfrac{1}{64}\sin 2x - \dfrac{1}{64}\sin 4x + \dfrac{1}{192}\sin 6x.$
1. 3. 1.	$\sin x \cos^3 x$	$-\dfrac{1}{4}\cos^4 x.$
1. 3. 2.	$\sin^2 x \cos^3 x$	$\dfrac{1}{5}\sin^3 x\left(\dfrac{2}{3} + \cos^2 x\right) = \dfrac{1}{5}\sin^3 x\left(\dfrac{5}{3} - \sin^2 x\right).$
1. 3. 3.	$\sin^3 x \cos^3 x$	$-\dfrac{3}{64}\cos 2x + \dfrac{1}{192}\cos 6x.$
1. 3. 4.	$\sin^4 x \cos^3 x$	$\dfrac{1}{7}\sin^3 x\left(\dfrac{2}{5} + \dfrac{3}{5}\cos^2 x - \cos^4 x\right).$
1. 4. 1.	$\sin x \cos^4 x$	$-\dfrac{1}{5}\cos^5 x.$
1. 4. 2.	$\sin^2 x \cos^4 x$	$\dfrac{1}{16}x + \dfrac{1}{64}\sin 2x - \dfrac{1}{64}\sin 4x - \dfrac{1}{192}\sin 6x.$
1. 4. 3.	$\sin^3 x \cos^4 x$	$\dfrac{1}{7}\cos^3 x\left(-\dfrac{2}{5} - \dfrac{3}{5}\sin^2 x + \sin^4 x\right).$
1. 4. 4.	$\sin^4 x \cos^4 x$	$\dfrac{3}{128}x - \dfrac{1}{128}\sin 4x + \dfrac{1}{1024}\sin 8x.$
1. 5. 1. 0.	$\sin^{n-1} x \cos(n+1)x$	$\dfrac{1}{n}\sin^n x \cos nx.$
1. 5. 1. 1.	$\sin^2 x \cos 4x$	$\dfrac{1}{3}\sin^3 x \cos 3x.$
1. 5. 2. 0.	$\sin^{n-1} x \sin(n+1)x$	$\dfrac{1}{n}\sin^n x \sin nx.$

Nr.	$f(x) = J'(x)$	$J(x) = \int f(x)\,dx$
1.5.2.1.	$\sin^2 x \sin 4x$	$\dfrac{1}{3} \sin^3 x \sin 3x.$
1.5.3.0.	$\cos^{n-1} x \cos (n+1)x$	$\dfrac{1}{n} \cos^n x \sin nx.$
1.5.3.1.	$\cos^2 x \cos 4x$	$\dfrac{1}{3} \cos^3 x \sin 3x.$
1.5.4.0.	$\cos^{n-1} x \sin (n+1)x$	$-\dfrac{1}{n} \cos^n x \cos nx.$
1.5.4.1.	$\cos^2 x \sin 4x$	$-\dfrac{1}{3} \cos^3 x \cos 3x.$
2.0.1.	$\dfrac{\sin^m x}{\cos^n x}$	$\dfrac{\sin^{m+1} x}{(n-1)\cos^{n-1} x} + \dfrac{n-m-2}{n-1} \int \dfrac{\sin^m x}{\cos^{n-2} x}\,dx,\ n \neq 1;$ $\dfrac{\sin^{m-1} x}{(n-1)\cos^{n-1} x} - \dfrac{m-1}{n-1} \int \dfrac{\sin^{m-2} x}{\cos^{n-2} x}\,dx,\ n \neq 1;$ $-\dfrac{\sin^{m-1} x}{(m-n)\cos^{n-1} x} + \dfrac{m-1}{m-n} \int \dfrac{\sin^{m-2} x}{\cos^n x}\,dx,\ m \neq n.$
2.0.2.	$\dfrac{\sin^n x}{\cos^n x}$	$\int \operatorname{tg}^n x\,dx;\quad$ vgl. Abs. 3.2.1.4. Nr. 2.0.
2.0.3.	$\dfrac{\sin^n x}{\cos^{n+2} x}$	$\dfrac{1}{n+1} \operatorname{tg}^{n+1} x;\quad n \neq -1.$
2.0.4.	$\dfrac{\sin x}{\cos^n x}$	$\dfrac{1}{(n-1)\cos^{n-1} x};\quad n \neq 1.$
2.1.0.	$\dfrac{\sin^m x}{\cos x}$	$-\dfrac{\sin^{m-1} x}{m-1} + \int \dfrac{\sin^{m-2} x}{\cos x}\,dx;\quad m \neq 1.$
2.1.1.	$\dfrac{\sin x}{\cos x}$	$\int \operatorname{tg} x\,dx = -\ln|\cos x|.$
2.1.2.	$\dfrac{\sin^2 x}{\cos x}$	$-\sin x + \ln\left|\operatorname{tg}\left(\dfrac{x}{2} + \dfrac{\pi}{4}\right)\right|;\ $ vgl. Abs. 3.2.1.2. Nr. 2.1.1.
2.1.3.	$\dfrac{\sin^3 x}{\cos x}$	$-\dfrac{1}{2}\sin^2 x - \ln|\cos x| = \dfrac{1}{2}\cos^2 x - \ln|\cos x| + C_1$ $= \dfrac{1}{4}\cos 2x - \ln|\cos x| + C_2.$
2.1.4.	$\dfrac{\sin^4 x}{\cos x}$	$-\dfrac{1}{3}\sin^3 x - \sin x + \ln\left|\operatorname{tg}\left(\dfrac{x}{2} + \dfrac{\pi}{4}\right)\right|;\ $ vgl. Nr. 2.1.2.
2.2.0.	$\dfrac{\sin^m x}{\cos^2 x}$	$\dfrac{\sin^{m-1} x}{\cos x} - (m-1) \int \sin^{m-2} x\,dx.$

Nr.	$f(x) = J'(x)$	$J\left(x = \int f(x)\,dx\right)$
2. 2. 1.	$\dfrac{\sin x}{\cos^2 x}$	$\dfrac{1}{\cos x}$.
2. 2. 2.	$\dfrac{\sin^2 x}{\cos^2 x}$	$\operatorname{tg} x - x$.
2. 2. 3.	$\dfrac{\sin^3 x}{\cos^2 x}$	$\cos x + \dfrac{1}{\cos x}$.
2. 2. 4.	$\dfrac{\sin^4 x}{\cos^2 x}$	$\operatorname{tg} x + \dfrac{1}{2}\sin x \cos x - \dfrac{3}{2}x = \operatorname{tg} x + \dfrac{1}{4}\sin 2x - \dfrac{3}{2}x$.
2. 3. 1.	$\dfrac{\sin x}{\cos^3 x}$	$\dfrac{1}{2\cos^2 x} = \dfrac{1}{2}\operatorname{tg}^2 x + C$.
2. 3. 2.	$\dfrac{\sin^2 x}{\cos^3 x}$	$\dfrac{1}{2}\dfrac{\sin x}{\cos^2 x} - \dfrac{1}{2}\ln\left|\operatorname{tg}\left(\dfrac{x}{2}+\dfrac{\pi}{4}\right)\right|$; vgl. Nr. 2. 1. 2.
2. 3. 3.	$\dfrac{\sin^3 x}{\cos^3 x}$	$\dfrac{1}{2}\operatorname{tg}^2 x + \ln|\cos x|$.
2. 3. 4.	$\dfrac{\sin^4 x}{\cos^3 x}$	$\dfrac{1}{2}\dfrac{\sin x}{\cos^2 x} + \sin x - \dfrac{3}{2}\ln\left|\operatorname{tg}\left(\dfrac{x}{2}+\dfrac{\pi}{4}\right)\right|$; vgl. Nr. 2.1.2.
2. 4. 1.	$\dfrac{\sin x}{\cos^4 x}$	$\dfrac{1}{3\cos^3 x}$.
2. 4. 2.	$\dfrac{\sin^2 x}{\cos^4 x}$	$\dfrac{1}{3}\operatorname{tg}^3 x$.
2. 4. 3.	$\dfrac{\sin^3 x}{\cos^4 x}$	$-\dfrac{1}{\cos x} + \dfrac{1}{3\cos^3 x}$.
2 4. 4.	$\dfrac{\sin^4 x}{\cos^4 x}$	$\dfrac{1}{3}\operatorname{tg}^3 x - \operatorname{tg} x + x$.
3. 0. 1.	$\dfrac{\cos^n x}{\sin^m x}$	$\begin{aligned} &-\dfrac{\cos^{n+1} x}{(m-1)\sin^{m-1} x} + \dfrac{m-n-2}{m-1}\int \dfrac{\cos^n x}{\sin^{m-2} x}\,dx, \quad m \neq 1; \\[1ex] &-\dfrac{\cos^{n-1} x}{(m-1)\sin^{m-1} x} - \dfrac{n-1}{m-1}\int \dfrac{\cos^{n-2} x}{\sin^{m-2} x}\,dx, \quad m \neq 1; \\[1ex] &\dfrac{\cos^{n-1} x}{(n-m)\sin^{m-1} x} - \dfrac{n-1}{m-n}\int \dfrac{\cos^{n-2} x}{\sin^m x}\,dx, \quad m \neq n. \end{aligned}$
3. 0. 2.	$\dfrac{\cos^n x}{\sin^n x}$	$\int \operatorname{ctg}^n x\,dx$; vgl. Abs. 3. 2. 1. 5. Nr. 2. 0.
3. 0. 3.	$\dfrac{\cos^n x}{\sin^{n+2} x}$	$-\dfrac{1}{n+1}\operatorname{ctg}^{n+1} x$; $x \neq -1$.
3. 0. 4.	$\dfrac{\cos x}{\sin^m x}$	$-\dfrac{1}{(m-1)\sin^{m-1} x}$; $m \neq 1$.

Nr.	$f(x) = J'(x)$	$J(x) = \int f(x)\,dx$
3.1.0.	$\dfrac{\cos^n x}{\sin x}$	$\dfrac{\cos^{n-1} x}{n-1} + \int \dfrac{\cos^{n-2} x}{\sin x}\,dx; \quad n \neq 1.$
3.1.1.	$\dfrac{\cos x}{\sin x}$	$\int \operatorname{ctg} x\,dx = \ln|\sin x|.$
3.1.2.	$\dfrac{\cos^2 x}{\sin x}$	$\cos x + \ln\left|\operatorname{tg}\dfrac{x}{2}\right|; \quad \text{vgl. Abs. 3.2.1.1. Nr. 2.1.1.}$
3.1.3.	$\dfrac{\cos^3 x}{\sin x}$	$\dfrac{1}{2}\cos^2 x + \ln|\sin x| = -\dfrac{1}{2}\sin^2 x + \ln|\sin x| + C_1$ $= \dfrac{1}{4}\cos 2x + \ln|\sin x| + C_2.$
3.1.4.	$\dfrac{\cos^4 x}{\sin x}$	$\dfrac{1}{3}\cos^3 x + \cos x + \ln\left|\operatorname{tg}\dfrac{x}{2}\right|; \quad \text{vgl. Nr. 3.1.2.}$
3.2.0.	$\dfrac{\cos^n x}{\sin^2 x}$	$-\dfrac{\cos^{n-1} x}{\sin x} - (n-1)\int \cos^{n-2} x\,dx.$
3.2.1.	$\dfrac{\cos x}{\sin^2 x}$	$-\dfrac{1}{\sin x}.$
3.2.2.	$\dfrac{\cos^2 x}{\sin^2 x}$	$-\operatorname{ctg} x - x.$
3.2.3.	$\dfrac{\cos^3 x}{\sin^2 x}$	$-\sin x - \dfrac{1}{\sin x}.$
3.2.4.	$\dfrac{\cos^4 x}{\sin^2 x}$	$-\operatorname{ctg} x - \dfrac{1}{2}\sin x \cos x - \dfrac{3}{2}x$ $= -\operatorname{ctg} x - \dfrac{1}{4}\sin 2x - \dfrac{3}{2}x.$
3.3.1.	$\dfrac{\cos x}{\sin^3 x}$	$-\dfrac{1}{2\sin^2 x} = -\dfrac{1}{2}\operatorname{ctg}^2 x + C.$
3.3.2.	$\dfrac{\cos^2 x}{\sin^3 x}$	$-\dfrac{1}{2}\dfrac{\cos x}{\sin^2 x} - \ln\left|\operatorname{tg}\dfrac{x}{2}\right|; \quad \text{vgl. Nr. 3.1.4.}$
3.3.3.	$\dfrac{\cos^3 x}{\sin^3 x}$	$-\dfrac{1}{2}\operatorname{ctg}^2 x - \ln|\sin x| = -\dfrac{1}{2\sin^2 x} - \ln|\sin x| + C.$
3.3.4.	$\dfrac{\cos^4 x}{\sin^3 x}$	$-\dfrac{1}{2}\dfrac{\cos x}{\sin^2 x} - \cos x - \dfrac{3}{2}\ln\left|\operatorname{tg}\dfrac{x}{2}\right|; \quad \text{vgl. Nr. 3.1.4.}$
3.4.1.	$\dfrac{\cos x}{\sin^4 x}$	$-\dfrac{1}{3\sin^3 x}.$
3.4.2.	$\dfrac{\cos^2 x}{\sin^4 x}$	$-\dfrac{1}{3}\operatorname{ctg}^3 x.$
3.4.3.	$\dfrac{\cos^3 x}{\sin^4 x}$	$\dfrac{1}{\sin x} - \dfrac{1}{3\sin^3 x}.$

Nr.	$f(x) = J'(x)$	$J(x) = \int f(x)\,dx$
3. 4. 4.	$\dfrac{\cos^4 x}{\sin^4 x}$	$-\dfrac{1}{3}\,\mathrm{ctg}^3 x + \mathrm{ctg}\,x + x.$
4. 0. 1.	$\dfrac{1}{\sin^m x \cos^n x}$	$-\dfrac{1}{(m-1)\sin^{m-1} x \cos^{n-1} x}$ $+\dfrac{m+n-2}{m-1}\displaystyle\int \dfrac{dx}{\sin^{m-2} x \cos^n x},\quad m \neq 1;$ $\dfrac{1}{(n-1)\sin^{m-1} x \cos^{n-1} x}$ $+\dfrac{m+n-2}{n-1}\displaystyle\int \dfrac{dx}{\sin^m x \cos^{n-2} x},\quad n \neq 1.$
4. 0. 2.	$\dfrac{1}{\sin^n x \cos^n x}$	$2^{n-1}\displaystyle\int \dfrac{dz}{\sin^n z};\ z = 2x,$ vgl. Abs. 3. 2. 1. 1. Nr. 2. 1. ....
4. 1 1.	$\dfrac{1}{\sin x \cos x}$	$\ln |\,\mathrm{tg}\,x\,|^*.$
4. 1. 2.	$\dfrac{1}{\sin x \cos^2 x}$	$\dfrac{1}{\cos x} + \ln \left|\,\mathrm{tg}\,\dfrac{x}{2}\,\right|;$ vgl. a. Nr. 3. 1. 4.
4. 1. 3.	$\dfrac{1}{\sin x \cos^3 x}$	$\dfrac{1}{2\cos^2 x} + \ln |\,\mathrm{tg}\,x\,|^* = \dfrac{1}{2}\,\mathrm{tg}^2 x + \ln |\,\mathrm{tg}\,x\,|^* + C.$
4. 1. 4.	$\dfrac{1}{\sin x \cos^4 x}$	$\dfrac{1}{\cos x} + \dfrac{1}{3\cos^3 x} + \ln \left|\,\mathrm{tg}\,\dfrac{x}{2}\,\right|;$ vgl. a. Nr. 3. 1. 4.
4. 2. 1.	$\dfrac{1}{\sin^2 x \cos x}$	$-\dfrac{1}{\sin x} + \ln \left|\,\mathrm{tg}\left(\dfrac{x}{2} + \dfrac{\pi}{4}\right)\right|^*.$
4. 2. 2.	$\dfrac{1}{\sin^2 x \cos^2 x}$	$-2\,\mathrm{ctg}\,2x.$
4. 2. 3.	$\dfrac{1}{\sin^2 x \cos^3 x}$	$\dfrac{\sin x}{2\cos^2 x} - \dfrac{1}{\sin x} + \dfrac{3}{2}\ln \left|\,\mathrm{tg}\left(\dfrac{x}{2} + \dfrac{\pi}{4}\right)\right|^*.$
4. 2. 4.	$\dfrac{1}{\sin^2 x \cos^4 x}$	$\dfrac{1}{3\sin x \cos^3 x} - \dfrac{8}{3}\,\mathrm{ctg}\,2x.$
4. 3. 1.	$\dfrac{1}{\sin^3 x \cos x}$	$-\dfrac{1}{2\sin^2 x} + \ln |\,\mathrm{tg}\,x\,|^* = -\dfrac{1}{2}\,\mathrm{ctg}^2 x - \ln |\,\mathrm{ctg}\,x\,| + C.$
4. 3. 2.	$\dfrac{1}{\sin^3 x \cos^2 x}$	$\dfrac{1}{\cos x} - \dfrac{\cos x}{2\sin^2 x} + \dfrac{3}{2}\ln \left|\,\mathrm{tg}\,\dfrac{x}{2}\,\right|;$ vgl. a. Nr. 3. 1. 4.
4. 3. 3.	$\dfrac{1}{\sin^3 x \cos^3 x}$	$-\dfrac{2\cos 2x}{\sin^2 2x} + 2\ln |\,\mathrm{tg}\,x\,|^* = \dfrac{1}{2}\,\mathrm{tg}^2 x - \dfrac{1}{2}\,\mathrm{ctg}^2 x$ $+\, 2\ln |\,\mathrm{tg}\,x\,|^* + C.$
4. 3 4.	$\dfrac{1}{\sin^3 x \cos^4 x}$	$\dfrac{2}{\cos x} + \dfrac{1}{3\cos^3 x} - \dfrac{\cos x}{2\sin^2 x} + \dfrac{5}{2}\ln \left|\,\mathrm{tg}\,\dfrac{x}{2}\,\right|;$ vgl. a. Nr. 3. 1. 4.

Nr.	$f(x) = J'(x)$	$J(x) = \int f(x)\,dx$
4.4.1.	$\dfrac{1}{\sin^4 x \cos x}$	$-\dfrac{1}{\sin x} - \dfrac{1}{3\sin^3 x} + \ln\left|\operatorname{tg}\left(\dfrac{x}{2}+\dfrac{\pi}{4}\right)\right|^{*}.$
4.4.2.	$\dfrac{1}{\sin^4 x \cos^2 x}$	$-\dfrac{1}{3\cos x \sin^3 x} + \dfrac{8}{3}\operatorname{ctg} 2x.$
4.4.3.	$\dfrac{1}{\sin^4 x \cos^3 x}$	$-\dfrac{2}{\sin x} - \dfrac{1}{3\sin^3 x} + \dfrac{\sin x}{2\cos^2 x} + \dfrac{5}{2}\ln\left|\operatorname{tg}\left(\dfrac{x}{2}+\dfrac{\pi}{4}\right)\right|^{*}.$
4.4.4.	$\dfrac{1}{\sin^4 x \cos^4 x}$	$-8\operatorname{ctg} 2x - \dfrac{8}{3}\operatorname{ctg}^3 2x.$
5.1.1.	$\dfrac{\sin x}{1+\cos x}$	$-\ln(1+\cos x) = -2\ln\left|\cos\dfrac{x}{2}\right| + C.$
5.1.2.	$\dfrac{\sin x}{1-\cos x}$	$\ln(1-\cos x) = 2\ln\left|\sin\dfrac{x}{2}\right| + C.$
5.1.3.	$\dfrac{\sin x}{a+b\cos x}$	$-\dfrac{1}{b}\ln\left|a+b\cos x\right|.$
5.1.4.	$\dfrac{\sin x}{(a+b\cos x)^n}$	$\dfrac{1}{(n-1)b}\dfrac{1}{(a+b\cos x)^{n-1}};\ n \neq 1.$
5.2.1.	$\dfrac{\cos x}{1+\sin x}$	$\ln(1+\sin x) = 2\ln\left|\cos\left(\dfrac{\pi}{4}-\dfrac{x}{2}\right)\right|.$
5.2.2.	$\dfrac{\cos x}{1-\sin x}$	$-\ln(1-\sin x) = -2\ln\left|\sin\left(\dfrac{\pi}{4}-\dfrac{x}{2}\right)\right|.$
5.2.3.	$\dfrac{\cos x}{a+b\sin x}$	$\dfrac{1}{b}\ln\left|a+b\sin x\right|.$
5.2.4.	$\dfrac{\cos x}{(a+b\sin x)^n}$	$-\dfrac{1}{(n-1)b}\dfrac{1}{(a+b\sin x)^{n-1}}.$
5.3.1.	$\dfrac{1}{\sin x\,(1+\cos x)}$	$\dfrac{1}{4}\operatorname{tg}^2\dfrac{x}{2} + \dfrac{1}{2}\ln\left|\operatorname{tg}\dfrac{x}{2}\right|^{*}.$
5.3.2.	$\dfrac{1}{\sin x\,(1-\cos x)}$	$-\dfrac{1}{4}\operatorname{ctg}^2\dfrac{x}{2} + \dfrac{1}{2}\ln\left|\operatorname{tg}\dfrac{x}{2}\right|^{*}$ $= -\left(\dfrac{1}{4}\operatorname{ctg}^2\dfrac{x}{2} + \dfrac{1}{2}\ln\left|\operatorname{ctg}\dfrac{x}{2}\right|\right).$
5.3.3.	$\dfrac{1}{\sin x\,(a+b\cos x)}$	$\dfrac{1}{a^2-b^2}\left[a\ln\left|\operatorname{tg}\dfrac{x}{2}\right|^{*} + b\ln\left|\dfrac{a+b\cos x}{\sin x}\right|\right];\ a^2 \neq b^2.$
5.4.1.	$\dfrac{1}{\cos x\,(1+\sin x)}$	$-\dfrac{1}{4}\operatorname{ctg}^2\left(\dfrac{x}{2}+\dfrac{\pi}{4}\right) + \dfrac{1}{2}\ln\left|\operatorname{tg}\left(\dfrac{x}{2}+\dfrac{\pi}{4}\right)\right|^{*}.$
5.4.2.	$\dfrac{1}{\cos x\,(1-\sin x)}$	$\dfrac{1}{4}\operatorname{tg}^2\left(\dfrac{x}{2}+\dfrac{\pi}{4}\right) + \dfrac{1}{2}\ln\left|\operatorname{tg}\left(\dfrac{x}{2}+\dfrac{\pi}{4}\right)\right|^{*}.$

Nr.	$f(x) = J'(x)$	$J(x) = \int f(x)\,dx$
5.4.3.	$\dfrac{1}{\cos x\,(a + b\sin x)}$	$\dfrac{1}{a^2 - b^2}\left[a\ln\left|\operatorname{tg}\left(\dfrac{x}{2} + \dfrac{\pi}{4}\right)\right|^{*} - b\ln\left|\dfrac{a + b\sin x}{\cos x}\right|\right]$; $\quad a^2 \neq b^2.$
6.1.1.	$\dfrac{\cos x}{\sin x\,(1 + \cos x)}$	$-\dfrac{1}{4}\operatorname{tg}^2\dfrac{x}{2} + \dfrac{1}{2}\ln\left|\operatorname{tg}\dfrac{x}{2}\right|^{*}.$
6.1.2.	$\dfrac{\cos x}{\sin x\,(1 - \cos x)}$	$-\dfrac{1}{4}\operatorname{ctg}^2\dfrac{x}{2} - \dfrac{1}{2}\ln\left|\operatorname{tg}\dfrac{x}{2}\right|^{*}$ $= -\dfrac{1}{4}\operatorname{ctg}^2\dfrac{x}{2} + \dfrac{1}{2}\ln\left|\operatorname{ctg}\dfrac{x}{2}\right|.$
6.1.3.	$\dfrac{\cos x}{\sin x\,(a + b\cos x)}$	$\dfrac{1}{b^2 - a^2}\left[b\ln\left|\operatorname{tg}\dfrac{x}{2}\right|^{*} + a\ln\left|\dfrac{a + b\cos x}{\sin x}\right|\right]$; $\quad a^2 \neq b^2.$
6.2.1.	$\dfrac{\sin x}{\cos x\,(1 + \sin x)}$	$\dfrac{1}{4}\operatorname{ctg}^2\left(\dfrac{x}{2} + \dfrac{\pi}{4}\right) + \dfrac{1}{2}\ln\left|\operatorname{tg}\left(\dfrac{x}{2} + \dfrac{\pi}{4}\right)\right|^{*}.$
6.2.2.	$\dfrac{\sin x}{\cos x\,(1 - \sin x)}$	$\dfrac{1}{4}\operatorname{tg}^2\left(\dfrac{x}{2} + \dfrac{\pi}{4}\right) - \dfrac{1}{2}\ln\left|\operatorname{tg}\left(\dfrac{x}{2} + \dfrac{\pi}{4}\right)\right|^{*}.$
6.2.3.	$\dfrac{\sin x}{\cos x\,(a + b\sin x)}$	$\dfrac{1}{b^2 - a^2}\left[b\ln\left|\operatorname{tg}\left(\dfrac{x}{2} + \dfrac{\pi}{4}\right)\right|^{*} - a\ln\left|\dfrac{a + b\sin x}{\cos x}\right|\right].$
6.3.1.1.	$\dfrac{\sin x}{\cos x\,(a + b\cos x)}$	$\dfrac{1}{a}\ln\left|\dfrac{a + b\cos x}{\cos x}\right| = \dfrac{1}{a}\ln\left|b + \dfrac{a}{\cos x}\right|.$
6.3.1.2.	$\dfrac{\sin x}{\cos^2 x\,(a + b\cos x)}$	$\dfrac{1}{a^2}\left[\dfrac{a}{\cos x} - b\ln\left|b + \dfrac{a}{\cos x}\right|\right].$
6.3.2.1.	$\dfrac{\cos x}{\sin x\,(a + b\sin x)}$	$-\dfrac{1}{a}\ln\left|\dfrac{a + b\sin x}{\sin x}\right| = -\dfrac{1}{a}\ln\left|b + \dfrac{a}{\sin x}\right|.$
6.3.2.2.	$\dfrac{\cos x}{\sin^2 x\,(a + b\sin x)}$	$\dfrac{1}{a^2}\left[b\ln\left|b + \dfrac{a}{\sin x}\right| - \dfrac{a}{\sin x}\right].$
6.4.1.0.	$\dfrac{1}{a\cos x + b\sin x}$	$\dfrac{1}{r}\displaystyle\int\dfrac{dx}{\sin(x + \alpha)} = \dfrac{1}{r}\ln\left|\operatorname{tg}\dfrac{x + \alpha}{2}\right|^{*}$; $\quad r = \sqrt{a^2 + b^2}$, α aus $\cos\alpha = a/r$, $\sin\alpha = b/r.$
6.4.1.1.	$\dfrac{1}{\cos x + \sin x}$	$\dfrac{1}{\sqrt{2}}\ln\left|\operatorname{tg}\left(\dfrac{x}{2} + \dfrac{\pi}{8}\right)\right|^{*}.$
6.4.1.2.	$\dfrac{1}{\cos x - \sin x}$	$\dfrac{1}{\sqrt{2}}\ln\left|\operatorname{tg}\left(\dfrac{x}{2} - \dfrac{\pi}{8}\right)\right|^{*}.$
6.4.2.0.	$\dfrac{1}{(a\cos x + b\sin x)^n}$	$\dfrac{1}{r^n}\displaystyle\int\dfrac{d(x + \alpha)}{\sin^n(x + \alpha)}$; vgl. Abs. 3.2.1.1., Nr. 2.1.0.; r u. α vgl. Nr. 6.4.1.0.

Nr.	$f(x) = J'(x)$	$J(x) = \int f(x)\,dx$
6. 4. 2. 1.	$\dfrac{1}{(a\cos x + b\sin x)^2}$	$-\dfrac{1}{r}\operatorname{ctg}(x+\alpha) = -\dfrac{1}{r}\dfrac{a\cos x - b\sin x}{a\sin x + b\cos x}$ $$= -\dfrac{1}{r}\dfrac{a - b\operatorname{tg}x}{b + a\operatorname{tg}x};\ r,\alpha\ \text{s. Nr.}\,6.4.1.0.$$
6. 4. 2. 1. 1.	$\dfrac{1}{(\cos x + \sin x)^2}$	$\dfrac{1}{2}\operatorname{tg}\left(x - \dfrac{\pi}{4}\right).$
6. 4. 2. 1. 2.	$\dfrac{1}{(\cos x - \sin x)^2}$	$\dfrac{1}{2}\operatorname{tg}\left(x + \dfrac{\pi}{4}\right).$
6. 4. 3. 0.	$\dfrac{\cos x}{a\cos x + b\sin x}$	$\dfrac{1}{r}\displaystyle\int\dfrac{\cos x}{\sin(x+\alpha)}\,dx = \dfrac{1}{r^2}\left[a x + b\ln|\sin(x+\alpha)|\right];$ $$r,\ \alpha\ \text{s. Nr. } 6.4.1.0.$$
6. 4. 3. 1.	$\dfrac{\cos x}{\cos x + \sin x}$	$\dfrac{1}{2}\left[x + \ln\left|\sin\left(x+\dfrac{\pi}{4}\right)\right|\right] = \dfrac{1}{2}\left[x + \ln|\cos x + \sin x|\right] + C.$
6. 4. 3. 2.	$\dfrac{\cos x}{\cos x - \sin x}$	$\dfrac{1}{2}\left[-x + \ln\left|\cos\left(x+\dfrac{\pi}{4}\right)\right|\right]$ $$= \dfrac{1}{2}\left[-x + \ln|\cos x - \sin x|\right] + C.$$
6. 4. 4. 0.	$\dfrac{\sin x}{a\cos x + b\sin x}$	$\dfrac{1}{r}\displaystyle\int\dfrac{\sin x}{\sin(x+\alpha)}\,dx = \dfrac{1}{r^2}\left[a x - b\ln|\sin(x+\alpha)|\right];$ $$r,\ \alpha\ \text{s. Nr. } 6.4.1.0.$$
6. 4. 4. 1.	$\dfrac{\sin x}{\cos x + \sin x}$	$\dfrac{1}{2}\left[x - \ln\left|\sin\left(x+\dfrac{\pi}{2}\right)\right|\right] = \dfrac{1}{2}\left[x - \ln|\cos x + \sin x|\right] + C.$
6. 4. 4. 2.	$\dfrac{\sin x}{\cos x - \sin x}$	$-\dfrac{1}{2}\left[x + \ln\left|\cos\left(x+\dfrac{\pi}{2}\right)\right|\right]$ $$= -\dfrac{1}{2}\left[x + \ln|\cos x - \sin x|\right] + C.$$
7. 1. 1. 1.	$\dfrac{\cos x}{a^2 + \sin^2 x}$	$\dfrac{1}{a}\operatorname{arc\,tg}\left(\dfrac{\sin x}{a}\right).$
7. 1. 1. 1. 1.	$\dfrac{\cos x}{1 + \sin^2 x}$	$\operatorname{arc\,tg}(\sin x) = \displaystyle\int\dfrac{\cos x}{2 - \cos^2 x}\,dx = 2\int\dfrac{\cos x}{3 - \cos 2x}\,dx.$
7. 1. 1. 2.	$\dfrac{\cos x}{a^2 - \sin^2 x}$	$\dfrac{1}{a}\operatorname{\mathfrak{Ar\,Tg}}\left(\dfrac{\sin x}{a}\right);\quad \sin^2 x < a^2;$ $\dfrac{1}{a}\operatorname{\mathfrak{Ar\,Ctg}}\left(\dfrac{\sin x}{a}\right);\quad \sin^2 x > a^2;$ $$\text{oder}$$ $\dfrac{1}{2a}\ln\left|\dfrac{a + \sin x}{a - \sin x}\right|.$
7. 1. 1. 2. 1.	$\dfrac{\cos x}{1 - \sin^2 x}$	$\displaystyle\int\dfrac{dx}{\cos x};\ \text{vgl. Abs. 3. 2. 1. 2. Nr. 2. 1. 1.}$

Nr.	$f(x) = J'(x)$	$J(x) = \int f(x)\,dx$
7.1.2.1.	$\dfrac{\sin x}{a^2 + \cos^2 x}$	$-\dfrac{1}{a}\,\mathrm{arc\ tg}\left(\dfrac{\cos x}{a}\right).$
7.1.2.1.1.	$\dfrac{\sin x}{1 + \cos^2 x}$	$-\,\mathrm{arc\ tg}\,(\cos x).$
7.1.2.2.	$\dfrac{\sin x}{a^2 - \cos^2 x}$	$-\dfrac{1}{a}\,\mathfrak{Ar\ Tg}\left(\dfrac{\cos x}{a}\right);\quad \cos^2 x < a^2;$ $-\dfrac{1}{a}\,\mathfrak{Ar\ Ctg}\left(\dfrac{\cos x}{a}\right);\quad \cos^2 x > a^2;$ oder $\dfrac{1}{2a}\,\ln\left|\dfrac{a - \cos x}{a + \cos x}\right|.$
7.1.2.2.1.	$\dfrac{\sin x}{1 - \cos^2 x}$	$\displaystyle\int \dfrac{dx}{\sin x};\ $ vgl. Abs. 3.2.1.1. Nr. 2.1.1.
8.1.1.	$\dfrac{\cos x}{\sqrt{a^2 + \sin^2 x}}$	$\mathfrak{Ar\ Sin}\left(\dfrac{\sin x}{a}\right)^{*}$ $= \ln\left[\sin x + \sqrt{a^2 + \sin^2 x}\,\right] + C.$
8.1.2.	$\dfrac{\cos x}{\sqrt{a^2 - \sin^2 x}}$	$\mathrm{arc\ sin}\left(\dfrac{\sin x}{a}\right);\ \sin^2 x \leqq a^2.$
8.1.3.	$\dfrac{\cos x}{\sqrt{\sin^2 x - a^2}}$	$\mathfrak{Ar\ Coj}\left|\dfrac{\sin x}{a}\right|^{*}$ $= \ln\left|\sin x + \sqrt{\sin^2 x - a^2}\,\right| + C;\ \sin^2 x \geqq a^2 < 1.$
8.2.1.	$\dfrac{\sin x}{\sqrt{a^2 + \cos^2 x}}$	$-\,\mathfrak{Ar\ Sin}\left|\dfrac{\cos x}{a}\right|^{*}$ $= -\ln\left[\cos x + \sqrt{a^2 + \cos^2 x}\,\right] + C.$
8.2.2.	$\dfrac{\sin x}{\sqrt{a^2 - \cos^2 x}}$	$\mathrm{arc\ cos}\left(\dfrac{\cos x}{a}\right);\ \cos^2 x \leqq a^2.$
8.2.3.	$\dfrac{\sin x}{\sqrt{\cos^2 x - a^2}}\quad {}^{1)}$	$-\,\mathfrak{Ar\ Coj}\left|\dfrac{\cos x}{a}\right|^{*}$ $= -\ln\left|\cos x + \sqrt{\cos^2 x - a^2}\,\right| + C.$
9.	$\dfrac{\sin^2 x \cos^2 x}{(\cos^3 x + \sin^3 x)^2}$	$-\dfrac{1}{3(1 + \mathrm{tg}^3 x)}.$
10.0.	$f(a\cos^2 x + b\sin^2 x)\sin x \cos x$	$\dfrac{1}{2(b - a)}\displaystyle\int f(z)\,dz;\quad z = a\cos^2 x + b\sin^2 x,$ $b \neq a.$

${}^{1)}$ vgl. a. Abs. 3.2.1.6.

Nr.	$f(x) = J'(x)$	$J(x) = \int f(x)\, dx$
10.1.1.	$(a\cos^2 x + b\sin^2 x)^n \sin x \cos x$	$\dfrac{1}{2(n-1)(b-a)}(a\cos^2 x + b\sin^2 x)^{n-1};$ $n \neq -1;\quad b \neq a.$
10.1.1.1.	$\dfrac{\sin x \cos x}{a\cos^2 x + b\sin^2 x}$	$\dfrac{1}{2(b-a)}\ln|a\cos^2 x + b\sin^2 x|;\qquad b \neq a.$
10.1.1.2.	$\dfrac{\sin x \cos x}{\sqrt{a\cos^2 x + b\sin^2 x}}$	$\dfrac{1}{b-a}\sqrt{a\cos^2 x + b\sin^2 x};\qquad b \neq a.$
10.1.1.3.	$\sqrt{a\cos^2 x + b\sin^2 x}\cdot\sin x \cos x$	$\dfrac{1}{3(b-a)}(\sqrt{a\cos^2 x + b\sin^2 x})^3;\qquad b \neq a.$
10.2.	$e^{a\cos^2 x + b\sin^2 x}\sin x \cos x$	$\dfrac{1}{2(b-a)}e^{a\cos^2 x + b\sin^2 x};\qquad b \neq a.$
10.3.0.1.	$f(\sin^m x)\cos x \sin^{m-1} x$	$\dfrac{1}{m}\int f(z)\,dz;\qquad z = \sin^m x.$
10.3.0.2.	$f(\cos^m x)\sin x \cos^{m-1} x$	$-\dfrac{1}{m}\int f(z)\,dz;\qquad z = \cos^m x.$
10.3.1.	$\sin^{2m-1} x \cos x$	$\dfrac{1}{2m}\sin^{2m} x;\qquad m \neq 0.$
10.3.2.	$\cos^{2m-1} x \sin x$	$-\dfrac{1}{2m}\cos^{2m} x;\qquad m \neq 0.$
11.1.1.	$\dfrac{1}{\cos^2 x\,(\alpha + \beta\sin^2 x)}$	$\dfrac{1}{\alpha+\beta}\left[\beta\int\dfrac{dx}{\alpha+\beta\sin^2 x} + \mathrm{tg}\,x\right];\ \alpha+\beta=0;$ s. 3.2.1.1. Nr. 3.6.1.
11.1.2.	$\dfrac{1}{\sin^2 x\,(\alpha + \beta\cos^2 x)}$	$\dfrac{1}{\alpha+\beta}\left[\beta\int\dfrac{dx}{\alpha+\beta\cos^2 x} - \mathrm{ctg}\,x\right];\ \alpha+\beta=0;$ s. 3.2.1.2. Nr. 3.6.1.
11.2.1.1.	$\dfrac{1}{\cos^4 x\,(\gamma + \delta\sin^2 x)}$	$\dfrac{1}{(\gamma+\delta)^2}\left[(\gamma+2\delta)\,\mathrm{tg}\,x + \dfrac{1}{3}(\gamma+\delta)\,\mathrm{tg}^3 x\right.$ $\left. + \delta^2\int\dfrac{dx}{\gamma+\delta\sin^2 x}\right];\ \ \gamma+\delta \neq 0\ (\text{s. }3.2.1.2.$ Nr. 2.1.6.); Integral s. 3.2.1.1. Nr. 3.6.1.
11.2.1.2.	$\dfrac{1}{\sin^4 x\,(\gamma + \delta\cos^2 x)}$	$-\dfrac{1}{(\gamma+\delta)^2}\left[(\gamma+2\delta)\,\mathrm{ctg}\,x + \dfrac{1}{3}(\gamma+\delta)\,\mathrm{ctg}^3 x\right.$ $\left. - \delta^2\int\dfrac{dx}{\gamma+\delta\cos^2 x}\right];\ \ \gamma+\delta \neq 0\ (\text{s. }3.2.1.1.$ Nr. 2.1.6.); Integral s. 3.2.1.2. Nr. 3.6.1.
11.2.2.1.	$\dfrac{1}{\cos^2 x\,(\alpha + \beta\sin^2 x)^2}$	$\dfrac{1}{2(\alpha+\beta)^2}\left[\dfrac{\beta}{\alpha}(c\,J_s + \beta\,\Psi_s) + 2\,\mathrm{tg}\,x\right];$ $J = \int\dfrac{dx}{\alpha+\beta\sin^2 x}\ (\text{s. }3.2.1.1.\ \text{Nr. }3.6.1.);$ $\Psi_s = \dfrac{\sin x \cos x}{\alpha+\beta\sin^2 x};$ $c = 4\alpha+\beta;\ \alpha+\beta \neq 0\ (\text{s. Nr. }4.4.2.).$

Nr.	$f(x) = J'(x)$	$J(x) = \int f(x)\,dx$
11. 2. 2. 2.	$\dfrac{1}{\sin^2 x\,(\alpha + \beta \cos^2 x)^2}$	$\dfrac{1}{2(\alpha+\beta)^2}\left[\dfrac{\beta}{\alpha}(cJ_c - \beta\,\Psi_c) - 2\operatorname{ctg} x\right];$ $J_c = \int \dfrac{dx}{\alpha + \beta\cos^2 x}$ (s. 3.2.1.2. Nr.3.6.1.); $\Psi_c = -\dfrac{\sin x \cos x}{\alpha + \beta\cos^2 x};$ $c = 4\alpha + \beta;\ \alpha + \beta \neq 0$ (s. Nr. 4.2.4.).
11. 3. 1. 1.	$\dfrac{\sin^2 x}{\cos^4 x\,(\alpha + \beta \sin^2 x)}$	$\dfrac{1}{(\alpha+\beta)^3}\left[\dfrac{1}{3}(\alpha+\beta)\operatorname{tg}^3 x + \beta\operatorname{tg} x - \alpha\beta J_s\right];$ J_s s. 11.2.2.1; $\alpha + \beta \neq 0$ [1]).
11. 3. 1. 2.	$\dfrac{\cos^2 x}{\sin^4 x\,(\alpha + \beta \cos^2 x)}$	$-\dfrac{1}{(\alpha+\beta)^3}\left[\dfrac{1}{3}(\alpha+\beta)\operatorname{ctg}^3 x + \delta\operatorname{ctg} x + \alpha\beta J_c\right];$ J_c s. 11.2.2.2.; $\alpha + \beta \neq 0$ [2]).
11. 3. 2. 1.	$\dfrac{\operatorname{tg}^2 x}{(\alpha + \beta \sin^2 x)^2}$	$\dfrac{1}{2(\alpha+\beta)^2}\left[(\beta - 2\alpha)J_s - \beta\,\Psi_s + 2\operatorname{tg} x\right];$ $J_s,\ \Psi_s$ s. 11.2.2.1; $\alpha + \beta \neq 0$ [1]).
11. 3. 2. 2.	$\dfrac{\operatorname{ctg}^2 x}{(\alpha + \beta \cos^2 x)^2}$	$\dfrac{1}{2(\alpha+\beta)^2}\left[(\beta - 2\alpha)J_c + \beta\,\Psi_c - 2\operatorname{ctg} x\right];$ $J_c,\ \Psi_c$ s. 11.2.2.2.; $\alpha + \beta \neq 0$ [2]).
11.3.3.1.1.	$\dfrac{\operatorname{tg}^4 x}{\alpha + \beta \sin^2 x}$	$\dfrac{1}{(\alpha+\beta^2)}\left[\dfrac{1}{3}(\alpha+\beta)\operatorname{tg}^3 x - \alpha\operatorname{tg} x + \alpha^2 J_s\right];$ vgl. 11.2.2.1. $\alpha + \beta \neq 0$; für $\alpha = -\beta = 1$ folgt $\dfrac{1}{5}\operatorname{tg}^5 x.$
11.3.3.1.2.	$\dfrac{\operatorname{ctg}^4 x}{\alpha + \beta \cos^2 x}$	$\dfrac{1}{(\alpha+\beta)^2}\left[\alpha\operatorname{ctg} x - \dfrac{1}{3}(\alpha+\beta)\operatorname{ctg}^3 x + \alpha^2 J_c\right];$ vgl. 11.2.2.2. $\alpha + \beta \neq 0$; für $\alpha = -\beta = 1$ folgt $-\dfrac{1}{5}\operatorname{ctg}^5 x.$
11.3.3.2.1.	$\dfrac{\sin^4 x}{\cos^2 x\,(\alpha + \beta \sin^2 x)^2}$	$\dfrac{1}{2(\alpha+\beta)^2}\left[\alpha(\Psi_s - 3J_s) + 2\operatorname{tg} x\right];$ vgl. 11.2.2.1.; $\alpha + \beta \neq 0$ (s. 11.3.3.1.1.).
11.3.3.2.2.	$\dfrac{\cos^4 x}{\sin^2 x\,(\alpha + \beta \cos^2 x)^2}$	$-\dfrac{1}{2(\alpha+\beta)^2}\left[\alpha(3J_c + \Psi_c) + 2\operatorname{ctg} x\right];$ vgl. 11.2.2.2.; $\alpha + \beta \neq 0$ (s. 11.3.3.1.2.).

[1]) $\alpha = -\beta = 1$ liefert $\displaystyle\int \dfrac{\sin^2 x}{\cos^6 x}\,dx = \dfrac{1}{5}\operatorname{tg}^5 x + \dfrac{1}{3}\operatorname{tg}^3 x.$

[2]) $\alpha = -\beta = 1$,, $\displaystyle\int \dfrac{\cos^2 x}{\sin^6 x}\,dx = -\left(\dfrac{1}{5}\operatorname{ctg}^5 x + \dfrac{1}{3}\operatorname{ctg}^3 x\right).$

Nr.	$f(x) = J'(x)$	$J(x) = \int f(x)\,dx$
11. 4. 1.	$\dfrac{\cos^2 x}{(\alpha + \beta \sin^2 x)^2}$	$\dfrac{1}{2\,\alpha}\left[J_s + \Psi_s\right]$; vgl. 11. 2. 2. 1.
11. 4. 2.	$\dfrac{\sin^2 x}{(\alpha + \beta \cos^2 x)^2}$	$\dfrac{1}{2\,\alpha}\left[J_c - \Psi_c\right]$; vgl. 11. 2. 2. 2.
11. 5. 1. 1.	$\dfrac{1}{\cos^4 x\,(\alpha + \beta \sin^2 x)^2}$	$\dfrac{1}{(\alpha + \beta)^3}\left[(\alpha + 3\,\beta)\,\operatorname{tg} x + \dfrac{1}{3}\,(\alpha + \beta)\,\operatorname{tg}^3 x \right.$ $\left. + \dfrac{\beta^2}{2\,\alpha}\,(c J_s + \beta\,\Psi_s)\right]$; $J_s,\ \Psi_s$ vgl. 11. 2. 2. 1.; $c = 6\,\alpha + \beta$; $\alpha + \beta \neq 0$ (s. 3. 2. 1. 2. Nr. 2. 1. 8.).
11. 5. 1. 2.	$\dfrac{1}{\sin^4 x\,(\alpha + \beta \cos^2 x)^2}$	$-\dfrac{1}{(\alpha + \beta)^3}\left[(\alpha + 3\,\beta)\,\operatorname{ctg} x + \dfrac{1}{3}\,(\alpha + \beta)\,\operatorname{ctg}^3 x \right.$ $\left. -\dfrac{\beta^2}{2\,\alpha}\,(c J_c - \beta\,\Psi_c)\right]$; $J_c,\ \Psi_c$ vgl. 11. 2. 2. 2.; $c = 6\,\alpha + \beta$; $\alpha + \beta \neq 0$ (s. 3. 2. 1. 1. Nr. 2. 1. 8.).
11. 5. 2. 1.	$\dfrac{\sin^2 x}{\cos^4 x\,(\alpha + \beta \sin^2 x)^2}$	$\dfrac{1}{(\alpha + \beta)^3}\left[\dfrac{1}{3}\,(\alpha + \beta)\,\operatorname{tg}^3 x + 2\,\beta\,\operatorname{tg} x \right.$ $\left. + \dfrac{1}{2}\,\alpha\,(c J_s + \beta\,\Psi_s)\right]$; $J_s,\ \Psi_s$ vgl. 11. 2. 2. 1.; $c = \beta - 4\,\alpha$; $\alpha + \beta \neq 0$ [1]).
11. 5. 2. 2.	$\dfrac{\cos^2 x}{\sin^4 x\,(\gamma + \beta \cos^2 x)^2}$	$-\dfrac{1}{(\alpha + \beta)^2}\left[\dfrac{1}{3}\,(\alpha + \beta)\,\operatorname{ctg}^3 x + 2\,\beta\,\operatorname{ctg} x \right.$ $\left. + \dfrac{1}{2}\,\alpha\,(c J_c + \beta\,\Psi_c)\right]$; $J_c,\ \Psi_c$ vgl. 11. 2. 2. 2.; $c = 4\,\alpha - \beta$; $\alpha + \beta \neq 0$ [2]).
11. 5. 3. 1.	$\dfrac{\operatorname{tg}^4 x}{(\alpha + \beta \sin^2 x)^2}$	$\dfrac{1}{(\alpha + \beta)^3}\left[\dfrac{1}{3}\,(\alpha + \beta)\,\operatorname{tg}^3 x + (\beta - \alpha)\,\operatorname{tg} x \right.$ $\left. - \dfrac{1}{2}\,\alpha(c J_s + \beta\,\Psi_s)\right]$; $J_s,\ \Psi_s$ vgl. 11. 2. 2. 1.; $c = 3\,\beta - 2\,\alpha$; $\alpha + \beta \neq 0$ [3]).
11. 5. 3. 2.	$\dfrac{\operatorname{ctg}^4 x}{(\alpha + \beta \cos^2 x)^2}$	$-\dfrac{1}{(\alpha + \beta)^3}\left[\dfrac{1}{3}\,(\alpha + \beta)\,\operatorname{ctg}^3 x + (\beta - \alpha)\,\operatorname{ctg} x \right.$ $\left. - \dfrac{1}{2}\,\alpha\,(c J_c + \beta\,\Psi_c)\right]$; $J_c,\ \Psi_c$ vgl. 11. 2. 2. 2.; $c = 2\,\alpha - 3\,\beta$; $\alpha + \beta \neq 0$ [4]).

[1]) $\alpha = -\beta = 1$ liefert $\displaystyle\int \frac{\sin^2 x}{\cos^3 x}\,dx = \frac{1}{7}\,\operatorname{tg}^7 x + \frac{2}{5}\,\operatorname{tg}^5 x + \frac{1}{3}\,\operatorname{tg}^3 x$.

[2])   ,,   ,, $\displaystyle\int \frac{\cos^2 x}{\sin^3 x}\,dx = -\left(\frac{1}{7}\,\operatorname{ctg}^7 x + \frac{2}{5}\,\operatorname{ctg}^5 x + \frac{1}{3}\,\operatorname{ctg}^3 x\right)$.

[3])   ,,   ,, $\displaystyle\int \frac{\sin^4 x}{\cos^8 x}\,dx = \frac{1}{7}\,\operatorname{tg}^7 x + \frac{1}{5}\,\operatorname{tg}^5 x$.

[4])   ,,   ,, $\displaystyle\int \frac{\cos^4 x}{\sin^8 x}\,dx = -\left(\frac{1}{7}\,\operatorname{ctg}^7 x + \frac{1}{5}\,\operatorname{ctg}^5 x\right)$.

Nr.	$f(x) = J'(x)$	$J(x) = \int f(x)\, dx$
11. 5. 4. 1.	$\dfrac{\sin^6 x}{\cos^4 x\,(\alpha + \beta \sin^2 x)^2}$	$\dfrac{1}{(\alpha + \beta)^3}\left[\dfrac{1}{3}(\alpha + \beta)\,\mathrm{tg}^3 x - 2\alpha\,\mathrm{tg}\,x + \dfrac{1}{2}\alpha^2(5 J_s - \Psi_s)\right];$ $J_s,\ \Psi_s$ vgl. 11.2.2.1.; $\alpha + \beta \neq 0$[1]).
11. 5. 4. 2.	$\dfrac{\cos^6 x}{\sin^4 x\,(\alpha + \beta \cos^2 x)^2}$	$\dfrac{1}{(\alpha + \beta)^3}\left[2\alpha\,\mathrm{ctg}\,x - \dfrac{1}{3}(\alpha + \beta)\mathrm{ctg}^3 x + \dfrac{1}{2}\alpha^2(5 J_c + \Psi_c)\right];$ $J_c,\ \Psi_c$ vgl. 11.2.2.2.; $\alpha + \beta \neq 0$[2]).
11. 6. 1.	$R(\cos x,\ \sin x)$[3])	$\int R\left(\dfrac{1 - t^2}{1 + t^2},\ \dfrac{2t}{1 + t^2}\right)\dfrac{2\,dt}{1 + t^2};$ $\qquad\qquad t = \mathrm{tg}\,\dfrac{x}{2}.$
11. 6. 2.	$R(\cos^2 x,\ \sin^2 x,\ \sin x,\ \cos x)$[4])	$\int R\left(\dfrac{1}{1 + t^2},\ \dfrac{t^2}{1 + t^2},\ \dfrac{t}{1 + t^2}\right)\dfrac{dt}{1 + t^2};$ $\qquad\qquad t = \mathrm{tg}\,x.$
12. 1. 1.	$\dfrac{\cos x}{(\alpha + \beta \sin x)^q \cdot \sqrt{(a\sin^2 x + 2b\sin x + c)^n}}$	$u = \sin x;$
12. 1. 2.	$\dfrac{-\sin x}{(\alpha + \beta \cos x)^q \cdot \sqrt{(a\cos^2 x + 2b\cos x + c)^n}}$	$\dfrac{1}{\beta^q}\int \dfrac{du}{(u + f)^q \cdot \sqrt{(a u^2 + 2b u + c)^n}};$ $u = \cos x;$ $f = \alpha/\beta;$ vgl. Abs. 2.2.6.2. Nr. 4.0. u. 4.1.; für $\alpha = 0$ vgl. a. 1.2.0. usw., ferner 2.2.0.
12. 2. 1.	$\dfrac{\cos x}{\sin^p x \sqrt{(a + b\sin x)^n}}$	$u = \sin x;$
12. 2. 2.	$\dfrac{-\sin x}{\cos^p x \sqrt{(a + b\cos x)^n}}$	$\int \dfrac{du}{u^p \cdot \sqrt{(a + b u)^n}};$ vgl. Abs. 2.2.2.2. Nr. 2.1.2.0. $u = \cos x.$

---

[1]) $\alpha = -\beta = 1$ liefert $\int \dfrac{\sin^6 x}{\cos^8 x}\,dx = \dfrac{1}{7}\mathrm{tg}^7 x.$

[2]) „ „ $\int \dfrac{\cos^6 x}{\sin^8 x}\,dx = -\dfrac{1}{7}\mathrm{ctg}^7 x.$

[3]) Rationaler Ausdruck in $\cos x$, $\sin x$.

[4]) „ „ „ $\cos^2 x$, $\sin^2 x$, $\cos x$, $\sin x$.

Nr.	$f(x) = J'(x)$	$J(x) = \int f(x)\,dx$
12. 2. 3.	$\dfrac{\operatorname{ctg} x}{\sqrt{a + b \sin x}}$	
12. 2. 4.	$-\dfrac{\operatorname{tg} x}{\sqrt{a + b \cos x}}$	$\left. \begin{array}{l} 2\sqrt{\triangle}\ \mathfrak{Ar\,Ctg}\ \sqrt{\dfrac{a + bu}{\triangle}}\ {}^{*};\ bu > 0;\\[2ex] 2\sqrt{\triangle}\ \mathfrak{Ar\,Tg}\ \sqrt{\dfrac{a + bu}{\triangle}}\ {}^{*};\ bu < 0; \end{array} \right\} \triangle > 0,$
12. 3. 1.	$-\dfrac{\sin x\,\sqrt{a + b \cos x}}{\gamma + \delta \cos x}$	
12. 3. 2.	$\dfrac{\cos x\,\sqrt{a + b \sin x}}{\gamma + \delta \sin x}$	$2\sqrt{-\triangle}\ \operatorname{arc\,tg}\sqrt{\dfrac{a + bu}{-\triangle}};\ \triangle < 0.$

Hierin ist bei

12. 2. 3.: $u = \sin x$ und $\triangle = a$;

12. 2. 4.: $u = \cos x$ und $\triangle = a$;

12. 3. 1.: $u = \cos x$ und $\triangle = \dfrac{1}{\delta}\,(a\,\delta - b\,\gamma) \neq 0$;

12. 3. 2.: $u = \sin x$.

3. 2. 1. 4. *Der Integrand enthält* tg x.

Nr.	$f(x) = J'(x)$	$J(x) = \int f(x)\,dx$
1. 0.	$\operatorname{tg} x$	$-\ln\lvert \cos x \rvert.$
1. 1.	$\operatorname{tg} kx$	$-\dfrac{1}{k}\ln\lvert \cos kx \rvert.$
2. 0.	$\operatorname{tg}^n x$	$\dfrac{\operatorname{tg}^{n-1} x}{n-1} - \int \operatorname{tg}^{n-2} x\,dx;\ n \neq 1.$ (Für $n < 0$ vgl. Abs. 3. 2. 1. 5. Nr. 2. 0.).
2. 1.	$\operatorname{tg}^2 x$	$\operatorname{tg} x - x.$
2. 2.	$\operatorname{tg}^3 x$	$\dfrac{1}{2}\operatorname{tg}^2 x + \ln\lvert \cos x \rvert = \dfrac{1}{2\cos^2 x} + \ln\lvert \cos x \rvert + C.$
2. 3.	$\operatorname{tg}^4 x$	$\dfrac{1}{3}\operatorname{tg}^3 x - \operatorname{tg} x + x.$
3. 0.	$\dfrac{1}{a\,\operatorname{tg} x + b}$	$\displaystyle\int \dfrac{\cos x\,dx}{a \sin x + b \cos x};$ vgl. Abs. 3. 2. 1. 3. Nr. 5 u. 6. (dort weitere, ähnliche Integrale).
4. 1. 1.	$\dfrac{\sin \lambda x}{\sqrt{a^2 + b^2 \operatorname{tg}^2 \lambda x}}\ {}^{1)}$	$\dfrac{1}{\lambda(b^2 - a^2)}\sqrt{a^2 \cos^2 \lambda x + b^2 \sin^2 \lambda x};\ a^2 \neq b^2.$

---

1) Wenn im Zähler $\cos \lambda x$ statt $\sin \lambda x$ steht, vgl. Abs. 3. 2. 1. 6. Nr. 2. 1. ...

Nr.	$f(x) = J'(x)$	$J(x) = \int f(x)\,dx$
4. 1. 2. 1.	$\dfrac{\sin \lambda x}{\sqrt{a^2 - b^2 \operatorname{tg}^2 \lambda x}}$ [1]	$-\dfrac{1}{\lambda(a^2+b^2)}\sqrt{a^2\cos^2\lambda x - b^2\sin^2\lambda x}$; $\operatorname{tg}^2\lambda x \leqq a^2/b^2$.
4. 1. 2. 2.	$\dfrac{\sin \lambda x}{\sqrt{1 - \operatorname{tg}^2 \lambda x}}$ [1]	$\dfrac{1}{2}\int\dfrac{\sin 2\lambda x\,dx}{\sqrt{\cos 2\lambda x}} = -\dfrac{1}{2\lambda}\sqrt{\cos 2\lambda x}$; $\operatorname{tg}^2\lambda x \leqq 1$.
4. 1. 3. 1.	$\dfrac{\sin \lambda x}{\sqrt{a^2 \operatorname{tg}^2 \lambda x - b^2}}$ [1]	$\dfrac{1}{\lambda(a^2+b^2)}\sqrt{a^2\sin^2\lambda x - b^2\cos^2\lambda x}$; $\operatorname{tg}^2\lambda x \geqq b^2/a^2$.
4. 1. 3. 2.	$\dfrac{\sin \lambda x}{\sqrt{\operatorname{tg}^2 \lambda x - 1}}$ [1]	$\dfrac{1}{2}\int\dfrac{\sin 2\lambda x\,dx}{\sqrt{-\cos 2\lambda x}} = \dfrac{1}{2\lambda}\sqrt{-\cos 2\lambda x}$; $\operatorname{tg}^2\lambda x \geqq 1$.

Nr.	$f(x) = J'(x)$	$J(x) = \int f(x)\,dx$	
5.	$\sqrt{\operatorname{tg} x}$	$\dfrac{1}{\sqrt{2}}\Big[\ln\|\sin x - \sqrt{\sin 2x} + \cos x\|$ $\qquad + \operatorname{arc\,tg}\Big(\dfrac{\sqrt{\sin 2x}}{\cos x - \sin x}\Big)\Big].$	
6. 1. 0.	$\dfrac{1}{\cos^2 x}\left(\dfrac{1 - \operatorname{tg}\frac{x}{2}}{1 + \operatorname{tg}\frac{x}{2}}\right)^n$	$-\dfrac{1}{4}z^{n-1}\Big[\dfrac{1}{n-1} + \dfrac{z^2}{n+1}\Big]$; $n \neq 1$; $n \neq -1$;	$z = \operatorname{ctg}\Big(\dfrac{\pi}{4} + \dfrac{x}{2}\Big)$ $\quad = \dfrac{1 - \operatorname{tg}\frac{x}{2}}{1 + \operatorname{tg}\frac{x}{2}}$ $\quad = \sqrt{\dfrac{1-\sin x}{1+\sin x}}$ $\quad \doteq \dfrac{\|\cos x\|}{1+\sin x}.$
6. 1. 1.	$\dfrac{1 - \operatorname{tg}\frac{x}{2}}{\cos^2 x\left(1 + \operatorname{tg}\frac{x}{2}\right)}$	$-\dfrac{1}{8}[z^2 + \ln z^2]$;	
6. 1. 2.	$\dfrac{1 + \operatorname{tg}\frac{x}{2}}{\cos^2 x\left(1 - \operatorname{tg}\frac{x}{2}\right)}$	$\dfrac{1}{8}\Big[\dfrac{1}{z^2} + \ln\dfrac{1}{z^2}\Big]$;	
6. 2. 0.	$\dfrac{1}{\sin^2 x}\left(\dfrac{1 - \operatorname{tg}\frac{x}{2}}{1 + \operatorname{tg}\frac{x}{2}}\right)^n$	$-2\Big[\int\dfrac{z^n\,dz}{(1-z^2)^2} + \int\dfrac{z^{n+2}\,dz}{(1-z^2)^2}\Big]$; z wie unter 6. 1.; $1 - z^2 = \dfrac{2\sin x}{1+\sin x}$; Integrale vgl. Abs. 2. 1. 3. 1.	
6. 2. 1.	$\dfrac{1 - \operatorname{tg}\frac{x}{2}}{\sin^2 x\left(1 + \operatorname{tg}\frac{x}{2}\right)}$	$-\dfrac{2}{1-z^2} + \ln\dfrac{1}{1-z^2}$ $\quad = -\dfrac{1}{\sin x} + \ln\Big(\dfrac{1}{\sin x} + 1\Big) + \text{const.}$	
6. 2. 2.	$\dfrac{1 + \operatorname{tg}\frac{x}{2}}{\sin^2 x\left(1 - \operatorname{tg}\frac{x}{2}\right)}$	$-\ln\dfrac{z^2}{1-z^2} - \dfrac{2}{1-z^2}$ $\quad = -\dfrac{1}{\sin x} - \ln\Big(\dfrac{1}{\sin x} - 1\Big) + \text{const.}$	

[1] **Wenn im Zähler** $\cos \lambda x$ **statt** $\sin \lambda x$ **steht, vgl. Abs. 3. 2. 1. 6. Nr. 2. 1. ...**

3.2.1.5. *Der Integrand enthält* ctg x.

Nr.	$f(x) = J'(x)$	$J(x) = \int f(x)\,dx$
1.0.	ctg x	$\ln|\sin x|$.
1.1.	ctg kx	$\dfrac{1}{k}\ln|\sin x|$.
2.0.	ctg$^n x$	$-\dfrac{\text{ctg}^{n-1} x}{n-1} - \int \text{ctg}^{n-2} x\,dx;\quad n \neq 1;$ für $n < 0$ vgl. Abs. 3.2.1.4. Nr. 2.0.
2.1.	ctg$^2 x$	$-\,\text{ctg}\,x - x$.
2.2.	ctg$^3 x$	$-\dfrac{1}{2}\,\text{ctg}^2 x - \ln|\sin x| = -\dfrac{1}{2\sin^2 x} - \ln|\sin x| + C$.
2.3.	ctg$^4 x$	$-\dfrac{1}{3}\,\text{ctg}^3 x + \text{ctg}\,x + x$.
3.0.	$\dfrac{1}{a + b\,\text{ctg}\,x}$	$\displaystyle\int \dfrac{\sin x\,dx}{a\sin x + b\cos x}$; vgl. Abs. 3.2.1.3. Nr. 5 u. 6 (dort weitere, ähnliche Integrale).
4.1.1.	$\dfrac{\cos \lambda x}{\sqrt{a^2 + b^2\,\text{ctg}^2 \lambda x}}$ [1]	$\dfrac{1}{\lambda(a^2 - b^2)}\sqrt{a^2 \sin^2 \lambda x + b^2 \cos^2 \lambda x}$; $a^2 \neq b^2$.
4.1.2.1.	$\dfrac{\cos \lambda x}{\sqrt{a^2 - b^2\,\text{ctg}^2 \lambda x}}$ [1]	$\dfrac{1}{\lambda(a^2 + b^2)}\sqrt{a^2 \sin^2 \lambda x - b^2 \cos^2 \lambda x}$; $\text{tg}^2 \lambda x \gtreqless b^2/a^2$.
4.1.2.2.	$\dfrac{\cos \lambda x}{\sqrt{1 - \text{ctg}^2 \lambda x}}$ [1]	$\cdot\,\dfrac{1}{2}\displaystyle\int \dfrac{\sin 2\lambda x\,dx}{\sqrt{-\cos 2\lambda x}} = \dfrac{1}{2\lambda}\sqrt{-\cos 2\lambda x}$; $\text{tg}^2 \lambda x \gtreqless 1$.
4.1.3.1.	$\dfrac{\cos \lambda x}{\sqrt{a^2\,\text{ctg}^2 \lambda x - b^2}}$ [1]	$-\dfrac{1}{\lambda(a^2 + b^2)}\sqrt{a^2 \cos^2 \lambda x - b^2 \sin^2 \lambda x}$; $\text{tg}^2 \lambda x \lesseqgtr a^2/b^2$.
4.1.3.2.	$\dfrac{\cos \lambda x}{\sqrt{\text{ctg}^2 \lambda x - 1}}$ [1]	$\dfrac{1}{2}\displaystyle\int \dfrac{\sin 2\lambda x\,dx}{\sqrt{\cos 2\lambda x}} = -\dfrac{1}{2\lambda}\sqrt{\cos 2\lambda x}$; $\text{tg}^2 \lambda x \lesseqgtr 1$.
4.2.	$\dfrac{\cos 2\lambda x}{\sqrt{\sin 2\lambda x}}$ [1]	$\dfrac{1}{2\lambda}\sqrt{\sin 2\lambda x}$; folgt aus 4.1.3.2. mit $\lambda x = \dfrac{\pi}{4} - z$.
5.	$\sqrt{\text{ctg}\,x}$	$-\dfrac{1}{\sqrt{2}}\left[\ln\left|\cos x - \sqrt{\sin 2x} + \sin x\right|\right.$ $\left. + \text{arc tg}\left(\dfrac{\cdot\,\sqrt{\sin 2x}}{\sin x - \cos x}\right)\right]$.

----

[1]) Wenn im Zähler sin λx statt cos λx steht, vgl. Abs. 3.2.1.6. Nr. 2.2. ....

3.2.1.6. Integrale trigonometrischer Funktionen, die auf elliptische Integrale führen.

Die folgenden Integrale werden, u. U. durch entsprechende Substitutionen (vgl. a. Abs. 2. 3. 2. 2.), auf die LEGENDRESCHEN Normalformen der elliptischen Integrale erster und zweiter Gattung zurückgeführt (vgl. Abs. 6):

0. 0. 1.   Elliptisches Integral erster Gattung $\displaystyle\int_0^\varphi \frac{d\psi}{\sqrt{1-k^2\sin^2\psi}} = F(\alpha,\varphi).$

0. 0. 2.   Elliptisches Integral zweiter Gattung $\displaystyle\int_0^\varphi \sqrt{1-k^2\sin^2\psi}\; d\psi = E(\alpha,\varphi).$

Ferner werden folgende Abkürzungen benutzt:

$$\Delta = \sqrt{1-k^2\sin^2\varphi}\,; \quad k^2 = \sin^2\alpha < 1; \quad k'^2 = 1-k^2 = \cos^2\alpha < 1;$$

$$\psi(\alpha,\varphi) = \Delta\,\mathrm{tg}\,\varphi; \quad \bar\psi(\alpha,\varphi) = \Delta\,\mathrm{ctg}\,\varphi, \text{ so daß } \bar\psi - \psi = 2\,\Delta\,\mathrm{ctg}\,\varphi; \quad \Phi(\alpha,\varphi) = \frac{\sin\varphi\cos\varphi}{\Delta}.$$

Nr.	$f(x) = J'(x)$	$J(x) = \int f(x)\,dx$
1. 1. 1. 1.	$\dfrac{1}{\Delta} = \dfrac{1}{\sqrt{1-k^2\sin^2\varphi}}$	$F(\alpha,\varphi) + C.$
1. 1. 1. 2.	$\dfrac{\sin^2\varphi}{\Delta}$	$\dfrac{1}{k^2}\,[F(\alpha,\varphi) - E(\alpha,\varphi)] + C.$
1. 1. 1. 3.	$\dfrac{\cos^2\varphi}{\Delta}$	$\dfrac{1}{k^2}\,[E(\alpha,\varphi) - k'^2 F(\alpha,\varphi)] + C.$
1. 1. 1. 4.	$\dfrac{\mathrm{tg}^2\varphi}{\Delta}$	$\dfrac{1}{k'^2}\,[\Psi(\alpha,\varphi) - E(\alpha,\varphi)] + C.$
1. 1. 1. 5.	$\dfrac{\mathrm{ctg}^2\varphi}{\Delta}$	$-\,\bar\Psi(\alpha,\varphi) - E(\alpha,\varphi) + C.$
1. 1. 1. 6.	$\dfrac{1}{\Delta\cdot\sin^2\varphi}$	$F(\alpha,\varphi) - E(\alpha,\varphi) - \bar\Psi(\alpha,\varphi) + C.$
1. 1. 1. 7.	$\dfrac{1}{\Delta\cdot\cos^2\varphi}$	$\dfrac{1}{k'^2}\,[\Psi(\alpha,\varphi) - E(\alpha,\varphi) + k'^2 F(\alpha,\varphi)] + C.$
1. 1. 2. 1.	$\Delta = \sqrt{1-k^2\sin^2\varphi}$	$E(\alpha,\varphi) + C.$
1. 1. 2. 2.	$\dfrac{\Delta}{\sin^2\varphi}$	$k'^2 F(\alpha,\varphi) - E(\alpha,\varphi) - \bar\Psi(\alpha,\varphi) + C.$
1. 1. 2. 3.	$\dfrac{\Delta}{\cos^2\varphi}$	$F(\alpha,\varphi) - E(\alpha,\varphi) + \Psi(\alpha,\varphi) + C.$
1. 1. 2. 4.	$\Delta\,\mathrm{tg}^2\varphi$	$F(\alpha,\varphi) - 2\,E(\alpha,\varphi) + \Psi(\alpha,\varphi) + C.$

Nr.	$f(x) = J'(x)$	$J(x) = \int f(x)\,dx$
1. 1. 2. 5.	$\triangle \operatorname{ctg}^2 \varphi$	$k'^2 F(\alpha, \varphi) - 2\,E(\alpha, \varphi) - \bar{\Psi}(\alpha, \varphi) + C.$
1. 1. 2. 6.	$\dfrac{\triangle}{\sin^2 \varphi \cos^2 \varphi}$	$\Psi(\alpha, \varphi) - \bar{\Psi}(\alpha, \varphi) + (1 + k'^2)\,F(\alpha, \varphi) - 2\,E(\alpha, \varphi) + C.$
1. 1. 3. 1.	$\dfrac{1}{\triangle^3}$	$\dfrac{1}{k'^2}\,[E(\alpha, \varphi) - k^2\,\Phi(\alpha, \varphi)] + C.$
1. 1. 3. 2.	$\dfrac{\sin^2 \varphi}{\triangle^3}$	$\dfrac{1}{k^2 k'^2}\,[E(\alpha, \varphi) - k'^2\,F(\alpha, \varphi) - k^2\,\Phi(\alpha, \varphi)] + C.$
1. 1. 3. 3.	$\dfrac{\cos^2 \varphi}{\triangle^3}$	$\dfrac{1}{k^2}\,[F(\alpha, \varphi) - E(\alpha, \varphi) + k^2\,\Phi(\alpha, \varphi)] + C.$
1. 1. 3. 4.	$\dfrac{\operatorname{tg}^2 \varphi}{\triangle^3}$	$\dfrac{1}{k'^4}\,[\Psi(\alpha, \varphi) + k^2\,\Phi(\alpha, \varphi) - 2\,E(\alpha, \varphi) + k'^2\,F(\alpha, \varphi)] + C.$
1. 1. 3. 5.	$\dfrac{\operatorname{ctg}^2 \varphi}{\triangle^3}$	$F'(\alpha, \varphi) - 2\,E(\alpha, \varphi) - \dfrac{1}{\Psi(\alpha, \varphi)} + C.$
1. 1. 3. 6.	$\dfrac{\sin^4 \varphi}{\triangle^3}$	$\dfrac{1}{k^4 k'^2}\,\lfloor(1 + k'^2)\,E(\alpha, \varphi) - 2\,k'^2\,F(\alpha, \varphi) - k^2\,\Phi(\alpha, \varphi)] + C.$
1. 1. 3. 7.	$\dfrac{\cos^4 \varphi}{\triangle^3}$	$\dfrac{1}{k^4}\,[E(\alpha, \varphi) - k'^2\,(1 + k^2)\,F(\alpha, \varphi) - k^2\,k'^2\,\Phi(\alpha, \varphi)] + C.$
1. 1. 3. 8.	$\dfrac{\sin^2 \varphi \cos^2 \varphi}{\triangle^3}$	$\dfrac{1}{k^4}\,[(1 + k'^2)\,F(\alpha, \varphi) - 2\,E(\alpha, \varphi) + k^2\,\Phi(\alpha, \varphi)] + C.$
1. 1. 4. 1.	$\dfrac{1}{\triangle^3 \sin^2 \varphi}$	$F(\alpha, \varphi) + \mu^2\,E(\alpha, \varphi) - \mu^2\,k^2\,\Phi(\alpha, \varphi) - \bar{\Psi}(\alpha, \varphi) + C;$ $\mu = \operatorname{tg}^2 \alpha.$
1. 1. 4. 2.	$\dfrac{1}{\triangle^3 \cos^2 \varphi}$	$\dfrac{1}{k'^4}\,[\Psi(\alpha, \varphi) + k^4\,\Phi(\alpha, \varphi) + k'^2\,F(\alpha, \varphi)$ $\qquad - (1 + k^2)\,E(\alpha, \varphi)] + C.$
1. 1. 4. 3.	$\dfrac{\sin^4 \varphi}{\triangle^3 \cos^2 \varphi}$	$\dfrac{1}{k^2 k'^2}\,[k^2\,\Psi(\alpha, \varphi) + k^2\,\Phi(\alpha, \varphi) - (1 + k^2)\,E(\alpha, \varphi)$ $\qquad + k'^2\,(1 + k^2)\,F(\alpha, \varphi)] + C.$
1. 1. 4. 4.	$\dfrac{\cos^4 \varphi}{\triangle^3 \sin^2 \varphi}$	$\dfrac{1}{k^2}\,[E(\alpha, \varphi) - k'^2\,F(\alpha, \varphi) - k^2\,(1 + k^2)\,\Phi(\alpha, \varphi)$ $\qquad - k^2\,\bar{\Psi}(\alpha, \varphi)] + C.$
1. 1. 5. 0.	$\triangle^3 \cdot f(\varphi)$	$\int \triangle f(\varphi)\,d\varphi - k^2 \int \triangle \sin^2 \varphi\, f(\varphi)\,d\varphi.$
1. 1. 5. 1.	$\dfrac{\triangle^3}{\sin^2 \varphi}$	$k'^2 F(\alpha, \varphi) - (1 + k^2)\,E(\alpha, \varphi) - \bar{\Psi}(\alpha, \varphi) + C.$
1. 1. 5. 2.	$\dfrac{\triangle^3}{\cos^2 \varphi}$	$k'^2\,[F(\alpha, \varphi) + \lambda^2\,E(\alpha, \varphi) + \Psi(\alpha, \varphi)] + C;$ $\lambda^2 = (1 - 2\,k^2)/k'^2 = 1 - \operatorname{tg}^2 \alpha\ [= 0\ \text{für}\ \alpha = \pi/4].$

Nr.	$f(x) = J'(x)$	$J(x) = \int f(x)\,dx$
1. 1. 5. 3.	$\dfrac{\triangle^3}{\sin^2\varphi\,\cos^2\varphi}$	$F(\alpha,\varphi) - 2\,k'^2\,E(\alpha,\varphi) + k'^2\,\Psi(\alpha,\varphi) - \bar{\Psi}(\alpha,\varphi) + C.$
1. 2. 1. 1.	$\dfrac{1}{\sqrt{a^2 - b^2\sin^2\lambda x}}$	$\dfrac{1}{\lambda a}\,F(\alpha,\varphi) + C; \quad \varphi = \lambda x; \quad k^2 = b^2/a^2 < 1.$
1. 2. 1. 2.	$\dfrac{1}{\sqrt{a^2\sin^2\lambda x - b^2}}$	$-\dfrac{1}{\lambda a}\,F(\alpha,\varphi) + C; \quad \sin\varphi = \dfrac{\cos^2\lambda x}{k^2};$ $k'^2 = b^2/a^2 < 1; \quad k^2 = (a^2 - b^2)/a^2.$
1. 2. 1. 3.	$\dfrac{1}{\sqrt{a^2 - b^2\cos^2\lambda x}}$	$-\dfrac{1}{\lambda a}\,F(\alpha,\varphi) + C; \quad \varphi = \dfrac{\pi}{2} - \lambda x; \quad k^2 = b^2/a^2 < 1.$
1. 2. 1. 4.	$\dfrac{1}{\sqrt{a^2\cos^2\lambda x - b^2}}$	$\dfrac{1}{\lambda a}\,F(\alpha,\varphi) + C; \quad \sin^2\varphi = \dfrac{\sin^2\lambda x}{k^2};$ $k'^2 = b^2/a^2 < 1; \quad k^2 = (a^2 - b^2)/a^2.$
1. 2. 1. 5.	$\dfrac{1}{\sqrt{a^2 + b^2\sin^2\lambda x}}$	$-\dfrac{1}{m}\,F(\alpha,\varphi) + C; \quad \varphi = \dfrac{\pi}{2} - \lambda x.$
1. 2. 1. 6.	$\dfrac{1}{\sqrt{a^2 + b^2\cos^2\lambda x}}$	$\dfrac{1}{m}\,F(\alpha,\varphi) + C; \quad \varphi = \lambda x.$

$$\left.\begin{array}{l} m = \lambda\sqrt{a^2 + b^2}; \\ k^2 = b^2/(a^2 + b^2); \\ a^2 = b^2 \text{ möglich,} \\ \text{dann } \alpha = \pi/4 \text{ und} \\ m = \lambda a\sqrt{2}. \end{array}\right\} \text{(zu 1.2.1.5. und 1.2.1.6.)}$$

Nr.	$f(x) = J'(x)$	$J(x) = \int f(x)\,dx$
1. 2. 2. 1.	$\dfrac{1}{\sqrt{a^2\cos^2\lambda x + b^2\sin^2\lambda x}}$	$\dfrac{1}{\lambda a}\,F(\alpha,\varphi) + C; \quad \varphi = \lambda x; \quad k'^2 = b^2/a^2; \quad b^2 < a^2.$
1. 2. 2. 2.	$\dfrac{1}{\sqrt{a^2\cos^2\lambda x + b^2\sin^2\lambda x}}$	$-\dfrac{1}{\lambda b}\,F(\alpha,\varphi) + C; \quad \varphi = \dfrac{\pi}{2} - \lambda x; \quad k'^2 = a^2/b^2;$ $a^2 < b^2.$
1. 2. 2. 3. 1.	$\dfrac{1}{\sqrt{a^2\cos^2\lambda x - b^2\sin^2\lambda x}}$ $= \dfrac{1}{\sqrt{T}}$	$\dfrac{1}{m}\,F(\alpha,\varphi) + C; \quad \cos\varphi = \dfrac{1}{a}\sqrt{T}; \quad \text{tg}\,\alpha = a/b;$ $m = \lambda\sqrt{a^2 + b^2}; \quad \text{tg}^2\,\lambda x \lessgtr a^2/b^2.$
1. 2. 2. 3. 2.	$\dfrac{1}{\sqrt{\cos 2\lambda x}}$	$\dfrac{1}{\lambda\sqrt{2}}\,F\!\left(\dfrac{\pi}{4},\varphi\right) + C; \quad \cos\varphi = \sqrt{\cos 2\lambda x}.$
1. 2. 2. 4. 1.	$\dfrac{1}{\sqrt{a^2\sin^2\lambda x - b^2\cos^2\lambda x}}$ $= \dfrac{1}{\sqrt{U}}$	$-\dfrac{1}{m}\,F(\alpha,\varphi) + C; \quad \cos\varphi = \dfrac{1}{a}\sqrt{U}; \quad \text{tg}\,\alpha = a/b;$ $m = \lambda\sqrt{a^2 + b^2}; \quad \text{tg}^2\,\lambda x \gtrless b^2/a^2.$

Nr.	$f(x) = J'(x)$	$J(x) = \int f(x)\,dx$
1.2.2.4.2.	$\dfrac{1}{\sqrt{-\cos 2\lambda x}}$	$-\dfrac{1}{\lambda\sqrt{2}}\,F\left(\dfrac{\pi}{4},\,\varphi\right) + C;\quad \cos\varphi = \sqrt{-\cos 2\lambda x}.$
1.2.3.1.	$\sqrt{a^2 - b^2 \sin^2\lambda x}$	$\dfrac{a}{\lambda}\,E(\alpha,\varphi) + C;\quad \varphi = \lambda x;\quad k^2 = b^2/a^2 < 1.$
1.2.3.2.	$\sqrt{a^2\sin^2\lambda x - b^2} = \sqrt{W}$	$\dfrac{a}{\lambda}\,[k'^2\,F(\alpha,\varphi) - E(\alpha,\varphi)] + C;\ \cos\varphi = \sqrt{W/(a^2-b^2)};$ $k'^2 = b^2/a^2 < 1.$
1.2.3.3.	$\sqrt{a^2 - b^2\cos^2\lambda x}$	$-\dfrac{a}{\lambda}\,E(\alpha,\varphi) + C;\quad \varphi = \dfrac{\pi}{2} - \lambda x;\quad k^2 = b^2/a^2 < 1.$
1.2.3.4.	$\sqrt{a^2\cos^2\lambda x - b^2} = \sqrt{R}$	$\dfrac{a}{\lambda}\,[E(\alpha,\varphi) - k'^2\,F(\alpha,\varphi)] + C;\ \cos\varphi = \sqrt{R/(a^2-b^2)};$ $k'^2 = b^2/a^2 < 1.$
1.2.3.5.	$\sqrt{a^2 + b^2\sin^2\lambda x}$	$-m\,E(\alpha,\varphi) + C;\quad \varphi = \dfrac{\pi}{2} - \lambda x;$ $\begin{cases} m = \sqrt{a^2+b^2}/\lambda; \\ k^2 = b^2/(a^2+b^2); \end{cases}$
1.2.3.6.	$\sqrt{a^2 + b^2\cos^2\lambda x}$	$m\,E(\alpha,\varphi) + C;\quad \varphi = \lambda x;$ $\begin{cases} a^2 = b^2 \text{ möglich,} \\ \text{dann } \alpha = \pi/4 \text{ und} \\ m = a\sqrt{2}/\lambda. \end{cases}$
1.2.4.1.	$\sqrt{a^2\cos^2\lambda x + b^2\sin^2\lambda x}$	$\dfrac{a}{\lambda}\,E(\alpha,\varphi) + C;\quad \varphi = \lambda x;\quad k'^2 = b^2/a^2;\quad b^2 < a^2.$
1.2.4.2.	$\sqrt{a^2\cos^2\lambda x + b^2\sin^2\lambda x}$	$-\dfrac{b}{\lambda}\,E(\alpha,\varphi) + C;\quad \varphi = \dfrac{\pi}{2} - \lambda x;\ k'^2 = a^2/b^2;\ a^2 < b^2.$
1.2.4.3.1.	$\sqrt{a^2\cos^2\lambda x - b^2\sin^2\lambda x}$ $= \sqrt{Z}$	$m\,[E(\alpha,\varphi) - k'^2\,F(\alpha,\varphi)] + C;$ $\cos\varphi = \dfrac{1}{a}\sqrt{Z};\ \operatorname{tg}\alpha = a/b;\ m = \sqrt{a^2+b^2}/\lambda;$ $\operatorname{tg}^2\lambda x \leqq a^2/b^2.$
1.2.4.3.2.	$\sqrt{\cos 2\lambda x}$	$\dfrac{\sqrt{2}}{\lambda}\left[E\left(\dfrac{\pi}{4},\varphi\right) - \dfrac{1}{2}\,F\left(\dfrac{\pi}{4},\varphi\right)\right];\ \cos\varphi = \sqrt{\cos 2\lambda x}.$
1.2.4.4.1.	$\sqrt{a^2\sin^2\lambda x - b^2\cos^2\lambda x}$ $= \sqrt{P}$	$m\,[k'^2\,F(\alpha,\varphi) - E(\alpha,\varphi)] + C;$ $\cos\varphi = \dfrac{1}{a}\sqrt{P};\ \operatorname{tg}\alpha = a/b;\ m = \sqrt{a^2+b^2}/\lambda;$ $\operatorname{tg}^2\lambda x \geqq b^2/a^2.$
1.2.4.4.2.	$\sqrt{-\cos 2\lambda x}$	$\dfrac{\sqrt{2}}{\lambda}\left[\dfrac{1}{2}\,F\left(\dfrac{\pi}{4},\varphi\right) - E\left(\dfrac{\pi}{2},\varphi\right)\right];\ \cos\varphi = \sqrt{-\cos 2\lambda x}.$
1.3.1.1.	$\dfrac{\sin^2\lambda x}{\sqrt{a^2 - b^2\sin^2\lambda x}}$	$\dfrac{a}{\lambda b^2}\,[F(\alpha,\varphi) - E(\alpha,\varphi)] + C;\ \varphi = \lambda x;\ k^2 = b^2/a^2 < 1.$

Nr.	$f(x) = J'(x)$	$J(x) = \int f(x)\,dx$
1.3.1.2.	$\dfrac{\sin^2 \lambda x}{\sqrt{a^2 \sin^2 \lambda x - b^2}}$ $= \dfrac{\sin^2 \lambda x}{\sqrt{N}}$	$-\,m\,E(\alpha, \varphi) + C;\ \cos \varphi = \sqrt{\dfrac{N}{a^2 - b^2}}\ ;$ $k'^2 = b^2/a^2 < 1;\ m = \dfrac{1}{\lambda a^2}\,\sqrt{a^2 + b^2}\ .$
1.3.1.3.	$\dfrac{\sin^2 \lambda x}{\sqrt{a^2 - b^2 \cos^2 \lambda x}}$	$\dfrac{a}{\lambda b^2}\,[k'^2 F(\alpha, \varphi) - E(\alpha, \varphi)] + C;\ \varphi = \dfrac{\pi}{2} - \lambda x;$ $k^2 = b^2/a^2 < 1.$
1.3.1.4.	$\dfrac{\sin^2 \lambda x}{\sqrt{a^2 \cos^2 \lambda x - b^2}}$ $= \dfrac{\sin^2 \lambda x}{\sqrt{M}}$	$\dfrac{1}{\lambda}\,[F(\alpha, \varphi) - E(\alpha, \varphi)] + C;\ \cos \varphi = \sqrt{M/(a^2 - b^2)};$ $k'^2 = b^2/a^2 < 1.$
1.3.1.5.	$\dfrac{\sin^2 \lambda x}{\sqrt{a^2 + b^2 \sin^2 \lambda x}}$	$-\,m\,[k'^2 F(\alpha, \varphi) - E(\alpha, \varphi)] + C;$ $\varphi = \dfrac{\pi}{2} - \lambda x.$
1.3.1.6.	$\dfrac{\sin^2 \lambda x}{\sqrt{a^2 + b^2 \cos^2 \lambda x}}$	$m\,[F(\alpha, \varphi) - E(\alpha, \varphi)] + C;\ \varphi = \lambda x.$
1.3.2.1.	$\dfrac{\cos^2 \lambda x}{\sqrt{a^2 - b^2 \sin^2 \lambda x}}$	$\dfrac{a}{\lambda b^2}\,[E(\alpha, \varphi) - k'^2 F(\alpha, \varphi)] + C;\ \varphi = \lambda x;\ k^2 = b^2/a^2 < 1.$
1.3.2.2.	$\dfrac{\cos^2 \lambda x}{\sqrt{a^2 \sin^2 \lambda x - b^2}}$ $= \dfrac{\cos^2 \lambda x}{\sqrt{Q}}$	$\dfrac{1}{\lambda}\,[E(\alpha, \varphi) - F(\alpha, \varphi)] + C;\ \cos \varphi = \sqrt{Q/(a^2 - b^2)};$ $k'^2 = b^2/a^2 < 1.$
1.3.2.3.	$\dfrac{\cos^2 \lambda x}{\sqrt{a^2 - b^2 \cos^2 \lambda x}}$	$\dfrac{a}{\lambda b^2}\,[E(\alpha, \varphi) - F(\alpha, \varphi)] + C;\ \varphi = \dfrac{\pi}{2} - \lambda x;$ $k^2 = b^2/a^2 < 1.$
1.3.2.4.	$\dfrac{\cos^2 \lambda x}{\sqrt{a^2 \cos^2 \lambda x - b^2}}$ $= \dfrac{\cos^2 \lambda x}{\sqrt{M}}$	$\dfrac{1}{\lambda}\,E(\alpha, \varphi) + C;\ \cos \varphi = \sqrt{M/(a^2 - b^2)};$ $k'^2 = b^2/a^2 < 1.$
1.3.2.5.	$\dfrac{\cos^2 \lambda x}{\sqrt{a^2 + b^2 \sin^2 \lambda x}}$	$m\,[E(\alpha, \varphi) - F(\alpha, \varphi)] + C;$ $\varphi = \dfrac{\pi}{2} - \lambda x;$
1.3.2.6.	$\dfrac{\cos^2 \lambda x}{\sqrt{a^2 + b^2 \cos^2 \lambda x}}$	$m\,[E(\alpha, \varphi) - k'^2 F(\alpha, \varphi)] + C;$ $\varphi = \lambda x;$

Für 1.3.1.5. und 1.3.1.6.:
$$m = \sqrt{a^2 + b^2}/\lambda b^2;\quad k^2 = b^2/(a^2 + b^2);$$
$$a^2 = b^2 \text{ möglich, dann } \alpha = \pi/4 \text{ u. } m = \sqrt{2}/\lambda a.$$

Für 1.3.2.5. und 1.3.2.6.:
$$m = \sqrt{a^2 + b^2}/\lambda b^2;\quad k^2 = b^2/(a^2 + b^2);$$
$$a = b \text{ möglich, dann } \alpha = \pi/4 \text{ und } m = \sqrt{2}/\lambda a.$$

Nr.	$f(x) = J'(x)$	$J(x) = \int f(x)\,dx$
2.1.1.1.	$\dfrac{\cos \lambda x}{\sqrt{a^2 + b^2\, \mathrm{tg}^2\, \lambda x}}$	$\dfrac{1}{m}\,[E(\alpha,\varphi) - k'^2\, F(\alpha,\varphi)] + C;$ $\quad\varphi = \lambda x;$
2.1.1.2.	$\dfrac{\cos \lambda x}{\sqrt{b^2 + a^2\, \mathrm{tg}^2\, \lambda x}}$	$\dfrac{1}{m}\,[E(\alpha,\varphi) - F(\alpha,\varphi)] + C;$ $\quad\varphi = \dfrac{\pi}{2} - \lambda x;$

$$m = \frac{\lambda}{a}(a^2 - b^2);\qquad k'^2 = b^2/a^2 < 1.$$

2.1.1.3.1.	$\dfrac{\cos \lambda x}{\sqrt{a^2 - b^2\, \mathrm{tg}^2\, \lambda x}}$	$-\dfrac{1}{m}\,E(\alpha,\varphi) + C;$

$$\cos \varphi = \frac{1}{a}\sqrt{a^2 \cos^2 \lambda x - b^2 \sin^2 \lambda x}\;;$$
$$k^2 = a^2/(a^2 + b^2)\ \text{oder}\ \mathrm{tg}^2\,\alpha = a^2/b^2;$$
$$m = \lambda\sqrt{a^2 + b^2};\ \text{für}\ a = b\ \text{s. } 2.1.1.3.2.$$

2.1.1.3.2.	$\dfrac{\cos^2 \lambda x}{\sqrt{\cos 2\,\lambda x}}$	$-\dfrac{1}{\lambda\sqrt{2}}\,E\left(\dfrac{\pi}{4},\varphi\right) + C;\ \cos\varphi = \sqrt{\cos 2\lambda x}.$
2.1.1.4.1.	$\dfrac{\cos \lambda x}{\sqrt{b^2\, \mathrm{tg}^2\, \lambda x - a^2}}$	$\dfrac{1}{m}\,[E(\alpha,\varphi) - F(\alpha,\varphi)] + C;\ m = \lambda\sqrt{a^2 + b^2};$

$$\cos \varphi = \sqrt{1 - \frac{\cos^2 \lambda x}{k^2}} = \frac{1}{b}\sqrt{b^2 \sin^2 \lambda x - a^2 \cos^2 \lambda x}\,;$$
$$k^2 = b^2/(a^2 + b^2)\ \text{oder}\ \mathrm{tg}^2\,\alpha = b^2/a^2;$$
$$\text{für}\ a = b\ \text{s. } 2.1.1.4.2.$$

2.1.1.4.2.	$\dfrac{\cos^2 \lambda x}{\sqrt{-\cos 2\,\lambda x}}$	$\dfrac{1}{\lambda\sqrt{2}}\left[E\left(\dfrac{\pi}{4},\varphi\right) - F\left(\dfrac{\pi}{4},\varphi\right)\right] + C;$ $\quad\cos\varphi = \sqrt{-\cos 2\lambda x}.$
2.2.1.1.	$\dfrac{\sin \lambda x}{\sqrt{a^2 + b^2\, \mathrm{ctg}^2\, \lambda x}}$	$-\dfrac{1}{m}\,[E(\alpha,\varphi) - k'^2\, F(\alpha,\varphi)] + C;$ $\quad\varphi = \dfrac{\pi}{2} - \lambda x;$
2.2.1.2.	$\dfrac{\sin \lambda x}{\sqrt{b^2 + a^2\, \mathrm{ctg}^2\, \lambda x}}$	$-\dfrac{1}{m}\,[E(\alpha,\varphi) - F(\alpha,\varphi)] + C;$ $\quad\varphi = \lambda x.$

$$k'^2 = b^2/a^2 < 1;\qquad m = \frac{\lambda}{a}(a^2 - b^2).$$

2.2.1.3.1	$\dfrac{\sin \lambda x}{\sqrt{a^2 - b^2\, \mathrm{ctg}^2\, \lambda x}}$	$\dfrac{1}{m}\,E(\alpha,\varphi) + C;\ \ m = \lambda\sqrt{a^2 + b^2};$

$$\cos \varphi = \sqrt{1 - \frac{\cos^2 \lambda x}{k^2}} = \frac{1}{a}\sqrt{a^2 \sin^2 \lambda x - b^2 \cos^2 \lambda x}\,;$$
$$k^2 = a^2/(a^2 + b^2)\ \text{oder}\ \mathrm{tg}^2\,\alpha = a^2/b^2;$$
$$\text{für}\ a = b\ \text{s. } 2.2.1.3.2.$$

Nr.	$f(x) = J'(x)$	$J(x) = \int f(x)\,dx$
2. 2. 1. 3. 2.	$\dfrac{\sin^2 \lambda x}{\sqrt{-\cos 2\lambda x}}$	$\dfrac{1}{2\sqrt{2}}\, E\left(\dfrac{\pi}{4}, \varphi\right) + C;\ \cos\varphi = \sqrt{-\cos 2\lambda x}\,.$
2. 2. 1. 4. 1.	$\dfrac{\sin \lambda x}{\sqrt{b^3 \operatorname{ctg}^2 \lambda x - a^2}}$	$\dfrac{1}{m}\, [F(\alpha, \varphi) - E(\alpha, \varphi)] + C;\ m = \lambda\sqrt{a^2 + b^2}\,;$

$$\cos\varphi = \sqrt{1 - \frac{\sin^2 \lambda x}{k^2}}\,;\ k^2 = b^2/(a^2 + b^2);\ \operatorname{tg}^2 \alpha = b^2/a^2;$$

$$\text{für } a = b \text{ s. } 2.\,2.\,1.\,4.\,2.$$

2. 2. 1. 4. 2.	$\dfrac{\sin \lambda x}{\sqrt{\cos 2\lambda x}}$	$\dfrac{1}{\lambda\sqrt{2}}\left[F\left(\dfrac{\pi}{4}, \varphi\right) - E\left(\dfrac{\pi}{4}, \varphi\right)\right] + C;\ \cos\varphi = \sqrt{\cos \lambda x}\,.$

$$\text{Vgl. a. Abs. } 2.\,3.\,1.\,4.\ \text{Nr. } 4 \ldots$$

3. 2. 2. Zyklometrische Funktionen.

3. 2. 2. 1. Der Integrand enthält arc sin x[1]).

Nr.	$f(x) = J'(x)$	$J(x) = \int f(x)\,dx$
1. 0.	arc sin x	$x \cdot \text{arc sin } x + \sqrt{1 - x^2}\,.$
1. 1.	arc sin $\dfrac{x}{a}$	$x \cdot \text{arc sin } \dfrac{x}{a} + \sqrt{a^2 - x^2}\,.$
2. 0.	$\left(\text{arc sin } \dfrac{x}{a}\right)^n$	$a \int z^n \cos z\,dz$ (vgl. Abs. 4. 2. 1. 2. Nr. 1. 1. 0. 1.);

$$z = \text{arc sin } \frac{x}{a} \text{ oder } x = a \sin z,\ \cos z = \frac{1}{a}\sqrt{a^2 - x^2}\,.$$

2. 1.	$\left(\text{arc sin } \dfrac{x}{a}\right)^2$	$x \cdot \left(\text{arc sin } \dfrac{x}{a}\right)^2 + 2\sqrt{a^2 - x^2} \cdot \text{arc sin } \dfrac{x}{a} - 2x\,.$
2. 2.	$\left(\text{arc sin } \dfrac{x}{a}\right)^3$	$x \cdot \left(\text{arc sin } \dfrac{x}{a}\right)^3 + 3\sqrt{a^2 - x^2} \cdot \left(\text{arc sin } \dfrac{x}{a}\right)^2$

$$- 6x\,\text{arc sin } \frac{x}{a} - 6\sqrt{a^2 - x^2}\,.$$

3. 0.	$\dfrac{1}{\left(\text{arc sin } \dfrac{x}{a}\right)^n}$	$a \int \dfrac{\cos z}{z^n}\,dz$; vgl. Abs. 4. 2. 1. 2. Nr. 2. 1. 0.; z s. Nr. 2. 0.

---

[1]) Hauptwerte von $y = \text{arc sin } x$: $-\dfrac{\pi}{2} \leqq y \leqq \dfrac{\pi}{2}$ für $-1 \leqq x \leqq 1$.

Nr.	$f(x) = J'(x)$	$J(x) = \int f(x)\,dx$
3.1.	$\dfrac{1}{\left(\arcsin \dfrac{x}{a}\right)}$	$\mathrm{Ci}\,(z)^* + C$; z s. Nr. 2.0.; vgl. a. Abs. 4.2.1.2. Nr.1.2.1.1.
3.2.	$\dfrac{1}{\left(\arcsin \dfrac{x}{a}\right)^2}$	$-a\left[\dfrac{\cos z}{z} + \mathrm{Si}\,(z)^*\right]$;　z s. Nr. 2.0.
3.3.	$\dfrac{1}{\left(\arcsin \dfrac{x}{a}\right)^3}$	$-a\left[\dfrac{\cos z}{2\,z^2} - \dfrac{\sin z}{2\,z} + \mathrm{Ci}\,(z)^*\right] + C$;　z s. Nr. 2.0.
3.4.	$\dfrac{1}{\left(\arcsin \dfrac{x}{a}\right)^4}$	$a\left[\dfrac{\cos z}{6\,z}\left(1 - \dfrac{2}{z^2}\right) + \dfrac{\sin z}{6\,z^2} + \dfrac{1}{6}\,\mathrm{Si}\,(z)^*\right]$;　z s. Nr. 2.0.
4.1.	$\arcsin \dfrac{a}{x}$ [1])	$x\cdot\arcsin\dfrac{a}{x} + a\,\mathfrak{Ar\,Cof}\left|\dfrac{x}{a}\right|$ $= x\cdot\arcsin\dfrac{a}{x} \pm a\ln\left|x + \sqrt{x^2 - a^2}\right| + C$;　für　$\begin{matrix}x/a \geqq 1\\ x/a \leqq -1.\end{matrix}$
4.2.	$\left(\arcsin \dfrac{a}{x}\right)^2$	$x\cdot\left(\arcsin\dfrac{a}{x}\right)^2 - 2\,a\displaystyle\int\dfrac{z}{\sin z}\,dz$; vgl. Abs. 4.2.1.1. Nr. 2.2.1.1.; dort in der Reihe x durch $z = \arcsin\dfrac{a}{x}$ ersetzen.

3.2.2.2. *Der Integrand enthält* arc cos x [2]).

Nr.	$f(x)$	$J(x)$
1.0.	$\arccos x$	$x\cdot\arccos x - \sqrt{1 - x^2}$.
1.1.	$\arccos \dfrac{x}{a}$	$x\cdot\arccos\dfrac{x}{a} - \sqrt{a^2 - x^2}$.
2.0.	$\left(\arccos \dfrac{x}{a}\right)^n$	$-a\displaystyle\int z^n \sin z\,dz$ (vgl. Abs. 4.2.1.1. Nr.1.1.0.1.); $z = \arccos\dfrac{x}{a}$ oder $x = a\cos z$, $\sin z = \dfrac{1}{a}\sqrt{a^2 - x^2}$.

---

[1]) $\arcsin \dfrac{a}{x} = \operatorname{arc\,cosec} \dfrac{x}{a}$.

[2]) Hauptwerte von $y = \arccos x$: $0 \leqq y \leqq \pi$ für $1 \geqq x \geqq -1$.

Nr.	$f(x) = J'(x)$	$J(x) = \int f(x)\,dx$
2. 1.	$\left(\arccos \dfrac{x}{a}\right)^2$	$x \cdot \left(\arccos \dfrac{x}{a}\right)^2 - 2\sqrt{a^2 - x^2} \cdot \arccos \dfrac{x}{a} - 2x.$
2. 2.	$\left(\arccos \dfrac{x}{a}\right)^3$	$x \cdot \left(\arccos \dfrac{x}{a}\right)^3 - 3\sqrt{a^2 - x^2}\left(\arccos \dfrac{x}{a}\right)^2$ $\qquad - 6x \cdot \arccos \dfrac{x}{a} + 6\sqrt{a^2 - x^2}.$
3. 0.	$\dfrac{1}{\left(\arccos \dfrac{x}{a}\right)^n}$	$-a \displaystyle\int \dfrac{\sin z}{z^n}\,dz$; vgl. Abs. 4. 2. 1. 1. Nr. 2. 1. 0.; z s. Nr. 2. 0.
3. 1.	$\dfrac{1}{\arccos \dfrac{x}{a}}$	$-a\,\mathrm{Si}(z)^*$; z s. Nr. 2. 0.; vgl. a. Abs. 4. 2. 1. 1. Nr. 1. 2. 1. 1.
3. 2.	$\dfrac{1}{\left(\arccos \dfrac{x}{a}\right)^2}$	$a\left[\dfrac{\sin z}{z} - \mathrm{Ci}(z)^*\right] + C$; $\ z$ s. Nr. 2. 0.
3. 3.	$\dfrac{1}{\left(\arccos \dfrac{x}{a}\right)^3}$	$a\left[\dfrac{\cos z}{2z} + \dfrac{\sin z}{2z^2} + \dfrac{1}{2}\,\mathrm{Si}(z)^*\right]$; $\ z$ s. Nr. 2. 0.
3. 4.	$\dfrac{1}{\left(\arccos \dfrac{x}{a}\right)^4}$	$a\left[\dfrac{1}{6}\dfrac{\cos z}{z^2} - \dfrac{\sin z}{6z}\left(1 - \dfrac{2}{z^2}\right) + \dfrac{1}{6}\,\mathrm{Ci}(z)^*\right] + C$; z s. Nr. 2. 0.
4. 1.	$\arccos \dfrac{a}{x}$ [1]	$x \cdot \arccos \dfrac{a}{x} - a \cdot \mathfrak{Ar\,Cof}\left\|\dfrac{x}{a}\right\|$ $= x \cdot \arccos \dfrac{a}{x} \mp \ln\left\|x + \sqrt{x^2 - a^2}\right\| + C,$ wenn $\begin{array}{l} x/a \geqq 1;\\ x/a \leqq -1. \end{array}$
4. 2.	$\left(\arccos \dfrac{a}{x}\right)^2$	$x\left(\arccos \dfrac{a}{x}\right)^2 - 2a \displaystyle\int \dfrac{z}{\cos z}\,dz$; $\qquad\qquad$ vgl. Abs. 4. 2. 1. 2. Nr. 2. 2. 1. 1.; dort in der Reihe x durch $z = \arccos \dfrac{x}{a}$ ersetzen.

[1] $\arccos \dfrac{a}{x} = \operatorname{arc\,sec} \dfrac{x}{a}.$

$3.2.2.3.$ *Der Integrand enthält* $\arctan x$ [1]) *und* $\operatorname{arc\,ctg} x$ [2]).

Nr.	$f(x) = J'(x)$	$J(x) = \int f(x)\,dx$
1. 0.	$\arctan x$	$x \cdot \arctan x - \dfrac{1}{2}\ln(1+x^2).$
1. 1.	$\arctan \dfrac{x}{a}$	$x \cdot \arctan \dfrac{x}{a} - \dfrac{a}{2}\ln(a^2+x^2).$
2. 0.	$\operatorname{arc\,ctg} x$	$x \cdot \operatorname{arc\,ctg} x + \dfrac{1}{2}\ln(1+x^2).$
2. 1.	$\operatorname{arc\,ctg} \dfrac{x}{a}$	$x \cdot \operatorname{arc\,ctg} \dfrac{x}{a} + \dfrac{1}{2}\ln(a^2+x^2).$

3. 3. Hyperbel- und 𝔄rea-Funktionen.

3. 3. 1. Hyperbelfunktionen.

$3.3.1.1.$ *Der Integrand enthält* $\mathfrak{Sin}\,x.$

1. 1.	$\mathfrak{Sin}\,x$	$\mathfrak{Cof}\,x.$
1. 2.	$\mathfrak{Sin}\,kx$	$\dfrac{1}{k}\,\mathfrak{Cof}\,kx.$
1. 3.	$\mathfrak{Sin}\,(ax+b)$	$\dfrac{1}{a}\,\mathfrak{Cof}\,(ax+b).$
1. 4.	$\mathfrak{Sin}\,\alpha x\,\mathfrak{Sin}\,\beta x$	$\dfrac{\mathfrak{Sin}\,(\alpha+\beta)x}{2(\alpha+\beta)} - \dfrac{\mathfrak{Sin}\,(\alpha-\beta)x}{2(\alpha-\beta)};\ \ \alpha^2 \neq \beta^2;$ für $\alpha^2 = \beta^2$ vgl. Nr. 2. 2. 1. 2.
2. 1. 0. 1.	$\dfrac{1}{\mathfrak{Sin}^n x}$	$-\dfrac{\mathfrak{Cof}\,x}{(n-1)\,\mathfrak{Sin}^{n-1} x} - \dfrac{n-2}{n-1}\int \dfrac{dx}{\mathfrak{Sin}^{n-2} x};\ n>1.$
2. 1. 0. 2.	$\dfrac{1}{\mathfrak{Sin}^{2m} x}$	$\displaystyle\sum_{k=0}^{k=m-1} (-1)^{m+k}\,\dfrac{1}{2k+1}\binom{m-1}{k}\,\mathfrak{Ctg}^{2k+1} x.$
2. 1. 0. 3.	$\dfrac{1}{\mathfrak{Sin}^{2m-1} x}$	$\dfrac{1}{2^{2m-1}}\displaystyle\sum_{k=0}^{k=2m-2}{}' (-1)^k\,\dfrac{1}{m-1-k}\binom{2m-2}{k}\,z^{2(m-1-k)};$ $z = \mathfrak{Tg}\,\dfrac{x}{2}.$

[1]) Hauptwerte für $y = \arctan x$: $-\dfrac{\pi}{2} \leqq y \leqq \dfrac{\pi}{2}$ für $-\infty \leqq x \leqq +\infty.$

[2]) Hauptwerte für $y = \operatorname{arc\,ctg} x$: $0 \leqq y \leqq \pi$ für $\infty \geqq x \geqq -\infty.$

Nr.	$f(x) = J'(x)$	$J(x) = \int f(x)\,dx$

Der Strich am Summenzeichen bedeutet, daß in der Summe das Glied für $k = m - 1$ durch

$$(-1)^{m-1} \cdot 2 \cdot \binom{2m-2}{m-1} \ln \operatorname{Tg} \frac{x}{2} \; ,$$

vgl. Nr. 2.1.1., zu ersetzen ist.

2.1.1.	$\dfrac{1}{\operatorname{Sin} x}$	$\ln \operatorname{Tg} \dfrac{x}{2} = -\dfrac{1}{2} \ln \dfrac{\operatorname{Cof} x + 1}{\operatorname{Cof} x - 1};$ vgl. a. Abs. 3.1.1.2. Nr. 3.2.1.
2.1.2.	$\dfrac{1}{\operatorname{Sin}^2 x}$	$-\operatorname{Ctg} x.$
2.1.3.	$\dfrac{1}{\operatorname{Sin}^3 x}$	$-\dfrac{\operatorname{Cof} x}{2 \operatorname{Sin}^2 x} - \dfrac{1}{2} \ln \operatorname{Tg} \dfrac{x}{2}; \; \text{s. Nr. } 2.1.1.$
2.1.4.	$\dfrac{1}{\operatorname{Sin}^4 x}$	$-\dfrac{\operatorname{Cof} x}{3 \operatorname{Sin}^3 x} + \dfrac{2}{3} \operatorname{Ctg} x = -\dfrac{1}{3} \operatorname{Ctg}^3 x - \operatorname{Ctg} x.$
2.1.5.	$\dfrac{1}{\operatorname{Sin}^5 x}$	$-\dfrac{\operatorname{Cof} x}{4 \operatorname{Sin}^4 x} + \dfrac{3}{8} \dfrac{\operatorname{Cof} x}{\operatorname{Sin}^2 x} + \dfrac{3}{8} \ln \operatorname{Tg} \dfrac{x}{2}; \; \text{s. Nr. } 2.1.1.$
2.1.6.	$\dfrac{1}{\operatorname{Sin}^6 x}$	$-\dfrac{\operatorname{Cof} x}{5 \operatorname{Sin}^5 x} + \dfrac{4}{15} \operatorname{Ctg}^3 x - \dfrac{4}{5} \operatorname{Ctg} x$ $= -\dfrac{1}{5} \operatorname{Ctg}^5 x + \dfrac{2}{3} \operatorname{Ctg}^3 x - \operatorname{Ctg} x.$
2.1.7.	$\dfrac{1}{\operatorname{Sin}^7 x}$	$-\dfrac{\operatorname{Cof} x}{6 \operatorname{Sin}^2 x} \left(\dfrac{15}{8} - \dfrac{5}{4 \operatorname{Sin}^2 x} + \dfrac{1}{\operatorname{Sin}^4 x} \right) - \dfrac{5}{16} \ln \operatorname{Tg} \dfrac{x}{2};$ vgl. 2.1.1.
2.1.8.	$\dfrac{1}{\operatorname{Sin}^8 x}$	$\operatorname{Ctg} x - \operatorname{Ctg}^3 x + \dfrac{3}{5} \operatorname{Ctg}^5 x - \dfrac{1}{7} \operatorname{Ctg}^7 x.$
2.2.0.1.	$\operatorname{Sin}^n x$	$\dfrac{1}{n} \operatorname{Sin}^{n-1} \operatorname{Cof} x - \dfrac{n-1}{n} \int \operatorname{Sin}^{n-2} x\,dx$ oder Reihenentwicklung*:
2.2.0.2.	$\operatorname{Sin}^n x$	$\dfrac{(-1)^p}{2^n} \binom{n}{p} x + \dfrac{1}{2^{n-1}} \sum_{k=0}^{k=p-1} (-1)^k \binom{n}{k} \dfrac{\operatorname{Sin}(n-2k)x}{n-2k}$ für $n = 2p$: $\dfrac{1}{2^{n-1}} \sum_{k=0}^{k=p} (-1)^k \binom{n}{k} \dfrac{\operatorname{Cof}(n-2k)x}{n-2k}$ für $n = 2p+1.$
2.2.1.1.	$\operatorname{Sin}^2 x$	$\dfrac{1}{4} \operatorname{Sin} 2x - \dfrac{1}{2} x = \dfrac{1}{4} \operatorname{Sin} x \operatorname{Cof} 2x - \dfrac{1}{2} x.$

Nr.	$f(x) = J'(x)$	$J(x) = \int f(x)\,dx$
2. 2. 1. 2.	$\mathfrak{Sin}^2 kx$	$\dfrac{1}{4k}\,\mathfrak{Sin}\,2kx - \dfrac{1}{2}\,x.$
2. 2. 2.	$\mathfrak{Sin}^3 x$	$-\dfrac{3}{4}\,\mathfrak{Cof}\,x + \dfrac{1}{12}\,\mathfrak{Cof}\,3x = \dfrac{1}{3}\,\mathfrak{Cof}^3 x - \mathfrak{Cof}\,x.$
2. 2. 3.	$\mathfrak{Sin}^4 x$	$\dfrac{3}{8}\,x - \dfrac{1}{4}\,\mathfrak{Sin}\,2x + \dfrac{1}{32}\,\mathfrak{Sin}\,4x$ $= \dfrac{3}{8}\,x - \dfrac{3}{8}\,\mathfrak{Sin}\,x\,\mathfrak{Cof}\,x - \dfrac{1}{4}\,\mathfrak{Sin}^3 x\,\mathfrak{Cof}\,x.$
2. 2. 4.	$\mathfrak{Sin}^5 x$	$\dfrac{5}{8}\,\mathfrak{Cof}\,x - \dfrac{5}{48}\,\mathfrak{Cof}\,3x + \dfrac{1}{80}\,\mathfrak{Cof}\,5x$ $= \dfrac{4}{5}\,\mathfrak{Cof}\,x + \dfrac{1}{5}\,\mathfrak{Sin}^4 x\,\mathfrak{Cof}\,x - \dfrac{4}{15}\,\mathfrak{Cof}^3 x.$
2. 2. 5.	$\mathfrak{Sin}^6 x$	$-\dfrac{5}{16}\,x + \dfrac{15}{64}\,\mathfrak{Sin}\,2x - \dfrac{3}{64}\,\mathfrak{Sin}\,4x + \dfrac{1}{192}\,\mathfrak{Sin}\,6x$ $= -\dfrac{5}{16}\,x + \dfrac{1}{6}\,\mathfrak{Sin}^5 x\,\mathfrak{Cof}\,x + \dfrac{5}{24}\,\mathfrak{Sin}^3 x\,\mathfrak{Cof}\,x$ $+ \dfrac{5}{16}\,\mathfrak{Sin}\,x\,\mathfrak{Cof}\,x.$
2. 2. 6.	$\mathfrak{Sin}^7 x$	$-\dfrac{35}{64}\,\mathfrak{Cof}\,x + \dfrac{7}{64}\,\mathfrak{Cof}\,3x - \dfrac{7}{320}\,\mathfrak{Cof}\,5x + \dfrac{1}{448}\,\mathfrak{Cof}\,7x$ $= \dfrac{1}{7}\,\mathfrak{Sin}^6 x\,\mathfrak{Cof}\,x - \dfrac{6}{35}\,\mathfrak{Sin}^4 x\,\mathfrak{Cof}\,x + \dfrac{8}{35}\,\mathfrak{Cof}^3 x$ $- \dfrac{24}{35}\,\mathfrak{Cof}\,x.$
3. 1. 0.	$\dfrac{1}{a + b\,\mathfrak{Sin}\,x}$	$\begin{cases} -\dfrac{2}{p}\,\mathfrak{Ar\,Tg}\,\dfrac{a + b\,e^x}{p}\,; \ \ |a + b\,e^x| < p\,; \\[2mm] -\dfrac{2}{p}\,\mathfrak{Ar\,Ctg}\,\dfrac{a + b\,e^x}{p}\,; \ \ |a + b\,e^r| > p\,; \\[2mm] \text{oder} \\[2mm] \dfrac{1}{p}\,\ln\,\dfrac{p - (a + b\,e^x)}{p + (a + b\,e^x)}\,. \end{cases}$ $p = \sqrt{a^2 + b^2}\,;$
3. 1. 1.	$\dfrac{1}{1 + \mathfrak{Sin}\,x}$	$\begin{cases} -\sqrt{2}\,\mathfrak{Ar\,Tg}\,\dfrac{1 + e^x}{\sqrt{2}}\,; \ \ e^x < \sqrt{2} - 1 \ \text{oder} \ x < \ln(\sqrt{2} - 1) \\[1mm] \hfill \text{oder}\ \mathfrak{Sin}\,x < -1\,; \\[2mm] -\sqrt{2}\,\mathfrak{Ar\,Ctg}\,\dfrac{1 + e^x}{\sqrt{2}}\,; \ \ e^x > \sqrt{2} - 1 \ \text{oder} \ x > \ln(\sqrt{2} - 1) \\[1mm] \hfill \text{oder}\ \mathfrak{Sin}\,x > -1\,; \\[2mm] \text{oder} \\[2mm] \dfrac{1}{\sqrt{2}}\,\ln\,\dfrac{\sqrt{2} - (1 + e^x)}{\sqrt{2} + (1 + e^x)}\,. \end{cases}$

Nr.	$f(x) = J'(x)$	$J(x) = \int f(x)\, dx$
3. 1. 2.	$\dfrac{1}{1 - \mathfrak{Sin}\, x}$	$\sqrt{2}\ \mathfrak{Ar\ Tg}\ \dfrac{e^x - 1}{\sqrt{2}}$: $e^x < 1 + \sqrt{2}$ oder $x < \ln(1 + \sqrt{2})$ oder $\mathfrak{Sin}\, x < 1$; $\sqrt{2}\ \mathfrak{Ar\ Ctg}\ \dfrac{e^x - 1}{\sqrt{2}}$; $e^x > 1 + \sqrt{2}$ oder $x > \ln(1 + \sqrt{2})$ oder $\mathfrak{Sin}\, x > 1$; oder $\dfrac{1}{\sqrt{2}}\ \ln\ \cdot\ \dfrac{\sqrt{2} + (e^x - 1)}{\sqrt{2} - (e^x - 1)}$.
3. 2. 0.	$\dfrac{\mathfrak{Sin}\, x}{a + b\,\mathfrak{Sin}\, x}$	$\dfrac{x}{b} - \dfrac{a}{b} \int \dfrac{dx}{a + b\,\mathfrak{Sin}\, x}$; vgl. Nr. 3. 1. 0.
3. 3. 0.	$\dfrac{1}{\mathfrak{Sin}\, x\,(a + b\,\mathfrak{Sin}\, x)}$	$\dfrac{1}{a}\ \ln\ \mathfrak{Tg}\ \dfrac{x}{2} - \dfrac{b}{a} \int \dfrac{dx}{a + b\,\mathfrak{Sin}\, x}$: vgl. Nr. 2. 1. 1. u. Nr. 3. 1. 0.
3. 4. 0.	$\dfrac{1}{(a + b\,\mathfrak{Sin}\, x)^2}$	$\dfrac{1}{D}\left[\dfrac{- b\,\mathfrak{Cof}\, x}{a + b\,\mathfrak{Sin}\, x} + a \int \dfrac{dx}{a + b\,\mathfrak{Sin}\, x}\right]$; $D = a^2 + b^2$; vgl. Nr. 3. 1. 0.
3. 5. 0.	$\dfrac{\mathfrak{Sin}\, x}{(a + b\,\mathfrak{Sin}\, x)^2}$	$\dfrac{1}{D}\left[\dfrac{a\,\mathfrak{Cof}\, x}{a + b\,\mathfrak{Sin}\, x} + b \int \dfrac{dx}{a + b\,\mathfrak{Sin}\, x}\right]$; $D = a^2 + b^2$; vgl. Nr. 3. 1. 0·
3. 6. 1.	$\dfrac{1}{\alpha + \beta\,\mathfrak{Sin}^2 x}$	$\dfrac{1}{\alpha \lambda}\ \mathrm{arc\ tg}\,(\lambda\,\mathfrak{Tg}\, x)$; $\lambda^2 = \dfrac{\beta}{\alpha} - 1$; $\dfrac{\beta}{\alpha} > 1$. $\dfrac{1}{\alpha \omega}\ \mathfrak{Ar\ Tg}\,(\omega\,\mathfrak{Tg}\, x)$; für $0 < \beta/\alpha < 1$; für $\beta/\alpha < 0$, wenn $\mathfrak{Sin}^2 x < -\,\alpha/\beta$; $\dfrac{1}{\alpha \omega}\ \mathfrak{Ar\ Ctg}\,(\omega\,\mathfrak{Tg}\, x)$; für $\beta/\alpha < 0$, wenn $\mathfrak{Sin}^2 x > -\,\alpha/\beta$; $\omega^2 = 1 - \dfrac{\beta}{\alpha}$; $\dfrac{\beta}{\alpha} < 1$.
3. 6. 2.	$\dfrac{1}{1 + \mathfrak{Sin}^2 x}$	$\mathfrak{Tg}\, x$.
3. 6. 3.	$\dfrac{1}{1 - \mathfrak{Sin}^2 x}$	$\dfrac{1}{\sqrt{2}}\ \mathfrak{Ar\ Tg}\,(\sqrt{2}\,\mathfrak{Tg}\, x)$; $\mathfrak{Sin}^2 x < 1$. $\dfrac{1}{\sqrt{2}}\ \mathfrak{Ar\ Ctg}\,(\sqrt{2}\,\mathfrak{Tg}\, x)$; $\mathfrak{Sin}^2 x > 1$.

Nr.	$f(x) = J'(x)$	$J(x) = \int f(x)\, dx$
3.6.4.0.	$\dfrac{1}{(\alpha + \beta\,\mathfrak{Sin}^2 x)(\gamma + \delta\,\mathfrak{Sin}^2 x)}$	$\dfrac{1}{\triangle}\left[\delta\displaystyle\int\dfrac{dx}{\alpha + \beta\,\mathfrak{Sin}^2 x} - \beta\displaystyle\int\dfrac{dx}{\gamma + \delta\sin^2 x}\right];$ $\triangle = \alpha\,\delta - \beta\,\gamma \neq 0$ (s. 3.6.4.2.).
3.6.4.1.1.		$\dfrac{1}{2\,a^4}\left[\dfrac{1}{\lambda}\operatorname{arc\,tg} x\,(\lambda\,\mathfrak{Tg}\,x) + \dfrac{1}{\omega_2}\operatorname{\mathfrak{Ar\,Tg}}(\omega_2\,\mathfrak{Tg}\,x)\right];$ $\mathfrak{Sin}^2 x < a^2.$
3.6.4.1.2.		$\dfrac{1}{2\,a^4}\left[\dfrac{1}{\lambda}\operatorname{arc\,tg}(\lambda\,\mathfrak{Tg}\,x) + \dfrac{1}{\omega_2}\operatorname{\mathfrak{Ar\,Ctg}}(\omega_2\,\mathfrak{Tg}\,x)\right];$ $\mathfrak{Sin}^2 x > a^2.$
3.6.4.1.3.	$\dfrac{1}{a^4 - \mathfrak{Sin}^4 x}$	$\dfrac{1}{2\,a^4}\left[\dfrac{1}{\omega_1}\operatorname{\mathfrak{Ar\,Tg}}(\omega_1\,\mathfrak{Tg}\,x) + \dfrac{1}{\omega_2}\operatorname{\mathfrak{Ar\,Tg}}(\omega_2\,\mathfrak{Tg}\,x)\right];$ $\mathfrak{Sin}^2 x < a^2.$
3.6.4.1.4.		$\dfrac{1}{2\,a^4}\left[\dfrac{1}{\omega_1}\operatorname{\mathfrak{Ar\,Tg}}(\omega_1\,\mathfrak{Tg}\,x) + \dfrac{1}{\omega_2}\operatorname{\mathfrak{Ar\,Ctg}}(\omega_2\,\mathfrak{Tg}\,x)\right];$ $\mathfrak{Sin}^2 x > a^2.$ Für $a = 1$ s. 3.3.1.3. Nr. 11.1.1. mit $\alpha = \beta = 1$.
3.6.4.2.	$\dfrac{1}{(\alpha + \beta\,\mathfrak{Sin}^2 x)^2}$	$\dfrac{1}{2\,\alpha\,(\beta - \alpha)}\left[(\beta - 2\,\alpha)\displaystyle\int\dfrac{dx}{\alpha + \beta\,\mathfrak{Sin}^2 x} + \dfrac{\beta\,\mathfrak{Sin}\,x\,\mathfrak{Cof}\,x}{\alpha + \beta\,\mathfrak{Sin}^2 x}\right];$ s. Nr. 3.6.1.
3.6.4.3.1.	$\dfrac{1}{(\alpha + \beta\,\mathfrak{Sin}^2 x)^3}$	$\dfrac{1}{8\,\lambda\,\alpha^3}\left[\left(3 - \dfrac{2}{\lambda^2} + \dfrac{3}{\lambda^4}\right)\operatorname{arc\,tg}(\lambda\,\mathfrak{Tg}\,x) + \left(3 - \dfrac{2}{\lambda^2} - \dfrac{3}{\lambda^4}\right)\dfrac{\lambda\,\mathfrak{Tg}\,x}{1 + \lambda^2\,\mathfrak{Tg}\,x} + \left(1 + \dfrac{2}{\lambda^2} - \dfrac{1}{\lambda^2}\,\mathfrak{Tg}^2 x\right)\dfrac{2\,\lambda\,\mathfrak{Tg}\,x}{(1 + \lambda^2\,\mathfrak{Tg}^2 x)^2}\right]$ für $\lambda^2 = \dfrac{\beta}{\alpha} - 1 > 0.$

Bedingungen zu 3.6.4.1.:
$$\lambda^2 = \frac{1}{a^2} - 1;\quad \omega_2^2 = \frac{1}{a^2} + 1;\quad a^2 < 1.$$
$$\omega_1^2 = 1 - \frac{1}{a^2};\quad \omega_2^2 = 1 + \frac{1}{a^2};\quad a^2 > 1.$$

Nr.	$f(x) = J'(x)$	$J(x) = \int f(x)\,dx$
3. 6. 4. 3. 2.	$\dfrac{1}{(\alpha + \beta\,\mathfrak{Sin}^2 x)^3}$	$\dfrac{1}{8\,\omega\,\alpha^3}\left[\left(3 + \dfrac{2}{\omega^2} + \dfrac{3}{\omega^4}\right)\mathfrak{Ar\,Tg}\,(\omega\,\mathfrak{Tg}\,x)\right.$ $+ \left(3 + \dfrac{2}{\omega^2} - \dfrac{3}{\omega^4}\right)\dfrac{\omega\,\mathfrak{Tg}\,x}{1 - \omega^2\,\mathfrak{Tg}^2 x}$ $\left.+ \left(1 - \dfrac{2}{\omega^2} + \dfrac{1}{\omega^2}\,\mathfrak{Tg}^2 x\right)\dfrac{2\,\omega\,\mathfrak{Tg}\,x}{(1 - \omega^2\,\mathfrak{Tg}^2 x)^2}\right]$ $\text{für }\omega^2 = 1 - \dfrac{\beta}{\alpha} > 0$ [1].
3. 6. 4. 4. 1.	$\dfrac{1}{(\alpha + \beta\,\mathfrak{Sin}^2 x)^n}$	$\dfrac{1}{\lambda\,\alpha^n}\left[\int\dfrac{dz}{(1 + z^2)^n} - \dfrac{1}{\lambda^2}\binom{n-1}{1}\int\dfrac{z^2\,dz}{(1 + z^2)^n}\right.$ $+ \dfrac{1}{\lambda^4}\binom{n-1}{2}\int\dfrac{z^4\,dz}{(1 + z^2)^n}$ $\left.- \cdots + \cdots + (-1)^{n-1}\dfrac{1}{\lambda^{2n-2}}\int\dfrac{z^{2n-2}\,dz}{(1 + z^2)^n}\right]$ für $\beta/\alpha > 1$. Hierin ist $z = \lambda\,\mathfrak{Tg}\,x,\ \lambda = \sqrt{\beta/\alpha - 1}$. Für $\beta/\alpha < 1$ ist λ durch $\omega = \sqrt{1 - \beta/\alpha}$ und in den Nennern ist $(1 + z^2)^n$ durch $(1 - z^2)^n$ zu ersetzen [1].
3. 6. 4. 4. 2.	$\dfrac{\mathfrak{Sin}^{2m} x}{(\alpha + \beta\,\mathfrak{Sin}^2 x)^n}$	$\dfrac{1}{\alpha^n\,\lambda^{2m+1}}\sum_{r=0}^{r=n-m-1}(-1)^r\,\dfrac{1}{\lambda^{2r}}\binom{n-m-1}{r}$ $\times \int\dfrac{z^{2(m+r)}\,dz}{(1 + z^2)^n}$ für $\beta/\alpha > 1$: im übrigen vgl. 3. 6. 4. 4. 1.
3. 6. 5. 1.	$\dfrac{\mathfrak{Sin}^2 x}{\alpha + \beta\,\mathfrak{Sin}^2 x}$	$\dfrac{1}{\beta}\left[x - \alpha\,J_s\right];\ J_s = \int\dfrac{dx}{\alpha + \beta\,\mathfrak{Sin}^2 x}$ (s. Nr. 3. 6. 1.).
3. 6. 5. 2.	$\dfrac{\mathfrak{Sin}^2 x}{(\alpha + \beta\,\mathfrak{Sin}^2 x)^2}$	$\dfrac{1}{2(\beta - \alpha)}\left[J_s - \Psi_s\right];\ J_s$ s. 3. 6. 5. 1: $\Psi_s = \dfrac{\mathfrak{Sin}\,x\,\mathfrak{Cos}\,x}{\alpha + \beta\,\mathfrak{Sin}^2 x};$ $\beta \neq \alpha$ (s. 3. 3. 1. 3. Nr. 2. 4. 2.).
3. 6. 6. 1.	$\dfrac{1}{(\alpha + \beta\,\mathfrak{Sin}^2 x)^2\,(\gamma + \delta\,\mathfrak{Sin}^2 x)}$	$\dfrac{1}{2\,\triangle^2}\left[\dfrac{\beta}{\alpha\,(\beta - \alpha)}\,(c_1 J_s - c_2 \Psi_s) + 2\,\delta^2 J_2\right];$ $J_s,\ \Psi_s$ s. 3. 6. 5.; $J_2 = \int\dfrac{dx}{\gamma + \delta\sin^2 x}$ (s. 3. 6. 1.); $c_1 = \alpha\,\triangle - (\beta - \alpha)(3\,\alpha\,\delta - \beta\,\gamma);\ c_2 = \beta\,\triangle;$ $\triangle = \alpha\,\delta - \beta\,\gamma \neq 0$ (s. 3. 6. 4. 3.); $\alpha \neq \beta$ (s. 3. 3. 1. 3. Nr. 11. 2. 1. 1.).

[1] Bei den Integrationen ergibt sich (vgl. auch 3. 6. 1.) mit $\omega^2 = 1 - \beta/\alpha > 0$ $\mathfrak{Ar\,Tg}\,(\omega\,\mathfrak{Tg}\,x)$ für $0 < \beta/\alpha < 1$ und für $\beta/\alpha < 0$, wenn $\mathfrak{Sin}^2 x < -\dfrac{\alpha}{\beta}$, aber $\mathfrak{Ar\,Ctg}\,(\omega\,\mathfrak{Tg}\,x)$ für $\beta/\alpha < 0$, wenn $\mathfrak{Sin}^2 x > -\dfrac{\alpha}{\beta}$.

Nr.	$f(x) = J'(x)$	$J(x) = \int f(x)\,dx$
3. 6. 6. 2.	$\dfrac{\operatorname{Sin}^2 x}{(\alpha + \beta \operatorname{Sin}^2 x)^2 (\gamma + \delta \operatorname{Sin}^2 x)}$	$\dfrac{1}{2\,\triangle^3}\left[\dfrac{1}{\alpha-\beta}\,(c_1 J_s - c_2 \Psi_s) - 2\gamma\delta J_2\right];$ $J_s,\ \Psi_s$ s. 3. 6. 5. 2.; J_2 s. 3. 6. 6. 1: $c_1 = \alpha\delta(\alpha-\beta) + \alpha^{\cdot}\delta - \beta\gamma^2;\ c_2 = \beta\triangle;$ $\alpha \neq \beta$ (s. 3. 3. 1. 3. Nr. 11. 3. 1. 1.); $\triangle = \alpha\delta - \beta\gamma \neq 0$ (s. 3. 6. 4. 4. 2. für $m = 1$ und $n = 3$).
3. 6. 6. 3.	$\dfrac{\operatorname{Sin}^4 x}{(\alpha + \beta \operatorname{Sin}^2 x)^2 (\gamma + \delta \operatorname{Sin}^2 x)}$	$\dfrac{1}{2\,\triangle^2}\left[\dfrac{\alpha}{(\beta-\alpha)}\,(c_1 J_s - c_2 \Psi_s) + 2\gamma^2 J_2\right];$ $J_s,\ \Psi_s$ s. 3. 6. 5. 1/2; J_2 s. 3. 6. 6. 1.; $\alpha \neq \beta$ (s. 3. 2. 1. 3. Nr. 11. 3. 3. 1. 1.); $c_1 = \triangle - 2\gamma(\beta-\alpha);\ c_2 = \triangle = \alpha\delta - \beta\gamma \neq 0$ (s. 3. 6. 4. 4. 2. für $m = 2,\ n = 3$).
3. 6. 7. 1.	$\dfrac{1}{(\alpha + \beta \operatorname{Sin}^2 x)^2 (\gamma + \delta \operatorname{Sin}^2 x)^2}$	$\dfrac{1}{2\,\triangle^3}\left[\dfrac{\beta^2}{\beta(\beta-\alpha)}\,(c_1 J_1 + c_2 \Psi_1)\right.$ $\left. + \dfrac{\delta^2}{\gamma(\delta-\gamma)}\,(c_3 J_2 + c_4 \Psi_2)\right];$ $c_1 = \triangle(\beta - 2\alpha) + 4\alpha\delta(\beta-\alpha);\ c_2 = \beta\triangle;$ $c_3 = \triangle(\delta - 2\gamma) - 4\gamma\beta(\delta-\gamma);\ c_4 = \delta\triangle;$ $\triangle = \alpha\delta - \beta\gamma \neq 0$ (s. 3. 6. 4. 4. 1.); $\alpha \neq \beta;$ $\gamma \neq \delta$ (s. 3. 2. 1. 3. Nr. 11. 5. 1. 1.); $J_1 = \displaystyle\int \dfrac{dx}{\alpha + \beta \operatorname{Sin}^2 x};\ J_2 = \displaystyle\int \dfrac{dx}{\gamma + \delta \operatorname{Sin}^2 x}$ (s. 3. 6. 1.); $\Psi_1 = \dfrac{\operatorname{Sin} x\, \operatorname{Cof} x}{\alpha + \beta \operatorname{Sin}^2 x};\ \Psi_2 = \dfrac{\operatorname{Sin} x\, \operatorname{Cof} x}{\gamma + \delta \operatorname{Sin}^2 x}.$
3. 6. 7. 2.	$\dfrac{\operatorname{Sin}^2 x}{(\alpha + \beta \operatorname{Sin}^2 x)^2 (\gamma + \delta \operatorname{Sin}^2 x)^2}$	$\dfrac{1}{2\,\triangle^3}\left[\dfrac{\beta}{\alpha-\beta}\,(c_1 J_1 + c_2 \Psi_1)\right.$ $\left. - \dfrac{\delta}{\gamma-\delta}\,(c_3 J_2 - c_4 \Psi_2)\right];$ $c_1 = 3\alpha\delta(\beta-\alpha) - \alpha^2\delta + \beta^2\gamma;$ $\triangle \neq 0$ (s. 3. 6. 4. 4. 2. für $m = 1,\ n = 4$); $c_3 = 3\gamma\beta(\delta-\gamma) - \gamma^2\beta + \delta^2\alpha;$ $\alpha \neq \beta,\ \gamma \neq \delta$ (s. 3. 3. 1. 3. Nr. 11. 5. 2. 1.); $J_1, \Psi_1, J_2, \Psi_2, \triangle, c_2, c_4$ s. Nr. 3. 6. 7. 1.
3. 6. 7. 3.	$\dfrac{\operatorname{Sin}^4 x}{(\alpha + \beta \operatorname{Sin}^2 x)^2 (\gamma + \delta \operatorname{Sin}^2 x)^2}$	$\dfrac{1}{2\,\triangle^3}\left[\dfrac{\alpha}{\beta-\alpha}\,(c_1 J_1 + c_2 \Psi_1)\right.$ $\left. - \dfrac{\gamma}{\delta-\gamma}\,(c_3 J_2 - c_4 \Psi_2)\right];$

Nr.	$f(x) = J'(x)$	$J(x) = \int f(x)\,dx$
		$c_1 = \beta c + 2(\gamma \beta^2 - \alpha^2 \delta); \quad c = \alpha(\delta - \gamma) + \gamma(\beta - \alpha); \quad c_3 = \delta c + 2(\alpha \delta^2 - \gamma^2 \beta); \quad \triangle \neq 0$ (s. 3.6.4.4.2. für $m = 2, n = 4$); $\alpha \neq \beta; \delta \neq \gamma$ (s. 3.3.1.3. Nr. 11.5.3.1.); $J_1, \Psi_1, J_2, \Psi_2, \triangle. c_2, c_4$ s. Nr. 3.6.7.1.
3.6.7.4.	$\dfrac{\operatorname{Sin}^6 x}{(\alpha + \beta \operatorname{Sin}^2 x)^2 (\gamma + \delta \operatorname{Sin}^2 x)^2}$	$\dfrac{1}{2 \triangle^3}\left[\dfrac{\alpha^2}{\beta - \alpha}(c_1 J_1 - c_2 \Psi_1) + \dfrac{\gamma^2}{\delta - \gamma}(c_3 J_2 - c_4 \Psi_2)\right]:$ $c_1 = \triangle - 4\gamma(\beta - \alpha); \quad c_3 = \triangle + 4\alpha(\delta - \gamma); \quad c_2 = c_4 = \triangle \neq 0$ (s. 3.6.4.4.2. für $m = 3, n = 4$); $\beta \neq \alpha; \delta \neq \gamma$ (s. 3.2.1.3. Nr. 11.5.4.1.); $J_1, \Psi_1, J_2, \Psi_2, \triangle$, s. 3.6.7.1.
3.7.1.	$\dfrac{\operatorname{Sin} x}{\sqrt{a^2 + \operatorname{Sin}^2 x}}$	$\operatorname{Ar} \operatorname{Sin}\left(\dfrac{\operatorname{Cof} x}{\sqrt{a^2 - 1}}\right)$ $= \ln(\operatorname{Cof} x + \sqrt{a^2 + \operatorname{Sin}^2 x}) + C_1; \quad a^2 > 1;$ $\operatorname{Ar} \operatorname{Cof}\left(\dfrac{\operatorname{Cof} x}{\sqrt{1 - a^2}}\right)$ $= \ln(\operatorname{Cof} x + \sqrt{a^2 + \operatorname{Sin}^2 x}) + C_2; \quad a^2 < 1;$ $\ln \operatorname{Cof} x$, wenn $a^2 = 1$.
3.7.2.	$\dfrac{\operatorname{Sin} x}{\sqrt{a^2 - \operatorname{Sin}^2 x}}$	$\arcsin\left(\dfrac{\operatorname{Cof} x}{\sqrt{a^2 + 1}}\right); \quad \operatorname{Sin}^2 x \leqq a^2.$
3.7.3.	$\dfrac{\operatorname{Sin} x}{\sqrt{\operatorname{Sin}^2 x - a^2}}$	$\operatorname{Ar} \operatorname{Cof} x\left(\dfrac{\operatorname{Cof} x}{\sqrt{a^2 + 1}}\right)$ $= \ln(\operatorname{Cof} x + \sqrt{\operatorname{Sin}^2 x - a^2}) + C; \quad \operatorname{Sin}^2 x \geqq a^2.$

3.3.1.2. Der Integrand enthält $\operatorname{Cof} x$.

Nr.	$f(x) = J'(x)$	$J(x) = \int f(x)\,dx$
1.1.	$\operatorname{Cof} x$	$\operatorname{Sin} x.$
1.2.	$\operatorname{Cof} k x$	$\dfrac{1}{k} \operatorname{Sin} k x.$
1.3.	$\operatorname{Cof}(a x + b)$	$\dfrac{1}{a} \operatorname{Sin}(a x + b).$
1.4.	$\operatorname{Cof} \alpha x \operatorname{Cof} \beta x$	$\dfrac{\operatorname{Sin}(\alpha - \beta) x}{2(\alpha - \beta)} + \dfrac{\operatorname{Sin}(\alpha + \beta) x}{2(\alpha + \beta)};$ $\alpha^2 \neq \beta^2;$ für $\alpha^2 = \beta^2$ vgl. Nr. 2.2.1.1.

Nr.	$f(x) = J'(x)$	$J(x) = \int f(x)\,dx$
2. 1. 0. 1.	$\dfrac{1}{\mathfrak{Cos}^n x}$	$\dfrac{\mathfrak{Sin}\, x}{(n-1)\,\mathfrak{Cos}^{n-1} x} + \dfrac{n-2}{n-1}\int \dfrac{dx}{\mathfrak{Cos}^{n-2} x} \; : \; n > 1.$
2. 1. 0. 2.	$\dfrac{1}{\mathfrak{Cos}^{2m} x}$	$\displaystyle\sum_{k=0}^{k=m-1} (-1)^k \cdot \dfrac{1}{2k+1}\binom{m-1}{k}\mathfrak{Tg}^{2k+1} x.$
2. 1. 1.	$\dfrac{1}{\mathfrak{Cos}\, x}$	$2\,\mathrm{arc}\,\mathrm{tg}\,(e^x) = \mathrm{arc}\,\mathrm{tg}\,(\mathfrak{Sin}\, x) + c$ $= \mathrm{arc}\,\sin(\mathfrak{Tg}\, x) + c = \mathfrak{Amp}\, x^* + C.$
2. 1. 2.	$\dfrac{1}{\mathfrak{Cos}^2 x}$	$\mathfrak{Tg}\, x.$
2. 1. 3.	$\dfrac{1}{\mathfrak{Cos}^3 x}$	$\dfrac{\mathfrak{Sin}\, x}{2\,\mathfrak{Cos}^2 x} + \dfrac{1}{2}\,\mathrm{arc}\,\mathrm{tg}\,(\mathfrak{Sin}\, x): \text{ vgl. Nr. 2. 1. 1.}$
2. 1. 4.	$\dfrac{1}{\mathfrak{Cos}^4 x}$	$\dfrac{\mathfrak{Sin}\, x}{3\,\mathfrak{Cos}^3 x} + \dfrac{2}{3}\,\mathfrak{Tg}\, x = -\dfrac{1}{3}\,\mathfrak{Tg}^3 x + \mathfrak{Tg}\, x.$
2. 1. 5.	$\dfrac{1}{\mathfrak{Cos}^5 x}$	$\dfrac{\mathfrak{Sin}\, x}{4\,\mathfrak{Cos}^4 x} + \dfrac{3}{8}\,\dfrac{\mathfrak{Sin}\, x}{\mathfrak{Cos}^2 x} + \dfrac{3}{8}\,\mathrm{arc}\,\mathrm{tg}\,(\mathfrak{Sin}\, x): \text{ vgl. Nr. 2. 2. 1.}$
2. 1. 6.	$\dfrac{1}{\mathfrak{Cos}^6 x}$	$\dfrac{\mathfrak{Sin}\, x}{5\,\mathfrak{Cos}^5 x} - \dfrac{4}{15}\,\mathfrak{Tg}^3 x + \dfrac{4}{5}\,\mathfrak{Tg}\, x = \dfrac{1}{5}\,\mathfrak{Tg}^5 x - \dfrac{2}{3}\,\mathfrak{Tg}^3 x$ $+ \mathfrak{Tg}\, x.$
2. 1. 7.	$\dfrac{1}{\mathfrak{Cos}^7 x}$	$\dfrac{\mathfrak{Sin}\, x}{6\,\mathfrak{Cos}^2 x}\left(\dfrac{15}{8} + \dfrac{5}{4\,\mathfrak{Cos}^2 x} + \dfrac{1}{\mathfrak{Cos}^4 x}\right) + \dfrac{5}{16}\,\mathrm{arc}\,\mathrm{tg}\,(\mathfrak{Sin}\, x);$ vgl. Nr. 2. 1. 1.
2. 1. 8.	$\dfrac{1}{\mathfrak{Cos}^8 x}$	$\mathfrak{Tg}\, x - \mathfrak{Tg}^3 x + \dfrac{3}{5}\,\mathfrak{Tg}^5 x - \dfrac{1}{7}\,\mathfrak{Tg}^7 x.$
2. 2. 0. 1.	$\mathfrak{Cos}^n x$	$\dfrac{1}{n}\,\mathfrak{Cos}^{n-1} x\,\mathfrak{Sin}\, x + \dfrac{n-1}{n}\int \mathfrak{Cos}^{n-2} x\,dx$ oder Reihe * $\dfrac{1}{2^n}\binom{n}{p}x + \dfrac{1}{2^{n-1}}\displaystyle\sum_{k=0}^{k=p-1}\binom{n}{k}\dfrac{\mathfrak{Sin}\,(n-2k)x}{n-2k} \;\text{ für } n = 2p:$
2. 2. 0. 2.	$\mathfrak{Cos}^n x$	$\dfrac{1}{2^{n-1}}\displaystyle\sum_{k=0}^{k=p}\binom{n}{k}\dfrac{\mathfrak{Sin}\,(n-2k)x}{n-2k} \;\text{ für } n = 2p+1.$
2. 2. 1. 1.	$\mathfrak{Cos}^2 x$	$\dfrac{1}{2}\,x + \dfrac{1}{4}\,\mathfrak{Sin}\, 2x = \dfrac{1}{2}\,x + \dfrac{1}{2}\,\mathfrak{Sin}\, x\,\mathfrak{Cos}\, x.$
2. 2. 1. 2.	$\mathfrak{Cos}^2 kx$	$\dfrac{1}{2}\,x + \dfrac{1}{4k}\,\mathfrak{Sin}\, 2kx.$
2. 2. 2.	$\mathfrak{Cos}^3 x$	$\dfrac{3}{4}\,\mathfrak{Sin}\, x + \dfrac{1}{12}\,\mathfrak{Sin}\, 3x = \dfrac{1}{3}\,\mathfrak{Sin}^3 x + \mathfrak{Sin}\, x.$

Nr.	$f(x) = J'(x)$	$J(x) = \int f(x)\,dx$
2.2.3.	$\operatorname{Cof}^4 x$	$\dfrac{3}{8} x + \dfrac{1}{4} \operatorname{Sin} 2x + \dfrac{1}{32} \operatorname{Sin} 4x$ $= \dfrac{3}{8} x + \dfrac{3}{8} \operatorname{Sin} x \operatorname{Cof} x + \dfrac{1}{4} \operatorname{Cof}^3 x \operatorname{Sin} x.$
2.2.4.	$\operatorname{Cof}^5 x$	$\dfrac{5}{8} \operatorname{Sin} x + \dfrac{4}{48} \operatorname{Sin} 3x + \dfrac{1}{80} \operatorname{Sin} 5x$ $= \dfrac{4}{5} \operatorname{Sin} x + \dfrac{1}{5} \operatorname{Cof}^4 x \operatorname{Sin} x + \dfrac{4}{15} \operatorname{Sin}^3 x.$
2.2.5.	$\operatorname{Cof}^6 x$	$\dfrac{5}{16} x + \dfrac{15}{64} \operatorname{Sin} 2x + \dfrac{3}{64} \operatorname{Sin} 4x + \dfrac{1}{192} \operatorname{Sin} 6x$ $= \dfrac{5}{16} x + \dfrac{1}{6} \operatorname{Cof}^5 x \operatorname{Sin} x + \dfrac{5}{16} \operatorname{Sin} x \operatorname{Cof} x$ $\quad + \dfrac{5}{24} \operatorname{Cof}^3 x \operatorname{Sin} x.$
2.2.6.	$\operatorname{Cof}^7 x$	$\dfrac{35}{64} \operatorname{Cof} x + \dfrac{7}{64} \operatorname{Cof} 3x + \dfrac{7}{320} \operatorname{Cof} 5x + \dfrac{1}{448} \operatorname{Cof} 7x$ $= \dfrac{1}{7} \operatorname{Cof}^6 x \operatorname{Sin} x + \dfrac{6}{35} \operatorname{Cof}^4 x \operatorname{Sin} x + \dfrac{8}{35} \operatorname{Sin}^3 x$ $\quad + \dfrac{24}{35} \operatorname{Sin} x.$

$$3.1.0. \qquad \frac{1}{a + b\,\operatorname{Cof} x}
\begin{cases}
\dfrac{2}{\sqrt{D}}\,\operatorname{Ar\,Tg}\!\left(\lambda\,\operatorname{Tg}\dfrac{x}{2}\right): & \operatorname{Tg}\dfrac{x}{2} < \dfrac{1}{\lambda}\ ^{1)}: \\[2mm]
\dfrac{2}{\sqrt{D}}\,\operatorname{Ar\,Ctg}\!\left(\lambda\,\operatorname{Tg}\dfrac{x}{2}\right): & \operatorname{Tg}\dfrac{x}{2} > \dfrac{1}{\lambda}\ ^{2)}: \\[2mm]
\multicolumn{2}{c}{\text{oder}} \\[1mm]
\dfrac{1}{\sqrt{D}}\,\ln\dfrac{1+\lambda\,\operatorname{Tg}\dfrac{x}{2}}{1-\lambda\,\operatorname{Tg}\dfrac{x}{2}}{}^{*}; & \\[3mm]
\dfrac{2}{\sqrt{-D}}\,\operatorname{arc\,tg}\!\left(\mu\,\operatorname{Tg}\dfrac{x}{2}\right): &
\end{cases}
\quad
\begin{cases}
D = a^2 - b^2 > 0; \\[2mm]
\lambda = \sqrt{\dfrac{a-b}{a+b}}; \\[4mm]
D = a^2 - b^2 < 0; \\[2mm]
\mu = \sqrt{\dfrac{b-a}{b+a}} = \sqrt{-\lambda}.
\end{cases}$$

$$3.1.1. \qquad \frac{1}{\operatorname{Cof} x + 1} \qquad \operatorname{Tg}\frac{x}{2}.$$

[1]) d. h. $|x| < \ln \dfrac{\lambda+1}{\lambda-1}$, wenn $\lambda > 1$, sonst x beliebig.

[2]) d. h. $|x| > \ln \dfrac{\lambda+1}{\lambda-1}$, wenn $\lambda > 1$, sonst x beliebig.

Nr.	$f(x) = J'(x)$	$J(x) = \int f(x)\,dx$
3. 1. 2.	$\dfrac{1}{\mathfrak{Cof}\,x - 1}$	$-\,\mathfrak{Ctg}\,\dfrac{x}{2}$.
3. 2. 0.	$\dfrac{\mathfrak{Cof}\,x}{a + b\,\mathfrak{Cof}\,x}$	$\dfrac{x}{b} - \dfrac{a}{b}\displaystyle\int \dfrac{a\,x}{a + b\,\mathfrak{Cof}\,x}$; vgl. Nr. 3. 1. 0. $(a^2 \neq b^2)$.
3. 2. 1.	$\dfrac{\mathfrak{Cof}\,x}{\mathfrak{Cof}\,x + 1}$	$x - \mathfrak{Tg}\,\dfrac{x}{2}$
3. 2. 2.	$\dfrac{\mathfrak{Cof}\,x}{\mathfrak{Cof}\,x - 1}$	$x - \mathfrak{Ctg}\,\dfrac{x}{2}$.
3. 3. 0.	$\dfrac{1}{\mathfrak{Cof}\,x\,(a + b\,\mathfrak{Cof}\,x)}$	$\dfrac{1}{a}\,\text{arc tg}\,(\mathfrak{Sin}\,x) - \dfrac{b}{a}\displaystyle\int \dfrac{dx}{a + b\,\mathfrak{Cof}\,x}$; vgl. Nr. 3. 1. 0. u. Nr. 2. 1. 1. $(a^2 \neq b^2)$.
3. 3. 1.	$\dfrac{1}{\mathfrak{Cof}\,x\,(\mathfrak{Cof}\,x + 1)}$	$\text{arc tg}\,(\mathfrak{Sin}\,x) - \mathfrak{Tg}\,\dfrac{x}{2}$; vgl. a. Nr. 2. 1. 1.
3. 3. 2.	$\dfrac{1}{\mathfrak{Cof}\,x\,(\mathfrak{Cof}\,x - 1)}$	$-\,\text{arc tg}\,(\mathfrak{Sin}\,x) - \mathfrak{Ctg}\,\dfrac{x}{2}$; vgl. a. Nr. 2. 1. 1.
3. 4. 0.	$\dfrac{1}{(a + b\,\mathfrak{Cof}\,x)^2}$	$\dfrac{1}{D}\left[-\dfrac{b\,\mathfrak{Sin}\,x}{a + b\,\mathfrak{Cof}\,x} + a\displaystyle\int \dfrac{dx}{a + b\,\mathfrak{Cof}\,x}\right]$; $D = a^2 - b^2 \neq 0$; vgl. Nr. 3. 1. 0.
3. 4. 1.	$\dfrac{1}{(\mathfrak{Cof}\,x + 1)^2}$	$\dfrac{1}{2}\,\mathfrak{Tg}\,\dfrac{x}{2} - \dfrac{1}{6}\,\mathfrak{Tg}^3\,\dfrac{x}{2}$.
3. 4. 2.	$\dfrac{1}{(\mathfrak{Cof}\,x - 1)^2}$	$\dfrac{1}{2}\,\mathfrak{Ctg}\,\dfrac{x}{2} - \dfrac{1}{6}\,\mathfrak{Ctg}^3\,\dfrac{x}{2}$.
3. 5. 0.	$\dfrac{\mathfrak{Cof}\,x}{(a + b\,\mathfrak{Cof}\,x)^2}$	$\dfrac{1}{D}\left[\dfrac{a\,\mathfrak{Sin}\,x}{a + b\,\mathfrak{Cof}\,x} - b\displaystyle\int \dfrac{dx}{a + b\,\mathfrak{Cof}\,x}\right]$; $D = a^2 - b^2 \neq 0$; vgl. Nr. 3. 1. 0.
3. 5. 1.	$\dfrac{\mathfrak{Cof}\,x}{(\mathfrak{Cof}\,x + 1)^2}$	$\dfrac{1}{2}\,\mathfrak{Tg}\,\dfrac{x}{2} + \dfrac{1}{6}\,\mathfrak{Tg}^3\,\dfrac{x}{2}$.
3. 5. 2.	$\dfrac{\mathfrak{Cof}\,x}{(\mathfrak{Cof}\,x - 1)^2}$	$-\dfrac{1}{2}\,\mathfrak{Ctg}\,\dfrac{x}{2} - \dfrac{1}{6}\,\mathfrak{Ctg}^3\,\dfrac{x}{2}$.
3. 6. 1.	$\dfrac{1}{\alpha + \beta\,\mathfrak{Cof}^2 x}$	$\dfrac{1}{\alpha\lambda}\,\text{arc tg}\,(\lambda\,\mathfrak{Ctg}\,x)$; $\lambda^2 = -1 - \dfrac{\beta}{\alpha}$; $\dfrac{\beta}{\alpha} < -1$. $\dfrac{1}{\alpha\omega}\,\mathfrak{Ar\,Tg}\,(\omega\,\mathfrak{Ctg}\,x)$ für $-1 < \beta/\alpha < 0$, wenn $\mathfrak{Cof}^2 x > -\alpha/\beta$: $\dfrac{1}{\alpha\omega}\,\mathfrak{Ar\,Ctg}\,(\omega\,\mathfrak{Ctg}\,x)$ für $\beta/\alpha > 0$ und für $-1 < \beta/\alpha < 0$, wenn $\mathfrak{Cof}^2 x < -\alpha/\beta$: $\left. \right\}$ $\omega^2 = 1 + \dfrac{\beta}{\alpha}$; $\dfrac{\beta}{\alpha} > -1$.
3. 6. 2.	$\dfrac{1}{1 + \mathfrak{Cof}^2 x}$	$\dfrac{1}{\sqrt{2}}\,\mathfrak{Ar\,Ctg}\,(\sqrt{2}\,\mathfrak{Ctg}\,x)$.

Nr.	$f(x) = J'(x)$	$J(x) = \int f(x)\,dx$
3.6.3.	$\dfrac{1}{1 - \mathfrak{Cof}^2 x}$	$\mathfrak{Ctg}\, x.$
3.6.4.0.	$\dfrac{1}{(\alpha + \beta\,\mathfrak{Cof}^2 x)(\gamma + \delta\,\mathfrak{Cof}^2 x)}$	$\dfrac{1}{\triangle}\left[\delta \int \dfrac{dx}{\alpha + \beta\,\mathfrak{Cof}^2 x} - \beta \int \dfrac{dx}{\gamma + \delta\,\mathfrak{Cof}^2 x}\right];$ $\triangle = \alpha\delta - \beta\gamma \neq 0$ (s. 3.6.4.2.); Integrale nach 3.6.1.
3.6.4.1.1.		$\dfrac{1}{2a^4}\left[\dfrac{1}{\omega_1}\,\mathfrak{Ar\,Ctg}\,(\omega_1\,\mathfrak{Ctg}\, x)\right.$ $\left. - \dfrac{1}{\lambda}\,\mathrm{arc\,tg}\,(\lambda\,\mathfrak{Ctg}\, x)\right];$ $\begin{cases}\omega_1^2 = \dfrac{1}{a^2} + 1: \\[4pt] \lambda^2 = \dfrac{1}{a^2} - 1: \\[4pt] a^2 < 1.\end{cases}$
3.6.4.1.2.	$\dfrac{1}{a^4 - \mathfrak{Cof}^4 x}$	$\dfrac{1}{2a^4}\left[\dfrac{1}{\omega_1}\,\mathfrak{Ar\,Ctg}\,(\omega_1\,\mathfrak{Ctg}\, x)\right.$ $\left. - \dfrac{1}{\omega_2}\,\mathfrak{Ar\,Tg}\,(\omega_2\,\mathfrak{Ctg}\, x)\right];$ $\mathfrak{Cof}^2 x > a^2;$
3.6.4.1.3.		$\dfrac{1}{2a^4}\left[\dfrac{1}{\omega_1}\,\mathfrak{Ar\,Ctg}\,(\omega_1\,\mathfrak{Ctg}\, x)\right.$ $\left. - \dfrac{1}{\omega_2}\,\mathfrak{Ar\,Ctg}\,(\omega_2\,\mathfrak{Ctg}\, x)\right];$ $\mathfrak{Cof}^2 x < a^2.$ $\begin{cases}\omega_1^2 = 1 + \dfrac{1}{a^2}; \\[4pt] \omega_2^2 = 1 - \dfrac{1}{a^2}; \\[4pt] a^2 > 1.\end{cases}$

Für $a = 1$ s. 3.3.1.3. Nr. 11.1.2. mit $\alpha = \beta = 1$.

Nr.	$f(x) = J'(x)$	$J(x) = \int f(x)\,dx$
3.6.4.2.	$\dfrac{1}{(\alpha + \beta\,\mathfrak{Cof}^2 x)^2}$	$\dfrac{1}{2\alpha(\alpha + \beta)}\left[(2\alpha + \beta)\int \dfrac{dx}{\alpha + \beta\,\mathfrak{Cof}^2 x}\right.$ $\left. - \dfrac{\beta\,\mathfrak{Sin}\, x\,\mathfrak{Cof}\, x}{\alpha + \beta\,\mathfrak{Cof}^2 x}\right];$ s. Nr. 3.6.1.
3.6.4.3.1.	$\dfrac{1}{(\alpha + \beta\,\mathfrak{Cof}^2 x)^3}$	$\dfrac{1}{8\lambda a^3}\left[\left(3 - \dfrac{2}{\lambda^2} + \dfrac{3}{\lambda^4}\right)\mathrm{arc\,tg}\,(\lambda\,\mathfrak{Ctg})\right.$ $+ \left(3 - \dfrac{2}{\lambda^2} - \dfrac{3}{\lambda^4}\right)\dfrac{\lambda\,\mathfrak{Ctg}\, x}{1 + \lambda^2\,\mathfrak{Ctg}\, x}$ $+ \left(1 + \dfrac{2}{\lambda^2} - \dfrac{1}{\lambda^2}\,\mathfrak{Ctg}^2 x\right)$ $\left. \times \dfrac{2\lambda\,\mathfrak{Ctg}\, x}{(1 + \lambda^2\,\mathfrak{Ctg}^2 x)^2}\right]$ für $\lambda^2 = -1 - \beta/\alpha > 0.$

Nr.	$f(x)=J'(x)$	$J(x)=\int f(x)\,dx$
3.6.4.3.2.	$\dfrac{1}{(\alpha+\beta\operatorname{Cof}^2x)^3}$	$\dfrac{1}{8\omega\alpha^3}\left[\left(3+\dfrac{2}{\omega^2}+\dfrac{3}{\omega^4}\right)\operatorname{Ar\,Tg}(\omega\operatorname{Ctg}x)+\left(3+\dfrac{2}{\omega^2}-\dfrac{3}{\omega^4}\right)\dfrac{\omega\operatorname{Ctg}x}{1-\omega^2\operatorname{Ctg}^2x}+\left(1-\dfrac{2}{\omega^2}+\dfrac{1}{\omega^2}\operatorname{Ctg}^2x\right)\times\dfrac{2\omega\operatorname{Ctg}x}{1-\omega^2\operatorname{Ctg}^2x}\right]$ für $\omega^2=1+\beta/\alpha>0$ [1].
3.6.4.4.1.	$\dfrac{1}{(\alpha+\beta\operatorname{Cof}^2x)^n}$	$\dfrac{1}{\lambda\alpha^n}\left[\int\dfrac{dz}{(1+z^2)^n}-\dfrac{1}{\lambda^2}\binom{n-1}{1}\int\dfrac{z^2\,dz}{(1+z^2)^n}+\dfrac{1}{\lambda^4}\binom{n-1}{2}\int\dfrac{z^4\,dz}{(1+z^2)^n}-\cdots+\cdots+(-1)^{n-1}\dfrac{1}{\lambda^{2n-2}}\int\dfrac{z^{2n-2}\,dz}{(1+z^2)^n}\right]$ für $\beta/\alpha<-1$. Hierin ist $z=\lambda\operatorname{Ctg}x$, $\lambda=\sqrt{-(1+\beta/\alpha)}$. Für $\beta/\alpha>-1$ ist λ durch $\omega=\sqrt{1+\beta/\alpha}$ und in den Nennern $(1+z^2)^n$ durch $(1-z^2)^n$ zu ersetzen [1].
3.6.4.4.2.	$\dfrac{\operatorname{Cof}^{2m}x}{(\alpha+\beta\operatorname{Cof}^2x)^n}$	$(-1)^m\displaystyle\sum_{r=0}^{r=n-m-1}(-1)^r\dfrac{1}{\lambda^{2r}}\binom{n-m-1}{r}\times\int\dfrac{z^{2(m+r)}\,dz}{(1+z^2)^n}$ für $\beta/\alpha<-1$: vgl. im übrigen Nr. 3.6.4.4.1.
3.6.5.1.	$\dfrac{\operatorname{Cof}^2x}{\alpha+\beta\operatorname{Cof}^2x}$	$\dfrac{1}{\beta}\left(x-\alpha\cdot J_c\right)$; $J_c=\displaystyle\int\dfrac{dx}{\alpha+\beta\operatorname{Cof}^2x}$ s. 3.6.1.
3.6.5.2.	$\dfrac{\operatorname{Cof}^2x}{(\alpha+\beta\operatorname{Cof}^2x)^2}$	$\dfrac{1}{2(\alpha+\beta)}(J_c+\Psi_c)$; J_c s. 3.6.5.1.: $\Psi_c=\dfrac{\operatorname{Sin}x\operatorname{Cof}x}{\alpha+\beta\operatorname{Cof}^2x}$; $\alpha+\beta\neq0$ (s. 3.3.1.2. Nr. 3.4.2.).

[1] Bei den Integrationen erhält man für $\omega^2=1+\beta/\alpha>0$ (vgl. auch Nr. 3.6.1.):

$\operatorname{Ar\,Tg}(\omega\operatorname{Ctg}x)$ für $-1<\beta/\alpha<0$, wenn $\operatorname{Cof}^2x>-\alpha/\beta$;

$\operatorname{Ar\,Ctg}(\omega\operatorname{Ctg}x)$ für $-1<\beta/\alpha<0$, wenn $\operatorname{Cof}^2x<-\alpha/\beta$ und für $\beta/\alpha>0$.

Nr.	$f(x) = J'(x)$	$J(x) = \int f(x)\, dx$
3. 6. 6. 1.	$\dfrac{1}{(\alpha + \beta\, \operatorname{Cof}^2 x)^2\, (\gamma + \delta\, \operatorname{Cof}^2 x)}$	$\dfrac{1}{2\Delta^2}\left[\dfrac{\beta}{\alpha(\alpha+\beta)}(c_1 J_c + c_2 \Psi_c) + 2\delta^2 J_2\right]$: $J_c,\ \Psi_c$ s. 3. 6. 5. 1./2.: $J_2 = \displaystyle\int \dfrac{dx}{\gamma + \delta \cos^2 x}$ s. 3. 6. 1.: $c_1 = (\alpha + \beta)(\beta\gamma - 3\alpha\delta) - \alpha\Delta;\quad c_2 = \beta\Delta$: $\Delta = \alpha\delta - \beta\gamma \neq 0$ (s. 3. 6. 4. 3.); $\alpha + \beta \neq 0$ (s. 3. 3. 1. 3. Nr. 11. 2. 1. 1.).
3. 6. 6. 2.	$\dfrac{\operatorname{Cof}^2 x}{(\alpha + \beta\, \operatorname{Cof}^2 x)^2\, (\gamma + \delta\, \operatorname{Cof}^2 x)}$	$\dfrac{1}{2\Delta^2}\left[\dfrac{1}{\alpha+\beta}(-c_1 J_c + c_2 \Psi_c) + 2\gamma\delta J_2\right]$: $J_c,\ \Psi_c$ s. 3. 6. 5. 1./2.: J_2 s. 3. 6. 6. 1.; $c_1 = \alpha\delta(\alpha+\beta) + \alpha^2\delta + \beta^2\gamma;\quad c_2 = \beta\Delta$: $\Delta = \alpha\delta - \beta\gamma \neq 0$ (s. 3. 6. 4. 4. 2. für $m = 1$, $n = 2$): $\alpha+\beta \neq 0$ (s. 3. 3. 1. 3. Nr. 11. 3. 1. 2.).
3. 6. 6. 3.	$\dfrac{\operatorname{Cof}^4 x}{(\alpha + \beta\, \operatorname{Cof}^2 x)^2\, (\gamma + \delta\, \operatorname{Cof}^2 x)}$	$\dfrac{1}{2\Delta^2}\left[\dfrac{\alpha}{\alpha+\beta}(c_1 J_c + c_2 \Psi_c) + 2\gamma^2 J_2\right]$: $J_c,\ \Psi_c$ s. 3. 6. 5. 1./2.: J_2 s. 3. 6. 6. 1.; $c_1 = \Delta - 2\gamma(\alpha+\beta):\ \alpha+\beta \neq 0$ (s. 3. 3. 1. 3. Nr. 11. 3 3. 1. 2.): $c_2 = \Delta = \alpha\delta - \beta\gamma \neq 0$ (s. 3. 6. 4. 4. 2. für $m = 2,\ n = 3$).
3. 6. 7. 1.	$\dfrac{1}{(\alpha + \beta\, \operatorname{Cof}^2 x)^2\, (\gamma + \delta\, \operatorname{Cof}^2 x)^2}$	$\dfrac{1}{2\Delta^3}\left[\dfrac{\beta^2}{\alpha(\alpha+\beta)}(c_1 J_1 - c_2 \Psi_1)\right.$ $\left. + \dfrac{\delta^2}{\gamma(\gamma+\delta)}(c_3 J_2 - c_4 \Psi_2)\right]$: $c_1 = \Delta(\beta + 2\alpha) + 4\alpha\delta(\beta + \alpha):\ c_2 = \beta\Delta$: $c_3 = \Delta(\delta + 2\gamma) - 4\gamma\beta(\delta + \gamma);\quad c_4 = \delta\Delta$; $\Delta = \alpha\delta - \beta\gamma \neq 0$ (s. 3. 6. 4. 4. 1.); $\alpha+\beta \neq 0$: $\gamma + \delta \neq 0$ (s. 3. 3. 1. 3. Nr. 11. 5. 1. 2.); $J_1 = \displaystyle\int \dfrac{dx}{\alpha + \beta\, \operatorname{Cof}^2 x};\quad J_2 = \displaystyle\int \dfrac{dx}{\gamma + \delta\, \operatorname{Cof}^2 x}$ s. 3. 6. 1.: $\Psi_1 = \dfrac{\operatorname{Sin} x\, \operatorname{Cof} x}{\alpha + \beta\, \operatorname{Cof}^2 x};\quad \Psi_2 = \dfrac{\operatorname{Sin} x\, \operatorname{Cof} x}{\alpha + \beta\, \operatorname{Cof}^2 x}$
3. 6. 7. 2.	$\dfrac{\operatorname{Cof}^2 x}{(\alpha + \beta\, \operatorname{Cof}^2 x)^2\, (\gamma + \delta\, \operatorname{Cof}^2 x)^2}$	$\dfrac{1}{2\Delta^3}\left[-\dfrac{\beta}{\alpha+\beta}(c_1 J_1 - c_2 \Psi_1)\right.$ $\left. + \dfrac{\delta}{\gamma+\delta}(c_3 J_2 + c_4 J_2)\right]$; $c_1 = 3\alpha\delta(\alpha+\beta) + \alpha^2\delta + \beta^2\gamma;$

Nr.	$f(x) = J'(x)$	$J(x) = \int f(x)\,dx$
		$\triangle \neq 0$ (s. 3.6.4.4.2. für $m = 1$, $n = 4$); $c_3 = 3\gamma\beta(\gamma + \delta) + \gamma^2\beta + \delta^2\alpha$; $\alpha + \beta \neq 0$; $\gamma + \delta \neq 0$ (s. 3.3.1.3. Nr. 11.5.2.2.); $J_1, J_2, \Psi_1, \Psi_2, \triangle, c_2, c_4$ s. Nr. 3.6.7.1.
3.6.7.3.	$\dfrac{\mathfrak{Cof}^4 x}{(\alpha + \beta\,\mathfrak{Cof}^2 x)^2\,(\gamma + \delta\,\mathfrak{Cof}^2 x)^2}$	$\dfrac{1}{2\triangle^3}\left[\dfrac{\alpha}{\alpha + \beta}\,(c_1 J_1 - c_2 \Psi_1) - \dfrac{\gamma}{\gamma + \delta}\,(c_3 J_2 - c_4 \Psi_2)\right];$ $c_1 = \beta c + 2(\alpha^2\delta + \beta^2\gamma);$ $c = \alpha(\delta + \gamma) + \gamma(\alpha + \beta);$ $c_3 = \beta c + 2(\gamma^2\beta + \delta^2\alpha);$ $\triangle \neq 0$ (s. 3.6.4.2. für $m = 2$, $n = 4$); $\alpha + \beta \neq 0$; $\gamma + \delta \neq 0$ (s 3.3.1.3. Nr. 11.5.3.2.); $J_1, J_2, \Psi_1, \Psi_2, \triangle, c_2, c_4$ s. Nr. 3.6.7.1.
3.6.7.4.	$\dfrac{\mathfrak{Cof}^6 x}{(\alpha + \beta\,\mathfrak{Cof}^2 x)^2\,(\gamma + \delta\,\mathfrak{Cof}^2 x)^2}$	$\dfrac{1}{2\triangle^3}\left[\dfrac{\alpha^2}{\alpha + \beta}\,(c_1 J_1 + c_2 \Psi_1) + \dfrac{\gamma^2}{\gamma + \delta}\,(c_3 J_2 + c_2 \Psi_2)\right];$ $c_1 = \triangle - 4\gamma(\alpha + \beta);\quad c_3 = \triangle + 4\alpha(\gamma + \delta);$ $c_2 = c_4 = \triangle \neq 0$ (s. 3.6.4.4.2. für $m = 3$, $n = 4$); $\alpha + \beta \neq 0$; $\delta + \gamma \neq 0$ (s. 3.3.1.3. Nr. 11.5.4.2.); $J_1, J_2, \Psi_1, \Psi_2, \triangle$ vgl. 3.6.7.1.
3.7.1.	$\dfrac{\mathfrak{Cof}\, x}{\sqrt{a^2 + \mathfrak{Cof}^2 x}}$	$\operatorname{Ar}\mathfrak{Sin}\left(\dfrac{\mathfrak{Sin}\, x}{\sqrt{a^2 + 1}}\right) = \ln\left(\mathfrak{Sin}\, x + \sqrt{a^2 + \mathfrak{Cof}^2 x}\right) + C_1.$
3.7.2.	$\dfrac{\mathfrak{Cof}\, x}{\sqrt{a^2 - \mathfrak{Cof}^2 x}}$	$\begin{cases} \operatorname{arc}\sin\left(\dfrac{\mathfrak{Sin}\, x}{\sqrt{a^2 - 1}}\right);\ \mathfrak{Cof}^2 x \leqq a^2;\ a^2 > 1. \\[2ex] \operatorname{Ar}\mathfrak{Sin}\left(\dfrac{\mathfrak{Sin}\, x}{\sqrt{1 - a^2}}\right) \\[1ex] = \ln\left|\mathfrak{Sin}\, x + \sqrt{\mathfrak{Cof}^2 x - a^2}\right| + C_2;\ a < 1. \end{cases}$
3.7.3.	$\dfrac{\mathfrak{Cof}\, x}{\sqrt{\mathfrak{Cof}^2 x - a^2}}$	$\begin{cases} \operatorname{Ar}\mathfrak{Cof}\left(\dfrac{\mathfrak{Sin}\, x}{\sqrt{a^2 - 1}}\right),\ \text{wenn } a^2 > 1. \\[2ex] \ln\left|\mathfrak{Sin}\, x\right| + C_3,\ \text{wenn } a^2 = 1. \end{cases}$

3. 3. 1. 3. *Der Integrand enthält* $\operatorname{Sin} x$ *und* $\operatorname{Cos} x$.

Nr.	$f(x) = J'(x)$	$J(x) = \int f(x)\,dx$
1. 0. 1.	$\operatorname{Sin}^m x \, \operatorname{Cos}^n x$	$\dfrac{\operatorname{Sin}^{m+1} x \, \operatorname{Cos}^{n-1} x}{m+n}$ $+ \dfrac{n-1}{m+n} \int \operatorname{Sin}^m x \, \operatorname{Cos}^{n-2} x\,dx\,;\; m+n \neq 0.$
1. 0. 2.	$\operatorname{Sin}^m x \, \operatorname{Cos}^n x$	$\dfrac{\operatorname{Sin}^{m-1} x \, \operatorname{Cos}^{n+1} x}{m+n}$ $- \dfrac{m-1}{m+n} \int \operatorname{Sin}^{m-2} x \, \operatorname{Cos}^n x\,dx\,;\; m+n \neq 0.$
1. 0. 3.	$\operatorname{Sin}^m x \, \operatorname{Cos}^m x$	$\dfrac{1}{2^{m+1}} \int \operatorname{Sin}^m z \, dz\,;\; z = 2x$ (vgl. Abs. 3. 2. 1. 1. Nr. 1. 2.); d. h. $\dfrac{(-1)^p}{4^m} \binom{m}{p} x$ $+ \dfrac{1}{4^m} \sum\limits_{k=0}^{k=p-1} (-1)^k \binom{m}{k} \dfrac{\operatorname{Sin} 2(m-2k)x}{m-2k}$ für $m = 2p\,;$ $\dfrac{1}{4^m} \sum\limits_{k=0}^{k=p} (-1)^k \binom{m}{k} \dfrac{\operatorname{Cos} 2(m-2k)x}{m-2k}$ für $m = 2p+1.$
1. 1. 0. 1.	$\operatorname{Sin}^m x \, \operatorname{Cos} x$	$\dfrac{1}{m+1} \operatorname{Sin}^{m+1} x.$
1. 1. 0. 2.	$\operatorname{Sin} x \, \operatorname{Cos}^n x$	$\dfrac{1}{n+1} \operatorname{Cos}^{n+1} x.$
1. 1. 1. 1.	$\operatorname{Sin} x \, \operatorname{Cos} x$	$\dfrac{1}{4} \operatorname{Cos} 2x = \dfrac{1}{2} \operatorname{Sin}^2 x + \dfrac{1}{4} = \dfrac{1}{2} \operatorname{Cos}^2 x - \dfrac{1}{4}.$
1. 1. 1. 2.	$\operatorname{Sin} \alpha x \, \operatorname{Cos} \beta x$	$\dfrac{\operatorname{Cos}(\alpha+\beta)x}{2(\alpha+\beta)} + \dfrac{\operatorname{Cos}(\alpha-\beta)x}{2(\alpha-\beta)}.$
1. 1. 2.	$\operatorname{Sin}^2 x \, \operatorname{Cos} x$	$\dfrac{1}{3} \operatorname{Sin}^3 x.$
1. 1. 3.	$\operatorname{Sin}^3 x \, \operatorname{Cos} x$	$\dfrac{1}{4} \operatorname{Sin}^4 x.$
1. 2. 1.	$\operatorname{Sin} x \, \operatorname{Cos}^2 x$	$\dfrac{1}{3} \operatorname{Cos}^3 x.$
1. 2. 2.	$\operatorname{Sin}^2 x \, \operatorname{Cos}^2 x$	$-\dfrac{1}{8} x + \dfrac{1}{32} \operatorname{Sin} 4x.$

Nr.	$f(x) = J'(x)$	$J(x) = \int f(x)\,dx$
1. 2. 3.	$\operatorname{Sin}^3 x \, \operatorname{Cos}^2 x$	$\dfrac{1}{5}\operatorname{Cos}^3 x\left(\operatorname{Sin}^2 x - \dfrac{2}{3}\right)$ $= \dfrac{1}{5}\operatorname{Cos}^3 x\left(\operatorname{Cos}^2 x - \dfrac{5}{3}\right).$
1. 2. 4.	$\operatorname{Sin}^4 x \, \operatorname{Cos}^2 x$	$\dfrac{1}{16}x - \dfrac{1}{64}\operatorname{Sin} 2x - \dfrac{1}{64}\operatorname{Sin} 4x + \dfrac{1}{192}\operatorname{Sin} 6x.$
1. 3. 1.	$\operatorname{Sin} x \, \operatorname{Cos}^3 x$	$\dfrac{1}{4}\operatorname{Cos}^4 x.$
1. 3. 2.	$\operatorname{Sin}^2 x \, \operatorname{Cos}^3 x$	$\dfrac{1}{5}\operatorname{Sin}^3 x\left(\operatorname{Cos}^2 x + \dfrac{2}{3}\right)$ $= \dfrac{1}{5}\operatorname{Sin}^3 x\left(\operatorname{Sin}^2 x + \dfrac{5}{3}\right).$
1. 3. 3.	$\operatorname{Sin}^3 x \, \operatorname{Cos}^3 x$	$-\dfrac{3}{64}\operatorname{Cos} 2x + \dfrac{1}{192}\operatorname{Cos} 6x.$
1. 3. 4.	$\operatorname{Sin}^4 x \, \operatorname{Cos}^3 x$	$\dfrac{1}{7}\operatorname{Sin}^3 x\left(\operatorname{Cos}^4 x - \dfrac{3}{5}\operatorname{Cos}^2 x + \dfrac{2}{5}\right).$
1. 4. 1.	$\operatorname{Sin} x \, \operatorname{Cos}^4 x$	$\dfrac{1}{5}\operatorname{Cos}^5 x.$
1. 4. 2.	$\operatorname{Sin}^2 x \, \operatorname{Cos}^4 x$	$-\dfrac{1}{16}x - \dfrac{1}{64}\operatorname{Sin} 2x + \dfrac{1}{64}\operatorname{Sin} 4x + \dfrac{1}{192}\operatorname{Sin} 6x.$
1. 4. 3.	$\operatorname{Sin}^3 x \, \operatorname{Cos}^4 x$	$\dfrac{1}{7}\operatorname{Cos}^3 x\left(\operatorname{Sin}^4 x + \dfrac{3}{5}\operatorname{Sin}^2 x - \dfrac{2}{5}\right).$
1. 4. 4.	$\operatorname{Sin}^4 x \, \operatorname{Cos}^4 x$	$\dfrac{3}{128}x - \dfrac{1}{128}\operatorname{Sin} 4x + \dfrac{1}{1024}\operatorname{Sin} 8x.$
1. 5. 1. 0.	$\operatorname{Sin}^{n-1} x \, \operatorname{Cos}(n+1)x$	$\dfrac{1}{n}\operatorname{Sin}^n x \, \operatorname{Cos} nx.$
1. 5. 1. 1.	$\operatorname{Sin}^2 x \, \operatorname{Cos} 4x$	$\dfrac{1}{3}\operatorname{Sin}^3 x \, \operatorname{Cos} 3x.$
1. 5. 2. 0.	$\operatorname{Sin}^{n-1} x \, \operatorname{Sin}(n+1)x$	$\dfrac{1}{n}\operatorname{Sin}^n x \, \operatorname{Sin} nx.$
1. 5. 2. 1.	$\operatorname{Sin}^2 x \, \operatorname{Sin} 4x$	$\dfrac{1}{3}\operatorname{Sin}^3 x \, \operatorname{Sin} 3x.$

Nr.	$f(x) = J'(x)$	$J(x) = \int f(x)\,dx$
1.5.3.0.	$\mathrm{Cos}^{n-1}x\,\mathrm{Cos}\,(n+1)\,x$	$\dfrac{1}{n}\,\mathrm{Cos}^{n}x\,\mathrm{Sin}\,n\,x.$
1.5.3.1.	$\mathrm{Cos}^{2}x\,\mathrm{Cos}\,4\,x$	$\dfrac{1}{3}\,\mathrm{Cos}^{3}x\,\mathrm{Sin}\,3\,x.$
1.5.4.0.	$\mathrm{Cos}^{n-1}x\,\mathrm{Sin}\,(n+1)\,x$	$\dfrac{1}{n}\,\mathrm{Cos}^{n}x\,\mathrm{Cos}\,n\,x.$
1.5.4.1.	$\mathrm{Cos}^{2}x\,\mathrm{Sin}\,4\,x$	$\dfrac{1}{3}\,\mathrm{Cos}^{3}x\,\mathrm{Cos}\,3\,x.$
2.0.1.	$\dfrac{\mathrm{Sin}^{m}x}{\mathrm{Cos}^{n}x}$	$\begin{cases} \dfrac{\mathrm{Sin}^{m+1}x}{(n-1)\,\mathrm{Cos}^{n-1}x} \\[2ex] \quad +\dfrac{n-m-2}{n-1}\displaystyle\int\dfrac{\mathrm{Sin}^{m}x}{\mathrm{Cos}^{n-2}x}\,dx,\ n\neq 1; \\[3ex] -\dfrac{\mathrm{Sin}^{m-1}x}{(n-1)\,\mathrm{Cos}^{n-1}x} \\[2ex] \quad +\dfrac{m-1}{n-1}\displaystyle\int\dfrac{\mathrm{Sin}^{m-2}x}{\mathrm{Cos}^{n-2}x}\,dx,\ n\neq 1; \\[3ex] \dfrac{\mathrm{Sin}^{m-1}x}{(m-n)\,\mathrm{Cos}^{n-1}x} \\[2ex] \quad -\dfrac{m-1}{m-n}\displaystyle\int\dfrac{\mathrm{Sin}^{m-2}x}{\mathrm{Cos}^{n}x}\,dx,\ m\neq n. \end{cases}$
2.0.2.	$\dfrac{\mathrm{Sin}^{n}x}{\mathrm{Cos}^{n}x}$	$\displaystyle\int \mathrm{Tg}^{n}x\,dx;$ vgl. Abs. 3.3.1.4. Nr. 2.0.
2.0.3.	$\dfrac{\mathrm{Sin}^{n}x}{\mathrm{Cos}^{n+2}x}$	$\dfrac{1}{n+1}\,\mathrm{Tg}^{n+1}x;\ n\neq -1.$
2.0.4.	$\dfrac{\mathrm{Sin}\,x}{\mathrm{Cos}^{n}x}$	$\dfrac{1}{(n-1)\,\mathrm{Cos}^{n-1}x};\ n\neq -1.$
2.1.0.	$\dfrac{\mathrm{Sin}^{m}x}{\mathrm{Cos}\,x}$	$\dfrac{\mathrm{Sin}^{m-1}x}{m-1}-\displaystyle\int\dfrac{\mathrm{Sin}^{m-2}x}{\mathrm{Cos}\,x}\,dx;\ m\neq 1.$
2.1.1.	$\dfrac{\mathrm{Sin}\,x}{\mathrm{Cos}\,x}$	$\displaystyle\int \mathrm{Tg}\,x\,dx = \ln \mathrm{Cos}\,x.$
2.1.2.	$\dfrac{\mathrm{Sin}^{2}x}{\mathrm{Cos}\,x}$	$\mathrm{Sin}\,x - \operatorname{arc\,tg}(\mathrm{Sin}\,x);\quad$ vgl. Abs. 3.3.1.2. Nr. 2.1.1.
2.1.3.	$\dfrac{\mathrm{Sin}^{3}x}{\mathrm{Cos}\,x}$	$\dfrac{1}{2}\,\mathrm{Sin}^{2}x - \ln \mathrm{Cos}\,x = \dfrac{1}{2}\,\mathrm{Cos}^{2}x - \ln \mathrm{Cos}\,x + C.$
2.1.4.	$\dfrac{\mathrm{Sin}^{4}x}{\mathrm{Cos}\,x}$	$\dfrac{1}{3}\,\mathrm{Sin}^{3}x - \mathrm{Sin}\,x + \operatorname{arc\,tg}(\mathrm{Sin}\,x)*;$ vgl. Nr. 2.1.2.

Nr.	$f(x) = J'(x)$	$J(x) = \int f(x)\,dx$
2. 2. 0.	$\dfrac{\operatorname{Sin}^m x}{\operatorname{Cos}^2 x}$	$-\dfrac{\operatorname{Sin}^{m-1} x}{\operatorname{Cos} x} + (m-1)\displaystyle\int \operatorname{Sin}^{m-2} x\,dx.$
2. 2. 1.	$\dfrac{\operatorname{Sin} x}{\operatorname{Cos}^2 x}$	$-\dfrac{1}{\operatorname{Cos} x}.$
2. 2. 2.	$\dfrac{\operatorname{Sin}^2 x}{\operatorname{Cos}^2 x}$	$-\operatorname{Tg} x + x.$
2. 2. 3.	$\dfrac{\operatorname{Sin}^3 x}{\operatorname{Cos}^2 x}$	$\operatorname{Cos} x + \dfrac{1}{\operatorname{Cos} x}.$
2. 2. 4.	$\dfrac{\operatorname{Sin}^4 x}{\operatorname{Cos}^2 x}$	$\operatorname{Tg} x + \dfrac{1}{4}\operatorname{Sin} 2x - \dfrac{3}{2} x.$
2. 3. 1.	$\dfrac{\operatorname{Sin} x}{\operatorname{Cos}^3 x}$	$-\dfrac{1}{2\operatorname{Cos}^2 x} = \dfrac{1}{2}\operatorname{Tg}^2 x + C.$
2. 3. 2.	$\dfrac{\operatorname{Sin}^2 x}{\operatorname{Cos}^3 x}$	$-\dfrac{1}{2}\dfrac{\operatorname{Sin} x}{\operatorname{Cos}^2 x} + \dfrac{1}{2}\operatorname{arc\,tg}(\operatorname{Sin} x)^*;\ \text{vgl. Nr. 2. 1. 2.}$
2. 3. 3.	$\dfrac{\operatorname{Sin}^3 x}{\operatorname{Cos}^3 x}$	$-\dfrac{1}{2}\operatorname{Tg}^2 x + \ln\operatorname{Cos} x = \dfrac{1}{2\operatorname{Cos}^2 x} + \ln\operatorname{Cos} x + C.$
2. 3. 4.	$\dfrac{\operatorname{Sin}^4 x}{\operatorname{Cos}^3 x}$	$\dfrac{1}{2}\dfrac{\operatorname{Sin} x}{\operatorname{Cos}^2 x} + \operatorname{Sin} x - \dfrac{3}{2}\operatorname{arc\,tg}(\operatorname{Sin} x)^*;\ \text{vgl. Nr. 2. 1. 2.}$
2. 4. 1.	$\dfrac{\operatorname{Sin} x}{\operatorname{Cos}^4 x}$	$-\dfrac{1}{3\operatorname{Cos}^3 x}.$
2. 4. 2.	$\dfrac{\operatorname{Sin}^2 x}{\operatorname{Cos}^4 x}$	$\dfrac{1}{3}\operatorname{Tg}^3 x.$
2. 4. 3.	$\dfrac{\operatorname{Sin}^3 x}{\operatorname{Cos}^4 x}$	$-\dfrac{1}{\operatorname{Cos} x} + \dfrac{1}{3\operatorname{Cos}^3 x}.$
2. 4. 4.	$\dfrac{\operatorname{Sin}^4 x}{\operatorname{Cos}^4 x}$	$-\dfrac{1}{3}\operatorname{Tg}^3 x - \operatorname{Tg} x + x.$
3. 0. 1.	$\dfrac{\operatorname{Cos}^n x}{\operatorname{Sin}^m x}$	$\begin{cases} -\dfrac{\operatorname{Cos}^{n+1} x}{(m-1)\operatorname{Sin}^{m-1} x} - \dfrac{m-n-2}{m-1}\displaystyle\int \dfrac{\operatorname{Cos}^n x}{\operatorname{Sin}^{m-2} x}\,dx, & m \neq 1; \\[2ex] -\dfrac{\operatorname{Cos}^{n-1} x}{(m-1)\operatorname{Sin}^{m-1} x} + \dfrac{n-1}{m-1}\displaystyle\int \dfrac{\operatorname{Cos}^{n-2} x}{\operatorname{Sin}^{m-2} x}\,dx, & m \neq 1; \\[2ex] \dfrac{\operatorname{Cos}^{n-1} x}{(n-m)\operatorname{Sin}^{m-1} x} - \dfrac{n-1}{m-n}\displaystyle\int \dfrac{\operatorname{Cos}^{n-2} x}{\operatorname{Sin}^m x}\,dx, & m \neq n. \end{cases}$
3. 0. 2.	$\dfrac{\operatorname{Cos}^n x}{\operatorname{Sin}^n x}$	$\displaystyle\int \operatorname{Ctg}^n x\,dx;\ \text{vgl. Abs. 3. 3. 1. 5. Nr. 2. 0.}$

Nr.	$f(x) = J'(x)$	$J(x) = \int f(x)\,dx$
3.0.3.	$\dfrac{\mathrm{Cos}^n x}{\mathrm{Sin}^{n+2} x}$	$-\dfrac{1}{n+1}\,\mathrm{Ctg}^{n+1} x;\ \ n \neq -1.$
3.0.4.	$\dfrac{\mathrm{Cos}\,x}{\mathrm{Sin}^m x}$	$-\dfrac{1}{(m-1)\,\mathrm{Sin}^{m-1} x};\ \ m \neq 1.$
3.1.0.	$\dfrac{\mathrm{Cos}^n x}{\mathrm{Sin}\,x}$	$\dfrac{\mathrm{Cos}^{n-1} x}{n-1} + \int \dfrac{\mathrm{Cos}^{n-2} x}{\mathrm{Sin}\,x}\,dx.$
3.1.1.	$\dfrac{\mathrm{Cos}\,x}{\mathrm{Sin}\,x}$	$\int \mathrm{Ctg}\,x\,dx = \ln\lvert \mathrm{Sin}\,x \rvert.$
3.1.2.	$\dfrac{\mathrm{Cos}^2 x}{\mathrm{Sin}\,x}$	$\mathrm{Cos}\,x + \ln\left\lvert \mathrm{Tg}\,\dfrac{x}{2}\right\rvert;\quad$ vgl. a. Abs. 3.1.1.2. Nr. 3.2.1. u. Abs. 3.3.1.1. Nr. 2.1.1.
3.1.3.	$\dfrac{\mathrm{Cos}^3 x}{\mathrm{Sin}\,x}$	$\dfrac{1}{2}\,\mathrm{Cos}^2 x + \ln\lvert \mathrm{Sin}\,x\rvert = \dfrac{1}{2}\,\mathrm{Sin}^2 x + \ln\lvert \mathrm{Sin}\,x\rvert + C.$
3.1.4.	$\dfrac{\mathrm{Cos}^4 x}{\mathrm{Sin}\,x}$	$\dfrac{1}{3}\,\mathrm{Cos}^3 x + \mathrm{Cos}\,x + \ln\left\lvert \mathrm{Tg}\,\dfrac{x}{2}\right\rvert;\ $ vgl. Nr. 3.1.2.
3.2.0.	$\dfrac{\mathrm{Cos}^n x}{\mathrm{Sin}^2 x}$	$-\dfrac{\mathrm{Cos}^{n-1} x}{\mathrm{Sin}\,x} + (n-1)\int \mathrm{Cos}^{n-2} x\,dx.$
3.2.1.	$\dfrac{\mathrm{Cos}\,x}{\mathrm{Sin}^2 x}$	$-\dfrac{1}{\mathrm{Sin}\,x}.$
3.2.2.	$\dfrac{\mathrm{Cos}^2 x}{\mathrm{Sin}^2 x}$	$-\mathrm{Ctg}\,x + x.$
3.2.3.	$\dfrac{\mathrm{Cos}^3 x}{\mathrm{Sin}^2 x}$	$-\dfrac{1}{\mathrm{Sin}\,x} + \mathrm{Sin}\,x.$
3.2.4.	$\dfrac{\mathrm{Cos}^4 x}{\mathrm{Sin}^2 x}$	$-\mathrm{Ctg}\,x + \dfrac{1}{4}\,\mathrm{Sin}\,2x + \dfrac{3}{2}\,x.$
3.3.1.	$\dfrac{\mathrm{Cos}\,x}{\mathrm{Sin}^3 x}$	$-\dfrac{1}{2\,\mathrm{Sin}^2 x} = -\dfrac{1}{2}\,\mathrm{Ctg}^2 x + C.$
3.3.2.	$\dfrac{\mathrm{Cos}^2 x}{\mathrm{Sin}^3 x}$	$-\dfrac{1}{2}\,\dfrac{\mathrm{Cos}\,x}{\mathrm{Sin}^2 x} + \ln\left\lvert \mathrm{Tg}\,\dfrac{x}{2}\right\rvert;\ $ vgl. Nr. 3.1.2.
3.3.3.	$\dfrac{\mathrm{Cos}^3 x}{\mathrm{Sin}^3 x}$	$-\dfrac{1}{2\,\mathrm{Sin}^2 x} + \ln\lvert \mathrm{Sin}\,x\rvert = -\dfrac{1}{2}\,\mathrm{Ctg}^2 x + \ln\lvert \mathrm{Sin}\,x\rvert + C.$
3.3.4.	$\dfrac{\mathrm{Cos}^4 x}{\mathrm{Sin}^3 x}$	$-\dfrac{1}{2}\,\dfrac{\mathrm{Cos}\,x}{\mathrm{Sin}^2 x} + \mathrm{Cos}\,x + \dfrac{3}{2}\,\ln\left\lvert \mathrm{Tg}\,\dfrac{x}{2}\right\rvert;\ $ vgl. Nr. 3.1.2.
3.4.1.	$\dfrac{\mathrm{Cos}\,x}{\mathrm{Sin}^4 x}$	$-\dfrac{1}{3\,\mathrm{Sin}^3 x}.$
3.4.2.	$\dfrac{\mathrm{Cos}^2 x}{\mathrm{Sin}^4 x}$	$-\dfrac{1}{3}\,\mathrm{Ctg}^3 x.$

Nr.	$f(x) = J'(x)$	$J(x) = \int f(x)\,dx$
3.4.3.	$\dfrac{\operatorname{Cos}^3 x}{\operatorname{Sin}^4 x}$	$-\dfrac{1}{\operatorname{Sin} x} - \dfrac{1}{3\,\operatorname{Sin}^3 x}\,.$
3.4.4.	$\dfrac{\operatorname{Cos}^4 x}{\operatorname{Sin}^4 x}$	$-\dfrac{1}{3}\operatorname{Ctg}^3 x - \operatorname{Ctg} x + x.$
4.0.1.	$\dfrac{1}{\operatorname{Sin}^m x\,\operatorname{Cos}^n x}$	$\begin{cases} -\dfrac{1}{(m-1)\operatorname{Sin}^{m-1} x\,\operatorname{Cos}^{n-1} x} \\[2mm] \quad -\dfrac{m+n-2}{m-1}\displaystyle\int \dfrac{dx}{\operatorname{Sin}^{m-2} x\,\operatorname{Cos}^n x}\,;\ m \neq 1; \\[4mm] \dfrac{1}{(n-1)\operatorname{Sin}^{m-1} x\,\operatorname{Cos}^{n-1} x} \\[2mm] \quad +\dfrac{m+n-2}{n-1}\displaystyle\int \dfrac{dx}{\operatorname{Sin}^m x\,\operatorname{Cos}^{n-2} x}\,;\ n \neq 1. \end{cases}$
4.0.2.	$\dfrac{1}{\operatorname{Sin}^n x\,\operatorname{Cos}^n x}$	$2^{n-1}\displaystyle\int \dfrac{dz}{\operatorname{Sin}^n z}\,;\ z = 2x;\ \text{vgl. Abs. 3.3.1.1. Nr. 2.1.} \ldots\ldots$
4.1.1.	$\dfrac{1}{\operatorname{Sin} x\,\operatorname{Cos} x}$	$\ln|\operatorname{Tg} x|^{*}.$
4.1.2.	$\dfrac{1}{\operatorname{Sin} x\,\operatorname{Cos}^2 x}$	$\dfrac{1}{\operatorname{Cos} x} + \ln\left|\operatorname{Tg}\dfrac{x}{2}\right|^{*}.$
4.1.3.	$\dfrac{1}{\operatorname{Sin} x\,\operatorname{Cos}^3 x}$	$\dfrac{1}{2\operatorname{Cos}^2 x} + \ln|\operatorname{Tg} x|^{*} = -\dfrac{1}{2}\operatorname{Tg}^2 x + \ln|\operatorname{Tg} x|^{*} + C.$
4.1.4.	$\dfrac{1}{\operatorname{Sin} x\,\operatorname{Cos}^4 x}$	$\dfrac{1}{\operatorname{Cos} x} + \dfrac{1}{3\operatorname{Cos}^3 x} + \ln\left|\operatorname{Tg}\dfrac{x}{2}\right|^{*}.$
4.2.1.	$\dfrac{1}{\operatorname{Sin}^2 x\,\operatorname{Cos} x}$	$-\dfrac{1}{\operatorname{Sin} x} - \operatorname{arc\,tg}(\operatorname{Sin} x)^{*}.$
4.2.2.	$\dfrac{1}{\operatorname{Sin}^2 x\,\operatorname{Cos}^2 x}$	$-2\operatorname{Ctg} 2x.$
4.2.3.	$\dfrac{1}{\operatorname{Sin}^2 x\,\operatorname{Cos}^3 x}$	$-\dfrac{\operatorname{Sin} x}{2\operatorname{Cos}^2 x} - \dfrac{1}{\operatorname{Sin} x} - \dfrac{3}{2}\operatorname{arc\,tg}(\operatorname{Sin} x)^{*}.$
4.2.4.	$\dfrac{1}{\operatorname{Sin}^2 x\,\operatorname{Cos}^4 x}$	$\dfrac{1}{3\operatorname{Sin} x\,\operatorname{Cos}^3 x} - \dfrac{8}{3}\operatorname{Ctg} 2x.$
4.3.1.	$\dfrac{1}{\operatorname{Sin}^3 x\,\operatorname{Cos} x}$	$-\dfrac{1}{2\operatorname{Sin}^2 x} - \ln|\operatorname{Tg} x|^{*} = -\dfrac{1}{2}\operatorname{Ctg}^2 x + \ln|\operatorname{Ctg} x|^{*} + C.$
4.3.2.	$\dfrac{1}{\operatorname{Sin}^3 x\,\operatorname{Cos}^2 x}$	$-\dfrac{1}{\operatorname{Cos} x} - \dfrac{\operatorname{Cos} x}{2\operatorname{Sin}^2 x} - \dfrac{3}{2}\ln\left|\operatorname{Tg}\dfrac{x}{2}\right|^{*}.$
4.3.3.	$\dfrac{1}{\operatorname{Sin}^3 x\,\operatorname{Cos}^3 x}$	$-\dfrac{2\operatorname{Cos} 2x}{\operatorname{Sin}^2 2x} - 2\ln|\operatorname{Tg} x|^{*} = \dfrac{1}{2}\operatorname{Tg}^2 x - \dfrac{1}{2}\operatorname{Ctg}^2 x$ $-2\ln|\operatorname{Tg} x|^{*} + C.$

Nr.	$f(x) = J'(x)$	$J(x) = \int f(x)\, dx$
4. 3. 4.	$\dfrac{1}{\mathfrak{Sin}^3 x\, \mathfrak{Cos}^4 x}$	$-\dfrac{2}{\mathfrak{Cos}\, x} - \dfrac{1}{3\,\mathfrak{Cos}^3 x} - \dfrac{\mathfrak{Cos}\, x}{2\,\mathfrak{Sin}^2 x} - \dfrac{5}{2}\ln\left|\,\mathfrak{Tg}\,\dfrac{x}{2}\,\right|^*.$
4. 4. 1.	$\dfrac{1}{\mathfrak{Sin}^4 x\, \mathfrak{Cos}\, x}$	$\dfrac{1}{\mathfrak{Sin}\, x} - \dfrac{1}{3\,\mathfrak{Sin}^3 x} + \operatorname{arc\,tg}(\mathfrak{Sin}\, x)^*.$
4. 4. 2.	$\dfrac{1}{\mathfrak{Sin}^4 x\, \mathfrak{Cos}^2 x}$	$-\dfrac{1}{3\,\mathfrak{Cos}\, x\, \mathfrak{Sin}^3 x} + \dfrac{8}{3}\,\mathfrak{Ctg}\, x.$
4. 4. 3.	$\dfrac{1}{\mathfrak{Sin}^4 x\, \mathfrak{Cos}^3 x}$	$\dfrac{2}{\mathfrak{Sin}\, x} - \dfrac{1}{3\,\mathfrak{Sin}^3 x} + \dfrac{\mathfrak{Sin}\, x}{2\,\mathfrak{Cos}^2 x} + \dfrac{5}{2}\operatorname{arc\,tg}(\mathfrak{Sin}\, x)^*.$
4. 4. 4.	$\dfrac{1}{\mathfrak{Sin}^4 x\, \mathfrak{Cos}^4 x}$	$8\,\mathfrak{Ctg}\, 2x - \dfrac{8}{3}\,\mathfrak{Ctg}^3 2x.$
5. 1. 1.	$\dfrac{\mathfrak{Sin}\, x}{\mathfrak{Cos}\, x + 1}$	$\ln(\mathfrak{Cos}\, x + 1) = 2\ln\mathfrak{Cos}\,\dfrac{x}{2} + C.$
5. 1. 2.	$\dfrac{\mathfrak{Sin}\, x}{\mathfrak{Cos}\, x - 1}$	$\ln(\mathfrak{Cos}\, x - 1) = 2\ln\left|\,\mathfrak{Sin}\,\dfrac{x}{2}\,\right| + C.$
5. 1. 3.	$\dfrac{\mathfrak{Sin}\, x}{a + b\,\mathfrak{Cos}\, x}$	$\dfrac{1}{b}\ln|a + b\,\mathfrak{Cos}\, x|.$
5. 1. 4.	$\dfrac{\mathfrak{Sin}\, x}{(a + b\,\mathfrak{Cos}\, x)^n}$	$\dfrac{1}{(n-1)\,b\,(a + b\,\mathfrak{Cos}\, x)^{n-1}};\quad n \neq 1\ (\text{s. Nr. 5. 1. 3.}).$
5. 2. 1.	$\dfrac{\mathfrak{Cos}\, x}{1 + \mathfrak{Sin}\, x}$	$\ln|1 + \mathfrak{Sin}\, x|.$
5. 2. 2.	$\dfrac{\mathfrak{Cos}\, x}{1 - \mathfrak{Sin}\, x}$	$-\ln|1 - \mathfrak{Sin}\, x|.$
5. 2. 3.	$\dfrac{\mathfrak{Cos}\, x}{a + b\,\mathfrak{Sin}\, x}$	$\dfrac{1}{b}\ln|a + b\,\mathfrak{Sin}\, x|.$
5. 2. 4.	$\dfrac{\mathfrak{Cos}\, x}{(a + b\,\mathfrak{Sin}\, x)^n}$	$-\dfrac{1}{(n-1)\,b\,(a + b\,\mathfrak{Sin}\, x)^{n-1}};\quad n \neq 1\ (\text{s. Nr. 5. 2. 3.})$
5. 3. 1.	$\dfrac{1}{\mathfrak{Sin}\, x\,(\mathfrak{Cos}\, x + 1)}$	$-\dfrac{1}{4}\,\mathfrak{Tg}^2\,\dfrac{x}{2} + \dfrac{1}{2}\ln\left|\,\mathfrak{Tg}\,\dfrac{x}{2}\,\right|^*.$
5. 3. 2.	$\dfrac{1}{\mathfrak{Sin}\, x\,(\mathfrak{Cos}\, x - 1)}$	$-\dfrac{1}{4}\,\mathfrak{Ctg}^2\,\dfrac{x}{2} + \dfrac{1}{2}\ln\left|\,\mathfrak{Ctg}\,\dfrac{x}{2}\,\right|^*.$
5. 3. 3.	$\dfrac{1}{\mathfrak{Sin}\, x\,(a + b\,\mathfrak{Cos}\, x)}$	$\dfrac{1}{a^2 - b^2}\left[b\ln\left|\,\dfrac{a + b\,\mathfrak{Cos}\, x}{\mathfrak{Sin}\, x}\,\right| + a\ln\left|\,\mathfrak{Tg}\,\dfrac{x}{2}\,\right|^*\right];\quad a^2 \neq b^2\ (\text{s. o.}).$
5. 4. 0.	$\dfrac{1}{\mathfrak{Cos}\, x\,(a + b\,\mathfrak{Sin}\, x)}$	$\dfrac{1}{a^2 + b^2}\left[b\ln\left|\,\dfrac{a + b\,\mathfrak{Sin}\, x}{\mathfrak{Cos}\, x}\,\right| + a\operatorname{arc\,tg}(\mathfrak{Sin}\, x)^*\right];$ $a^2 = b^2$ möglich.

Nr.	$f(x) = J'(x)$	$J(x) = \int f(x)\,dx$
6.1.1.	$\dfrac{\mathfrak{Cof}\,x}{\mathfrak{Sin}\,x\,(\mathfrak{Cof}\,x + 1)}$	$\dfrac{1}{4}\,\mathfrak{Tg}^2\dfrac{x}{2} + \dfrac{1}{2}\ln\left|\mathfrak{Tg}\dfrac{x}{2}\right|^{*}$.
6.1.2.	$\dfrac{\mathfrak{Cof}\,x}{\mathfrak{Sin}\,x\,(\mathfrak{Cof}\,x - 1)}$	$-\dfrac{1}{4}\,\mathfrak{Ctg}^2\dfrac{x}{2} + \dfrac{1}{2}\ln\left|\mathfrak{Tg}\dfrac{x}{2}\right|^{*}$.
6.1.3.	$\dfrac{\mathfrak{Cof}\,x}{\mathfrak{Sin}\,x\,(a + b\,\mathfrak{Cof}\,x)}$	$\dfrac{1}{a^2 - b^2}\left[b\ln\left|\mathfrak{Tg}\dfrac{x}{2}\right|^{*} + a\ln\dfrac{\mathfrak{Sin}\,x}{a + b\,\mathfrak{Cof}\,x}\right]$; $a^2 \neq b^2$ (s.o.).
6.2.0.	$\dfrac{\mathfrak{Sin}\,x}{\mathfrak{Cof}\,x\,(a + b\,\mathfrak{Sin}\,x)}$	$\dfrac{1}{a^2 + b^2}\left[b\operatorname{arc\,tg}(\mathfrak{Sin}\,x)^{*} + a\ln\left|\dfrac{\mathfrak{Cof}\,x}{a + b\,\mathfrak{Sin}\,x}\right|\right]$; $a^2 = b^2$ möglich.
6.3.1.1.	$\dfrac{\mathfrak{Sin}\,x}{\mathfrak{Cof}\,x\,(a + b\,\mathfrak{Cof}\,x)}$	$\dfrac{1}{a}\ln\left|\dfrac{\mathfrak{Cof}\,x}{a + b\,\mathfrak{Cof}\,x}\right| = -\dfrac{1}{a}\ln\left|b + \dfrac{a}{\mathfrak{Cof}\,x}\right|$.
6.3.1.2.	$\dfrac{\mathfrak{Sin}\,x}{\mathfrak{Cof}^2 x\,(a + b\,\mathfrak{Cof}\,x)}$	$\dfrac{1}{a^2}\left(-\dfrac{a}{\mathfrak{Cof}\,x} + b\ln\left|b + \dfrac{a}{\mathfrak{Cof}\,x}\right|\right)$.
6.3.2.1.	$\dfrac{\mathfrak{Cof}\,x}{\mathfrak{Sin}\,x\,(a + b\,\mathfrak{Sin}\,x)}$	$\dfrac{1}{a}\ln\left|\dfrac{\mathfrak{Sin}\,x}{a + b\,\mathfrak{Sin}\,x}\right| = -\dfrac{1}{a}\ln\left|b + \dfrac{a}{\mathfrak{Sin}\,x}\right|$.
6.3.2.2.	$\dfrac{\mathfrak{Cof}\,x}{\mathfrak{Sin}^2 x\,(a + b\,\mathfrak{Sin}\,x)}$	$\dfrac{1}{a^2}\left(\dfrac{a}{\mathfrak{Sin}\,x} + b\ln\left|b + \dfrac{a}{\mathfrak{Sin}\,x}\right|\right)$.
6.4.1.0.1.		$\dfrac{1}{r}\int\dfrac{dx}{\mathfrak{Cof}(x + \alpha)} = \dfrac{1}{r}\operatorname{arc\,tg}[\mathfrak{Sin}(x + \alpha)]^{*}$; $r = \sqrt{a^2 - b^2}$; $a^2 > b^2$; $a > 0$; $\mathfrak{Tg}\,\alpha = b/a$.
	$\dfrac{1}{a\,\mathfrak{Cof}\,x + b\,\mathfrak{Sin}\,x}$	
6.4.1.0.2.		$\dfrac{1}{\varrho}\int\dfrac{dx}{\mathfrak{Sin}(x + \beta)} = \dfrac{1}{\varrho}\ln\left|\mathfrak{Tg}\dfrac{x + \beta}{2}\right|^{*}$; $\varrho = \sqrt{b^2 - a^2}$; $a^2 < b^2$; $b > 0$; $\mathfrak{Tg}\,\beta = a/b$.
6.4.1.1.	$\dfrac{1}{\mathfrak{Cof}\,x + \mathfrak{Sin}\,x}$	$-e^{-x} = \mathfrak{Sin}\,x - \mathfrak{Cof}\,x$.
6.4.1.2.	$\dfrac{1}{\mathfrak{Cof}\,x - \mathfrak{Sin}\,x}$	$e^{x} = \mathfrak{Sin}\,x + \mathfrak{Cof}\,x$.
6.4.2.0.	$\dfrac{1}{(a\,\mathfrak{Cof}\,x + b\,\mathfrak{Sin}\,x)^n}$	$\dfrac{1}{r^n}\int\dfrac{dz}{\mathfrak{Cof}^n z}$; nach Abs. 3.3.1.2. Nr. 2.1.0. zu lösen; $z = x + \alpha$; $a^2 > b^2$ (vgl. Nr. 6.4.1.0.1.). $\dfrac{1}{\varrho^n}\int\dfrac{du}{\mathfrak{Cof}^n u}$; nach Abs. 3.3.1.1. Nr. 2.1.0. zu lösen; $u = x + \beta$; $a^2 < b^2$ (vgl. Nr. 6.4.1.0.2.). Für $a^2 = b^2$ vgl. Nr. 6.4.1.1. u. 6.4.1.2.
6.4.3.0.	$\dfrac{\mathfrak{Cof}\,x}{a\,\mathfrak{Cof}\,x + b\,\mathfrak{Sin}\,x}$	$\dfrac{1}{r^2}[a x - b\ln\mathfrak{Cof}(x + \alpha)]$; $a^2 < b^2$, vgl. Nr. 6.4.1.0.1.; $\dfrac{1}{\varrho^2}[-a x + b\ln|\mathfrak{Sin}(x + \beta)|]$; $a^2 > b^2$, vgl. Nr. 6.4.1.0.2.; $\Big\}$ für $a^2 = b^2$ vgl. Nr. 6.4.3.1./2.

Nr.	$f(x) = J'(x)$	$J(x) = \int f(x)\, dx$
6. 4. 3. 1.	$\dfrac{\mathrm{Cof}\, x}{\mathrm{Cof}\, x + \mathrm{Sin}\, x}$	$\dfrac{1}{2}\, x - \dfrac{1}{4}\, e^{-2x}.$
6. 4. 3. 2.	$\dfrac{\mathrm{Cof}\, x}{\mathrm{Cof}\, x - \mathrm{Sin}\, x}$	$\dfrac{1}{2}\, x + \dfrac{1}{4}\, e^{2x}.$
6. 4. 4. 0.	$\dfrac{\mathrm{Sin}\, x}{a\,\mathrm{Cof}\, x + b\,\mathrm{Sin}\, x}$	$\dfrac{1}{r^2}\,[a \ln \mathrm{Cof}\,(x + \alpha) - b\,x];$ $a^2 < b^2,$ vgl. Nr. 6. 4. 1. 0. 1.; $\dfrac{1}{\varrho^2}\,[b\,x - a \ln \lvert\mathrm{Sin}\,(x + \beta)\rvert];$ $a^2 > b^2,$ vgl. Nr. 6. 4. 1. 0. 2.; für $a^2 = b^2$ vgl. Nr. 6. 4. 4. 1./2.
6. 4. 4. 1.	$\dfrac{\mathrm{Sin}\, x}{\mathrm{Cof}\, x + \mathrm{Sin}\, x}$	$\dfrac{1}{2}\, x + \dfrac{1}{4}\, e^{-2x}.$
6. 4. 4. 2.	$\dfrac{\mathrm{Sin}\, x}{\mathrm{Cof}\, x - \mathrm{Sin}\, x}$	$-\dfrac{1}{2}\, x + \dfrac{1}{4}\, e^{2x}.$
7. 1. 1. 1.	$\dfrac{\mathrm{Cof}\, x}{a^2 + \mathrm{Sin}^2 x}$	$\dfrac{1}{a}\,\mathrm{arc\ tg}\left(\dfrac{\mathrm{Sin}\, x}{a}\right);$ für $a = 1$ folgt $\mathrm{arc\ tg}\,(\mathrm{Sin}\, x)*;$ vgl. Abs. 3. 3. 1. 2. Nr. 2. 1. 1.
7. 1. 1. 2.	$\dfrac{\mathrm{Cof}\, x}{a^2 - \mathrm{Sin}^2 x}$	$\dfrac{1}{a}\,\mathrm{Ar\ Tg}\left(\dfrac{\mathrm{Sin}\, x}{a}\right),$ wenn $\mathrm{Sin}^2 x < a^2;$ $\dfrac{1}{a}\,\mathrm{Ar\ Ctg}\left(\dfrac{\mathrm{Sin}\, x}{a}\right),$ wenn $\mathrm{Sin}^2 x > a^2;$ oder $\dfrac{1}{2a}\,\ln\left\lvert\dfrac{a + \mathrm{Sin}\, x}{a - \mathrm{Sin}\, x}\right\rvert;$ $a^2 = 1$ möglich.
7. 1. 2. 1.	$\dfrac{\mathrm{Sin}\, x}{a^2 + \mathrm{Cof}^2 x}$	$\dfrac{1}{a}\,\mathrm{arc\ tg}\left(\dfrac{\mathrm{Cof}\, x}{a}\right);$ für $a = 1$ folgt $\mathrm{arc\ tg}\,(\mathrm{Cof}\, x).$
7. 1. 2. 2. 0.	$\dfrac{\mathrm{Sin}\, x}{a^2 - \mathrm{Cof}^2 x}$	$\dfrac{1}{a}\,\mathrm{Ar\ Tg}\left(\dfrac{\mathrm{Cof}\, x}{a}\right),$ wenn $\mathrm{Cof}^2 x < a^2.$ $\dfrac{1}{a}\,\mathrm{Ar\ Ctg}\left(\dfrac{\mathrm{Cof}\, x}{a}\right),$ wenn $\mathrm{Cof}^2 x > a^2$ oder $\dfrac{1}{2a}\,\ln\left\lvert\dfrac{a + \mathrm{Cof}\, x}{a - \mathrm{Cof}\, x}\right\rvert;$ für $a^2 = 1$ s. u.
7. 1. 2. 2. 1.	$\dfrac{\mathrm{Sin}\, x}{1 - \mathrm{Cof}^2 x}$	$-\displaystyle\int \dfrac{dx}{\mathrm{Sin}\, x};$ vgl. Abs. 3. 3. 1. 1. Nr. 2. 1. 1.
7. 2. 1. 1.	$\dfrac{\mathrm{Cof}\, x}{\sqrt{a^2 + \mathrm{Sin}^2 x}}$	$\mathrm{Ar\ Sin}\left(\dfrac{\mathrm{Sin}\, x}{a}\right) = \ln\left(\mathrm{Sin}\, x + \sqrt{a^2 + \mathrm{Sin}^2 x}\right) + C.$

Nr.	$f(x) = J'(x)$	$J(x) = \int f(x)\,dx$
7.2.1.2.	$\dfrac{\operatorname{Cof} x}{\sqrt{a^2 - \operatorname{Sin}^2 x}}$	$\arcsin\left(\dfrac{\operatorname{Sin} x}{a}\right);\quad \operatorname{Sin}^2 x \leqq a^2.$
7.2.1.3.	$\dfrac{\operatorname{Cof} x}{\sqrt{\operatorname{Sin}^2 x - a^2}}$	$\operatorname{Ar\,Cof}\left\|\dfrac{\operatorname{Sin} x}{a}\right\| \qquad \operatorname{Sin}^2 x \geqq a^2;$ $= \ln\|\operatorname{Sin} x + \sqrt{\operatorname{Sin}^2 x - a^2}\| + C.$
7.2.2.1.	$\dfrac{\operatorname{Sin} x}{\sqrt{a^2 + \operatorname{Cof}^2 x}}$	$\operatorname{Ar\,Sin}\left(\dfrac{\operatorname{Cof} x}{a}\right)$ $= \ln(\operatorname{Cof} x + \sqrt{a^2 + \operatorname{Cof}^2 x}) + C.$
7.2.2.2.	$\dfrac{\operatorname{Sin} x}{\sqrt{a^2 - \operatorname{Cof}^2 x}}$	$\arcsin\left(\dfrac{\operatorname{Cof} x}{a}\right);\quad \operatorname{Cof}^2 x \leqq a^2;\quad a^2 > 1.$
7.2.2.3.	$\dfrac{\operatorname{Sin} x}{\sqrt{\operatorname{Cof}^2 x - a^2}}$	$\operatorname{Ar\,Cof}\left(\dfrac{\operatorname{Cof} x}{a}\right) \qquad \operatorname{Cof}^2 x \geqq a^2;$ $= \ln\|\operatorname{Cof} x + \sqrt{\operatorname{Cof}^2 x - a^2}\| + C.$
8.	$\dfrac{\operatorname{Sin}^2 x \,\operatorname{Cof}^2 x}{(\operatorname{Cof}^3 x - \operatorname{Sin}^3 x)^2}$	$\dfrac{1}{3(1 - \operatorname{Tg}^3 x)}.$
10.0.	$f(a\operatorname{Cof}^2 x + b\operatorname{Sin}^2 x)\,\operatorname{Sin} x\,\operatorname{Cof} x$	$\dfrac{1}{2(b+a)}\displaystyle\int f(z)\,dz;\ z = a\operatorname{Cof}^2 x + b\operatorname{Sin}^2 x;$ $b + a \neq 0.$
10.1.1.	$(a\operatorname{Cof}^2 x + b\operatorname{Sin}^2 x)^n\,\operatorname{Sin} x\,\operatorname{Cof} x$	$\dfrac{1}{2(n+1)(b+a)}\,z^{n+1};\ z\ \text{vgl. } 10.0.;$ $n \neq -1;\ b + a \neq 0.$
10.1.1.1.	$\dfrac{\operatorname{Sin} x\,\operatorname{Cof} x}{a\operatorname{Cof}^2 x + b\operatorname{Sin}^2 x}$	$\dfrac{1}{2(b+a)}\,\ln\|z\|;\ z\ \text{vgl. } 10.0.;\ b + a \neq 0.$
10.1.1.2.	$\dfrac{\operatorname{Sin} x\,\operatorname{Cof} x}{\sqrt{a\operatorname{Cof}^2 x + b\operatorname{Sin}^2 x}}$	$\dfrac{1}{b+a}\,\sqrt{z};\ z\ \text{vgl. } 10.0.;\ b + a \neq 0.$
10.1.1.3.	$\sqrt{a\operatorname{Cof}^2 x + b\operatorname{Sin}^2 x}\,\operatorname{Sin} x\,\operatorname{Cof} x$	$\dfrac{1}{3(b+a)}\,(\sqrt{z})^3;\ z\ \text{vgl. } 10.0.;\ b + a \neq 0.$
10.2.	$e^{a\operatorname{Cof}^2 x + b\operatorname{Sin}^2 x}\,\operatorname{Sin} x\,\operatorname{Cof} x$	$\dfrac{1}{2(a+b)}\,e^{a\operatorname{Cof}^2 x + b\operatorname{Sin}^2 x};\ b + a = 0.$
10.3.0.1.	$f(\operatorname{Sin}^m x)\,\operatorname{Cof} x\,\operatorname{Sin}^{m-1} x$	$\dfrac{1}{m}\displaystyle\int f(z)\,dz;\ z = \operatorname{Sin}^m x.$
10.3.0.2.	$f(\operatorname{Cof}^m x)\,\operatorname{Sin} x\,\operatorname{Cof}^{m-1} x$	$\dfrac{1}{m}\displaystyle\int f(z)\,dz;\ z = \operatorname{Cof}^m x.$
10.3.1.	$\operatorname{Sin}^{2m-1} x\,\operatorname{Cof} x$	$\dfrac{1}{2m}\,\operatorname{Sin}^{2m} x;\ m \neq 0.$

Nr.	$f(x) = J'(x)$	$J(x) = \int f(x)\, dx$
10. 3. 2.	$\mathfrak{Cos}^{2m-1} x\, \mathfrak{Sin}\, x$	$\dfrac{1}{2\,m}\,\mathfrak{Cos}^{2m} x;\quad m \neq 0.$
11. 1. 1.	$\dfrac{1}{\mathfrak{Cos}^2 x\,(\alpha + \beta\,\mathfrak{Sin}^2 x)}$	$\dfrac{1}{\alpha - \beta}\left[-\beta\int\dfrac{dx}{\alpha + \beta\,\mathfrak{Sin}^2 x} + \mathfrak{Tg}\, x\right];$ $\alpha + \beta \neq 0;\ \text{ s. Nr. 3. 3. 1. 1. Nr. 3. 6. 1}$
11. 1. 2.	$\dfrac{1}{\mathfrak{Sin}^2 x\,(\alpha + \beta\,\mathfrak{Cos}^2 x)}$	$-\dfrac{1}{\alpha + \beta}\left[\beta\int\dfrac{dx}{\alpha + \beta\,\mathfrak{Cos}^2 x} + \mathfrak{Ctg}\, x\right];$ $\alpha + \beta \neq 0;\ \text{ s. Nr. 3. 3. 1. 2. Nr. 3. 6. 1.}$
11. 2. 1. 1.	$\dfrac{1}{\mathfrak{Cos}^4 x\,(\gamma + \delta\,\mathfrak{Sin}^2 x)}$	$\dfrac{1}{(\gamma - \delta)^2}\left[(\gamma - 2\,\delta)\,\mathfrak{Tg}\, x + \dfrac{1}{3}\,(\delta - \gamma)\,\mathfrak{Tg}^3 x\right.$ $\left.+\,\delta^2\int\dfrac{dx}{\beta + \delta\,\mathfrak{Sin}^2 x}\right];\ \gamma \neq \delta\ \ \begin{array}{l}(\text{s. } 3. 3. 1. 2.\\ \text{Nr. } 2. 1. 6.);\end{array}$ Integral s. 3. 3. 1. 1. Nr. 3. 6. 1.
11. 2. 1. 2.	$\dfrac{1}{\mathfrak{Sin}^4 x\,(\gamma + \delta\,\mathfrak{Cos}^2 x)}$	$\dfrac{1}{(\gamma + \delta)^2}\left[(\gamma + 2\,\delta)\,\mathfrak{Ctg}\, x - \dfrac{1}{3}\,(\gamma + \delta)\,\mathfrak{Ctg}^3 x\right.$ $\left.+\,\delta^2\int\dfrac{dx}{\gamma + \delta\,\mathfrak{Cos}^2 x}\right];\ \gamma + \delta \neq 0\ \ \begin{array}{l}(\text{s. } 3. 3. 1. 3.\\ \text{Nr. } 2. 1. 6.);\end{array}$ Integral s. 3. 3. 1. 2. Nr. 3. 6. 1.
11. 2. 2. 1.	$\dfrac{1}{\mathfrak{Cos}^2 x\,(\alpha + \beta\,\mathfrak{Sin}^2 x)^2}$	$\dfrac{1}{2\,(\beta - \alpha)^2}\left[\dfrac{\beta}{\alpha}\,(c\,J_s + \beta\,\Psi_s) + 2\,\mathfrak{Tg}\, x\right];\ \beta \neq \alpha\,(\text{s. } 4\ 4. 2.);$ $J_s = \int\dfrac{dx}{\alpha + \beta\,\mathfrak{Sin}^2 x}\ (\text{s. } 3. 3. 1. 1.\ \text{Nr. } 3. 6. 1);$ $\Psi_s = \dfrac{\mathfrak{Sin}\, x\,\mathfrak{Cos}\, x}{\alpha + \beta\,\mathfrak{Sin}^2 x};\quad c = \beta - 4\,\alpha.$
11. 2. 2 2.	$\dfrac{1}{\mathfrak{Sin}^2 x\,(\alpha + \beta\,\mathfrak{Cos}^2 x)^2}$	$\dfrac{1}{2\,(\alpha + \beta)^2}\left[\dfrac{\beta}{\alpha}\,(c\,J_c - \beta\,\Psi_c) - 2\,\mathfrak{Ctg}\, x\right];\ \alpha + \beta \neq 0$ $(\text{s. } 4. 2. 4.);$ $J_c = \int\dfrac{dx}{\alpha + \beta\,\mathfrak{Cos}^2 x}\ (\text{s. } 3. 3. 1. 3.\ \text{Nr. } 3. 6. 1.);$ $\Psi_c = \dfrac{\mathfrak{Sin}\, x\,\mathfrak{Cos}\, x}{\alpha + \beta\,\mathfrak{Cos}^2 x};\quad c = \beta - 4\,\alpha.$
11. 3. 1. 1.	$\dfrac{\mathfrak{Sin}^2 x}{\mathfrak{Cos}^4 x\,(\alpha + \beta\,\mathfrak{Sin}^2 x)}$	$\dfrac{1}{(\beta - \alpha)^3}\left[\dfrac{1}{3}\,(\beta - \alpha)\,\mathfrak{Tg}^3 x - \beta\,\mathfrak{Tg}\, x + \alpha\,\beta\,J_s\right];$ J_s s. 11. 2. 2. 1.;$\ \beta \neq \alpha^{1}).$

---

[1] $\alpha = \beta = 1$ liefert $\int\dfrac{\mathfrak{Sin}^2 x}{\mathfrak{Cos}^6 x}\, dx = -\dfrac{1}{5}\,\mathfrak{Tg}^5 x + \dfrac{1}{3}\,\mathfrak{Tg}^3 x.$

Nr.	$f(x) = J'(x)$	$J(x) = \int f(x)\,dx$
11.3.1.2.	$\dfrac{\mathfrak{Cof}^2 x}{\mathfrak{Sin}^4 x(\alpha+\beta\,\mathfrak{Cof}^2 x)}$	$-\dfrac{1}{(\alpha+\beta)^3}\left[\dfrac{1}{3}(\alpha+\beta)\mathfrak{Ctg}^3 x+\beta\,\mathfrak{Ctg}\,x+\alpha\beta J_c\right];$ J_c s. 11.2.2.1.; $\;\alpha+\beta\neq0\,^1$).
11.3.2.1.	$\dfrac{\mathfrak{Tg}^2 x}{(\alpha+\beta\,\mathfrak{Sin}^2 x)^2}$	$\dfrac{1}{2(\alpha+\beta)^3}\left[(\beta+2\alpha)J_s-\beta\Psi_s-2\mathfrak{Tg}\,x\right];$ $J_s,\;\Psi_s$ s. 11.2.2.1.; $\;\alpha+\beta\neq0\,^2$).
11.3.2.2.	$\dfrac{\mathfrak{Ctg}^2 x}{(\alpha+\beta\,\mathfrak{Cof}^2 x)^2}$	$\dfrac{1}{2(\alpha+\beta)}\left[(2\alpha-\beta)J_c-\beta\Psi_c-2\mathfrak{Ctg}\,x\right];$ $J_c,\;\Psi_c$ s. 11.2.2.2.; $\;\alpha+\beta\neq0\,^1$).
11.3.3.1.1.	$\dfrac{\mathfrak{Tg}^4 x}{\alpha+\beta\,\mathfrak{Sin}^2 x}$	$\dfrac{1}{(\beta-\alpha)^2}\left[\dfrac{1}{3}(\beta-\alpha)\mathfrak{Tg}^3 x-\alpha\,\mathfrak{Tg}\,x+\alpha^2 J_s\right];$ vgl. 11.2.2.1.; $\beta\neq\alpha\left(\alpha=\beta=1\ \text{liefert}\ \dfrac{1}{5}\mathfrak{Tg}^5 x\right).$
11.3.3.1.2.	$\dfrac{\mathfrak{Ctg}^4 x}{a+\beta\,\mathfrak{Cof}^2 x}$	$\dfrac{1}{(\alpha+\beta)^2}\left[\alpha^2 J_c-\alpha\,\mathfrak{Ctg}\,x-\dfrac{1}{3}(\alpha+\beta)\mathfrak{Ctg}^3 x\right];$ vgl. 11.2.2.2.; $\alpha+\beta\neq0\left(\beta=-\alpha=1\ \text{liefert}\ -\dfrac{1}{5}\mathfrak{Ctg}^5 x\right).$
11.3.3.2.1.	$\dfrac{\mathfrak{Sin}^4 x}{\mathfrak{Cof}^2 x(\alpha+\beta\,\mathfrak{Sin}^2 x)^2}$	$\dfrac{1}{2(\beta-\alpha)^2}\left[-3\alpha J_s+\alpha\Psi_s+2\mathfrak{Tg}\,x\right];$ vgl. 11.2.2.1.; $\;\beta\neq\alpha$ (s. 11.3.3.1.1.).
11.3.3.2.2.	$\dfrac{\mathfrak{Cof}^4 x}{\mathfrak{Sin}^2 x(\alpha+\beta\,\mathfrak{Cof}^2 x)^2}$	$\dfrac{1}{2(\alpha+\beta)^2}\left[3\alpha J_c+\alpha\Psi_c-2\mathfrak{Ctg}\,x\right];$ vgl. 11.2.2.2.; $\;\alpha+\beta\neq0$ (s. 11.3.3.1.2.).
11.4.1.	$\dfrac{\mathfrak{Cof}^2 x}{(\alpha+\beta\,\mathfrak{Sin}^2 x)^2}$	$\dfrac{1}{2\alpha}[J_s+\Psi_s];$ vgl. 11.2.2.1.
11.4.2.	$\dfrac{\mathfrak{Sin}^2 x}{(\alpha+\beta\,\mathfrak{Cof}^2 x)^2}$	$\dfrac{1}{2\alpha}[J_c-\Psi_c];$ vgl. 11.2.2.2.
11.5.1.1.	$\dfrac{1}{\mathfrak{Cof}^4 x(\alpha+\beta\,\mathfrak{Sin}^2 x)^2}$	$\dfrac{1}{(\beta-\alpha)^3}\left[(3\beta-\alpha)\mathfrak{Tg}\,x+\dfrac{1}{3}(\beta-\alpha)\mathfrak{Tg}^3 x\right.$ $\left.+\dfrac{\beta^2}{2\alpha}(cJ_s+\beta\Psi_s)\right];\ J_s,\;\Psi_s$ vgl. 11.2.2.1.; $c=\beta-6\alpha;\;\beta\neq\alpha$ (s. 3.2.1.2. Nr. 2.1.8.).

---

^{1}) $\beta=-\alpha=1$ liefert $\int\dfrac{\mathfrak{Cof}^2 x}{\mathfrak{Sin}^6 x}\,dx=-\dfrac{1}{5}\mathfrak{Ctg}^5 x+\dfrac{1}{3}\mathfrak{Ctg}^3 x.$

^{2}) Siehe Anm. 1 S. 217.

Nr.	$f(x) = J'(x)$	$J(x) = \int f(x)\,dx$
11.5.1.2.	$\dfrac{1}{\operatorname{Sin}^4 x\,(\alpha + \beta \operatorname{Cos}^2 x)^2}$	$\dfrac{1}{(\alpha+\beta)^3}\left[(3\beta+\alpha)\operatorname{Ctg} x - \dfrac{1}{3}(\alpha+\beta)\operatorname{Ctg}^3 x \right.$ $\left. + \dfrac{\beta^2}{2\alpha}(cJ_c - \beta\,\Psi_c)\right];\ J_c,\ \Psi_c\ \text{vgl. } 11.2.2.2.;$ $c = \beta+6\alpha;\ \alpha+\beta \neq 0\ \text{(s. 3.2.1.1. Nr. 2.1.8)}.$
11.5.2.1.	$\dfrac{\operatorname{Sin}^2 x}{\operatorname{Cos}^4 x\,(\alpha + \beta \operatorname{Sin}^2 x)^2}$	$\dfrac{1}{(\beta-\alpha)^3}\left[\dfrac{1}{3}(\beta-\alpha)\operatorname{Tg}^3 x - 2\beta\operatorname{Tg} x \right.$ $\left. - \dfrac{\alpha}{2}(cJ_s + \beta\,\Psi_s)\right];\ J_s,\ \Psi_s\ \text{vgl. } 11.2.2.1.;$ $c = \beta+4\alpha;\ \beta \neq \alpha\,{}^{[1]}.$
11.5.2.2.	$\dfrac{\operatorname{Cos}^2 x}{\operatorname{Sin}^4 x\,(\alpha + \beta \operatorname{Cos}^2 x)^2}$	$-\dfrac{1}{(\alpha+\beta)^3}\left[\dfrac{1}{3}(\alpha+\beta)\operatorname{Ctg}^3 x - 2\beta\operatorname{Ctg} x \right.$ $\left. + \dfrac{\alpha}{2}(cJ_c + \beta\,\Psi_c)\right];\ J_c,\ \Psi_c\ \text{vgl. } 11.2.2.2.;$ $c = 4\alpha-\beta;\ \alpha+\beta \neq 0\,{}^{[2]}.$
11.5.3.1.	$\dfrac{\operatorname{Tg}^4 x}{(\alpha + \beta \operatorname{Sin}^2 x)^2}$	$\dfrac{1}{(\beta-\alpha)^3}\left[(\alpha+\beta)\operatorname{Tg} x - \dfrac{1}{3}(\beta-\alpha)\operatorname{Tg}^3 x \right.$ $\left. - \dfrac{\alpha}{2}(cJ_s + \beta\,\Psi_s)\right];\ J_s,\ \Psi_s\ \text{vgl. } 11.2.2.1.;$ $c = 3\beta+2\alpha;\ \alpha+\beta\,{}^{[3]}.$
11.5.3.2.	$\dfrac{\operatorname{Ctg}^4 x}{(\alpha + \beta \operatorname{Cos}^2 x)^2}$	$-\dfrac{1}{(\alpha+\beta)^3}\left[\dfrac{1}{3}(\alpha+\beta)\operatorname{Ctg}^3 x + (\beta-\alpha)\operatorname{Ctg} x \right.$ $\left. + \dfrac{\alpha}{2}(cJ_c - \beta\,\Psi_c)\right];\ J_c,\ \Psi_c\ \text{vgl. } 11.2.2.2.;$ $c = 3\beta-2\alpha;\ \alpha+\beta \neq 0\,{}^{[4]}.$
11.5.4.1.	$\dfrac{\operatorname{Sin}^6 x}{\operatorname{Cos}^4 x\,(\alpha + \beta \operatorname{Sin}^2 x)^2}$	$\dfrac{1}{(\beta-\alpha)^3}\left[\dfrac{1}{3}(\beta-\alpha)\operatorname{Tg}^3 x - 2\alpha\operatorname{Tg} x \right.$ $\left. + \dfrac{1}{2}\alpha^2(5J_s - \Psi_s)\right];\ J_s,\ \Psi_s\ \text{vgl. } 11.2.2.1.;$ $\alpha+\beta\,{}^{[5]}.$

[1] $\alpha = \beta = 1$ liefert $\displaystyle\int \frac{\operatorname{Sin}^2 x}{\operatorname{Cos}^8 x}\,dx = \frac{1}{7}\operatorname{Tg}^7 x + \frac{2}{5}\operatorname{Tg}^5 x + \frac{1}{3}\operatorname{Tg}^3 x.$

[2] $\beta = -\alpha = 1$ „ $\displaystyle\int \frac{\operatorname{Cos}^2 x}{\operatorname{Sin}^8 x}\,dx = -\frac{1}{7}\operatorname{Ctg}^7 x + \frac{2}{5}\operatorname{Ctg}^5 x - \frac{1}{3}\operatorname{Ctg}^3 x.$

[3] $\alpha = \beta = 1$ „ $\displaystyle\int \frac{\operatorname{Sin}^4 x}{\operatorname{Cos}^8 x}\,dx = -\frac{1}{7}\operatorname{Tg}^7 x + \frac{1}{5}\operatorname{Tg}^5 x.$

[4] $\beta = -\alpha = 1$ „ $\displaystyle\int \frac{\operatorname{Cos}^4 x}{\operatorname{Sin}^8 x}\,dx = -\frac{1}{7}\operatorname{Ctg}^7 x + \frac{1}{5}\operatorname{Ctg}^5 x.$

[5] $\alpha = \beta = 1$ „ $\displaystyle\int \frac{\operatorname{Sin}^6 x}{\operatorname{Cos}^8 x}\,dx = \frac{1}{7}\operatorname{Tg}^7 x.$

Nr.	$f(x) = J'(x)$	$J(x) = \int f(x)\,dx$
11. 5. 4. 2.	$\dfrac{\operatorname{Cof}^6 x}{\operatorname{Sin}^4 x\,(\alpha + \beta\,\operatorname{Cof}^2 x)^2}$	$\dfrac{1}{(\alpha+\beta)^3}\left[\dfrac{1}{3}(\alpha+\beta)\operatorname{Ctg}^3 x - 2\,\alpha\,\operatorname{Ctg} x + \dfrac{1}{2}\alpha^2(5\,J_c + \Psi_c)\right];$ $J_c,\ \Psi_c$ vgl. 11. 2. 2. 2.; $\alpha+\beta \neq 0$ [1]).
11. 6. 1.	$R(\operatorname{Cof} x,\ \operatorname{Sin} x)$ [2])	$\displaystyle\int R\left(\dfrac{1+t^2}{1-t^2},\ \dfrac{2t}{1-t^2}\right)\dfrac{2\,dt}{1-t^2};$ $t = \operatorname{Tg}\dfrac{x}{2}.$
11. 6. 2.	$R(\operatorname{Cof}^2 x,\ \operatorname{Sin}^2 x,\ \operatorname{Sin} x,\ \operatorname{Cof} x)$ [3])	$\displaystyle\int R\left(\dfrac{1}{1-t^2},\ \dfrac{t^2}{1-t^2},\ \dfrac{t}{1-t^2}\right)\dfrac{dt}{1-t^2};$ $t = \operatorname{Tg} x.$
12. 1. 1.	$\dfrac{\operatorname{Cof} x}{(\alpha+\beta\,\operatorname{Sin} x)^q \cdot \sqrt{(a^2\,\operatorname{Sin}^2 x + 2b\,\operatorname{Sin} x + c)^n}}$	$u = \operatorname{Sin} x;$ $\dfrac{1}{\beta^q}\displaystyle\int \dfrac{du}{(u+f)^q\sqrt{(a\,u^2 + 2b\,u + c)^n}};$
12. 1. 2.	$\dfrac{\operatorname{Sin} x}{(\alpha+\beta\,\operatorname{Cof} x)^q \cdot \sqrt{(a^2\,\operatorname{Cof}^2 x + 2b\,\operatorname{Cof} x + c)^n}}$	$u = \operatorname{Cof} x;$ $f = \alpha/\beta;$ vgl. Abs. 2. 2. 6. 2. Nr. 4. 0. u. 4. 1.; für $\alpha = 0$ vgl. a. 1. 2. 0. usw., ferner 2. 2. 0.
12. 2. 1.	$\dfrac{\operatorname{Cof} x}{\operatorname{Sin}^p x\,\sqrt{(a + b\,\operatorname{Sin} x)^n}}$	$u = \operatorname{Sin} x;$
12. 2. 2.	$\dfrac{\operatorname{Sin} x}{\operatorname{Cof}^p x\,\sqrt{(a + b\,\operatorname{Cof} x)^n}}$	$\left.\rule{0pt}{22pt}\right\}\displaystyle\int \dfrac{du}{u^p\,\sqrt{(a + b\,u)^n}};$ vgl. Abs. 2. 2. 2. 2. Nr. 2. 1. 2. 0.; $u = \operatorname{Cof} x.$
12. 2. 3.	$\dfrac{\operatorname{Ctg} x}{\sqrt{a + b\,\operatorname{Sin} x}}$	$2\sqrt{\triangle}\ \operatorname{Ar\,Ctg}\sqrt{\dfrac{a + b\,u}{\triangle}}^{\,*};\ b\,u > 0;$
12. 2. 4.	$\dfrac{\operatorname{Tg} x}{\sqrt{a + b\,\operatorname{Cof} x}}$	$2\sqrt{\triangle}\ \operatorname{Ar\,Tg}\sqrt{\dfrac{a + b\,u}{\triangle}}^{\,*};\ b\,u < 0;$ $\Big\}\ \triangle >$
12. 3. 1.	$\dfrac{\operatorname{Sin} x\,\sqrt{a + b\,\operatorname{Cof} x}}{\gamma + \delta\,\operatorname{Cof} x}$	$2\sqrt{-\triangle}\ \operatorname{Ar\,Tg}\sqrt{\dfrac{a + b\,u}{-\triangle}}^{\,*};\ \ \triangle < 0.$
12. 3. 2.	$\dfrac{\operatorname{Cof} x\,\sqrt{a + b\,\operatorname{Sin} x}}{\gamma + \delta\,\operatorname{Sin} x}$	

[1]) $\beta = -\alpha = 1$ liefert $\displaystyle\int \dfrac{\operatorname{Cof}^6 x}{\operatorname{Sin}^8 x}\,dx = -\dfrac{1}{7}\operatorname{Ctg}^7 x.$

[2]) Rationaler Ausdruck in $\operatorname{Cof} x,\ \operatorname{Sin} x.$ [3]) Rationaler Ausdruck in $\operatorname{Cof}^2 x,\ \operatorname{Sin}^2 x,\ \operatorname{Sin} x,\ \operatorname{Cof} x.$

Nr.	$f(x) = J'(x)$	$J(x) = \int f(x)\,dx$
		Hierin ist bei
		12. 2. 3. $u = \mathfrak{Sin}\,x$ und $\triangle = a$;
		12. 2. 4. $u = \mathfrak{Cof}\,x$ und $\triangle = a$;
		12. 3. 1. $u = \mathfrak{Cof}\,x$ und $\triangle = \dfrac{1}{\delta}\,(a\,\delta - b\,\gamma) = \triangle_1 \neq 0$;
		12. 3. 2. $u = \mathfrak{Sin}\,x$ und $\triangle = \triangle_1$.

3. 3. 1. 4. *Der Integrand enthält* $\mathfrak{Tg}\,x$.

Nr.	$f(x) = J'(x)$	$J(x) = \int f(x)\,dx$
1. 0.	$\mathfrak{Tg}\,x$	$\ln \mathfrak{Cof}\,x$.
1. 1.	$\mathfrak{Tg}\,k\,x$	$\dfrac{1}{k}\,\ln \mathfrak{Cof}\,k\,x$.
2. 0.	$\mathfrak{Tg}^n\,x$	$-\dfrac{\mathfrak{Tg}^{n-1}\,x}{n-1} + \int \mathfrak{Tg}^{n-2}\,x\,dx;\; n > 1.$ (Für $n < 1$ s. Abs. 3.3 1.5. Nr. 2).
2. 1.	$\mathfrak{Tg}^2\,x$	$-\mathfrak{Tg}\,x + x.$
2. 2.	$\mathfrak{Tg}^3\,x$	$-\dfrac{1}{2}\,\mathfrak{Tg}^2\,x + \ln \mathfrak{Cof}\,x = \dfrac{1}{2\,\mathfrak{Cof}^2\,x} + \ln \mathfrak{Cof}\,x + C.$
2. 3.	$\mathfrak{Tg}^4\,x$	$-\dfrac{1}{3}\,\mathfrak{Tg}^3\,x - \mathfrak{Tg}\,x + x.$
3. 0.	$\dfrac{1}{x\,\mathfrak{Tg}\,x + b}$	$\displaystyle\int \dfrac{\mathfrak{Cof}\,x}{a\,\mathfrak{Sin}\,x + b\,\mathfrak{Cof}\,x}\,dx;$ vgl. Abs. 3. 3. 1. 3. Nr. 5 … u. Nr. 6 (dort weitere ähnliche Integrale).
4. 0.	$\sqrt{\mathfrak{Tg}\,x}$	$\mathfrak{Ar}\,\mathfrak{Tg}\,(\sqrt{\mathfrak{Tg}\,x})^* - \mathrm{arc\ tg}\,(\sqrt{\mathfrak{Tg}\,x}).$

3. 3. 1. 5. *Der Integrand enthält* $\mathfrak{Ctg}\,x$.

Nr.	$f(x) = J'(x)$	$J(x) = \int f(x)\,dx$
1. 0.	$\mathfrak{Ctg}\,x$	$\ln |\mathfrak{Sin}\,x|.$
1. 1.	$\mathfrak{Ctg}\,k\,x$	$\dfrac{1}{k}\,\ln |\mathfrak{Sin}\,k\,x|.$
2. 0.	$\mathfrak{Ctg}^n\,x$	$-\dfrac{\mathfrak{Ctg}^{n-1}\,x}{n-1} + \int \mathfrak{Ctg}^{n-2}\,x\,dx;\; n > 1.$ (Für $n < 1$ vgl. Abs. 3.3.1.5. Nr. 2).
2. 1.	$\mathfrak{Ctg}^2\,x$	$-\mathfrak{Ctg}\,x + x.$
2. 2.	$\mathfrak{Ctg}^3\,x$	$-\dfrac{1}{2}\,\mathfrak{Ctg}^2\,x + \ln |\mathfrak{Sin}\,x|$ $= -\dfrac{1}{2\,\mathfrak{Sin}^2\,x} + \ln |\mathfrak{Sin}\,x| + C.$
2. 3.	$\mathfrak{Ctg}^4\,x$	$-\dfrac{1}{3}\,\mathfrak{Ctg}^3\,x - \mathfrak{Ctg}\,x + x.$

Nr.	$f(x) = J'(x)$	$J(x) = \int f(x)\,dx$
3. 0.	$\dfrac{1}{a + b\operatorname{\mathfrak{Ctg}} x}$	$\displaystyle\int \frac{\operatorname{\mathfrak{Sin}} x}{a\operatorname{\mathfrak{Sin}} x + b\operatorname{\mathfrak{Cof}} x}\,dx;$ vgl. Abs. 3. 3. 1. 3. Nr. 5 … u. Nr. 6 (dort weitere, ähnliche Integrale).
4. 0.	$\sqrt{\operatorname{\mathfrak{Ctg}} x}$	$\operatorname{\mathfrak{Ar\,Ctg}} (\sqrt{\operatorname{\mathfrak{Ctg}} x})^* - \operatorname{arc\,tg} (\sqrt{\operatorname{\mathfrak{Ctg}} x}).$

3. 2. 2. Area-Funktionen.

3. 2. 2. 1. Der Integrand enthält $\operatorname{\mathfrak{Ar\,Sin}} x^*$.

Nr.	$f(x) = J'(x)$	$J(x) = \int f(x)\,dx$
1. 0.	$\operatorname{\mathfrak{Ar\,Sin}} x$	$x\operatorname{\mathfrak{Ar\,Sin}} x - \sqrt{x^2 + 1}.$
1. 1.	$\operatorname{\mathfrak{Ar\,Sin}} \dfrac{x}{a}$	$x\operatorname{\mathfrak{Ar\,Sin}} \dfrac{x}{a} - \sqrt{x^2 + a^2}.$
2. 0.	$\left(\operatorname{\mathfrak{Ar\,Sin}} \dfrac{x}{a}\right)^n$	$a\displaystyle\int z^n \operatorname{\mathfrak{Cof}} z\,dz;$ nach Abs. 4.3.1.2. Nr. 1. 1. … zu lösen; $z = \operatorname{\mathfrak{Ar\,Sin}} \dfrac{x}{a}$ oder $x = a\operatorname{\mathfrak{Sin}} z,\ \operatorname{\mathfrak{Cof}} z = \dfrac{1}{a}\sqrt{x^2 + a^2}.$
2. 1.	$\left(\operatorname{\mathfrak{Ar\,Sin}} \dfrac{x}{a}\right)^2$	$x\left(\operatorname{\mathfrak{Ar\,Sin}} \dfrac{x}{a}\right)^2 - 2\sqrt{x^2 + a^2}\,\operatorname{\mathfrak{Ar\,Sin}} \dfrac{x}{a} - 2x.$
2. 2.	$\left(\operatorname{\mathfrak{Ar\,Sin}} \dfrac{x}{a}\right)^3$	$x\left(\operatorname{\mathfrak{Ar\,Sin}} \dfrac{x}{a}\right)^2 - 3\sqrt{x^2 + a^2}\left(\operatorname{\mathfrak{Ar\,Sin}} \dfrac{x}{a}\right)^2 + 6x\operatorname{\mathfrak{Ar\,Sin}} \dfrac{x}{a} - 6\sqrt{x^2 + a^2}.$
3. 0.	$\dfrac{1}{\left(\operatorname{\mathfrak{Ar\,Sin}} \dfrac{x}{a}\right)^n}$	$a\displaystyle\int \frac{\operatorname{\mathfrak{Cof}} z}{z^n}\,dz;$ nach Abs. 4.3.1.2. Nr. 1.2.0.1. zu lösen; $z = \operatorname{\mathfrak{Ar\,Sin}} \dfrac{x}{a}$ (s. Nr. 2. 0.).
3. 1.	$\dfrac{1}{\operatorname{\mathfrak{Ar\,Sin}} \dfrac{x}{a}}$	$a\displaystyle\int \frac{\operatorname{\mathfrak{Cof}} z}{z}\,dz = a\operatorname{\mathfrak{Ci}}(z)^* + C;$ vgl. a. Abs. 4. 3. 1. 2. Nr. 1.2.1.1.; z vgl. Nr. 2. 0.
3. 2.	$\dfrac{1}{\left(\operatorname{\mathfrak{Ar\,Sin}} \dfrac{x}{a}\right)^2}$	$-\dfrac{a\operatorname{\mathfrak{Cof}} z}{z} + a\operatorname{\mathfrak{Ci}}(z)^*;$ vgl. Abs. 4.3.1.1. Nr. 1.2.1.1; z vgl. Nr. 3. 0.
3. 3.	$\dfrac{1}{\left(\operatorname{\mathfrak{Ar\,Sin}} \dfrac{x}{a}\right)^3}$	$-\dfrac{a}{2}\dfrac{\operatorname{\mathfrak{Cof}} z}{z^2} - \dfrac{a}{2}\dfrac{\operatorname{\mathfrak{Sin}} z}{z} + \dfrac{a}{2}\operatorname{\mathfrak{Ci}}(z)^* + C;$ z vgl. Nr. 3. 0.
3. 4.	$\dfrac{1}{\left(\operatorname{\mathfrak{Ar\,Sin}} \dfrac{x}{a}\right)^4}$	$-\dfrac{a}{3}\dfrac{\operatorname{\mathfrak{Cof}} z}{z^3} - \dfrac{a}{6}\dfrac{\operatorname{\mathfrak{Sin}} z}{z^2} - \dfrac{a}{6}\dfrac{\operatorname{\mathfrak{Cof}} z}{z} + \dfrac{1}{6}\operatorname{\mathfrak{Ci}}(z);$ z vgl. Nr. 3. 0.

3.3.2.2. Der Integrand enthält Ar Coſ x *[1]).

Nr.	$f(x) = J'(x)$	$J(x) = \int f(x)\,dx$
1.0.	$\mathrm{Ar\,Coſ}\,x$	$x\,\mathrm{Ar\,Coſ}\,x - \sqrt{x^2 - 1}.$
1.1.	$\mathrm{Ar\,Coſ}\dfrac{x}{a}$	$x\,\mathrm{Ar\,Coſ}\dfrac{x}{a} - \sqrt{x^2 - a^2}.$
2.0.	$\left(\mathrm{Ar\,Coſ}\dfrac{x}{a}\right)^n$	$a\displaystyle\int z^n\,\mathrm{Sin}\,z\,dz$; nach Abs. 4.3.1.1. Nr. 1.1. … zu lösen; $z = \mathrm{Ar\,Coſ}\dfrac{x}{a}$ oder $x = a\,\mathrm{Coſ}\,z$; $\mathrm{Sin}\,z = \dfrac{1}{a}\sqrt{x^2 - a^2}.$
2.1.	$\left(\mathrm{Ar\,Coſ}\dfrac{x}{a}\right)^2$	$x\left(\mathrm{Ar\,Coſ}\dfrac{x}{a}\right)^2 - 2\sqrt{x^2 - a^2}\,\mathrm{Ar\,Coſ}\dfrac{x}{a} + 2x.$
2.2.	$\left(\mathrm{Ar\,Coſ}\dfrac{x}{a}\right)^3$	$x\left(\mathrm{Ar\,Coſ}\dfrac{x}{a}\right)^3 - 3\sqrt{x^2 - a^2}\left(\mathrm{Ar\,Coſ}\dfrac{x}{a}\right)^2$ $\quad + 6x\,\mathrm{Ar\,Coſ}\dfrac{x}{a} - 6x\sqrt{x^2 - a^2}.$
3.0.	$\dfrac{1}{\left(\mathrm{Ar\,Coſ}\dfrac{x}{a}\right)^n}$	$a\displaystyle\int \dfrac{\mathrm{Sin}\,z}{z^n}\,dz$; nach Abs. 4.3.1.1. Nr. 1.2.0.1. zu lösen; $z = \mathrm{Ar\,Coſ}\dfrac{x}{a}$ (s. Nr. 2.0.).
3.1.	$\dfrac{1}{\mathrm{Ar\,Coſ}\dfrac{x}{a}}$	$a\,\mathrm{Si}(z)^*$; vgl. a. Abs. 4.3.1.1. Nr. 1.2.1.1.; z s. Nr. 3.0.
3.2.	$\dfrac{1}{\left(\mathrm{Ar\,Coſ}\dfrac{x}{a}\right)^2}$	$-\dfrac{a\,\mathrm{Sin}\,z}{z} + a\,\mathrm{Ci}(z)^* + C$; vgl. a. Abs. 4.3.1.2.; Nr. 1.2.1.1.; z s. Nr. 3.0.
3.3.	$\dfrac{1}{\left(\mathrm{Ar\,Coſ}\dfrac{x}{a}\right)^3}$	$-\dfrac{a}{2}\dfrac{\mathrm{Sin}\,z}{z^2} - \dfrac{a}{2}\dfrac{\mathrm{Coſ}\,z}{z} + \dfrac{1}{2}\,\mathrm{Si}(z)^*$; z vgl. Nr. 3.0.
3.4.	$\dfrac{1}{\left(\mathrm{Ar\,Coſ}\dfrac{x}{a}\right)^4}$	$-\dfrac{a}{3}\dfrac{\mathrm{Sin}\,z}{z^3} - \dfrac{a}{6}\dfrac{\mathrm{Coſ}\,z}{z^2} - \dfrac{1}{6}\dfrac{\mathrm{Sin}\,z}{z} + \dfrac{1}{6}\,\mathrm{Ci}(z) + C$; z vgl. Nr. 3.0.

3.3.2.3. Der Integrand enthält Ar Tg x^* und Ar Ctg x^*.

Nr.	$f(x) = J'(x)$	$J(x) = \int f(x)\,dx$
1.0.	$\mathrm{Ar\,Tg}\,x$	$x\,\mathrm{Ar\,Tg}\,x + \dfrac{1}{2}\ln(1 - x^2)$; $x^2 < 1.$
1.1.	$\mathrm{Ar\,Tg}\dfrac{x}{a}$	$x\,\mathrm{Ar\,Tg}\dfrac{x}{a} + \dfrac{a}{2}\ln(a^2 - x^2)$; $a^2 < 1.$
2.0.	$\mathrm{Ar\,Ctg}\,x$	$x\,\mathrm{Ar\,Ctg}\,x + \dfrac{1}{2}\ln(x^2 - 1)$; $x^2 > 1.$
2.1.	$\mathrm{Ar\,Ctg}\dfrac{x}{a}$	$x\,\mathrm{Ar\,Ctg}\dfrac{x}{a} + \dfrac{a}{2}\ln(x^2 - a^2)$; $x^2 > a^2.$

---

[1]) Von $\mathrm{Ar\,Coſ}\,x = \ln(x \pm \sqrt{x^2 - 1})$ ist in den folgenden Formeln nur das o b e r e Vorzeichen der Wurzel genommen. Es sei ferner $x \geqq 1$ bzw. $\dfrac{x}{a} \geqq 1.$

4. Produkte algebraischer und transzendenter Funktionen.

4. 1. Exponentialfunktion und logarithmische Funktion.

4. 1. 1. Exponentialfunktion.

4. 1. 1. 1. Der Integrand enthält e^{kx}.

Nr.	$f(x) = J'(x)$	$J(x) = \int f(x)\, dx$
1. 1. 0. 1.	$x^n e^{kx}$	$\dfrac{1}{k}\left(x^n e^{kx} - n \int x^{n-1} e^{kx}\, dx\right)$ $= \dfrac{e^{kx}}{k}\left[x^n - \dfrac{n\,x^{n-1}}{k} + \dfrac{n(n-1)x^{n-2}}{k^2} - \dfrac{n(n-1)(n-3)x^{n-3}}{k^3} + \cdots + (-1)^{n-1}\dfrac{n!\,x}{k^{n-1}} + (-1)^n \cdot \dfrac{n!}{k^n}\right];$ $\qquad n > 0.$
1. 1. 0. 2.	$g(x) e^{kx};$ $g(x) = a_n x^n + a_1 x^{n-1}$ $+ a_2 x^{n-2} + \cdots + a_1 x + a_0$ $=$ ganze rationale Funktion	$\dfrac{e^{kx}}{k}\left[g(x) - \dfrac{1}{k}g'(x) + \dfrac{1}{k^2}g''(x) + \cdots + \dfrac{(-1)^{n-1}}{k^{n-1}}g^{(n-1)}(x) + \dfrac{(-1)^n g^{(n)}(x)}{k^n}\right],$ wobei $g^{(n)}(x) = a_n \cdot n!$ ist.
1. 1. 1.	$x e^{kx}$	$\dfrac{1}{k} e^{kx}\left(x - \dfrac{1}{k}\right) = \dfrac{1}{k^2} e^{kx}(kx - 1).$
1. 1. 2.	$x^2 e^{kx}$	$\dfrac{1}{k} e^{kx}\left(x^2 - \dfrac{2x}{k} + \dfrac{2}{k^2}\right)$ $= \dfrac{1}{k^3} e^{kx}\left[(kx)^2 - 2kx + 2\right].$
1. 1. 3.	$x^3 e^{kx}$	$\dfrac{1}{k} e^{kx}\left(x^3 - \dfrac{3x^2}{k} + \dfrac{6x}{k^2} - \dfrac{6}{k^3}\right).$
1. 1. 4.	$x^4 e^{kx}$	$\dfrac{1}{k} e^{kx}\left(x^4 - \dfrac{4x^3}{k} + \dfrac{12x^2}{k^2} - \dfrac{24x}{k^3} + \dfrac{24}{k^4}\right).$
1. 2. 0.	$(a + bx)^n e^{kx}$	$\dfrac{1}{k}(a + bx)^n - \dfrac{bn}{k}\int(a + bx)^{n-1} e^{kx}\, dx$ $= \dfrac{e^{kx}}{k}\left[z^n - \dfrac{nb}{k}z^{n-1} + \dfrac{n(n-1)b^2}{k^2}z^{n-2} + \dfrac{n(n-1)(n-2)b^3}{k^3}z^{n-3} + \cdots + (-1)^{n-1}\dfrac{n!\,b^{n-1}}{k^{n-1}}z + (-1)^n \dfrac{n!\,b^n}{k^n}\right];$ $z = a + bx;\ n > 0.$

Nr.	$f(x) = J'(x)$	$J(x) = \int f(x)\,dx$
1.2.1.	$(a + bx)\,e^{kx}$	$\dfrac{1}{k}\,e^{kx}\left(a + bx - \dfrac{b}{k}\right).$
1.2.2.	$(a + bx)^2\,e^{kx}$	$\dfrac{1}{k}\,e^{kx}\left(z^2 - \dfrac{2bz}{k} + \dfrac{2b^2}{k^2}\right);\quad z = a + bx.$
1.2.3.	$(a + bx)^3\,e^{kx}$	$\dfrac{1}{k}\,e^{kx}\left(z^3 - \dfrac{3bz^2}{k} + \dfrac{6b^2 z}{k^2} - \dfrac{6b^3}{k^3}\right);\quad z = a + bx.$
1.2.4.	$(a + bx)^4\,e^{kx}$	$\dfrac{1}{k}\,e^{kx}\left(z^4 - \dfrac{4bz^3}{k} + \dfrac{12b^2 z^2}{k^2} - \dfrac{24b^3 z}{.k^3} + \dfrac{24b^4}{k^4}\right);$ $z = a + bx.$

$$2.1.0. \quad \frac{e^{kx}}{x^n}$$

$$-\frac{e^{kx}}{(n-1)\,x^{n-1}} + \frac{k}{n-1}\int \frac{e^{kx}}{x^{n-1}}\,dx$$

$$= -e^{-kx}\left[\frac{1}{(n-1)\,x^{n-1}} + \frac{k}{(n-1)(n-2)\,x^{n-2}}\right.$$

$$\left. + \frac{k^3}{(n-1)(n-2)(n-3)\,x^{n-3}} + \cdots + \frac{k^{n-2}}{(n-1)!\,x}\right]$$

$$+ \frac{k^{n-1}}{(n-1)!}\int \frac{e^{kx}}{x}\,dx; \quad \text{vgl. Nr. } 2.1.1.;\quad n > 1.$$

Nr.	$f(x) = J'(x)$	$J(x) = \int f(x)\,dx$
2.1.1.1.1.	$\dfrac{e^x}{x}$	$\overline{\mathrm{Ei}}(x)^* + c.$
2.1.1.1.2.	$\dfrac{e^{-x}}{x}$	$\mathrm{Ei}(-x)^* + c.$
2.1.1.2.1.	$\dfrac{e^{kx}}{x}$	$\overline{\mathrm{Ei}}(kx)^* + c.$
2.1.1.2.2.	$\dfrac{e^{-kx}}{x}$	$\mathrm{Ei}(-kx)^* + c.$
2.1.2.	$\dfrac{e^{kx}}{x^2}$	$-\dfrac{e^{kx}}{x} + k\,\overline{\mathrm{Ei}}(kx)^* + c.$
2.1.3.	$\dfrac{e^{kx}}{x^3}$	$-\dfrac{e^{kx}}{2x^2}(1 + kx) + \dfrac{k^2}{2}\,\overline{\mathrm{Ei}}(kx)^* + c.$
2.1.4.	$\dfrac{e^{kx}}{x^4}$	$-\dfrac{e^{kx}}{6x^3}(2 + kx + k^2 x^2) + \dfrac{k^3}{6}\,\overline{\mathrm{Ei}}(kx)^* + c.$
2.1.5.	$\dfrac{e^{kx}}{\sqrt{x}}$	$2\int e^{kz^2}\,dz \qquad z = \sqrt{x},\ \text{s. Abs. } 4.1.1.2.\ \text{Nr. } 1.0.1.$

$$= 2\sqrt{x}\left(1 + \frac{kx}{3\cdot 1!} + \frac{k^2 x^2}{5\cdot 2!} + \frac{k^3 x^3}{7\cdot 3!} + \frac{k^4 x^4}{9\cdot 4!} + \cdots\right)$$

Nr.	$f(x) = J'(x)$	$J(x) = \int f(x)\, dx$
2.2.0.	$\dfrac{e^{kx}}{(a+bx)^n}$	$-\dfrac{e^{kx}}{b(n-1)(a+bx)^{n-1}} + \dfrac{k}{b(n-1)}\displaystyle\int \dfrac{e^{kx}}{(a+bx)^{n-1}}\,dx$ $$= -\frac{e^{kx}}{b}\left[\frac{1}{(n-1)z^{n-1}} + \frac{k}{(n-1)(n-2)b\,z^{n-2}}\right.$$ $$\left. + \frac{k^2}{(n-1)(n-2)(n-3)b^2 z^{n-3}} + \cdots + \frac{k^{n-2}}{(n-1)!\,b^{n-2}z}\right]$$ $$+ \frac{k^{n-1}}{(n-1)!\,b^{n-1}}\int \frac{e^{kx}}{a+bx}\,dx;\quad z = a+bx;\ n \neq 1;$$ vgl. Nr. 2.2.1.0.
2.2.1.0.	$\dfrac{e^{kx}}{a+bx}$	$\dfrac{1}{b}\,e^{-ka/b}\,\overline{\overline{\mathrm{Ei}}}\,(z)^* + c;\quad z = \dfrac{k}{b}(a+bx).$
2.2.1.1.1.	$\dfrac{e^{x}}{1+x}$	$\dfrac{1}{e}\,\overline{\overline{\mathrm{Ei}}}\,(1+x)^* + c;\quad 1+x > 0.$
2.2.1.1.2.[1]	$\dfrac{e^{x}}{1-x}$	$-\,e\,\mathrm{Ei}\,(x-1)^* + c;\quad x-1 < 0\ \text{bzw.}\ 1-x > 0.$
2.2.1.1.3.	$\dfrac{e^{x}}{x-1}$	$e\,\overline{\overline{\mathrm{Ei}}}\,(x-1)^* + c;\quad x-1 > 0.$
2.2.1.2.1.[1]	$\dfrac{e^{-x}}{1+x}$	$e\,\mathrm{Ei}\,[-(1+x)]^* + c;\quad 1+x > 0.$
2.2.1.2.2.	$\dfrac{e^{-x}}{1-x}$	$e\,\overline{\overline{\mathrm{Ei}}}\,(1-x)^* + c;\quad 1-x > 0.$
2.2.1.2.3.	$\dfrac{e^{-x}}{x-1}$	$\dfrac{1}{e}\,\mathrm{Ei}\,(1-x)^* + c;\quad 1-x < 0\ \text{bzw.}\ x-1 > 0.$
2.2.2.	$\dfrac{e^{kx}}{(a+bx)^2}$	$-\dfrac{e^{kx}}{b(a+bx)} + \dfrac{k}{b}\displaystyle\int \dfrac{e^{kx}}{a+bx}\,dx;\quad \text{vgl. Nr. 2.2.1.0.}$
2.2.3.	$\dfrac{e^{kx}}{(a+bx)^3}$	$-\,e^{kx}\dfrac{a+b(x+k)}{2b^2(a+bx)^2} + \dfrac{k}{2b^2}\displaystyle\int \dfrac{e^{kx}}{a+bx}\,dx;\quad \text{vgl. Nr. 2.2.1.0.}$
2.2.4.	$\dfrac{e^{kx}}{(a+bx)^4}$	$-\,e^{kx}\left[\dfrac{1}{3b(a+bx)^2} + \dfrac{k}{6b^2(a+bx)^2}\right.$ $$\left. + \frac{k^2}{6b^3(a+bx)}\right] + \frac{k^3}{6b^3}\int \frac{e^{kx}}{a+bx}\,dx;\quad \text{vgl. Nr. 2.2.1.0.}$$
3.1.1.	$\dfrac{e^{kx}}{a^2-x^2}$	$\dfrac{e^{-ka}}{2a}\,\overline{\overline{\mathrm{Ei}}}\,\{k(a+x)\}^* - \dfrac{e^{ka}}{2a}\,\mathrm{Ei}\,\{-k(x-a)\}^* + c;$ $$x^2 < a^2.$$
3.1.2.	$\dfrac{e^{-kx}}{a^2-x^2}$	$-\dfrac{e^{-ka}}{2a}\,\overline{\overline{\mathrm{Ei}}}\,\{k(a-x)\}^* + \dfrac{e^{ka}}{2a}\,\mathrm{Ei}\,\{-k(x+a)\}^* + c;$ $$x^2 < a^2.$$

[1] Man beachte, daß $\overline{\overline{\mathrm{Ei}}}\,(-x) = \mathrm{Ei}\,(-x) + \text{konst.}$ ist.

Nr.	$f(x) = J'(x)$	$J(x) = \int f(x)\,dx$
3.2.1.	$\dfrac{e^{kx}}{x^2 - a^2}$	$-\dfrac{e^{-ka}}{2a}\,\overline{\mathrm{Ei}}\{k(x+a)\}^* + \dfrac{e^{ka}}{2a}\,\overline{\mathrm{Ei}}\{k(x-a)\}^* + c;$ $\qquad\qquad x^2 > a^2.$
3.2.2.	$\dfrac{e^{-kx}}{x^2 - a^2}$	$\dfrac{e^{-ka}}{2a}\,\mathrm{Ei}\{-k(x-a)\}^* - \dfrac{e^{ka}}{2a}\,\mathrm{Ei}\{-k(x+a)\}^* + c;$ $\qquad\qquad x^2 > a^2.$
3.3.1.	$\dfrac{x\,e^{kx}}{a^2 - x^2}$	$-\dfrac{e^{-ka}}{2}\,\overline{\mathrm{Ei}}\{k(a+x)\}^* - \dfrac{e^{ka}}{2}\,\mathrm{Ei}\{-k(x-a)\}^* + c;$ $\qquad\qquad x^2 < a^2.$
3.3.2.	$\dfrac{x\,e^{-kx}}{a^2 - x^2}$	$-\dfrac{e^{-ka}}{2}\,\overline{\mathrm{Ei}}\{k(a-x)\}^* - \dfrac{e^{ka}}{2}\,\mathrm{Ei}\{-k(a+x)\}^* + c;$ $\qquad\qquad x^2 < a^2.$
3.4.1.	$\dfrac{x\,e^{kx}}{x^2 - a^2}$	$\dfrac{e^{-ka}}{2}\,\overline{\mathrm{Ei}}\{k(x+a)\} + \dfrac{e^{ka}}{2}\,\overline{\mathrm{Ei}}\{k(x-a)\}^* + c;$ $\qquad\qquad x^2 > a^2.$
3.4.2.	$\dfrac{x\,e^{-kx}}{x^2 - a^2}$	$\dfrac{e^{-ka}}{2}\,\mathrm{Ei}\{-k(x-a)\} + \dfrac{e^{ka}}{2}\,\mathrm{Ei}\{-k(x+a)\}^* + c;$ $\qquad\qquad x^2 > a^2.$
4.1.1.	$\dfrac{e^x - 1}{x}$	$\overline{\mathrm{Ei}}(x)^* - \ln x + c = \displaystyle\sum_{p=1,2,\ldots} \dfrac{x^p}{p\cdot p!}.$
4.1.2.	$\dfrac{e^{kx} - 1}{x}$	$\overline{\mathrm{Ei}}(kx)^* - \ln x + c_1 = \displaystyle\sum_{p=1,2,\ldots} \dfrac{(kx)^p}{p\cdot p!} + c_2.$
4.2.1.	$\dfrac{x}{e^x - 1}$	$x - \dfrac{1}{4}x^2 + \displaystyle\sum_{p=2,4,6,\ldots} B_p^* \dfrac{x^{p+1}}{(p+1)\cdot p!}.$
4.2.2.	$\dfrac{x}{e^{kx} - 1}$	$\dfrac{1}{k^2}\left[kx - \dfrac{1}{4}k^2 x^2 + \sum B_p^* \dfrac{(kx)^{p+1}}{(p+1)\cdot p!}\right];\quad p$ s. 4.2.1.

4.1.1.2. Der Integrand enthält e^{kx^2}.

Nr.	$f(x) = J'(x)$	$J(x) = \int f(x)\,dx$
1.0.1.	e^{kx^2}	$x + \dfrac{k\,x^3}{3\cdot 1!} + \dfrac{k^2\,x^5}{5\cdot 2!} + \dfrac{k^3\,x^7}{7\cdot 3!} + \dfrac{k^4\,x^9}{9\cdot 4!} + \cdots$ $(= V$ in den weiteren Formeln gesetzt$)$.
1.0.2.	e^{-x^2}	$\dfrac{\sqrt{\pi}}{2}\,[\Phi(x) + c];\quad \Phi(x) = $ Fehlerintegral (vertafelt z. B. bei JAHNKE-EMDE, Sv. 9).
1.0.3.1.	$x^{2n+1}\,e^{kx^2}$	$\dfrac{1}{k^{n+1}}\displaystyle\int z^n e^z\,dz;\quad z = kx^2$ (nach Abs. 4.1.1.1. Nr. 1.1.… u. 2.1.… zu lösen).

Nr.	$f(x) = J'(x)$	$J(x) = \int f(x)\,dx$
1.0.3.2.	$x^{2n}\,e^{kx^2}$	$\dfrac{x^{2n-1}\,e^{kx^2}}{2\,k} + \dfrac{2\,n-1}{k}\int x^{2n-2}\,e^{kx^2}\,dx\,;\;\; n>0.$
1.1.	$x\,e^{kx^2}$	$\dfrac{1}{2\,k}\,e^{kx^2}.$
1.2.	$x^2\,e^{kx^2}$	$\dfrac{x\,e^{kx^2}}{2\,k} - \dfrac{1}{2\,k}\,V\,;\;\;$ vgl. Nr. 1.0.1.
1.3.	$x^3\,e^{kx^2}$	$\dfrac{1}{2\,k^2}\,e^{kx^2}\,(k\,x^2-1).$
1.4.	$x^4\,e^{kx^2}$	$\dfrac{1}{2}\,e^{kx^2}\left(\dfrac{x^3}{k} - \dfrac{3\,x}{4\,k^2}\right) + \dfrac{3}{4\,k^2}\,V\,;\;\;$ vgl. Nr. 1.0.1.
2.0.1.	$\dfrac{e^{kx^2}}{x^{2n+1}}.$	$\dfrac{kn}{2}\int \dfrac{e^z}{z^{n+1}}\,dz\,;\;\; z=kx^2$ (nach Abs. 4.1.1.1. Nr. 2.1. ... zu lösen).
2.0.2.	$\dfrac{e^{kx^2}}{x^{2n}}$	$-\dfrac{(2\,n-1)\,e^{kx^2}}{x^{2n-1}} + 2\,(2\,n-1)\,k\int \dfrac{e^{kx^2}}{x^{2n-2}}\,dx\,;\;\; n>0.$
2.1.	$\dfrac{e^{kx^2}}{x}$	$\dfrac{1}{2}\int \dfrac{e^z}{z}\,dz = \dfrac{1}{2}\,\overline{\mathrm{Ei}}\,(k\,x^2)^* + c.$
2.2.	$\dfrac{e^{kx^2}}{x^2}$	$-\dfrac{e^{kx^2}}{x} + 2\,kV\,;\;\;$ vgl. Nr. 1.0.1.
2.3.	$\dfrac{e^{kx^2}}{x^3}$	$-\dfrac{e^{kx^2}}{2\,x^2} + \dfrac{k}{2}\,\overline{\mathrm{Ei}}\,(k\,x^2)^* + c.$
2.4.	$\dfrac{e^{kx^2}}{x^4}$	$-\dfrac{3\,e^{kx^2}}{x}\left(2\,k + \dfrac{1}{x^2}\right) + 12\,kV\,;\;\;$ vgl. Nr. 1.0.1.

4.1.2. Die logarithmische Funktion.

4.1.2.1. Der Integrand enthält $\ln x$.

Nr.	$f(x) = J'(x)$	$J(x) = \int f(x)\,dx$
1.0.1.	$x^n\,(\ln x)^m$	$\dfrac{x^{n+1}\,(\ln x)^m}{n+1} - \dfrac{m}{n+1}\int x^n\,(\ln x)^{m-1}\,dx$
		$= \dfrac{x^{n+1}\cdot m!}{(n+1)^{m+1}}\left[\dfrac{\{(n+1)\ln x\}^m}{m!} - \dfrac{\{(n+1)\ln x\}^{m-1}}{(m-1)!}\right.$
		$\left.+\cdots(-1)^m\right]\,;\;\; \begin{array}{l} n \neq -1, \\ m \neq -1. \end{array}$
1.0.2.	$x^n\,(\ln a\,x)^m$	$\dfrac{x^{n+1}\,(\ln a\,x)^m}{n+1} - \dfrac{m}{n+1}\int x^n\,(\ln a\,x)^{m-1}\,dx\,;\;\; \begin{array}{l} n \neq -1, \\ m \neq -1. \end{array}$
1.1.0.	$x^n\,\ln x$	$\dfrac{x^{n+1}}{n+1}\left(\ln x - \dfrac{1}{n+1}\right) = \dfrac{x^{n+1}}{n+1}\ln\dfrac{x}{\sqrt[n+1]{e}}\,;\;\; n \neq -1.$

Nr.	$f(x) = J'(x)$	$J(x) = \int f(x)\,dx$
1.1.1.	$x \ln x$	$\dfrac{1}{2}\, x^2 \left(\ln x - \dfrac{1}{2}\right).$
1.1.2.	$x^2 \ln x$	$\dfrac{1}{3}\, x^3 \left(\ln x - \dfrac{1}{3}\right).$
1.1.3.	$x^3 \ln x$	$\dfrac{1}{4}\, x^4 \left(\ln x - \dfrac{1}{4}\right).$
1.1.4.	$\sqrt{x}\,\ln x$	$\dfrac{2}{3}\, x^{3/2} \left(\ln x - \dfrac{2}{3}\right).$
1.1.5.	$\sqrt[3]{x}\,\ln x$	$\dfrac{3}{4}\, x^{4/3} \left(\ln x - \dfrac{3}{4}\right).$
1.2.0.	$x^n (\ln x)^2$	$\dfrac{x^{n+1}}{n+1} \left[(\ln x)^2 - \dfrac{2}{n+1}\, x + \dfrac{2}{(n+1)^2}\right]; \quad n \neq -1.$
1.2.1.	$x (\ln x)^2$	$\dfrac{1}{2}\, x^2 \left[(\ln x)^2 - \ln x + \dfrac{1}{2}\right].$
1.2.2.	$x^2 (\ln x)^2$	$\dfrac{1}{3}\, x^3 \left[(\ln x)^2 - \dfrac{2}{3}\, x + \dfrac{2}{9}\right].$
1.2.3.	$x^3 (\ln x)^2$	$\dfrac{1}{4}\, x^4 \left[(\ln x)^2 - \dfrac{1}{2}\, x + \dfrac{1}{8}\right].$
1.2.4.	$\sqrt{x}\,(\ln x)^2$	$\dfrac{2}{3}\, x^{3/2} \left[(\ln x)^2 - \dfrac{4}{3}\, x + \dfrac{8}{9}\right].$
1.2.5.	$\sqrt[3]{x}\,(\ln x)^2$	$\dfrac{3}{4}\, x^{4/3} \left[(\ln x)^2 - \dfrac{3}{2}\, x + \dfrac{9}{8}\right].$
1.3.0.	$x^n (\ln x)^3$	$\dfrac{x^{n+1}}{n+1} \left[(\ln x)^3 - \dfrac{3}{n+1}\, (\ln x)^2 + \dfrac{6}{(n+1)^2}\, \ln x - \dfrac{6}{(n+1)^3}\right]; \quad n \neq -1.$
1.3.1.	$x (\ln x)^3$	$\dfrac{1}{2}\, x^2 \left[(\ln x)^3 - \dfrac{3}{2}\, (\ln x)^2 + \dfrac{3}{2}\, \ln x - \dfrac{3}{4}\right].$
1.3.2.	$x^2 (\ln x)^3$	$\dfrac{1}{3}\, x^3 \left[(\ln x)^3 - (\ln x)^2 + \dfrac{2}{3}\, \ln x - \dfrac{2}{9}\right].$
1.3.3.	$x^3 (\ln x)^3$	$\dfrac{1}{4}\, x^4 \left[(\ln x)^3 - \dfrac{3}{4}\, (\ln x)^2 + \dfrac{3}{8}\, \ln x - \dfrac{3}{32}\right].$
1.3.4.	$\sqrt{x}\,(\ln x)^3$	$\dfrac{2}{3}\, x^{3/2} \left[(\ln x)^3 - 2(\ln x)^2 + \dfrac{8}{3}\, \ln x - \dfrac{16}{9}\right].$
1.3.5.	$\sqrt[3]{x}\,(\ln x)^3$	$\dfrac{3}{4}\, x^{4/3} \left[(\ln x)^3 - \dfrac{9}{4}\, (\ln x)^2 + \dfrac{27}{8}\, \ln x - \dfrac{81}{32}\right].$

Nr.	$f(x) = J'(x)$	$J(x) = \int f(x)\,dx$
2. 0. 0.	$\dfrac{(\ln x)^m}{x^n}$	$-\dfrac{(\ln x)^m}{(n-1)\,x^{n-1}} + \dfrac{m}{n-1}\int \dfrac{(\ln x)^{m-1}}{x^n}\,dx;\qquad m \neq -1.\quad n \neq -1.$
2. 0. 1.	$\dfrac{(\ln x)^m}{x}$	$\dfrac{1}{m+1}(\ln x)^{m+1};\;\; m \neq -1.$
2. 1. 0.	$\dfrac{\ln x}{x^n}$	$-\dfrac{1}{(n-1)\,x^{n-1}}\left(\ln x + \dfrac{1}{n-1}\right):\;\; n \neq 1.$
2. 1. 1.	$\dfrac{\ln x}{x}$	$\dfrac{1}{2}(\ln x)^2.$
2. 1. 2.	$\dfrac{\ln x}{x^2}$	$-\dfrac{1}{x}(\ln x + 1).$
2. 1. 3.	$\dfrac{\ln x}{x^3}$	$-\dfrac{1}{2\,x^2}\left(\ln x + \dfrac{1}{2}\right).$
2. 1. 4.	$\dfrac{\ln x}{\sqrt{x}}$	$2\sqrt{x}\,(\ln x - 2).$
2. 1. 5.	$\dfrac{\ln x}{\sqrt[3]{x}}$	$\dfrac{3}{2}x^{2/3}\left(\ln x - \dfrac{3}{2}\right).$
2. 2. 0.	$\dfrac{(\ln x)^2}{x^n}$	$-\dfrac{1}{(n-1)\,x^{n-1}}\left[(\ln x)^2 + \dfrac{2}{n-1}\ln x + \dfrac{2}{(n-1)^2}\right];$ $n \neq 1.$
2. 2. 1.	$\dfrac{(\ln x)^2}{x}$	$\dfrac{1}{3}(\ln x)^3.$
2. 2. 2.	$\dfrac{(\ln x)^2}{x^2}$	$-\dfrac{1}{x}\left[(\ln x)^2 + 2\ln x + 2\right].$
2. 2. 3.	$\dfrac{(\ln x)^2}{x^3}$	$-\dfrac{1}{2\,x^2}\left[(\ln x)^2 + \ln x + \dfrac{1}{2}\right].$
2. 2. 4.	$\dfrac{(\ln x)^2}{\sqrt{x}}$	$2\sqrt{x}\left[(\ln x)^2 - 4\ln x + 8\right].$
2. 2. 5.	$\dfrac{(\ln x)^2}{\sqrt[3]{x}}$	$\dfrac{3}{2}x^{2/3}\left[(\ln x)^2 - 3\ln x + \dfrac{9}{2}\right].$
2. 3. 0.	$\dfrac{(\ln x)^3}{x^n}$	$-\dfrac{1}{(n-1)\,x^{n-1}}\left[(\ln x)^3 + \dfrac{3}{n-1}(\ln x)^2 + \dfrac{6}{(n-1)^2}\ln x + \dfrac{6}{(n-1)^3}\right];\; n \neq 1.$
2. 3. 1.	$\dfrac{(\ln x)^3}{x}$	$\dfrac{1}{4}(\ln x)^4.$
2. 3. 2.	$\dfrac{(\ln x)^3}{x^2}$	$-\dfrac{1}{x}\left[(\ln x)^3 + 3(\ln x)^2 + 6\ln x + 6\right].$

Nr.	$f(x) = J'(x)$	$J(x) = \int f(x)\,dx$
2. 3. 3.	$\dfrac{(\ln x)^3}{x^3}$	$-\dfrac{1}{2\,x^2}\left[(\ln x)^3 + \dfrac{3}{2}(\ln x)^2 + \dfrac{3}{2}\ln x + \dfrac{3}{4}\right].$
2. 3. 4.	$\dfrac{(\ln x)^3}{\sqrt{x}}$	$2\sqrt{x}\,[(\ln x)^3 - 6(\ln x)^2 + 24\ln x - 48].$
2. 3. 5.	$\dfrac{(\ln x)^3}{\sqrt[3]{x}}$	$\dfrac{2}{3}\,x^{2/3}\left[(\ln x)^3 - \dfrac{9}{2}(\ln x)^2 + \dfrac{27}{2}\ln x - \dfrac{81}{4}\right].$
3. 0. 1.	$\dfrac{x^n}{(\ln x)^m}$	$-\dfrac{x^{n+1}}{(m-1)(\ln x)^{m-1}} + \dfrac{n+1}{m-1}\int \dfrac{x^n}{(\ln x)^{m-1}}\,dx; \quad \begin{aligned}m &\neq 1.\\ n &\neq -1.\end{aligned}$
3. 0. 2.	$\dfrac{x^n}{(\ln a x)^m}$	$-\dfrac{x^{n+1}}{(m-1)(\ln a x)^{m-1}} + \dfrac{n+1}{m-1}\int \dfrac{x^n}{(\ln a x)^{m-1}}\,dx; \quad \begin{aligned}m &\neq 1.\\ n &\neq -1.\end{aligned}$
3. 1. 0. 1.	$\dfrac{x^n}{\ln x}$	$\int \dfrac{e^z}{z}\,dz = \overline{\mathrm{Ei}}\{(n+1)\ln x\}^* + c$ $= \ln|\ln x| + \displaystyle\sum_{p=1,2\ldots} \dfrac{(n+1)^p}{p\cdot p!}(\ln x)^p + c$ vgl. Abs. 4. 1. 1. 2. Nr. 1.; $\ z = (n+1)\ln x; \ n \neq -1.$
3. 1. 0. 2.	$\dfrac{x^n}{\ln a x}$	$\dfrac{1}{a^{n+1}}\int \dfrac{e^z}{z}\,dz = \dfrac{1}{a^{n+1}}\overline{\mathrm{Ei}}\{(n+1)\ln a x\}^* + c;$ $z = (n+1)\ln a x; \ n \neq -1; \ \text{vgl. a. Nr. 3. 1. 0. 1.}$
3. 1. 1.	$\dfrac{x}{\ln x}$	$\overline{\mathrm{Ei}}(2\ln x)^* + c; \ \text{vgl. Nr. 3. 1. 0. 1. für } n = 1.$
3. 1. 2.	$\dfrac{x^2}{\ln x}$	$\overline{\mathrm{Ei}}(3\ln x)^* + c; \ \text{vgl. Nr. 3. 1. 0. 1. für } n = 2.$
3. 2. 0.	$\dfrac{x^n}{(\ln x)^2}$	$-\dfrac{x^{n+1}}{\ln x} + (n+1)\overline{\mathrm{Ei}}\{(n+1)\ln x\}^* + c; \ \text{vgl. Nr. 3. 1. 0. 1.};$ $n \neq -1.$
3. 2. 1.	$\dfrac{x}{(\ln x)^2}$	$-\dfrac{x^2}{\ln x} + 2\,\overline{\mathrm{Ei}}(2\ln x)^* + c.$
3. 2. 2.	$\dfrac{x^2}{(\ln x)^2}$	$-\dfrac{x^3}{\ln x} + 3\,\overline{\mathrm{Ei}}(3\ln x)^* + c.$
3. 3. 0.	$\dfrac{x^n}{(\ln x)^3}$	$-\dfrac{x^{n+1}}{2\ln x}\left[\dfrac{1}{\ln x} + (n+1)\right]$ $+ \dfrac{(n+1)^2}{2}\overline{\mathrm{Ei}}\{(n+1)\ln x\}^* + c; \qquad n \neq -1.$
3. 3. 1.	$\dfrac{x}{(\ln x)^3}$	$-\dfrac{x^2}{2\ln x}\left[\dfrac{1}{\ln x} + 2\right] + 2\,\overline{\mathrm{Ei}}(2\ln x)^* + c.$
3. 3. 2.	$\dfrac{x^2}{(\ln x)^3}$	$-\dfrac{x^3}{2\ln x}\left[\dfrac{1}{\ln x} + 3\right] + \dfrac{9}{2}\,\overline{\mathrm{Ei}}(3\ln x)^* + c.$

Nr.	$f(x) = J'(x)$	$J(x) = \int f(x)\,dx$
4. 0. 1.	$\dfrac{1}{x^n (\ln x)^m}$	$-\dfrac{1}{(m-1)\,x^{n-1}(\ln x)^{m-1}} - \dfrac{n-1}{m-1}\displaystyle\int \dfrac{dx}{x^n(\ln x)^{m-1}};$ $m \neq 1.$
4. 0. 2.	$\dfrac{1}{x^n (\ln a x)^m}$	$-\dfrac{1}{(m-1)\,x^{n-1}(\ln a x)^{m-1}} - \dfrac{n-1}{m-1}\displaystyle\int \dfrac{dx}{x^n(\ln a x)^{m-1}};$ $m \neq 1.$
4. 0. 3.	$\dfrac{1}{x (\ln x)^m}$	$-\dfrac{1}{(m-1)(\ln x)^{m-1}};$ $m \neq 1.$
4. 1. 0.	$\dfrac{1}{x^n \ln x}$	$\displaystyle\int \dfrac{e^v\,dv}{v};$ $v = -(n-1)\ln x;$ vgl. Nr. 4.1.1.2. Nr. 1...., d. h. $J = \overline{\mathrm{Ei}}\,(v)^* + c_1 = \overline{\mathrm{Ei}}\{-(n-1)\ln x\}^* + c_2;$ $n \neq 1.$
4. 1. 1.	$\dfrac{1}{x \ln x}$	$\ln \lvert \ln x \rvert.$
4. 1. 2.	$\dfrac{1}{x^2 \ln x}$	$\mathrm{Ei}\,(-\ln x)^* + c.$
4. 1. 3.	$\dfrac{1}{x^3 \ln x}$	$\mathrm{Ei}\,(-2\ln x)^* + c.$
4. 1. 4.	$\dfrac{1}{x^4 \ln x}$	$\mathrm{Ei}\,(-3\ln x)^* + c.$
4. 2. 0.	$\dfrac{1}{x^n (\ln x)^2}$	$-\dfrac{1}{x^{n-1}\ln x} - (n-1)\,\mathrm{Ei}\{-(n-1)\ln x\}^* + c;$ $n \neq 1.$
4. 2. 1.	$\dfrac{1}{x (\ln x)^2}$	$-\dfrac{1}{\ln x}.$
4. 2. 2.	$\dfrac{1}{x^2 (\ln x)^2}$	$-\dfrac{1}{x \ln x} - \mathrm{Ei}\,(-\ln x)^* + c.$
4. 2. 3.	$\dfrac{1}{x^3 (\ln x)^2}$	$-\dfrac{1}{x^2 \ln x} - 2\,\mathrm{Ei}\,(-2\ln x)^* + c.$
4. 2. 4.	$\dfrac{1}{x^4 (\ln x)^2}$	$-\dfrac{1}{x^3 \ln x} - 3\,\mathrm{Ei}\,(-3\ln x)^* + c.$
4. 3. 0.	$\dfrac{1}{x^n (\ln x)^3}$	$-\dfrac{1}{2 x^{n-1}\ln x}\left[\dfrac{1}{\ln x} + (n-1)\right] + \dfrac{1}{2}(n-1)^2\,\mathrm{Ei}\{-(n-1)x\}^* + c;$ $n \neq 1.$
4. 3. 1.	$\dfrac{1}{x (\ln x)^3}$	$-\dfrac{1}{2 (\ln x)^2}.$
4. 3. 2.	$\dfrac{1}{x^2 (\ln x)^3}$	$-\dfrac{1}{2 x \ln x}\left[\dfrac{1}{\ln x} + 1\right] + \dfrac{1}{2}\,\mathrm{Ei}\,(-\ln x)^* + c.$

Nr.	$f(x) = J'(x)$	$J(x) = \int f(x)\, dx$
4. 3. 3.	$\dfrac{1}{x^3 (\ln x)^3}$	$-\dfrac{1}{2\,x^2 \ln x}\left[\dfrac{1}{\ln x} + 2\right] + 2\,\mathrm{Ei}(-2\ln x)^* + c.$
4. 3. 4.	$\dfrac{1}{x^4 (\ln x)^3}$	$-\dfrac{1}{2\,x^3 \ln x}\left[\dfrac{1}{\ln x} + 3\right] + \dfrac{9}{2}\,\mathrm{Ei}(-3\ln x)^* + c.$
4. 4. 0.	$\dfrac{1}{x^n (\ln x)^4}$	$\dfrac{1}{3\,x^{n-1}}\left[-\dfrac{1}{(\ln x)^3} + \dfrac{n-1}{2(\ln x)^2} - \dfrac{(n-1)^2}{3\ln x}\right]$ $-\dfrac{(n-1)^3}{6}\,\mathrm{Ei}\{-(n-1)\ln x\}^* + c; \quad n \neq 1.$
4. 4. 1.	$\dfrac{1}{x (\ln x)^4}$	$-\dfrac{1}{3(\ln x)^3}\,.$
4. 4. 2.	$\dfrac{1}{x^2 (\ln x)^4}$	$\dfrac{1}{3\,x}\left[-\dfrac{1}{(\ln x)^3} + \dfrac{1}{2(\ln x)^2} - \dfrac{1}{3\ln x}\right]$ $-\dfrac{1}{6}\,\mathrm{Ei}(-\ln x)^* + c.$
4. 4. 3.	$\dfrac{1}{x^3 (\ln x)^4}$	$\dfrac{1}{3\,x^2}\left[-\dfrac{1}{(\ln x)^3} + \dfrac{2}{(\ln x)^2} - \dfrac{4}{3\ln x}\right]$ $-\dfrac{4}{3}\,\mathrm{Ei}(-\ln x)^* + c.$
4. 4. 4.	$\dfrac{1}{x^4 (\ln x)^4}$	$\dfrac{1}{3\,x^3}\left[-\dfrac{1}{(\ln x)^3} + \dfrac{3}{2(\ln x)^2} - \dfrac{9}{\ln x}\right]$ $-\dfrac{9}{2}\,\mathrm{Ei}(-\ln x)^* + c.$

4. 1. 2. 2. Der Integrand enthält $\ln(a + bx)$.

Nr.	$f(x) = J'(x)$	$J(x) = \int f(x)\, dx$
1. 0.	$x^n\,[\ln(a+bx)]^m$	$\dfrac{1}{b^{n+1}}\displaystyle\int (z-a)^n (\ln z)^m\, dx \text{ mit } z = a + bx;$ für positives und ganzes n binomisch entwickeln und dann nach Abs. 4.1.2.1. Nr. 1.... und 3.... integrieren.
1. 1. 0.	$x\,[\ln(a+bx)]^m$	$\dfrac{1}{b^2}\left[\displaystyle\int z\,(\ln z)^m\, dz - a\displaystyle\int (\ln z)^m\, dz\right];$ vgl. Abs. 4.1.2.1. und Abs. 3.1.2.1; z s. Nr. 1.0.
1. 1. 1.	$x\ln(a+bx)$	$\dfrac{a\,x}{2\,b} - \dfrac{x^2}{4} + \dfrac{b^2 x^2 - a^2}{2\,b^2}\,\ln(a+bx).$
1. 1. 2.	$x\,[\ln(a+bx)]^2$	$\dfrac{z}{2\,b^2}\left[(z-2a)(\ln z)^2 - (z-4a)\ln z + \dfrac{1}{2}(z-8a)\right];$ $z = a + bx.$

Nr.	$f(x) = J'(x)$	$J(x) = \int f(x)\,dx$
1.2.1.	$x^2 \ln(a + bx)$	$\dfrac{z}{b^3}\left[\left(\dfrac{1}{3} z^2 - az + a^2\right)\ln z + \left(-\dfrac{1}{9} z^2 + \dfrac{1}{2} az - a^2\right)\right];$ $\qquad\qquad\qquad\qquad\qquad\qquad z = a + bx.$
1.2.2.	$x^2 [\ln(a + bx)]^2$	$\dfrac{z}{b^3}\left[\left(\dfrac{1}{3} z^2 - az + a^2\right)\ln z + \left(-\dfrac{2}{9} z^2 + az - 2a\right)(\ln z)^2\right.$ $\left.+ \left(\dfrac{2}{27} z^2 - \dfrac{1}{2} az + 2a^2\right)\right];\ \ z = a + bx.$
2.1.0.	$\dfrac{\ln(a + bx)}{x^n}$	$-\dfrac{\ln(a + bx)}{(n-1)x^{n-1}} + \dfrac{b}{n-1}\displaystyle\int \dfrac{dx}{x^{n-1}(a + bx)};\quad n \neq 1.$ $\qquad\qquad\qquad\qquad\text{vgl. Abs. 2.1.2.1. Nr. 6.}$
2.1.1.	$\dfrac{\ln(a + bx)}{x}$	$\left\{\begin{array}{l} \ln a \cdot \ln|x| + \delta - \dfrac{\delta^2}{2^2} + \dfrac{\delta^3}{3^2} - \dfrac{\delta^4}{4^2} + \cdot - \cdots; \\[2ex] \quad -1 < \dfrac{bx}{a} \leqq 1;\quad \delta = \dfrac{bx}{a}; \\[2ex] \dfrac{1}{2}\Big[\ln|bx|\Big]^2 - \dfrac{1}{\delta} + \dfrac{1}{2^2\,\delta^2} - \dfrac{1}{3^2\,\delta^3} + \dfrac{1}{4^2\,\delta^4} - \cdot + \cdots; \\[2ex] \quad -1 > \dfrac{bx}{a} \geqq 1;\quad \delta = \dfrac{bx}{a}. \end{array}\right.$
2.1.2.	$\dfrac{\ln(a + bx)}{x^2}$	$\dfrac{b}{a}\ln x - \left(\dfrac{b}{a} + \dfrac{1}{x}\right)\ln(a + bx).$
2.1.3.	$\dfrac{\ln(a + bx)}{x^3}$	$\dfrac{1}{2}\left(\dfrac{b^2}{a^2} - \dfrac{1}{x^2}\right)\ln(a + bx) - \dfrac{b^2}{2 a^2}\ln x - \dfrac{b}{2 ax}.$
3.1.0.	$\dfrac{\ln x}{(a + bx)^n}$	$-\dfrac{\ln x}{b(n-1)(a + bx)^{n-1}} + \dfrac{1}{b(n-1)}\displaystyle\int \dfrac{dx}{x(a + bx)^{n-1}};$ $\qquad\qquad\qquad\qquad\qquad\qquad\qquad n \neq 1.$
3.1.1.	$\dfrac{\ln x}{a + bx}$	$\dfrac{\ln x \cdot \ln(a + bx)}{b} - \dfrac{1}{b}\displaystyle\int \dfrac{\ln(a + bx)}{x}\,dx;\ \ \text{vgl. Nr. 2.1.1.}$
3.1.2.	$\dfrac{\ln x}{(a + bx)^2}$	$\dfrac{x\ln x}{a(a + bx)} - \dfrac{1}{ab}\ln(a + bx).$
4.0.	$\dfrac{g[\ln x]}{x}$	$\displaystyle\int g(z)\,dz;\ \ z = \ln x.$
4.1.1.	$\dfrac{1}{x(a + b\ln x)}$	$\dfrac{1}{b}\ln(a + b\ln x).$
4.1.2.	$\dfrac{1}{x(a + b\ln x)^n}$	$-\dfrac{1}{b(n-1)}\cdot\dfrac{1}{(a + b\ln x)^{n-1}};\ \ n\ \text{beliebig außer}\ n = 1;$ $\qquad\qquad\qquad\qquad\qquad\qquad\qquad\text{(s. o.).}$

Nr.	$f(x) = J'(x)$	$J(x) = \int f(x)\,dx$
4. 2.	$\dfrac{\ln(\ln x)}{x}$	$\ln x \cdot [\ln(\ln x) - 1]$.
4. 3. 1.	$\dfrac{\sin(k \ln x)}{x}$	$-\dfrac{1}{k}\cos(k \ln x)$.
4. 3. 2.	$\dfrac{\cos(k \ln x)}{x}$	$\dfrac{1}{k}\sin(k \ln x)$.
4. 3. 3.	$\dfrac{\operatorname{tg}(k \ln x)}{x}$	$-\dfrac{1}{k}\ln \cos(k \ln x)$.
4. 3. 4.	$\dfrac{\operatorname{ctg}(k \ln x)}{x}$	$\dfrac{1}{k}\ln \sin(k \ln x)$.

4. 1. 2. 3. *Der Integrand enthält* $\ln [g(x)]$, *wobei* g *nichtlineare Funktion von* x.

Nr.	$f(x) = J'(x)$	$J(x) = \int f(x)\,dx$
1. 1. 0. 1.	$x^n \ln(a^2 - x^2)$	$\dfrac{x^{n+1}}{n+1}\ln(a^2 - x^2) + \dfrac{2}{n+1}\displaystyle\int \dfrac{x^{n+2}}{a^2 - x^2}\,dx:$ vgl. Abs. 2. 1. 3. 1. u. Abs. 3, 1. 2. 2.; $n \neq -1$; für $n = -1$ vgl. Nr. 1. 3. 2. 1.
1. 1. 0. 2.	$x^n \ln(x^2 - a^2)$	$\dfrac{x^{n+1}}{n+1}\ln(x^2 - a^2) - \dfrac{2}{n+1}\displaystyle\int \dfrac{x^{n+2}}{x^2 - a^2}\,dx;$ $n \neq -1$ (s. o.).
1. 1. 1.	$x \ln(a^2 - x^2)$	$-\dfrac{1}{2}(a^2 - x^2)\ln(a^2 - x^2) - \dfrac{1}{2}x^2$.
1. 1. 2.	$x^2 \ln(a^2 - x^2)$	$\dfrac{1}{3}x^3 \ln(a^2 - x^2) + \dfrac{1}{3}a^3 \ln\left|\dfrac{a+x}{a-x}\right|^* - \dfrac{2}{9}x^3 - \dfrac{2}{3}a^2 x$.
1. 1. 3.	$\dfrac{\ln(a^2 - x^2)}{x^2}$	$-\dfrac{1}{ax}\left[(a+x)\ln(a+x) + (a-x)\ln(a-x)\right]$ $= -\dfrac{1}{x}\ln(a^2 - x^2) - \dfrac{1}{a}\ln\left|\dfrac{a+x}{a-x}\right|^*$.
1. 2. 0.	$x^n \ln(a^2 + x^2)$	$\dfrac{x^{n+1}}{n+1}\ln(a^2 + x^2) - \dfrac{2}{n+1}\displaystyle\int \dfrac{x^{n+2}}{a^2 + x^2}\,dx;$ vgl. Abs. 2. 1. 3. 1. u. Abs. 3. 1. 2. 2.; $n \neq -1$; für $n = -1$ vgl. Nr. 1. 3. 2. 1.
1. 2. 1.	$x \ln(a^2 + x^2)$	$\dfrac{1}{2}(a^2 + x^2)\ln(a^2 + x^2) - \dfrac{1}{2}x^2$.
1. 2. 2.	$x^2 \ln(a^2 + x^2)$	$\dfrac{1}{3}x^3 \ln(a^2 + x^2) - \dfrac{2}{3}a^3 \operatorname{arc tg}\dfrac{x}{a} - \dfrac{2}{9}x^3 + \dfrac{2}{3}a^2 x$.
1. 2. 3.	$\dfrac{\ln(a^2 + x^2)}{x^2}$	$-\dfrac{1}{x}\ln(a^2 + x^2) + \dfrac{2}{a}\operatorname{arc tg}\dfrac{x}{a}$.

Nr.	$f(x) = J'(x)$	$J(x) = \int f(x)\,dx$
1.3.1.0.	$x^n \ln (a^p \pm x^p)$	$\dfrac{x^{n+1}}{n+1} \ln (a^p \pm x^p) \mp \dfrac{p}{n+1} \displaystyle\int \dfrac{x^{n+p}}{a^p \pm x^p}\,dx;$ $n \neq 1$ (s. u.); vgl. Abs. 2.1.1. bis 2.1.6.
1.3.2.0.	$\dfrac{\ln (a^p \pm x^p)}{x^p}$	$-\dfrac{\ln (a^p \pm x^p)}{p-1} \pm \dfrac{p}{p-1} \displaystyle\int \dfrac{dx}{a^p \pm x^p};$ $p \neq 1$ (s. u.); vgl. Abs. 2.1.1. bis 2.1.6.
1.3.2.1.	$\dfrac{\ln (a^p + b x^p)}{x}$	$p \ln a \cdot \ln |x| + \dfrac{1}{p}\left[\delta - \dfrac{\delta^2}{2^2} + \dfrac{\delta^3}{3^2} \right.$ $\left. - \dfrac{\delta^4}{4^2} + \cdot - \cdots \right]; \; -1 < \delta \leqq 1;$ $\dfrac{p}{2}(\ln |b x|)^2 - \dfrac{1}{p}\left[\dfrac{1}{\delta} - \dfrac{1}{2^2\,\delta^2} + \dfrac{1}{3^2\,\delta^3} \right.$ $\left. - \dfrac{1}{4^2\,\delta^4} + \cdot - \cdots \right]; \; -1 > \delta \geqq 1;$ $\delta = b\left(\dfrac{x}{a}\right)^p.$
2.1.0.	$x^n \ln \left[x + \sqrt{x^2 + a^2}\,\right]$	$\dfrac{x^{n+1}}{n+1} \cdot \ln \left[x + \sqrt{x^2 + a^2}\,\right] - \dfrac{1}{n+1} \displaystyle\int \dfrac{x^{n+1}}{\sqrt{x^2 + a^2}}\,dx;$ $n > 1$; vgl. Abs. 2.2.4.2. u. Abs. 4.3.2.1. Nr. 1. ...
2.1.1.	$x \ln \left[x + \sqrt{x^2 + a^2}\,\right]$	$\dfrac{1}{2}\left(x^2 + \dfrac{a^2}{2}\right) \ln \left[x + \sqrt{x^2 + a^2}\,\right] - \dfrac{1}{4} x \sqrt{x^2 + a^2}.$
2.1.2.	$x^2 \ln \left[x + \sqrt{x^2 + a^2}\,\right]$	$\dfrac{1}{3} x^3 \ln (x + z) + \dfrac{1}{3} a^2 z - \dfrac{1}{9} z^3; \; z = \sqrt{x^2 + a^2}.$
2.1.3.	$x^3 \ln \left[x + \sqrt{x^2 + a^2}\,\right]$	$\dfrac{1}{4}\left(x^4 - \dfrac{3}{8} a^4\right) \ln (x + z) - \dfrac{1}{16} x^3 z + \dfrac{3}{32} a^2 x z;$ $z = \sqrt{x^2 + a^2}.$
2.2.0.	$\dfrac{\ln \left[x + \sqrt{x^2 + a^2}\,\right]}{x^n}$	$-\dfrac{\ln \left[x + \sqrt{x^2 + a^2}\,\right]}{(n-1) x^{n-1}} + \dfrac{1}{n-1} \displaystyle\int \dfrac{dx}{x^{n-1} \sqrt{x^2 + a^2}};$ vgl. Abs. 2.2.4.2. u. Abs. 4.3.2.1.; $n \neq 1$; für $n = 1$ vgl. Abs. 4.3.2.1. Nr. 1.2.1.
2.2.2.	$\dfrac{\ln \left[x + \sqrt{x^2 + a^2}\,\right]}{x^2}$	$-\dfrac{1}{x} \ln (x + z) - \dfrac{1}{2a} \ln \dfrac{z + a}{z - a}$ $= -\dfrac{1}{x} \ln (x + z) - \dfrac{1}{a} \ln \left|\dfrac{a + z}{x}\right|; \quad z = \sqrt{x^2 + a^2}.$
2.2.3.	$\dfrac{\ln \left[x + \sqrt{x^2 + a^2}\,\right]}{x^3}$	$-\dfrac{1}{2x^2}\left[\dfrac{x z}{a^2} + \ln (x + z)\right];$

Nr.	$f(x) = J'(x)$	$J(x) = \int f(x)\,dx$
2. 2. 4.	$\dfrac{\ln\left[x+\sqrt{x^2+a^2}\right]}{x^4}$	$-\dfrac{1}{3x^2}\ln(x+z) + \dfrac{1}{6a^3}\ln\dfrac{z+a}{z-a} - \dfrac{z}{6a^2x^2}$; $z = \sqrt{x^2+a^2}$; vgl. Nr. 2. 2. 2.
3. 1. 0.	$x^n \ln\left[x+\sqrt{x^2-a^2}\right]$	$\dfrac{x^{n+1}}{n+1}\ln\left[x+\sqrt{x^2-a^2}\right] - \dfrac{1}{n+1}\displaystyle\int \dfrac{x^{n+1}}{\sqrt{x^2-a^2}}\,dx$; $n>1$; vgl. Abs. 2. 2. 5. 2. u. Abs. 4. 3. 2. 2. Nr. 1.
3. 1. 1.	$x \ln\left[x+\sqrt{x^2-a^2}\right]$	$\dfrac{1}{2}\left(x^2-\dfrac{a^2}{2}\right)\ln(x+z) - \dfrac{1}{4}xz$;
3. 1. 2.	$x^2 \ln\left[x+\sqrt{x^2-a^2}\right]$	$\dfrac{1}{3}x^3\ln(x+z) - \dfrac{1}{3}a^2z - \dfrac{1}{9}z^3$;
3. 1. 3.	$x^3 \ln\left[x+\sqrt{x^2-a^2}\right]$	$\dfrac{1}{4}x^4\ln(x+z) - \dfrac{1}{16}x^3z - \dfrac{3}{32}a^2xz$;

$$z = \sqrt{x^2+a^2}.$$

Nr.	$f(x) = J'(x)$	$J(x) = \int f(x)\,dx$
3. 2. 0.	$\dfrac{\ln\left[x+\sqrt{x^2-a^2}\right]}{x^n}$	$-\dfrac{\ln\left[x+\sqrt{x^2-a^2}\right]}{(n-1)x^{n-1}} + \dfrac{1}{n-1}\displaystyle\int \dfrac{dx}{x^{n-1}\sqrt{x^2-a^2}}$; $n \neq 1$; vgl. Abs. 2. 2. 5. 2. u. 4. 3. 2. 2. ; für $n = 1$ vgl. Abs. 4. 3. 2. 2. Nr. 1. 2. 1.
3. 2. 2.	$\dfrac{\ln\left[x+\sqrt{x^2-a^2}\right]}{x^2}$	$-\dfrac{1}{x}\ln(x+z) - \dfrac{1}{a}\arcsin\dfrac{a}{x}$;
3. 2. 3.	$\dfrac{\ln\left[x+\sqrt{x^2-a^2}\right]}{x^3}$	$\dfrac{1}{2x^2}\left[\dfrac{xz}{a^2} - \ln(x+z)\right]$;
3. 2. 4.	$\dfrac{\ln\left[x+\sqrt{x^2-a^2}\right]}{x^4}$	$-\dfrac{1}{3x^3}\ln(x+z) - \dfrac{1}{6a^3}\arcsin\dfrac{a}{x} + \dfrac{z}{6a^2x^2}$;

$$z = \sqrt{x^2-a^2}.$$

4. 2. Trigonometrische und zyklometrische Funktionen.

4. 2. 1. Trigonometrische Funktionen.

4. 2. 1. 1. Der Integrand enthält sin x.

Nr.	$f(x) = J'(x)$	$J(x) = \int f(x)\,dx$
1. 1. 0. 1.	$x^n \sin x$	$-x^n \cos x + n\displaystyle\int x^{n-1}\cos x\,dx$; $n>0$; vgl. Abs. 4. 2. 1. 2. Nr. 1. 1. 0. 1. oder:
1. 1. 0. 2.	$x^{2p-1}\sin x$	$A(x)\sin x - B(x)\cos x$; $n = 2p-1$, wobei

Nr.	$f(x) = J'(x)$	$J(x) = \int f(x)\,dx$
		$A(x) = n!\left[\dfrac{x^{n-1}}{(n-1)!} - \dfrac{x^{n-3}}{(n-3)!} + \dfrac{x^{n-5}}{(n-5)!}\right.$ $\left. - \cdot + \cdots + (-1)^{p+1}\right].$
		$B(x) = n!\left[\dfrac{x^n}{n!} - \dfrac{x^{n-2}}{(n-2)!} + \dfrac{x^{n-4}}{(n-4)!}\right.$ $\left. - \cdot + \cdots + (-1)^{p+1}\dfrac{x}{1!}\right].$
1.1.0.3.	$x^{2p}\sin x$	$E(x)\sin x - D(x)\cos x; \quad n = 2p,$ wobei $E(x) = n!\left[\dfrac{x^{n-1}}{(n-1)!} - \dfrac{x^{n-3}}{(n-3)!} + \dfrac{x^{n-5}}{(n-5)!}\right.$ $\left. - \cdot + \cdots + (-1)^{p+1}\dfrac{x}{1!}\right],$ $D(x) = n!\left[\dfrac{x^n}{n!} - \dfrac{x^{n-2}}{(n-2)!} + \dfrac{x^{n-4}}{(n-4)!}\right.$ $\left. - \cdot + \cdots + (-1)^{p}\right].$
1.1.0.4.	$x^n \sin kx$	$\dfrac{1}{k^{n+1}}\int z^n \sin z\,dz; \quad z = kx.$
1.1.1.1.	$x \sin x$	$\sin x - x\cos x.$
1.1.1.2.	$x \sin kx$	$\dfrac{1}{k^2}\sin kx - \dfrac{x}{k}\cos kx.$
1.1.2.	$x^2 \sin x$	$2x\sin x - (x^2 - 2)\cos x.$
1.1.3.	$x^3 \sin x$	$(3x^2 - 6)\sin x - (x^3 - 6x)\cos x.$
1.1.4.	$x^4 \sin x$	$(4x^3 - 24x)\sin x - (x^4 - 12x^2 + 24)\cos x.$
1.1.5.	$x^5 \sin x$	$(5x^4 - 60x^2 + 120x)\sin x$ $- (x^5 - 20x^3 + 120x)\cos x.$
1.1.6.	$x^6 \sin x$	$(6x^5 - 120x^3 + 720x)\sin x$ $- (x^6 - 30x^4 + 360x^2 - 720)\cos x.$
1.2.0.1.	$\dfrac{\sin x}{x^n}$	$-\dfrac{\sin x}{(n-1)x^{n-1}} + \dfrac{1}{n-1}\int\dfrac{\cos x}{x^{n-1}}\,dx; \quad n > 1$ vgl. Abs. 4.2.1.2. Nr. 1.2.0.1. oder:
1.2.0.2.	$\dfrac{\sin x}{x^{2p-1}}$	$\bar{A}(x)\cos x + \bar{B}(x)\sin x + \dfrac{(-1)^{p+1}}{(n-1)!}\,\mathrm{Si}(x)^*;$ $n = 2p - 1 > 1;$

Nr.	$f(x) = J'(x)$	$J(x) = \int f(x)\,dx$
		$\bar{A}(x) = \dfrac{1}{x(n-1)!}\left[-\dfrac{(n-3)!}{x^{n-3}} + \dfrac{(n-5)!}{x^{n-5}}\right.$ $\left. -\cdot+\cdots+(-1)^{p+1}\right];$ $\bar{B}(x) = \dfrac{1}{x(n-1)!}\left[-\dfrac{(n-2)!}{x^{n-2}} + \dfrac{(n-4)!}{x^{n-4}}\right.$ $\left. -\cdot+\cdots+\dfrac{(-1)^{p+1}}{x}\right].$
1.2.0.3.	$\dfrac{\sin x}{x^{2p}}$	$\bar{E}(x)\cos x + \bar{D}(x)\sin x + \dfrac{(-1)^{p+1}}{(n-1)!}\,\mathrm{Ci}(x)^* + c;$ $n = 2p > 2;$ $\bar{E}(x) = \dfrac{1}{x(n-1)!}\left[-\dfrac{(n-3)!}{x^{n-3}} + \dfrac{(n-5)!}{x^{n-5}}\right.$ $\left. -\cdot+\cdots+\dfrac{(-1)^{p+1}}{x}\right];$ $\bar{D}(x) = \dfrac{1}{x(n-1)!}\left[-\dfrac{(n-2)!}{x^{n-2}} + \dfrac{(n-4)!}{x^{n-4}}\right.$ $\left. -\cdot+\cdots+(-1)^{p}\right];\quad c = \text{Konstante.}$
1.2.0.4.	$\dfrac{\sin kx}{x^n}$	$k^{n-1}\displaystyle\int \dfrac{\sin z}{z^n}\,dz;\quad z = kx.$
1.2.1.1.	$\dfrac{\sin x}{x}$	$\mathrm{Si}(x)^* = \text{Integralsinus.}$
1.2.1.2.	$\dfrac{\sin kx}{x}$	$\mathrm{Si}(kx)^*.$
1.2.2.	$\dfrac{\sin x}{x^2}$	$-\dfrac{\sin x}{x} + \mathrm{Ci}(x)^* + c;\ \text{vgl. Abs. 4.2.1.2. Nr. 1.2.1.1.}$
1.2.3.	$\dfrac{\sin x}{x^3}$	$-\dfrac{\cos x}{2x} - \dfrac{\sin x}{2x^2} - \dfrac{1}{2}\,\mathrm{Si}(x)^*.$
1.2.4.	$\dfrac{\sin x}{x^4}$	$-\dfrac{\cos x}{6x^2} + \dfrac{\sin x}{6x}\left(-\dfrac{2}{x^2} + 1\right) - \dfrac{1}{6}\,\mathrm{Ci}(x)^* + c.$
1.2.5.	$\dfrac{\sin x}{x^5}$	$\dfrac{\cos x}{24x}\left(-\dfrac{2}{x^2} + 1\right) + \dfrac{\sin x}{24x}\left(-\dfrac{6}{x^3} + \dfrac{1}{x}\right)$ $+ \dfrac{1}{24}\,\mathrm{Si}(x)^*.$

Nr.	$f(x) = J'(x)$	$J(x) = \int f(x)\, dx$
1. 2. 6.	$\dfrac{\sin x}{x^6}$ [1]	$\dfrac{\cos x}{120\, x}\left(-\dfrac{6}{x^3}+\dfrac{1}{x}\right)+\dfrac{\sin x}{120\, x}\left(-\dfrac{24}{x^4}+\dfrac{2}{x^2}-1\right)$ $+\dfrac{1}{120}\,\mathrm{Ci}\,(x)^* + c.$
1. 2. 7.	$\dfrac{\sin k x}{\sqrt{x}}$	$\sqrt{\dfrac{2\pi}{k}}\cdot \mathrm{S}\,(z) + c;$ Fresnelsches Integral*; $\quad z = k x.$
1. 3. 0.	$(a + b x)^n \sin k x$	$-\dfrac{1}{k}\,(a+b x)^n \cos k x$ $+\dfrac{n b}{k}\int (a+b x)^{n-1}\cos k x\, dx;\quad n > 0;$ vgl. Abs. 4. 2. 1. 2. Nr. 1. 3. 0.
1. 3. 1.	$(a + b x)\sin k x$	$-\dfrac{1}{k}\,(a+b x)\cos k x + \dfrac{b}{k^2}\sin k x.$
1. 3. 2.	$(a + b x)^2 \sin k x$	$\dfrac{1}{k}\left(\dfrac{2 b^2}{k^2}-z^2\right)\cos k x + \dfrac{2 b z}{k^2}\sin k x;$
1. 3. 3.	$(a + b x)^3 \sin k x$	$\dfrac{z}{k}\left(\dfrac{6 b^2}{k^2}-z^2\right)\cos k x$ $+\dfrac{3 b}{k^2}\left(z^2-\dfrac{2 b^2}{k^2}\right)\sin k x;$
1. 3. 4.	$(a + b x)^4 \sin k x$	$-\dfrac{1}{k}\left(z^4-\dfrac{12 b^2}{k^2}z^2+\dfrac{24 b^4}{k^4}\right)\cos k x$ $+\dfrac{4 b z}{k^2}\left(z^2-\dfrac{6 b^2}{k^2}\right)\sin k x;$

$$z = a + b x.$$

Nr.	$f(x) = J'(x)$	$J(x) = \int f(x)\, dx$
1. 4. 0.	$\dfrac{\sin k x}{(a + b x)^n}$	$-\dfrac{1}{b}\,\dfrac{\sin k x}{(n-1)(a+b x)^{n-1}}$ $+\dfrac{k}{b(n-1)}\int \dfrac{\cos k x}{(a+b x)^{n-1}}\, dx;\quad n > 1;$ vgl. Abs. 4. 2. 1. 2. Nr. 1. 4. 0.
1. 4. 1.	$\dfrac{\sin k x}{a + b x}$	$\dfrac{1}{b}\left[\cos\dfrac{k a}{b}\,\mathrm{Si}\,(u)^* - \sin\dfrac{k a}{b}\,\mathrm{Ci}\,(u)^*\right] + c;$ $u = \dfrac{k}{b}\,(a + b x).$
1. 4. 2.	$\dfrac{\sin k x}{(a + b x)^2}$	$-\dfrac{1}{b}\,\dfrac{\sin k x}{a + b x}+\dfrac{k}{b}\int \dfrac{\cos k x}{a + b x}\, dx;\quad$ vgl. Abs. 4.2.1.2. Nr. 1. 4. 1.

[1] $\int \dfrac{\sin^m x}{x^n}\, dx:\quad \sin^m x$ nach Abs. 6 in eine Fourierreihe entwickeln, durch x^n dividieren und einzeln nach den vorstehenden Formeln integrieren.

Nr.	$f(x) = J'(x)$	$J(x) = \int f(x)\,dx$
1. 4. 3.	$\dfrac{\sin kx}{(a+bx)^3}$	$-\dfrac{\sin kx}{2\,b\,(a+bx)^2} - \dfrac{k\cos kx}{2\,b^2(a+bx)} - \dfrac{k^2}{2\,b^2}\displaystyle\int \dfrac{\sin kx}{a+bx}\,dx;$ vgl. 1. 4. 1.
1. 4. 4.	$\dfrac{\sin kx}{(a+bx)^4}$	$-\dfrac{\sin kx}{3\,b\,(a+bx)^3} - \dfrac{k\cos kx}{6\,b^2(a+bx)^2} + \dfrac{k^2\sin kx}{6\,b^3(a+bx)}$ $-\dfrac{k^3}{6\,b^3}\displaystyle\int \dfrac{\cos kx}{a+bx}\,dx;$ vgl. Abs. 4. 2. 1. 2. Nr. 1. 4. 1.
1. 5. 1. 1.	$\dfrac{\sin kx}{a^2-x^2}$	$\dfrac{\cos ka}{2\,a}\,[\mathrm{Si}\,\{k(a+x)\} + \mathrm{Si}\,\{k(a-x)\}]^*$ $-\dfrac{\sin ka}{2\,a}\,[\mathrm{Ci}\,\{k(a+x)\} + \mathrm{Ci}\,\{k(a-x)\}]^* + c;$ $x^2 < a^2.$
1. 5. 1. 2.	$\dfrac{\sin kx}{x^2-a^2}$	$-\dfrac{\cos ka}{2\,a}\,[\mathrm{Si}\,\{k(x+a)\} - \mathrm{Si}\,\{k(x-a)\}]^*$ $+\dfrac{\sin ka}{2\,a}\,[\mathrm{Ci}\,\{k(x+a)\} + \mathrm{Ci}\,\{k(x-a)\}]^* + c;$ $x^2 > a^2.$
1. 5. 2. 1.	$\dfrac{x\sin kx}{a^2-x^2}$	$\dfrac{\sin ka}{2}\,[\mathrm{Ci}\,\{k(a+x)\} - \mathrm{Ci}\,\{k(a-x)\}]$ $-\dfrac{\cos ka}{2}\,[\mathrm{Si}\,\{k(a+x)\} - \mathrm{Si}\,\{k(a-x)\}] + c;$ $x^2 < a^2.$
1. 5. 2. 2.	$\dfrac{x\sin kx}{x^2-a^2}$	$-\dfrac{\sin ka}{2}\,[\mathrm{Ci}\{k(x+a)\} - \mathrm{Ci}\{k(x-a)\}]$ $+\dfrac{\cos ka}{2}\,[\mathrm{Si}\{k(x+a)\} + \mathrm{Si}\{k(x-a)\}] + c;$ $x^2 > a^2.$
2. 1. 0. 0.	$x^p \sin^m x$	$\sin^m x$ nach Abs. 6 in die FOURIER-Reihe entwickeln, mit x^p multiplizieren und gliedweise nach Nr. 1. 1.... integrieren.
2. 1. 1. 1.	$x\sin^2 x$	$\dfrac{1}{4}\,x^2 - \dfrac{1}{4}\,x\sin 2x - \dfrac{1}{8}\cos 2x.$
2. 1. 1. 2.	$x^2\sin^2 x$	$\dfrac{1}{6}\,x^3 - \dfrac{1}{4}\,x\cos 2x - \dfrac{1}{4}\left(x^2 - \dfrac{1}{2}\right)\sin 2x.$
2. 1. 2. 1.	$x\sin^3 x$	$\dfrac{3}{4}\sin x - \dfrac{1}{36}\sin 3x - \dfrac{3}{4}\cos x + \dfrac{1}{12}\,x\cos 3x.$
2. 1. 2. 2.	$x^2\sin^3 x$	$-\left(\dfrac{3}{4}\,x^2 + \dfrac{3}{2}\right)\cos x + \left(\dfrac{1}{12}\,x^2 + \dfrac{1}{54}\right)\cos 3x$ $+\dfrac{3}{2}\,x\sin x - \dfrac{1}{18}\,x\sin 3x.$

Nr.	$f(x) = J'(x)$	$J(x) = \int f(x)\,dx$
2.2.0.1.	$\dfrac{x}{\sin^m x}$	$-\dfrac{x \cos x}{(m-1)\sin^{m-1}x} - \dfrac{1}{(m-1)(m-2)\sin^{m-2}x}$ $+\dfrac{m-2}{m-1}\int \dfrac{x}{\sin^{m-2}x}\,dx;\ m \neq 1,\ m \neq 2.$
2.2.1.1.	$\dfrac{x}{\sin x}$	$x + \sum\limits_{p\,=\,1,2,\,\ldots} \dfrac{2(2^{2p-1}-1)}{(2p+1)!}\,B_p\,x^{2p+1};$ $B_p = \text{BERNOULLIsche Zahlen, vgl. Abs. 6};\ x^2 < \pi^2.$
2.2.1.2.	$\dfrac{x}{\sin^2 x}$	$-x\,\mathrm{ctg}\,x + \ln|\sin x|.$
2.2.1.3.	$\dfrac{x}{\sin^3 x}$	$-\dfrac{x \cos x}{2\sin^2 x} - \dfrac{1}{2\sin x} + \dfrac{1}{2}\int \dfrac{x}{\sin x}\,dx;\quad \begin{array}{l}\text{vgl.}\\ \text{Nr. 2.2.1.1.}\end{array}$
2.2.1.4.	$\dfrac{x}{\sin^4 x}$	$-\dfrac{x \cos x}{3\sin^3 x} - \dfrac{1}{6\sin^2 x} - \dfrac{2}{3}x\,\mathrm{ctg}\,x + \dfrac{2}{3}\ln|\sin x|.$
2.2.1.5.	$\dfrac{x}{\sin^5 x}$	$-\dfrac{x \cos x}{4\sin^4 x} - \dfrac{1}{12\sin^3 x} - \dfrac{3x\cos x}{8\sin^2 x} - \dfrac{3}{8\sin x}$ $+\dfrac{3}{8}\int \dfrac{dx}{\sin x}\ ;\ \text{vgl. Nr. 2.2.1.1.}$
2.2.2.0.	$\dfrac{x^n}{\sin x}$	$\dfrac{x^n}{n} + \sum\limits_{p\,=\,1,2,\,\ldots} \dfrac{2(2^{2p-1}-1)}{2\,p!\,(2p+n)}\,B_p\,x^{2p+n};$ $B_p = \text{BERNOULLIsche Zahlen (s. Abs. 6.)};\ n > 0;$ sonst Reihe für $\dfrac{1}{\sin x}$ (Abs. 6) mit x^n multiplizieren und gliedweise integrieren.
3.1.1.	$\dfrac{x}{1+\sin x}$	$x\,\mathrm{tg}\left(\dfrac{x}{2}-\dfrac{\pi}{4}\right) + 2\ln\cos\left|\dfrac{x}{2}-\dfrac{\pi}{4}\right|.$
3.1.2.	$\dfrac{x}{1-\sin x}$	$x\,\mathrm{tg}\left(\dfrac{x}{2}+\dfrac{\pi}{4}\right) + 2\ln\cos\left|\dfrac{x}{2}+\dfrac{\pi}{4}\right|.$

4.2.1.2. Der Integrand enthält cos x.

Nr.	$f(x)$	$J(x)$
1.1.0.1.	$x^n \cos x$	$x^n \sin x - n\int x^{n-1}\sin x\,dx;\ n>0;\ \text{vgl. Abs. 4.2.1.1.}$ Nr. 1.1.0.1. oder:
1.1.0.2.	$x^{2p-1}\cos x$	$A(x)\cos x + B(x)\sin x;\ n = 2p-1;$ $A(x)\ \text{und}\ B(x)\ \text{vgl. Abs. 4.2.1.1. Nr. 1.1.0.2.}$
1.1.0.3.	$x^{2p}\cos x$	$E(x)\cos x + D(x)\sin x;\ n = 2p;$ $E(x)\ \text{und}\ D(x)\ \text{vgl. Abs. 4.2.1.1. Nr. 1.1.0.3.}$

Nr.	$f(x) = J'(x)$	$J(x) = \int f(x)\,dx$
1.1.0.4.	$x^n \cos kx$	$\dfrac{1}{k^{n+1}} \int z^n \cos z\,dz; \quad z = kx.$
1.1.1.1.	$x \cos x$	$\cos x + x \sin x.$
1.1.1.2.	$x \cos kx$	$\dfrac{1}{k^2} \cos kx + \dfrac{x}{k} \sin kx.$
1.1.2.	$x^2 \cos x$	$2x \cos x + (x^2 - 2) \sin x.$
1.1.3.	$x^3 \cos x$	$(3x^2 - 6) \cos x + (x^3 - 6x) \sin x.$
1.1.4.	$x^4 \cos x$	$(x^4 - 12x^2 + 24) \cos x + (4x^3 - 24x) \sin x.$
1.1.5.	$x^5 \cos x$	$(5x^4 - 60x^2 + 120) \cos x + (x^5 - 20x^3 + 120x) \sin x.$
1.1.6.	$x^6 \cos x$	$(6x^5 - 120x^3 + 720x) \cos x + (x^6 - 30x^4 + 360x^2 - 720) \sin x.$
1.2.0.1.	$\dfrac{\cos x}{x^n}$	$-\dfrac{\cos x}{(n-1)x^{n-1}} - \dfrac{1}{n-1} \int \dfrac{\sin x}{x^{n-1}}\,dx; \quad n > 1;$ vgl. Abs. 4.2.1.1. Nr. 1.2.0.1. oder:
1.2.0.2.	$\dfrac{\cos x}{x^{2p-1}}$	$\bar{B}(x) \cos x - \bar{A}(x) \sin x + \dfrac{(-1)^{p+1}}{(n-1)!} \operatorname{Ci}(x)^* + c;$ $n = 2p - 1 > 1;$ $\bar{A}, \bar{B}$ vgl. Abs. 4.2.1.1. Nr. 1.2.0.2.
1.2.0.3.	$\dfrac{\cos x}{x^{2p}}$	$\bar{D}(x) \cos x - \bar{E}(x) \sin x + \dfrac{(-1)^p}{(n-1)!} \operatorname{Si}(x)^*; \quad n = 2p > 2;$ $\bar{D}, \bar{E}$ vgl. Abs. 4.2.1.1. Nr. 1.2.0.3.
1.2.0.4.	$\dfrac{\cos kx}{x^n}$	$k^{n-1} \int \dfrac{\cos z}{z^n}\,dz; \quad z = kx.$
1.2.1.1.	$\dfrac{\cos x}{x}$	$\operatorname{Ci}(x)^* + c;$ „Integralcosinus", vgl. Abs. 6.
1.2.1.2.	$\dfrac{\cos kx}{x}$	$\operatorname{Ci}(kx)^* + c.$
1.2.2.	$\dfrac{\cos x}{x^2}$	$-\dfrac{\cos x}{x} - \operatorname{Si}(x)^*.$
1.2.3.	$\dfrac{\cos x}{x^3}$	$-\dfrac{\cos x}{2x^2} + \dfrac{\sin x}{2x} - \operatorname{Ci}(x)^* + c.$
1.2.4.	$\dfrac{\cos x}{x^4}$	$\dfrac{\cos x}{6x}\left(-\dfrac{2}{x^2} + 1\right) + \dfrac{\sin x}{6x^2} + \dfrac{1}{6} \operatorname{Si}(x)^*.$

16*

Nr.	$f(x) = J'(x)$	$J(x) = \int f(x)\,dx$
1.2.5.	$\dfrac{\cos x}{x^5}$	$\dfrac{\cos x}{24\,x}\left(-\dfrac{6}{x^3}+\dfrac{1}{x}\right)-\dfrac{\sin x}{24\,x}\left(-\dfrac{2}{x^2}+1\right)$ $\qquad +\dfrac{1}{24}\,\mathrm{Ci}\,(x)^* + c.$
1.2.6.	$\dfrac{\cos x}{x^6}$ [1])	$\dfrac{\cos x}{120\,x}\left(-\dfrac{24}{x^4}+\dfrac{2}{x^2}-1\right)-\dfrac{\sin x}{120\,x}\left(-\dfrac{6}{x^3}+\dfrac{1}{x}\right)$ $\qquad -\dfrac{1}{120}\,\mathrm{Si}\,(x)^*.$
1.2.7.	$\dfrac{\cos k x}{\sqrt{x}}$	$\sqrt{\dfrac{2\pi}{k}}\;C(z);\;$ FRESNELsches Integral*; $\;z = k x.$
1.3.0.	$(a+bx)^n \cos k x$	$\dfrac{1}{k}\,(a+bx)^n - \dfrac{n\,b}{k}\int(a+bx)^{n-1}\sin k x\,dx;\;n>0;$ $\qquad\qquad\qquad\qquad\text{vgl. Abs. 4.2.1.1. Nr. 1.3.0.}$
1.3.1.	$(a+bx)\cos k x$	$\dfrac{1}{k}\,(a+bx)\sin k x + \dfrac{b}{k^2}\cos k x.$
1.3.2.	$(a+bx)^2 \cos k x$	$\dfrac{1}{k}\left(z^2 - \dfrac{2\,b^2}{k^2}\right)\sin k x + \dfrac{2\,b}{k^2}\,z\cos k x;$
1.3.3.	$(a+bx)^3 \cos k x$	$\dfrac{z}{k}\left(z^2 - \dfrac{6\,b^2}{k^2}\right)\sin k x$ $\qquad +\dfrac{3\,b}{k^2}\left(z^2 - \dfrac{2\,b^2}{k^2}\right)\cos k x;$
1.3.4.	$(a+bx)^4 \cos k x$	$\dfrac{1}{k}\left(z^4 - \dfrac{12\,b^2}{k^2}\,z^2 + \dfrac{24\,b^4}{k^4}\right)\sin k x$ $\qquad +\dfrac{4\,b\,z}{k^2}\left(z^2 - \dfrac{6\,b^2}{k^2}\right)\cos k x;$

$$\left.\begin{matrix}\\[4em]\\[4em]\end{matrix}\right\} z = a + bx.$$

Nr.	$f(x) = J'(x)$	$J(x) = \int f(x)\,dx$
1.4.0.	$\dfrac{\cos k x}{(a+bx)^n}$	$-\dfrac{\cos k x}{b(n-1)(a+bx)^{n-1}}$ $\qquad -\dfrac{k}{b(n-1)}\int\dfrac{\sin k x}{(a+bx)^{n-1}}\,dx;\;n>1;$ $\qquad\qquad\qquad\text{vgl. Abs. 4.2.1.1. Nr. 1.4.0.}$
1.4.1.	$\dfrac{\cos k x}{a+bx}$	$\dfrac{1}{b}\left[\cos\dfrac{k\,a}{b}\;\mathrm{Ci}\,(u)^* + \sin\dfrac{k\,a}{b}\;\mathrm{Si}\,(u)^*\right]+c;$ $\qquad\qquad\qquad\qquad u = \dfrac{k}{b}\,(a+bx).$

---

[1]) $\int\dfrac{\cos^m x}{x^n}\,dx:$ $\cos^m x$ nach Abs. 6 in eine Fourierreihe entwickeln, durch x^n dividieren und gliedweise integrieren.

Nr.	$f(x) = J'(x)$	$J(x) = \int f(x)\,dx$
1.4.2.	$\dfrac{\cos kx}{(a+bx)^2}$	$-\dfrac{1}{b}\dfrac{\cos kx}{a+bx} - \dfrac{k}{b}\int \dfrac{\sin kx}{a+bx}\,dx$; vgl. Abs. 4.2.1.1. Nr. 1.4.1.
1.4.3.	$\dfrac{\cos kx}{(a+bx)^3}$	$-\dfrac{1}{2b}\dfrac{\cos kx}{(a+bx)^2} + \dfrac{k}{2b^2}\dfrac{\sin kx}{a+bx}$ $-\dfrac{k^2}{2b^2}\int \dfrac{\cos kx}{a+bx}\,dx$; vgl. Nr. 1.4.1.
1.4.4.	$\dfrac{\cos kx}{(a+bx)^4}$	$-\dfrac{1}{3b}\dfrac{\cos kx}{(a+bx)^3} + \dfrac{k}{6b^2}\dfrac{\sin kx}{(a+bx)^2} + \dfrac{k^2}{6b^3}\dfrac{\cos kx}{a+bx}$ $+\dfrac{k^3}{3b^3}\int \dfrac{\sin kx}{a+bx}\,dx$; vgl. Abs. 4.2.1.1. Nr.1.4.1.
1.5.1.1.	$\dfrac{\cos kx}{a^2-x^2}$	$\dfrac{\cos ka}{2a}\,[\operatorname{Ci}\{k(a+x)\}+\operatorname{Ci}\{k(a-x)\}]^*$ $+\dfrac{\sin ka}{2a}\,[\operatorname{Si}\{k(a+x)\}-\operatorname{Si}\{k(a-x)\}]^* + c$; $x^2 < a^2$.
1.5.1.2.	$\dfrac{\cos kx}{x^2-a^2}$	$-\dfrac{\cos ka}{2a}\,[\operatorname{Ci}\{k(x+a)\}+\operatorname{Ci}\{(x-a)\}]^*$ $-\dfrac{\sin ka}{2a}\,[\operatorname{Si}\{k(x+a)\}+\operatorname{Si}\{k(x-a)\}]^* + c$; $x^2 > a^2$.
1.5.2.1.	$\dfrac{x\cos kx}{a^2-x^2}$	$-\dfrac{\cos ka}{2}\,[\operatorname{Ci}\{k(a+x)\}+\operatorname{Ci}\{k(a-x)\}]^*$ $-\dfrac{\sin ka}{2}\,[\operatorname{Si}\{k(a+x)\}+\operatorname{Si}\{k(a-x)\}]^* + c$; $x^2 < a^2$.
1.5.2.2.	$\dfrac{x\cos kx}{x^2-a^2}$	$\dfrac{\cos ka}{2}\,[\operatorname{Ci}\{k(x+a)\}+\operatorname{Ci}\{k(x-a)\}]^*$ $+\dfrac{\sin ka}{2}\,[\operatorname{Si}\{k(x+a)\}-\operatorname{Si}\{k(x-a)\}]^* + c$; $x^2 > a^2$.
2.1.0.	$x^p \cos^m x$	$\cos^m x$ nach Abs. 6 in die FOURIER-Reihe entwickeln, mit x^p multiplizieren und gliedweise nach Nr.1.1… integrieren.
2.1.1.1.	$x\cos^2 x$	$\dfrac{1}{4}x^2 + \dfrac{1}{4}x\sin 2x + \dfrac{1}{8}\cos 2x.$
2.1.1.2.	$x^2\cos^2 x$	$\dfrac{1}{6}x^3 + \dfrac{1}{4}x\cos 2x + \dfrac{1}{4}\left(x^2 - \dfrac{1}{2}\right)\sin 2x.$
2.1.2.1.	$x\cos^3 x$	$\dfrac{3}{4}\cos x + \dfrac{1}{36}\cos 3x + \dfrac{3}{4}x\sin x + \dfrac{1}{12}x\sin 3x.$

Nr.	$f(x) = J'(x)$	$J(x) = \int f(x)\,dx$
2.1.2.2.	$x^2 \cos^3 x$	$\left(\dfrac{3}{4}x^2 - \dfrac{3}{2}\right)\sin x + \left(\dfrac{1}{12}x^2 - \dfrac{1}{54}\right)\sin 3x$ $+ \dfrac{3}{2}x\cos x + \dfrac{1}{18}x\cos 3x.$
2.2.0.1.	$\dfrac{x}{\cos^m x}$	$\dfrac{x\sin x}{(m-1)\cos^{m-1}x} - \dfrac{1}{(m-1)(m-2)\cos^{m-2}x}$ $+ \dfrac{m-2}{m-1}\int \dfrac{x}{\cos^{m-2}x}\,dx; \quad m \neq 1. \quad m \neq 2.$
2.2.1.1.	$\dfrac{x}{\cos x}$	$\dfrac{x^2}{2} + \sum_{p=1,2,\ldots} \dfrac{E_p}{(2p)!\,(2p+2)}\,x^{2p+2};$ $E_p = \text{EULERsche Zahlen; vgl. Abs. 6; } \|x\| < \pi/2.$
2.2.1.2.	$\dfrac{x}{\cos^2 x}$	$x\,\mathrm{tg}\,x - \ln\|\cos x\|.$
2.2.1.3.	$\dfrac{x}{\cos^3 x}$	$\dfrac{x\sin x}{2\cos^2 x} - \dfrac{1}{2\cos x} + \dfrac{1}{2}\int\dfrac{x\,dx}{\cos x}; \quad \text{s. Nr. 2.2.1.1.}$
2.2.1.4.	$\dfrac{x}{\cos^4 x}$	$\dfrac{x\sin x}{3\cos^3 x} - \dfrac{1}{6\cos^2 x} + \dfrac{2}{3}x\,\mathrm{tg}\,x - \dfrac{2}{3}\ln\|\cos x\|.$
2.2.1.5.	$\dfrac{x}{\cos^5 x}$	$\dfrac{x\sin x}{4\cos^4 x} - \dfrac{1}{12\cos^3 x} + \dfrac{3x\sin x}{8\cos^2 x} - \dfrac{3}{8\cos x}$ $+ \dfrac{3}{8}\int\dfrac{x\,dx}{\cos x}; \quad \text{vgl. Nr. 2.2.1.1.}$
2.2.2.0.	$\dfrac{x^n}{\cos x}$	$\dfrac{x^{n+1}}{n+1} + \sum_{p=1,2,\ldots} \dfrac{E_p}{(2p)!\,(2p+n+1)}\,x^{2p+n+1}; \|x\| < \pi/2;$ $E_p = \text{EULERsche Zahlen (s. Abs. 6);}$ $n > -1,\ \text{sonst Reihe } \dfrac{1}{\cos x}\ \text{(Abs. 6) mit } x^n \text{ multiplizieren und gliedweise integrieren.}$
3.1.1.	$\dfrac{x}{1+\cos x}$	$x\,\mathrm{tg}\,\dfrac{x}{2} + 2\ln\left\|\cos\dfrac{x}{2}\right\|.$
3.1.2.	$\dfrac{x}{1-\cos x}$	$x\,\mathrm{ctg}\,\dfrac{x}{2} + 2\ln\left\|\sin\dfrac{x}{2}\right\|.$

4.2.1.3. *Der Integrand enthält* $\sin x$ *und* $\cos x$.

Nr.	$f(x) = J'(x)$	$J(x) = \int f(x)\,dx$
1.1.0.0.	$\dfrac{x^n \cos x}{\sin^m x}$	$-\dfrac{x^n}{(m-1)\sin^{m-1}x} + \dfrac{n}{m-1}\int\dfrac{x^{n-1}}{\sin^{m-1}x}\,dx; \quad m \neq 1$ $\text{(vgl. Abs. 4.2.1.4. Nr. 2.3.).}$

Nr.	$f(x) = J'(x)$	$J(x) = \int f(x)\,dx$
1.1.0.1.	$\dfrac{x^n \cos x}{\sin^2 x}$	$-\dfrac{x^n}{\sin x} + n\displaystyle\int \dfrac{x^{n-1}}{\sin x}\,dx;$ vgl. a. Abs. 4.2.1.1. Nr. 2.2.2.0.
1.1.1.	$\dfrac{x \cos x}{\sin^2 x}$	$-\dfrac{x}{\sin x} + \ln\,\mathrm{tg}\,\dfrac{x}{2}$ [*].
1.1.2.	$\dfrac{x^2 \cos x}{\sin^2 x}$	$-\dfrac{x^2}{\sin x} + 2\displaystyle\int \dfrac{x}{\sin x}\,dx;$ vgl. Abs. 4.2.1.1. Nr. 2.2.1.1.
1.2.0.0.	$\dfrac{x^n \sin x}{\cos^m x}$	$\dfrac{x^n}{(m-1)\cos^{m-1} x} - \dfrac{n}{m-1}\displaystyle\int \dfrac{x^{n-1}}{\cos^{m-1} x}\,dx;$ $m \neq 1$ (vgl. Abs. 4.2.1.4. Nr. 1.3.).
1.2.0.1.	$\dfrac{x^n \sin x}{\cos^2 x}$	$\dfrac{x^n}{\cos x} - n\displaystyle\int \dfrac{x^{n-1}}{\cos x}\,dx;$ vgl. Abs. 4.2.1.2. Nr. 2.2.2.0.
1.2.1.	$\dfrac{x \sin x}{\cos^2 x}$	$\dfrac{x}{\cos x} - \ln\left| \mathrm{tg}\left(\dfrac{x}{2} + \dfrac{\pi}{4}\right)\right|$ [*].
1.2.2.	$\dfrac{x^2 \sin x}{\cos^2 x}$	$\dfrac{x}{\cos x} - 2\displaystyle\int \dfrac{x}{\cos x}\,dx;$ vgl. Abs. 4.2.1.2. Nr. 2.2.1.1.
2.1.0.	$\dfrac{x^n \cos x}{(a + b\sin x)^m}$	$-\dfrac{x^n}{(m-1)\,b\,(a + b\sin x)^{m-1}} + \dfrac{n}{(m-1)\,b}\displaystyle\int \dfrac{x^{n-1}}{(a + b\sin x)^{m-1}}\,dx;$ $m \neq 1.$
2.1.1.0.	$\dfrac{x \cos x}{(a + b\sin x)^2}$	$-\dfrac{x}{b(a + b\sin x)} + \dfrac{1}{b}\displaystyle\int \dfrac{dx}{a + b\sin x};$ vgl. Abs. 3.2.1.1. Nr. 3.1.3. [1]).
2.1.2.1.	$\dfrac{x \cos x}{(1 + \sin x)^2}$	$-\dfrac{x}{1 + \sin x} + \mathrm{tg}\left(\dfrac{x}{2} - \dfrac{\pi}{4}\right).$
2.1.2.2.	$\dfrac{x \cos x}{(1 - \sin x)^2}$	$\dfrac{x}{1 - \sin x} + \mathrm{tg}\left(\dfrac{x}{2} + \dfrac{\pi}{4}\right).$
2.2.0.	$\dfrac{x^n \sin x}{(a + b\cos x)^m}$	$\dfrac{x^n}{(m-1)\,b\,(a + b\cos x)^{m-1}} - \dfrac{n}{(m-1)\,b}\displaystyle\int \dfrac{x^{n-1}}{(a + b\cos x)^{m-1}}\,dx;$ $m \neq 1.$
2.2.1.0.	$\dfrac{x \sin x}{(a + b\cos x)^2}$	$\dfrac{x}{b(a + b\cos x)} - \dfrac{1}{b}\displaystyle\int \dfrac{dx}{a + b\cos x};$ vgl. Abs. 3.2.1.2. Nr. 3.1.3. [2]).
2.2.1.1.	$\dfrac{x \sin x}{(1 + \cos x)^2}$	$\dfrac{x}{1 + \cos x} - \mathrm{tg}\,\dfrac{x}{2}.$

[1]) $\displaystyle\int \dfrac{x \cos x}{a + b\sin x}\,dx = \dfrac{x}{b}\ln(a + b\sin x) + \dfrac{1}{b}\displaystyle\int \ln(a + b\sin x)\,dx.$

[2]) $\displaystyle\int \dfrac{x \sin x}{a + b\cos x}\,dx = -\dfrac{x}{b}\ln(a + b\cos x) + \dfrac{1}{b}\displaystyle\int \ln(a + b\cos x)\,dx.$

Nr.	$f(x) = J'(x)$	$J(x) = \int f(x)\, dx$
2.2.1.2.	$\dfrac{x \sin x}{(1-\cos x)^2}$	$-\dfrac{1}{1-\cos x} - \operatorname{ctg} \dfrac{x}{2}\,.$

4.2.1.4. Der Integrand enthält tg x und ctg x.

1.1.	$x\,\operatorname{tg} x$	$\displaystyle\sum_{p=1,2,\ldots} \frac{2^{2p}(2^{2p}-1)}{(2p+1)!}\, B_p\, x^{2p+1};\ \ 0<|x|<\pi/2;$

$$B_p = \text{BERNOULLIsche Zahlen}*.$$

1.2.	$\dfrac{\operatorname{tg} x}{x,}$	$\displaystyle\sum_{p=1,2,\ldots} \frac{2^{2p}(2^{2p}-1)}{(2p)!\,(2p-1)}\, B_p\, x^{2p-1};\ \ 0\leqq|x|<\pi/2;$

$$B_p \ \text{s. o.}$$

1.3.	$x^n\,\operatorname{tg} x$	$\displaystyle\sum_{p=1,2,\ldots} \frac{2^{2p}(2^{2p}-1)}{(2p)!\,(2p+n)}\, B_p\, x^{2p+n};\ \ 0\leqq|x|<\pi/2;$

$$B_p \ \text{s. o.}$$

$n \geqq -1$; sonst Reihe für tg x (Abs. 6) mit x^n multiplizieren und gliedweise integrieren.

2.1.	$x\,\operatorname{ctg} x$	$x - \displaystyle\sum_{p=1,2,\ldots} \frac{2^{2p}}{(2p+1)!}\, B_p\, x^{2p+1};\ 0\leqq|x|<\pi;\ B_p\,\text{s. o.}$

2.2.	$\dfrac{\operatorname{ctg} x}{x}$	$-\dfrac{1}{x} - \displaystyle\sum_{p=1,2,\ldots} \frac{2^{2p}}{(2p)!\,(2p-1)}\, B_p\, x^{2p-1};\ B_p\,\text{s. o.}$

$$|x|<\pi.$$

2.3.	$x^n\,\operatorname{ctg} x$	$\dfrac{x^n}{n} - \displaystyle\sum \frac{2^{2p}}{(2p)!\,(2p+n)}\, B_p\, x^{2p+n};\ \ B_p\,\text{s. o.};\ |x|<\pi.$

$n>0$; sonst Reihe für ctg x (s. Abs. 6) mit x^n multiplizieren und gliedweise integrieren.

4.2.2. Zyklometrische Funktionen.
4.2.2.1. Der Integrand enthält arc sin x [1]).

1.1.0.	$x^n \arcsin \dfrac{x}{a}$	$\dfrac{x^{n+1}}{n+1} \arcsin \dfrac{x}{a} - \dfrac{1}{n+1} \displaystyle\int \frac{x^{n+1}}{\sqrt{a^2-x^2}}\, dx;\ n \neq -1;$

$$\text{vgl. Abs. 2.2.3.2. Nr. 1.} \ldots$$

1.1.1.	$x \arcsin \dfrac{x}{a}$	$\dfrac{1}{2}\left(x^2 - \dfrac{a^2}{2}\right) \arcsin \dfrac{x}{a} + \dfrac{1}{4}\, x\, \sqrt{a^2-x^2}\,.$
1.1.2.	$x^2 \arcsin \dfrac{x}{a}$	$\dfrac{1}{3}\, x^3 \arcsin \dfrac{x}{a} + \dfrac{1}{9}\,(2a^2+x^2)\,\sqrt{a^2-x^2}\,.$

---

[1]) Hauptwerte für $y = \arcsin x$: $-1 \leqq x \leqq 1,\ -\pi/2 \leqq y \leqq \pi/2$.

Nr.	$f(x) \stackrel{\bullet}{=} J'(x)$	$J(x) = \int f(x)\,dx$
1.1.3.	$x^3 \arcsin \dfrac{x}{a}$	$\dfrac{1}{4}\left(x^4 - \dfrac{3}{8}\,a^4\right)\arcsin \dfrac{x}{a} + \dfrac{1}{16}\,x\left(x^2 + \dfrac{3}{2}\,a^2\right)\sqrt{a^2 - x^2}.$
1.2.0.	$\dfrac{1}{x^n}\arcsin \dfrac{x}{a}$	$-\dfrac{1}{(n-1)\,x^{n-1}}\arcsin \dfrac{x}{a} + \dfrac{1}{n-1}\int \dfrac{dx}{x^{n-1}\sqrt{a^2 - x^2}};\ n \neq 1;$ vgl. Abs.2.2.3.2. Nr. 2.2....
1.2.1.	$\dfrac{1}{x}\arcsin \dfrac{x}{a}$	$\dfrac{x}{a} + \dfrac{1}{2\cdot 3^2}\cdot\dfrac{x^3}{a^3} + \dfrac{1\cdot 3}{2\cdot 4\cdot 5^2}\cdot\dfrac{x^5}{a^5} + \dfrac{1\cdot 3\cdot 5}{2\cdot 4\cdot 6\cdot 7^2}\dfrac{x^7}{a^7} + \cdots;\ x^2 \leqq a^2.$
1.2.2.	$\dfrac{1}{x^2}\arcsin \dfrac{x}{a}$	$-\dfrac{1}{x}\arcsin \dfrac{x}{a} - \dfrac{1}{a}\operatorname{Ar\,Cof}\left|\dfrac{a}{x}\right|^{*} = -\dfrac{1}{x}\arcsin \dfrac{x}{a} - \dfrac{1}{a}\ln\left|\dfrac{x + \sqrt{a^2 - x^2}}{x}\right|.$
1.2.3.	$\dfrac{1}{x^3}\arcsin \dfrac{x}{a}$	$-\dfrac{1}{2\,x^2}\arcsin \dfrac{x}{a} - \dfrac{1}{2\,a^2 x}\sqrt{a^2 - x^2}.$
1.2.4.	$\dfrac{1}{x^4}\arcsin \dfrac{x}{a}$	$-\dfrac{1}{3\,x^3}\arcsin \dfrac{x}{a} - \dfrac{1}{6\,a^3}\operatorname{Ar\,Cof}\left|\dfrac{a}{x}\right|^{*} - \dfrac{1}{6\,a^2 x^2}\sqrt{a^2 - x^2}.$
2.1.0.	$x^n \arcsin \dfrac{a}{x}$ [1])	$\dfrac{x^{n+1}}{n+1}\arcsin \dfrac{a}{x} \pm \dfrac{a}{n+1}\int \dfrac{x^n}{\sqrt{x^2 - a^2}}\,dx;\ n \neq -1;$ vgl. Abs. 2.2.5.2. Nr. 1....[2]).
2.1.1.	$x \arcsin \dfrac{a}{x}$	$\dfrac{1}{2}\,x^2 \arcsin \dfrac{a}{x} \pm \dfrac{a}{2}\sqrt{x^2 - a^2}$ [2]).
2.1.2.	$x^2 \arcsin \dfrac{a}{x}$	$\dfrac{1}{3}\,x^3 \arcsin \dfrac{a}{x} + \dfrac{1}{6}\,a^3 \operatorname{Ar\,Cof}\left|\dfrac{x}{a}\right|^{*} \pm \dfrac{1}{6}\,a x\sqrt{x^2 - a^2} = \dfrac{1}{3}\,x^3 \arcsin \dfrac{a}{x} \pm \dfrac{1}{6}\,a^3 \ln\left|x + \sqrt{x^2 - a^2}\right| \pm \dfrac{1}{6}\,a x \sqrt{x^2 - a^2} + C.$ [2])
2.1.3.	$x^3 \arcsin \dfrac{a}{x}$	$\dfrac{1}{4}\,x^4 \arcsin \dfrac{a}{x} \pm \dfrac{1}{12}\,a\,(2\,a^2 + x^2)\sqrt{x^2 - a^2}$ [2]).
2.2.0.	$\dfrac{1}{x^n}\arcsin \dfrac{a}{x}$	$-\dfrac{1}{(n-1)\,x^{n-1}}\arcsin \dfrac{a}{x} \mp \dfrac{a}{n-1}\int \dfrac{dx}{x^n\sqrt{x^2 - a^2}};\ n \neq 1;$ vgl. Abs. 2.2.5.2. Nr. 2.2.[2]).

[1]) $\arcsin \dfrac{a}{x} = \operatorname{arc\,cosec} \dfrac{x}{a}$.

[2]) oberes Vorzeichen für $x/a \geqq 1$, unteres „ „ $x/a \leqq -1$.

Nr.	$f(x) = J'(x)$	$J(x) = \int f(x)\,dx$
2.2.1.	$\dfrac{1}{x}\,\text{arc sin}\,\dfrac{a}{x}$	$-\left(\dfrac{a}{x} + \dfrac{1}{2\cdot 3^2}\dfrac{a^3}{x^3} + \dfrac{1\cdot 3}{2\cdot 4\cdot 5^2}\dfrac{a^5}{x^5}\right.$ $\left.+ \dfrac{1\cdot 3\cdot 5}{2\cdot 4\cdot 6\cdot 7^2}\dfrac{a^7}{x^7} + \cdots\right);\quad x^2 \geq a^2.$
2.2.2.	$\dfrac{1}{x^2}\,\text{arc sin}\,\dfrac{a}{x}$	$-\dfrac{1}{x}\,\text{arc sin}\,\dfrac{a}{x} \mp \dfrac{1}{ax}\sqrt{x^2 - a^2}.$[1]
2.2.3.	$\dfrac{1}{x^3}\,\text{arc sin}\,\dfrac{a}{x}$	$\left(\dfrac{1}{4a^2} - \dfrac{1}{2x^2}\right)\text{arc sin}\,\dfrac{a}{x} \mp \dfrac{1}{4ax^2}\sqrt{x^2 - a^2}.$[1]
2.2.4.	$\dfrac{1}{x^4}\,\text{arc sin}\,\dfrac{a}{x}$	$-\dfrac{1}{3x^3}\,\text{arc sin}\,\dfrac{a}{x} \pm \dfrac{z^3}{9a^3x^3} \mp \dfrac{z}{3a^3x};\quad z = \sqrt{x^2 - a^2}.$

4.2.2.2. Der Integrand enthält arc cos x.[2]

Nr.	$f(x) = J'(x)$	$J(x) = \int f(x)\,dx$
1.1.0.	$x^n\,\text{arc cos}\,\dfrac{x}{a}$	$\dfrac{x^{n+1}}{n+1}\,\text{arc cos}\,\dfrac{x}{a} + \dfrac{1}{n+1}\displaystyle\int \dfrac{x^{n+1}}{\sqrt{a^2 - x^2}}\,dx;\ n \neq -1;$ vgl. Abs. 2.2.3.2. Nr. 1. ....
1.1.1.	$x\,\text{arc cos}\,\dfrac{x}{a}$	$\dfrac{1}{2}\left(x^2 - \dfrac{a^2}{2}\right)\text{arc cos}\,\dfrac{x}{a} - \dfrac{1}{4}\,x\sqrt{a^2 - x^2}.$
1.1.2.	$x^2\,\text{arc cos}\,\dfrac{x}{a}$	$\dfrac{1}{3}\,x^3\,\text{arc cos}\,\dfrac{x}{a} - \dfrac{1}{9}(2a^2 + x^2)\sqrt{a^2 - x^2}.$
1.1.3.	$x^3\,\text{arc cos}\,\dfrac{x}{a}$	$\dfrac{1}{4}\left(x^4 - \dfrac{3}{8}\,a^4\right)\text{arc cos}\,\dfrac{x}{a} - \dfrac{1}{16}\,x\left(x^2 + \dfrac{3}{2}\,a^2\right)\sqrt{a^2 - x^2}.$
1.2.0.	$\dfrac{1}{x^n}\,\text{arc cos}\,\dfrac{x}{a}$	$-\dfrac{1}{(n-1)x^{n-1}}\,\text{arc cos}\,\dfrac{x}{a} - \dfrac{1}{n-1}\displaystyle\int \dfrac{dx}{x^{n-1}\sqrt{a^2 - x^2}};$ $n \neq 1;$ vgl. Abs. 2.2.3.2. Nr. 2.2. ....
1.2.1.	$\dfrac{1}{x}\,\text{arc cos}\,\dfrac{x}{a}$	$\dfrac{\pi}{2}\ln|x| - \displaystyle\int \dfrac{1}{x}\,\text{arc sin}\,\dfrac{x}{a}\,dx;$ vgl. Abs. 4.2.2.1. Nr. 1.2.1.
1.2.2.	$\dfrac{1}{x^2}\,\text{arc cos}\,\dfrac{x}{a}$	$-\dfrac{1}{x}\,\text{arc cos}\,\dfrac{x}{a} + \dfrac{1}{a}\,\mathfrak{Ar\,Cof}\left|\dfrac{a}{x}\right.$ * $= -\dfrac{1}{x}\,\text{arc cos}\,\dfrac{x}{a} + \dfrac{1}{a}\ln\left|\dfrac{x + \sqrt{a^2 - x^2}}{x}\right|.$
1.2.3.	$\dfrac{1}{x^3}\,\text{arc cos}\,\dfrac{x}{a}$	$-\dfrac{1}{2x^2}\,\text{arc cos}\,\dfrac{x}{a} - \dfrac{1}{2a^2x}\sqrt{a^2 - x^2}.$

---

[1] Siehe Anm. 2 auf S. 249.
[2] Hauptwerte für $y = \text{arc cos}\,x$: $-1 \leq x \leq 1,\ \pi \geq y \geq 0$.

Nr.	$f(x) = J'(x)$	$J(x) = \int f(x)\,dx$
2.1.0.	$x^n \arccos \dfrac{a}{x}$ [1]	$\dfrac{x^{n+1}}{n+1} \arccos \dfrac{a}{x} \mp \dfrac{a}{n+1} \displaystyle\int \dfrac{x^n}{\sqrt{x^2-a^2}}\,dx; \quad n \neq -1;$ vgl. Abs. 2.2.5.2. Nr. 1.[2]
2.1.1.	$x \arccos \dfrac{a}{x}$	$\dfrac{1}{2} x^2 \arccos \dfrac{a}{x} \mp \dfrac{a}{2} \sqrt{x^2-a^2}.$ [2]
2.1.2.	$x^2 \arccos \dfrac{a}{x}$	$\dfrac{1}{3} x^3 \arccos \dfrac{a}{x} \mp \dfrac{1}{6} a x \sqrt{x^2-a^2} - \dfrac{1}{6} a^3 \mathfrak{Ar}\,\mathfrak{Cof} \left\| \dfrac{x}{a} \right\|$ * $= \dfrac{1}{3} x^3 \arccos \dfrac{a}{x} \mp \dfrac{1}{6} a x \sqrt{x^2-a^2}$ $\mp \dfrac{1}{6} a^3 \ln \left| x + \sqrt{x^2-a^2} \right| + C.$ [2]
2.1.3.	$x^3 \arccos \dfrac{a}{x}$	$\dfrac{1}{4} x^4 \arccos \dfrac{a}{x} \mp \dfrac{a}{12} (2a^2 + x^2) \sqrt{x^2-a^2}.$ [2]
2.2.0.	$\dfrac{1}{x^n} \arccos \dfrac{a}{x}$	$-\dfrac{1}{(n-1) x^{n-1}} \arccos \dfrac{a}{x} \mp \dfrac{a}{n-1} \displaystyle\int \dfrac{dx}{x^n \sqrt{x^2-a^2}};$ $n \neq 1;$ vgl. Abs. 2.2.5.2. Nr. 2....[2]
2.2.1.	$\dfrac{1}{x} \arccos \dfrac{a}{x}$	$\dfrac{\pi}{2} \ln|x| - \displaystyle\int \dfrac{1}{x} \arcsin \dfrac{a}{x}\,dx; \qquad$ vgl. Abs. 4.2.2.1. Nr. 2.2.1.
2.2.2.	$\dfrac{1}{x^2} \arccos \dfrac{a}{x}$	$-\dfrac{1}{x} \arccos \dfrac{a}{x} \pm \dfrac{1}{ax} \sqrt{x^2-a^2}.$
2.2.3.	$\dfrac{1}{x^3} \arccos \dfrac{a}{x}$	$\left(\dfrac{1}{4a^2} - \dfrac{1}{2x^2} \right) \arccos \dfrac{a}{x} \pm \dfrac{1}{4ax^2} \sqrt{x^2-a^2}.$ [2]

4.2.2.3. *Der Integrand enthält* arc tg x *oder* arc ctg x.[3]

Nr.	$f(x) = J'(x)$	$J(x) = \int f(x)\,dx$
1.1.0.	$x^n \operatorname{arc\,tg} \dfrac{x}{a}$	$\dfrac{x^{n+1}}{n+1} \operatorname{arc\,tg} \dfrac{x}{a} - \dfrac{a}{n+1} \displaystyle\int \dfrac{x^{n+1}}{a^2+x^2}\,dx; \quad n \neq -1;$ vgl. Abs. 2.1.3.1. Nr. 2....
1.1.1.	$x \operatorname{arc\,tg} \dfrac{x}{a}$	$\dfrac{1}{2} (x^2 + a^2) \operatorname{arc\,tg} \dfrac{x}{a} - \dfrac{1}{2} a x.$
1.1.2.	$x^2 \operatorname{arc\,tg} \dfrac{x}{a}$	$\dfrac{1}{3} x^3 \operatorname{arc\,tg} \dfrac{x}{a} + \dfrac{1}{6} a^3 \ln(a^2 + x^2) - \dfrac{1}{6} a x^2.$
1.1.3.	$x^3 \operatorname{arc\,tg} \dfrac{x}{a}$	$\dfrac{1}{4} (x^4 - a^4) \operatorname{arc\,tg} \dfrac{x}{a} - \dfrac{1}{12} a x (x^2 - 3a^2).$

[1] arc cos $\dfrac{a}{x}$ = arc sec $\dfrac{x}{a}$.

[2] obere Vorzeichen für $x/a \geqq 1$,
     unteres   „   „ $x/a \leqq -1$.

[3] Hauptwerte für $y = $ arc tg x: $- \pi/2 \leqq y \leqq \pi/2$; $y = $ arc ctg x: $\pi \geqq y \geqq 0$.

Nr.	$f(x) = J'(x)$	$J(x) = \int f(x)\,dx$
1. 2. 0.	$\dfrac{1}{x^n}\,\mathrm{arc\ tg}\,\dfrac{x}{a}$	$-\dfrac{1}{(n-1)x^{n-1}}\,\mathrm{arc\ tg}\,\dfrac{x}{a} + \dfrac{a}{n-1}\int\dfrac{dx}{x^{n-1}(a^2+x^2)}$; $n \neq 1$; vgl. Abs. 2. 1. 3. 1. Nr. 2. . . . .
1. 2. 1.	$\dfrac{1}{x}\,\mathrm{arc\ tg}\,\dfrac{x}{a}$	$\dfrac{x}{a} - \dfrac{x^3}{3^2\,a^3} + \dfrac{x^5}{5^2\,a^5} - \dfrac{x^7}{7^2\,a^7} + \cdot - \cdot\cdot = S_1$; $x^2 \leqq a^2$. $\dfrac{\pi}{2}\ln\left|\dfrac{x}{a}\right| + \dfrac{a}{x} - \dfrac{a^3}{3^2\,x^3} + \dfrac{a^5}{5^2\,x^5} - \dfrac{a^7}{7^2\,x^7} + \cdot - \cdot\cdot$ $= \dfrac{\pi}{2}\ln\left|\dfrac{x}{a}\right| + S_2$; $x^2 \geqq a^2$.
1. 2. 2.	$\dfrac{1}{x^2}\,\mathrm{arc\ tg}\,\dfrac{x}{a}$	$-\dfrac{1}{x}\,\mathrm{arc\ tg}\,\dfrac{x}{a} + \dfrac{1}{2a}\ln\dfrac{x^2}{a^2+x^2}$.
1. 2. 3.	$\dfrac{1}{x^3}\,\mathrm{arc\ tg}\,\dfrac{x}{a}$	$-\dfrac{1}{2}\left(\dfrac{1}{x^2} + \dfrac{1}{a^2}\right)\mathrm{arc\ tg}\,\dfrac{x}{a} - \dfrac{1}{2ax}$.
1. 2. 4.	$\dfrac{1}{x^4}\,\mathrm{arc\ tg}\,\dfrac{x}{a}$	$-\dfrac{1}{3x^3}\,\mathrm{arc\ tg}\,\dfrac{x}{a} - \dfrac{1}{6a^3}\ln\dfrac{x^2}{a^2+x^2} - \dfrac{1}{6ax^2}$.
2. 1. 0.	$x^n\,\mathrm{arc\ ctg}\,\dfrac{x}{a}$	$\dfrac{x^{n+1}}{n+1}\,\mathrm{arc\ ctg}\,\dfrac{x}{a} + \dfrac{a}{n+1}\int\dfrac{x^{n+1}}{a^2+x^2}\,dx$; $n \neq -1$; vgl. Abs. 2. 1. 3. 1. Nr. 2. . . . .
2. 1. 1.	$x\,\mathrm{arc\ ctg}\,\dfrac{x}{a}$	$\dfrac{1}{2}(x^2+a^2)\,\mathrm{arc\ ctg}\,\dfrac{x}{a} + \dfrac{1}{2}\,ax$.
2. 1. 2.	$x^2\,\mathrm{arc\ ctg}\,\dfrac{x}{a}$	$\dfrac{1}{3}\,x^3\,\mathrm{arc\ ctg}\,\dfrac{x}{a} - \dfrac{1}{6}\,a^3\ln(a^2+x^2) + \dfrac{1}{6}\,ax^2$.
2. 1. 3.	$x^3\,\mathrm{arc\ ctg}\,\dfrac{x}{a}$	$\dfrac{1}{4}(x^4-a^4)\,\mathrm{arc\ ctg}\,\dfrac{x}{a} + \dfrac{1}{12}\,ax(x^2-3a^2)$.
2. 2. 0.	$\dfrac{1}{x^n}\,\mathrm{arc\ ctg}\,\dfrac{x}{a}$	$-\dfrac{1}{(n-1)x^{n-1}}\,\mathrm{arc\ ctg}\,\dfrac{x}{a}$ $-\dfrac{a}{n-1}\int\dfrac{dx}{x^{n-1}(a^2+x^2)}$; $n \neq 1$; vgl. Abs. 2. 1. 3. 1. Nr. 2. . . . .
2. 2. 1.	$\dfrac{1}{x}\,\mathrm{arc\ ctg}\,\dfrac{x}{a}$	$\dfrac{\pi}{2}\ln\left|\dfrac{x}{a}\right| - S_1$ für $x^2 \leqq a^2$; vgl. Nr. 1. 2. 1. ; $- S_2$ für $x^2 \geqq a^2$; vgl. Nr. 1. 2. 1.
2. 2. 2.	$\dfrac{1}{x^2}\,\mathrm{arc\ ctg}\,\dfrac{x}{a}$	$-\dfrac{1}{x}\,\mathrm{arc\ ctg}\,\dfrac{x}{a} - \dfrac{1}{2a}\ln\dfrac{x^2}{a^2+x^2}$.
2. 2. 3.	$\dfrac{1}{x^3}\,\mathrm{arc\ ctg}\,\dfrac{x}{a}$	$-\dfrac{1}{2}\left(\dfrac{1}{x^2} + \dfrac{1}{a^2}\right)\mathrm{arc\ ctg}\,\dfrac{x}{a} + \dfrac{1}{2ax}$.

Nr.	$f(x) = J'(x)$	$J(x) = \int f(x)\,dx$
2.2.4.	$\dfrac{1}{x^4}\,\mathrm{arc\,ctg}\,\dfrac{x}{a}$	$-\dfrac{1}{3x^3}\,\mathrm{arc\,ctg}\,\dfrac{x}{a} + \dfrac{1}{6a^3}\ln\dfrac{x^2}{a^2+x^2} + \dfrac{1}{6ax^2}\,.$

4.3. Hyperbel- und $\mathfrak{Area}$-Funktionen.
4.3.1. Hyperbelfunktionen.
4.3.1.1. Der Integrand enthält $\mathfrak{Sin}\,x$.

Nr.	$f(x)$	$J(x)$
1.1.0.1.	$x^n\,\mathfrak{Sin}\,x$	$x^n\,\mathfrak{Cof}\,x - n\displaystyle\int x^{n-1}\,\mathfrak{Cof}\,x\,dx;\ n>0;$ vgl. Abs. 4.3.1.2. Nr. 1.1.0.1. oder:
1.1.0.2.	$x^{2p-1}\,\mathfrak{Sin}\,x$	$\mathfrak{B}(x)\,\mathfrak{Cof}\,x - \mathfrak{A}(x)\,\mathfrak{Sin}\,x;\ n=2p-1,$ wobei $\mathfrak{A}(x) = n!\left[\dfrac{x^{n-1}}{(n-1)!} + \dfrac{x^{n-3}}{(n-3)!} + \dfrac{x^{n-5}}{(n-5)!} + \cdots + 1\right],$ $\mathfrak{B}(x) = n!\left[\dfrac{x^n}{n!} + \dfrac{x^{n-2}}{(n-2)!} + \dfrac{x^{n-4}}{(n-4)!} + \cdots + \dfrac{x}{1!}\right].$
1.1.0.3.	$x^{2p}\,\mathfrak{Sin}\,x$	$\mathfrak{D}(x)\,\mathfrak{Cof}\,x - \mathfrak{E}(x)\,\mathfrak{Sin}\,x;\ n=2p,$ wobei $\mathfrak{E}(x) = n!\left[\dfrac{x^{n-1}}{(n-1)!} + \dfrac{x^{n-3}}{(n-3)!} + \dfrac{x^{n-5}}{(n-5)!} + \cdots + \dfrac{x}{1!}\right],$ $\mathfrak{D}(x) = n!\left[\dfrac{x^n}{n!} + \dfrac{x^{n-2}}{(n-2)!} + \dfrac{x^{n-4}}{(n-4)!} + \dfrac{x^{n-6}}{(n-6)!} + \cdots + 1\right].$
1.1.0.4.	$x^n\,\mathfrak{Sin}\,kx$	$\dfrac{1}{k^{n+1}}\displaystyle\int z^n\,\mathfrak{Sin}\,z\,dz;\ z=kx.$
1.1.1.1.	$x\,\mathfrak{Sin}\,x$	$x\,\mathfrak{Cof}\,x - \mathfrak{Sin}\,x.$
1.1.1.2.	$x\,\mathfrak{Sin}\,kx$	$\dfrac{x}{k}\,\mathfrak{Cof}\,kx - \dfrac{1}{k^2}\,\mathfrak{Sin}\,kx.$
1.1.2.	$x^2\,\mathfrak{Sin}\,x$	$(x^2+2)\,\mathfrak{Cof}\,x - 2x\,\mathfrak{Sin}\,x.$
1.1.3.	$x^3\,\mathfrak{Sin}\,x$	$(x^3+6x)\,\mathfrak{Cof}\,x - (3x^2+6)\,\mathfrak{Sin}\,x.$
1.1.4.	$x^4\,\mathfrak{Sin}\,x$	$(x^4+12x^2+24)\,\mathfrak{Cof}\,x - (4x^3+24x)\,\mathfrak{Sin}\,x.$

Nr.	$f(x) = J'(x)$	$J(x) = \int f(x)\,dx$
1.1.5.	$x^5 \operatorname{Sin} x$	$(x^5 + 20x^3 + 120x)\operatorname{Cos} x - (5x^4 + 60x^2 + 120)\operatorname{Sin} x.$
1.1.6.	$x^6 \operatorname{Sin} x$	$(x^6 + 30x^4 + 360x^2 + 720)\operatorname{Cos} x$ $\qquad - (6x^5 + 120x^3 + 720x)\operatorname{Sin} x.$

Nr.	$f(x) = J'(x)$	$J(x) = \int f(x)\,dx$
1.2.0.1.	$\dfrac{\operatorname{Sin} x}{x^n}$	$-\dfrac{\operatorname{Sin} x}{(n-1)x^{n-1}} + \dfrac{1}{n-1}\int \dfrac{\operatorname{Cos} x}{x^{n-1}}\,dx;\quad n>1;$

$$\text{vgl. Abs. 4.3.1.2. Nr. 1.2.0.1.}$$
$$\text{oder:}$$

1.2.0.2. $\dfrac{\operatorname{Sin} x}{x^{2p-1}}$

$$-\overline{\mathfrak{A}}(x)\operatorname{Cos} x - \overline{\mathfrak{B}}(x)\operatorname{Sin} x + \frac{1}{(n-1)!}\operatorname{Si}(x)^*;$$
$$n = 2p-1 > 1;\quad \text{vgl. a. Nr. 1.2.1.1.}$$

$$\overline{\mathfrak{A}}(x) = \frac{1}{x(n-1)!}\left[\frac{(n-3)!}{x^{n-3}} + \frac{(n-5)!}{x^{n-5}} + \frac{(n-7)!}{x^{n-7}}\right.$$
$$\left. + \cdots + 1\right];$$

$$\overline{\mathfrak{B}}(x) = \frac{1}{x(n-1)!}\left[\frac{(n-2)!}{x^{n-2}} + \frac{(n-4)!}{x^{n-4}} + \frac{(n-6)!}{x^{n-6}}\right.$$
$$\left. + \cdots + \frac{1!}{x}\right].$$

1.2.0.3. $\dfrac{\operatorname{Sin} x}{x^{2p}}$

$$-\overline{\mathfrak{C}}(x)\operatorname{Cos} x - \overline{\mathfrak{D}}(x)\operatorname{Sin} x + \frac{1}{(n-1)!}\operatorname{Ci}(x)^* + c;$$
$$n = 2p > 2;\quad \text{vgl. a. Abs. 4.3.1.2. Nr. 1.2.1.1.;}$$

$$\overline{\mathfrak{C}}(x) = \frac{1}{x(n-1)!}\left[\frac{(n-3)!}{x^{n-3}} + \frac{(n-5)!}{x^{n-5}} + \frac{(n-7)!}{x^{n-7}}\right.$$
$$\left. + \cdots + \frac{1!}{x}\right],$$

$$\overline{\mathfrak{D}}(x) = \frac{1}{x(n-1)!}\left[\frac{(n-2)!}{x^{n-2}} + \frac{(n-4)!}{x^{n-4}} + \frac{(n-6)!}{x^{n-6}}\right.$$
$$\left. + \cdots + 1\right].$$

Nr.	$f(x) = J'(x)$	$J(x) = \int f(x)\,dx$
1.2.0.4.	$\dfrac{\operatorname{Sin} kx}{x^n}$	$k^{n-1}\int \dfrac{\operatorname{Sin} z}{z^n}\,dz;\quad z = kx.$
1.2.1.1.	$\dfrac{\operatorname{Sin} x}{x}$	$\operatorname{Si}(x)^* = \dfrac{1}{2}[\overline{\operatorname{Ei}}(x) - \operatorname{Ei}(-x)]^*.$
1.2.1.2.	$\dfrac{\operatorname{Sin} kx}{x}$	$\operatorname{Si}(kx)^*.$
1.2.2.	$\dfrac{\operatorname{Sin} x}{x^2}$	$-\dfrac{\operatorname{Sin} x}{x} + \operatorname{Ci}(x)^* + c.$

Nr.	$f(x) = J'(x)$	$J(x) = \int f(x)\,dx$
1.2.3.	$\dfrac{\mathfrak{Sin}\,x}{x^3}$	$-\dfrac{\mathfrak{Cos}\,x}{2x} - \dfrac{\mathfrak{Sin}\,x}{2x^2} + \dfrac{1}{2}\,\mathfrak{Si}\,(x)^{*}.$
1.2.4.	$\dfrac{\mathfrak{Sin}\,x}{x^4}$	$-\dfrac{\mathfrak{Cos}\,x}{6x^2} - \dfrac{\mathfrak{Sin}\,x}{6x}\left(\dfrac{2}{x^2}+1\right) + \dfrac{1}{6}\,\mathfrak{Ci}\,(x)^{*} + c.$
1.2.5.	$\dfrac{\mathfrak{Sin}\,x}{x^5}$	$-\dfrac{\mathfrak{Cos}\,x}{24x}\left(\dfrac{2}{x^2}+1\right) - \dfrac{\mathfrak{Sin}\,x}{24x}\left(\dfrac{6}{x^3}+\dfrac{1}{x}\right) + \dfrac{1}{24}\,\mathfrak{Si}\,(x)^{*}.$
1.2.6.	$\dfrac{\mathfrak{Sin}\,x\ ^{1)}}{x^6}$	$-\dfrac{\mathfrak{Cos}\,x}{120x}\left(\dfrac{6}{x^3}+1\right) - \dfrac{\mathfrak{Sin}\,x}{120x}\left(\dfrac{24}{x^4}+\dfrac{2}{x^2}+1\right)$ $+ \dfrac{1}{120}\,\mathfrak{Ci}\,(x)^{*} + c.$
1.3.0.	$(a+bx)^n\,\mathfrak{Sin}\,kx$	$\dfrac{1}{k}\,(a+bx)^n\,\mathfrak{Cos}\,kx - \dfrac{nb}{k}\int(a+bx)^{n-1}\,\mathfrak{Cos}\,kx\,dx;$ $n>0;\ \ \text{vgl. Abs. 4.3.1.2. Nr. 1.3.0.}$
1.3.1.	$(a+bx)\,\mathfrak{Sin}\,kx$	$\dfrac{1}{k}\,(a+bx)\,\mathfrak{Cos}\,kx - \dfrac{b}{k^2}\,\mathfrak{Sin}\,kx.$
1.3.2.	$(a+bx)^2\,\mathfrak{Sin}\,kx$	$\dfrac{1}{k}\left(z^2+\dfrac{2b^2}{k^2}\right)\mathfrak{Cos}\,kx - \dfrac{2bz}{k^2}\,\mathfrak{Sin}\,kx;$
1.3.3.	$(a+bx)^3\,\mathfrak{Sin}\,kx$	$\dfrac{z}{k}\left(z^2+\dfrac{6b^2}{k^2}\right)\mathfrak{Cos}\,kx$ $-\dfrac{3b}{k^2}\left(z^2+\dfrac{2b^2}{k^2}\right)\mathfrak{Sin}\,kx;$
1.3.4.	$(a+bx)^4\,\mathfrak{Sin}\,kx$	$\dfrac{1}{k}\left(z^4+\dfrac{12b^2}{k^2}z^2+\dfrac{24b^4}{k^4}\right)\mathfrak{Cos}\,kx$ $-\dfrac{4zb}{k^2}\left(z^2+\dfrac{6b^2}{k^2}\right)\mathfrak{Sin}\,kx;$

$$z = a + bx.$$

Nr.	$f(x) = J'(x)$	$J(x) = \int f(x)\,dx$
1.4.0.	$\dfrac{\mathfrak{Sin}\,kx}{(a+bx)^n}$	$-\dfrac{\mathfrak{Sin}\,kx}{b(n-1)(a+bx)^{n-1}} + \dfrac{k}{b(n-1)}\int\dfrac{\mathfrak{Cos}\,kx}{(a+bx)^{n-1}}\,dx;$ $n>1;\ \ \text{vgl. Abs. 4.3.1.2. Nr. 1.4.0.}$
1.4.1.0.	$\dfrac{\mathfrak{Sin}\,kx}{a+bx}$	$\dfrac{1}{b}\left[\mathfrak{Cos}\,\dfrac{ka}{b}\,\mathfrak{Si}\,(u) - \mathfrak{Sin}\,\dfrac{ka}{b}\,\mathfrak{Ci}\,(u)\right]^{*} + c$ $= \dfrac{1}{2b}\left[e^{-ka/b}\,\overline{\mathfrak{Ei}}\,(u) - e^{ka/b}\,\mathfrak{Ei}\,(-u)\right]^{*} + c;$ $u = \dfrac{k}{b}\,(a+bx);$

$^{1)} \displaystyle\int \dfrac{\mathfrak{Sin}^m x}{x^n}\,dx$: $\mathfrak{Sin}^m x$ nach Abs. 6 in eine Reihe entwickeln, durch x^n dividieren und gliedweise nach den vorstehenden Formeln integrieren.

Nr.	$f(x) = J'(x)$	$J(x) = \int f(x)\,dx$
		wenn $u < 0$, dann $\overline{\mathrm{Ei}}$ und Ei vertauschen (s. Abs. 6):
1.4.1.1.	$\dfrac{\mathfrak{Sin}\,x}{1+x}$	$\dfrac{1}{2\,e}\,\overline{\mathrm{Ei}}\,(1+x) - \dfrac{e}{2}\,\mathrm{Ei}\{-(1+x)\} + c;\ \ x > -1.$
1.4.1.2.	$\dfrac{\mathfrak{Sin}\,x}{1-x}$	$-\dfrac{e}{2}\,\mathrm{Ei}\{-(1-x)\} + \dfrac{1}{2\,e}\,\overline{\mathrm{Ei}}\,(1-x) + c;\ \ x < 1.$
1.4.1.3.	$\dfrac{\mathfrak{Sin}\,x}{x-1}$	$\dfrac{e}{2}\,\overline{\mathrm{Ei}}\,(x-1) - \dfrac{1}{2\,e}\,\mathrm{Ei}\{-(x-1)\} + c;\ \ x > 1.$
1.4.2.	$\dfrac{\mathfrak{Sin}\,k\,x}{(a+b\,x)^2}$	$-\dfrac{1}{b}\,\dfrac{\mathfrak{Sin}\,k\,x}{a+b\,x} + \dfrac{k}{b}\int\dfrac{\mathfrak{Cof}\,k\,x}{a+b\,x}\,dx;$ vgl. Abs. 4.3.1.2. Nr. 1.4 1.
1.4.3.	$\dfrac{\mathfrak{Sin}\,k\,x}{(a+b\,x)^3}$	$-\dfrac{\mathfrak{Sin}\,k\,x}{2\,b\,(a+b\,x)^2} - \dfrac{k\,\mathfrak{Cof}\,k\,x}{b^2(a+b\,x)} + \dfrac{k^2}{2\,b^2}\int\dfrac{\mathfrak{Sin}\,k\,x}{a+b\,x}\,dx;$ vgl. Nr. 1.4 1.
1.4.4.	$\dfrac{\mathfrak{Sin}\,k\,x}{(a+b\,x)^4}$	$-\dfrac{\mathfrak{Sin}\,k\,x}{3\,b\,(a+b\,x)^3} - \dfrac{k\,\mathfrak{Cof}\,k\,x}{6\,b^2(a+b\,x)^2} - \dfrac{k^2\,\mathfrak{Sin}\,k\,x}{6\,b^3(a+b\,x)}$ $+\dfrac{k^3}{6\,b^3}\int\dfrac{\mathfrak{Cof}\,k\,x}{a+b\,x}\,dx;$ vgl. Abs. 4.3.1.2. Nr. 1.4.1.
1.5.1.1.	$\dfrac{\mathfrak{Sin}\,k\,x}{a^2 - x^2}$	$\dfrac{1}{2\,a}\,\mathfrak{Cof}\,k\,a\,[\mathfrak{Si}\{k(a+x)\} + \mathfrak{Si}\{k(a-x)\}]^*$ $-\dfrac{1}{2\,a}\,\mathfrak{Sin}\,k\,a\,[\mathfrak{Ci}\{k(a+x)\} + \mathfrak{Ci}\{k(a-x)\}]^* + c$ $=\dfrac{1}{4\,a}\,e^{-ka}\,[\overline{\mathrm{Ei}}\{k(a+x)\} + \overline{\mathrm{Ei}}\{k(a-x)\}]^*$ $-\dfrac{1}{4\,a}\,e^{ka}\,[\mathrm{Ei}\{-k(a+x)\} + \mathrm{Ei}\{-k(a+x)\}]^* + c;$ $x^2 < a^2.$
1.5.1.2.	$\dfrac{\mathfrak{Sin}\,k\,x}{x^2 - a^2}$	$-\dfrac{1}{2\,a}\,\mathfrak{Cof}\,k\,a\,[\mathfrak{Si}\{k(x+a)\} - \mathfrak{Si}\{k(x-a)\}]^*$ $+\dfrac{1}{2\,a}\,\mathfrak{Sin}\,k\,a\,[\mathfrak{Ci}\{k(x+a)\} + \mathfrak{Ci}\{k(x-a)\}]^* + c$ $=-\dfrac{1}{4\,a}\,e^{-ka}\,[\overline{\mathrm{Ei}}\{k(x+a)\} + \mathrm{Ei}\{-k(x-a)\}]^*$ $+\dfrac{1}{4\,a}\,e^{ka}\,[\overline{\mathrm{Ei}}\{k(x-a)\} + \mathrm{Ei}\{-k(x-a)\}]^* + c:$ $x^2 > a^2.$
1.5.2.1.	$\dfrac{x\,\mathfrak{Sin}\,k\,x}{a^2 - x^2}$	$\dfrac{1}{2}\,\mathfrak{Sin}\,k\,a\,[\mathfrak{Ci}\{k(a+x)\} - \mathfrak{Ci}\{k(a-x)\}]^*$ $-\dfrac{1}{2}\,\mathfrak{Cof}\,k\,a\,[\mathfrak{Si}\{k(a+x)\} - \mathfrak{Si}\{k(a-x)\}]^* + c$

Nr.	$f(x) = J'(x)$	$J(x) = \int f(x)\,dx$
1. 5. 2. 2.	$\dfrac{x\,\mathfrak{Sin}\,kx}{x^2-a^2}$	$= -\dfrac{1}{4}\,e^{-ka}\,[\overline{\mathrm{Ei}}\{k(a+x)\}-\overline{\mathrm{Ei}}\{k(a-x)\}]^{*}$ $+\dfrac{1}{4}\,e^{ka}\,[\mathrm{Ei}\{-k(a+x)\}-\mathrm{Ei}\{-k(a-x)\}]^{*}+c;$ $\qquad x^2<a^2.$ $-\dfrac{1}{2}\,\mathfrak{Sin}\,ka\,[\mathfrak{Ci}\{k(x+a)\}-\mathfrak{Ci}\{k(x-a)\}]^{*}$ $+\dfrac{1}{2}\,\mathfrak{Coj}\,ka\,[\mathfrak{Si}\{k(x+a)\}+\mathfrak{Si}\{k(x-a)\}]^{*}+c$ $=\dfrac{1}{4}\,e^{-ka}\,[\overline{\mathrm{Ei}}\{k(x+a)\}-\mathrm{Ei}\{-k(x-a)\}]^{*}$ $-\dfrac{1}{4}\,e^{ka}\,[\mathrm{Ei}\{-k(x+a)\}-\overline{\mathrm{Ei}}\{k(x-a)\}]^{*}+c;$ $\qquad x^2>a^2.$
2. 1. 0. 0.	$x^{p}\,\mathfrak{Sin}^{m}\,x$	$\mathfrak{Sin}^{m}\,x$ nach Abs. 6. Nr. 2. 1. in eine Reihe entwickeln, mit x^{p} multiplizieren und gliedweise nach Nr. 1. 1. . . . integrieren.
2. 1. 1. 1.	$x\,\mathfrak{Sin}^2\,x$	$\dfrac{1}{4}\,x\,\mathfrak{Sin}\,2x-\dfrac{1}{8}\,\mathfrak{Coj}\,2x-\dfrac{1}{4}\,x^2.$
2. 1. 1. 2.	$x^2\,\mathfrak{Sin}^2\,x$	$\dfrac{1}{4}\left(x^2+\dfrac{1}{2}\right)\mathfrak{Sin}\,2x-\dfrac{1}{4}\,x\,\mathfrak{Coj}\,2x-\dfrac{1}{6}\,x^3.$
2. 1. 2. 1.	$x\,\mathfrak{Sin}^3\,x$	$\dfrac{3}{4}\,\mathfrak{Sin}\,x-\dfrac{1}{36}\,\mathfrak{Sin}\,3x-\dfrac{3}{4}\,x\,\mathfrak{Coj}\,x+\dfrac{1}{12}\,x\,\mathfrak{Coj}\,3x.$
2. 1. 2. 2.	$x^2\,\mathfrak{Sin}^3\,x$	$-\left(\dfrac{3}{4}\,x^2+\dfrac{3}{2}\right)\mathfrak{Coj}\,x+\left(\dfrac{1}{12}\,x^2+\dfrac{1}{54}\right)\mathfrak{Coj}\,3x$ $+\dfrac{3}{2}\,x\,\mathfrak{Sin}\,x-\dfrac{1}{18}\,x\,\mathfrak{Sin}\,3x.$
2. 2. 0. 1.	$\dfrac{x}{\mathfrak{Sin}^{m}\,x}$	$-\dfrac{x\,\mathfrak{Coj}\,x}{(m-1)\,\mathfrak{Sin}^{m-1}\,x}-\dfrac{1}{(m-1)\,(m-2)\,\mathfrak{Sin}^{m-2}\,x}$ $-\dfrac{m-2}{m-1}\int\dfrac{x}{\mathfrak{Sin}^{m-1}\,x}\,dx;\; m\neq 1,\, m\neq 2.$
2. 2. 1. 1.	$\dfrac{x}{\mathfrak{Sin}\,x}$	$x+\sum_{p=1,2,\ldots}\dfrac{(-1)^{p}\cdot 2\cdot(2^{2p-1}-1)}{(2p+1)!}\,B_{p}\,x^{2p+1};$ $B_{p}=\text{Bernoullische Zahlen}^{*};\; |x|<\pi.$
2. 2. 1. 2.	$\dfrac{x}{\mathfrak{Sin}^2\,x}$	$-x\,\mathfrak{Ctg}\,x+\ln|\mathfrak{Sin}\,x|.$
2. 2. 1. 3.	$\dfrac{x}{\mathfrak{Sin}^3\,x}$	$-\dfrac{x\,\mathfrak{Coj}\,x}{2\,\mathfrak{Sin}^2\,x}-\dfrac{1}{2\,\mathfrak{Sin}\,x}-\dfrac{1}{2}\int\dfrac{x}{\mathfrak{Sin}\,x}\,dx;$ vgl. Nr. 2. 2. 1. 1.

Nr.	$f(x) = J'(x)$	$J(x) = \int f(x)\,dx$
2.2.1.4.	$\dfrac{x}{\mathfrak{Sin}^4 x}$	$-\dfrac{x\,\mathfrak{Cof}\,x}{3\,\mathfrak{Sin}^3 x} - \dfrac{1}{6\,\mathfrak{Sin}^2 x} + \dfrac{2}{3}\,x\,\mathfrak{Ctg}\,x - \dfrac{2}{3}\ln|\mathfrak{Sin}\,x|.$
2.2.1.5.	$\dfrac{x}{\mathfrak{Sin}^5 x}$	$-\dfrac{x\,\mathfrak{Cof}\,x}{4\,\mathfrak{Sin}^4 x} - \dfrac{1}{12\,\mathfrak{Sin}^3 x} + \dfrac{3\,x\,\mathfrak{Cof}\,x}{8\,\mathfrak{Sin}^2 x} + \dfrac{3}{8\,\mathfrak{Sin}\,x}$ $+ \dfrac{3}{8}\int\dfrac{x}{\mathfrak{Sin}\,x}\,dx;$ vgl. Nr. 2.2.1.1.
2.2.2.0.	$\dfrac{x^n}{\mathfrak{Sin}\,x}$	$\dfrac{x^n}{n} + \displaystyle\sum_{p=1,2,\ldots} \dfrac{(-1)^p \cdot 2 \cdot (2^{2p-1}-1)}{(2p+1)! \cdot (2p+n)}\,B_p\,x^{2p+n};$ $B_p = \text{BERNOULLI}sche Zahlen (s. Abs. 6);\quad n > 0;$ sonst Reihe für $\dfrac{1}{\mathfrak{Sin}\,x}$ (Abs. 6) mit x^n multiplizieren und gliedweise integrieren; $|x| < \pi$.

$4.3.1.2.$ *Der Integrand enthält* $\mathfrak{Cof}\,x.$

Nr.	$f(x) = J'(x)$	$J(x) = \int f(x)\,dx$
1.1.0.1.	$x^n\,\mathfrak{Cof}\,x$	$x^n\,\mathfrak{Sin}\,x - n\int x^{n-1}\,\mathfrak{Sin}\,x\,dx;\quad n > 0;$ vgl. Abs. 4.3.1.1. Nr. 1.1.0.1.; oder:
1.1.0.2.	$x^{2p-1}\,\mathfrak{Cof}\,x$	$\mathfrak{B}(x)\,\mathfrak{Sin}\,x - \mathfrak{A}(x)\,\mathfrak{Cof}\,x;\quad n = 2p-1;\quad \mathfrak{A}$ und $\mathfrak{B}$ vgl. Abs. 4.2.1.1. Nr. 1.1.0.2.
1.1.0.3.	$x^{2p}\,\mathfrak{Cof}\,x$	$\mathfrak{D}(x)\,\mathfrak{Sin}\,x - \mathfrak{E}(x)\,\mathfrak{Cof}\,x;\quad n = 2p;\quad \mathfrak{E}$ und $\mathfrak{D}$ vgl. Abs. 4.2.1.1. Nr. 1.1.0.3.
1.1.0.4.	$x^n\,\mathfrak{Cof}\,kx$	$\dfrac{1}{k^{n+1}}\int z^n\,\mathfrak{Cof}\,z\,dz;\quad z = kx.$
1.1.1.1.	$x\,\mathfrak{Cof}\,x$	$x\,\mathfrak{Sin}\,x - \mathfrak{Cof}\,x.$
1.1.1.2.	$x\,\mathfrak{Cof}\,kx$	$\dfrac{x}{k}\,\mathfrak{Sin}\,kx - \dfrac{1}{k^2}\,\mathfrak{Cof}\,kx.$
1.1.2.	$x^2\,\mathfrak{Cof}\,x$	$(x^2 + 2)\,\mathfrak{Sin}\,x - 2\,x\,\mathfrak{Cof}\,x.$
1.1.3.	$x^3\,\mathfrak{Cof}\,x$	$(x^3 + 6x)\,\mathfrak{Sin}\,x - (3x^2 + 6x)\,\mathfrak{Cof}\,x.$
1.1.4.	$x^4\,\mathfrak{Cof}\,x$	$(x^4 + 12x^2 + 24)\,\mathfrak{Sin}\,x - (4x^3 + 24x)\,\mathfrak{Cof}\,x.$
1.1.5.	$x^5\,\mathfrak{Cof}\,x$	$(x^5 + 20x^3 + 120x)\,\mathfrak{Sin}\,x - (5x^4 + 60x^2 + 120)\,\mathfrak{Cof}\,x.$
1.1.6.	$x^6\,\mathfrak{Cof}\,x$	$(x^6 + 30x^4 + 360x^2 + 720)\,\mathfrak{Sin}\,x - (6x^5 + 120x^3 + 720x)\,\mathfrak{Cof}\,x.$
1.2.0.1.	$\dfrac{\mathfrak{Cof}\,x}{x^n}$	$-\dfrac{\mathfrak{Cof}\,x}{(n-1)x^{n-1}} + \dfrac{1}{n-1}\int\dfrac{\mathfrak{Sin}\,x}{x^{n-1}}\,dx;\quad n > 1;$ vgl. Abs. 4.3.1.1. Nr. 1.2.0.1.;

Nr.	$f(x) = J'(x)$	$J(x) = \int f(x)\,dx$
		oder:
1.2.0.2.	$\dfrac{\mathfrak{Cof}\,x}{x^{2p-1}}$	$-\overline{\mathfrak{A}}(x)\,\mathfrak{Sin}\,x - \overline{\mathfrak{B}}(x)\,\mathfrak{Cof}\,x + \dfrac{1}{(n-1)!}\,\mathfrak{Ci}(x)^* + c;$ $n = 2p-1 > 1;\ \overline{\mathfrak{A}},\overline{\mathfrak{B}}$ vgl. Abs. 4.3.1.1. Nr. 1.2.0.2.; $\mathfrak{Ci}(x)$ vgl. a. Nr. 1.2.1.1.
1.2.0.3.	$\dfrac{\mathfrak{Cof}\,x}{x^{2p}}$	$-\overline{\mathfrak{E}}(x)\,\mathfrak{Sin}\,x - \overline{\mathfrak{D}}(x)\,\mathfrak{Cof}\,x + \dfrac{1}{(n-1)!}\,\mathfrak{Si}(x)^*;$ $n = 2p > 2;\ \overline{\mathfrak{E}},\overline{\mathfrak{D}}$ vgl. Abs. 4.3.1.1. Nr. 1.2.0.3.; $\mathfrak{Si}(x)$ vgl. a. Abs. 4.3.1.1. Nr. 1.2.1.1.
1.2.0.4.	$\dfrac{\mathfrak{Cof}\,kx}{x^n}$	$k^{n-1}\displaystyle\int \dfrac{\mathfrak{Cof}\,z}{z^n}\,dz;\quad z = kx.$
1.2.1.1.	$\dfrac{\mathfrak{Cof}\,x}{x}$	$\mathfrak{Ci}(x)^* + c.$
1.2.1.2.	$\dfrac{\mathfrak{Cof}\,kx}{x}$	$\mathfrak{Ci}(kx)^* + c.$
1.2.2.	$\dfrac{\mathfrak{Cof}\,x}{x^2}$	$-\dfrac{\mathfrak{Cof}\,x}{x} + \mathfrak{Si}(x)^*.$
1.2.3.	$\dfrac{\mathfrak{Cof}\,x}{x^3}$	$-\dfrac{\mathfrak{Sin}\,x}{2x} - \dfrac{\mathfrak{Cof}\,x}{2x^2} + \dfrac{1}{2}\,\mathfrak{Ci}(x)^* + c.$
1.2.4.	$\dfrac{\mathfrak{Cof}\,x}{x^4}$	$-\dfrac{\mathfrak{Sin}\,x}{6x^2} - \dfrac{\mathfrak{Cof}\,x}{6x}\left(\dfrac{2}{x^2}+1\right) + \dfrac{1}{6}\,\mathfrak{Si}(x)^*.$
1.2.5.	$\dfrac{\mathfrak{Cof}\,x}{x^5}$	$-\dfrac{\mathfrak{Sin}\,x}{24x}\left(\dfrac{2}{x^2}+1\right) - \dfrac{\mathfrak{Cof}\,x}{24x}\left(\dfrac{6}{x^3}+\dfrac{1}{x}\right)$ $+ \dfrac{1}{24}\,\mathfrak{Ci}(x)^* + c.$
1.2.6.	$\dfrac{\mathfrak{Cof}\,x}{x^6}$ [1]	$-\dfrac{\mathfrak{Sin}\,x}{120x}\left(\dfrac{6}{x^3}+1\right) - \dfrac{\mathfrak{Cof}\,x}{120x}\left(\dfrac{24}{x^4}+\dfrac{2}{x^2}+1\right)$ $+ \dfrac{1}{120}\,\mathfrak{Si}(x)^*.$
1.3.0.	$(a+bx)^n\,\mathfrak{Cof}\,kx$	$\dfrac{1}{k}(a+bx)^n\,\mathfrak{Sin}\,kx - \dfrac{nb}{k}\displaystyle\int (a+bx)^{n-1}\,\mathfrak{Sin}\,kx\,dx;$ $n > 0;\ $ vgl. Abs. 4.2.1.2. Nr. 1.3.0.
1.3.1.	$(a+bx)\,\mathfrak{Cof}\,kx$	$\dfrac{1}{k}(a+bx)\,\mathfrak{Sin}\,kx - \dfrac{b}{k^2}\,\mathfrak{Cof}\,kx.$

[1] $\int \dfrac{\mathfrak{Cof}^m x}{x^n}\,dx$: $\mathfrak{Cof}^m x$ nach Abs. 6.3. Nr. 2.2. in eine Reihe entwickeln, durch x^n dividieren und gliedweise nach den vorstehenden Formeln integrieren.

17*

Nr.	$f(x) = J'(x)$	$J(x) = \int f(x)\,dx$
1.3.2.	$(a+bx)^2\,\operatorname{Cof} kx$	$\dfrac{1}{k}\left(z^2 + \dfrac{2b^2}{k^2}\right)\operatorname{Sin} kx - \dfrac{2b}{k^2}\,z\,\operatorname{Cof} kx;$
1.3.3.	$(a+bx)^3\,\operatorname{Cof} kx$	$\dfrac{z}{k}\left(z^2 + \dfrac{6b^2}{k^2}\right)\operatorname{Sin} kx - \dfrac{3b}{k^2}\left(z^2 + \dfrac{2b^2}{k^2}\right)\operatorname{Cof} kx;$
1.3.4.	$(a+bx)^4\,\operatorname{Cof} kx$	$\dfrac{1}{k}\left(z^4 + \dfrac{12b^2}{k^2}z^2 + \dfrac{24b^4}{k^4}\right)\operatorname{Sin} kx - \dfrac{4bz}{k^2}\left(z^2 + \dfrac{6b^2}{k^2}\right)\operatorname{Cof} kx;$

$$z = a + bx.$$

Nr.	$f(x) = J'(x)$	$J(x) = \int f(x)\,dx$
1.4.0.	$\dfrac{\operatorname{Cof} kx}{(a+bx)^n}$	$-\dfrac{\operatorname{Cof} kx}{b(n-1)(a+bx)^{n-1}} + \dfrac{k}{b(n-1)}\displaystyle\int \dfrac{\operatorname{Sin} kx}{(a+bx)^{n-1}}\,dx;$ $n>1;$ vgl. Abs. 4.3.1.1. Nr. 1.4.0.
1.4.1.0.	$\dfrac{\operatorname{Cof} kx}{a+bx}$	$\dfrac{1}{b}\left[\operatorname{Cof}\dfrac{ka}{b}\cdot \operatorname{Ci}(u) - \operatorname{Sin}\dfrac{ka}{b}\cdot \operatorname{Si}(u)\right]^{*} + c$ $= \dfrac{1}{2b}\left[e^{-ka/b}\cdot \overline{\operatorname{Ei}}(u) + e^{ka/b}\cdot \operatorname{Ei}(-u)\right]^{*} + c;$ $u = \dfrac{k}{b}(ax+b);$ wenn $u<0$, dann $\overline{\operatorname{Ei}}$ und Ei vertauschen (s. Abs. 6):
1.4.1.1.	$\dfrac{\operatorname{Cof} x}{1+x}$	$\dfrac{1}{2e}\overline{\operatorname{Ei}}(1+x) + \dfrac{e}{2}\operatorname{Ei}\{-(1+x)\}+c; \quad x>-1.$
1.4.1.2.	$\dfrac{\operatorname{Cof} x}{1-x}$	$-\dfrac{e}{2}\operatorname{Ei}\{-(1-x)\} - \dfrac{1}{2e}\overline{\operatorname{Ei}}(1-x)+c; \quad x<1.$
1.4.1.3.	$\dfrac{\operatorname{Cof} x}{x-1}$	$\dfrac{e}{2}\overline{\operatorname{Ei}}(x-1) + \dfrac{1}{2e}\operatorname{Ei}\{-(x-1)\}+c; \quad x>1.$
1.4.2.	$\dfrac{\operatorname{Cof} x}{(a+bx)^2}$	$-\dfrac{\operatorname{Cof} kx}{b(a+bx)} + \dfrac{k}{b}\displaystyle\int\dfrac{\operatorname{Sin} kx}{a+bx}\,dx;$ vgl. Abs. 4.3.1.1. Nr. 1.4.1.0.
1.4.3.	$\dfrac{\operatorname{Cof} kx}{(a+bx)^3}$	$-\dfrac{\operatorname{Cof} kx}{2b(a+bx)^2} - \dfrac{k\,\operatorname{Sin} kx}{2b^2(a+bx)} + \dfrac{k^2}{b^2}\displaystyle\int\dfrac{\operatorname{Cof} kx}{a+bx}\,dx;$ vgl. 1.4.1.0.
1.4.4.	$\dfrac{\operatorname{Cof} kx}{(a+bx)^4}$	$-\dfrac{\operatorname{Cof} kx}{3b(a+bx)^3} - \dfrac{k\,\operatorname{Sin} kx}{6b^2(a+bx)^2} - \dfrac{k^2\,\operatorname{Cof} kx}{6b^3(a+bx)}$ $+ \dfrac{k^3}{6b^3}\displaystyle\int\dfrac{\operatorname{Sin} kx}{a+bx}\,dx.$

Nr.	$f(x) = J'(x)$	$J(x) = \int f(x)\,dx$
1. 5. 1. 1.	$\dfrac{\operatorname{Cof} k x}{a^2 - x^2}$	$\dfrac{1}{2\,a}\,\operatorname{Cof} k\,a\,[\operatorname{Ci}\{k\,(a+x)\} - \operatorname{Ci}\{k\,(a-x)\}]^*$ $\qquad - \dfrac{1}{2\,a}\,\operatorname{Sin} k\,a\,[\operatorname{Si}\{k\,(a+x)\} - \operatorname{Si}\{k\,(a-x)\}]^* + c$ $= \dfrac{1}{4\,a}\,e^{-ka}\,[\overline{\operatorname{Ei}}\{k\,(a+x)\} - \overline{\operatorname{Ei}}\{k\,(a-x)\}]^*$ $\qquad + \dfrac{1}{4\,a}\,e^{ka}\,[\operatorname{Ei}\{-k\,(a+x)\} - \operatorname{Ei}\{k\,(a-x)\}]^* + c\,;$ $\hfill x^2 < a^2.$
1. 5. 1. 2.	$\dfrac{\operatorname{Cof} k x}{x^2 - a^2}$	$- \dfrac{1}{2\,a}\,\operatorname{Cof} k\,a\,[\operatorname{Ci}\{k\,(x+a)\} - \operatorname{Ci}\{k\,(x-a)\}]^*$ $\qquad + \dfrac{1}{2\,a}\,\operatorname{Sin} k\,a\,[\operatorname{Si}\{k\,(x+a)\} + \operatorname{Si}\{k\,(x-a)\}]^* + c$ $= - \dfrac{1}{4\,a}\,e^{-ka}\,[\overline{\operatorname{Ei}}\{k\,(x+a)\} - \operatorname{Ei}\{-k\,(x-a)\}]^*$ $\qquad - \dfrac{1}{4\,a}\,e^{ka}\,[\operatorname{Ei}\{-k\,(x+a)\} - \overline{\operatorname{Ei}}\{k\,(x-a)\}]^* + c\,;$ $\hfill x^2 > a^2.$
1. 5. 2. 1.	$\dfrac{x\,\operatorname{Cof} k x}{a^2 - x^2}$	$- \dfrac{1}{2}\,\operatorname{Cof} k\,a\,[\operatorname{Ci}\{k\,(a+x)\} + \operatorname{Ci}\{k\,(a-x)\}]^*$ $\qquad + \dfrac{1}{2}\,\operatorname{Sin} k\,a\,[\operatorname{Si}\{k\,(a+x)\} + \operatorname{Si}\{k\,(a-x)\}]^* + c$ $= - \dfrac{1}{4}\,e^{-ka}\,[\overline{\operatorname{Ei}}\{k\,(a+x)\} + \overline{\operatorname{Ei}}\{k\,(a-x)\}]$ $\qquad - \dfrac{1}{4}\,e^{ka}\,[\operatorname{Ei}\{-k\,(a+x)\} + \operatorname{Ei}\{-k\,(a-x)\}] + c\,;$ $\hfill x^2 < a^2.$
1. 5. 2. 2.	$\dfrac{x\,\operatorname{Cof} k x}{x^2 - a^2}$	$\dfrac{1}{2}\,\operatorname{Cof} k\,a\,[\operatorname{Ci}\{k\,(x+a)\} + \operatorname{Ci}\{k\,(x-a)\}]$ $\qquad - \dfrac{1}{2}\,\operatorname{Sin} k\,a\,[\operatorname{Si}\{k\,(x+a)\} - \operatorname{Si}\{k\,(x-a)\}] + c$ $= \dfrac{1}{4}\,e^{-ka}\,[\overline{\operatorname{Ei}}\{k\,(x+a)\} + \operatorname{Ei}\{-k\,(x-a)\}]$ $\qquad + \dfrac{1}{4}\,e^{ka}\,[\overline{\operatorname{Ei}}\{k\,(x-a)\} + \operatorname{Ei}\{-k\,(x-a)\}] + c\,;$ $\hfill x^2 > a^2.$
2. 1. 0. 0.	$x^p\,\operatorname{Cof}^m x$	$\operatorname{Cof}^m x$ nach Abs. 6. 3. Nr. 2. 2. ... in eine Reihe ent- wickeln, mit x^p multiplizieren und gliedweise nach Nr. 1. 1. ... integrieren.
2. 1. 1. 1.	$x\,\operatorname{Cof}^2 x$	$\dfrac{1}{4}\,x\,\operatorname{Sin} 2x - \dfrac{1}{8}\,\operatorname{Cof} 2x + \dfrac{1}{4}\,x^2.$
2. 1. 1. 2.	$x^2\,\operatorname{Cof}^2 x$	$\dfrac{1}{4}\left(x^2 + \dfrac{1}{2}\right)\operatorname{Sin} 2x - \dfrac{1}{4}\,x\,\operatorname{Cof} 2x + \dfrac{1}{6}\,x^3.$

Nr.	$f(x) = J'(x)$	$J(x) = \int f(x)\,dx$
2.1.2.1.	$x\,\mathrm{Cos}^3 x$	$-\dfrac{3}{4}\,\mathrm{Cos}\,x - \dfrac{1}{36}\,\mathrm{Cos}\,3x + \dfrac{3}{4}\,x\,\mathrm{Sin}\,x + \dfrac{1}{12}\,x\,\mathrm{Cos}\,3x.$
2.1.2.2.	$x^2\,\mathrm{Cos}^3 x$	$\left(\dfrac{3}{4}\,x^2 + \dfrac{3}{2}\right)\mathrm{Sin}\,x + \left(\dfrac{1}{12}\,x^2 + \dfrac{1}{54}\right)\mathrm{Sin}\,3x$ $-\dfrac{3}{2}\,x\,\mathrm{Cos}\,x - \dfrac{1}{18}\,x\,\mathrm{Cos}\,3x.$
2.2.0.1.	$\dfrac{x}{\mathrm{Cos}^m x}$	$\dfrac{x\,\mathrm{Sin}\,x}{(m-1)\,\mathrm{Cos}^{m-1} x} + \dfrac{1}{(m-1)(m-2)\,\mathrm{Cos}^{m-2} x}$ $+\dfrac{m-2}{m-1}\displaystyle\int \dfrac{x\,dx}{\mathrm{Cos}^{m-2} x};\quad m \neq 1,\ m \neq 2.$
2.2.1.1.	$\dfrac{x}{\mathrm{Cos}\,x}$	$\dfrac{x^2}{2} + \displaystyle\sum_{p=1,2,\ldots} \dfrac{(-1)^p E_p}{(2p)!\,(2p+2)}\,x^{2p+2};\quad E_p = \text{EULERsche}$ Zahlen*; $\ |x| < \pi/2.$
2.2.1.2.	$\dfrac{x}{\mathrm{Cos}^2 x}$	$x\,\mathrm{Tg}\,x - \ln \mathrm{Cos}\,x.$
2.2.1.3.	$\dfrac{x}{\mathrm{Cos}^3 x}$	$\dfrac{x\,\mathrm{Sin}\,x}{2\,\mathrm{Cos}^2 x} + \dfrac{1}{2\,\mathrm{Cos}\,x} + \dfrac{1}{2}\displaystyle\int \dfrac{x\,dx}{\mathrm{Cos}\,x};\quad \text{vgl. Nr. } 2.2.1.1.$
2.2.1.4.	$\dfrac{x}{\mathrm{Cos}^4 x}$	$\dfrac{x\,\mathrm{Sin}\,x}{3\,\mathrm{Cos}^3 x} + \dfrac{1}{6\,\mathrm{Cos}^2 x} + \dfrac{2}{3}\,x\,\mathrm{Tg}\,x - \dfrac{2}{3}\ln \mathrm{Cos}\,x.$
2.2.1.5.	$\dfrac{x}{\mathrm{Cos}^5 x}$	$\dfrac{x\,\mathrm{Sin}\,x}{4\,\mathrm{Cos}^4 x} + \dfrac{1}{12\,\mathrm{Cos}^3 x} + \dfrac{3x\,\mathrm{Sin}\,x}{8\,\mathrm{Cos}^2 x} + \dfrac{3}{8\,\mathrm{Cos}\,x}$ $+\dfrac{3}{8}\displaystyle\int \dfrac{x\,dx}{\mathrm{Cos}\,x};\quad \text{vgl. Nr. } 2.2.1.1.$
2.2.0.	$\dfrac{x^n}{\mathrm{Cos}\,x}$	$\dfrac{x^{n+1}}{n+1} + \displaystyle\sum_{p=1,2,\ldots} \dfrac{(-1)^p E_p}{(2p)!\cdot(2p+n+1)}\,x^{2p+n+1};$ $E_p = \text{EULERsche Zahlen*}; \ n > -1;\ \text{sonst Reihe}$ für $\dfrac{1}{\mathrm{Cos}\,x}$ (Abs. 6.)… mit x^n multiplizieren und gliedweise integrieren; $\ |x| < \pi/2.$
3.1.1.	$\dfrac{x}{\mathrm{Cos}\,x + 1}$	$x\,\mathrm{Tg}\,\dfrac{x}{2} - 2\ln \mathrm{Cos}\,\dfrac{x}{2}.$
3.1.2.	$\dfrac{x}{\mathrm{Cos}\,x - 1}$	$-x\,\mathrm{Ctg}\,\dfrac{x}{2} + 2\ln\left|\mathrm{Sin}\,\dfrac{x}{2}\right|.$

4.3.1.3. *Der Integrand enthält $\operatorname{Sin} x$ und $\operatorname{Cos} x$.*

Nr.	$f(x) = J'(x)$	$J(x) = \int f(x)\,dx$
1.1.0.0.	$\dfrac{x^n \operatorname{Cos} x}{\operatorname{Sin}^m x}$	$-\dfrac{x^n}{(m-1)\operatorname{Sin}^{m-1} x} + \dfrac{n}{m-1}\int \dfrac{x^{n-1}}{\operatorname{Sin}^{m-1} x}\,dx;\quad m \neq 1$ (vgl. Abs. 4.3.1.4. Nr. 2.3.).
1.1.0.1.	$\dfrac{x^n \operatorname{Cos} x}{\operatorname{Sin}^2 x}$	$-\dfrac{x^n}{\operatorname{Sin} x} + n\int \dfrac{x^{n-1}}{\operatorname{Sin} x}\,dx;\quad$ vgl. a. Abs. 4.3.1.1. Nr. 2.2.2.0.
1.1.1.	$\dfrac{x \operatorname{Cos} x}{\operatorname{Sin}^2 x}$	$\ln\left|\operatorname{Tg} \dfrac{x}{2}\right| - \dfrac{x}{\operatorname{Sin} x}\,.$
1.1.2.	$\dfrac{x^2 \operatorname{Cos} x}{\operatorname{Sin}^2 x}$	$-\dfrac{x^2}{\operatorname{Sin} x} + 2\int \dfrac{x}{\operatorname{Sin} x}\,dx;\quad$ vgl. Abs. 4.3.1.1. Nr. 2.2.1.1.
1.2.0.0.	$\dfrac{x^n \operatorname{Sin} x}{\operatorname{Cos}^m x}$	$-\dfrac{x^n}{(m-1)\operatorname{Cos}^{m-1} x} + \dfrac{n}{m-1}\int \dfrac{x^{n-1}}{\operatorname{Cos}^{m-1} x}\,dx;\quad m \neq 1;$ vgl. Abs. 4.3.1.4. Nr. 1.3.
1.2.0.1.	$\dfrac{x^n \operatorname{Sin} x}{\operatorname{Cos}^2 x}$	$-\dfrac{x^n}{\operatorname{Cos} x} + n\int \dfrac{x^{n-1}}{\operatorname{Cos} x}\,dx;\quad$ vgl. a. Abs. 4.3.1.2. Nr. 2.2.2.0.
1.2.1.	$\dfrac{x \operatorname{Sin} x}{\operatorname{Cos}^2 x}$	$-\dfrac{x}{\operatorname{Cos} x} + 2\,\text{arc tg } e^x$ $= -\dfrac{x}{\operatorname{Cos} x} + \text{arc tg }(\operatorname{Sin} x)^* + c.$
1.2.2.	$\dfrac{x^2 \operatorname{Sin} x}{\operatorname{Cos}^2 x}$	$-\dfrac{x^2}{\operatorname{Cos} x} + 2\int \dfrac{x}{\operatorname{Cos} x}\,dx;\quad$ vgl. Abs. 4.3.1.2. Nr. 2.2.1.1.
2.1.0.	$\dfrac{x^n \operatorname{Cos} x}{(a + b\operatorname{Sin} x)^m}$	$-\dfrac{x^n}{(m-1)b(a + b\operatorname{Sin} x)^{m-1}}$ $+\dfrac{n}{(n-1)b}\int \dfrac{x^{n-1}}{(a + b\operatorname{Sin} x)^{m-1}}\,dx;\quad m \neq 1.$
2.2.1.0.	$\dfrac{x \operatorname{Cos} x}{(a + b\operatorname{Sin} x)^2}$	$-\dfrac{x}{b(a + b\operatorname{Sin} x)} + \dfrac{1}{b}\int \dfrac{dx}{a + b\operatorname{Sin} x};$ vgl. Abs. 3.3.1.1. Nr. 3.1.3. [1]).
2.2.2.1.	$\dfrac{x \operatorname{Cos} x}{(1 + \operatorname{Sin} x)^2}$	$-\dfrac{x}{1 + \operatorname{Sin} x} + \int \dfrac{dx}{1 + \operatorname{Sin} x};\quad$ vgl. Abs. 3.3.1.1. Nr. 3.1.1.
2.1.2.2.	$\dfrac{x \operatorname{Cos} x}{(1 - \operatorname{Sin} x)^2}$	$\dfrac{x}{1 - \operatorname{Sin} x} - \int \dfrac{dx}{1 - \operatorname{Sin} x};\quad$ vgl. Abs. 3.3.1.1. Nr. 3.1.2.
2.2.0.	$\dfrac{x^n \operatorname{Sin} x}{(a + b\operatorname{Cos} x)^m}$	$-\dfrac{x^n}{(m-1)b(a + b\operatorname{Cos} x)^{m-1}}$ $+\dfrac{n}{(m-1)b}\int \dfrac{x^{n-1}}{(a + b\operatorname{Cos} x)^{m-1}}\,dx;\quad m \neq 1.$

---

[1]) $\displaystyle\int \dfrac{x \operatorname{Cos} x}{a + b\operatorname{Sin} x}\,dx = \dfrac{x}{b}\ln(a + b\operatorname{Sin} x) - \dfrac{1}{b}\int \ln(a + b\operatorname{Sin} x)\,dx.$

Nr.	$f(x) = J'(x)$	$J(x) = \int f(x)\,dx$
2.2.1.0.	$\dfrac{x\operatorname{\mathfrak{Sin}}x}{(a+b\operatorname{\mathfrak{Cof}}x)^2}$	$-\dfrac{x}{b(a+b\operatorname{\mathfrak{Cof}}x)}+\dfrac{1}{b}\displaystyle\int\dfrac{dx}{a+b\operatorname{\mathfrak{Cof}}x}$; vgl. Abs. 3.3.1.2. Nr. 3.1.3. [1]).
2.2.1.1.	$\dfrac{x\operatorname{\mathfrak{Sin}}x}{(\operatorname{\mathfrak{Cof}}x+1)^2}$	$-\dfrac{x}{\operatorname{\mathfrak{Cof}}x+1}+\operatorname{\mathfrak{Tg}}\dfrac{x}{2}$.
2.2.1.2.	$\dfrac{x\operatorname{\mathfrak{Sin}}x}{(\operatorname{\mathfrak{Cof}}x-1)^2}$	$-\dfrac{x}{\operatorname{\mathfrak{Cof}}x-1}-\operatorname{\mathfrak{Ctg}}\dfrac{x}{2}$.

4.3.1.4. Der Integrand enthält $\operatorname{\mathfrak{Tg}}x$ und $\operatorname{\mathfrak{Ctg}}x$.

Nr.	$f(x) = J'(x)$	$J(x) = \int f(x)\,dx$
1.1.	$x\operatorname{\mathfrak{Tg}}x$	$\displaystyle\sum_{p=1,2,\ldots}\dfrac{(-1)^{p+1}\cdot 2^{2p}\cdot(2^{2p}-1)}{(2p+1)!}B_p x^{2p+1}$; $B_p = $ Bernoullische Zahlen*.
1.2.	$\dfrac{\operatorname{\mathfrak{Tg}}x}{x}$	$\displaystyle\sum_{p=1,2,\ldots}\dfrac{(-1)^{p+1}\cdot 2^{2p}\cdot(2^{2p}-1)}{(2p)!\,(2p-1)}B_p x^{2p-1}$; B_p s. o.
1.3.	$x^n\operatorname{\mathfrak{Tg}}x$	$\displaystyle\sum_{p=1,2,\ldots}\dfrac{(-1)^{p+1}\cdot 2^{2p}\cdot(2^{2p}-1)}{(2p)!\,(2p+n)}B_p x^{2p+n}$; B_p s. o.; $n\geqq -1$, sonst Reihe für $\operatorname{\mathfrak{Tg}}x$ (Abs. 6) mit x^n multiplizieren und dann gliedweise integrieren.
2.1.	$x\operatorname{\mathfrak{Ctg}}x$	$x+\displaystyle\sum_{p=1,2,\ldots}\dfrac{(-1)^{p+1}\cdot 2^{2p}}{(2p+1)!}B_p x^{2p+1}$; B_p s. o.
2.2.	$\dfrac{\operatorname{\mathfrak{Ctg}}x}{x}$	$-\dfrac{1}{x}+\displaystyle\sum_{p=1,2,\ldots}\dfrac{(-1)^{p+1}\cdot 2^{2p}}{(2p)!\,(2p-1)}B_p x^{2p-1}$; B_p s. o.
2.3.	$x^n\operatorname{\mathfrak{Ctg}}x$	$\dfrac{x^n}{n}+\displaystyle\sum_{p=1,2,\ldots}\dfrac{(-1)^{p+1}\cdot 2^{2p}}{(2p)!\,(2p+n)}B_p x^{2p+n}$; B_p s. o.; $n>0$; sonst Reihe für $\operatorname{\mathfrak{Ctg}}x$ (Abs. 6) mit x^n multiplizieren und gliedweise integrieren.

4.3.2. Area-Funktionen.

4.3.2.1. Der Integrand enthält $\operatorname{\mathfrak{Ar}}\operatorname{\mathfrak{Sin}}x$. [2])

Nr.	$f(x) = J'(x)$	$J(x) = \int f(x)\,dx$
1.1.0.	$x^n\operatorname{\mathfrak{Ar}}\operatorname{\mathfrak{Sin}}\dfrac{x}{a}$.	$\dfrac{x^{n+1}}{n+1}\operatorname{\mathfrak{Ar}}\operatorname{\mathfrak{Sin}}\dfrac{x}{a}-\dfrac{1}{n+1}\displaystyle\int\dfrac{x^{n+1}}{\sqrt{x^2+a^2}}dx$; $n\neq -1$; vgl. Abs. 2.2.4.2. Nr. 1. ...[3]).

---

[1]) $\displaystyle\int\dfrac{x\operatorname{\mathfrak{Sin}}x}{a+b\operatorname{\mathfrak{Cof}}x}dx=-\dfrac{x}{b}\ln(a+b\operatorname{\mathfrak{Cof}}x)+\dfrac{1}{b}\displaystyle\int\ln(a+b\operatorname{\mathfrak{Cof}}x)\,dx.$

[2]) Vgl. Abs. 6.2.6.   [3]) Vgl. a. Abs. 4.1.2.3. Nr. 2.1...., 2.2.....

Nr.	$f(x) = J'(x)$	$J(x) = \int f(x)\, dx$
1.1.1.	$x \operatorname{Ar\,Sin} \dfrac{x}{a}$	$\dfrac{1}{2}\left(x^2 + \dfrac{a^2}{2}\right)\operatorname{Ar\,Sin}\dfrac{x}{a} - \dfrac{1}{4}\,x\sqrt{x^2 + a^2}.$
1.1.2.	$x^2 \operatorname{Ar\,Sin} \dfrac{x}{a}$	$\dfrac{1}{3}\,x^3 \operatorname{Ar\,Sin}\dfrac{x}{a} + \dfrac{1}{9}(2a^2 - x^2)\sqrt{x^2 + a^2}.$
1.1.3.	$x^3 \operatorname{Ar\,Sin} \dfrac{x}{a}$	$\dfrac{1}{4}\left(x^4 - \dfrac{3}{8}a^4\right)\operatorname{Ar\,Sin}\dfrac{x}{a} - \dfrac{1}{16}\,x\left(x^2 - \dfrac{3}{2}a^2\right)\sqrt{x^2 + a^2}.$
1.2.0.	$\dfrac{1}{x^n} \operatorname{Ar\,Sin}\dfrac{x}{a}$	$-\dfrac{1}{(n-1)x^{n-1}} \operatorname{Ar\,Sin}\dfrac{x}{a} + \dfrac{1}{n-1}\displaystyle\int \dfrac{dx}{x^{n-1}\sqrt{x^2 + a^2}}\,;$ $n \neq 1$; vgl. Abs. 2.2.4.2. Nr. 2.2. ...[1]).
1.2.1.	$\dfrac{1}{x} \operatorname{Ar\,Sin}\dfrac{x}{a}$	$\dfrac{x}{a} - \dfrac{1}{2\cdot 3^2}\cdot\dfrac{x^3}{a^3} + \dfrac{1\cdot 3}{2\cdot 4\cdot 5^2}\cdot\dfrac{x^5}{a^5} - \dfrac{1\cdot 3\cdot 5}{2\cdot 4\cdot 6\cdot 7^2}\cdot\dfrac{x^7}{a^7} + \cdots;$ $\qquad\qquad x^2 \leq a^2;$ $\dfrac{1}{2}\left(\ln\dfrac{2x}{a}\right)^2 - \sum,$ wenn $x/a \geq 1;$ $-\dfrac{1}{2}\left(\ln\left|\dfrac{2x}{a}\right|\right)^2 + \sum,$ wenn $x/a \leq -1;$ worin $\sum = \dfrac{1}{2^3}\dfrac{a^2}{x^2} - \dfrac{1\cdot 3}{2\cdot 4^3}\cdot\dfrac{a^4}{x^4} + \dfrac{1\cdot 3\cdot 5}{2\cdot 4\cdot 6^3}\cdot\dfrac{a^6}{x^6} - + \cdots.$
1.2.2.	$\dfrac{1}{x^2} \operatorname{Ar\,Sin}\dfrac{x}{a}$	$-\dfrac{1}{x} \operatorname{Ar\,Sin}\dfrac{x}{a} - \dfrac{1}{a} \operatorname{Ar\,Sin}\dfrac{a}{x}\cdot$
1.2.3.	$\dfrac{1}{x^3} \operatorname{Ar\,Sin}\dfrac{x}{a}$	$-\dfrac{1}{2x^2} \operatorname{Ar\,Sin}\dfrac{x}{a} - \dfrac{1}{2a^2 x}\sqrt{x^2 + a^2}.$
1.2.4.	$\dfrac{1}{x^4} \operatorname{Ar\,Sin}\dfrac{x}{a}$	$-\dfrac{1}{3x^3} \operatorname{Ar\,Sin}\dfrac{x}{a} + \dfrac{1}{6a^3} \operatorname{Ar\,Sin}\dfrac{a}{x} - \dfrac{1}{6a^2 x^2}\sqrt{x^2 + a^2}.$
2.1.0.	$x^n \operatorname{Ar\,Sin} \dfrac{a}{x}$ [2])	$\dfrac{x^{n+1}}{n+1} \operatorname{Ar\,Sin}\dfrac{a}{x} + \dfrac{a}{n+1}\displaystyle\int \dfrac{x^n}{\sqrt{x^2 + a^2}}\,;\ n \neq -1;$ $\qquad\qquad$ vgl. 2.2.4.2. Nr. 1 ....
2.1.1.	$x \operatorname{Ar\,Sin} \dfrac{a}{x}$	$\dfrac{1}{2}\,x^2 \operatorname{Ar\,Sin}\dfrac{a}{x} + \dfrac{1}{2}\,a\sqrt{x^2 + a^2}.$
2.1.2.	$x^2 \operatorname{Ar\,Sin} \dfrac{a}{x}$	$\dfrac{1}{3}\left(x^3 - \dfrac{1}{2}a^3\right)\operatorname{Ar\,Sin}\dfrac{a}{x} + \dfrac{1}{6}\,a x\sqrt{x^2 + a^2}.$
2.1.3.	$x^3 \operatorname{Ar\,Sin} \dfrac{a}{x}$	$\dfrac{1}{4}\,x^4 \operatorname{Ar\,Sin}\dfrac{a}{x} + \dfrac{1}{12}\,a(x^2 - 2a^2)\sqrt{x^2 + a^2}.$

[1]) Siehe Anm. 3 auf S. 264.

[2]) $\operatorname{Ar\,Sin}\dfrac{a}{x} = \operatorname{Ar\,Cosec}\dfrac{x}{a} = \ln\dfrac{a + \sqrt{x^2 + a^2}}{x}$ ($a/x > 0$ angenommen).

Nr.	$f(x) = J'(x)$	$J(x) = \int f(x)\,dx$
2. 2. 0.	$\dfrac{1}{x^n}\,\mathfrak{Ar\,Sin}\,\dfrac{a}{x}$	$-\dfrac{1}{(n-1)x^{n-1}}\,\mathfrak{Ar\,Sin}\,\dfrac{a}{x} - \dfrac{a}{n-1}\int\dfrac{dx}{x^n\sqrt{x^2+a^2}}$; $n \neq 1$; vgl. Abs. 2. 2. 4. 2. Nr. 2.
2. 2. 1.	$\dfrac{1}{x}\,\mathfrak{Ar\,Sin}\,\dfrac{a}{x}$	$-\dfrac{a}{x} + \dfrac{1}{2\cdot 3^2}\dfrac{a^3}{x^3} - \dfrac{1\cdot 3}{2\cdot 4\cdot 5^2}\dfrac{a^5}{x^5} + \dfrac{1\cdot 3\cdot 5}{2\cdot 4\cdot 6\cdot 7^2}\dfrac{a^7}{x^7} - + \cdots$; $x^2 \geqq a^2$; $-\dfrac{1}{2}\left(\ln\dfrac{x}{2a}\right)^2 + \sum$, wenn $0 < x/a \leqq 1$; $\dfrac{1}{2}\left(\ln\left|\dfrac{x}{2a}\right|\right)^2 - \sum$, wenn $-1 \leqq x, a < 0$ [1]), wobei $\sum = \dfrac{1}{2^3}\dfrac{x^2}{a^2} - \dfrac{1\cdot 3}{2\cdot 4^3}\dfrac{x^4}{a^4} + \dfrac{1\cdot 3\cdot 5}{2\cdot 4\cdot 6^3}\dfrac{x^6}{a^6} - + \cdots$.
2. 2. 2.	$\dfrac{1}{x^2}\,\mathfrak{Ar\,Sin}\,\dfrac{a}{x}$	$-\dfrac{1}{x}\,\mathfrak{Ar\,Sin}\,\dfrac{a}{x} + \dfrac{1}{ax}\sqrt{x^2+a^2}$.
2. 2. 3.	$\dfrac{1}{x^3}\,\mathfrak{Ar\,Sin}\,\dfrac{a}{x}$	$-\left(\dfrac{1}{4a^2} + \dfrac{1}{2x^2}\right)\mathfrak{Ar\,Sin}\,\dfrac{a}{x} + \dfrac{1}{4ax^2}\sqrt{x^2+a^2}$.
2. 2. 4.	$\dfrac{1}{x^4}\,\mathfrak{Ar\,Sin}\,\dfrac{x}{a}$	$-\dfrac{1}{3x^3}\,\mathfrak{Ar\,Sin}\,\dfrac{a}{x} + \dfrac{z^3}{9a^3x^3} - \dfrac{z}{3a^3x}$; $z = \sqrt{x^2+a^2}$.

4. 3. 2. 2. Der Integrand enthält $\mathfrak{Ar\,Cos}\,x$. [2])

Nr.	$f(x) = J'(x)$	$J(x) = \int f(x)\,dx$
1. 1. 0.	$x^n\,\mathfrak{Ar\,Cos}\,\dfrac{x}{a}$	$\dfrac{x^{n+1}}{n+1}\,\mathfrak{Ar\,Cos}\,\dfrac{x}{a} - \dfrac{1}{n+1}\int\dfrac{x^{n+1}}{\sqrt{x^2-a^2}}\,dx$; $n \neq -1$; vgl. Abs. 2. 2. 5. 2. Nr. 1 … [3]).
1. 1. 1.	$x\,\mathfrak{Ar\,Cos}\,\dfrac{x}{a}$	$\dfrac{1}{2}\left(x^2 - \dfrac{1}{2}a^2\right)\mathfrak{Ar\,Cos}\,\dfrac{x}{a} - \dfrac{1}{4}x\sqrt{x^2-a^2}$.
1. 1. 2.	$x^2\,\mathfrak{Ar\,Cos}\,\dfrac{x}{a}$	$\dfrac{1}{3}x^3\,\mathfrak{Ar\,Cos}\,\dfrac{x}{a} - \dfrac{1}{9}(2a^2 + x^2)\sqrt{x^2-a^2}$.
1. 1. 3.	$x^3\,\mathfrak{Ar\,Cos}\,\dfrac{x}{a}$	$\dfrac{1}{4}\left(x^4 - \dfrac{3}{8}a^4\right)\mathfrak{Ar\,Cos}\,\dfrac{x}{a} - \dfrac{1}{16}x\left(x^2 + \dfrac{3}{2}a^2\right)\sqrt{x^2-a^2}$.
1. 2. 0.	$\dfrac{1}{x^n}\,\mathfrak{Ar\,Cos}\,\dfrac{x}{a}$	$-\dfrac{1}{(n-1)x^{n-1}}\,\mathfrak{Ar\,Cos}\,\dfrac{x}{a} + \dfrac{1}{n-1}\int\dfrac{dx}{x^{n-1}\sqrt{x^2-a^2}}$; $n \neq 1$; vgl. Abs. 2. 2. 5. 2. Nr. 2. 2. … [3]).
1. 2. 1.	$\dfrac{1}{x}\,\mathfrak{Ar\,Cos}\,\dfrac{x}{a}$	$\dfrac{1}{2}\left(\ln\dfrac{2x}{a}\right)^2 + \dfrac{1}{2^3}\dfrac{a^2}{x^2} + \dfrac{1\cdot 3}{2\cdot 4^3}\dfrac{a^4}{x^4} + \dfrac{1\cdot 3\cdot 5}{2\cdot 4\cdot 6^3}\dfrac{a^6}{x^6} + \cdots$. $x^2 \geqq a^2$.

---

[1]) entbehrlich, wenn $x/a > 0$ angenommen (s. Anm. 2, S. 265).
[2]) Vgl. Abs. 6. 2. 6.   [3]) Vgl. a. Abs. 4. 1. 2. 3. Nr. 3. 1. … bzw. 3. 2. …

Nr.	$f(x) = J'(x)$	$J(x) = \int f(x)\,dx$
1.2.2.	$\dfrac{1}{x^2}\,\text{Ar Cof}\,\dfrac{x}{a}$	$-\dfrac{1}{x}\,\text{Ar Cof}\,\dfrac{x}{a}-\dfrac{1}{a}\arcsin\dfrac{a}{x}.$
1.2.3.	$\dfrac{1}{x^3}\,\text{Ar Cof}\,\dfrac{x}{a}$	$-\dfrac{1}{2x^2}\,\text{Ar Cof}\,\dfrac{x}{a}+\dfrac{1}{2a^2x}\sqrt{x^2-a^2}.$
1.2.4.	$\dfrac{1}{x^4}\,\text{Ar Cof}\,\dfrac{x}{a}$	$-\dfrac{1}{3x^3}\,\text{Ar Cof}\,\dfrac{x}{a}-\dfrac{1}{6a^3}\arcsin\dfrac{a}{x}+\dfrac{1}{6a^2x^2}\sqrt{x^2-a^2}.$
2.1.0.	$x^n\,\text{Ar Cof}\,\dfrac{a}{x}$ [1]	$\dfrac{x^{n+1}}{n+1}\,\text{Ar Cof}\,\dfrac{a}{x}+\dfrac{a}{n+1}\displaystyle\int\dfrac{x^n}{\sqrt{a^2-x^2}}\,dx;\quad n\neq -1;$ vgl. Abs. 2.2.3.2. Nr. 1. ....
2.1.1.	$x\,\text{Ar Cof}\,\dfrac{a}{x}$	$\dfrac{1}{2}x^2\,\text{Ar Cof}\,\dfrac{a}{x}-\dfrac{1}{2}a\sqrt{a^2-x^2}.$
2.1.2.	$x^2\,\text{Ar Cof}\,\dfrac{a}{x}$	$\dfrac{1}{3}x^3\,\text{Ar Cof}\,\dfrac{a}{x}-\dfrac{1}{6}ax\sqrt{a^2-x^2}+\dfrac{1}{6}a^3\arcsin\dfrac{x}{a}.$
2.1.3.	$x^3\,\text{Ar Cof}\,\dfrac{a}{x}$	$\dfrac{1}{4}x^4\,\text{Ar Cof}\,\dfrac{a}{x}-\dfrac{a}{12}(2a^2+x^2)\sqrt{a^2-x^2}.$
2.2.0.	$\dfrac{1}{x^n}\,\text{Ar Cof}\,\dfrac{a}{x}$	$-\dfrac{1}{(n-1)a^{n-1}}\,\text{Ar Cof}\,\dfrac{a}{x}-\dfrac{a}{n-1}\displaystyle\int\dfrac{dx}{x^n\sqrt{a^2-x^2}};$ $n\neq 1;$ vgl. Abs. 2.2.3.2. Nr. 2.2. ....
2.2.1.	$\dfrac{1}{x}\,\text{Ar Cof}\,\dfrac{a}{x}$	$-\dfrac{1}{2}\left[\ln\dfrac{x}{2a}\right]^2-\dfrac{1}{2^3}\dfrac{x^2}{a^2}-\dfrac{1\cdot3}{2\cdot4^3}\dfrac{x^4}{a^4}$ $\qquad-\dfrac{1\cdot3\cdot5}{2\cdot4\cdot6^3}\cdot\dfrac{x^6}{a^6}-\cdots.$
2.2.2.	$\dfrac{1}{x^2}\,\text{Ar Cof}\,\dfrac{a}{x}$	$-\dfrac{1}{x}\,\text{Ar Cof}\,\dfrac{a}{x}+\dfrac{1}{ax}\sqrt{a^2-x^2}.$
2.2.3.	$\dfrac{1}{x^3}\,\text{Ar Cof}\,\dfrac{a}{x}$	$\left(\dfrac{1}{4a^2}-\dfrac{1}{2x^2}\right)\text{Ar Cof}\,\dfrac{a}{x}+\dfrac{1}{4ax^2}\sqrt{a^2-x^2}.$
2.2.4.	$\dfrac{1}{x^4}\,\text{Ar Cof}\,\dfrac{a}{x}$	$-\dfrac{1}{3x^3}\,\text{Ar Cof}\,\dfrac{a}{x}+\dfrac{z^3}{9a^3x^3}+\dfrac{z}{3a^3x};\quad z=\sqrt{a^2-x^2}.$

4.3.2.3. *Der Integrand enthält* Ar Tg x *und* Ar Ctg x. [2]

Nr.	$f(x) = J'(x)$	$J(x) = \int f(x)\,dx$
1.1.0.	$x^n\,\text{Ar Tg}\,\dfrac{x}{a}$	$\dfrac{x^{n+1}}{n+1}\,\text{Ar Tg}\,\dfrac{x}{a}-\dfrac{a}{n+1}\displaystyle\int\dfrac{x^{n+1}}{a^2-x^2}\,dx;\quad n\neq -1;$ vgl. Abs. 2.1.3.1. Nr. 2. ....

---

[1] $\text{Ar Cof}\,\dfrac{a}{x}=\text{Ar Sec}\,\dfrac{x}{a}=\ln\dfrac{a+\sqrt{a^2-x^2}}{x}$ $(0<x\leq a$ angenommen).   [2] Vgl. Abs. 6.

Nr.	$f(x) = J'(x)$	$J(x) = \int f(x)\,dx$
1.1.1.	$x \operatorname{Ar} \operatorname{Tg} \dfrac{x}{a}$	$-\dfrac{1}{2}(a^2 - x^2) \operatorname{Ar} \operatorname{Tg} \dfrac{x}{a} + \dfrac{1}{2} a x.$
1.1.2.	$x^2 \operatorname{Ar} \operatorname{Tg} \dfrac{x}{a}$	$\dfrac{1}{3} x^3 \operatorname{Ar} \operatorname{Tg} \dfrac{x}{a} + \dfrac{1}{6} a^3 \ln(a^2 - x^2) + \dfrac{1}{6} a x^2.$
1.1.3.	$x^3 \operatorname{Ar} \operatorname{Tg} \dfrac{x}{a}$	$-\dfrac{1}{4}(a^4 - x^4) \operatorname{Ar} \operatorname{Tg} \dfrac{x}{a} + \dfrac{1}{12} a x^3 + \dfrac{1}{4} a^3 x.$
1.2.0.	$\dfrac{1}{x^n} \operatorname{Ar} \operatorname{Tg} \dfrac{x}{a}$	$-\dfrac{1}{(n-1)x^{n-1}} \operatorname{Ar} \operatorname{Tg} \dfrac{x}{a} + \dfrac{a}{n-1} \int \dfrac{dx}{x^{n-1}(a^2 - x^2)};$ $n \neq 1;$ vgl. Abs. 2.1.3.1. Nr. 2. ……
1.2.1.	$\dfrac{1}{x} \operatorname{Ar} \operatorname{Tg} \dfrac{x}{a}$	$\dfrac{x}{a} + \dfrac{x^3}{3^2 a^3} + \dfrac{x^5}{5^2 a^5} + \dfrac{x^7}{7^2 a^7} + \cdots;\ x^2 < a^2.$
1.2.2.	$\dfrac{1}{x^2} \operatorname{Ar} \operatorname{Tg} \dfrac{x}{a}$	$-\dfrac{1}{x} \operatorname{Ar} \operatorname{Tg} \dfrac{x}{a} + \dfrac{1}{2a} \ln \dfrac{x^2}{a^2 - x^2}.$
1.2.3.	$\dfrac{1}{x^3} \operatorname{Ar} \operatorname{Tg} \dfrac{x}{a}$	$\dfrac{1}{2}\left(\dfrac{1}{a^2} - \dfrac{1}{x^2}\right) \operatorname{Ar} \operatorname{Tg} \dfrac{x}{a} - \dfrac{1}{2ax}.$
1.2.4.	$\dfrac{1}{x^4} \operatorname{Ar} \operatorname{Tg} \dfrac{x}{a}$	$-\dfrac{1}{3x^3} \operatorname{Ar} \operatorname{Tg} \dfrac{x}{a} + \dfrac{1}{6a^3} \ln \dfrac{x^2}{a^2 - x^2} - \dfrac{1}{6ax^2}.$
2.1.0.	$x^n \operatorname{Ar} \operatorname{Ctg} \dfrac{x}{a}$	$\dfrac{x^{n+1}}{n+1} \operatorname{Ar} \operatorname{Ctg} \dfrac{x}{a} + \dfrac{a}{n+1} \int \dfrac{x^{n+1}}{a^2 - x^2}\,dx;\ n \neq -1;$ vgl. Abs. 2.1.3.1. Nr. 2. ……
2.1.1.	$x \operatorname{Ar} \operatorname{Ctg} \dfrac{x}{a}$	$\dfrac{1}{2}(x^2 - a^2) \operatorname{Ar} \operatorname{Ctg} \dfrac{x}{a} + \dfrac{1}{2} a x.$
2.1.2.	$x^2 \operatorname{Ar} \operatorname{Ctg} \dfrac{x}{a}$	$\dfrac{1}{3} x^3 \operatorname{Ar} \operatorname{Ctg} \dfrac{x}{a} + \dfrac{1}{6} a^3 \ln(x^2 - a^2) + \dfrac{1}{6} a x^2.$
2.1.3.	$x^3 \operatorname{Ar} \operatorname{Ctg} \dfrac{x}{a}$	$\dfrac{1}{4}(x^4 - a^4) \operatorname{Ar} \operatorname{Ctg} \dfrac{x}{a} + \dfrac{1}{12} a x^3 + \dfrac{1}{4} a^3 x.$
2.2.0.	$\dfrac{1}{x^n} \operatorname{Ar} \operatorname{Ctg} \dfrac{x}{a}$	$-\dfrac{1}{(n-1)x^{n-1}} \operatorname{Ar} \operatorname{Ctg} \dfrac{x}{a} + \dfrac{a}{n-1} \int \dfrac{dx}{x^{n-1}(a^2 - x^2)};$ $n \neq 1;$ vgl. Abs. 2.1.3.1. Nr. 2. ……
2.2.1.	$\dfrac{1}{x} \operatorname{Ar} \operatorname{Ctg} \dfrac{x}{a}$	$-\left(\dfrac{a}{x} + \dfrac{a^3}{3^2 x^3} + \dfrac{a^5}{5^2 x^5} + \cdots\right);\ x^2 > a^2.$
2.2.2.	$\dfrac{1}{x^2} \operatorname{Ar} \operatorname{Ctg} \dfrac{x}{a}$	$-\dfrac{1}{x} \operatorname{Ar} \operatorname{Ctg} \dfrac{x}{a} + \dfrac{1}{2a} \ln \dfrac{x^2}{x^2 - a^2}.$
2.2.3.	$\dfrac{1}{x^3} \operatorname{Ar} \operatorname{Ctg} \dfrac{x}{a}$	$\dfrac{1}{2}\left(\dfrac{1}{a^2} - \dfrac{1}{x^2}\right) \operatorname{Ar} \operatorname{Ctg} \dfrac{x}{a} - \dfrac{1}{2ax}.$
2.2.4.	$\dfrac{1}{x^4} \operatorname{Ar} \operatorname{Ctg} \dfrac{x}{a}$	$-\dfrac{1}{3x^3} \operatorname{Ar} \operatorname{Ctg} \dfrac{x}{a} + \dfrac{1}{6a^3} \ln \dfrac{x^2}{x^2 - a^2} - \dfrac{1}{6ax^2}.$

5. Produkte transzendenter Funktionen untereinander.

5.1. Integrale von der Form $\int g(x) \ln x \, dx$.

5.1.1. Exponentialfunktion und Logarithmus.

Nr.	$f(x) = J'(x)$	$J(x) = \int f(x)\,dx$
0.0.	$\int g(x) \ln x \, dx$	$u(x) \ln x - \int \dfrac{u(x)}{x}\,dx\,;\quad u(x) = \int g(x)\,dx.$
1.1.	$e^x \ln x$	$e^x \ln x - \overline{\mathrm{Ei}}\,(x)^* + c.$
1.2.0.	$e^{kx} \ln x$	$\dfrac{1}{k}\,e^{kx} \ln x - \dfrac{1}{k}\,\overline{\mathrm{Ei}}\,(k\,x)^* + c.$
1.2.1.	$e^{-kx} \ln x$	$-\dfrac{1}{k}\,e^{-kx} \ln x + \dfrac{1}{k}\,\mathrm{Ei}\,(-k\,x)^* + c.$
1.2.2.	$e^{-x} \ln x$	$-e^{-x} \ln x + \mathrm{Ei}\,(-x)^* + c.$
2.1.0.	$e^{kx} \ln (a + b x)$	$\dfrac{1}{k}\,e^{kx} \ln (a + b x) - \dfrac{1}{k}\,e^{-ka/b}\,\overline{\mathrm{Ei}}\left\{\dfrac{k}{b}\,(a + b x)\right\}^* + c.$ Ist $k/b < 0$, dann $\overline{\mathrm{Ei}}$ durch Ei ersetzen.
2.2.1.	$e^x \ln (1 + x)$	$e^x \ln (1 + x) - \dfrac{1}{e}\,\overline{\mathrm{Ei}}\,(1 + x)^* + c\,;\quad x > -1.$
2.2.2.	$e^x \ln (1 - x)$	$e^x \ln (1 - x) - e\,\mathrm{Ei}\,\{-(1 - x)\}^* + c\,;\quad x < 1.$
2.2.3.	$e^x \ln (x - 1)$	$e^x \ln (x - 1) - e\,\overline{\mathrm{Ei}}\,(x - 1)^* + c\,;\quad x > 1.$
2.3.1.	$e^{-x} \ln (1 + x)$	$-e^{-x} \ln (1 + x) + e\,\mathrm{Ei}\,\{-(1 + x)\}^* + c\,;\quad x > -1.$
2.3.2.	$e^{-x} \ln (1 - x)$	$-e^{-x} \ln (1 - x) - \dfrac{1}{e}\,\overline{\mathrm{Ei}}\,(1 - x)^* + c\,;\quad x < 1.$
2.3.3.	$e^{-x} \ln (x - 1)$	$-e^{-x} \ln (x - 1) - \dfrac{1}{e}\,\mathrm{Ei}\,\{-(x - 1)\}^* + c\,;\quad x > 1.$
3.1.1.	$e^{kx} \ln \dfrac{a + x}{a - x}$	$2 \int e^{kx}\, \mathfrak{Ar\,Tg}\,\dfrac{x}{a}\,dx$ $= \dfrac{1}{k}\,e^{kx} \ln \dfrac{a + x}{a - x} - \dfrac{2a}{k} \int \dfrac{e^{kx}}{a^2 - x^2}\,dx\,;$ $x^2 < a^2\,;$ vgl. Abs. 4.1.1.1. Nr. 3.1. ....
3.1.2.	$e^{kx} \ln \dfrac{x + a}{x - a}$	$2 \int e^{kx}\, \mathfrak{Ar\,Ctg}\,\dfrac{x}{a}\,dx$ (Fortsetzung s. S. 270)

Nr.	$f(x) = J'(x)$	$J(x) = \int f(x)\, dx$
		$= \dfrac{1}{k}\, e^{kx} \ln \dfrac{x+a}{x-a} + \dfrac{2a}{k} \int \dfrac{e^{kx}}{x^2 - a^2}\, dx\,;$
		$x^2 > a^2\,;$ vgl. Abs. 4.1.1.1. Nr. 3.2. ....
3.2.1.	$e^{kx} \ln(a^2 - x^2)$	$\dfrac{1}{k}\, e^{kx} \ln(a^2 - x^2) + \dfrac{2}{k} \int \dfrac{x\, e^{kx}}{a^2 - x^2}\, dx\,;$ $x^2 < a^2\,;$
		vgl. Abs. 4.1.1.1. Nr. 3.3. ....
3.2.2.	$e^{kx} \ln(x^2 - a^2)$	$\dfrac{1}{k}\, e^{kx} \ln(x^2 - a^2) - \dfrac{2}{k} \int \dfrac{x\, e^{kx}}{x^2 - a^2}\, dx\,;$ $x^2 > a^2\,;$
		vgl. Abs. 4.1.1.1. Nr. 3.4. ....

5.1.2. Trigonometrische Funktionen und Logarithmus.

Nr.	$f(x) = J'(x)$	$J(x) = \int f(x)\, dx$
1.1.1.	$\sin x \cdot \ln x$	$-\cos x \cdot \ln x + \mathrm{Ci}\,(x)^* + c.$
1.1.2.	$\sin kx \cdot \ln x$	$-\dfrac{1}{k} \cos kx \cdot \ln x + \dfrac{1}{k}\, \mathrm{Ci}\,(kx)^* + c.$
1.2.0.	$\sin kx \cdot \ln(a + bx)$	$-\dfrac{1}{k} \cos kx \cdot \ln(a + bx)$
		$+ \dfrac{1}{k}\left[\cos \dfrac{ka}{b} \cdot \mathrm{Ci}\,(u) + \sin \dfrac{ka}{b} \cdot \mathrm{Si}\,(u) \right]^* + c\,;$
		$u = \dfrac{k}{b}\,(a + bx).$
1.2.1.	$\sin x \cdot \ln(1 + x)$	$-\cos x \cdot \ln(1 + x) + \cos 1 \cdot \mathrm{Ci}\,(1 + x)^*$
		$+ \sin 1 \cdot \mathrm{Si}\,(1 + x)^* + c\,;$ $x > -1.$[1]
1.2.2.	$\sin x \cdot \ln(1 - x)$	$-\cos x \cdot \ln(1 - x) + \cos 1 \cdot \mathrm{Ci}\,(1 - x)^*$
		$+ \sin 1 \cdot \mathrm{Si}\,(1 - x)^* + c\,;$ $x < 1.$[1]
1.2.3.	$\sin x \cdot \ln(x - 1)$	$-\cos x \cdot \ln(x - 1) + \cos 1 \cdot \mathrm{Ci}\,(x - 1)^*$
		$+ \sin 1 \cdot \mathrm{Si}\,(x - 1)^* + c\,;$ $x > 1.$[1]
1.3.1.1.	$\sin kx \cdot \ln \dfrac{a + x^*}{a - x}$	$-\dfrac{1}{k} \cos kx \cdot \ln \dfrac{a + x}{a - x} + \dfrac{2a}{k} \int \dfrac{\cos kx}{a^2 - x^2}\, dx\,;$ $x^2 < a^2\,;$
		vgl. Abs. 4.2.1.2. Nr. 1.5.1.1.
1.3.1.2.	$\sin kx \cdot \ln \dfrac{x + a^*}{x - a}$	$-\dfrac{1}{k} \cos kx \cdot \ln \dfrac{x + a}{x - a} - \dfrac{2a}{k} \int \dfrac{\cos kx}{x^2 - a^2}\, dx\,;$ $x^2 > a^2\,;$
		vgl. Abs. 4.2.1.2. Nr. 1.5.1.2.
1.3.2.1.	$\sin kx \cdot \ln(a^2 - x^2)$	$-\dfrac{1}{k} \cos kx \cdot \ln(a^2 - x^2) - \dfrac{2}{k} \int \dfrac{x \cos kx}{a^2 - x^2}\, dx\,;$
		$x^2 < a^2\,;$ vgl. Abs. 4.2.1.2. Nr. 1.5.2.1.

[1] $\cos 1 = 0{,}84147\,;$ $\sin 1 = 0{,}54030.$

Nr.	$f(x) = J'(x)$	$J(x) = \int f(x)\,dx$
1. 3. 2. 2.	$\sin kx \cdot \ln(x^2 - a^2)$	$-\dfrac{1}{k}\cos kx \cdot \ln(x^2 - a^2) + \dfrac{2}{k}\displaystyle\int \dfrac{x\cos kx}{x^2 - a^2}\,dx;$ $x^2 > a^2;$ vgl. Abs. 4. 2. 1. 2. Nr. 1. 5. 2. 2.
1. 4. 0.	$\sin^m kx \cdot \ln \varphi(x)$	$\sin^m kx$ nach Abs. 6. 3. durch eine FOURIER-Reihe darstellen, mit $\ln \varphi(x)$ multiplizieren und gliedweise nach Nr. 1. 1. bis 1. 3. bzw. Nr. 2. 1. bis 2. 3. integrieren.
2. 1. 1.	$\cos x \cdot \ln x$	$\sin x \cdot \ln x - \mathrm{Si}\,(x)^*.$
2. 1. 2.	$\cos kx \cdot \ln x$	$\dfrac{1}{k}\sin kx \cdot \ln x - \dfrac{1}{k}\mathrm{Si}\,(kx)^*.$
2. 2. 0.	$\cos kx \cdot \ln(a + bx)$	$\dfrac{1}{k}\sin kx \cdot \ln(a + bx)$ $\quad - \dfrac{1}{k}\left[\cos\dfrac{ka}{b}\cdot \mathrm{Si}\,(u) - \sin\dfrac{ka}{b}\cdot \mathrm{Ci}\,(u)\right]^* + c;$ $u = \dfrac{k}{b}(a + bx).$
2. 2. 1.	$\cos x \cdot \ln(1 + x)$	$\sin x \cdot \ln(1 + x) - \cos 1 \cdot \mathrm{Si}\,(1 + x)$ $\quad + \sin 1 \cdot \mathrm{Ci}\,(1 + x) + c;\ \ x > -1.^{1)}$
2. 2. 2.	$\cos x \cdot \ln(1 - x)$	$\sin x \cdot \ln(1 - x) + \cos 1 \cdot \mathrm{Si}\,(1 - x)$ $\quad - \sin 1 \cdot \mathrm{Ci}\,(1 - x) + c;\ \ x < 1.^{1)}$
2. 2. 3.	$\cos x \cdot \ln(x - 1)$	$\sin x \cdot \ln(x - 1) - \cos 1 \cdot \mathrm{Si}\,(x - 1)$ $\quad - \sin 1 \cdot \mathrm{Ci}\,(x - 1) + c;\ \ x > 1.^{1)}$
2. 3. 1. 1.	$\cos kx \cdot \ln\dfrac{a + x^*}{a - x}$	$\dfrac{1}{k}\sin kx \cdot \ln\dfrac{a + x}{a - x} - \dfrac{2a}{k}\displaystyle\int \dfrac{\sin kx}{a^2 - x^2}\,dx;\ \ x^2 < a^2;$ vgl. Abs. 4. 2. 1. 1. Nr. 1. 5. 1. 1.
2. 3. 1. 2.	$\cos kx \cdot \ln\dfrac{x + a^*}{x - a}$	$\dfrac{1}{k}\sin kx \cdot \ln\dfrac{x + a}{x - a} + \dfrac{2a}{k}\displaystyle\int \dfrac{\sin kx}{x^2 - a^2}\,dx;\ \ x^2 > a^2;$ vgl. Abs. 4. 2. 1. 1. Nr. 1. 5. 1. 2.
2. 3. 2. 1.	$\cos kx \cdot \ln(a^2 - x^2)$	$\dfrac{1}{k}\sin kx \cdot \ln(a^2 - x^2) + \dfrac{2}{k}\displaystyle\int \dfrac{x\sin kx}{a^2 - x^2}\,dx;\ \ x^2 < a^2;$ vgl. Abs. 4. 2. 1. 1. Nr. 1. 5. 2. 1.
2. 3. 2. 2.	$\cos kx \cdot \ln(x^2 - a^2)$	$\dfrac{1}{k}\cos kx \cdot \ln(x^2 - a^2) - \dfrac{2}{k}\displaystyle\int \dfrac{x\sin kx}{x^2 - a^2}\,dx;\ \ x^2 > a^2;$ vgl. Abs. 4. 2. 1. 1. Nr. 1. 5. 2. 2.

$^{1)}$ Siehe Anmerkung 1, S. 270.

Nr.	$f(x) = J'(x)$	$J(x) = \int f(x)\,dx$
2.4.0.	$\cos^m kx \cdot \ln \varphi(x)$	$\cos^m kx$ nach Abs. 6.3. durch eine Fourier-Reihe darstellen, mit $\ln \varphi(x)$ multiplizieren und gliedweise nach Nr. 2.1. bis 2.3. integrieren.

5.1.3. Hyperbelfunktionen und Logarithmus.

Nr.	$f(x) = J'(x)$	$J(x) = \int f(x)\,dx$
1.1.1.	$\operatorname{Sin} x \cdot \ln x$	$\operatorname{Cof} x \cdot \ln x - \operatorname{Ci}(x)^* + c$ $$= \operatorname{Cof} x \cdot \ln x - \frac{1}{2}\,[\overline{\operatorname{Ei}}(x) + \operatorname{Ei}(-x)]^* + c.$$
1.1.2.	$\operatorname{Sin} kx \cdot \ln x$	$\frac{1}{k}\operatorname{Cof} kx \cdot \ln x - \frac{1}{2k}\,[\overline{\operatorname{Ei}}(kx) + \overline{\operatorname{Ei}}(-kx)]^* + c.$
1.2.0.	$\operatorname{Sin} kx \cdot \ln(a + bx)$	$\frac{1}{k}\operatorname{Cof} kx \cdot \ln(a + bx)$ $$- \frac{1}{2k}\,[e^{-ka/b} \cdot \overline{\operatorname{Ei}}(u) + e^{ka/b} \cdot \operatorname{Ei}(-u)]^* + c;$$ $u = \frac{k}{b}(a + bx)$; wenn $u < 0$, dann $\overline{\operatorname{Ei}}$ und Ei vertauschen.
1.2.1.	$\operatorname{Sin} x \cdot \ln(1 + x)$	$\operatorname{Cof} x \cdot \ln(1 + x)$ $$- \frac{1}{2e}\,\overline{\operatorname{Ei}}(1 + x) - \frac{e}{2}\,\operatorname{Ei}\{-(1 + x)\} + c; \quad x > -1.$$
1.2.2.	$\operatorname{Sin} x \cdot \ln(1 - x)$	$\operatorname{Cof} x \cdot \ln(1 - x)$ $$- \frac{e}{2}\,\operatorname{Ei}\{-(1 - x)\} - \frac{1}{2e}\,\overline{\operatorname{Ei}}(1 - x) + c; \quad x < 1.$$
1.2.3.	$\operatorname{Sin} x \cdot \ln(x - 1)$	$\operatorname{Cof} x \cdot \ln(x - 1)$ $$- \frac{e}{2}\,\overline{\operatorname{Ei}}(x - 1) - \frac{1}{2e}\,\operatorname{Ei}\{-(x - 1)\} + c; \quad x > 1.$$
1.3.1.1.	$\operatorname{Sin} kx \cdot \ln \dfrac{a + x^*}{a - x}$	$\frac{1}{k}\operatorname{Cof} kx \cdot \ln \dfrac{a + x^*}{a - x} - \dfrac{2a}{k}\int \dfrac{\operatorname{Cof} kx\,dx}{a^2 - x^2}; \quad x^2 < a^2;$ vgl. Abs. 4.3.1.2. Nr. 1.5.1.1.
1.3.1.2.	$\operatorname{Sin} kx \cdot \ln \dfrac{x + a^*}{x - a}$	$\frac{1}{k}\operatorname{Cof} kx \cdot \ln \dfrac{x + a^*}{x - a} + \dfrac{2a}{k}\int \dfrac{\operatorname{Cof} kx\,dx}{x^2 - a^2}; \quad x^2 > a^2;$ vgl. Abs. 4.3.1.2. Nr. 1.5.1.2.
1.3.2.1.	$\operatorname{Sin} kx \cdot \ln(a^2 - x^2)$	$\frac{1}{k}\operatorname{Cof} kx \cdot \ln(a^2 - x^2) + \dfrac{2}{k}\int \dfrac{x\,\operatorname{Cof} kx\,dx}{a^2 - x^2}; \quad x^2 < a^2;$ vgl. Abs. 4.3.1.2. Nr. 1.5.2.1.

Nr.	$f(x) = J'(x)$	$J(x) = \int f(x)\,dx$
1.3.2.2.	$\mathfrak{Sin}\,kx \cdot \ln(x^2 - a^2)$	$\dfrac{1}{k}\,\mathfrak{Cos}\,kx \cdot \ln(x^2 - a^2) - \dfrac{2}{k}\displaystyle\int \dfrac{x\,\mathfrak{Cos}\,kx\,dx}{x^2 - a^2}\,;\quad x^2 > a^2\,;$ vgl. Abs. 4.3.1.2. Nr. 1.5.2.2.
1.4.0.	$\mathfrak{Sin}^m\,kx \cdot \ln\varphi(x)$	$\mathfrak{Sin}^m\,kx$ nach Abs. 6.3. entwickeln, mit $\ln\varphi(x)$ multiplizieren und gliedweise nach Nr. 1.1. bis 1.3. bzw. 2.1. bis 2.3. integrieren.
2.1.1.	$\mathfrak{Cos}\,x \cdot \ln x$	$\mathfrak{Sin}\,x \cdot \ln x - \mathfrak{Si}(x)^*$ $= \mathfrak{Sin}\,x \cdot \ln x - \dfrac{1}{2}\,[\overline{\mathrm{Ei}}\,(x) - \mathrm{Ei}\,(-x)]^*.$
2.1.2.	$\mathfrak{Cos}\,kx \cdot \ln x$	$\dfrac{1}{k}\,\mathfrak{Sin}\,kx \cdot \ln x - \dfrac{1}{2k}\,[\overline{\mathrm{Ei}}\,(kx) - \mathrm{Ei}\,(-kx)]^*.$
2.2.0.	$\mathfrak{Cos}\,kx \cdot \ln(a + bx)$	$\dfrac{1}{k}\,\mathfrak{Sin}\,kx \cdot \ln(a + bx)$ $- \dfrac{1}{2k}\,[e^{-ka/b} \cdot \overline{\mathrm{Ei}}\,(u) - e^{ka/b} \cdot \mathrm{Ei}\,(-u)]^* + c\,;$ $u = \dfrac{k}{b}\,(a + bx)\,;$ wenn $u < 0$, dann $\overline{\mathrm{Ei}}$ und Ei vertauschen.
2.2.1.	$\mathfrak{Cos}\,x \cdot \ln(1 + x)$	$\mathfrak{Sin}\,x \cdot \ln(1 + x)$ $- \dfrac{1}{2e}\,\overline{\mathrm{Ei}}\,(1 + x) + \dfrac{e}{2}\,\mathrm{Ei}\{-(1 + x)\} + c\,;\quad x > -1.$
2.2.2.	$\mathfrak{Cos}\,x \cdot \ln(1 - x)$	$\mathfrak{Sin}\,x \cdot \ln(1 - x)$ $- \dfrac{e}{2}\,\mathrm{Ei}\{-(1 - x)\} + \dfrac{1}{2e}\,\overline{\mathrm{Ei}}\,(1 - x) + c\,;\quad x < 1.$
2.2.3.	$\mathfrak{Cos}\,x \cdot \ln(x - 1)$	$\mathfrak{Sin}\,x \cdot \ln(x - 1)$ $- \dfrac{e}{2}\,\overline{\mathrm{Ei}}\,(x - 1) + \dfrac{1}{2e}\,\mathrm{Ei}\{-(x - 1)\} + c\,;\quad x > 1.$
2.3.1.1.	$\mathfrak{Cos}\,kx \cdot \ln\dfrac{a + x}{a - x}^*$	$\dfrac{1}{k}\,\mathfrak{Sin}\,kx \cdot \ln\dfrac{a + x}{a - x} - \dfrac{2a}{k}\displaystyle\int \dfrac{\mathfrak{Sin}\,kx\,dx}{a^2 - x^2}\,;\quad x^2 < a^2\,;$ vgl. Abs. 4.3.1.1. Nr. 1.5.1.1.
2.3.1.2.	$\mathfrak{Cos}\,kx \cdot \ln\dfrac{x + a}{x - a}^*$	$\dfrac{1}{k}\,\mathfrak{Sin}\,kx \cdot \ln\dfrac{x + a}{x - a} + \dfrac{2a}{k}\displaystyle\int \dfrac{\mathfrak{Sin}\,kx\,dx}{x^2 - a^2}\,;\quad x^2 > a^2\,;$ vgl. Abs. 4.3.1.1. Nr. 1.5.1.2.
2.3.2.1.	$\mathfrak{Cos}\,kx \cdot \ln(a^2 - x^2)$	$\dfrac{1}{k}\,\mathfrak{Sin}\,kx \cdot \ln(a^2 - x^2) + \dfrac{2}{k}\displaystyle\int \dfrac{x\,\mathfrak{Sin}\,kx\,dx}{a^2 - x^2}\,;\quad x^2 < a^2\,;$ vgl. Abs. 4.3.1.1. Nr. 1.5.2.1.

Nr.	$f(x) = J'(x)$	$J(x) = \int f(x)\,dx$
2. 3. 2. 2.	$\mathfrak{Cof}\,kx \cdot \ln(x^2-a^2)$	$\dfrac{1}{k}\,\mathfrak{Sin}\,kx\cdot\ln(x^2-a^2)-\dfrac{2}{k}\displaystyle\int\dfrac{x\,\mathfrak{Sin}\,kx\,dx}{x^2-a^2};\quad x^2>a^2;$ vgl. Abs. 4. 3. 1. 1. Nr. 1. 5. 2. 2.
2. 4. 0.	$\mathfrak{Cof}^m kx \cdot \ln\varphi(x)$	$\mathfrak{Cof}^m kx$ nach Abs. 6. 3. in eine Reihe entwickeln, mit $\ln\varphi(x)$ multiplizieren und gliedweise nach 2. 1. bis 2. 3. integrieren.

5. 2. Integrale von der Form $\int e^x g(x)\,dx$.
5. 2. 1. Trigonometrische Funktionen und Exponentialfunktion.

Nr.	$f(x)$	$J(x)$
1. 1. 1.	$e^{ax}\sin bx$	$\dfrac{1}{p}\,e^{ax}(a\sin bx - b\cos bx);$
1. 1. 2.	$e^{ax}\sin(bx+c)$	$\dfrac{1}{p}\,e^{ax}[a\sin(bx+c)-b\cos(bx+c)];$ $\left.\right\}\ p=a^2+b^2.$
1. 2. 0.	$e^{ax}\sin^m bx$	$\sin^m bx$ in die FOURIER-Reihe entwickeln (Abs. 6. 3.), mit e^{ax} multiplizieren und gliedweise nach Nr. 1. 1. 1. bzw. 2. 1. 1. integrieren.
1. 3. 1. 0.	$x^n e^{ax}\sin bx$	$\dfrac{1}{p}\,x^n e^{ax}(a\sin bx - b\cos bx)$ $\qquad -\dfrac{n}{p}\displaystyle\int x^{n-1}e^{ax}(a\sin bx - b\cos bx);\ n>0;$ vgl. a. Nr. 2. 3. 1. 0.; $\ p=a^2+b^2.$
1. 3. 1. 1.	$x e^{ax}\sin bx$	$\dfrac{1}{p}\,e^{ax}\left[\left(ax-\dfrac{a^2-b^2}{p}\right)\sin bx-\left(bx-\dfrac{2ab}{p}\right)\cos bx\right];$ $\qquad\qquad p=a^2+b^2.$
1. 3. 1. 2.	$x^2 e^{ax}\sin bx$	$\dfrac{1}{p}\,e^{ax}[U(x)\sin bx - V(x)\cos bx];\ p=a^2+b^2;$ $U(x)=ax^2-\dfrac{2a^2-b^2}{p}\,x-\dfrac{2a}{p^2}(a^2-3b^2);$ $V(x)=bx^2-\dfrac{4ab}{p}\,x+\dfrac{2b}{p^2}(3a^2-b^2).$
1. 3. 2. 0.	$x^n e^{ax}\sin^m bx$	$\sin^m bx$ in die FOURIER-Reihe entwickeln (Abs. 6. 3.), mit $x^n e^{ax}$ multiplizieren und gliedweise nach Nr. 1. 3. 1. integrieren.
2. 1. 1.	$e^{ax}\cos bx$	$\dfrac{1}{p}\,e^{ax}(a\cos bx + b\sin bx);$
2. 1. 2.	$e^{ax}\cos(bx+c)$	$\dfrac{1}{p}\,e^{ax}[a\cos(bx+c)+b\sin(bx+c)];$ $\left.\right\}\ p=a^2+b^2.$

Nr.	$f(x) = J'(x)$	$J(x) = \int f(x)\,dx$
2. 2. 0.	$e^{ax} \cos^m b\,x$	$\cos^m b\,x$ in die FOURIER-Reihe entwickeln (Abs. 6. 3.), mit e^{ax} multiplizieren und gliedweise nach Nr. 2. 1. 1. integrieren.
2. 3. 1. 0.	$x^n\, e^{ax} \cos b\,x$	$\dfrac{1}{p}\, x^n\, e^{ax} (a \sin b\,x + b \cos b\,x)$ $-\dfrac{n}{p} \displaystyle\int x^{n-1}\, e^{ax} (a \cos b\,x + b \sin b\,x)\,dx;\ \ n > 0;$ vgl. a. Nr. 1. 3. 1. 0.; $p = a^2 + b^2.$
2. 3. 1. 1.	$x\, e^{ax} \cos b\,x$	$\dfrac{1}{p}\, e^{ax} \left[\left(a\,x - \dfrac{a^2 - b^2}{p} \right) \cos b\,x + \left(b\,x - \dfrac{2\,a\,b}{p} \right) \sin b\,x \right];$
2. 3. 1. 2.	$x^2\, e^{ax} \cos b\,x$	$\dfrac{1}{p}\, e^{ax} [U(x) \cos b\,x + V(x) \sin b\,x];$ $U,\ V$ s. Nr. 1. 3. 1. 2.; $\qquad p = a^2 + b^2.$
2. 3. 2. 0.	$x^n\, e^{ax} \cos^m b\,x$	$\cos^m b\,x$ in die FOURIER-Reihe entwickeln (Abs. 6. 3.), mit $x^n\, e^{ax}$ multiplizieren und gliedweise nach Nr. 2. 3. 1. integrieren.

5. 2. 2. Hyperbelfunktionen und Exponentialfunktion.

5. 2. 2. 1. Der Integrand enthält $\mathfrak{Sin}\, x$.

Nr.	$f(x)$	$J(x)$
1. 1. 1. 0.	$e^{ax}\, \mathfrak{Sin}\, b\,x$	$\dfrac{1}{q}\, e^{ax} (a\, \mathfrak{Sin}\, b\,x - b\, \mathfrak{Cos}\, b\,x);\quad q = a^2 - b^2 \neq 0$ (s. u.).
1. 1. 2. 1.	$e^{ax}\, \mathfrak{Sin}\, a\,x$	$\dfrac{1}{4\,a}\, e^{2\,ax} - \dfrac{1}{2}\, x.$
1. 1. 2. 2.	$e^{-ax}\, \mathfrak{Sin}\, a\,x$	$\dfrac{1}{4\,a}\, e^{-2\,ax} + \dfrac{1}{2}\, x.$
1. 2. 1. 0.	$e^{ax}\, \mathfrak{Sin}\, (b\,x + c)$	$\dfrac{1}{q}\, e^{ax} [a\, \mathfrak{Sin}\, (b\,x + c) - b\, \mathfrak{Cos}\, (b\,x + c)];$ $q = a^2 - b^2 \neq 0$ (s. u.).
1. 2. 1. 1.	$e^{ax}\, \mathfrak{Sin}\, (a\,x + c)$	$\dfrac{1}{4\,a}\, e^{2\,ax + c} - \dfrac{1}{2}\, x\, e^{-c}.$
1. 2. 1. 2.	$e^{-ax}\, \mathfrak{Sin}\, (a\,x + c)$	$\dfrac{1}{4\,a}\, e^{-(2\,ax + c)} + \dfrac{1}{2}\, x\, e^{c}.$
2. 0.	$e^{ax}\, \mathfrak{Sin}^m b\,x$	$\mathfrak{Sin}^m b\,x$ in die Reihe nach Abs. 6. 3. entwickeln, mit e^{ax} multiplizieren und nach Nr. 1. 1. 1. bzw. nach Abs. 5. 2. 2. 2. Nr. 1. 1. 1. integrieren oder

Nr.	$f(x) = J'(x)$	$J(x) = \int f(x)\,dx$
		$\operatorname{Sin} b x = \dfrac{1}{2}\,(e^{bx} - e^{-bx})$ binomisch entwickeln, dann multiplizieren und integrieren.
3.1.0.0.	$x^n\, e^{ax}\, \operatorname{Sin} b x$	$\dfrac{1}{2}\int x^n\, e^{(a+b)x}\,dx - \dfrac{1}{2}\int x^n\, e^{(a-b)x}\,dx\,;$
3.1.0.1.	$x^n\, e^{ax}\, \operatorname{Sin} a x$	$\dfrac{1}{2}\int x^n\, e^{2ax}\,dx - \dfrac{1}{2}\,\dfrac{x^{n+1}}{n+1}\,;$
3.1.0.2.	$x^n\, e^{-ax}\, \operatorname{Sin} a x$	$\dfrac{1}{2}\,\dfrac{x^{n+1}}{n+1} - \dfrac{1}{2}\int x^n\, e^{-2ax}\,dx\,;$ $\quad n \neq -1$ $\qquad$ vgl. Abs. 4.1.1.1. Nr. 1.1.
3.1.1.0.	$x\, e^{ax}\, \operatorname{Sin} b x$	$\dfrac{1}{q}\, e^{ax}\left[\left(a x - \dfrac{a^2 + b^2}{q}\right)\operatorname{Sin} b x - \left(b x - \dfrac{2 a b}{q}\right)\operatorname{Cof} b x\right];$ $q = a^2 - b^2 \neq 0$ (s. u.).
3.1.1.1.	$x\, e^{ax}\, \operatorname{Sin} a x$	$\dfrac{1}{4 a}\, e^{2ax}\left(x - \dfrac{1}{2 a}\right) - \dfrac{1}{4}\, x^2.$
3.1.1.2.	$x\, e^{-ax}\, \operatorname{Sin} a x$	$\dfrac{1}{4 a}\, e^{-2ax}\left(x + \dfrac{1}{2 a}\right) + \dfrac{1}{4}\, x^2.$
3.1.2.0.	$x^2\, e^{ax}\, \operatorname{Sin} b x$	$\dfrac{1}{q}\, e^{ax}\left[\overline{U}(x)\,\operatorname{Sin} b x - \overline{V}(x)\,\operatorname{Cof} b x\right];\quad q = a^2 - b^2 \neq 0;$ $\overline{U}(x) = a x^2 - \dfrac{2(a^2 + b^2)}{q}\, x + \dfrac{2 a (a^2 + 3 b^2)}{q^2},$ $\overline{V}(x) = b x^2 - \dfrac{4 a b}{q}\, x + \dfrac{2 b (3 a^2 + b^2)}{q^2}.$
3.1.2.1.	$x^2\, e^{ax}\, \operatorname{Sin} a x$	$\dfrac{1}{4 a}\, e^{2ax}\left(x^2 - \dfrac{x}{a} + \dfrac{1}{2 a^2}\right) - \dfrac{1}{6}\, x^3.$
3.1.2.2.	$x^2\, e^{-ax}\, \operatorname{Sin} a x$	$\dfrac{1}{4 a}\, e^{-2ax}\left(x^2 + \dfrac{x}{a} + \dfrac{1}{2 a^2}\right) + \dfrac{1}{6}\, x^3.$
3.2.0.0.	$\dfrac{e^{ax}\, \operatorname{Sin} b x}{x^n}$	$\dfrac{1}{2}\int \dfrac{e^{(a+b)x}}{x^n}\,dx - \dfrac{1}{2}\int \dfrac{e^{(a-b)x}}{x^n}\,dx\,;\quad a^2 \neq b^2;$
3.2.0.1.	$\dfrac{e^{ax}\, \operatorname{Sin} a x}{x^n}$	$\dfrac{1}{2}\int \dfrac{e^{2ax}}{x^n}\,dx + \dfrac{1}{2(n-1)x^{n-1}}\,;$ $\quad n \neq 1$ $\qquad$ vgl. Abs. 4.1.1.1. Nr. 2.1.
3.2.0.2.	$\dfrac{e^{-ax}\, \operatorname{Sin} a x}{x^n}$	$-\dfrac{1}{2}\int \dfrac{e^{-2ax}}{x^n}\,dx - \dfrac{1}{2(n-1)x^{n-1}}\,;$
3.2.1.0.	$\dfrac{e^{ax}\, \operatorname{Sin} b x}{x}$	$\dfrac{1}{2}\,\overline{\operatorname{Ei}}\{(a+b)x\}^* - \dfrac{1}{2}\,\overline{\operatorname{Ei}}\{(a-b)x\}^* + c;\quad a^2 \neq b^2.$
3.2.1.1.	$\dfrac{e^{ax}\, \operatorname{Sin} a x}{x}$	$\dfrac{1}{2}\,\overline{\operatorname{Ei}}(2 a x)^* - \dfrac{1}{2}\,\ln|x| + c.$

Nr.	$f(x) = J'(x)$	$J(x) = \int f(x)\,dx$
3. 2. 1. 2.	$\dfrac{e^{-ax}\,\mathfrak{Sin}\,a\,x}{x}$	$\dfrac{1}{2}\ln|x| - \dfrac{1}{2}\,\mathrm{Ei}\,(-2\,a\,x)^* + c.$
3. 2. 2. 0.	$\dfrac{e^{ax}\,\mathfrak{Sin}\,b\,x}{x^2}$	$-\dfrac{e^{ax}\,\mathfrak{Sin}\,b\,x}{2\,x} + \dfrac{1}{2}\,(a+b)\,\overline{\mathrm{Ei}}\{(a+b)x\}^*$
		$\qquad - \dfrac{1}{2}\,(a-b)\,\overline{\mathrm{Ei}}\{(a-b)x\}^* + c;\quad a^2 \neq b^2.$
3. 2. 2. 1.	$\dfrac{e^{ax}\,\mathfrak{Sin}\,a\,x}{x^2}$	$-\dfrac{1}{2\,x}\,(e^{2\,ax}-1) + a\,\overline{\mathrm{Ei}}\,(2\,a\,x) + c.$
3. 2. 2. 2.	$\dfrac{e^{-ax}\,\mathfrak{Sin}\,a\,x}{x^2}$	$-\dfrac{1}{2\,x}\,(1 - e^{-2\,ax}) + a\,\mathrm{Ei}\,(-2\,a\,x) + c.$
4. 0.	$x^n\,e^{ax}\,\mathfrak{Sin}^m\,b\,x$	vgl. Nr. 2. 0.

5. 2. 2. 2. Der Integrand enthält $\mathfrak{Cos}\,x$.

Nr.	$f(x) = J'(x)$	$J(x) = \int f(x)\,dx$
1. 1. 1. 0.	$e^{ax}\,\mathfrak{Cos}\,b\,x$	$\dfrac{1}{q}\,e^{ax}\,(a\,\mathfrak{Cos}\,b\,x - b\,\mathfrak{Sin}\,b\,x);\quad q = a^2 - b^2 \neq 0.$
1. 1. 2. 1.	$e^{ax}\,\mathfrak{Cos}\,a\,x$	$\dfrac{1}{4\,a}\,e^{2\,ax} + \dfrac{1}{2}\,x.$
1. 1. 2. 2.	$e^{-ax}\,\mathfrak{Cos}\,a\,x$	$\dfrac{1}{2}\,x - \dfrac{1}{4\,a}\,e^{-2\,ax}.$
1. 2. 1. 0.	$e^{ax}\,\mathfrak{Cos}\,(b\,x + c)$	$\dfrac{1}{q}\,e^{ax}\,[a\,\mathfrak{Cos}\,(b\,x + c) - b\,\mathfrak{Sin}\,(b\,x + c)];$
		$\qquad q = a^2 - b^2 \neq 0.$
1. 2. 1. 1.	$e^{ax}\,\mathfrak{Cos}\,(a\,x + c)$	$\dfrac{1}{2}\,x\,e^{-c} + \dfrac{1}{4\,a}\,e^{2\,ax+c}.$
1. 2. 1. 2.	$e^{-ax}\,\mathfrak{Cos}\,(a\,x + c)$	$\dfrac{1}{2}\,x\,e^{c} - \dfrac{1}{4\,a}\,e^{-(2\,ax+c)}.$
2. 0.	$e^{ax}\,\mathfrak{Cos}^m\,b\,x$	$\mathfrak{Cos}^m\,b\,x$ in die Reihe nach Abs. 6. 3. entwickeln, mit e^{ax} multiplizieren und gliedweise nach Nr. 1. 1. integrieren.
3. 1. 0. 0.	$x^n\,e^{ax}\,\mathfrak{Cos}\,b\,x$	$\dfrac{1}{2}\displaystyle\int x^n\,e^{(a+b)x}\,dx + \dfrac{1}{2}\displaystyle\int x^n\,e^{(a-b)x}\,dx;\quad a^2 \neq b^2;$
3. 1. 0. 1.	$x^n\,e^{ax}\,\mathfrak{Cos}\,a\,x$	$\dfrac{1}{2}\,\dfrac{x^{n+1}}{n+1} + \dfrac{1}{2}\displaystyle\int x^n\,e^{2\,ax}\,dx;$
3. 1. 0. 2.	$x^n\,e^{-ax}\,\mathfrak{Cos}\,a\,x$	$\dfrac{1}{2}\,\dfrac{x^{n+1}}{n+1} + \dfrac{1}{2}\displaystyle\int x^n\,e^{-2\,ax}\,dx;$

$\left.\phantom{\begin{matrix}a\\a\\a\end{matrix}}\right\}\ n \neq -1\ \left|\ \begin{matrix}\text{vgl. Abs.}\\ 1. 4. 1. 1.\\ \text{Nr. 1. 1.}\end{matrix}\right.$

Nr.	$f(x) = J'(x)$	$J(x) = \int f(x)\,dx$
3.1.1.0.	$x\,e^{ax}\,\mathfrak{Cof}\,bx$	$\dfrac{1}{q}\,e^{ax}\left[\left(ax-\dfrac{a^2+b^2}{q}\right)\mathfrak{Cof}\,bx-\left(bx-\dfrac{2ab}{q}\right)\mathfrak{Sin}\,bx\right];$ $q=a^2-b^2\neq 0.$
3.1.1.1.	$x\,e^{ax}\,\mathfrak{Cof}\,ax$	$\dfrac{1}{4}\,x^2+\dfrac{1}{4a}\,e^{2ax}\left(x-\dfrac{1}{2a}\right).$
3.1.1.2.	$x\,e^{-ax}\,\mathfrak{Cof}\,ax$	$\dfrac{1}{4}\,x^2-\dfrac{1}{4a}\,e^{-2ax}\left(x+\dfrac{1}{2a}\right).$
3.1.2.0.	$x^2\,e^{ax}\,\mathfrak{Cof}\,bx$	$\dfrac{1}{q}\,e^{ax}\left[\overline{U}(x)\,\mathfrak{Cof}\,bx-\overline{V}(x)\,\mathfrak{Sin}\,bx\right];\quad q=a^2-b^2\neq 0;$ $\overline{U},\ \overline{V}$ vgl. Abs. 5.2.2.1. Nr. 3.1.2.0.
3.1.2.1.	$x^2\,e^{ax}\,\mathfrak{Cof}\,ax$	$\dfrac{1}{6}\,x^3+\dfrac{1}{4a}\,e^{2ax}\left(x^2-\dfrac{x}{a}+\dfrac{1}{2a^2}\right).$
3.1.2.2.	$x^2\,e^{-ax}\,\mathfrak{Cof}\,ax$	$\dfrac{1}{6}\,x^3-\dfrac{1}{4a}\,e^{-2ax}\left(x^2+\dfrac{x}{a}+\dfrac{1}{2a^2}\right).$
3.2.0.0.	$\dfrac{e^{ax}\,\mathfrak{Cof}\,bx}{x^n}$	$\dfrac{1}{2}\displaystyle\int\dfrac{e^{(a+b)x}}{x^n}\,dx+\dfrac{1}{2}\int\dfrac{e^{(a-b)x}}{x^n}\,dx;\ a^2\neq b^2;$
3.2.0.1.	$\dfrac{e^{ax}\,\mathfrak{Cof}\,ax}{x^n}$	$\dfrac{1}{2}\displaystyle\int\dfrac{e^{2ax}}{x^n}\,dx-\dfrac{1}{2(n-1)x^{n-1}};$
3.2.0.2.	$\dfrac{e^{-ax}\,\mathfrak{Cof}\,ax}{x^n}$	$\dfrac{1}{2}\displaystyle\int\dfrac{e^{-2ax}}{x^n}\,dx-\dfrac{1}{2(n-1)x^{n-1}};$

$n\neq 1$;   vgl. Abs. 4.1.1.1. Nr. 2.1.

Nr.	$f(x) = J'(x)$	$J(x) = \int f(x)\,dx$
3.2.1.0.	$\dfrac{e^{ax}\,\mathfrak{Cof}\,bx}{x}$	$\dfrac{1}{2}\,\overline{\mathrm{Ei}}\,\{(a+b)x\}^*+\dfrac{1}{2}\,\overline{\mathrm{Ei}}\,\{(a-b)x\}^*+c;\ a^2\neq b^2.$
3.2.1.1.	$\dfrac{e^{ax}\,\mathfrak{Cof}\,ax}{x}$	$\dfrac{1}{2}\,\overline{\mathrm{Ei}}\,(2ax)^*+\dfrac{1}{2}\,\ln x+c.$
3.2.1.2.	$\dfrac{e^{-ax}\,\mathfrak{Cof}\,ax}{x}$	$\dfrac{1}{2}\,\mathrm{Ei}\,(-2ax)^*+\dfrac{1}{2}\,\ln x+c.$
3.2.2.0.	$\dfrac{e^{ax}\,\mathfrak{Cof}\,bx}{x^2}$	$-\dfrac{e^{ax}\,\mathfrak{Cof}\,bx}{x}+\dfrac{1}{2}\,(a+b)\,\overline{\mathrm{Ei}}\,\{(a+b)x\}^*$ $+\dfrac{1}{2}\,(a-b)\,\overline{\mathrm{Ei}}\,\{(a-b)x\}^*+c;\ a^2\neq b^2.$
3.2.2.1.	$\dfrac{e^{ax}\,\mathfrak{Cof}\,ax}{x^2}$	$-\dfrac{1}{2x}\,(e^{2ax}+1)+a\,\overline{\mathrm{Ei}}\,(2ax)^*+c.$
3.2.2.2.	$\dfrac{e^{-ax}\,\mathfrak{Cof}\,ax}{x^2}$	$-\dfrac{1}{2x}\,(e^{-2ax}+1)-a\,\mathrm{Ei}\,(-2ax)^*+c.$
4.0.	$x^n\,e^{ax}\,\mathfrak{Cof}^m\,bx$	$\mathfrak{Cof}^m\,bx$ nach Abs. 6.3. entwickeln, mit $x^n\,e^{ax}$ multiplizieren und gliedweise nach Nr. 3.1. bzw. 3.2. integrieren.

5. 3. 0. Trigonometrische und hyperbolische Funktionen.

Nr.	$f(x) = J'(x)$	$J(x) = \int f(x)\, dx$
1. 1. 1.	$\sin \alpha x \, \mathfrak{Sin}\, \beta x$	$\dfrac{1}{\alpha^2 + \beta^2} [\beta \sin \alpha x \, \mathfrak{Cos}\, \beta x - \alpha \cos \alpha x \, \mathfrak{Sin}\, \beta x]$.
1. 1. 2.	$\sin \alpha x \, \mathfrak{Cos}\, \beta x$	$\dfrac{1}{\alpha^2 + \beta^2} [\beta \sin \alpha x \, \mathfrak{Sin}\, \beta x - \alpha \cos \alpha x \, \mathfrak{Cos}\, \beta x]$.
1. 2. 1.	$\cos \alpha x \, \mathfrak{Sin}\, \beta x$	$\dfrac{1}{\alpha^2 + \beta^2} [\beta \cos \alpha x \, \mathfrak{Cos}\, \beta x + \alpha \sin \alpha x \, \mathfrak{Sin}\, \beta x]$.
1. 2. 2.	$\cos \alpha x \, \mathfrak{Cos}\, \beta x$	$\dfrac{1}{\alpha^2 + \beta^2} [\beta \cos \alpha x \, \mathfrak{Sin}\, \beta x + \alpha \sin \alpha x \, \mathfrak{Cos}\, \beta x]$.
2. 1. 1.	$e^{\gamma x} \sin \alpha x \, \mathfrak{Sin}\, \beta x$	$\dfrac{1}{s}\, e^{(\gamma + \beta) x} [(\gamma + \beta) \sin \alpha x - \alpha \cos \alpha x]$ $-\dfrac{1}{t}\, e^{(\gamma - \beta) x} [(\gamma - \beta) \sin \alpha x - \alpha \cos \alpha x]$ $= S(x) - T(x);$ $s = 2 [\alpha^2 + (\gamma + \beta)^2];\quad t = 2 [\alpha^2 + (\gamma - \beta)^2];$ $\gamma^2 = \beta^2$ möglich.
2. 1. 2.	$e^{\gamma x} \sin \alpha x \, \mathfrak{Cos}\, \beta x$	$S(x) + T(x);$ vgl. Nr. 2. 1. 1.
2. 2. 1.	$e^{\gamma x} \cos \alpha x \, \mathfrak{Sin}\, \beta x$	$\dfrac{1}{s}\, e^{(\gamma + \beta) x} [(\gamma + \beta) \cos \alpha x + \alpha \sin \alpha x]$ $-\dfrac{1}{t}\, e^{(\gamma - \beta) x} [(\gamma - \beta) \cos \alpha x + \alpha \sin \alpha x]$ $= \overline{S}(x) - \overline{T}(x);\quad s, t$ s. Nr. 2. 1. 1.; $\gamma^2 = \beta^2$ möglich.
2. 2. 2.	$e^{\gamma x} \cos \alpha x \, \mathfrak{Cos}\, \beta x$	$\overline{S}(x) + \overline{T}(x);$ vgl. Nr. 2. 2. 1.

Nachträge

zu Abs. 3. 0. 1. 1. (S. 21).

Nr.	$f(x) = J'(x)$	$J(x) = \int f(x)\,dx$
3. 0. 1. 1.	$\dfrac{1}{(a^2 \pm x^2)^n}$	$\dfrac{x}{2n-1} \displaystyle\sum_{k=1}^{k=n-1} \dfrac{1}{2k}\, \dfrac{(2n-1)(2n-3)\cdots[2n-(2k-1)]}{(n-1)(n-2)\cdots(n-k)}$ $\times\, \dfrac{1}{a^{2k}\, z^{n-k}}$ $+\, \dfrac{1}{2^{n-1}(n-1)}\, \dfrac{(2n-3)(2n-5)\cdots 7\cdot 5\cdot 3}{(n-2)(n-3)\cdots 3\cdot 2\cdot 1}\, P(x);$ $z = a^2 \pm x^2\,;$ $P(x) = \dfrac{1}{a}\,\text{arc tg}\,\dfrac{x}{a} \qquad$ obere $P(x) = \dfrac{1}{2a}\ln\left|\dfrac{a+x}{a-x}\right|{}^{*}$ für das untere Vorzeichen[1].

zu Abs. 2. 1. 6. (S. 49).

Nr.	$f(x) = J'(x)$	$J(x) = \int f(x)\,dx$
6. 1.	$\dfrac{1}{a^5 \pm x^5}$	$\dfrac{1}{5a^4}\big[\pm \ln|a \pm x| \pm \omega_1\, Q(\pm x) \mp \omega_2\, R(\pm x)$ $\pm\, 2\lambda_1\, S(\pm x) \mp 2\lambda_2\, T(\pm x)\big]{}^{2})$; vgl. 6. 4.
6. 2.	$\dfrac{x}{a^5 \pm x^5}$	$\dfrac{1}{5a^3}\big[-\ln|a \pm x| + \omega_2\, Q(\pm x) - \omega_1\, R(\pm x)$ $-\, 2\lambda_2\, S(\pm x) + 2\lambda_1\, T(\pm x)\big]$; vgl. 6. 4.
6. 3.	$\dfrac{x^2}{a^5 \pm x^5}$	$\dfrac{1}{5a^2}\big[\pm \ln|a \pm x| \mp \omega_2\, Q(\pm x) \pm \omega_1\, R(\pm x)$ $\mp\, 2\lambda_2\, S(\pm x) \pm 2\lambda_1\, T(\pm x)\big]$; vgl. 6. 4.
6. 4.	$\dfrac{x^3}{a^5 \pm x^5}$	$\dfrac{1}{5a}\big[-\ln|a \pm x| - \omega_1\, Q(\pm x) + \omega_2\, R(\pm x)$ $+\, 2\lambda_1\, S(\pm x) - 2\lambda_2\, T(\pm x)\big].$

Hierbei ist

$$Q(\pm x) = \ln(a^2 \pm 2\omega_1\, ax + x^2);{}^{3})$$
$$R(\pm x) = \ln(a^2 \mp 2\omega_2\, ax + x^2);{}^{4})$$
$$S(\pm x) = \text{arc tg}\,\frac{a\omega_1 \pm x}{a\lambda_1}\,;$$

---

[1]) Anwendung bis $n = 6$ vgl. Die Technik, Bd. 3, Heft 2 (1948).

[2]) Vgl. auch R. Grammel, Ing.-Archiv, Bd. 17 (1949) S. 221.

[3]) $= \ln\left[1 + \left(\dfrac{a\omega_1 \pm x}{a\lambda_1}\right)^2\right] + C_1.$ [4]) $= \ln\left[1 + \left(\dfrac{a\omega_2 \mp x}{a\lambda_2}\right)^2\right] + C_2.$

Nr.	$f(x) = J'(x)$	$J(x) = \int f(x)\, dx$
		$T(\pm x) = \text{arc tg } \dfrac{a\,\omega_2 \mp x}{a\,\lambda_2}$;
		$\omega_1 = \cos 72^0 = \dfrac{1}{4}\left(\sqrt{5} - 1\right)$;
		$\omega_2 = \cos 36^0 = \dfrac{1}{4}\left(\sqrt{5} + 1\right)$;
		$\lambda_1 = \sin 72^0 = \dfrac{1}{2}\sqrt{\dfrac{1}{2}\left(5 + \sqrt{5}\right)}$;
		$\lambda_2 = \sin 36^0 = \dfrac{1}{2}\sqrt{\dfrac{1}{2}\left(5 - \sqrt{5}\right)}$. [1]
6. 5.	$\dfrac{x^4}{a^5 \pm x^5}$	$\pm\dfrac{1}{5}\ln\left|a^5 \pm x^5\right|$. [1]

zu Abs. 2. 2. 1. 2. (S. 56) [2].

Nr.	$f(x) = J'(x)$	$J(x) = \int f(x)\, dx$
1. 2. 3. 1.	$\dfrac{1}{a^3 \pm x^{3/4}}$	$\pm 4\sqrt[4]{x} \mp \dfrac{2}{3}\left[\ln\dfrac{\sqrt{x} \mp a\sqrt[4]{x} + a^2}{\left(\sqrt[4]{x} \pm a\right)^2}\right.$ $\left.\mp 2\sqrt{3}\,\text{arc tg }\dfrac{2\sqrt[4]{x} \mp a}{a\sqrt{3}}\right].$

zu Abs. 2. 2. 2. 3. (S. 79).

Nr.	$f(x) = J'(x)$	$J(x) = \int f(x)\, dx$
5. 0.	$\sqrt{\dfrac{(\alpha + \beta x)^{2m+1}}{(\gamma + \delta x)^{2p+2}}}$	$\dfrac{2}{\delta}(-a)^{m+1-p}\displaystyle\int\dfrac{w^{2m+2}\,dw}{(b - w^2)^{m-p+2}}$; m und p ganz ;
		w vgl. Nr. 0; a und b vgl. Nr. 4. 0. Das Integral für $m - p + 2 > 0$ nach Abs. 2. 1. 3. 1. lösen, andernfalls $(b - w^2)^{-(m-p+2)}$ binomisch entwickeln und dann integrieren; vgl. a. Abs. 2. 2. 2. 4.
5. 1.	$\sqrt{\dfrac{\alpha + \beta x}{(\gamma + \delta x)^3}}$	$\dfrac{2}{\delta}\left[-\sqrt{\dfrac{u}{v}} + W\right]$, wobei (vgl. a. Nr. 0 und 5. 0.)
		$W = \mathfrak{Ar}\,\mathfrak{Tg}\sqrt{\dfrac{u\,\delta}{v\,\beta}}$ für $\alpha\,\delta - \beta\,\gamma < 0,$ $\left.\right\}$ falls $\beta\,\delta > 0$
		$W = \mathfrak{Ar}\,\mathfrak{Ctg}\sqrt{\dfrac{u\,\delta}{v\,\beta}}^{*}$ für $\alpha\,\delta - \beta\,\gamma > 0,$

---

[1] Da $\dfrac{x^n}{a^5 - x^5} \pm \dfrac{x^n}{a^5 + x^5}$ auf $\dfrac{2\,a^5\,x^n}{a^{10} - x^{10}}$ bzw. $\dfrac{2\,x^{5+n}}{a^{10} - x^{10}}$ führt, können hieraus auch die Formeln für $\displaystyle\int\dfrac{x^m\,dx}{a^{10} - x^{10}}$, $m = 0, 1, \ldots, 9$ leicht gefunden werden.

[2] Dort Druckfehler.

Nr.	$f(x) = J'(x)$	$J(x) = \int f(x)\,dx$
		$W = \operatorname{arc\,tg}\sqrt{-\dfrac{u\,\delta}{v\,\beta}}\,,\ \text{falls}\ \beta\,\delta < 0.$

zu Abs. 2. 2. 3. 3. (S. 86).

Nr.	$f(x) = J'(x)$	$J(x) = \int f(x)\,dx$
5. 1.	$\dfrac{1}{x}\sqrt{(a^2 + x^2)(b^2 + x^2)}$	$\dfrac{1}{2}\,u\,w + \dfrac{a^2 + b^2}{4}\,\mathfrak{Ar\,Sin}\,\dfrac{2\,u\,w^*}{a^2 - b^2} - a\,b\,\mathfrak{Ar\,Tg}\,\dfrac{b\,u}{a\,w}\,;$ $u = \sqrt{a^2 + x^2}\,;\ \ w = \sqrt{b^2 + x^2}\,;\ \ b^2 < a^2.$
5. 2. 1.	$\dfrac{1}{x}\sqrt{(a^2 - x^2)(b^2 + x^2)}$	$\dfrac{1}{2}\,u\,w + \dfrac{a^2 - b^2}{4}\,\operatorname{arc\,sin}\,\dfrac{2\,u\,w}{a^2 + b^2} - a\,b\,\mathfrak{Ar\,Tg}\,\dfrac{b\,u}{a\,w}\,;$ $u = \sqrt{a^2 - x^2}\,;\ \ w = \sqrt{b^2 + x^2}\,.$
5. 2. 2.	$\dfrac{1}{x}\sqrt{a^4 - x^4}$	$\dfrac{1}{2}\left[\sqrt{a^4 - x^4} - a^2\,\mathfrak{Ar\,Cof}\,\dfrac{a^2}{x^2}\right].$
5. 3. 1.	$\dfrac{1}{x}\sqrt{(x^2 - a^2)(x^2 + b^2)}$	$\dfrac{1}{2}\,u\,w - \dfrac{a^2 - b^2}{4}\,\mathfrak{Ar\,Sin}\,\dfrac{2\,u\,w}{a^2 + b^2} - a\,b\,\operatorname{arc\,tg}\,\dfrac{b\,u}{a\,w}\,;$ $u = \sqrt{x^2 - a^2}\,;\ \ v = \sqrt{x^2 + b^2}\,.$
5. 3. 2.	$\dfrac{1}{x}\sqrt{x^4 - a^4}$	$\dfrac{1}{2}\left[\sqrt{x^4 - a^4} + a^2\,\operatorname{arc\,sin}\,\dfrac{a^2}{x^2}\right].$
5. 4.	$\dfrac{1}{x}\sqrt{(a^2 - x^2)(b^2 - x^2)}$	$\dfrac{1}{2}\,u\,w + \dfrac{a^2 + b^2}{4}\,\mathfrak{Ar\,Sin}\,\dfrac{2\,u\,w}{a^2 - b^2} - a\,b\,\mathfrak{Ar\,Tg}\,\dfrac{a\,w}{b\,u}\,;$ $u = \sqrt{a^2 - x^2}\,;\ \ w = \sqrt{b^2 - x^2}\,;\ \ x^2 \leqq b^2 < a^2.$
5. 5.	$\dfrac{1}{x}\sqrt{(x^2 - a^2)(x^2 - b^2)}$	$\dfrac{1}{2}\,u\,w - \dfrac{a^2 + b^2}{4}\,\mathfrak{Ar\,Sin}\,\dfrac{2\,u\,w}{a^2 - b^2} - a\,b\,\mathfrak{Ar\,Tg}\,\dfrac{b\,u}{a\,w}\,;$ $u = \sqrt{x^2 - a^2}\,;\ \ w = \sqrt{x^2 - b^2}\,;\ \ b^2 < a^2 \leqq x^2.$
5. 6.	$\dfrac{1}{x}\sqrt{(a^2 - x^2)(x^2 - b^2)}$	$\dfrac{1}{2}\,u\,w + \dfrac{a^2 - b^2}{4}\,\operatorname{arc\,sin}\,\dfrac{2\,u\,w}{a^2 - b^2} + \operatorname{arc\,tg}\,\dfrac{b\,u}{a\,w}\,;$ $u = \sqrt{a^2 - x^2}\,;\ \ w = \sqrt{x^2 - b^2}\,;\ \ b^2 \leqq x^2 \leqq a^2.$

6. Zusammenstellung einiger wichtiger Konstanten, Reihen und Funktionen.

6.1. Konstante.

1. $\pi\ \ = 3{,}1415\,9265\,36\,..$

2. $\lg \pi = 0{,}4971\,4987\,27\,..$

3. $\ln \pi = 1{,}1447\,2988\,58\,..$

4. $\dfrac{1}{\pi} = 0{,}3183\,0988\,62\,..$

5. $\pi^2 = 9{,}8696\,0440\,10\,..$

6. $e = 2{,}7182\,8182\,84\,..$

7. $\dfrac{1}{e} = 0{,}3678\,7944\,11\,..$

8. $\lg e = 0{,}4342\,9448\,19\,.. = M.$

9. $\ln 10 = 2{,}3025\,8509\,29\,.. = 1/M.$

11. $\ln \gamma = \bar{C} = \displaystyle\int_0^1 \frac{1-e^{-t}}{t}\,dt - \int_1^\infty \frac{e^{-t}}{t}\,dt = 0{,}5772\,1566\,49 \ldots$ (s. 6.4.).

12. BERNOULLIsche Zahlen:

12.1.

$$B_1 = \frac{1}{6};\qquad B_5 = \frac{5}{66}:\qquad B_9 = \frac{43\,867}{798};$$

$$B_2 = \frac{1}{30};\qquad B_6 = \frac{691}{2730}:\qquad B_{10} = \frac{174\,611}{330};$$

$$B_3 = \frac{1}{42};\qquad B_7 = \frac{7}{6};\qquad B_{11} = \frac{854\,513}{138}:$$

$$B_4 = \frac{1}{30};\qquad B_8 = \frac{3617}{510};\qquad B_{12} = \frac{236\,364\,091}{2730}.$$

12.2. Allgemein gilt

$$B_p = \frac{2\,p}{2^{2p}\,(2^{2p}-1)}\left[\frac{(2p-1)!}{(2p-2)!\cdot 1!}\,E_{p-1}\right.$$

$$\left. - \frac{(2p-1)!}{(2p-4)!\cdot 3!}\,E_{p-2} + \frac{(2p-1)!}{(2p-6)!\cdot 5!}\,E_{p-3} - \cdot + \cdots + (-1)^{p-1}\right].$$

worin E_p die EULERschen Zahlen sind (s. u.).

13. EULERsche Zahlen:

13.1.

$$E_1 = \quad 1; \qquad E_5 = \quad 5\,0521;$$
$$E_2 = \quad 5; \qquad E_6 = \quad 270\,2765;$$
$$E_3 = \quad 61; \qquad E_7 = 1\,9936\,0981.$$
$$E_4 = 1385;$$

13.2. Allgemein gilt

$$E_p = \frac{(2\,p)!}{(2p-2)!\cdot 2!}\,E_{p-1} - \frac{(2\,p)!}{(2p-4)!\cdot 4!}\,E_{p-2} + \frac{(2\,p)!}{(2p-6)!\cdot 6!}\,E_{p-3}$$

$$- \cdot + \cdots + (-1)^{p-1}.$$

6. 2. Potenzreihen.

6. 2. 1. Exponentialfunktion und Logarithmus.

1. $\qquad e^x = 1 + \dfrac{x}{1!} + \dfrac{x^2}{2!} + \dfrac{x^3}{3!} + \cdots \qquad$ gilt für jedes x.

2. $\qquad e^{-x} = 1 - \dfrac{x}{1!} + \dfrac{x^2}{2!} - \dfrac{x^3}{3!} + \cdots \qquad$ „   „   „ x.

3. $\ln(1 + x) = x - \dfrac{x^2}{2} + \dfrac{x^3}{3} - \dfrac{x^4}{4} + \cdots ; \quad -1 < x \leqq 1.$

4. $\ln(1 - x) = -x - \dfrac{x^2}{2} - \dfrac{x^3}{3} - \dfrac{x^4}{4} - \cdots ; \quad -1 \leqq x < 1.$

5. $\ln \dfrac{1 + x}{1 - x} = 2\left[x + \dfrac{x^3}{3} + \dfrac{x^5}{5} + \dfrac{x^7}{7} + \cdots \right] ; \quad |x| < 1.$

6. $\ln \dfrac{x + 1}{x - 1} = 2\left[\dfrac{1}{x} + \dfrac{1}{3\,x^3} + \dfrac{1}{5\,x^5}\,\dfrac{1}{7\,x^7} + \cdots \right] ; \quad |x| > 1.$

7. $\qquad \ln x = 2\left[\dfrac{x - 1}{x + 1} + \dfrac{1}{3}\left(\dfrac{x - 1}{x + 1} \right)^2 + \dfrac{1}{5}\left(\dfrac{x - 1}{x + 1} \right)^5 + \cdots \right] ; \quad x > 0.$

8. $\ln(a + x) = \ln a + 2\left[\dfrac{x}{2\,a + x} + \dfrac{1}{3}\left(\dfrac{x}{2\,a + x} \right)^3 + \dfrac{1}{5}\left(\dfrac{x}{2\,a + x} \right)^5 + \cdots \right] ;$

$$a > 0, \quad x > -a.$$

6. 2. 2. Binomische Reihen.

1. $\quad (1 + x)^n = 1 + \dbinom{n}{1} x + \dbinom{n}{2} x^2 + \dbinom{n}{3} x^3 + \cdots ; \quad |x| < 1 ;$

> wenn n ganz und positiv, dann bricht die Reihe mit x^n ab und gilt für jedes x.

2. $\quad \dfrac{1}{1 \pm x} = 1 \mp x + x^2 \mp x^3 + x^4 \mp \cdots ; \quad |x| < 1.$

3. $\quad \sqrt{1 + x} = 1 + \dfrac{1}{2}\,x - \dfrac{1}{2 \cdot 4}\,x^2 + \dfrac{1 \cdot 3}{2 \cdot 4 \cdot 6}\,x^3 - \dfrac{1 \cdot 3 \cdot 5}{2 \cdot 4 \cdot 6 \cdot 8}\,x^4 + \cdots ; \quad |x| < 1.$

4. $\quad \dfrac{1}{\sqrt{1 + x}} = 1 - \dfrac{1}{2}\,x + \dfrac{1 \cdot 3}{2 \cdot 4}\,x^2 - \dfrac{1 \cdot 3 \cdot 5}{2 \cdot 4 \cdot 6}\,x^3 + \dfrac{1 \cdot 3 \cdot 5 \cdot 7}{2 \cdot 4 \cdot 6 \cdot 8}\,x^5 - + \cdots ; \quad |x| < 1.$

6. 2. 3. Trigonometrische (Kreis-)Funktionen.

1. $\quad \sin x = \dfrac{1}{2i}\left(e^{ix} - e^{-ix} \right) = \dfrac{x}{1!} - \dfrac{x^3}{3!} + \dfrac{x^5}{5!} - \dfrac{x^7}{7!} + - \cdots \quad$ gilt für jedes x.

2. $\quad \cos x = \dfrac{1}{2}\left(e^{ix} + e^{-ix} \right) = 1 - \dfrac{x^2}{2!} + \dfrac{x^4}{4!} - \dfrac{x^6}{6!} + - \cdots \qquad$ „   „   „ x.

3. $\quad \operatorname{tg} x = x + \dfrac{1}{3}\,x^3 + \dfrac{2}{15}\,x^5 + \dfrac{17}{315}\,x^7 + \dfrac{62}{2835}\,x^9 + \cdots$

$$\quad + \dfrac{2^{2p}\,(2^{2p} - 1)}{(2\,p)!}\,B_p\,x^{2p-1} + \cdots ; \quad |x| < \pi/2 ; \quad B_p \text{ s. Nr. } 6.\,1.\,12.$$

4. $\quad \operatorname{ctg} x = \dfrac{1}{x} - \dfrac{x}{3} - \dfrac{x^3}{45} - \dfrac{2\,x^5}{945} - \dfrac{x^7}{4725} - \cdots - \dfrac{2^{2p}}{(2\,p)!}\,B_p\,x^{2p-1} - \cdots ;$

$$0 < |x| < \pi ; \quad B_p \text{ s. Nr. } 6.\,1.\,12.$$

5. $\quad \dfrac{1}{\sin x} = \dfrac{1}{x} + \dfrac{1}{6}x + \dfrac{7}{360}x^3 + \dfrac{31}{15\,120}x^5 + \dfrac{127}{604\,800}x^7 + \cdots$

$$+ \dfrac{2(2^{2p-1}-1)}{(2p)!}B_p\, x^{2p-1} + \cdots; \quad 0 < |x| < \pi;\quad B_p \text{ s. Nr. 6. 1. 12.}$$

6. $\quad \dfrac{1}{\cos x} = 1 + \dfrac{x^2}{2} + \dfrac{5}{24}x^4 + \dfrac{61}{720}x^6 + \dfrac{277}{8064}x^8 + \cdots$

$$+ \dfrac{E_p}{(2p)!}x^{2p} + \cdots;\quad |x| < \pi/2;\quad E_p \text{ s. Nr. 6. 1. 13.}$$

Anmerkung: Beziehungen zwischen den Kreisfunktionen.

$$\sin^2 x + \cos^2 x = 1;\qquad\qquad \operatorname{tg} x = \dfrac{\sin x}{\cos x} = \dfrac{1}{\operatorname{ctg} x};$$

$$\sin x = \dfrac{\operatorname{tg} x}{\sqrt{1+\operatorname{tg}^2 x}};\qquad \cos x = \dfrac{1}{\sqrt{1+\operatorname{tg}^2 x}} = \dfrac{\operatorname{ctg} x}{\sqrt{1+\operatorname{ctg}^2 x}};$$

$$\operatorname{tg} x = \dfrac{\sin x}{\sqrt{1-\sin^2 x}};\qquad \operatorname{ctg} x = \dfrac{\cos x}{\sqrt{1-\cos^2 x}};$$

$$\sin 2x = 2\sin x \cos x;\qquad \cos 2x = \cos^2 x - \sin^2 x = 1 - 2\sin^2 x = 2\cos^2 x - 1;$$

$$\operatorname{tg} 2x = \dfrac{2\operatorname{tg} x}{1-\operatorname{tg}^2 x};\qquad \operatorname{ctg} 2x = \dfrac{\operatorname{ctg}^2 x - 1}{2\operatorname{ctg} x} = \dfrac{1}{2}(\operatorname{ctg} x - \operatorname{tg} x);$$

$$\sin\dfrac{x}{2} = \sqrt{\dfrac{1-\cos x}{2}};\qquad \cos\dfrac{x}{2} = \sqrt{\dfrac{1+\cos x}{2}};\qquad \operatorname{tg}\dfrac{x}{2} = \sqrt{\dfrac{1-\cos x}{1+\cos x}};$$

$$\sin(\alpha \pm \beta) = \sin\alpha\cos\beta \pm \cos\alpha\sin\beta;$$

$$\cos(\alpha \pm \beta) = \cos\alpha\cos\beta \mp \sin\alpha\sin\beta;$$

$$\operatorname{tg}(\alpha \pm \beta) = \dfrac{\operatorname{tg}\alpha \pm \operatorname{tg}\beta}{1 \mp \operatorname{tg}\alpha\operatorname{tg}\beta};\qquad\qquad \operatorname{ctg}(\alpha \pm \beta) = \dfrac{\operatorname{ctg}\alpha\operatorname{ctg}\beta \mp 1}{\operatorname{ctg}\beta \pm \operatorname{ctg}\alpha}.$$

6. 2. 4. Zyklometrische Funktionen.

1. $\quad \operatorname{arc\,sin} x = x + \dfrac{1}{2}\dfrac{x^3}{3} + \dfrac{1\cdot 3}{2\cdot 4}\dfrac{x^5}{5} + \dfrac{1\cdot 3\cdot 5}{2\cdot 4\cdot 6}\dfrac{x^7}{7} + \cdots;\qquad |x| < 1.$

2. $\quad \operatorname{arc\,cos} x = \dfrac{\pi}{2} - \operatorname{arc\,sin} x;\qquad\qquad\qquad\qquad\qquad |x| < 1.$

3. 1. $\quad \operatorname{arc\,tg} x = \dfrac{x}{1} - \dfrac{x^3}{3} + \dfrac{x^5}{5} - \dfrac{x^7}{7} + \cdots;\qquad\qquad |x| \leqq 1.$

3. 2. $\quad \operatorname{arc\,tg} x = \dfrac{\pi}{2} - \dfrac{1}{x} + \dfrac{1}{3x^3} - \dfrac{1}{5x^5} + \dfrac{1}{7x^7} - + \cdots;\qquad x \geqq 1.$

3. 3. $\quad \operatorname{arc\,tg} x = -\dfrac{\pi}{2} - \dfrac{1}{x} + \dfrac{1}{3x^3} - \dfrac{1}{5x^5} + \dfrac{1}{7x^7} - + \cdots;\qquad x \leqq -1.$

4. $\quad \operatorname{arc\,ctg} x = \dfrac{\pi}{2} - \operatorname{arc\,tg} x.$

Anmerkung:

a) Hauptwerte:

$$-\dfrac{\pi}{2} \leqq \operatorname{arc\,sin} x \leqq \dfrac{\pi}{2}\ \text{ für } -1 \leqq x \leqq 1.$$

$$0 \leq \text{arc cos } x \leq \pi \quad \text{für } 1 \geq x \geq -1.$$

$$-\frac{\pi}{2} \leq \text{arc tg } x \leq \frac{\pi}{2} \quad \text{für } -\infty \leq x \leq +\infty.$$

$$0 \leq \text{arc ctg } x \leq \pi \quad \text{für } \infty \geq x \geq -\infty.$$

b) Weitere Beziehungen:

$$\text{arc sin}(-x) = -\text{arc sin } x; \quad \text{arc cos}(-x) = \pi - \text{arc cos } x;$$

$$\text{arc tg}(-x) = -\text{arc tg } x; \quad \text{arc ctg}(-x) = \pi - \text{arc ctg } x;$$

$$\text{arc ctg } x = \text{arc tg } \frac{1}{x}; \quad \text{arc tg } x \pm \text{arc tg } y = \frac{x \pm y}{1 \mp xy};$$

$$\text{arc sin } x = \text{arc tg } \frac{x}{\sqrt{1-x^2}}; \quad \text{arc tg } x = \text{arc sin } \frac{x}{\sqrt{1+x^2}}.$$

6.2.5. Hyperbelfunktionen.

1. $\quad \mathfrak{Sin}\, x = \dfrac{1}{2}(e^x - e^{-x}) = \dfrac{x}{1!} + \dfrac{x^3}{3!} + \dfrac{x^5}{5!} + \cdots, \qquad$ gilt für jedes x.

2. $\quad \mathfrak{Cof}\, x = \dfrac{1}{2}(e^x + e^{-x}) = 1 + \dfrac{x^2}{2!} + \dfrac{x^4}{4!} + \dfrac{x^6}{6!} + \cdots,$ „ „ „ x.

3.1. $\quad \mathfrak{Tg}\, x = \dfrac{\mathfrak{Sin}\, x}{\mathfrak{Cof}\, x} = x - \dfrac{1}{3}x^3 + \dfrac{2}{15}x^5 - \dfrac{17}{315}x^7 + \dfrac{62}{2835}x^9$

$$- \cdots + \frac{(-1)^{p-1} \cdot 2^{2p} \cdot (2^{2p}-1)}{(2p)!}\, B_p\, x^{2p-1} + \cdots;$$

$$|x| < \pi/2; \quad B_p \text{ s. Nr. 6.1.12.;}$$

oder:

3.2. $\quad \mathfrak{Tg}\, x = 1 - \dfrac{2}{e^{2x}} + \dfrac{2}{e^{4x}} - \dfrac{2}{e^{6x}} + \cdot - \cdots; \quad x > 0.$

4.1. $\quad \mathfrak{Ctg}\, x = \dfrac{1}{x} + \dfrac{x}{3} - \dfrac{x^3}{45} + \dfrac{2x^5}{945} - \dfrac{x^7}{4725} + \cdot - \cdots$

$$+ \frac{(-1)^{p-1} \cdot 2^{2p}}{(2p)!}\, B_p\, x^{2p-1} + \cdots; \quad 0 < |x| < \pi; \quad B_p \text{ s. Nr. 6.1.12.;}$$

oder:

4.2. $\quad \mathfrak{Ctg}\, x = 1 + \dfrac{2}{e^{2x}} + \dfrac{2}{e^{4x}} + \dfrac{2}{e^{6x}} + \cdots; \quad x > 0.$

5.1. $\quad \dfrac{1}{\mathfrak{Sin}\, x} = \dfrac{1}{x} - \dfrac{x}{6} + \dfrac{7}{360}x^3 - \dfrac{31}{15\,120}x^5 + \cdot - \cdots$

$$+ \frac{(-1)^{p} \cdot 2 \cdot (2^{2p-1}-1)}{(2p)!}\, B_p\, x^{2p-1} + \cdots; \quad 0 < |x| < \pi^2; \quad B_p$$

$$\text{s. Nr. 6.1.12.;}$$

oder:

5.2. $\quad \dfrac{1}{\mathfrak{Sin}\, x} = 2(e^{-x} + e^{-3x} + e^{-5x} + \cdots); \quad x > 0.$

6.1. $\quad \dfrac{1}{\mathfrak{Cof}\, x} = 1 - \dfrac{x^2}{2!} + \dfrac{5}{4!}x^4 - \dfrac{61}{6!}x^6 + \dfrac{1385}{8!}x^8 - \cdot + \dfrac{(-1)^{a}}{(2p)!}\, E_p\, x^{2p} + \cdots;$

$$|x| < \pi/2; \quad E_p \text{ s. Nr, 6.1.13.;}$$

oder:

6.2.　$\dfrac{1}{\mathfrak{Cof}\,x} = 2\,(e^{-x} - e^{-3x} + e^{-5x} + e^{-7x} + \cdots)$;　$x > 0$.

Anmerkung: Beziehungen zwischen den Hyperbelfunktionen:

$$\mathfrak{Cof}^2\,x - \mathfrak{Sin}^2\,x = 1;\quad \mathfrak{Tg}\,x = \frac{\mathfrak{Sin}\,x}{\mathfrak{Cof}\,x} = \frac{1}{\mathfrak{Ctg}\,x};$$

$$\mathfrak{Sin}\,x = \frac{\mathfrak{Tg}\,x}{\sqrt{1 - \mathfrak{Tg}^2\,x}};\quad \mathfrak{Cof}\,x = \frac{1}{\sqrt{1 - \mathfrak{Tg}^2\,x}} = \frac{\mathfrak{Ctg}\,x}{\sqrt{\mathfrak{Ctg}^2\,x - 1}};$$

$$\mathfrak{Tg}\,x = \frac{\mathfrak{Sin}\,x}{\sqrt{1 + \mathfrak{Sin}^2\,x}};\quad \mathfrak{Ctg}\,x = \frac{\mathfrak{Cof}\,x}{\sqrt{\mathfrak{Cof}^2\,x + 1}}.$$

$$\mathfrak{Sin}\,2x = 2\,\mathfrak{Sin}\,x\,\mathfrak{Cof}\,x;\quad \mathfrak{Cof}\,2x = \mathfrak{Cof}^2\,x + \mathfrak{Sin}^2\,x = 1 + 2\,\mathfrak{Sin}^2\,x$$
$$= 2\,\mathfrak{Cof}^2\,x - 1;$$

$$\mathfrak{Tg}\,2x = \frac{2\,\mathfrak{Tg}\,x}{1 + \mathfrak{Tg}^2\,x};\quad \mathfrak{Ctg}\,2x = \frac{1 + \mathfrak{Ctg}^2\,x}{2\,\mathfrak{Ctg}\,x} = \frac{1}{2}\,(\mathfrak{Tg}\,x + \mathfrak{Ctg}\,x);$$

$$\mathfrak{Sin}\,\frac{x}{2} = \sqrt{\frac{\mathfrak{Cof}\,x - 1}{2}};\quad \mathfrak{Cof}\,\frac{x}{2} = \sqrt{\frac{\mathfrak{Cof}\,x + 1}{2}};\quad \mathfrak{Tg}\,\frac{x}{2} = \sqrt{\frac{\mathfrak{Cof}\,x - 1}{\mathfrak{Cof}\,x + 1}};$$

$$\mathfrak{Sin}\,(\alpha \pm \beta) = \mathfrak{Sin}\,\alpha\,\mathfrak{Cof}\,\beta \pm \mathfrak{Cof}\,\alpha\,\mathfrak{Sin}\,\beta;$$

$$\mathfrak{Cof}\,(\alpha \pm \beta) = \mathfrak{Cof}\,\alpha\,\mathfrak{Cof}\,\beta \pm \mathfrak{Sin}\,\alpha\,\mathfrak{Sin}\,\beta;$$

$$\mathfrak{Tg}\,(\alpha \pm \beta) = \frac{\mathfrak{Tg}\,\alpha \pm \mathfrak{Tg}\,\beta}{1 \pm \mathfrak{Tg}\,\alpha\,\mathfrak{Tg}\,\beta};\quad \mathfrak{Ctg}\,(\alpha \pm \beta) = \frac{1 \pm \mathfrak{Ctg}\,\alpha\,\mathfrak{Ctg}\,\beta}{\mathfrak{Ctg}\,\alpha \pm \mathfrak{Ctg}\,\beta}.$$

6.2.6. Area-Funktionen.

$$y = \mathfrak{Ar}\,\mathfrak{Sin}\,x \text{ heißt } x = \mathfrak{Sin}\,y;$$
$$y = \mathfrak{Ar}\,\mathfrak{Cof}\,x \text{ heißt } x = \mathfrak{Cof}\,y,\quad |x| \geqq 1;$$
$$y = \mathfrak{Ar}\,\mathfrak{Tg}\,x \text{ heißt } x = \mathfrak{Tg}\,y,\quad |x| < 1;$$
$$y = \mathfrak{Ar}\,\mathfrak{Ctg}\,x \text{ heißt } x = \mathfrak{Ctg}\,y,\quad |x| > 1;$$

1.　$\mathfrak{Ar}\,\mathfrak{Sin}\,x = \ln\,(x + \sqrt{x^2 + 1})$;

$$= x - \frac{1}{2\cdot 3}\,x^3 + \frac{1\cdot 3}{2\cdot 4\cdot 5}\,x^5 - \frac{1\cdot 3\cdot 5}{2\cdot 4\cdot 6\cdot 7}\,x^7 + \ - \cdots;\quad x^2 \leqq 1;$$

$$= \pm\left[\ln|2x| + \frac{1}{2\cdot 2\,x^2} - \frac{1\cdot 3}{2\cdot 4\cdot 4\cdot x^4} + \frac{1\cdot 3\cdot 5}{2\cdot 4\cdot 6\cdot 6\cdot x^6} - \ \cdot + \cdots\right];$$

$x \geqq 1$ für das obere, $x \leqq -1$ für das untere Vorzeichen;

2.　$\mathfrak{Ar}\,\mathfrak{Cof}\,x = \ln\,(x + \sqrt{x^2 - 1}\,)^1)$;　$x \geqq 1$;

$$= \ln 2x - \frac{1}{2\cdot 2\,x^2} - \frac{1\cdot 3}{2\cdot 4\cdot 4\cdot x^4} - \frac{1\cdot 3\cdot 5}{2\cdot 4\cdot 6\cdot 6\cdot x^6} - \cdots;\quad x > 1.$$

3.　$\mathfrak{Ar}\,\mathfrak{Tg}\,x = \dfrac{1}{2}\,\ln\,\dfrac{1 + x}{1 - x}$　(s. Nr. 6.2.1.5.);　$|x| < 1$.

4.　$\mathfrak{Ar}\,\mathfrak{Ctg}\,x = \dfrac{1}{2}\,\ln\,\dfrac{x + 1}{x - 1}$　(s. Nr. 6.2.1.6.);　$|x| > 1$.

---

¹) Das negative Vorzeichen der Wurzel, das die negativen Werte von $\mathfrak{Ar}\,\mathfrak{Cof}\,x$ liefert, ist unterdrückt.

Anmerkung:

a) Beziehungen zwischen den Funktionen:

$$\operatorname{Ar Tg}(-x) = -\operatorname{Ar Tg} x; \qquad \operatorname{Ar Sin}(-x) = -\operatorname{Ar Sin} x;$$

$$\operatorname{Ar Sin} x = \operatorname{Ar Cof}\sqrt{x^2+1}; \qquad \operatorname{Ar Ctg}(-x) = -\operatorname{Ar Ctg} x;$$

$$\operatorname{Ar Ctg} x = \operatorname{Ar Tg}\frac{1}{x}; \qquad \operatorname{Ar Cof} x = \operatorname{Ar Sin}\sqrt{x^2-1};$$

$$\operatorname{Ar Tg} x = \operatorname{Ar Sin}\frac{x}{\sqrt{1-x^2}}; \quad \operatorname{Ar Sin} x = \operatorname{Ar Tg}\frac{x}{\sqrt{x^2+1}};$$

b) Es ist ferner, wenn $a>0$:

$$\operatorname{Ar Sin}\frac{x}{a} = \ln\frac{x+\sqrt{x^2+a^2}}{a}; \qquad \operatorname{Ar Cof}\frac{x}{a} = \ln\left(\frac{x+\sqrt{x^2-a^2}}{a}\right)^{1)}; \; x>a.$$

$$\operatorname{Ar Tg}\frac{x}{a} = \frac{1}{2}\ln\frac{a+x}{a-x}, \; |x|<a; \quad \operatorname{Ar Ctg}\frac{x}{a} = \frac{1}{2}\ln\frac{x-a}{x+a}, \; |x|>a.$$

c) Ferner gilt:

$$\operatorname{arc tg}(\operatorname{Sin} x) = \operatorname{arc sin}(\operatorname{Tg} x) = 2\operatorname{arc tg}(e^x) - \frac{\pi}{2} = \operatorname{Amp} x \; (\text{s. 6. 4. 4.}).$$

$$\ln \operatorname{Sin} x = x + \ln(1-e^{-2x}) - \ln 2 = -x + \ln(e^{2x}-1) - \ln 2; \; x>0.$$

$$\ln \operatorname{Cof} x = x + \ln(1+e^{-2x}) - \ln 2 = -x + \ln(e^{2x}+1) - \ln 2; \; x>0.$$

$$\ln \operatorname{Tg} x = -2\operatorname{Ar Tg}(e^{-2x}); \; x>0.$$

$$\ln \operatorname{Ctg} x = 2\operatorname{Ar Tg}(e^{-2x}); \; x>0.$$

6. 3. Weitere benutzte Entwicklungen.

1. 1. 1. $\sin^n x = \dfrac{1}{2^n}\dbinom{n}{p} + \dfrac{(-1)^p}{2^{n-1}}\displaystyle\sum_{k=0}^{k=p-1}(-1)^k\dbinom{n}{k}\cos(n-2k)x,$ $n=2p.$

1. 1. 2. $\sin^n x = \dfrac{(-1)^p}{2^{n-1}}\displaystyle\sum_{k=0}^{k=p}(-1)^k\dbinom{n}{k}\sin(n-2k)x,$ $n=2p+1.$

1. 2. 1. $\cos^n x = \dfrac{1}{2^n}\dbinom{n}{p} + \dfrac{1}{2^{n-1}}\displaystyle\sum_{k=0}^{k=p-1}\dbinom{n}{k}\cos(n-2k)x,$ $n=2p.$

1. 2. 2. $\cos^n x = \dfrac{1}{2^{n-1}}\displaystyle\sum_{k=0}^{k=p}\dbinom{n}{k}\cos(n-2k)x,$ $n=2p+1.$

2. 1. 1. $\operatorname{Sin}^n x = \dfrac{(-1)^p}{2^n}\dbinom{n}{p} + \dfrac{1}{2^{n-1}}\displaystyle\sum_{k=0}^{k=p-1}(-1)^k\dbinom{n}{k}\operatorname{Cof}(n-2k)x,$ $n=2p.$

2. 1. 2. $\operatorname{Sin}^n x = \dfrac{1}{2^{n-1}}\displaystyle\sum_{k=0}^{k=p}(-1)^k\dbinom{n}{k}\operatorname{Sin}(n-2k)x,$ $n=2p+1.$

2. 2. 1. $\operatorname{Cof}^n x = \dfrac{1}{2^n}\dbinom{n}{p} + \dfrac{1}{2^{n-1}}\displaystyle\sum_{k=0}^{k=p-1}\dbinom{n}{k}\operatorname{Cof}(n-2k)x,$ $n=2p.$

2. 2. 2. $\operatorname{Cof}^n x = \dfrac{1}{2^{n-1}}\displaystyle\sum_{k=0}^{k=p}\dbinom{n}{k}\operatorname{Cof}(n-2k)x,$ $n=2p+1.$

---

1) Siehe Anm. 1 auf S. 287.

6. 4. Nichtelementare Funktionen.

1. 1. $\mathrm{Si}\,(x) \equiv \mathrm{Si}\,x = \displaystyle\int_0^x \frac{\sin t}{t}\,dt$ (Integralsinus)

$$= x - \frac{x^3}{3!\cdot 3} + \frac{x^5}{5!\cdot 5} - \frac{x^7}{7!\cdot 7} + \cdot - \cdots;\ \text{Tafeln s. z. B. Sv. 9;}$$

$$\mathrm{Si}\,(-x) = -\,\mathrm{Si}\,(x);\quad \mathrm{Si}\,(\infty) = \frac{\pi}{2};\quad \mathrm{Si}\,(x) = \frac{\pi}{2} + \mathrm{si}\,(x);\quad \mathrm{si}\,(x) = -\int_x^\infty \frac{\sin t}{t}\,dt.$$

1. 2. $\mathrm{Ci}\,(x) \equiv \mathrm{Ci}\,x = -\displaystyle\int_x^\infty \frac{\cos t}{t}\,dt = \ln \gamma x - \int_0^x \frac{1 - \cos t}{t}\,dt$ (Integralcosinus)

$$= \ln \gamma x - \left(\frac{x^2}{2!\cdot 2} - \frac{x^4}{4!\cdot 4} + \frac{x^6}{6!\cdot 6} - \cdots\right);\ \text{Tafeln s. z. B. Sv. 9;}$$

$\ln \gamma$ s. Nr. 6.1.9.; $\mathrm{Ci}\,(x\,e^{\pm\,i\pi}) = \mathrm{Ci}\,(x) \pm i\pi$, d. h. $\mathrm{Ci}\,(x)$ und $\mathrm{Ci}\,(-x)$ unterscheiden sich nur durch eine Konstante.

2. 1. $\mathfrak{Si}\,(x) \equiv \mathfrak{Si}\,x = \displaystyle\int_0^x \frac{\mathfrak{Sin}\,t}{t}\,dt = x + \frac{x^3}{3!\cdot 3} + \frac{x^5}{5!\cdot 5} + \frac{x^7}{7!\cdot 7} + \cdots;$

$$\cdot\ \mathfrak{Si}\,(x) = \frac{1}{2}\,[\overline{\mathrm{Ei}}\,(x) - \mathrm{Ei}\,(-x)]\ \text{(s. Nr. 6. 4. 3.);}\quad \mathfrak{Si}\,(-x) = -\,\mathfrak{Si}\,(x).$$

2. 2. $\mathfrak{Ci}\,(x) \equiv \mathfrak{Ci}\,x = \ln \gamma x + \displaystyle\int_0^x \frac{\mathfrak{Cos}\,t - 1}{t}\,dt$

$$= \ln \gamma x + \frac{x^2}{2!\cdot 2} + \frac{x^4}{4!\cdot 4} + \frac{x^6}{6!\cdot 6} + \cdots;$$

$$\mathfrak{Ci}\,(x) = \frac{1}{2}\,[\overline{\mathrm{Ei}}\,(x) + \mathrm{Ei}\,(-x)]\ \text{(s. Nr. 6. 4. 3.);}$$

$\ln \gamma$ s. Nr. 6.1.9.; $\mathfrak{Ci}\,(x\,e^{\pm\,i\pi}) = \mathfrak{Ci}\,(x) \pm i\pi$, d. h. $\mathfrak{Ci}\,(x)$ und $\mathfrak{Ci}\,(-x)$ unterscheiden sich nur durch eine Konstante. ·

3. 1. $\overline{\mathrm{Ei}}\,(x) \equiv \overline{\mathrm{Ei}}\,x = \mathfrak{Ci}\,(x) + \mathfrak{Si}\,(x) = \mathrm{li}\,(e^x);$ vgl. 6.4.3.3; Tafeln s. z. B. Sv. 9.

3. 2. $\mathrm{Ei}\,(-x) = \mathfrak{Ci}\,(x) - \mathfrak{Si}\,(x) = \displaystyle\int_x^\infty \frac{e^{-t}}{t}\,dt;\ \infty > x > 0;$ Tafeln s. z. B. Sv. 9.

$\overline{\mathrm{Ei}}\,(x\,e^{\pm\,i\pi}) = \mathrm{Ei}\,(-x) \pm i\pi;$ d. h. $\overline{\mathrm{Ei}}\,(-x)$ und $\mathrm{Ei}\,(-x)$ unterscheiden sich nur durch eine Konstante; in den Integralformeln sind infolgedessen, wenn x negativ wird, die Funktionszeichen $\overline{\mathrm{Ei}}$ und Ei miteinander zu vertauschen.

3. 3. $\mathrm{li}\,(x) = \displaystyle\int_0^x \frac{dt}{\ln t} = \overline{\mathrm{Ei}}\,(\ln x);$ (Integral-Logarithmus).

4. 0. 0. $\mathfrak{Amp}\,x \equiv \mathrm{gd}\,x = \displaystyle\int_0^x \frac{dt}{\mathfrak{Cos}\,t} = 2\,\mathrm{arc}\,\mathrm{tg}\,(e^x) - \frac{\pi}{2} = \alpha;$

Hyperbelamplitude, Gudermannsche Funktion; Tafeln s. z. B. Sv. 6, Sv. 7a; vgl. a. Nr. 6.2.6. Anmerkung.

Dann ist

4. 0. 1. $\operatorname{Sin} x = \operatorname{tg} \alpha; \quad \operatorname{Cof} x = \dfrac{1}{\cos \alpha}; \quad \operatorname{Tg} x = \sin \alpha; \quad \operatorname{Tg} \dfrac{x}{2} = \operatorname{tg} \dfrac{\alpha}{2}.$

4. 1. 0. $y = \operatorname{Ar} \operatorname{Amp} x$ heißt $x = \operatorname{Amp} y.$

4. 1. 1. $\ln \operatorname{tg} \left(\dfrac{x}{2} + \dfrac{\pi}{4} \right) = \operatorname{Ar} \operatorname{Amp} x = - \operatorname{Ar} \operatorname{Tg} (\sin x).$

4. 1. 2. $\ln \operatorname{tg} \dfrac{x}{2} = \operatorname{Ar} \operatorname{Amp} \left(x - \dfrac{\pi}{2} \right) = - \operatorname{Ar} \operatorname{Tg} (\cos x).$

4. 1. 3. $\ln \operatorname{tg} x = \operatorname{Ar} \operatorname{Amp} \left(2 x - \dfrac{\pi}{2} \right) = - \operatorname{Ar} \operatorname{Tg} (\cos 2 x).$

4. 1. 4, $\ln \operatorname{tg} \dfrac{x + \varphi}{2} = \operatorname{Ar} \operatorname{Amp} \left(x + \varphi - \dfrac{\pi}{2} \right) = - \operatorname{Ar} \operatorname{Tg} [\cos (x + \varphi)].$

4. 1. 5. $\ln \operatorname{tg} \left(\dfrac{x}{2} + \dfrac{\pi}{8} \right) = \operatorname{Ar} \operatorname{Amp} \left(x - \dfrac{\pi}{4} \right) = - \operatorname{Ar} \operatorname{Tg} \left[\cos \left(x + \dfrac{\pi}{4} \right) \right].$

4. 1. 6. $\ln \operatorname{tg} \left(\dfrac{x}{2} - \dfrac{\pi}{8} \right) = \operatorname{Ar} \operatorname{Amp} \left(x - \dfrac{3 \pi}{4} \right) = - \operatorname{Ar} \operatorname{Tg} \left[\cos \left(x - \dfrac{\pi}{4} \right) \right].$

5. 1. $E(\alpha, \varphi) = \displaystyle\int_0^{\varphi} \dfrac{d \psi}{\sqrt{1 - k^2 \sin^2 \psi}};$ Legendresche Normalform des elliptischen Integrals erster Gattung; Tafeln s. z. B. Sv. 7a, Sv. 9; $k^2 = \sin^2 \alpha.$

5. 2. $F(\alpha, \varphi) = \displaystyle\int_0^{\varphi} \sqrt{1 - k^2 \sin^2 \psi}\, d \psi;$ Legendresche Normalform des elliptischen Integrals zweiter Gattung; Tafeln s. z. B. Sv. 7a, Sv. 9; $k^2 = \sin^2 \alpha.$

5. 3. $\Pi(k, \lambda, \varphi) = \displaystyle\int_0^{\varphi} \dfrac{\sqrt{1 + k^2 \sin^2 \psi}}{1 + \lambda^2 \sin^2 \psi}\, d \psi$

$\qquad = \displaystyle\int_0^{\varphi} \dfrac{\sqrt{\cos^2 \psi + k'^2 \sin^2 \psi}}{\cos^2 \psi + \lambda'^2 \sin^2 \psi}\, d \psi$ Hamelsche Normalform des elliptischen Integrals dritter Gattung; $k^2 = \sin^2 \alpha;$

$k'^2 = 1 - k^2; \quad \lambda^2 = \lambda'^2 - 1.$

6. 0. $\Phi(x) = \dfrac{2}{\pi} \displaystyle\int_0^{x} e^{-x^2}\, d x;$ Gausssches Fehlerintegral; Tafeln s. z. B. Sv. 7a, Sv. 9.

7. 1. $C(z) = \displaystyle\int_0^{u} \cos \dfrac{\pi u^2}{2}\, d u = \dfrac{1}{\sqrt{2 \pi}} \displaystyle\int_0^{z} \dfrac{\cos z}{\sqrt{z}}\, d z = \dfrac{1}{2} \displaystyle\int_0^{z} J_{-\frac{1}{2}}(z)\, d z.$

$$7.2. \qquad S(z) = \int\limits_0^u \sin\frac{\pi u^2}{2}\, du = \frac{1}{\sqrt{2\pi}} \int\limits_0^z J_{\frac{1}{2}}(z)\, dz.$$

Hierbei ist $z = \dfrac{\pi u^2}{2}$ und bedeutet J die Besselsche Funktion; Tafeln s. z. B. Sv. 7 a und Sv. 9.

6. 5. Die Ableitungen der wichtigsten elementaren Funktionen.

1. 1. $d(x^n) = n\, x^{n-1}\, dx$;

1. 2. $d(1/x^m) = -\, m\, dx/x^{m+1}$;

1. 3. $d(\sqrt[n]{x}) = dx/n\,\sqrt[n]{x^{n-1}}$;

1. 4. $d(\sqrt[n]{x^p}) = \dfrac{p}{n}\,\sqrt[n]{x^{p-n}}\, dx$.

2. 1. $d(e^x) = e^x\, dx$;

2. 2. $d(e^{kx}) = k\, e^{kx}\, dx$;

2. 3. $d(a^x) = a^x \ln a \cdot dx$.

3. 1. $d(\ln x) = dx/x$;

3. 2. $d[\ln(a + bx)] = b\, dx/(a + bx)$.

4. 1. $d(\sin x) = \cos x\, dx$;

4. 2. $d(\cos x) = -\sin x\, dx$;

4. 3. $d(\operatorname{tg} x) = dx/\cos^2 x$;

4. 4. $d(\operatorname{ctg} x) = -\, dx/\sin^2 x$.

5. 1. $d(\arcsin x) = dx/\sqrt{1 - x^2}$;

5. 2. $d(\arccos x) = -\, dx/\sqrt{1 - x^2}$.

5. 3. $d(\operatorname{arc\,tg} x) = dx/(1 + x^2)$;

5. 4. $d(\operatorname{arc\,ctg} x) = -\, dx/(1 + x^2)$.

6. 1. $d(\operatorname{Sin} x) = \operatorname{Cof} x\, dx$;

6. 2. $d(\operatorname{Cof} x) = \operatorname{Sin} x\, dx$;

6. 3. $d(\operatorname{Tg} x) = dx/\operatorname{Cof}^2 x$;

6. 4. $d(\operatorname{Ctg} x) = -\, dx/\operatorname{Sin}^2 x$.

7. 1. $d(\operatorname{Ar\,Sin} x) = dx/\sqrt{1 + x^2}$;

7. 2. $d(\operatorname{Ar\,Cof} x) = dx/\sqrt{x^2 - 1}$;

7. 3. $d(\operatorname{Ar\,Tg} x) = dx/(1 - x^2)$;

7. 4. $d(\operatorname{Ar\,Ctg} x) = -\, dx/(x^2 - 1)$.

7. Schrifttum[1]).

1. Barlow's Tables of squares, cubes, square roots, cube roots and reciprocals of all integer numbers up to 10 000. 3. Aufl. London 1930.

2. Baule, B., Die Mathematik des Naturforschers. Leipzig und Zürich 1944/49.

3. Dwight, H. B., Tables of integrals and other mathematical data. New York 1934.

4. Dubbel, H., Taschenbuch für den Maschinenbau. 9. u. 10. Aufl. 1943, 1949.

5. Ebner, F. und L. Roth, Technische Mathematik (Differential- und Integralrechnung). Leipzig und Berlin 1935.

6. Emde, F., Tafeln elementarer Funktionen. Leipzig und Berlin 1940.

7a. Hayashi, K., Fünfstellige Funktionentafeln. Berlin 1930.

7b. Hoüel, J., Recueil de formules et de tables numériques. Paris 1885 und 1901.

8. Hütte, Des Ingenieurs Taschenbuch. Bd. I. 27. Aufl. Berlin 1941.

9. Jahnke, E. und F. Emde, Funktionentafeln mit Formeln und Kurven. 3. Aufl. Leipzig und Berlin 1938.

10. Kamke, E., Differentialgleichungen. Lösungsmethoden und Lösungen. Bd. I. Gewöhnliche Differentialgleichungen. Leipzig 1942. Bd. II. Partielle Differentialgleichungen 1. Ordnung, Leipzig 1944.

---

[1]) Angeführt wurden nur einige benutzte und empfohlene mathematische Lehrbücher sowie Tafelwerke bzw. im Text erwähnte Arbeiten.

11. Naske, C., Integraltafeln. Leipzig 1935.

12. Lindow, M., Differential- u. Integralrechnung. Leipzig u. Berlin 1933.

13a. Meyer zur Capellen, W., Mathematische Instrumente. 3. erg. Aufl. Leipzig 1949.

13b. Willers, F. A., Mathematische Instrumente. München 1943.

14. Rothe, R., Höhere Mathematik. Bd. I—IV. Leipzig und Berlin 1944.

15. Runge, C., Graphische Methoden. 3. Aufl. Leipzig und Berlin 1928.

16. Runge, C. und H. König, Vorlesungen über numerisches Rechnen. Berlin 1924.

17. Scheffers, G., Lehrbuch der Mathematik. 7. Aufl. Berlin 1938.

18. Walther, A., Einführung in die mathematische Behandlung naturwissenschaftlicher Fragen. Berlin 1928.

19. Whittaker, E. T. und G. Robinson, The calculus of observations. 2. Aufl. London 1926.